BASSIN HOUILLER DE LA LOIRE

MINISTÈRE DES TRAVAUX PUBLICS

ÉTUDES

DES

GITES MINÉRAUX

DE LA FRANCE

PUBLIÉES SOUS LES AUSPICES DE M. LE MINISTRE DES TRAVAUX PUBLICS
PAR LE SERVICE DES TOPOGRAPHIES SOUTERRAINES

BASSIN HOUILLER DE LA LOIRE

PAR

L. GRÜNER

Inspecteur général des Mines

DEUXIÈME PARTIE

DESCRIPTION DÉTAILLÉE DES DISTRICTS HOUILLERS

TEXTE

PARIS

IMPRIMERIE DE A. QUANTIN
7, RUE SAINT-BENOIT

1882

DEUXIÈME PARTIE

DESCRIPTION DÉTAILLÉE DES DISTRICTS HOUILLERS

CHAPITRE IX

TERRITOIRE DE RIVE-DE-GIER

---

§ 92. — L'étage de Rive-de-Gier se modifie graduellement dans le sens de sa direction, de l'Est à l'Ouest; aussi peut-on le diviser en quatre districts. En partant de l'Est, ils se succèdent dans l'ordre suivant :

1° *District des Grandes Flaches et de Couzon, ou quartier oriental de Rive-de-Gier*, compris entre le Bosançon à l'Est, et la faille du Féloin à l'Ouest;

2° *District des Verchères et du Sardon, ou quartier central de Rive-de-Gier*, limité par le Féloin à l'Est, et par les vallons de Grézieux et de la Dureize à l'Ouest;

3° *District du Reclus et de la Cappe, ou quartier occidental de Rive-de-Gier*, entre la Dureize et le Dorlay;

4° *District de la Grand'Croix*, allant du Dorlay aux ruisseaux des Arques et de l'Onzion, où commence le territoire de Saint-Chamond.

Nous allons les étudier, dans l'ordre indiqué, en partant de l'Est.

1° District des Grandes Flaches et de Couzon, ou quartier oriental de Rive-de-Gier.

§ 93. — Le district des Grandes Flaches est borné au Nord et au Sud par le terrain ancien, à l'Est par la profonde gorge du Bosançon, ou plutôt, par la faille Nord du district de Tartaras [1], qui ramène au jour la brèche et

---

1. Nous verrons que le territoire de Tartaras est séparé de celui de Rive-de-Gier par une étroite bande du sous-sol ancien, ramenée au jour par la faille en question.

le terrain ancien, enfin à l'Ouest par la faille transversale de la vallée du Féloin.

Ce district comprend les dix petites concessions de *Combeplaine*, de *Frigerin*, de *Montbressieux*, de *Trémolin*, de la *Pomme*, de la *Catonnière*, des *Grandes Flaches*, de *Couloux*, de la *Verrerie* et de *Couzon*.

L'étage houiller de Rive-de-Gier s'y montre au complet; toutefois, sauf la brèche, il ne s'y trouve encore qu'à l'état rudimentaire; les couches de houille y sont peu puissantes, et ne commencent à prendre une certaine importance que dans les trois concessions les plus occidentales du district, celles de Couzon, de la Verrerie et de Couloux; le poudingue supérieur n'atteint également que 100 mètres à peine.

Au Nord, sur la rive droite du Féloin, la brèche apparaît, sous forme de bande étroite de 30 à 40 mètres. Au delà, et jusqu'au Bosançon, l'étage houiller déborde la brèche, couvrant directement le terrain ancien. La brèche reparaît au Sud, dans la vallée du Gier, entre la Madeleine et Combeplaine, sur 1,500 à 2,000 mètres de longueur. Une puissante faille Nord-Sud la ramène à la surface du sol. La bande, qui a 250 mètres de largeur entre Rive-de-Gier et la Madeleine, atteint 300 mètres auprès de Combeplaine, mais se termine en pointe aux premières maisons de ce hameau. On constate sur ce point le relèvement anticlinal des grès à droite et à gauche de la brèche. En montant de la Madeleine vers Combeplaine on observe, en effet, la coupe suivante,

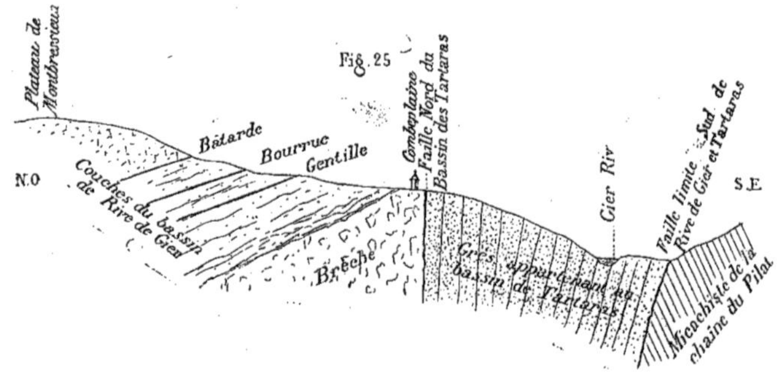

Les grès de l'étage de Rive-de-Gier reposent en pente douce sur la brèche tandis que ceux du territoire de Tartaras sont, en quelque sorte, pincés verticalement, entre la brèche et le micaschiste, sur une largeur d'au plus 200 à 300 mètres.

La faille, qui a soulevé la brèche, a aussi dévié les couches de houille. Les affleurements et les courbes de niveau suivent à Couzon l'allure normale, parallèlement à l'axe du bassin; tandis que, du côté de Combeplaine, ils s'alignent presque Nord-Sud, le long de la brèche en question (pl. I). Celle-ci est sur ce point éminemment granitique; on y voit des blocs de toute grosseur, peu roulés, mesurant parfois plus d'un mètre cube. Le granite est blanc, ou gris clair, porphyroïde, comme celui de la butte de Saint-Andéol près de Tartaras.

A la brèche succède un poudingue grossier; puis, à peu de mètres de là, on rencontre, en allant au Nord-Ouest, les affleurements des couches de houille, plongeant à l'Ouest, sous le plateau de Montbressieux, et se relevant, plus loin, au bord du Féloin, vers la lisière Nord-Ouest du bassin. Cependant dans cette partie extrême du territoire de Rive-de-Gier, dans les concessions de Combeplaine, de Frigerin et de Trémolin, les trois couches inférieures existent seules. La grande masse ne s'est pas développée dans cette région, ou plutôt semble avoir été enlevée par érosion après son dépôt, car là, où elle commence à se montrer, elle a pour toit immédiat un grossier banc de grès. Elle manque même dans des régions où les bâtardes sont à plus de 60 mètres du jour, comme au puits *Saint-Pierre* de Combeplaine et dans la plupart des puits de Frigerin. Mais elle se développe graduellement dans les concessions voisines de la Pomme et de Montbressieux. Sa puissance est de $0^m,40$ à $0^m,60$ aux puits *Saint-Claude* et *Saint-Charles* de la Pomme, de $1^m,30$ à $1^m,50$ aux puits *Chambeyron, Bélingard* et *Jamen* de Montbressieux. Aux Grandes Flaches on trouve $1^m,80$ à 2 mètres, puis $2^m,50$ à 3 mètres à la Verrerie et à Couzon. Au reste, dans la majeure partie de ce district, la moitié inférieure de la couche, le banc *raffort,* existe seul. Le charbon *maréchal,* au-dessus du nerf blanc, ne se montre qu'à partir de la faille du Féloin, le long des limites Ouest de Couzon et de Couloux.

Les affleurements des trois couches inférieures longent la brèche, à partir du ruisseau de Frigerin, vers le Nord-Est, sur un parcours de 500 à 600 mètres. Ils disparaissent au delà contre une faille avant d'atteindre les rives du Bosançon. Du côté opposé, sur la rive droite du Frigerin, dans la concession de la Pomme, les affleurements s'évanouissent également. Le relèvement brusque du terrain houiller contre le terrain ancien de la chaîne du Pilat, dans la concession de Couzon en particulier, a dû laminer les couches près du jour.

La largeur *utile* du bassin, entre les deux lignes d'affleurements opposées de Combeplaine et du Féloin, est de mille mètres seulement dans ce district. Le terrain y est criblé de puits, et la houille déjà enlevée presque partout, sauf à la Verrerie et à Couzon, dans le fond de la vallée du Gier, où il a fallu laisser des massifs pour ne pas compromettre les maisons de l'extrémité orientale de la ville de Rive-de-Gier et le bassin du canal de Givors.

L'allure générale des assises, dans le district qui nous occupe, ressort nettement des courbes de niveau de nos plans et des coupes qui y sont jointes (pl. I et IV *bis*, coupes n° 1 et 2).

Si l'on part des affleurements du vallon de la Catonnière, qui descend de Trémolin vers le Féloin, on voit les couches plonger fortement vers l'Est, de la concession de la Catonnière vers celles des Grandes Flaches et de Montbressieux, où l'on peut constater un bas-fond, sensiblement plat, de 400 à 500 mètres de diamètre. Sur ce point la *Grande masse* est à la profondeur moyenne de 100 mètres, mais elle se relève de là assez régulièrement vers Trémolin au Nord, vers Frigerin et Combeplaine à l'Est, et vers la Catonnière à l'Ouest. Par contre, une faille *longitudinale* de 150 mètres fait descendre les assises au Sud, sous le fond de la vallée du Gier. C'est l'extrémité Est de la grande faille connue sous le nom de *Crain du Mouillon*.

Du fond de la vallée du Gier les couches remontent ensuite, dans la concession de Couzon, sous l'influence de la faille limite du bassin, vers le pied de la chaîne du Pilat.

Outre le *Crain* du Mouillon, qui sépare les Grandes Flaches de la Verrerie, on constate, auprès de la limite commune de Montbressieux et de la

Pomme, une série de gradins parallèles, servant de précurseurs au *Crain* en question. Ils affectent peu le niveau des couches, mais troublent pourtant la marche des travaux à cause de la faible épaisseur des veines de houille.

Ce district est aussi sillonné de failles *transversales*. Elles apparaissent surtout aux deux bouts du district et inclinent à l'Ouest, comme la plupart des failles transversales de Rive-de-Gier. La plus importante est celle du Féloin, qui forme la limite entre le district qui nous occupe et celui des Verchères.

Deux autres failles longent le Frigerin et la limite commune des concessions de la Verrerie et de la Pomme; la dernière borne les travaux de la Verrerie à l'Est. Remarquons que l'allure des couches est ici, comme ailleurs, subordonnée à celle des failles. L'allure *normale* apparaît surtout au voisinage des failles *longitudinales*, à Couzon, la Verrerie, Combeplaine et Couloux; l'allure *transversale*, dans la concession de la Catonnière, au voisinage de la faille du Féloin, et à Montbressieux et Frigerin, auprès de la faille du Bosançon.

§ 94. — Reprenons maintenant l'étude du district, en passant en revue les diverses concessions; et donnons tout d'abord, dans les deux tableaux suivants : 1° la contenance et la date des dix concessions; 2° le niveau des couches dans les principaux puits, avec la cote de l'orifice de ces puits, rapportée au plan moyen de la mer.

1° *Concessions du district oriental de Rive-de-Gier.*

NOMS DES CONCESSIONS.	ÉTENDUE en HECTARES.	DATES des ORDONNANCES DE CONCESSION.
Concession de Combeplaine.	90	16 octobre 1825.
— de Frigerin.	35	26 — 1825.
— de Montbressieux.	50	26 — 1825.
— de Trémolin .	24	16 — 1825.
— de la Catonnière .	21	7 — 1810.
— des Grandes Flaches .	50	7 — 1809.
— de la Pomme.	70	16 — 1825.
— de la Verrerie .	32	15 novembre 1826.
— de Couzon .	50	17 août 1825.
— de Couloux.	27	15 novembre 1825.

2° *Tableau des puits du district oriental de Rive-de-Gier*

NOMS des CONCESSIONS.	NOMS DES PUITS.	COTES de l'orifice des puits au-dessus de la mer.	PROFONDEUR de la Grande masse dans les puits.	PROFONDEUR de la Bâtarde inférieure.	PROFONDEUR de la Bourrue.	PROFONDEUR de la Gentille.	OBSERVATIONS.
Concession de Combe-plaine.	Saint-Pierre.	310ᵐ,	Grande couche réduite à zéro.	102ᵐ,	144ᵐ,	non foncé	Toutes les profondeurs sont comptées jusqu'aux murs des couches de houille. Le puits a rencontré la Gentille par une traverse. Dans le puits même elle serait entre 107 et 109 mètres.
	Saint-Constant . . .	303		21	61	100ᵐ,	
	Saint-Martial	275		31	»	non foncé	
	De l'Espérance . . .	265		59	91	—	
	Des Saints-Innocents.	258		non foncé	45	91	
	Du bois Forez. . . .	276				30	La brèche fut rencontrée à 46ᵐ.
	Déplaudes	291				36	
Concession de Frigerin.	Sainte-Marie	264	Grande couche réduite à zéro.	60	92	non foncé	
	Saint-Esprit.	274		95	121	—	
	Saint-Jean	284		118	non foncé	—	
	Saint-Odille.	299		181	—	—	
Concession de Montbres-sieux.	Des Limites.	329	Grande couche réduite à zéro.	92	109	non foncé	Les deux couches ont été atteintes par des travers bancs.
	Des Bruyères. . . .	335		115	145	—	
	Du Rocher	337		107	131	—	
	Grand-Bel-Air. . . .	340		92	121	—	
	Saint-Joseph	343		70	96	—	
	Saint-Antoine. . . .	350		122	152	—	
	Sainte-Mélanie . . .	332		145	165	—	
	Béthenod.	347		78	non foncé	—	
	Jamen	?	116	»	»	—	La Grande couche mesure 1ᵐ,50.
	Chambeyron	318	107	non foncé	»	—	
	Bélingard.	320	100	136	»	—	
Concession de Trémolin.	Trémolin.	334		42	75	non foncé	Le puits Pugnet a rencontré la Bâtarde à 39ᵐ.
	Donat	?		40	70	—	

NOMS des CONCESSIONS.	NOMS DES PUITS.	COTES de l'orifice des puits au-dessus de la mer.	PROFONDEUR de la Grande masse dans les puits.	PROFONDEUR de la Bâtarde inférieure.	PROFONDEUR de la Bourrue.	PROFONDEUR de la Gentille.	OBSERVATIONS.
Concession de la Catonnière.	Du Cerisier vieux . .	335ᵐ,	103ᵐ,	121ᵐ,	non foncé	non foncé	La Bourrue a été rencontrée en faille. La Grande couche est amincie au puits du *Replat* par une faille. La galerie d'écoulement des Grandes Flaches est au puits du *Replat* à 92ᵐ. Des travers bancs rencontrent les Bâtardes à 77ᵐ, et la Bourrue à 88ᵐ. Le puits des *Durantières* a rencontré la Bâtarde à 62ᵐ.
	Du Cerisier neuf . .	340	97	115	127	—	
	Du Replat.	331	Grande masse amincie				
	Saint-Bruno.	329		70 124	88		
	Faure.	333	105	54	non foncé		
	Chambeyron	318	30	06			
	De la Flache	311	43				
	Du Verger	297	c. amincie	62 83			
	Buer.	?	54		112		
Concession des Grandes Flaches.	Dumas	331	97	120		Profondeur totale	
	Ferdinand	327	94	125			
	De la Compagnie ou du Rozeil.	331	90	118			
	Laurent	315	90	120	108		
	Combélibert vieux. .	296	40	64			
	Combélibert neuf . .	301	66	103			
	Maigre ou puits neuf.	332	100				
Concession de la Pomme.	Saint-Dominique . .	307	amincie	84	125		A 92ᵐ, la brèche. A 163ᵐ, la brèche. A rencontré aussi la Bourrue à ce niveau par un travers banc. La couche Bourrue n'avait que 0ᵐ,50 à 0ᵐ,70. Ces trois puits sont près du ruisseau de Frigerin.
	Saint-Victor.	286	—	en faille	114	92ᵐ	
	Saint-Jean	259	54ᵐ,	87	en faille	163	
	Du Télégraphe . . .	294	amincie	121	—		
	Brossy	311	—	102	non foncé		
	De l'Union	315	en faille	129			
	Saint-Claude	307	91	131			
	Saint-Charles. . . .	286	amincie	en faille	112		
	Mathevon.	275	—	58	94		
	Grand puits Gagnière.	265	—	35	non foncé		
	Mondoçien	271	—	33	—		
Verrerie et Chantegraine.	De la Verrerie. . . .	236	145	»	»	156	Non foncé jusqu'aux Bâtardes.

NOMS des CONCESSIONS.	NOMS DES PUITS.	COTES de l'orifice des puits au-dessus de la mer.	PROFON-DEUR de la Grande masse dans les puits.	PROFON-DEUR de la Bâtarde infé-rieure.	PROFON-DEUR de la Bourrue.	PROFON-DEUR totale.	OBSERVATIONS.
Concession de la Verrerie et de Chantegraine.	Chantegraine	235^m,	144^m,	»	»	164^m,	N'a pas été foncé jusqu'aux Bâtardes.
	De la Barrière . . .	250	130	170	non foncé	»	
	Montjoint.	281	110	non foncé	—	140	Non foncé jusqu'aux Bâtardes.
	Puits vieux de la Frarie	328	68	—	—		
	Pyrojacques.	351	65	97	120		Ce puits est à la limite des 4 concessions de la Catonniè-re, la Verrerie, Couloux et les Grandes Flaches.
	Bourguignon	180	78	en faille	en faille	100	Les Bâtardes et la Bourrue ont été rencontrées par des traverses à 100 et 157^m.
	Donzel ou Guétat . .	?	en faille	140	180		
Concession de Couloux.	De Couloux	238	135	164	»	170	
	Sainte-Agathe. . . .	275	140	»	»	145	
	Riche.	?	105	130	non foncé	135	
	Mortier.	274	115	150	—	150	
	Sainte-Bonaventure .	294	»	16	25	»	Foncé entre les affleurements de la Grande et des Bâtardes.
	Devigne.	?	80	»	»	120	N'a pas trouvé la Bâtarde par suite d'une faille.
Concession de Couzon.	Du Pré.	252	114	159	210	215	A 215^m on a trouvé la brèche.
	De la Gerbaudière. .	245	120	163	198	»	
	De la Planche. . . .	234	110	non foncé	non foncé	144	
	Saint-Lazare	264	51	{ 113 et 168	—		Ce puits a traversé deux fois les Bâtardes à cause d'une faille inverse.
	Des Ronces.	239	61	non foncé	—	90	

§ 95. — Occupons-nous d'abord de la couche la plus élevée, dite *Grande Masse*. La première concession que l'on rencontre à l'Est, en partant du Bosançou, est celle de *Combeplaine*. Une grande faille longitudinale et la brèche, amenée au jour par cet accident, la divisent en deux parts fort iné-gales. L'étroite bande, comprise entre la brèche et la lisière Sud du bassin, commence en pointe, sur la rive droite du Gier, non loin de Couzon. Elle se compose d'assises presque verticales, appartenant à l'extrémité Ouest du district de Tartaras, dans lesquelles la présence de veines exploitables semble peu probable. Ce sont les assises de la figure 25 (§ 93), pincées entre la brèche de Combeplaine et la faille limite du Sud. (Voir aussi la Carte d'ensemble, la pl. I et la coupe 1ʳᵉ de la pl. IV *bis*.)

L'autre moitié de la concession, au Nord de la brèche, comprend les travaux poursuivis sur les trois couches inférieures, dont les affleurements longent la brèche, entre le ruisseau de Frigerin et le torrent du Bosançon.

La Grande *masse* n'existe pas encore dans cette concession, quoique les Bâtardes soient à 102 mètres de profondeur au puits Saint-Pierre. On ne la rencontre pas davantage dans la concession voisine de *Frigerin*, mais bien dans celle de *Montbressieux*, où elle se montre amincie sous un toit de grès, plus ou moins bosselé. On n'a pu l'exploiter qu'au voisinage de la limite occidentale de cette concession, vers la Catonnière et les Grandes Flaches. C'est cet inégal amincissement, dû au toit de grès, qui prouve le dépôt réel de la Grande masse dans cette région, puis sa disparition ultérieure par érosion dans la concession de Montbressieux. On l'a exploitée, entre les premiers gradins de la grande faille longitudinale, par les puits *Chambeyron*, *Bélingard* et *Jamen*, où sa profondeur au-dessous de la surface du sol est de 90 à 100 mètres. L'épaisseur du charbon atteignait sur ce point 1ᵐ,50, mais se réduisait rapidement à l'Est à moins de 0ᵐ,50. Le même amincissement fut constaté, dans la direction du Nord, aux puits *Bel-Air* et *Saint-Antoine*, et surtout dans les puits des *Bruyères* et de *Sainte-Mélanie*, où l'étranglement était complet. Voici la coupe de la couche au puits *Saint-Antoine*.

Grès. Toit bosselé.	
Houille variant de.	0ᵐ à 0ᵐ,20.
Schiste.	0ᵐ,60 à 0ᵐ,80.
Houille.	0ᵐ,50 à 0ᵐ,60.
Schiste.	0ᵐ,60.
Houille et schiste	0ᵐ,55.
Grès. Mur.	

A mesure que l'amincissement fait des progrès, c'est la partie haute de la couche qui fait place au grès du toit.

§ 96. — La concession de la Pomme, au Sud de Montbressieux, quoique la plus étendue du district après Combeplaine, en est pourtant l'une des plus pauvres. La brèche occupe son extrémité Sud le long du Gier, puis vient une région brouillée, dont les assises sont partout fortement relevées, comme on peut s'en assurer en montant, depuis la route nationale, vers les puits *Bourguignon* et *Saint-Charles*. Ce brusque relèvement a fait disparaître les affleurements que l'on suit dans Combeplaine jusqu'au ruisseau de Frigerin. A peine voit-on encore, sur la rive droite, non loin du puits Gagnère, quelques traces de l'affleurement des Bâtardes. Au delà, les couches ne reparaissent au jour qu'auprès de Gier, près de la limite des concessions de Couzon et de la Verrerie. Ainsi on a rencontré la Grande masse dans les fondations de l'église neuve de Rive-de-Gier, et les Bâtardes sous les verreries de MM. Hütter et Donzel. Les brouillages dont je viens de parler se retrouvent partout dans les travaux souterrains. Les dérangements résultent surtout de deux failles que l'on rencontre au voisinage des puits *Saint-Jean* et du *Télégraphe*. L'une, celle du puits *Saint-Jean*, est une faille de direction, sur le prolongement de celle qui passe entre les concessions de la Verrerie et des Grandes-Flaches; l'autre, celle du puits du *Télégraphe*, une faille transversale, qui a spécialement amené la disparition des affleurements.

La Grande masse n'a pu être exploitée qu'aux puits *Bourguignon* et *Bélingard*, sur les limites des Grandes-Flaches, où sa puissance atteint 2 mètres à $2^m,50$; mais déjà au puits de l'*Union*, placé entre deux, la houille a disparu par érosion. Il en est de même vers la limite Nord, au voisinage de Montbressieux. Au puits *Saint-Claude* on trouva encore $0^m,60$ de houille, mais bientôt la couche se réduisit, vers l'Est, à $0^m,30$, et au puits *Saint-Charles* à moins de $0^m,10$.

§ 97. — Si maintenant nous remontons au Nord, nous trouverons, le long de la limite du bassin, l'étroite concession de *Trémolin*, où la Grande masse n'existe nulle part, si ce n'est à l'état rudimentaire au puits des *Du-*

rantières, situé à l'angle commun des trois concessions de Trémolin, Montbressieux et la Catonnière.

Dans cette dernière concession, la *Catonnière,* l'allure des couches est régulière; elles courent du Nord au Sud, transversalement à l'axe du bassin, avec forte plongée Est, vers le bas-fond des Grandes-Flaches et de Montbressieux.

La houille, visible à la surface du sol le long du flanc gauche du vallon de la Catonnière, fut en grande partie exploitée dès le siècle dernier et entre les années 1800 et 1810. La Grande masse mesurait 2 mètres à 2^m,50, vers les limites des Grandes-Flaches, où sa profondeur au puits *Faure* et aux deux puits du *Cerisier* était voisine de 100 mètres. A l'Ouest, le long des affleurements, et au Nord, dans les puits *Crappe* et *Chambeyron,* la couche était amincie, et aux puits du *Replat* et des *Limites* complètement étranglée.

Dans la concession des *Grandes-Flaches,* les couches de houille sont régulières et presque horizontales, comme je l'ai dit en exposant l'allure générale du terrain houiller dans ce district; elles ne se trouvent que faiblement affectées par les premiers gradins de la faille de direction, qui sépare les Grandes-Flaches du bas-fond de la vallée du Gier. La Grande masse avait 2 mètres à 2^m,50 à l'Ouest, le long de la limite de la Catonnière, et 1^m,50 à 2 mètres à l'Est, aux abords des concessions de Montbressieux et de la Pomme. La profondeur de la couche est en moyenne de 90 à 100 mètres. Comme à la Catonnière, la Grande couche y fut exploitée dès le siècle dernier et presque entièrement enlevée antérieurement à 1830.

Au puits *Durozeil* (ou de la *Compagnie*), on a pu exploiter, le long de la Catonnière, la petite mine de la *Découverte;* elle avait 0^m,50 d'épaisseur. D'autres puits l'ont également rencontrée, mais trop mince pour pouvoir y ouvrir des travaux.

Une galerie d'écoulement de 1,000 à 1,100 mètres a été percée, pour le service de cette concession, le long du ruisseau de la Pomme. Elle va de la route de Lyon jusqu'au puits Faure.

§ 98. — Au Sud des Grandes-Flaches se trouve la concession de la

Verrerie et *Chantegraine*. Là aussi les travaux datent du siècle dernier; les premiers puits y furent même creusés dès 1760.

L'allure des couches y est assez régulière au pied de la faille du Mouillon. Cependant, avant d'atteindre la limite de la Pomme, les travaux ont rencontré la faille transversale du puits *Guétat*, et, en réalité, la moitié Sud-Ouest de la concession renferme seule des massifs faciles à exploiter; malheureusement cette partie est presque entièrement couverte d'importantes constructions, qui empêchent l'ouverture de travaux sérieux.

La Grande masse avait en moyenne, dans cette concession, une épaisseur totale de $2^m,50$. La houille est du charbon *raffort* qui, par ce motif, était fort recherché par les verriers. Le nerf blanc et la partie *maréchale* de la couche font encore défaut dans cette région.

On a exploité la Grande masse par les puits *Chantegraine*, de la *Verrerie* et de la *Barrière*. C'est l'aval pendage de la mine de *Couloux*. On peut suivre la couche, dans le sens de sa plongée normale, de l'Ouest à l'Est, sur une longueur continue de 500 mètres, qui correspondent à une différence de niveau de 150 mètres. Au Nord du puits *Chantegraine*, au pied de la faille longitudinale, cette longue pente aboutit à un étroit bas-fond, d'où la couche se relève à l'Est et au Sud. Non loin de ce bas-fond, dans les puits *Chantegraine* et de la *Verrerie*, la Grande couche est à la profondeur de 140 à 145 mètres. Ces deux puits sont situés dans la vallée même du Gier; tandis qu'à flanc de coteau, on trouve les anciens puits de *Montjoint* et de la *Frarie*. Le premier correspond au sommet du long plan incliné souterrain dont je viens de parler; le second, à un lambeau de couche compris entre deux gradins successifs de la grande faille de direction.

Vers la partie orientale de la concession, une bande étroite s'étend, du Nord au Sud, entre la faille du puits *Guétat* et la limite de la concession de la Pomme. Dans cette région, dont la partie haute fut exploitée par le puits *Bourguignon*, l'allure est normale et assez régulière, mais l'aval pendage est également inexploitable à cause des constructions dont le sol est couvert.

§ 99. — A la concession de la Verrerie se lie étroitement celle de *Couloux*, ou du moins, la portion de cette concession qui seule a une certaine importance. Elle se divise, en effet, en trois régions fort inégales, dont deux renferment peu de houille. La plus étendue des trois est située au Nord de la grande faille de direction qui sépare les Grandes-Flaches de la Verrerie. On y voit la suite des affleurements de la Catonnière jusqu'à la faille que je viens de rappeler. Là aussi, comme à la Catonnière, on a enlevé, dès le siècle dernier, toute la houille voisine du jour et cela dans les Bâtardes, la Bourrue et la Grande masse. En aval de la grande faille vient le haut du long plan incliné de la Verrerie. On voit, par les courbes de niveau, que la pente est forte dans la région supérieure, et que là, resserré entre les deux failles, le terrain s'est même bombé et presque plissé en forme de dos d'âne. Cette région a été déhouillée, dans ces vingt dernières années, par le puits *Sainte-Agathe*, creusé vers 1848 à 1850. Au voisinage de la faille du Féloin la Grande masse augmente de puissance, et au pied de cette faille, dans l'étroite lisière qui longe la concession des Verchères, on voit apparaître le nerf blanc et, avec lui, les premiers bancs de charbon *maréchal*. Cette étroite lisière, entre la faille et les Verchères, forme la dernière des trois zones, entre lesquelles se divise la concession. Mais, en réalité, c'est une dépendance de la mine des Verchères, et on l'exploita, en effet, par le puits *Couloux*, avec le charbon des Verchères, bien avant l'ordonnance qui concéda le gîte en 1825.

§ 100. — La dernière concession du district oriental de Rive-de-Gier, celle de *Couzon*, se trouve seule, entre les dix, sur la rive droite du Gier.

C'est là, au Sud de la Verrerie et de Couloux, que se voit le relèvement brusque du terrain houiller contre le pied de la chaîne du Pilat. L'affleurement de la Grande masse, réduite à $0^m,50$ de puissance, se montre près du puits des *Ronces;* et, à 40 mètres de là, apparaissent déjà les crêtes verticales du micaschiste, sans traces de brèche, ni de couches Bâtardes et Bourrue. Grâce à la raideur du relèvement, les assises inférieures restent invisibles. La pente augmente d'ailleurs de l'Est à l'Ouest, comme le prouvent le rapprochement des courbes de niveau auprès du puits *Saint-Lazare* et la disparition des affleurements dans cette région.

Les travaux de la mine de Couzon s'étendent régulièrement, sur

400 mètres en direction, entre la faille transversale des puits *Guétal* et des *Ronces* à l'Est, et la faille du Féloin au puits Saint-Lazare à l'Ouest. Les deux failles, comme nous l'avons dit, abaissent le terrain de l'Est à l'Ouest. Au delà du puits *Saint-Lazare,* les travaux de la Grande couche se développent encore sur une centaine de mètres avant d'atteindre les limites de la concession; mais cette étroite bande appartient plutôt à la mine des Combes, comme la zone symétrique de Couloux, à la mine des Verchères. La Grande masse grandit à Couzon, de l'Est à l'Ouest, comme à la Verrerie. Ainsi, auprès de la faille du puits *Saint-Lazare,* sa puissance n'atteint que 2 mètres, vers l'aval pendage, et $1^m,20$ à peine dans les parties hautes. Le charbon *maréchal* n'apparaît nulle part à l'Est de la faille du puits *Saint-Lazare ;* il naît au delà, avec le nerf blanc, à 20 ou 30 mètres de cet accident, mais ne mesure encore que $0^m,50$ à $0^m,60$ vers les limites de la concession, où le banc inférieur, le *raffort,* grandit, d'autre part, jusqu'à 3 mètres.

L'exploitation débuta à Couzon vers 1795. Comme à la Verrerie, le charbon fut très apprécié à cause de sa dureté et donna par ce motif de fort beaux bénéfices.

Dans les années 1825 à 1840, on attaqua aussi les Bâtardes et la Bourrue ; mais on dut bientôt arrêter les travaux pour ne pas compromettre le tunnel du chemin de fer et les maisons de la rive droite du Gier. Ainsi qu'à la Verrerie, d'importants massifs sont stérilisés par les constructions extérieures.

Rappelons ici que, dans la mine de Couzon (§ 29, fig. 12), on a pu constater, sur deux points différents, des croisements de couches, dus à la pression, ou plutôt à la résistance latérale des parois du bassin. Le plus considérable de ces refoulements fut constaté lors du fonçage du puits Saint-Lazare, qui traverse les Bâtardes aux deux niveaux de 113 et de 168 mètres. Disons enfin que l'un des puits de cette concession, celui du *Pré,* a rencontré la brèche à 215 mètres, à quatre ou cinq mètres seulement au-dessous de la Bourrue.

§ 101. — Après avoir poursuivi la Grande masse depuis le Bosançon jusqu'au *Féloin*, voyons maintenant comment se comportent, dans ce même district, les couches inférieures.

Les deux Bâtardes furent régulièrement exploitées à Combeplaine, comme le prouve le développement des courbes de niveau entre le Frigerin et le Bosançon. Les travaux ont été poussés en direction, vers le Nord-Est, sans accident majeur, jusqu'au premier gradin de la faille du Bosançon, situé à 600 mètres du Frigerin, puis encore, au delà, sur 150 mètres en amont de ce premier gradin. (Voir pl. I et coupe longitudinale n° 10, pl. IV *bis*.)

Suivant l'aval pendage on est descendu, depuis les affleurements, jusqu'à la limite Nord de la concession; et, au delà, les travaux se continuent, sans interruption, au travers des concessions de *Frigerin* et de *Montbressieux*. La pente est de 35 à 40° près du jour, et ne diminue, au Nord, que vers la concession de Frigerin, à 150 mètres verticalement au-dessous du niveau des affleurements. Les deux Bâtardes se voient à la surface du sol vers le haut du taillis, dit *Bois-Forez*, entre le puits *Desplaudes*, au mur, et les puits *Saint-Martial* et *Saint-Constant*, au toit. Les deux couches sont séparées l'une de l'autre par 6 à 8 mètres de grès schisteux.

La Bâtarde supérieure est peu régulière, ayant pour toit immédiat un grossier banc de grès qui a souvent entamé la couche par voie d'érosion; aussi sa puissance n'est-elle nulle part supérieure à 0^m50, et bien souvent elle est à peine de $0^m,40$ à $0^m,45$. La veine inférieure, par contre, mesure $0^m,70$, et son toit est partout régulier, formé de schistes à nombreuses empreintes végétales. On y reconnaît surtout beaucoup de Sigillaires, les unes couchées, les autres droites; celles-ci apparaissent sous forme de troncs s'épanouissant par leurs racines à la surface du banc de houille sans y pénétrer d'une façon apparente. De plus, au mur de la couche inférieure, j'ai constaté, dans l'*Underclay*, de nombreux restes de *Stigmaria ficoïdes*. L'exploitation eut lieu surtout par le puits *Saint-Pierre*, qui rencontre la Bâtarde inférieure au niveau de 102 mètres. La houille est de qualité moyenne, moins appréciée que le *raffort* de la Grande masse.

A 35 mètres sous les Bâtardes existe la Bourrue, dont l'affleurement se

voit dans le Bois-Forez, sous celui des Bâtardes. Elle fut exploitée, comme
ces dernières, jusqu'aux limites de la concession, et aussi au delà dans les
concessions voisines. Sa puissance, faible auprès des affleurements, atteint
0^m,90 en moyenne aux puits *Saint-Pierre* et de l'*Espérance*. Le charbon est
plus pyriteux et plus mêlé de schistes que celui des Bâtardes, mais plus dur
et moins feuilleté que celui de la Gentille.

Cette dernière couche, située à 45 mètres au-dessous de la Bourrue,
est, à l'inverse des couches supérieures, plus puissante le long des affleurements qu'en profondeur. Elle semble même disparaître complètement dès
que l'on dépasse cette partie extrême du territoire de Rive-de-Gier, car
plusieurs puits, comme nous l'avons déjà dit, ont rencontré la brèche à peu
de distance au-dessous de la Bourrue; c'est donc en réalité une formation
purement locale. Sa puissance varie de 2 à 3 mètres entre les affleurements et le niveau de 40 à 50 mètres; plus bas, à 100 mètres, au puits
Saint-Constant par exemple, elle était déjà réduite à 1^m,50. On ne peut
cependant fixer exactement ses limites, mais il est peu probable qu'elle
dépasse notablement les concessions voisines de la Pomme et de Frigerin,
car elle manque, en tout cas, dans celles de Couzon, de Couloux et de la
Catonnière, ainsi qu'à l'Ouest de la faille du Féloin; elle est même déjà fort
amincie au puits des *Innocents*.

Le charbon de la Gentille est tendre, feuilleté, entremêlé de schistes
pyriteux, c'est-à-dire, à tous les points de vue, de qualité moindre que
celui des couches supérieures.

Dans les deux concessions de *Frigerin* et de *Montbressieux*, les Bâtardes
et la Bourrue furent partout activement exploitées. En passant de Combeplaine sous Frigerin, on voit ces couches s'incliner de tous côtés à l'encontre de la faille du Bosançon, puis se relever en sens inverse, dans la
concession de Trémolin, au Nord-Ouest, vers la limite du bassin. Le puits
Saint-Odille recoupe les couches près du bas-fond que je viens de signaler;
aussi sa profondeur est-elle de 181 mètres jusqu'aux Bâtardes, malgré le
faible éloignement des limites du bassin. Depuis ce point les couches se
relèvent de plus de 200 mètres, au Nord, vers Trémolin, et d'environ 100 mè-

tres vers le centre de la concession de Montbressieux. Sur ce point, les
plans indiquent un replat de 400 à 500 mètres de largeur, au delà duquel
les couches reprennent de nouveau, dans la concession de la Catonnière,
leur pente ascendante vers l'Ouest jusqu'aux affleurements. L'épaisseur de
chacune des Bâtardes varie, dans cette région, de 0^m,80 à 1 mètre. Le massif schisteux qui les sépare est de 6 à 7 mètres, sauf au Nord, près du puits
Saint-Joseph, où la distance est réduite à 2 mètres. La qualité du charbon
y fut bonne, à part les environs des puits *Bel-Air* et *Saint-Antoine*, où,
par ce motif, les Bâtardes furent appelées *sauvages*. Dans la concession
de Frigerin la Bâtarde supérieure est aussi parfois réduite par érosion
à 0^m,50.

Dans l'angle Nord-Est de Montbressieux la compression latérale a
produit, au niveau des Bâtardes, une sorte de *froncement*, pareil aux plis
des bassins du Nord. Mais ces zigzags aigus, si fréquents à Anzin et dans le
Pas-de-Calais, sont fort rares dans la Loire. A partir du puits *Sainte-
Mélanie* les Bâtardes montent régulièrement, vers le Nord-Ouest, sous l'angle
moyen de 17 à 18°. Arrivées au haut du pli, elles se précipitent presque
verticalement de 45 mètres en sens inverse, et cela sans amincissement ni
solution de continuité, après quoi les bancs reprennent leur pente ascendante de 17 à 18°. La Coupe n° 1 (pl. IV *bis*) traverse la partie extrême du
pli, où déjà la chute est moins raide; mais, plus au Nord, j'ai pu suivre
l'exploitation par gradins renversés le long de la veine sensiblement droite.

La couche Bourrue est, dans cette région, plus puissante que les Bâtardes, mais, comme ailleurs, de qualité moindre. Son épaisseur moyenne
est de 1 mètre à 1^m,20; et la distance à la Bâtarde de 25 à 30 mètres.
On l'exploitait encore en 1878 au puits Sainte-Mélanie de Montbressieux.

Dans la concession de *Trémolin* les Bâtardes mesurent chacune, comme
à Montbressieux, 0^m,90; mais elles ne sont séparées l'une de l'autre que
par 2 à 3 mètres de schistes. La Bourrue est, comme partout, entremêlée
de schistes; sa puissance y atteint 1^m,20 à 1^m,30.

La compression latérale, dont je viens de signaler un effet si manifeste, a produit aussi des failles *inverses* dans la concession de Trémolin. Le puits *Donat* coupe deux fois la couche Bourrue à 6 mètres d'intervalle; et, à 15 mètres du puits, j'ai vu cette couche glisser sur elle-même de 1ᵐ,30.

Dans la concession de la *Catonnière* la Bâtarde se trouve, comme ailleurs, à 30 ou 35 mètres sous la Grande masse; mais le nerf, qui la partage en deux bancs, est réduit à trois, deux et même un mètre. Chacun des bancs mesure, d'ailleurs, 1 mètre à 1ᵐ,20.

Quant à la Bourrue, elle est, comme partout, entremêlée de schistes; mais sa puissance atteint 1ᵐ,40. Disons enfin qu'au puits vieux du *Cerisier,* comme au puits *Durozeil* des Grandes-Flaches, on a pu exploiter la petite couche de la *Découverte,* située à 8 ou 10 mètres au-dessus de la Grande; son épaisseur était exceptionnellement de 1 mètre y compris 0ᵐ,30 de schistes.

Aux Grandes-Flaches les couches inférieures, Bâtardes et Bourrue, se présentent avec les mêmes caractères qu'à la Catonnière, et y sont aussi en grande partie déhouillées depuis longtemps.

La concession de la Pomme est sillonnée de failles, déjà mentionnées à l'occasion de la Grande masse; aussi n'a-t-on pu établir nulle part, dans les couches inférieures, des champs d'exploitation quelque peu étendus. Ces couches s'amincissent d'ailleurs sur les confins de Combeplaine. Ainsi les Bâtardes ont 1 mètre à 1ᵐ,20 le long des Grandes-Flaches et seulement 0ᵐ,50 à 0ᵐ,70 à l'Est. La Bâtarde supérieure, dont le toit est *bosselé,* est même souvent réduite par érosion à 0ᵐ,40 auprès des puits *Gagnère* et *Mathevon.* La Bourrue éprouve un changement analogue à l'Ouest, le long des Grandes-Flaches et de la Verrerie; son épaisseur est de 1ᵐ,50 à l'Est, et au puits *Mathevon* de 0ᵐ,80 au maximum. Quant à la Gentille, son existence est problématique dans cette région, car au puits des *Innocents,* sur la limite de Combeplaine, la couche est déjà fort amincie.

D'autre part, les puits du *Télégraphe* et de *Saint-Jean* ont atteint, l'un et l'autre, la brèche granitique, le premier à 163 mètres, le second à 92 mètres, sans avoir rencontré la Gentille; mais comme ces puits traversent des failles, même avant la rencontre de la couche Bourrue, on ne peut, au fond, rien affirmer pour ou contre l'existence de la Gentille sur ce point.

Ajoutons que le puits de l'*Union* a recoupé, grâce à la faille de direction, au même niveau de 129 mètres, les Bâtardes au toit de l'accident et la Bourrue au mur. Leurs puissances respectives sont 1 mètre à 1^m,20 et 1^m,50. Le puits n'est pas foncé jusqu'à la Gentille.

A la *Verrerie*, les Bâtardes et la Bourrue sont connues dans toutes les parties de la concession ; les premières mesurent chacune 1^m,25 à 1^m,30, la dernière 1^m,50. En aval de la grande faille du Mouillon, leur allure est régulière, comme celle de la Grande masse, mais leur étendue moins considérable à cause de la plongée de cet accident. (Coupe 2. Pl. IV *bis*).

Par contre, il y a compensation, en amont de la faille, sous le plateau des Grandes-Flaches. Dans cette région, les trois couches inférieures, Bâtardes et Bourrue, furent longtemps exploitées par les anciens puits *Pyro-jacques* et *Bourguignon*, placés aux deux angles Nord de la concession. Les Bâtardes y sont à 100 mètres de profondeur, la Bourrue à 125 mètres.

On connaît également les Bâtardes et la Bourrue à *Couzon*. Leur puissance est assez grande, mais le charbon de qualité médiocre, à cause des veinules de schistes. A l'Est de la faille du Féloin, l'intervalle entre les deux Bâtardes varie de 6 à 7 mètres. Voici leur coupe, prise sur les lieux :

Grès grossier.	Toit.	
Houille..	0^m,30.	} Bâtarde supérieure.
Schiste..	0^m,50.	
Houille..	0^m,65.	
Schiste grossier et manifer. 6 à 7 mètres.		} Banc schisteux entre les deux Bâtardes.
Houille..	0^m,20.	} Bâtarde inférieure.
Schiste..	0^m,06.	
Houille	0^m,80.	
Schiste et grès fin.	Mur.	

A l'Ouest de la faille du Féloin les deux couches s'améliorent un peu et se rapprochent l'une de l'autre.

La coupe de la Bâtarde, représentée planche II, a été relevée dans cette région, sise à l'Ouest de la faille.

Au puits du *Pré*, la Bâtarde supérieure est de 40 mètres au mur de la Grande masse.

La Bourrue mesure $1^m,55$, y compris deux lits schisteux.

Voici sa coupe :

Schiste.	Toit.
Houille.	$0^m,50$.
Schiste fin..	$0^m,05$.
Houille.	$0^m,50$.
Schiste fin..	$0^m,10$.
Houille.	$0^m,40$.
Grès schisteux.	Mur.

La distance entre la Bâtarde inférieure et la Bourrue est de 50 mètres au puits du *Pré*, et nous rappelons que, dans ce puits, on a rencontré la brèche, sans trace de *Gentille*, à 4 ou 5 mètres au mur de la Bourrue.

Enfin, dans la dernière concession de ce district, celle de *Couloux*, nous avons déjà dit que les trois couches inférieures ont été exploitées, dans la région haute, dès le siècle dernier. Dans la région inférieure, au pied de la faille, elles s'y montrent avec les mêmes caractères que dans les concessions voisines de la Verrerie et de Couzon; elles furent déhouillées, par le puits *Sainte-Agathe*, autant du moins que l'ont permis les nombreuses maisons de ce quartier de la ville de Rive-de-Gier.

2° District des Verchères et du Sardon, ou quartier central de Rive-de-Gier.

§ 102. — Le district des Verchères et du Sardon commence à l'Est de la faille du Féloin et se termine à l'Ouest, sur la rive droite du Gier, à la faille de Grézieux, et, sur la rive gauche, au vallon de la Durèze. Il comprend dix concessions, comme le district précédent : trois sont situées au Nord du Gier sous le plateau, en amont de la faille du Mouillon; ce sont, de l'Est à l'Ouest, *Crozagaques*, le *Mouillon* et *Gravenand*. La concession de la *Montagne du feu*, sur la rive gauche de la Durèze entre Saint-Genis-Terrenoire et le Gier, est à cheval sur la faille du Mouillon. Trois sont dans le fond de la vallée, sur la rive gauche du Gier, les *Verchères-Féloin*, les *Verchères-Fleur de Lys* et le *Gourdmarin*; trois enfin, entre la rive droite du Gier et la lisière Sud du bassin, les *Combes* et *Égarande*, le *Sardon* et le *Martoret*. J'observerai seulement que la partie extrême du Sardon, c'est-à-dire la mine de Grézieux et le puits du *Bois*, appartient plutôt au district suivant du Reclus et d'Assailly.

Ces dix concessions correspondent à la partie la plus régulière du bassin de Rive-de-Gier. L'allure normale, en fond de bateau, y est mieux accusée que partout ailleurs. (Voy. Coupes n°ˢ 3, 4, 5. Pl. IV *bis*.) La direction générale est parallèle à l'axe du bassin et le relèvement inverse, vers les deux bords, nettement accentué. A l'Ouest, du côté de la Grand'Croix, le bassin s'élargit et les couches deviennent plus puissantes, mais nulle part elles ne sont mieux réglées que dans le district central. On en peut juger, en jetant un coup d'œil sur les courbes de niveau de la Grande couche. (Pl. I et II.) Les bancs du terrain plongent vers le Sud dans les sept concessions de la rive gauche, puis se relèvent assez brusquement, en sens inverse, dans les trois concessions de la rive droite. La puissance des couches augmente à la fois, d'une façon sensible, vers le bas-fond du dépôt et à l'extrémité Ouest du district, auprès de Grézieux et de la Durèze.

La brèche granitique de la base apparaît, vers la lisière Sud, dans la concession du Martoret, au delà du Sardon, et y forme auprès de Grézieux une bande d'environ 300 mètres de largeur. (Pl. II.) Au Nord, la brèche s'élargit également dans la partie occidentale du district, entre Saint-Genis-Terrenoire et la Durèze. (Pl. III.) Aussi, quoique la largeur totale du bassin soit presque double à son extrémité Ouest qu'à l'Est, la partie utile, riche en houille, n'y dépasse nulle part 1,200 à 1,300 mètres de largeur. La profondeur des couches au-dessous du sol demeure également à peu près constante tout le long des deux mille mètres, comptés en direction de l'Est à l'Ouest. Au pied de la faille du Mouillon la Grande couche est en moyenne à 150 mètres de la surface du sol; auprès du Gier à 200 mètres, et le long de la ligne de bas-fond, sur la rive droite du Gier, entre 300 et 350 mètres.

Les failles, quoique assez nombreuses dans le district du Centre, n'amènent pourtant dans l'allure générale aucune perturbation majeure. Parmi les failles de direction le *Crain* du Mouillon est de beaucoup la plus importante; elle sépare constamment les mines supérieures du plateau des mines inférieures du fond de la vallée, et offre, dans ce long parcours, les aspects variés que nous avons signalés (§ 37); tour à tour, faille unique à rejet considérable, succession de failles en échelons et à gradins, ou encore simple inflexion et *précipitée* de mine avec laminage partiel de la houille.

Les failles transversales sont *plates* dans la partie Ouest du district, au Sardon et dans la concession du Gourdmarin; plusieurs d'entre elles, comme celle du puits *Bourret*, opèrent une sorte d'étirement longitudinal, comme si le bassin s'était quelque peu allongé suivant le sens de son axe.

A l'Est, au contraire, il y a eu refoulement, par suite des deux failles à pentes inverses du Féloin et du puits *Égarande*, entre lesquelles le terrain n'a pu s'affaisser qu'en se fronçant, en forme de pli aigu, comme le prouvent les courbes de niveau au puits du *Cimetière*. La faille du puits *Égarande* offre d'ailleurs cette particularité que de part et d'autre d'un axe neutre, où le rejet est nul, le déplacement s'est fait en sens inverse. Au Sud, entre les puits *Picpierre* et des *Combes*, la faille plonge à l'Est, tandis qu'au Nord du puits *Égarande*, elle penche à l'Ouest. Dans cette direction, elle va rejoindre la faille du Mouillon. (Pl. I.)

§ 103. — Toutes les couches du faisceau de Rive-de-Gier sont représentées dans le district central sauf la *Gentille*, qui disparaît déjà dans la partie Ouest du district précédent.

La *petite mine de la Découverte* se voit dans les carrières du Mouillon et aux Verchères. Elle fut même exploitée dans ces deux régions, où sa puissance atteint parfois quatre-vingts centimètres à un mètre.

La *Grande masse* grandit, comme on sait, de l'Est à l'Ouest. Le banc supérieur, dit charbon *maréchal*, commence à se développer à une faible distance de la faille du Féloin. Ainsi à la limite commune de Couzon et d'Égarande, il ne mesure encore que $0^m,50$ à $0^m,60$, lorsque le banc inférieur, le *raffort*, atteint 3 mètres.

Au puits des *Combes* la puissance totale de la Grande masse est de 5 mètres; au puits *Moïse* de 6 mètres à $6^{m},50$, dont 2 mètres de charbon *maréchal;* enfin, dans la concession du Sardon on arrive à 7 ou 8 mètres, et même 9 mètres au voisinage de la faille de Grézieux. Sur l'autre rive du Gier la progression est identique ; 4 à 5 mètres aux Verchères Féloin, 6 à 7 mètres dans la concession du Gourdmarin, puis 8 à 9 mètres aux environs du puits *Bourret.*

Enfin, sous le plateau du Mouillon les mêmes variations furent constatées en s'avançant, soit de l'Est à l'Ouest, soit des affleurements vers la grande faille de direction, séparant les mines hautes de celles du bas-fond.

Les couches *Bâtardes* ont été reconnues dans toute l'étendue du district central. Le nerf qui les divise diminue de l'Est à l'Ouest. Au voisinage de la faille du Féloin on trouve $1^{m},50$ à 2 mètres. Aux puits *Jamen, Moïse, Égarande,* 1 mètre à $1^{m},20$. Dans les concessions du Sardon et du Gourdmarin, au plus $0^{m},40$ à $0^{m},50$. Au puits *Maniquet* et au Mouillon, sous le plateau, le nerf disparaît même le plus souvent presque entièrement. La puissance des *Bâtardes* croît aussi, comme celle de la Grande masse, de l'Est à l'Ouest. Aux Verchères et aux Combes chacune des Bâtardes mesure $1^{m},20$ à $1^{m},40$. Au Gourdmarin et au Sardon les deux veines réunies arrivent à $3^{m},50$ ou 4 mètres, y compris les $0^{m},40$ à $0^{m},50$ du nerf schisteux. Au voisinage de la faille de Grézieux on a même constaté jusqu'à 5 mètres.

Sous le plateau du Mouillon, au contraire, l'épaisseur diminue. Si, à l'Est, les deux Bâtardes réunies ont encore 2 à 3 mètres, à Gravenand l'épaisseur descend à $1^{m},50$ et même $1^{m},30$.

En ce qui concerne la qualité, le charbon des Bâtardes est partout du *raffort* cendreux, sauf peut-être aux approches de Grézieux. Enfin, dans ce district, comme dans le district oriental, le toit de la Bâtarde supérieure se compose de grès, qui entame la houille sur quelques points.

La couche *Bourrue* disparaît, sous la partie Nord-Ouest du district, à Gravenand et vers les limites de la concession du Mouillon. Mais on l'a trouvée aux Verchères, à Égarande et au Sardon. Seulement sa puissance y est réduite à moins de $1^m,50$ et même souvent à 1 mètre ou $1^m,30$. La qualité du charbon n'est pas meilleure que dans le district oriental; elle justifie bien le nom de *Bourrue*. En approchant de la lisière Nord du bassin, la Bourrue se rapproche des Bâtardes avant de disparaître et se confond peut-être même avec elles sur quelques points.

§ 104. — Avant de passer à la description des dix concessions de ce district, donnons, dans les tableaux suivants, la date et l'étendue de ces concessions avec les cotes et les profondeurs des principaux puits.

1° *Concessions du district central de Rive-de-Gier.*

NOMS DES CONCESSIONS.	ÉTENDUE en HECTARES.	DATES des ORDONNANCES DE CONCESSION.
Concession de Crozagaque.	79 hect.	25 août 1825.
— du Mouillon	60 —	Id. .
— de Gravenand.	91 —	Id.
— de la Montagne du Feu	79 —	17 novembre 1824.
— des Verchères-Féloin.	10 —	4 mars 1802.
— des Verchères Fleur-de-Lys . . . . : . . .	13 —	Id.
— du Gourd-Marin.	82 —	3 août 1808.
— des Combes et Égarande.	59 —	3 août 1825.
— du Sardon . . . . : .	79 —	3 août 1808.
— du Martoret . . . . : .	48 —	12 mai 1825.

2° *Tableau des puits du district central de Rive-de-Gier.*

NOMS des CONCESSIONS.	NOMS DES PUITS.	COTES de l'orifice des puits au-dessus de la mer.	PROFON-DEUR de la Grande masse dans les puits.	PROFON-DEUR de la Bâtarde infé-rieure.	PROFON-DEUR de la Bourrue.	PROFON-DEUR totale des puits.	OBSERVATIONS.
Concession de Crozagaque	Fleur de Lys.	279^m.	55^m.	»	»	»	

NOMS des CONCESSIONS.	NOMS DES PUITS.	COTES de l'orifice des puits au-dessus de la mer.	PROFONDEUR de la Grande masse dans les puits.	PROFONDEUR de la Bâtarde inférieure.	PROFONDEUR de la Bourrue.	PROFONDEUR totale des puits.	OBSERVATIONS.
Concession du Mouillon.	Richardon	284^m.	65^m.	100^m.	»	»	Les puits des *Ronces* et de la *Chaise*, foncés près de l'affleurement de la Grande masse, ont rencontré la brèche, à 32^m sous la Bâtarde, sans trace de Bourrue.
	De la Pompe.	?	81	»	»	»	
	De la grande Pérarde.	308	60	»	»	»	
	Craponne	276	sur la faille.	»	»	La galerie d'écoulement est à 48 m. La Grande masse trouvée par travers banc, à 64^m	Là où les profondeurs totales ne sont pas indiquées elles ne dépassent que de quelques mètres la plus basse des couches traversées.
	Benon.	287	64	100	»	»	
Concession de Gravenand.	Du Châtaignier. . . .	?	20 au mur de la Grande				
	Gaultier.	282		25 à 30	» » »	» » »	
	Donzel (neuf). . . .	315	50	85	»	120	Au niveau de 120^m la brèche sans trace de Bourrue.
	Bonjour (neuf)	316	60	»	»	»	Même observation générale que ci-dessus.
	Riocreux.	?	45	»	»	»	
Concession des Verchères-Féloin.	Saint-Germain	278	126	176	»	»	Bâtarde amincie par la faille du Mouillon.
	Journoud	240	129	151	»	»	Même observation générale que ci-dessus.
	Laurent.	239	142	165	»	»	
Concession des Verchères-Fleur-de-Lys	De la Découverte. . .	256	170	»	»	»	Même observation générale que ci-dessus.
	Jamen.	242	162	202	»	»	
	De l'Espérance	275	177	214	236	»	
	Mouton	241	154	186	»	»	
Concession du Gourd-Marin.	Valluy.	267	167	201	»	»	
	Du Pré	247	178	196	»	»	
	Neuf.	283	166	199	»	»	

NOMS des CONCESSIONS.	NOMS DES PUITS.	COTES de l'orifice des puits au-dessus de la mer.	PROFON-DEUR de la Grande masse dans les puits.	PROFON-DEUR de la Bâtarde infé-rieure.	PROFON-DEUR de la Bourrue.	PROFON-DEUR totale des puits.	OBSERVATIONS.
Concession du Gourd-Marin.	Gilibert	287^m.	167^m.	205^m.	»	224^m.	Même observation générale que ci-dessus.
	Sainte-Anne	305	116	»	»	164	A traversé la Bâtarde, étran-glée par la faille du Mouillon.
	Marcand.	284	156	»	»	»	
	Thiollier.	265	185	205	»	»	
	Bourret	252	204	240	»	»	
Concession de la Montagne de feu.	Rocher	264	147	165	»	»	Même observation générale que ci-dessus.
	Journoud	261	116	147	»	»	
	Saint-Joseph.	266	120	»	»	»	
	Chichonne (neuf). . .	294	181	»	»	»	A 114^m, un travers banc re-coupe la Grande masse en amont de la faille du Mouil-lon.
	Chichonne (vieux) . .	313	Faille du Mouillon.			»	A 154^m, la brèche granitique.
	Bel air.	360	Id.			196	A 180^m, un travers banc re-coupe la Grande masse en aval de la faille.
	Saint-Michel.	282	66	»	»	»	
	Dumas.	272	58	»	»	»	
	Des Salades	?	56	»	»	»	
	Gobey.	307	70	»	»	»	
Concession des Combes et Égarande.	D'Égarande	247	280	309	335	347	Même observation générale que ci-dessus.
	Moïse	253	267	»	»	350	La Bâtarde a été atteinte par un travers banc.
	Saint-François	257	140	»	»	»	
	Coste ou des Combes.	268	238	»	»	»	
	Du Cimetière.	251	185	227	262	»	
	Thévenet	?	257	»	»	»	
	Saint-Maximin. . . .	293	162	»	»	»	
	Picpierre (vieux). . .	280	150	»	»	195	La faille fit manquer la Bâ-tarde.
	Picpierre (neuf) . . .	267	201	248	»	292	A ce niveau la brèche, ou le terrain ancien, sans trace de Bourrue.
Concession du Sardon	Du Logis.	248	264	314	»	»	

NOMS des CONCESSIONS.	NOMS DES PUITS.	COTES de l'orifice des puits au-dessus de la mer.	PROFONDEUR de la Grande masse dans les puits.	PROFONDEUR de la Bâtarde inférieure.	PROFONDEUR de la Bourrue.	PROFONDEUR totale des puits.	OBSERVATIONS.
Concession du Sardon.	Du Pré	247^m.	231^m.	272	»	»	Même observation générale que ci-dessus.
	Du Martoret.	295	340	376	»	»	
	Saint-Martin.	290	310	348	»	»	
	Maniquet	286	305	337	»	358	A ce niveau un travers banc a rencontré la Bourrue, qui a 1^m,80. — Les Bâtardes réunies mesurent 5^m et la petite mine de la Découverte 0^m,80 à 1^m.
	Du Château	261	218	»	»	»	
	Faure.	280	247	283	»	»	
	Grézieux.	264	227	259	»	»	
	Saint-Paul.	283	195	260	»	»	
	Du Bois	289	222	»	»	270	A rencontré à 222^m la Grande masse, étirée en filet mince, et la brèche à 265^m.
Concession du Martoret.	Du Midi.	300	184	»	»	190	Les deux puits correspondent au relèvement Sud, très raide, des couches.
	Sainte-Barbe.	307	374	»	»	380	

§ 105. — Trois concessions et la moitié Nord d'une quatrième concession occupent, dans le district central, la partie haute du bassin, en amont de la faille du Mouillon; ce sont, de l'Est à l'Ouest, *Crozagaques*, le *Mouillon*, *Gravenand* et la partie Nord de la *Montagne du feu*. Elles sont comprises entre le Féloin à l'Est, la Durèze à l'Ouest, la lisière du bassin au Nord et la faille du Mouillon au Sud. Nulle part on ne voit mieux les affleurements Nord des couches, ainsi que les divers sous-étages dont se compose le terrain de Rive-de-Gier. On peut les suivre pas à pas, presque sans interruption, depuis le Féloin jusqu'à la Durèze. En descendant du bourg Saint-Genis-Terrenoire vers Rive-de-Gier, on rencontre successivement, sur son chemin, le terrain ancien dans la partie haute du bourg même de Saint-Genis, au-dessous une large bande de la brèche granitique, puis l'affleurement de l'étage houiller et surtout celui de la *Grande masse*, ensuite le grès-

taille du Mouillon, exploité en vastes carrières à ciel ouvert, enfin le poudingue supérieur le long des pentes abruptes qui bordent la vallée de Rive-
de-Gier.

Les affleurements courent de l'Ouest à l'Est dans le territoire de la *Montagne du feu* et de *Gravenand,* s'infléchissent en demi-circonférence dans
la concession du *Mouillon,* et aboutissent dans *Crozagaques* à la faille du
Féloin. La *Bourrue* n'affleure nulle part, comme nous l'avons dit; elle disparaît, ou se confond avec les Bâtardes, dans cette région, mais existe
encore sur les confins des Verchères et du Gourd-Marin. La Grande masse
fut surtout régulière et riche dans la concession du Mouillon. On y constate
d'abord une plongée régulière au Sud-Est d'environ 10°, puis, à faible distance de la faille du Mouillon, une sorte de bas-fond, d'où la couche se
relève quelque peu avant de franchir la faille du Mouillon.

A *Crozagaques* la faille en question n'est marquée que par une *précipitée*
brusque, reliant la partie haute du Mouillon à la région basse des Verchères;
plus loin, l'accident se transforme en véritable rejet qui devient surtout
considérable à Gravenand. Au delà, près de la Durèze, la couche était fort
puissante. Mal exploitée, dans le siècle dernier, en amont du rejet, un
violent incendie s'y développa et dura trente ans; de là le nom de *Montagne
du feu,* donné au coteau qui borde la Durèze. C'est dans cette région,
appelée Saint-Genis-Terrenoire, que les premiers travaux de mines durent
commencer à Rive-de-Gier le long des affleurements. Tout y conviait, le
facile accès des couches, la régularité du gîte, la possibilité d'assécher
le terrain par des galeries d'écoulement, etc. Comme à Chantegraine, on
ouvrit sur ce point, dans la seconde moitié du siècle dernier, une
longue galerie d'écoulement, qui part du Gier à 250 mètres en amont de
l'embouchure du Féloin; elle se dirige en ligne droite sur le puits *Darnon,*
situé à 450 mètres de son orifice. Là elle se bifurque. L'une des branches,
longue de 420 à 440 mètres, se dirige au Nord jusqu'au puits *Dumaine;*
l'autre s'étend à l'Ouest jusqu'à la distance de 700 mètres, au puits du
Mûrier dans Gravenand. D'après une pétition, soumise à l'Assemblée
nationale en 1791, l'ouverture de la galerie fut autorisée par arrêt du

conseil du roi le 10 avril 1759, à la suite d'un procès-verbal de l'inspecteur royal des mines König (1) du 4 décembre 1755, par lequel il avait été constaté que presque toutes les mines du Mouillon et de Gravenand se trouvaient alors inondées. La concession de la galerie fut accordée pour trente ans et le travail devait être achevé en moins de huit années. Avec la galerie, on concédait, à la compagnie Lacombe, le droit exclusif d'exploiter la houille dans le territoire du Mouillon et de Gravenand ; d'autre part, on y homologuait les traités passés de gré à gré avec les anciens propriétaires des mines, d'après lesquels le concessionnaire avait à leur payer une redevance qui variait du sixième au quart du produit brut. Les eaux des premières mines furent percées le 15 avril 1761, et les lettres patentes de la concession furent enregistrées par le parlement le 2 juin 1767. C'est de cette dernière date que devaient courir les trente années. Mais en 1793 la compagnie concessionnaire fut expulsée par le citoyen commissaire du district, et chaque propriétaire du sol put de nouveau librement exploiter sous l'empire de la déplorable loi du 28 juillet 1791. L'ordre ne fut définitivement rétabli que par l'institution des concessions actuelles, en 1825. Une partie des travaux de la Bâtarde et même de la Grande masse se trouvaient d'ailleurs au-dessous du niveau de la galerie, de sorte que, pour l'épuisement des eaux, on dut dès 1790 établir au Mouillon une machine à vapeur. Ce fut, selon Beaunier, le premier appareil de ce genre appliqué, dans le département de la Loire, à l'épuisement des eaux.

Les travaux anciens sont fort développés au Mouillon, car Beaunier évaluait, en 1812, à 300 le nombre des puits alors abandonnés dans ce territoire. L'extraction y fut surtout très active dans la seconde moitié du siècle dernier, après le percement de la galerie d'écoulement, dont je viens de parler, et l'ouverture du canal de Givors en 1778. Malgré cela, le déhouillement n'a été achevé, dans les Bâtardes surtout, que postérieurement à 1860. Mais aujourd'hui, en tout cas, le territoire est bien épuisé et les détails qui s'y rapportent ont un intérêt purement historique.

1. C'est l'ingénieur, plusieurs fois cité, dans la description géologique de la Loire, à l'occasion des mines

J'ajouterai donc seulement que, dans la concession de Crozagaques, grâce à la faille du Féloin, la région houillère s'est trouvée réduite à l'étroite zone longeant la concession des Verchères, où les couches descendent en pente raide vers le fond de la vallée du Gier. Cette partie fut exploitée par le puits *Saint-Germain*, foncé en 1820 dans la partie haute de la concession des Verchères-Féloin. Dans la concession même du Mouillon on a pu suivre la Grande masse, à partir des affleurements, sur plus de 700 mètres selon la plongée. Sa puissance s'est élevée jusqu'à 6 et 7 mètres dans la région où la faille précipite le dépôt houiller, des hauteurs du Mouillon, dans la vallée du Gier.

Les Bâtardes ont pu être exploitées sur une étendue au moins égale. La puissance des deux couches réunies fut au maximum de 3 mètres ; au Nord, le long des affleurements, et dans la partie Ouest, vers Gravenand, l'épaisseur diminuait. Le nerf qui les sépare était partout faible.

A Gravenand, les couches de houille ne dépassent guère l'angle Sud-Est de la concession. La partie Nord est occupée par la brèche granitique de la base. Trois puits furent creusés sans succès à la recherche de la *Bourrue ;* l'un d'eux, le puits *Gaultier* n° 1, ouvert au mur de l'affleurement de la Grande masse, rencontra la brèche vers 25 à 30 mètres de profondeur, à peu de distance des Bâtardes. Les deux autres puits, foncés au voisinage de la concession du Gourd-Marin, traversèrent bien les deux couches supérieures, mais non la *Bourrue*. Ainsi le puits *Neuf Donzel* trouva la brèche à 35 mètres du mur des Bâtardes sans le moindre filet de houille. Les Bâtardes elles-mêmes y étaient réduites à 1^m,30.

§ 106. — La concession de la *Montagne du feu* s'étend le long de la Durèze, en amont et en aval de la faille du Mouillon. Je ne parlerai ici que de la partie sise en amont ; celle qui est rejetée sous la vallée du Gier dépend plutôt du district suivant du *Reclus* et d'*Assailly*.

Comme à Gravenand, toute la région Nord de la concession est occupée par la brèche granitique ; la zone où paraît la Grande masse, entre les

<hr>

de plomb de M. de Blumenstein, et dont on retrouve aussi l'utile activité dans les documents concernant Poullaouën et Huelgoat en Bretagne.

affleurements et la faille du Mouillon, n'a pas au delà de 200 mètres de largeur, et la couche n'y descend nulle part à 60 mètres au-dessous du sol. L'allure du gîte est assez régulière, avec plongée générale, au Sud-Sud-Est, vers la grande faille du Mouillon. Le plateau descend en pente raide vers le vallon transversal de la Durèze; aussi les couches ont pu y être attaquées, par simples galeries, plus facilement qu'au Mouillon, où les eaux gênaient les premiers extracteurs. Des travaux nombreux y furent donc ouverts dans tous les sens, sans règle, ni méthode, dès le moyen âge très probable-ment. Des éboulements s'ensuivirent; aussi, vers le milieu du siècle dernier, un violent incendie s'y développa d'autant plus rapidement que les tra-vaux, par leur situation au-dessus de la Durèze, ne purent être inondés. On laissa donc brûler les mines abandonnées; le feu dura trente ans, et ne cessa que par la combustion totale de toutes les parties du gîte où l'air avait un facile accès.

Depuis lors, il y a quarante ans environ, vers 1835 à 1840, on est rentré dans les travaux refroidis. On trouva la houille transformée en coke; les massifs eux-mêmes avaient été carbonisés jusqu'à des distances de plusieurs mètres, et les schistes du toit frittés, scorifiés, ou porcelanisés jusqu'à la surface du sol. Parmi les débris on trouva, soudés au coke, de fort beaux cristaux de sulfate de chaux, tout à fait limpides, de plusieurs centimètres de longueur.

On pénétra, par les puits *Saint-Michel* et de la *Chichonne*, dans les vieux travaux incendiés, ce qui permit de déhouiller les quelques massifs qui avaient résisté au feu en amont de la faille du Mouillon.

§ 107. — Entre la faille du Mouillon et le Gier, le district central comprend les trois petites concessions des *Verchères-Féloin*, *Verchères-Fleur-de-Lys* et le *Gourd-Marin*. Dans cette région, longue de 2,000 mètres et large de 250 mètres, la direction des couches est, dans son ensemble, parallèle à la faille du Mouillon et au cours du Gier, avec plongée générale vers le Sud-Sud-Est.

L'inclinaison, d'abord forte au pied de la faille, diminue peu à peu vers l'aval perdage, puis s'accroît de nouveau sous le Gier, à mesure que les couches approchent du *Thalweg* souterrain, situé, sur la rive droite, dans les travaux des Combes et Égarande et du Sardon. La régularité du dépôt n'est troublée, entre le Féloin et la Durèze, que par un petit nombre de failles transversales peu considérables, produisant plutôt, comme je l'ai déjà dit, une sorte d'étirement qu'un véritable rejet. Le plus grand nombre de ces failles, pareilles à celles du puits Bourret (§ 46), coupent, en effet, les couches sous un angle fort aigu. Peu nombreuses dans les Verchères, elles se multiplient dans la concession du *Gourd-Marin*, au voisinage de la Durèze et dans la partie basse de la *Montagne du feu*, qui touche au district suivant, fort peu régulier, du Reclus.

La Grande masse n'est connue, à l'Ouest du Féloin, dans le fond de la vallée du Gier, que depuis les premières années de ce siècle. Jusque-là les mineurs de Rive-de-Gier, peu familiers avec la marche des failles, croyaient les couches de houille du Mouillon limitées par la lisière du plateau, et celles de la Verrerie par le vallon du Féloin. Aussi lorsqu'en 1798 MM. Fleur-de-Lys ouvrirent le puits de la *Découverte*, au pied du plateau, dans le fond de la vallée, on taxa leur entreprise de folie, et le plus grand nombre prédirent leur ruine certaine. L'étonnement et la joie des mineurs du pays furent d'autant plus grands lorsque, en 1802, on y découvrit la Grande masse à la profondeur de 170 mètres. Dès lors chacun se mit à l'œuvre; MM. Fleur-de-Lys eurent de nombreux imitateurs; ce fut le début des *fièvres* de mines. On multiplia outre mesure les puits; dans les Verchères, les puits *Jamen, Mouton,* de l'*Espérance, Journoud* et *Laurent;* au Gourd-Marin, les puits *Valluy, Gilibert, Bourret, Thiollier* et *Marcand.* Il y avait alors presque autant de sociétés distinctes que de puits. La concurrence déprima les prix. Pour se maintenir, on dut forcer l'extraction; on perça des galeries dans toutes les directions et à tous les niveaux. Bref on exploita sans règle, ni méthode. Comme la puissance de la couche était souvent de 6 à 7 mètres, et même parfois de 8 à 9 mètres, on opéra le dépilage par éboulement (*foudroyage*), sans se préoccuper des énormes pertes qui en résultaient. Les conséquences de ces fautes accumulées ne se firent pas attendre. Des incendies se déclarèrent sur divers points, tandis que, sur d'autres, les eaux du Gier firent irruption dans les travaux souterrains. Après une première période très brillante, qui dura dix à douze ans aux Verchères, et douze à quinze au Gourd-Marin, on dut abandonner successivement tous les puits. On se réfugia vers les parties hautes ; c'est alors, vers 1820, qu'aux Verchères on creusa le puits *Saint-Germain* sur la limite de Crozagaque et, en 1827, le puits *Sainte-Anne,* au Gourd-Marin, sur les limites de Gravenand et du Mouillon. Quant aux parties inférieures, voisines du Gier, elles restèrent abandonnées pendant vingt ans. On n'y rentra, d'une façon définitive, que vers 1843 à 1845, lorsque les nombreuses sociétés isolées eurent fait place à de puissantes associations, qui purent enfin mettre de l'ordre dans les travaux souterrains, adopter la méthode d'exploitation par remblais complets, et installer, sur divers puits, de fortes machines d'épuisement.

La houille de la Grande couche était moins pure aux Verchères que sous l'autre rive du Gier, le raffort plus friable et le charbon du banc supérieur plus mêlé de schistes. Sa puissance était de 4 mètres auprès de la faille du *Féloin,* de 6 à 7 mètres sur la limite du Gourd-Marin, de 8 et 9 mètres au puits *Bourret.* Le charbon s'améliorait d'ailleurs dans cette direction et y fut plus gras. Non loin du puits *Bourret,* j'ai relevé la coupe suivante :

Banc supérieur (*Maréchal*). . . . . $4^m,50$
Nerf blanc 0   20
Banc inférieur (*Raffort*) 4   60
                                        Total. . . . . $9^m,30$

Il faut ajouter que, dans cette région, la houille des deux bancs différait déjà moins l'un de l'autre qu'à Égarande, sur la limite de Couzon, et que la différence s'efface d'autant plus entre les deux bancs que l'on s'approche davantage de la Grand'Croix et de la Péronnière.

Quant aux accidents, qui affectent les couches, je dois me borner, pour ne pas me répéter, à renvoyer à ce que j'ai dit d'une façon générale de l'ensemble du district, et surtout aux détails déjà donnés sur les failles *plates* des environs du puits Bourret (§ 46.)

Je rappelle qu'aux Verchères on a pu exploiter sur quelques points, comme au Mouillon, la *petite mine de la Découverte,* dont l'épaisseur était parfois de $0^m,80$ à 1 mètre.

Les couches Bâtardes furent exploitées, dans ce district, comme la Grande masse ; plusieurs puits furent même foncés jusqu'à ce niveau immédiatement après la découverte de la Grande couche supérieure. Aux Verchères-Féloin, chacune des Bâtardes mesure $1^m,10$ à $1^m,30$, et aux Verchères Fleur-de-Lys $1^m,20$ à $1^m,40$. Le nerf qui les sépare est encore au puits *Jamen* de 1 mètre à $1^m,20$, mais descend à moins de $0^m,50$ au puits de l'*Espérance,* sur la limite du Mouillon, ainsi qu'à l'Ouest, dans la région du Gourd-Marin. Les Bâtardes se trouvent ici vers 30 à 35 mètres au mur de la Grande masse.

Aux Verchères, comme aux Grandes-Flaches, la Bâtarde supérieure est assez souvent directement couverte par un banc de grès et alors partiellement amincie par érosion. Au mur de cette couche, j'ai pu observer également un véritable *Underclay,* avec restes de *Stigmaria ficoïdes,* possédant réellement tous les caractères de souches et de racines venues au sein d'une sorte de vase ou de terreau végétal. D'autre part, au toit de la Bâtarde inférieure on voyait de nombreux Sigillaires, sans Stigmaria, et seulement quelques rares frondes de Fougères. Au Gourd-Marin les Bâtardes augmentent de puissance, c'est le cas du moins, de la Bâtarde inférieure. En moyenne on a trouvé :

Bâtarde supérieure.	$0^m,60$
Nerf schisteux.	0 30 à $0^m,50$
Bâtarde inférieure.	2 50
Total. . . .	$3^m,40$ à $3^m,60$

Sur l'aval pendage, en approchant du Sardon, l'épaisseur totale fut même de 4 mètres.

Comme partout ailleurs, le charbon des Bâtardes est, dans ce district aussi, plus mêlé de schistes que celui de la Grande masse.

A 2 mètres au-dessus de la Bâtarde supérieure, lorsque le toit de celle-ci est en grès fin, et à 8 ou 10 mètres lorsque le grès passe au poudingue, on a pu exploiter, au puits *Jamen,* une veine supérieure, dite *seconde mine de la Découverte,* dont la puissance utile fut de 0^m,50 et l'épaisseur totale de 0^m,80, en y comprenant quelques lits schisteux. Là aussi le toit était criblé de Sigillaires couchées, et le grès fin limoneux du mur, pétri de souches de *Stigmaria,* toujours entourées de nombreuses radicelles.

La *Bourrue* fut peu importante et de qualité inférieure dans ce district. Elle avait 1 mètre à peine au puits de l'*Espérance* et 1^m,30 dans la région du puits *Journoud,* à 30 mètres au-dessous des Bâtardes.

§ 108. — La zone la plus importante du district central est celle de la rive droite du Gier, comprenant les trois concessions des *Combes* et *Égarande,* du *Sardon* et du *Martoret.* Sa largeur est de 500 mètres auprès de la ville à l'Est, et de 1,000 mètres auprès de Grézieux à l'Ouest ; sa longueur est celle du district même, soit 2,000 mètres. L'allure du terrain est assez régulière, à part un certain nombre de failles transversales peu inclinées qui affectent surtout les environs de Grézieux. La direction est parallèle à l'axe du bassin, sauf à l'Est, où les assises furent plissées transversalement, comme je l'ai déjà signalé, en s'affaissant entre les deux failles opposées du Féloin et d'Égarande (§ 102). L'inclinaison est partout forte. A partir du Gier les couches continuent à plonger vers le Sud jusqu'à la distance de 300 à 500 mètres, puis se relèvent, en sens inverse, presque droites et même verticales, ou plus ou moins renversées, le long des affleurements. Le terrain houiller a évidemment glissé le long du micaschiste, car non seulement les couches de houille sont amincies près du jour, mais encore la brèche de la base reste partout couverte, sous les assises supérieures, dans la concession des Combes et Égarande. Elle ne paraît à la surface du sol que dans la concession du Martoret, où sa largeur croît rapidement de l'Est à l'Ouest, comme sur la lisière Nord dans Gravenand. On voit, par ce qui précède, que le *thalweg* souterrain ne correspond nullement au *thalweg* actuel de la vallée du Gier. Aussi, comme le sol s'élève partout très rapidement à partir du Gier, à l'inverse de la plongée souterraine, on voit la profondeur des puits s'accroître rapidement avec leur éloignement du thalweg extérieur; ainsi, tandis que les puits du *Pré*, du *Château* et de *Grézieux*, voisins du Gier, traversent la Grande masse aux profondeurs de 220 à 230 mètres, les puits du *Logis* et *Moïse* ne l'atteignent que vers 265 mètres, les puits *Maniquet* et *Saint-Martin* à 305 et 310 mètres, et finalement les puits du *Martoret* et *Sainte-Barbe* vers 340 et 375 mètres. C'est la partie la plus déprimée du district central, la véritable ligne de bas-fond du bassin. Dans cette région, la Grande masse descend, à l'Ouest du puits *Sainte-Barbe*, jusqu'à 78 mètres au-dessous du niveau de la mer, et au Sud du puits *Maniquet* jusqu'à 90 mètres, tandis que sous la ligne du Gier la même couche se tient à 70, 80, même 90 mètres au-dessus de la mer, en sorte que depuis le Gier jusqu'au thalweg souterrain les couches s'enfoncent de 150 à 180 mètres sur 500 mètres de distance horizontale. C'est, par suite, dans cette région, une plongée moyenne de 30 à 35 pour 100. Le relèvement Sud est d'ailleurs plus rapide encore. Aux puits *Moïse* et *Saint-François* d'Égarande la différence de niveau est de 200 à 210 mètres, pour une projection horizontale de 200 mètres, ce qui donne 100 pour 100 de pente, ou une inclinaison moyenne de 45°. (Voir la Coupe n° 3, pl. IV *bis*.) Enfin, au Sud du puits *Picpierre*, on trouve 100 mètres de pente sur 50 mètres de projection horizontale, soit 200 pour 100 d'inclinaison, et vers les parties hautes, voisines des affleurements, les assises oscillent même, dans cette région, de part et d'autre de la verticale. Il y eut donc ici, le long de la faille limite Sud, un mouvement relatif énorme entre les massifs anciens et le terrain houiller; et c'est grâce à lui que le terrain a pu se déposer dans une dépression, dont la profondeur allait sans cesse croissant pendant la période carbonifère même. L'affaissement en question n'exclut d'ailleurs nullement, à une époque postérieure, le relèvement du sous-sol ancien, au mur de la faille, lorsque le Pilat prit son relief actuel.

Constatons ici que la ligne du bas-fond de dépôt houiller, le *thalweg souterrain*, incline dans son ensemble de l'Est à l'Ouest. Ainsi au puits *Egarande*, sensiblement situé au point où cette ligne croise la grande faille transversale de Picpierre et Égarande, le mur de la Grande masse est à 35 mètres au-dessous du niveau de la mer, tandis qu'à 1,000 mètres de là,

au pied de la faille de Grézieux et au Sud du puits *Maniquet,* elle descend
jusqu'à 95 mètres, ce qui correspond à une chute de 60 mètres, soit une
pente moyenne de 6 pour 100 dans le sens de l'axe du bassin. Ainsi, dans
cette partie si régulière du district de Rive-de-Gier, l'affaissement du dépôt
houiller, le long de la faille limite Sud, s'accroît sensiblement de l'Est à
l'Ouest, de Rive-de-Gier à Saint-Étienne. Mais il y a plus, à cette pente
régulière et normale viennent s'ajouter, de distance en distance, des sauts
brusques le long de failles transversales proprement dites, pareilles à
celle du Féloin. On conçoit, en effet, comme je l'ai précédemment signalé
(§ 45), que le sous-sol ancien n'a pu glisser en bloc le long de la grande
charnière Sud-Sud-Ouest Nord-Nord-Est, allant de Chazeau près de Firminy à Givors sur le Rhône, avec affaissement maximum près de Saint-
Étienne, sans se briser transversalement de distance en distance. Le
micaschiste n'est pas assez flexible dans son ensemble pour avoir pu se
ployer, en forme de profonde cuvette, sans fractures transversales. J'insiste
donc de nouveau sur cette *simultanéité* des grandes failles *longitudinales* et
transversales, ce qui n'exclut pas, je le répète, un certain nombre de mouvements postérieurs indépendants. Enfin l'affaissement plus considérable
du sous-sol ancien, sous Saint-Étienne, explique aussi les failles *plates* si
nombreuses dans le district qui nous occupe. En s'affaissant de l'Est à
l'Ouest, le terrain a été en quelque sorte étiré, et comme allongé, dans le
sens de l'axe du bassin.

La *Grande masse,* nous l'avons dit, ne mesure encore que $3^m,50$ sur les
limites de Couzon; mais déjà aux puits du *Cimetière* et de *Picpierre* on
trouve 4 mètres, au puits des *Combes* 5 mètres, dans le bas-fond, à l'Ouest
du puits *Égarande,* 6 mètres à $6^m,50$, enfin au puits du *Château,* non loin de
la faille de Grézieux, jusqu'à 9 mètres. Dans tout ce parcours, c'est surtout
le banc supérieur, au-dessus du nerf blanc, qui se développe, mais ce n'est
pas encore du vrai charbon de forge, de la houille *maréchale* proprement
dite. Dans cette région, au Sardon, comme à Égarande et aux Combes,
la Grande masse se composait dans son ensemble de charbon *terne* et *dur*
(houille à longue flamme oxygénée). On remarquait cependant, dans

le banc supérieur surtout, des lamelles brillantes, dont le nombre et l'épaisseur allaient croissant de l'Est à l'Ouest. Le charbon, en un mot, était plus tendre et plus gras à Grézieux qu'à Couzon. Mais la houille des Combes et du Sardon était pourtant encore classée dans la catégorie des *rafforts*.

Rappelons enfin qu'aux affleurements Sud, la Grande masse est à peine visible ; elle s'amincit dans les parties hautes des puits *Picpierre, Saint-Maximin, Saint-François* et du *Midi*.

Les *Bâtardes* grandissent de l'Est à l'Ouest comme la couche principale. Dans la concession des Combes et Égarande et au puits du *Logis* l'une et l'autre des Bâtardes mesurent 1 mètre à 1^m,20. Le nerf qui les sépare a 1^m,50 à 2 mètres dans la partie orientale, et 1 mètre seulement au puits *Moïse*. Au puits du *Pré* les couches avaient chacune 1^m,50 à 1^m,60 et le nerf 0^m,60 à 0^m,80.

Au puits *Maniquet* les deux Bâtardes sont réunies et mesurent ensemble 4 mètres ; au puits *Saint-Martin* on a trouvé 5 mètres à 5^m,40. Je rappelle qu'au Gourd-Marin, sur la limite du Sardon, leur épaisseur est de 4 mètres, de sorte que dans toute cette région la puissance moyenne des deux Bâtardes réunies est comprise entre 4 et 5 mètres.

Le charbon des Bâtardes est, comme partout, de qualité moindre que celui de la Grande masse, c'est-à-dire plus friable et mêlé d'une plus forte proportion de schistes.

La *Bourrue* se présente, dans la concession d'Égarande, avec la même puissance de 1 mètre à 1^m,30 et la même apparence qu'aux Verchères. On l'a rencontrée, par divers travers bancs, au mur des Bâtardes, dans la région des puits *Sainte-Barbe, Maniquet, Saint-Martin* et du *Midi*. Son épaisseur y fut de 1 mètre en moyenne. Au puits *Sainte-Barbe* on a constaté dans la Bâtarde et la Bourrue une petite faille qui semble n'avoir pas atteint la Grande masse. (Voy. Coupe, pl. II.) On ne saurait affirmer cependant que la faille ait réellement précédé le dépôt de la Grande masse, car, si elle est plate, elle peut correspondre à celle qui passe, dans la Grande masse, entre les puits *Saint-Martin* et du *Midi*.

§ 109. — L'exploitation a passé aux Combes et au Sardon par les mêmes phases qu'aux Verchères et au Gourd-Marin.

Dès qu'au puits de la *Découverte* on eut constaté l'existence de la houille, dans le fond de la vallée du Gier, on se mit, avec une ardeur extrême, à creuser partout des puits, sur la rive droite comme sur la rive gauche du torrent; sur les deux rives aussi, on commit les mêmes fautes. On exploitait comme si le gîte ne devait jamais s'épuiser. De nombreuses galeries furent percées dans tous les sens; trop larges, trop hautes, trop rapprochées, elles amenèrent l'écrasement des piliers réservés. Aux éboulements succédèrent l'incendie et l'inondation, puis forcément l'abandon graduel des mines, bien avant leur complet déhouillement. L'origine du mal doit être cherchée là aussi dans l'extrême concurrence, due à l'ouverture simultanée d'un trop grand nombre de mines fort peu étendues. Les territoires des deux concessions des Combes et Égarande et du Sardon étaient divisés entre six sociétés différentes, qui toutes cherchaient à produire la houille au meilleur marché possible, sans se préoccuper des pertes résultant d'un mode d'exploitation qui, au fond, était bien plus un simple *pillage* (*Raubbau des Allemands*) qu'une méthode rationnelle.

Les puits des *Combes* et du *Cimetière* furent commencés en 1804.

Le puits du *Logis* en 1795, le puits du *Pré* en 1801.

Les puits du *Château* et du *Martoret* en 1807, etc. Mais, à part les puits du *Logis* et du *Pré*, qui rencontrèrent la grande masse dès 1804 et 1806, les travaux ne se développèrent dans les deux concessions, d'une façon active, que vers 1810 à 1813, et, partout, on dut les abandonner successivement, de 1825 à 1833, à cause des eaux et du feu. La reprise n'eut lieu qu'après la constitution de sociétés puissantes, embrassant chacune plusieurs concessions. On installa alors plusieurs fortes machines d'épuisement, et l'on ramena un peu d'ordre et de méthode dans les travaux en exploitant par remblais complets. La première machine fut placée au puits *Égarande* en 1838; c'est une machine du Cornwall à balancier de la force de 400 chevaux. Plus tard, d'autres puits furent munis de machines plus simples à traction directe. L'exploitation reçut dès lors une impulsion nouvelle, mais

on se ressentit toujours des premières fautes. Au milieu des vieux travaux et
des massifs écrasés, les galeries nouvelles ne pouvaient se maintenir qu'en
les boisant à cadres jointifs, qu'il fallait renouveler à de très courts intervalles, ce qui grevait la houille de près de 3 francs par tonne. D'autre part,
les piliers, réduit en poussière par la pression du toit, ne donnaient plus
qu'une minime proportion de gros charbon et du menu mêlé de fragments
de schistes.

Avant de quitter la concession du Sardon, il convient de mentionner
un fait géologique spécial qui exerça une certaine influence sur le développement des travaux souterrains. Les puits du *Château*, du *Logis* et du
Pré rencontrèrent tous trois, à l'époque de leur fonçage, d'assez fortes
sources à des niveaux variant de 50 à 65 mètres au-dessous du sol. Ces
sources devinrent plus fortes à mesure que les travaux souterrains provo-
quèrent des fissures dans les grès dont se compose le lit de Gier.

Cependant les eaux, malgré les mouvements du sol, ne descendaient
pas au-dessous du niveau des sources primitives; elles étaient arrêtées par
un faible banc d'argile schisteuse, assez plastique pour se laminer, entre
les bancs de grès, sous la pression du terrain supérieur, de façon à isoler
les fissures du haut des fissures inférieures. L'isolement était assez complet, pour qu'à l'aide de cuvelages picotés en bois, établis à l'instar de ceux
du Nord, d'après les conseils de M. l'ingénieur Luuyt, on pût refouler les
eaux, sans les amener dans le fond des travaux.

Je n'ai rien dit, dans ce qui précède, de la concession du *Martoret*;
c'est qu'en réalité elle est stérile dans la majeure partie de son étendue,
et le faible lambeau de couche qu'elle renferme dans son angle Sud-Est
n'est, au fond, que l'amont pendage des travaux du Sardon. Ces lambeaux
étirés, presque verticaux, de la lisière Sud, furent en effet concédés aux
propriétaires du Sardon comme une sorte d'extension de leur concession
primitive. L'exploitation isolée de ce lambeau eût été onéreuse, sinon
impossible.

La brèche de la base ne laisse aux couches de houille qu'un triangle
fort restreint entre Égarande et le Sardon. Et, dans ce faible espace, les

puits du *Midi* et de *Sainte-Barbe* n'ont même rencontré qu'un gîte irrégulier, plus ou moins étiré par les failles et le relèvement Sud du bassin. Le
dernier de ces deux puits a servi plutôt pour le déhouillement du bas-fond
de la mine du Sardon que pour l'exploitation de la partie étranglée du
Martoret. Ajoutons qu'au puits du *Midi* la partie haute du relèvement Sud
de la Grande masse s'est trouvée réduite à moins de 2 mètres.

3° District du Reclus et d'Assailly, quartier Ouest de Rive-de-Gier.

§ 110. — Le district du Reclus s'étend, le long de la vallée du Gier,
depuis la faille du Grézieux et le ruisseau de la Durèze à l'Est, jusqu'au
Dorlay à l'Ouest. Au Nord du Gier, on peut considérer, comme limite
occidentale du district, la ligne de faîte qui, d'Assailly, monte entre le
Collenon et la Faverge, par le hameau du Mulet, au bourg de Cellieu.

Ce district comprend les cinq concessions du *Reclus*, la *Cappe*, *Collenon*,
Corbeyre et *le Ban*, ainsi que les extrémités occidentales des concessions du
Sardon et de la *Montagne du Feu;* sa longueur est de 2 kilomètres; sa largeur va de 2,000 mètres à l'Est jusqu'à 3,000 mètres à l'Ouest. Le contraste entre ce quartier et le précédent est grand à tous les points de vue.
Dans le premier, les couches sont régulières et parallèles à l'axe du bassin.
Dans le second, on ne rencontre que failles et couches contournées. Celles-ci
sont plissées et froncées, c'est-à-dire comprimées en travers et longitudinalement, tandis qu'au Centre les couches sont simplement relevées, vers
les deux bords opposés, en forme de fond de bateau. S'il y a eu étirement, le long de l'axe, au Sardon et au Gourd-Marin, on constate plutôt
une sorte de compression au Reclus.

Ces différences s'expliquent aisément, lorsqu'on étudie les travaux souterrains et la configuration du sol. La partie méridionale du district en question est limitée, à l'Ouest et à l'Est, par deux grandes failles à pentes inverses

et divergentes en profondeur, celle du Dorlay et celle de Grézieux (pl. III).
Le massif houiller, compris entre deux, a été soulevé et refoulé, du Sud au
Nord, par le contrefort ancien, qui se dresse, au Sud du bassin houiller,
entre le ruisseau du Dorlay et celui d'Égarande. Par le fait de ce puissant
relèvement, la ligne de bas-fond des couches — le *thalweg* souterrain du
bassin, — qui se trouve partout à très faible distance des affleurements Sud
dans les concessions d'Égarande et du Sardon, est tout à coup reportée,
par la faille de Grézieux, sous le fond même de la vallée. Par la même cause,
le cours du Gier, la trace des affleurements et les limites de la brèche
subissent ensemble une brusque inflexion vers le Nord. Ces effets dénotent,
d'une façon évidente, une pression latérale fort intense, du sous-sol ancien
Sud, sur les assises du terrain houiller situées au Nord, et, dès lors, on
comprend aisément qu'elles aient été exceptionnellement disloquées et
contournées dans cette région. Un simple coup d'œil jeté sur la planche III
et la carte d'ensemble permet de juger du nombre et de la variété des accidents, qui affectent partout les couches de houille de ce district. Les détails,
dans lesquels je vais entrer, prouveront au reste la réalité des mouvements,
auxquels je crois devoir attribuer l'allure insolite du terrain dans cette
région. Nous verrons en même temps jusqu'à quel point on peut établir
l'âge relatif des divers accidents.

Avant de passer à la description détaillée du district, donnons dans les
tableaux ci-joints l'étendue des concessions et la profondeur des puits.

NOMS DES CONCESSIONS.	ÉTENDUE en HECTARES.	DATES des ORDONNANCES DE CONCESSION.
Le Reclus	296	13 juillet 1825.
La Cappe	84	17 novembre 1824.
Collenon	94	17 septembre 1824.
Corbeyre	37	17 novembre 1824.
Le Bau	73	17 novembre 1824.

NOMS des CONCESSIONS.	NOMS DES PUITS.	COTES de l'orifice des puits au-dessus de la mer.	PROFON-DEUR de la Grande masse dans les puits.	PROFON-DEUR de la Bâtarde infé-rieure.	PROFON-DEUR de la Bourrue.	PROFON-DEUR totale des puits.	OBSERVATIONS.
Concession du Reclus.	Devarey	270^m,	209^m,	240^m,	»	»	
	Saint-Romain	286	en faille.	»	»	150^m,	A 120^m, une galerie à travers banc a rencontré la Grande masse.
	Girard inférieur . . .	282	»	»	»	197	Un travers banc rejoint la Grande masse à 173^m.
	De la Chambaude . .	298	89	»	»	114	Au niveau de 114^m, une traverse recoupe l'aval pendage de la Grande masse.
	Sainte-Marguerite . .	303	93	»	»	»	
	Saint-Mathieu	265	197	»	»	207	
	Saint-Isidore.	262	194	211	»	214	
	Saint-Denis	272	280	»	»	286	On a trouvé la Grande masse étranglée.
	Assailly	280	en faille.	»	»	235	A 232^m, on a rejoint la Grande masse au pied de la faille, et, à 156^m, son relèvement Sud aminci.
Concession de la Cappe.	Du Couchant.	256	212	245	»	250	
	Teillard (neuf). . . .	259	221	248	»	251	
	Saint-Rambert. . . .	266	en faille.	»	»	224	A ce niveau trouvé la brèche.
	De la Cluzelle	287	134	»	»	»	
	Neyrand (dans le vallon de la Durèze). .	278	191	»	»	195	
	Chavanne	272	175	»	»	180	
	Saint-Victor	285	160	»	»	166	
	De la Marguillerie . .	320	137	»	»	182	N'a pas rencontré la Bâtarde.
	Frèrejean	289	en faille.	»	»	370	A 363^m, une traverse rejoint la Grande masse.
	Neyrand dit Lorette .	266	191	»	»	218	
	Saint-André	266	196	252	»		
Concession de Collenon.	Vellerut.	374	en faille.	»	»	415	Galeries à travers banc aux niveaux de 337 et 400^m.
	Saint-Étienne	328	en faille.	»	»	»	Galeries à 196 et 250^m.
	Saint-Irénée	309	173	»	»	185	
	Dubreuil sur les bords de la Durèze. . . .	?	42	»	»	116	A ce niveau la brèche granitique; on n'a pas trouvé la Bâtarde.
Concession de Corbeyre.	Du Télégraphe. . . .	376	310	»	»	315	
	Henry.	272	208	»	»	238	
	Olympe	?	en faille.	»	»	120	Abandonné à cause d'une source trouvée à ce niveau.
	Meunier.						

NOMS des CONCESSIONS.	NOMS DES PUITS.	COTES de l'orifice des puits au-dessus de la mer.	PROFON-DEUR de la Grande masse dans les puits.	PROFON-DEUR de la Bâtarde infé-rieure.	PROFON-DEUR de la Bourrue.	PROFON-DEUR totale dans les puits.	OBSERVATIONS.
Concession du Ban.	Saint-Cloud	402	16	»	»		La Grande couche n'a que 1^m. A 140^m, brèche granitique sans Bâtarde.
	Saint-Philibert. . . .	414	88	»	»	140	
	Saint-Michel.	384	305	»	»	310	
	Saint-Étienne						
	Saint-Jean.	359	60	»	»	»	
	Henry.	409	en faille.				

§ 111. — Le premier territoire que l'on rencontre à l'Ouest de la faille de Grézieux est celui du puits du *Bois* sur les bords du ruisseau de Grézieux (pl. II). Il y a là, entre la mine du Sardon et celle de Grézieux, un espace triangulaire, rendu stérile par le relèvement du sous-sol ancien que je viens de signaler. Le sommet du triangle est sous le Gier, auprès du puits *Bourret*; la base mesure 500 mètres, auprès du hameau de Grézieux, le long des bords de la brèche. Le puits du *Bois* occupe le centre du triangle; il est placé sur la rive droite du ruisseau de Grézieux, à 150 mètres du point où la Grande masse fut jadis fouillée, près du ruisseau, le long d'une descenderie ouverte sur les affleurements. Cette fouille, aussi bien que le puits du *Bois*, n'a rencontré qu'une série de lambeaux, fortement amincis et rendus inexploitables par la faille.

A 265 mètres de profondeur le puits du *Bois* traverse la brèche. A ce niveau une traverse fut poussée jusqu'au puits *Faure*, afin d'en aérer les travaux. Dans ce trajet, on recoupa un autre faible lambeau, également étranglé, qui pourrait même, à en juger par sa profondeur, appartenir aux Bâtardes plutôt qu'à la Grande masse. En tout cas, on le voit, ni l'une ni l'autre des deux couches n'est restée intacte. Les recherches faites dans la faille même, soit à partir du puits du *Maniquet*, soit à partir de celui de *Grézieux*, sont d'ailleurs également restées infructueuses. On a ainsi la preuve que ce territoire est devenu stérile par le relèvement du massif du Reclus. Le glissement eut lieu suivant le plan des couches qui furent de la sorte broyées, laminées, et, en quelque sorte, réduites à rien. C'est un exemple très frappant d'un véritable brouillage et j'ai en effet cité ce territoire, à ce point de vue, dans la partie générale (§ 47).

A l'Ouest de cette zone triangulaire, rendue stérile par le fait des mouvements du sol, la Grande masse reparaît exploitable sur 400 mètres en direction : c'est la mine dite de *Grézieux*, comprenant les puits *Faure*, *Saint-Paul*, *Devarey* et *Grézieux*. Le charbon en était fort apprécié, mais le refoulement des couches y est des plus apparents. Le puits *Saint-Paul* est placé sur la vive arête d'un dos d'âne, à partir duquel la couche incline en pente raide vers le Nord et le Sud. Les courbes de niveau et la coupe (pl. III et Coupe n° 5, pl. IV *bis*) montrent la couche se relevant à partir du Gier, puis se recourbant en sens inverse à l'encontre de la faille limite. La couche se trouve ainsi ployée par un effort latéral venant du Sud, effort qui peut d'ailleurs provenir tout aussi bien du simple affaissement le long de la faille limite que d'un véritable refoulement direct en sens inverse. Je ne m'occupe ici que des mouvements *relatifs*, sans vouloir préjuger la part due aux soulèvements par opposition à la simple théorie des affaissements. Si, comme je l'ai dit souvent, les affaissements ont joué un rôle prédominant dans la formation des dépôts houillers, ils n'excluent nullement la possibilité de certains soulèvements aux époques postérieures. Le fait du refoulement est constant, mais on peut différer sur la cause réelle de la compression. Celle-ci se fait d'ailleurs également sentir suivant le sens de l'axe, car, si l'on se reporte aux courbes de niveaux des mines de Grézieux et du Chambon, on voit que les couches y sont disposées en forme d'entonnoir, ou de cuvette arrondie, dont le point le plus bas correspond exactement à l'embouchure du ruisseau de Collenon dans le Gier. De ce point central, le terrain monte régulièrement dans tous les sens, mais surtout en pente raide vers le Sud, contre le grand pli du puits Saint-Paul. (Voir Coupe n° 5, pl. 4 *bis*.)

Au Nord, la Grande couche s'élève, à part quelques rejets, vers les parties hautes de la Cappe et de la concession voisine de la Montagne du Feu, sur la rive gauche de la Durèze. Là aussi les inflexions variées des courbes de niveau accusent la double compression en travers et suivant le sens de l'axe, mais l'action transversale est de beaucoup la plus intense. Il suffit, pour s'en convaincre, de suivre les courbes de niveau aux puits *Neyrand, Chavanne,* la *Cluzelle, Saint-Joseph, Chantecros, Sainte-Colette,* etc. Nulle part, dans le bassin, les couches sont plus tourmentées et plus infléchies par les failles, qui s'entrecroisent ici réellement dans tous les sens sous le Collenon et la Durèze. Les profondes gorges, fort sinueuses, le long desquelles circulent ces deux torrents, correspondent aux puissants accidents connus dans les travaux souterrains.

Le district du Reclus est, je le répète, un vrai chaos à l'extérieur comme à l'intérieur. La seule partie un peu régulière est celle qui longe la rive gauche du Gier depuis les puits *Bourret* et du *Rocher* jusqu'aux puits du *Chambon* et de l'*Espérance*. Le désordre souterrain augmente d'ailleurs à mesure que l'on s'avance, de l'Est à l'Ouest, vers le Dorlay. Dans les concessions de la Montagne-du-Feu et de la Cappe, si les couches sont généralement contournées et coupées de nombreux rejets, on ne trouve cependant, en dehors du grand Crain du Mouillon, allant du puits de la *Chichonne* au puits *Vellerut* de la concession de Collenon, aucun accident de premier ordre; par contre, à la limite Ouest de la Cappe apparaissent deux grandes failles à pentes inverses, qui se rattachent indirectement à l'énorme dislocation de la gorge du Dorlay ci-dessus mentionnée. La première de ces failles, celle du puits *Frèrejean*, plonge à l'Ouest et fait descendre les couches, entre les puits *Saint-Victor* et *Frèrejean*, de 160 et même 200 mètres; tandis que la faille opposée, située à 300 mètres de la précédente, les fait remonter de 150 mètres. Il y a donc entre deux une sorte de gouffre profond, où la Grande masse descend jusqu'à 90 mètres au-dessous du niveau de la mer, soit 400 mètres au-dessous du sol; tandis que partout ailleurs, dans ce district, la même couche s'enfonce rarement à plus de 200 mètres du jour (pl. III).

Remarquons qu'ici, entre les deux failles à pentes inverses, la couche fut ployée en s'affaissant au fond du gouffre. La compression s'y manifeste dans *tous* les sens, parce que les failles des puits *Frèrejean* et *Saint-Étienne* sont obliquement reliées l'une à l'autre par deux rejets également inverses, qui achèvent d'isoler entièrement la profonde cuvette. On peut juger de l'extrême dislocation de cette région en comparant les plans (pl. III) à la Coupe n° 6 (pl. IV *bis*).

§ 112. — A l'Ouest de la faille du puits *Saint-Étienne* les couches remontent enfin, assez régulièrement, vers les affleurements de la concession du Ban, par les puits *Saint-Irénée* et du *Télégraphe ;* mais les contournements redeviennent plus fréquents sous Assailly, dans les champs d'exploitation des puits *Henry, Olympe, Meunier,* etc. Enfin le puits *Assailly,* sur la rive droite du Gier, est creusé sur une faille de direction, qui fait remonter les couches vers la lisière Sud. Toute cette partie occidentale de la concession du Reclus paraît en grande partie stérile par le fait du soulèvement intense que subit, comme nous l'avons dit, toute la rive droite du Dorlay jusqu'au ruisseau de Grézieux. Un grand nombre de puits furent creusés en pure perte dans cette région. Les uns, comme le puits *Saint-Denis,* sont tombés sur la faille transversale du puits Frèrejean; les autres, comme les puits *Assailly, Sainte-Marguerite,* etc., sur la longue faille de direction qui va du puits *Devarey* à la forge d'Assailly sur environ 1,500 mètres de longueur; dans toute cette région on n'a trouvé, jusqu'à présent, que le seul petit lambeau, fort tourmenté, du puits de la *Chambaude.* Au pied de la longue faille de direction se trouvent les puits *Saint-Mathieu, Saint-Isidore* et *Sainte-Colette,* qui correspondent au bas-fond du bassin. Les courbes de niveau montrent, dans cette région, une série de cuvettes pareilles à celle de Grézieux; elles prouvent toutes la double compression, transversale et longitudinale, du terrain houiller.

La continuité des parois de ces cuvettes me paraîtrait difficile à expliquer si l'on admettait la complète indépendance des deux mouvements que je viens de rappeler. Je suis donc amené ici encore à cette conclusion, que l'affaissement des assises houillères, entre les deux bords opposés du bassin, ne s'est pas opéré en bloc, tout d'une pièce, d'une façon uniforme.

Le fond des cuvettes a dû éprouver un mouvement plus intense, ou plus prolongé que les parties voisines des bords. D'autre part, cependant, il y a eu également, dans cette région, des dislocations postérieures considérables, puisque le profond gouffre du puits Frèrejean est de tous côtés borné par de véritables failles; seulement là encore il semble résulter, de la continuité du lambeau au fond du gouffre, que le terrain a dû glisser *simultanément* le long des quatre failles, qui constituent la profonde dépression. En tout cas, on le voit, la variabilité des directions ne prouve pas la non-contemporanéité des accidents.

Remarquons maintenant que la grande faille du puits *Frèrejean* va rejoindre celle du Dorlay; elles plongent l'une et l'autre dans le même sens et ont à peu près la même direction. Toutes deux se rattachent au mouvement qui a poussé le massif du Reclus du Sud au Nord. En réalité, c'est, en quelque sorte, un seul et même accident qui coupe l'axe du bassin sous un angle d'environ 45°.

Par le fait de cette forte obliquité, le terrain houiller du mur de la faille s'est trouvé refoulé, vers le Nord, dans un espace de plus en plus étroit, ce qui explique la formation des cuvettes ci-dessus signalées.

Si les couches sont moins régulières dans le district du Reclus que dans celui des Verchères, elles sont, par contre, plus puissantes et de meilleure qualité. La Grande masse avait en moyenne à Grézieux 10 mètres d'épaisseur; elle s'y trouvait divisée en deux parties à peu près égales par le nerf blanc. Le charbon était moins dur que celui d'Égarande et passait déjà du *raffort* au *maréchal*. Sur l'autre rive du Gier, dans la partie basse de la Montagne du feu, l'épaisseur de la Grande masse était moins constante. Grâce au refoulement dont j'ai parlé, il s'y était formé des amas, ou lentilles, de 12 à 15 mètres, mais aussi des zones plus ou moins étranglées, dont l'épaisseur était réduite à 6 ou 7 mètres. Dans ces parties, le charbon était tendre et partiellement broyé. Dans la concession de la Cappe, la Grande masse a surtout fourni des charbons à coke de qualité moyenne. Le long de la Durèze, auprès des puits Neyrand et Chavanne, sa puissance atteignait 12 mètres; plus loin, le long du Gier, dans la région des puits du

Couchant, de *l'Espérance, Teillard, Saint-André, Lorette,* etc., 9 à 10 mètres. Au pied de la faille du Mouillon, vers les puits *Chantecros* et de la *Marguillerie,* le charbon était de nouveau réduit à 6 ou 7 mètres et entrelardé de quelques schistes; plus loin, dans le bas-fond des puits *Frèrejean* et *Vellerut,* les schistes sont encore plus abondants et la puissance est ramenée à 4 ou 5 mètres.

§ 113. — Au Nord et à l'Ouest de la *Cappe* s'étend la concession de *Collenon.* Elle est divisée en deux zones par la grande faille du Mouillon qui passe au puits *Vellerut.* La région haute, en amont de la faille, est criblée de vieux puits, peu profonds, que Beaunier déclare abandonnés depuis trente ans, c'est-à-dire dès 1780. L'affleurement de la Grande masse est visible le long des profondes gorges de la Durèze et du Collenon. Sous le plateau la couche vient buter souterrainement contre une deuxième faille de direction, qui réduit la brèche, entre les deux ruisseaux, à une bande de peu de largeur. La Grande masse n'y est cependant pas à une bien grande profondeur, au puits *Rivat* à 35 mètres, au puits *Dubreuil* à 42 mètres, etc.

D'après les renseignements recueillis par Beaunier en 1812, la puissance de la couche n'y aurait nulle part dépassé 5 mètres, et les schistes s'y seraient trouvés assez abondants. Ces renseignements concordent avec ce que nous savons de la tendance de la couche à s'amincir vers les affleurements, au Mouillon et à Gravenaud, et aussi, à l'Ouest, dans la concession du Ban, comme je le dirai dans un instant. Au reste, même au pied de la faille du Mouillon, la couche n'est pas meilleure dans cette région. On vient de voir ce qu'elle est devenue aux puits *Vellerut* et *Frèrejean,* et l'on peut ajouter que la région basse, au pied de la faille de Collenon, dans les travaux des puits *Saint-Étienne, Saint-Irénée* et du *Télégraphe,* n'est pas mieux partagée. Dans ces puits le toit immédiat de la Grande masse se compose de grès qui alors, comme toujours en pareil cas, est amincie par érosion, de sorte que son épaisseur normale de 5 à 6 mètres est ramenée, en un grand nombre de points, à 4 mètres, 3 mètres et même 2^m,50. Les schistes abondent d'ailleurs aussi dans le charbon, comme au puits Frèrejean, et ces schistes se sont parfois transformés en de véritables lentilles de grès dur de plusieurs décimètres d'épaisseur. L'un de ces nerfs de grès, voisin du mur, s'est même renflé jusqu'à plusieurs mètres, ce qui obligea d'exploiter isolément le banc de houille situé au-dessous. Au puits *Saint-Irénée*, par exemple, le nerf de grès atteint 3 à 4 mètres et même exceptionnellement 10 mètres. Le banc de houille, ainsi séparé de la Grande masse, avait une épaisseur de 2 mètres. Celle-ci s'est également dédoublée, en deux veines distinctes, vers le bas-fond de la Cappe, dans la mine de Lorette ainsi que sur l'autre rive du Gier, dans les travaux du puits *Saint-Mathieu* du Reclus. Cette veine du mur de la Grande masse est appelée *petite Bâtarde* par les mineurs du district. Il ne faut pas la confondre avec la *petite mine de la Découverte* des Verchères, située aussi au mur de la Grande masse, mais se détachant plutôt, comme veine indépendante, de la Bâtarde supérieure que de la Grande couche.

Au Sud de Collenon et à l'Ouest du Reclus se trouve, sur la rive gauche du Gier, la concession de *Corbeyre*. Au puits *Henry*, la Grande masse s'y présente sous forme d'amas plus ou moins renflés; mais en moyenne elle n'a guère plus de 6 ou 7 mètres, et se trouve aussi entremêlée de schistes comme à Collenon. Là aussi la petite *Bâtarde* se détache, en divers points, du mur de la Grande masse, sous forme de couche indépendante.

Les courbes de niveau décèlent, comme à la Cappe, une allure fortement troublée. Les froncements et contournements des couches se rencontrent partout dans les travaux. On trouve des dos d'âne, ou de véritables dômes, entre les puits *Henry* et du *Télégraphe,* et une cuvette allongée, le long d'une faille, à l'Ouest du puits *Meunier*.

L'extrémité Sud de la concession de Corbeyre est isolée de la partie Nord par la longue faille de direction, qui passe au Sud des puits *Saint-Isidore* et *Saint-Mathieu*. Elle stérilise les territoires des puits de la *Forèze*, *Julien*, *Thévenet* et *Assailly* de la concession du Reclus, et se trouve limitée, à l'Ouest, par une faille transversale, qui semble se rattacher à celle qui passe entre les puits *Pugnet*, *Meunier* et *Saint-Michel-du-Ban*. L'angle Sud de Corbeyre, ainsi isolé de la partie Nord, fut exploité par le puits *Sainte-Barbe*, creusé, sur la rive gauche du Gier, en face de la forge d'Assailly. Dans une carrière de pierre, située entre ce puits et l'embouchure du Dorlay, on a exploité le banc de grès fin du toit de la petite couche de la Découverte. J'ai constaté, en effet, dans le fond de la carrière, une veine de houille sous ce banc de grès, à 35 mètres seulement des travaux de la Grande masse.

Grâce à la grande faille du Dorlay les couches ont pris partout, dans cette région, une allure transversale; c'est le cas du puits *Sainte-Barbe* et des mines de la Grand'Croix et de la Péronnière. Les travaux du puits *Sainte-Barbe* sont d'ailleurs peu étendus, et le charbon s'y trouvait chargé de schistes comme dans les autres parties de la concession de Corbeyre.

Avant de quitter ce district, il importe de rappeler encore l'influence fâcheuse que les failles ont exercée sur la région du Reclus. Non seulement, comme je l'ai déjà dit, presque toute la partie située au Sud du Gier est devenue stérile; mais les accidents sont également nombreux au Nord jusqu'à la grande faille longitudinale du puits *Vellerut.* Le point le plus troublé est l'angle Sud-Ouest du Reclus. Aucun puits n'y a trouvé la houille. Ainsi, sur les bords du Dorlay, le puits *Saint-Philippe* est resté constamment, jusqu'à la profondeur de 170 mètres, dans des roches brisées; c'est un véritable *brouillage* pareil à celui du puits du Bois (§ 47 et 111). Le puits *Saint-Denis,* près du Gier, correspond à la partie de la faille du Dorlay qui aboutit au puits *Frèrejean.* Le puits *Assailly* est tombé sur l'une des failles de direction du pendage Sud du bassin, au point où celle-ci croise la faille transversale du puits *Saint-Étienne.* Bref, on le voit, le confluent du Dorlay et du Gier appartient au point de rencontre d'un ensemble de grandes failles, toutes causées par le déplacement relatif des deux massifs anciens entre lesquels passe le Dorlay. C'est la région la plus tourmentée des environs de Rive-de-Gier. Toute la partie méridionale du district du Reclus, à part la mine de Grézieux, pourrait être considérée au fond, dans son ensemble, comme une sorte de vaste *brouillage* (pl. III).

§ 114. — Revenons maintenant à la partie Nord-Ouest de ce district.

La Grande masse s'amincit et se détériore à mesure que l'on remonte au Nord dans la concession du *Ban.* Sur la rive droite du ruisseau de Collenon elle fut exploitée, dans les premières années de ce siècle, non loin des affleurements, par une série de puits peu profonds et par une galerie partant des bords du ruisseau. La couche n'avait guère plus de 2^m,50 à 3 mètres, et au puits Saint-Cloud, profond de 16 mètres et foncé en 1836, elle était même réduite à 1^m,30.

En s'avançant vers le hameau du Mulet, dans la direction de l'Ouest, l'affleurement tend à s'amincir de plus en plus. Ainsi, à 200 mètres du puits *Saint-Cloud*, une fendue ne trouva que 0^m,80 de houille. Du côté opposé, à l'Est, la couche grossit au contraire de nouveau, vers l'aval-pendage, dans les travaux du puits *Saint-Jean*. A mesure que l'on approchait des limites de Collenon, on retrouvait 2, 3 et 4 mètres de charbon, malheureusement toujours mêlé de schistes, comme au puits *Saint-Irénée*, et parfois aussi raviné par le grès du toit.

Au puits *Saint-Philibert*, à 88 mètres de profondeur, la Grande masse est réduite à un mètre, et au-dessous vient la brèche, à 144 mètres, sans trace de Bâtarde. Toute cette région est d'ailleurs criblée de failles comme les autres parties du Reclus. Une faille de direction, à peu de distance du puits *Saint-Philibert*, rejette la Grande masse de 88 à 140 mètres, et, peu après, un deuxième gradin la déplace de nouveau [dans le même sens. A ce niveau inférieur son épaisseur est de 2 mètres. Le puits *Henry du Ban* est également tombé sur un accident, et le puits *Saint-Michel* ne trouva la houille qu'à 314 mètres, au milieu d'accidents variés. C'était une faible veine de quelques centimètres, plongeant de 40 pour 100 vers le Sud-Ouest. — On l'a explorée sur 80 mètres en suivant sa ligne de pente. Le toit était constamment *bosselé* et formé de grès; de plus, même au pied de la descenderie, où la veine était devenue horizontale, elle n'avait pas au delà de 1^m,40, de sorte que l'amincissement est évidemment due ici à l'érosion. Enfin, au puits *Saint-Étienne*, non loin de la Faverge, la couche plonge au Sud-Est, comme aux puits *Saint-Jean* et du *Télégraphe;* mais les conditions générales du gîte sont moins favorables, car, au Sud, de nouvelles failles rejettent la couche vers le bas-fond de la Faverge, et, à l'Est, on est bientôt arrêté par les accidents du puits *Saint-Michel*. On a cependant ouvert, en 1879 au puits *Saint-Étienne*, des travaux dans des massifs où la couche mesure tour à tour 5 à 7 mètres. Un travers banc, partant du puits *Sainte-*

Marie de la Faverge, fournit de l'air aux travaux. Cette galerie, percée dans le mur de la couche jusqu'à la brèche, prouve que la Bâtarde et la Bourrue manquent l'une et l'autre dans cette région. En résumé, ce qui précède montre bien que, dans la concession du Ban, la Grande masse est presque partout amincie par érosion, ou troublée par des failles, et n'est vraiment exploitable qu'au voisinage de la limite orientale de la concession, le long de celle de Corbeyre.

Voyons maintenant ce que devient la couche *Bâtarde* dans le district du Reclus. Les deux bancs sont partout réunis en une couche unique. Assez puissante au fond de la vallée, elle diminue d'épaisseur, comme la Grande masse, en remontant vers les affleurements. Dans la mine de Grézieux on a trouvé 3 à 4 mètres à l'Est, et 4 à 5 mètres vers l'extrémité opposée, au puits *Devarey*. Elle redescend à 3 ou 4 mètres au puits *Saint-Isidore*, à 2^m,50 dans les travaux des puits *Teillard* et du *Couchant*, et même à 2 mètres au puits *Saint-André*. Dans ce quartier, sur la rive gauche du *Gier*, reparaît d'ailleurs, vers le milieu de la couche, un nerf de 0^m,40 à 0^m,50. A la Montagne du feu, au puits du *Rocher*, dans les parties basses, on retrouve encore 2 mètres à 2^m,50 ; mais la couche s'amincit au puits *Journoud*, à mesure qu'elle approche du pied de la faille du Mouillon ; en amont de cette faille, au puits *Dubreuil* de Collenon ainsi qu'au Ban, elle disparaît complètement. Plusieurs puits atteignent la brèche sans rencontrer le moindre vestige des couches inférieures.

Là où la Bâtarde existe, elle est en général à 25 ou 30 mètres au-dessous de la Grande masse. Au puits *Saint-André* cependant, grâce au gros grain de la roche, la distance atteint 50 mètres.

Comme le charbon de la Grande masse, celui de la *Bâtarde* devient plus gras à mesure que l'on remonte de l'Est à l'Ouest ; cependant, à cause des schistes qui y sont mêlés, le charbon de la Bâtarde reste toujours inférieur à celui de la Grande. .

Enfin, la *Bourrue* ne paraît exister nulle part dans le district du Reclus, sauf peut-être dans la région qui touche au Sardon et au Gourd-Marin.

§ 115. — Les travaux de mines, ouverts dans le district du Reclus et d'Assailly, sont en général d'une date plus récente que ceux des deux districts précédents. A part la région haute de Collenon et de la Montagne du feu, où l'exploitation débuta, le long des affleurements, par des galeries partant du profond vallon de la Durèze, dans le cours des siècles passés, la plupart des puits importants ne datent que du premier tiers du présent siècle. Comme ailleurs, du reste, l'exploitation ne devint fructueuse et régulière qu'à la suite de la fusion des petites sociétés primitives, qui toutes se faisaient entre elles une concurrence effrénée. Cette concentration des intérêts opposés eut surtout lieu dans la période de 1832 à 1848, après l'ouverture du chemin de fer de Lyon et la promulgation de la loi de 1838 sur l'épuisement des eaux provenant de mines voisines.

Quelques-uns du puits de la Cappe, tels que *Saint-Joseph*, *Journoud*, le *Rocher* et *Vellerut*, furent creusés de 1800 à 1810, en même temps que les puits du *Logis*, du *Pré*, du *Château* dans le Sardon. Mais la plupart des autres sont postérieurs à 1815 et 1820; plusieurs même, comme ceux de Grézieux, ne furent commencés que vers 1830. Ils restèrent d'ailleurs longtemps inondés et ne furent sérieusement repris que dans les années 1839 à 1842. Aujourd'hui ce district, comme les deux précédents, est déjà presque entièrement épuisé, et la seule partie du bassin de Rive-de-Gier, qui offre encore des régions vierges, est celle qui confine à Saint-Chamond; c'est la partie occidentale du district de la Grand'Croix, où les couches descendent à 500 mètres de profondeur.

4° District de la Grand'Croix.

116. — Le district de la Grand'Croix comprend l'extrémité la plus occidentale du territoire, que l'on désignait jadis sous le nom spécial de bassin de Rive-de-Gier. Il s'étend du district du Reclus jusqu'à la concession de Saint-Chamond, c'est-à-dire depuis le Dorlay jusqu'aux deux ruisseaux de l'Onzion et des Arques. Sa longueur, suivant l'axe du bassin, est de 2,000 à 2,500 mètres, sa largeur moyenne de 3,000 mètres. Les concessions y sont au nombre de cinq; ce sont :

La *Grand'Croix*, la *Faverge*, la *Péronnière*, *Combérigol* et le *Plat de Gier*.

On a parfois représenté le district de la Grand'Croix comme plus ou moins isolé du territoire de Rive-de-Gier, ou tout au moins comme formé sous l'influence de conditions spéciales. Il y a dans cette manière de voir une part de vérité, mais aussi quelque exagération. Ce qui est certain, c'est que le district de la Grand'Croix est aujourd'hui séparé du bassin spécial de Rive-de-Gier par les deux grandes failles qui aboutissent au confluent du Dorlay dans le Gier; c'est-à-dire par la faille transversale du Dorlay et par la faille de direction, non moins importante, qui isole les concessions de la Grand'Croix et de la Faverge de celles de Corbeyre et du Ban. Grâce à ces deux failles, dont l'origine remonte aux premiers âges du bassin houiller, le sous-sol ancien s'est affaissé graduellement à l'Ouest vers Saint-Chamond; tandis que du côté de Rive-de-Gier l'affaissement s'est surtout produit parallèlement à l'axe du bassin. A l'origine donc, lors de la formation de la Grande masse par exemple, le marécage houiller s'étendait sans interruption de Rive-de-Gier vers Saint-Chamond; mais plus tard les conditions du dépôt se différencièrent de plus en plus, à mesure que les premières assises s'enfonçaient le long des failles limites. C'est ainsi que dans les trois districts de Rive-de-Gier se développa surtout l'allure *normale*, tandis que dans celui de la Grand'Croix se dessina plutôt l'allure *transversale*.

C'est aussi à partir du district de la Grand'Croix qu'apparaît, à la distance de 200 à 250 mètres au-dessus de la Grande masse, le dépôt spécial, que l'on désigne parfois sous le nom de *terrain de Saint-Chamond*, terrain caractérisé par l'abondance de l'élément micacé, qui affecte simultanément les schistes, les grès et les poudingues (*grattes*).

Cependant si, à partir de la Grand'Croix, ou de la faille du Dorlay, le dépôt houiller s'est surtout affaissé dans la direction de l'Ouest, il ne faudrait pas croire que l'allure transversale restera désormais seule prédominante, et que les couches continueront à s'enfoncer indéfiniment avec la même pente vers l'Ouest. En réalité, l'allure normale reste la règle le long des grandes failles limites Nord et Sud, tandis que l'allure transversale, produit direct des failles qui sont perpendiculaires à l'axe du bassin, caractérise plutôt les quartiers du Centre. Cette double direction, due aux failles, ressort nettement des courbes de niveau de la Grand'Croix même. Le district de la Grand'Croix est au reste, dans son ensemble, plus régulier que celui du Reclus, quoique les failles aussi n'y manquent pas. La plupart d'entre elles vont du Sud au Nord, parallèlement à celle du Dorlay, ce qui divise le terrain en larges gradins, entre lesquels les couches se poursuivent sans éprouver de notables dérangements.

§ 117. — Outre ces accidents, les couches sont fréquemment amincies par *érosion*. A Rive-de-Gier nous avons surtout signalé des ravinements dans les travaux de la Bâtarde supérieure. A la Grand'Croix au contraire, comme au Ban, c'est plutôt la Grande masse qui se trouve affectée par ce genre d'accident sur une très large échelle. C'est ainsi que, dans l'espace triangulaire, qui a pour sommet le puits *Saint-Antoine* dans la concession de la Péronnière et pour base une ligne tirée du puits *Montribout* au puits *Saint-Louis*, la Grande masse est presque complètement enlevée par ravinement. Dans toute cette région, ayant 800 mètres de base sur 500 mètres de hauteur, la couche est réellement inexploitable. Directement couverte par le grès, elle est réduite à un simple filet variant de quelques centimètres à 0^m,50 ou un mètre d'épaisseur au maximum. Des érosions analogues s'observent aussi dans les concessions du Plat du Gier et de Combérigol, quoique sur une moindre échelle.

Rappelons enfin que ces amincissements furent longtemps confondus, à la Grand'Croix comme ailleurs, avec les brouillages et les étranglements provenant de failles. Or, au point de vue des recherches, il importe d'éviter pareille méprise avec soin, ce qui d'ailleurs est toujours facile par l'examen du toit qui couvre la houille. On sait qu'en cas de ravinement le toit est *bosselé* et que les bancs de houille sont nettement tranchés par le grès, et non froissés, broyés ou étirés, ainsi qu'il arrive au voisinage des failles.

On connaît à la Grand'Croix, — comme à Rive-de-Gier, — les trois couches caractéristiques de l'étage inférieur du bassin de la Loire : la *Grande Masse*, les *Bâtardes* et la *Bourrue*. Partout où la Grande masse n'est pas amincie par érosion, sa puissance est considérable, 10 à 16 mètres en moyenne, et le charbon pur, peu mêlé de schistes. Le nerf blanc existe aussi comme à Rive-de-Gier, mais le charbon situé au-dessous n'est pas plus dur que celui de la partie haute ; sur quelques points, il semblerait même plus tendre. La houille, encore collante à la Grand'Croix et la Péronnière, devient plus maigre à mesure que la couche s'enfonce à l'Ouest. A Combérigol et au Plat-de-Gier, où la profondeur dépasse 500 mètres, l'agglomération du menu devient difficile, si non impossible, dans les fours à coke. La proportion des éléments volatils descend souvent au-dessous de 18 pour cent.

Les deux Bâtardes sont partout réunies en une seule couche, dont la puissance varie de 2 à 3 et parfois 4 mètres. Le charbon est de même qualité que celui de la Grande masse, sauf 3 à 5 pour cent de cendres en plus. La Bâtarde est en moyenne à 35 ou 40 mètres au-dessous de la Grande masse.

La couche *Bourrue* est, comme ailleurs, de qualité inférieure, très mêlée de schistes, et d'une épaisseur qui varie entre 1 mètre et 1^m,50. Elle ne paraît d'ailleurs pas exister dans la partie Nord du district ; jusqu'à présent, on ne la connaît, d'une façon positive, qu'au puits *Saint-Louis* de la Grand'Croix et au Plat-de-Gier.

Des trois couches, dont je viens de parler, une seule, la Grande masse, peut se poursuivre jusqu'à la surface du sol ; l'affleurement n'est d'ailleurs visible que sur une faible étendue, dans le lit du Dorlay, en amont du pont où la route nationale franchit ce torrent. En remontant le Dorlay on voit la couche disparaître bientôt contre la faille, qui grandit rapidement dans cette direction.

Le long de la lisière Nord du bassin, les affleurements sont entièrement stériles ; la Grande couche s'évanouit par amincissement graduel, vers son amont pendage, bien avant d'atteindre la surface du sol. Il en est au reste déjà ainsi, nous l'avons vu, dans le district du Reclus, concession du Ban, au voisinage du hameau du Mulet (§ 114).

§ 118. — Avant d'aborder l'étude détaillée du district, donnons, comme dans les districts précédents, le tableau des concessions et des puits.

1° — *Concessions du district de la Grand'Croix.*

NOMS DES CONCESSIONS.	ÉTENDUE en HECTARES.	DATES des CONCESSIONS.
La Grand'Croix	221	1er décembre 1824. — Extension, le 13 janvier 1842, de la parcelle Frontignat.
La Péronnière.	79	13 janvier 1842.
La Faverge.	55	25 février 1851.
Le Plat-de-Gier.	235	9 mars 1850.
Combérigol	191	5 octobre 1856.

2° *Profondeur des puits.*

NOMS des CONCESSIONS.	NOMS DES PUITS.	COTES de l'orifice des puits au-dessus de la mer.	PROFON-DEUR de la Grande masse dans les puits.	PROFON-DEUR de la Bâtarde infé-rieure.	PROFON-DEUR de la Bourrue.	PROFON-DEUR totale dans les puits.	OBSERVATIONS.
Concession de la Grand'-Croix.	Du Logis	?	90m,	non foncé.			
	Neuf	299m,	105	138	non foncé.	140	
	Frontignat.	283	101	non foncé.	—	130	
	Montribout	307	207	—	—	237	
	Charrin	301	181	—	—	201	
	Burlat.	321	166	—	—	187	
	Teillard	281	31	—	—		
	Saint-Paul.	312	non rencontrée par le fait d'un étrangle-ment	237	—	345	La Grande couche a été rejointe intacte à l'Est, par une tra-verse, à 306 mètres.
	Saint-Louis	314	315	345	366	420	La Grande masse et la Bâtarde sont enlevées par érosion.
Concession de la Péronnière.	Piney	293	183	»	»	240	Le puits a manqué la Bâtarde par le fait d'un amincisse-ment de couche. A 6m, du puits, sa puissance est de 1 mètre.

NOMS des CONCESSIONS.	NOMS DES PUITS.	COTES de l'orifice des puits au-dessus de la mer.	PROFONDEUR de la Grande masse dans les puits.	PROFONDEUR de la Bâtarde inférieure.	PROFONDEUR de la Bourrue.	PROFONDEUR totale des puits.	OBSERVATIONS.
Concession de la Péronnière. (Suite.)	Du Chêne	243	340	manqué la Bâtarde par une faille	»	384	Au fond du puits on a rencontré la brèche granitique.
	Gillier.	307	non foncé.	»	»	170	Non foncé au delà à cause d'une abondante source.
	Sainte-Camille	297	362	392	»	405	
	Saint-Antoine	294	382	411	»	417	

Les puits *Bonnard*, *Targe* et *Mosnier* sont des puits de recherche, peu profonds, abandonnés et comblés.

NOMS des CONCESSIONS.	NOMS DES PUITS.	COTES de l'orifice des puits au-dessus de la mer.	PROFONDEUR de la Grande masse dans les puits.	PROFONDEUR de la Bâtarde inférieure.	PROFONDEUR de la Bourrue.	PROFONDEUR totale des puits.	OBSERVATIONS.
Concession de la Faverge.	Saint-Marie	329	377	La Bâtarde et la Bourrue n'existent pas		410	Foncé au-dessous de la couche afin de la rejoindre sur son aval pendage par un travers banc.
	Saint-Hilaire.	332	272				Non foncé jusqu'à la Grande masse. Il faudrait encore approfondir le puits d'environ 60^m, pour la rencontrer.
	Gonon.	?	non foncé.	»		290	
Concession de Combérigol.	Saint-Claude.	372^m,	589^m,	»	»	605	La Bâtarde et la Bourrue n'existent pas.
	Saint-Marcellin. . . .	371	603	»	»	610	On connaît, à Combérigol, comme à la Péronnière, la couche dite le Banc, qui se détache de la Grande masse.
	Bonjour		non foncé.	»	»	215	
	Couchoud du Nord . .	380	»	»	»	417	
Concession du Plat de Gier.	Couchoud	?	non foncé.	»	»	497	La Grande masse doit se trouver vers 580 à 600^m.
	Des Rouardes	?	—	»	»	100	Simple puits de recherche.
	Saint-Jean.	310	480	516	585	590	La Grande masse et la Bâtarde sont ravinées dans la traversée du puits.
	Saint-Privat	298	548	non foncé.	»	580	La Bâtarde, rencontrée par un travers banc, se trouve vers 45 à 50^m sous la Grande masse.

§ 119. — Les deux concessions les plus importantes du district sont la *Grand'Croix* et la *Péronnière;* la première occupe la rive droite, la seconde la rive gauche du Gier. La Grande masse y est connue, et en grande partie déjà exploitée, depuis les affleurements, dans le lit du Dorlay, jusqu'à 300 mètres de profondeur au-dessous du sol, c'est-à-dire sur une étendue de 1,000 mètres suivant le sens de la pente, et de 1,200 à 1,300 mètres transversalement à l'axe du bassin. Les plus anciens travaux de la Grand'Croix remontent à la première moitié du siècle dernier, sinon plus haut; mais on n'attaqua sérieusement le gîte, à l'aide de puits, qu'à partir de 1776. On creusa alors le puits de la *Roue* de 80 mètres de profondeur, ainsi nommé parce qu'une roue hydraulique y donnait le mouvement à des pompes. Vers le commencement de ce siècle, on ouvrit les puits *Neuf,* du *Logis* et *Charrin;* mais ce dernier ne fut approfondi jusqu'à la Grande masse que vers 1834. En 1821, on entreprit les puits *Montribout,* *Frontignat* et *Burlat;* en 1838, le puits *Saint-Paul* et vers 1836 le puits *Saint-Louis.*

Les travaux de la Péronnière sont plus récents. Le plus ancien puits, le puits *Gillier,* date de 1822; le puits *Piney* de 1827, le puits du *Chêne* de 1832, et les deux puits *Sainte-Camille* et *Saint-Antoine* n'exploitent l'aval pendage que depuis les quinze à vingt dernières années.

Suivons la grande masse depuis les affleurements jusqu'aux limites des deux concessions en profondeur.

Dans l'étroit espace, compris entre le Gier, le canal et le Dorlay, se trouvent le puits *Teillard* et un puits, récemment creusé, qui vient d'atteindre la Grande masse à mi-distance entre le puits *Teillard* et le puits de la *Roue.* Dans cette région la houille est directement couverte par du grès grossier, qui a profondément raviné la couche. Sa puissance est souvent réduite à 2 ou 3 mètres; c'est le cas du puits *Teillard,* où le toit est fortement ondulé. Une faille Nord-Sud, premier gradin de celle du Dorlay, sépare ces trois puits des travaux *Frontignat* et de ceux des puits *Neuf* et du *Logis.* La Grande couche y est à moins de 80 mètres de profondeur, et même au puits *Teillard* à 31 mètres seulement, tandis qu'au puits du *Logis* on trouve 90 mètres et aux puits *Neuf* et *Frontignat* 105 et 101 mètres. Au Nord du puits

Neuf la couche est aussi amincie à 6 ou 8 mètres ; par contre, au puits *Frontignat* et sous le Gier, dans la direction du puits *Charrin,* on a trouvé 12 à 15 mètres, et à l'Est du puits *Saint-Paul* une moyenne de 10 mètres. Dans les parties où la couche est intacte, un faible lit de schiste sépare la houille du banc de grès ; mais partout où le schiste a disparu, le charbon est à son tour plus ou moins raviné. L'amincissement par érosion est surtout complet à l'Ouest du puits *Montribout,* dans toute la région qui s'étend du puits *Lacombe* aux puits *Saint-Paul* et *Saint-Louis.* Ces puits n'ont tous trois rencontré, à la place de la grande couche, que des filets de charbon, et dans la descenderie de 250 mètres, qui fut poussée le long de la couche, au Nord-Ouest du puits *Saint-Paul,* jusque sous le Gier, on ne trouva également qu'une série de lambeaux de $0^m,30$ à $0^m,80$ d'épaisseur, où le mur était partout régulier, le toit au contraire bosselé.

On a cru longtemps que le puits *Saint-Paul* avait manqué la Grande couche par le fait d'une faille, et sur une foule de plans on a effectivement tracé un pareil accident. C'est une erreur provenant de ce que l'on attribue encore bien souvent tous les amincissements à des failles. Le fait est que le puits *Saint-Paul* a rencontré et exploité la couche Bâtarde à 327 mètres de profondeur, parfaitement continue, ce qui n'aurait pu avoir lieu dans le cas d'une faille. Il est vrai que l'amincissement de la Grande masse coïncide sur ce point avec une pente très forte, une *précipitée* de mine, que l'on retrouve également dans la Bâtarde ; mais il n'y a pas solution de continuité, c'est-à-dire faille proprement dite. C'est la coexistence de cette forte pente avec l'étranglement par érosion, qui a fait croire à une faille.

Le puits *Saint-Louis* est dans le même cas. On a cru aussi que des failles et des brouillages traversaient le puits dans la région où devait se trouver la houille. Le fait est que les deux couches existent réellement, mais amincies par érosion. A 345 mètres un filet de charbon de $0^m,06$ à $0^m,07$ représente la Grande masse, et à 343 mètres un autre filet de $0^m,05$ la Bâtarde. Ici les deux couches sont l'une et l'autre enlevées, mais aussi au toit de ces filets de charbon se montrent des bancs de poudingues, à galets micaschisteux et quartzeux, le tout régulièrement stratifié. Enfin à 366 mètres on a rencontré la *Bourrue* avec sa puissance constante de $1^m,30$ à $1^m,50$ et ses caractères ordinaires de houille impure mêlée de schistes. On a même exploré cette couche inférieure jusqu'au près du puits *Saint-Paul*, ce qui prouve bien, comme le montrent au reste nos plans (pl. IV), que les deux couches supérieures n'ont pu être coupées sur ce point par des failles. D'après la profondeur, à laquelle le mur de la Grande masse a été rencontré au puits *Saint-Louis*, la courbe zéro correspondrait exactement au puits même.

Il résulte des plans que la zone, amincie par érosion, s'élargit du Nord au Sud ; elle gagne en largeur à mesure que l'on s'avance du puits *Lacombe* vers le puits *Saint-Louis;* elle empiète même sur la concession de la Péronnière ; car, vers 160 mètres au Sud du puits *Sainte-Camille*, les galeries de niveau, dans la Grande masse, ont toutes rencontré la couche plus ou moins amincie sous le grès. La partie ainsi ravinée diminue de largeur vers le puits *Saint-Antoine;* mais, au voisinage du Gier, qui forme ici la limite de la Grand'Croix, elle atteint 150 mètres. Au delà, dans l'angle Sud de la concession de la Péronnière, la couche reprend toutefois sa puissance normale, ce qui peut faire espérer qu'au Sud-Ouest du puits *Saint-Louis* on pourra retrouver de même une certaine étendue non ravinée. Les travaux du puits *Saint-Privat*, dont nous parlerons dans un instant, semblent d'ailleurs l'annoncer aussi.

L'allure des couches est fort simple à la Grand'Croix. Leur direction est Nord-Sud avec plongée moyenne, vers l'Ouest, d'environ 35 pour cent; mais cette plongée n'est pas uniformément répartie; faible au puits *Neuf* et dans le haut des travaux de *Frontignat*, elle devient très forte dans la région des puits *Charrin, Montribout* et *Saint-Paul*, pour se rapprocher de nouveau de l'horizontale dans les travaux du puits *Sainte-Camille* et au Nord du puits *Saint-Antoine*. Outre cela, aux deux extrémités Nord et Sud du champ d'exploitation, l'allure transversale passe graduellement à l'allure normale. Il en résulte au Sud un large dos d'âne; un long pli arrondi, engendré, comme celui de Grézieux, par le relèvement du sous-sol ancien, ou peut-être plutôt par le simple affaissement des assises houillères, le long du plan de la faille limite. Dans cette région, le gîte est d'ailleurs brusquement coupé à l'Est par la grande faille Nord-Sud du Dorlay (voir pl. IV), dans laquelle on a maladroitement creusé le puits *Saint-Philippe*, qui est resté, comme je l'ai dit, sur toute sa hauteur de 170 mètres au milieu de roches broyées. En face, sur l'autre rive du Dorlay, on fonça également le puits *Burlat*, pour explorer la couche au voisinage de la faille. La houille fut rencontrée vers 166 mètres, mais brouillée et relevée par un premier gradin de la grande faille.

A l'extrémité Nord se dessine un pli en sens inverse, qui provient ici de la faille de direction, déjà signalée au Nord des travaux de la Faverge. Les courbes de niveau indiquent, en effet, l'allure normale dans la partie comprise entre les puits *Frontignat* et *Piney*. Vers le bas-fond du pli, au Sud-Ouest du puits *Frontignat*, naît d'ailleurs une faille oblique parallèle au Gier, qui isole, sur une certaine étendue, les travaux de la Grand'Croix de ceux de la Péronnière.

En amont de cet accident se trouve le champ d'exploitation des puits *Piney* et *du Chêne*, pendant de celui des puits *Neuf* et *Charrin* de la Grand'Croix. Ce sont, de part et d'autre, la même puissance, la même allure, les mêmes qualités de houille, si ce n'est du côté de la Péronnière une légère décroissance dans la proportion de l'élément volatil. Les mêmes caractères se retrouvent encore vers l'aval pendage, où les puits *Sainte-Camille* et *Saint-Antoine* furent creusés, dans la période 1852 à 1860, jusqu'aux niveaux de 405 et 417 mètres. Le champ d'exploitation de ces deux puits se trouve par suite à un niveau inférieur à celui de la couche amincie du puits *Saint-Louis*. La puissance normale de la Grande masse y est de 10 mètres. On rencontre, en outre, au mur, un banc de 2 mètres, séparé du reste par un nerf de grès dont la puissance est variable [1] ; tantôt il est réduit à zéro, et tantôt son épaisseur est de $0^m,50$ ou 1 mètre, $1^m,50$, etc. Au Nord du puits *Piney*, on l'a vu croître jusqu'à 20 mètres, puis redes-

---

1. C'est la couche appelée *petite Bâtarde*, ou le *Banc*, dans le district du Reclus (puits *Saint-Irénée*, mine de *Lorette*, puits *Saint-Mathieu*, etc.).

cendre à zéro au puits *du Chêne*; au Plat-de-Gier, dans les travaux du puits *Saint-Jean*, il atteint même 30 mètres. On exploite alors, bien entendu, ce banc inférieur comme couche indépendante.

A la Péronnière, comme à la Grand'Croix, la couche est aussi entamée sur certains points par le grès du toit. J'ai déjà dit que les effets du ravinement s'étaient fait sentir à partir du puits *Saint-Paul* jusqu'au voisinage du puits *Saint-Antoine*. La couche a été ramenée, par la même cause, à 6, 5 et 4 mètres sur les limites de la Faverge, et même à 3 mètres au Nord du puits *Piney*, vers les confins de la parcelle Frontignat.

La Grande couche est déjà en grande partie complètement exploitée à la Grand'Croix, et les travaux sont également fort avancés à la Péronnière; cependant plusieurs parties restent encore à dépiler dans cette dernière concession et certaines régions sont même encore vierges. On peut citer la région comprise entre le puits *Saint-Louis* et le ruisseau de Richorie, dans la concession de la Grand'Croix, et l'angle Sud de celle de la Péronnière. Les travaux des puits *Saint-Antoine* et *Saint-Privat* rendent l'existence de la Grande masse dans ce district à peu près certaine.

Vers l'aval pendage du puits *Saint-Antoine* la Grande masse est également intacte dans l'angle Nord-Ouest de la concession de la Péronnière. Cette région ne saurait être stérile, puisque la couche est exploitée à l'Ouest dans la concession de Combérigol, au Nord dans celle de la Faverge, à l'Est et au Sud dans la Péronnière même. Il y a là un champ vierge mesurant 250 à 300 mètres, tant en largeur qu'en direction.

§ 120. — Entre la concession de la Péronnière et celle du Ban s'étend le territoire de la *Faverge*, qui ne fut concédé qu'en 1851, mais dans lequel des travaux de recherches furent entrepris dès 1818. C'est une longue bande Est-Ouest, large de 250 à 300 mètres, séparée de la concession du Ban par une faille de direction, qui commence à zéro vers l'embouchure du Dorlay dans le Gier, mais croît rapidement dans la direction de l'Ouest; de sorte qu'à la hauteur du puits *Saint-Étienne* le rejet mesure déjà 150 à 200 mètres. Cette faille fait descendre la Grande masse au niveau des travaux du puits *Saint-Antoine* de la Péronnière, c'est-à-dire à une profondeur bien supérieure à celle qu'admettaient les propriétaires de la concession du Ban lorsqu'ils entreprirent, en 1818, le creusement du puits *Saint-Hilaire.* Aussi ce puits fut-il abandonné, en 1832, à la profondeur de 272 mètres, où d'ailleurs une forte source venait de rendre l'approfondissement ultérieur plus onéreux. On ne reprit les travaux qu'en 1841, après la découverte de la houille dans le territoire de la Péronnière. Toutefois, à cause de la source dont je viens de parler, au lieu de poursuivre le puits *Saint-Hilaire,* on préféra creuser un puits nouveau (le puits *Sainte-Marie*), à 15 mètres de l'ancien, en maintenant ce dernier à sec, afin de faciliter le fonçage en question. En 1847 on trouva la Grande masse au niveau de 377 mètres, et plus tard le puits fut même approfondi jusqu'à 410 mètres pour pouvoir atteindre, par un travers banc, le point le plus bas de l'aval pendage, situé à 50 mètres à l'Est du puits. Dès lors les travaux se sont développés, de l'Est à l'Ouest, sur une longueur de 700 à 750 mètres. Dans le bas-fond, à l'Est, l'allure est Nord-Sud comme à la Péronnière ; du côté opposé, à la suite d'une faille de direction peu importante, la couche obéit plutôt à l'allure normale, en se relevant vers la lisière Nord du bassin. Le gîte est limité à l'Est et à l'Ouest par deux failles inverses, qui produisent une sorte de froncement, comme le montrent les courbes de niveau. A l'Est, c'est la faille du puits du *Chêne,* qui relève la couche d'environ 200 mètres vers le champ des travaux Frontignat ; à l'Ouest, un premier gradin de 10 mètres, auquel succède à faible distance une faille plus importante connue à Combérigol.

La Grande masse présente, comme qualité et puissance, les mêmes caractères à la Faverge qu'à la Péronnière ; c'est une couche de 6 à 7 mètres, qui se renfle jusqu'à 10 mètres auprès de la faille du puits du *Chêne,* où la pente du mur atteint 60°. Aux environs du puits *Sainte-Marie,* qui est cerné de failles, le charbon était plus ou moins broyé ; à l'Ouest, il est plus solide et moins tourmenté. Au delà des limites des travaux actuels on a foncé jadis, sans succès, le puits *Gonon* jusqu'à la profondeur de 290 mètres. On reconnaît aujourd'hui que sa profondeur est encore insuffisante. La Grande masse semble devoir s'y trouver à peu près vers 350 mètres, mais il est à craindre qu'elle n'y soit fortement amincie si l'on se rappelle les résultats négatifs des recherches, faites dans la concession du Ban, en amont du puits *Saint-Étienne* (§ 114).

§ 121. — Au Sud de la concession de la Faverge se trouve la plus récente des concessions de Rive-de-Gier, celle de *Combérigol*; c'est le territoire qui était resté libre entre la Péronnière et la concession de Saint-Chamond. Elle fut instituée le 5 octobre 1856, avec une contenance de 191 hectares, à la suite de travaux de recherches extrêmement coûteux, poursuivis pendant 16 années avec une ténacité et une persévérance rares.

Un premier puits, dit *Saint-Marcellin*, fut commencé en 1838. A 280 mètres de profondeur on rencontra, comme au puits *Saint-Hilaire*, une source qui rendait difficile le fonçage ultérieur. On poursuivit néanmoins son approfondissement jusqu'à 356 mètres, que l'on atteignit vers la fin de 1850. Suspendu alors, il ne fut repris qu'en 1876; il atteignit en 1879 la Grande masse amincie à 603 mètres. Mais déjà en 1845 on ouvrit, pour assurer le succès final, un deuxième puits, dit *Saint-Claude*, à 100 mètres environ en amont du premier. Dès que l'on eut dépassé le niveau de la source, dont je viens de parler, on mit les deux puits en communication à l'aide d'un travers banc à faible fente, ouvert au puits *Saint-Marcellin* au niveau de 310 mètres. A l'aide de cet expédient, on put épuiser les eaux par ce dernier puits et poursuivre sans trop de peine le creusement du second. Au mois de mai 1854 on atteignit la profondeur alors énorme de 582 mètres; on était à bout de ressources et le découragement commençait à gagner les actionnaires. A cette époque j'eus occasion de visiter le puits, qui m'intéressait à cause de la question, alors fort débattue, du prolongement plus ou moins probable de l'étage de Rive-de-Gier sous Saint-Chamond et Saint-Étienne. Je comparai les roches traversées avec celles qui affleurent aux environs de Salcigneux où, comme je l'ai dit, on peut constater, dans une série de petites carrières, le banc de grès fin (*taille*), qui couvre habituellement la Grande masse de Rive-de-Gier. J'acquis ainsi la certitude que l'on était dans ce banc de grès et que l'on devait rencontrer le niveau de la Grande masse à moins de 30 mètres de distance. J'encourageai donc les intéressés à

. foncer encore ces quelques mètres, leur promettant, bien entendu, non une couche d'une puissance donnée, ni même un gîte réellement exploitable, mais bien, d'une façon positive, le *représentant géologique* de la couche de Rive-de-Gier, qui ne pouvait totalement disparaître, d'une façon brusque, vers l'aval pendage du puits *Piney* de la Péronnière. Un mois après ma visite, vers 589 mètres de profondeur, on découvrit enfin le toit de la couche si ardemment désirée. Celle-ci a 8 à 10 mètres de puissance moyenne, mais là aussi la couche est souvent amincie par érosion ; on en voit un exemple dans la région des travaux qui correspond au puits *Saint-Marcellin*. Outre cela, l'allure du terrain est fort irrégulière, non qu'il soit coupé de fortes failles ; mais, d'une part, les rejets Nord-Sud y sont nombreux et, de l'autre, dans la partie Nord, il y a une *relevée* de mine, dans le sens de la direction normale, qui remonte et étrangle la couche sur une hauteur verticale de 150 mètres, c'est-à-dire de la courbe — 210 mètres à la courbe — 60 mètres. C'est un accident dans le genre du *crain* du Mouillon et de celui qui sépare les travaux de la *Faverge* de la région du puits *Saint-Étienne*. Mais il est évident, d'après l'ensemble des courbes de niveau, que l'accident en question, qui pénètre dans l'angle Nord-Ouest de la Péronnière, doit peu à peu y diminuer d'importance et même se rattacher à la petite faille, de même direction, mais à pente inverse, connue à l'Ouest du puits *Sainte-Marie* de la Faverge. L'effet des rejets Nord-Sud et de l'accident Est-Ouest, dont je viens de parler, est d'imprimer à la couche de houille l'allure transversale sur la limite de la Péronnière, et l'allure normale dans le reste de la concession. Il en résulte, comme toujours en pareil cas, des plis et des froncements qui troublent la régularité du gîte et rendent le charbon plus ou moins friable.

La largeur du champ d'exploitation actuel est de 300 à 350 mètres, et sa longueur du Nord au Sud de 650 à 700 mètres. Au Nord, vers l'amont pendage, les travaux atteignent la limite de la Faverge, où, d'après les courbes de niveau, on a atteint, dans les deux concessions, la même altitude absolue de 20 mètres.

A partir du puits *Saint-Claude,* la couche descend vers le Sud jusqu'à la limite du Plat-de-Gier avec une pente moyenne de 33 pour cent, de sorte qu'à la distance de 300 mètres on est déjà arrivé à la cote — 270 mètres, soit 650 mètres au-dessous de l'orifice du puits. On a atteint le même niveau au puits *Saint-Privat* du Plat-de-Gier, et il ne semble pas, d'après l'ensemble des courbes de niveau, que, dans l'intervalle, la grande masse descende plus bas. Par contre, il n'en sera pas de même à l'Ouest, vers Saint-Chamond, le long de la ligne de bas-fond du bassin, et cela malgré la faille Nord-Sud, qui limite et relève momentanément la couche de Combérigol à l'Ouest, car tout prouve que cet accident ne saurait avoir une importance majeure. Bien plus, dans cette direction la mine de Combérigol a encore un long avenir, car la limite de la concession est située à plus de 500 mètres; tandis qu'au Nord et au Sud on a atteint, comme je viens de le dire, les concessions voisines.

A mi-chemin entre la limite occidentale des travaux et le hameau de Salcigneux, c'est-à-dire à 250 mètres environ de chacun de ces points, on a creusé un troisième puits, dit *Couchoud* du Nord, arrêté à 217 mètres dans une roche, qui ressemble au gore blanc siliceux du puits *Saint-Claude*, roche sur laquelle je reviendrai bientôt. Il semblerait, d'après ce point de repère, que la Grande masse doit se trouver sur ce point vers 400 à 420 mètres de profondeur, ce qui s'accorderait d'ailleurs avec les courbes de niveau de l'amont pendage actuel de Combérigol.

Le charbon de Combérigol est maigre, on ne peut en faire du coke solide, à moins d'y associer une houille plus grasse. Il donne à l'essai 81 pour cent de carbone fixe, abstraction faite des cendres (n° 119 du tableau). Le résidu charbonneux s'agglutine cependant encore par calcination brusque. Nous rappelons que la même couche fournit, au puits *Sainte-Camille*, de la houille à 0,78 de carbone fixe; au puits *Piney* 0,75 et 0,74, et vers l'amont pendage de la Grand'Croix 0,72. C'est la preuve évidente de l'influence qu'exerce la profondeur sur la nature de la houille. Mentionnons encore le puits *Bonjour*, creusé à 300 mètres à l'Ouest du puits *Couchoud*, et suspendu à la profondeur de 215 mètres. — Nous y reviendrons sous peu.

§ 122. — La dernière concession du district de la Grand'Croix est celle du **Plat-de-Gier**, située, sur les deux rives du Gier, entre la Péronnière et la Grand'Croix à l'Est, et la concession de Saint-Chamond à l'Ouest. Comme le territoire de Combérigol, celui du Plat-de-Gier a donné lieu — avant la découverte de la houille — à de coûteuses et persévérantes recherches.

Quatre puits furent successivement foncés. Le plus ancien, le puits *Couchoud*, fut commencé dès 1825 et poursuivi jusqu'à la profondeur de 497 mètres. Il est foncé en grande partie dans l'étage micacé de Saint-Chamond et en un point où la Grande masse semble devoir se trouver vers 600 mètres de profondeur. Il devra donc être approfondi dans un avenir plus ou moins prochain. Pour le moment, il active l'aérage des travaux du puits *Saint-Jean* par le moyen d'un long travers banc de 300 mètres, ouvert dans ce dernier puits au niveau de la Bâtarde. Le puits fut arrêté dans un poudingue à gros fragments de micaschiste et de quartz, que l'on prit à tort pour la brèche granitique de la base.

Un second puits fut ouvert, par une autre société, en 1838, aux Rouardes, non loin de l'embouchure du ruisseau des Arques. Il fut abandonné, sans motifs sérieux, à la faible profondeur de 100 mètres.

La Société, qui avait foncé le puits *Couchoud*, fut plus persévérante; cependant, effrayée par la grande profondeur déjà atteinte sur ce point, elle crut devoir se rapprocher des parties mieux connues du bassin. Elle ouvrit donc le puits *Saint-Jean*, en 1839, à 400 mètres à l'Est du puits *Couchoud*, c'est-à-dire à environ 220 mètres des limites, qui furent plus tard adoptées pour la concession de la Péronnière. En 1848 on atteignit là aussi le profond niveau de 530 mètres, et cela sans avoir rencontré d'autres vestiges de houille qu'un simple filet à 480 mètres, et une faible veine de $0^m,30$ à $0^m,40$ vers 516 mètres. Poursuivant encore le fonçage, on trouva enfin au niveau de 585 mètres une couche régulière, mais schisteuse et de mauvaise qualité, ayant les caractères de la *Bourrue*. Ignorant, comme à la Grand'-Croix, les effets de l'*érosion*, et ne voyant partout que des failles, on perdit beaucoup de temps en recherches infructueuses, faites, d'ailleurs, un peu au hasard, sans règles fixes. On finit cependant par suivre la trace de la veine traversée à 480 mètres, ce qui amena, après un parcours de 150 mètres, la découverte de la Grande masse intacte, telle qu'elle était connue à la Péronnière dans les travaux du puits *Saint-Antoine*. Depuis lors l'exploitation, le long des limites de la Péronnière, s'est développée au Plat-de-Gier, dans une bande dont la largeur ne dépasse nulle part 120 mètres. Entre cette bande et le puits *Saint-Jean*, la grande masse semble presque partout complètement détruite par ravinement ; elle ne reparaît intacte qu'au Sud, vers le voisinage du Gier et du puits *Couchoud*. Il se pourrait néanmoins que les explorations n'eussent pas été suffisantes pour autoriser une conclusion aussi absolue. Comme ces travaux étaient coûteux et pénibles, à cause du manque d'air, et que l'érosion varie brusquement d'un point à un autre, on a fort bien pu négliger, sans s'en douter, des massifs exploitables d'une certaine importance.

Quoi qu'il en soit à cet égard, on constata des inégalités même dans la bande qui longe le territoire de la Péronnière. Au Sud, la puissance est de 6 à 8 mètres, savoir 4 à 5 mètres dans le banc supérieur et 2 mètres au-dessous du Nerf blanc, dont l'épaisseur varie de $0^m,30$ à $1^m,70$. Au Nord, l'épaisseur totale de la couche est réduite à 3 ou 4 mètres. Outre cela, à la Péronnière, une partie du banc inférieur se sépare çà et là des parties supérieures, par le fait de l'intercalation d'une grosse lentille de grès. Il est même des points, au Plat-de-Gier, où l'épaisseur de ce massif insolite atteint 50 mètres. Dans ce cas, on peut aisément confondre le banc inférieur avec la Bâtarde, surtout si, en même temps, les relations se compliquent par des failles, ou par la disparition du banc supérieur sous l'influence du ravinement. On distingue cependant, en général, dans cette région, la Grande masse de la Bâtarde par la couleur des cendres. Celles de la Grande masse sont blanches, tandis que celles de la couche Bâtarde sont rouges ou roses et notablement plus abondantes.

Le champ d'exploitation du puits *Saint-Jean* forme l'aval pendage immédiat de celui du puits *Saint-Antoine* de la Péronnière. La couche continue à plonger vers l'Ouest, quoique faiblement, dans les parties intactes. La pente devient plus forte dans la partie ravinée ; elle est de 30 à 40 mètres sur 80 metres, puis redevient moindre aux approches du puits.

Pour faciliter l'exploitation de la région haute, on a ouvert, au niveau de 440 mètres, un travers banc supérieur, qui atteint directement la houille sans passer par la zone inférieure amincie. Cette région haute sera bientôt complètement déhouillée. Par contre, vers l'aval pendage du puits *Saint-Jean*, il reste à explorer près de mille mètres, dans le sens de l'axe du bassin, avant d'atteindre la limite de Saint-Chamond et, dans cette direction, les travaux du Combérigol au Nord, comme ceux du puits *Saint-Privat* au Sud, montrent clairement que ce vaste territoire n'a pas dû être ravagé dans toute son étendue, comme le sont les alentours mêmes du puits *Saint-Jean*. On pourra d'ailleurs exploiter ce vaste aval pendage en approfondissant le puits *Couchoud*, ou en perçant du fond du puits *Saint-Jean*, un travers banc inférieur dans la direction de l'Ouest. Placé à 580 mètres du jour, soit 270 mètres au-dessous du niveau de la mer, il recoupera la Grande masse à la hauteur même du bas-fond de Combérigol. Mais, pour pouvoir bien juger de l'avenir de cette concession, il me reste à parler du puits *Saint-Privat*, le plus récent des quatre puits ci-dessus nommés. Il est placé entre le Gier et le ruisseau de Richorie, sur l'aval pendage de la Grand'Croix, comme le puits *Saint-Jean* est sur l'aval pendage de la Péronnière.

Le puits *Saint-Privat* traverse la Grande masse au niveau de 548 mètres, et fut poussé jusqu'à 580 mètres, ce qui permit, à l'aide d'un travers banc inférieur, de rejoindre la couche à 577 mètres.

On a de suite activement exploité la Grande masse à ce niveau et même la Bâtarde. La Grande couche mesure 7 à 8 mètres comme en amont du puits *Saint-Jean*. Les deux mètres, situés au mur du nerf blanc, se composent de charbon tendre, qui ne ressemble nullement au *rafford* du territoire proprement dit de Rive-de-Gier. Comme le charbon du banc supérieur, il colle incomplètement au feu et ne renferme pas au delà de 18 pour cent d'éléments volatils.

La direction des couches est Nord-Sud, avec légère inflexion vers l'allure normale dans les parties voisines de la lisière Sud du bassin ; mais, bien avant d'atteindre cette lisière elle-même, on a rencontré une faille longitudinale, qui semble rejeter la couche en profondeur. A l'Est, elle se relève avec une pente de 50 pour cent, et doit atteindre ainsi la limite de la Grand'Croix, sous le ruisseau du Richorie.

Au Nord, non loin du Gier, la couche disparaît par érosion et se rattache directement à la vaste zone ravinée du puits *Saint-Jean ;* mais il semble pourtant, par la différence de niveau, qu'en outre une faille longitudinale fasse remonter le gîte de 70 à 80 mètres.

Enfin, à l'Ouest, vers l'aval pendage, à la cote de — 270 mètres, la couche est coupée par une faille Nord-Sud, qui la relève à l'Ouest. On a franchi normalement la faille par une traverse horizontale, qui a rencontré la Bâtarde à la distance de 80 mètres; celle-ci s'infléchit d'abord vers le mur de la faille, mais reprend ensuite sa pente précédente vers l'Ouest, de sorte qu'en poursuivant le travers banc, on recoupera à son tour la Grande masse, comme le montre la coupe ci-jointe :

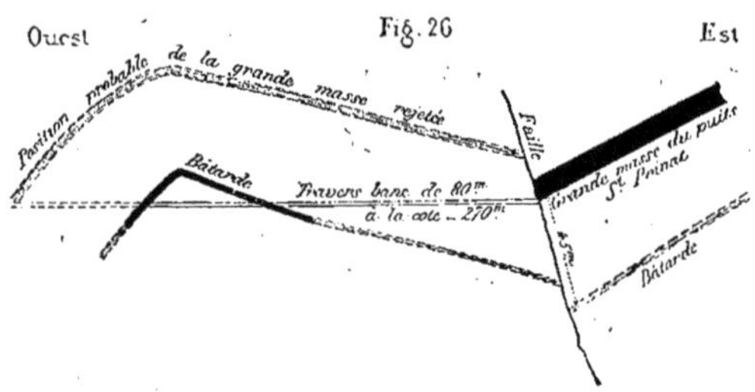

En tout cas, on voit que, grâce à cette faille, l'approfondissement progressif des couches vers Saint-Chamond n'est pas aussi excessif qu'on aurait pu le croire d'après leur forte plongée au puits *Saint-Privat.*

La faille Nord-Sud, dont je viens de parler, doit franchir le Gier et pénétrer dans le champ d'exploitation du puits *Saint-Jean,* mais en diminuant graduellement d'importance et en se terminant finalement à zéro. D'autre part, entre ce point et le puits *Couchoud,* on constate, dans la partie amincie par érosion, à l'extrémité Sud des travaux du puits *Saint-Jean,* une faille parallèle, qui commence aussi à zéro au Nord et atteint 40 à 50 mètres près du Gier. Cette faille tend donc également à diminuer la profondeur de la Grande masse au puits *Couchoud*. Malgré cela il faut s'attendre, sur ce point, comme je l'ai dit, à une profondeur de 600 mètres environ; et si la concession du Plat-de-Gier recèle encore de grandes richesses, vu son étendue, la majeure partie y est enfouie à plus de 600 mètres du jour.

§ 123. — La couche *Bâtarde* existe dans le district de la Grand'Croix comme dans les autres parties du territoire de Rive-de-Gier, mais elle n'est réellement belle que sur la rive droite du Gier, dans la concession de la Grand'Croix et au puits *Saint-Privat* du Plat-de-Gier. A mesure qu'elle s'avance vers le Nord, elle s'amoindrit comme puissance et qualité. A la Grand'Croix elle mesure 3 à 4 mètres; au puits *Saint-Privat* $2^m,50$; à la Péronnière au plus 2 mètres; au puits *Saint-Jean* 1 mètre à $1^m,20$, et au puits *Piney* 1 mètre seulement. A Combérigol et à la Faverge elle disparaît entièrement. La distance ordinaire entre les deux couches est de 35 à 40 mètres. Au puits *Saint-Jean* du Plat-de-Gier elle dépasse cependant assez souvent 50 mètres.

L'exploitation de la Bâtarde est onéreuse, parce que le mur et le toit se composent de schistes argileux tendres, qui gonflent rapidement à l'air humide. Vers le milieu de la couche on distingue à la Grand'Croix un nerf schisteux, dernier témoin du banc qui sépare la Bâtarde, dans la partie orientale du bassin, en deux couches tout à fait distinctes. Comme ailleurs, la Bâtarde donne du charbon plus chargé de cendres et plus mêlé de schistes que la Grande masse; la différence dans la proportion des cendres est de 4 à 5 unités; en outre, les cendres sont ici aussi ferrugineuses et non blanches comme celles de la Grande masse. La Bâtarde reste même exploitable dans les régions où la Grande masse a totalement disparu par ravinement, preuve évidente que celle-ci n'est nullement étranglée par le fait d'un brouillage ou d'une faille. On peut citer, à la Grand'Croix, la région des puits *Saint-Paul* et *Lacombe* et, au Plat-de-Gier, les environs immédiats du puits *Saint-Jean*, où du reste la Bâtarde est déjà réduite à $1^m,20$ et même à 1 mètre. Le froncement du terrain, dû aux failles, s'accroît avec la profondeur; aussi est-il plus sensible dans les travaux de la Bâtarde qu'au niveau de la Grande masse. Les détails des deux Coupes *cd* et *ef* (pl. IV) font clairement ressortir ce fait aux abords des puits *Saint-Paul*, *Montribout* et *Charrin*.

La couche *Bourrue* existe également dans le district de la Grand'Croix, mais elle est moins puissante et donne du charbon de qualité moindre que la Bâtarde. On l'a rencontrée, ainsi que je l'ai déjà dit, au fond du puits *Saint-Louis*, au niveau de 370 mètres, à 25 mètres sous la Bâtarde. Son épaisseur est de $1^m,50$ y compris un nerf schisteux de $0^m,20$, intercalé vers le milieu du banc de houille. On a suivi la couche jusqu'auprès du puits *Saint-Paul*, sur environ 250 mètres suivant le pendage d'amont. Son inclinaison est partout faible. Aucun des autres puits de la concession n'a été foncé jusqu'à la Bourrue; et, à la Péronnière, son existence est également incertaine. Cependant, comme on l'a rencontrée au Plat-de-Gier, il est assez probable qu'elle doit se trouver aussi dans la région des puits *Saint-Antoine* et *Sainte-Camille*. Au puits *Saint-Jean* elle a été traversée à 580 mètres de profondeur, c'est-à-dire à 95 mètres sous la Grande masse ravinée. Cette distance considérable est due surtout au plus grand écart qui existe sur ce point entre la Bâtarde et la couche principale. La Bourrue du puits *Saint-Jean* est mêlée de schistes; sa puissance utile est au-dessous d'un mètre, et le charbon de qualité tout à fait inférieure.

Quant à la Faverge et Combérigol, la Bourrue semble y manquer comme la Bâtarde.

§ 124. — Avant de quitter le district de la Grand'Croix, revenons sur le rôle de *l'érosion*, dont l'importance est ici plus considérable que sur nul autre point du bassin houiller. Cela est d'autant plus nécessaire que trop souvent encore on confond cet accident avec les dérangements dus aux failles, d'où résulte une fausse direction imprimée aux recherches. On suppose un *déplacement*, lorsque la couche se trouve simplement amincie, sans la moindre altération du mur, sauf le cas *fort rare*, où le courant, qui a enlevé la couche de houille, a aussi entamé le mur lui-même, ce qui en tout cas est facile à constater.

Je viens de parler de *courant*. Il a fallu, en effet, un courant énergique pour creuser un profond sillon dans la couche de houille et déposer à sa place un grossier gravier renfermant souvent de véritables galets ; et c'est précisément l'existence de ce *courant* qui constitue la vraie différence entre l'époque où s'est déposée la houille, et celle où des sables et même des graviers ont été charriés par les eaux. Repos d'un côté, mouvement de l'autre. Mais d'où vient le mouvement, après la longue période de repos, que suppose la formation d'une couche de houille de 8, 10, 12, même 15 mètres d'épaisseur ? Pour que les eaux aient envahi le marécage houiller, il faut que le sol même du marécage ait changé de niveau, il a dû s'abaisser. Alors les cours d'eaux des terres fermes voisines, ou les eaux de bassins peu éloignés, ont dû se diriger vers ces bas-fonds, en ravager le sol et y laisser les sables entraînés. Ainsi que je l'ai observé déjà, il a bien fallu que le sous-sol houiller s'affaissât progressivement pour que 10, 20, 30 couches de houille se déposassent successivement les unes au-dessus des autres, séparées par d'épais bancs de grès ou de schistes. La végétation houillère n'a pu évidemment se développer qu'à la suite du comblement des bas-fonds existants et lorsqu'une nouvelle période de repos est venue se substituer au mouvement antérieur. Il y eut, en un mot, une succession d'affaissements considérables, séparés les uns des autres par des temps de repos plus ou moins prolongés. Les affaissements se sont d'ailleurs toujours opérés, dans le même sens, autour des mêmes charnières et le long des mêmes plans de cassure. Ces plans de cassure sont les grandes failles limites Nord et Sud du bassin, et l'affaissement fut surtout prononcé le long de la lisière Sud. Toutefois, à ces ruptures *longitudinales* se sont bientôt associées des cassures *transversales*. Ainsi, à partir de la grande faille du Dorlay, le dépôt houiller devient graduellement plus puissant et plus large à l'Ouest, vers Saint-Chamond et Saint-Étienne, ce qui suppose qu'au delà de cette faille et autour de cet axe, comme charnière, le sous-sol s'est affaissé aussi bien transversalement à l'Ouest que longitudinalement au Sud. Mais à quel moment ce mouvement transversal a-t-il commencé? Jusqu'au dépôt de la Grande masse et même encore après, les choses se passent à la Grand'Croix comme à Rive-de-Gier. Ce sont les mêmes couches de houille, les mêmes bancs de grès dans les deux régions. A la Grand'Croix, à la Péronnière, à Combérigol, etc., on rencontre, au-dessus de la Grande masse, un banc de grès quartzo-feldspathique (*taille*), puis la petite couche de la *Découverte*, et au-dessus le grès feldspathique et le poudingue ordinaire comme à Rive-de-Gier. Ainsi jusque-là les conditions générales sont les mêmes dans les deux régions; mais, à partir d'un certain moment, à partir du niveau de 150 à 200 mètres au-dessus de la Grande masse, les roches changent de nature à l'Ouest du Dorlay. Le mica devient prédominant dans les schistes, les grès et les poudingues; les roches sont caractérisées par une sorte de reflet argenté. Nous passons, en un mot, au terrain que l'on a coutume d'appeler terrain, ou étage, de *Saint-Chamond*. Or c'est à ce même moment qu'apparaissent les roches siliceuses Geysériennes et le gore blanc dont nous avons parlé. C'est aussi dans le voisinage de la faille du Dorlay que les dépôts siliceux sont surtout puissants. Il semble donc y avoir une certaine corrélation entre les deux faits, c'est-à-dire que la cassure du Dorlay s'est ouverte à l'époque où les sources siliceuses sont apparues, ou plutôt, c'est le mouvement qui a amené cette cassure transversale qui, du même coup, a donné issue aux sources thermales siliceuses. Je ne veux pas dire par là que les eaux siliceuses aient passé par le plan même de cassure de la faille du Dorlay, car d'autres dépôts siliceux se rencontrent aussi à Saint-Priest et ailleurs, au Nord de Saint-Étienne. Mais ce qui me paraît assez probable, c'est qu'il y eut alors un important mouvement volcanique, dont les produits variés furent les dépôts cendreux de *la talourine*, le gore blanc de Rive-de-Gier et les sources siliceuses de la Grand'Croix, de Saint-Priest, etc. Ce fut alors, très probablement, que s'opéra, sous l'action des mêmes causes, la cassure transversale du Dorlay, et que commença l'affaissement graduel du sous-sol ancien vers Saint-Chamond et Saint-Étienne.

Je suis ainsi amené tout naturellement à donner quelques détails sur les masses siliceuses, trouvées dans les plus importants puits du district de la Grand'Croix, détails qui nous permettront de fixer des points de repère, propres à reconnaître l'étage de Rive-de-Gier sous Saint-Étienne. Toutefois, avant d'aborder cette question nouvelle, je crois devoir auparavant mieux préciser la situation réelle de la région ravinée.

Nous avons constaté une première zone à l'Est de Frontignat vers le puits *Teillard;* les limites en sont mal définies, mais il est certain, d'après les détails donnés sur le district du Reclus, qu'au Nord du puits *Teillard*, la Grande masse est déjà partiellement amincie dans la concession de Corbeyre et dans les parties voisines de Collenon et du Ban. Une seconde zone, dont la largeur dépasse 200 mètres, s'étend également du Sud au Nord sur les deux rives du Gier, depuis le puits *Saint-Louis* jusqu'au puits *Lacombe* et au delà dans la Péronnière. Enfin une troisième zone Nord-Sud occupe les environs du puits *Saint-Jean*, puis se ramifie au Nord dans la Péronnière et Combérigol. Il semble donc que les courants qui ont raviné la Grande masse dans le district de la Grand'Croix aient sillonné le bassin transversalement du Sud au Nord ou du Nord au Sud, et non parallèlement à son axe. On en peut conclure que l'affaissement qui a dû les provoquer doit spécialement se rattacher aux failles *limites* du bassin et non aux cassures *transversales,* de sorte que nous arrivons encore à cette conclusion que la cassure du Dorlay n'a pu se produire *immédiatement* après le dépôt de la Grande masse.

D'autre part, si l'on ne peut rigoureusement fixer les causes réelles des courants qui ont raviné la couche, le ravinement lui-même est hors de toute contestation; aussi je ne saurais assez recommander aux jeunes ingénieurs qui dirigent les travaux de mines de ne plus confondre à l'avenir les amincissements par érosion avec les étranglements dus aux failles.

Cela dit, revenons aux dépôts siliceux du district de la Grand' Croix.

DÉPÔTS SILICEUX DU DISTRICT DE LA GRAND' CROIX

§ 125. — J'ai fait connaître, dans les § 71 à 74, le dépôt tantôt calcédonieux, tantôt argilo-feldspathique, ou tufacé, que l'on désigne à Rive-de-Gier sous les noms de *gore blanc* et de *talourine*. J'ai montré, de plus, que le premier se rattache aux amas siliceux *Geysériens* de Saint-Priest, du Mont-Reynaud, de Chana près Sorbiers, de la Jusserandière près Cellieux, etc.; tandis que la *talourine* paraît représenter une sorte de cendre volcanique durcie, dont la formation aurait préludé à celle des dépôts siliceux que je viens de nommer. J'y reviens ici, parce que ces dépôts ont été traversés par tous les puits du district de la Grand'Croix, et qu'ils semblent pouvoir fournir une sorte de repère géologique, propre à fixer la profondeur approximative à laquelle l'étage de Rive-de-Gier pourra être rencontré à Saint-Chamond et à Saint-Étienne. Ajoutons qu'aux dépôts calcédonieux, *en place*, viennent se joindre d'autres masses qui sont formées de fragments anguleux de silex calcédonieux et de gore blanc, le tout solidement ressoudé par un ciment argilo-siliceux; c'est une sorte de brèche, dont la puissance est souvent notablement supérieure à celle du *gore blanc* proprement dit, et qui même le remplace entièrement sur certains points. C'est le dépôt siliceux, brisé, remanié, puis ressoudé sur place, que M. Ractmadoux appela jadis banc *mosaïque* à Saint-Chamond.

Le gore blanc siliceux bréchiforme forme un petit escarpement auprès de l'orifice du puits *Piney*. Le mur de l'amas est à 190 mètres environ verticalement au-dessus de la Grande masse. Au puits du *Chêne*, où son épaisseur est d'une vingtaine de mètres, comme au puits *Piney*, il a été rencontré vers 135 mètres du jour, c'est-à-dire à environ 200 mètres au-dessus de la Grande masse. Mais dans ces deux puits, où les assises sont fort inclinées, la distance réelle ne doit guère dépasser 170 mètres. Au puits *Saint-Jean*, le gore blanc fut observé par M. Brochin au niveau de 330 mètres, tandis qu'on trouva, comme on sait, la Grande masse ravinée vers 480 mètres, c'est-à-dire à 150 mètres de distance du gore blanc.

Dans la plupart des anciens puits de la Grand'Croix, où la grande masse est à plus de 150 mètres de profondeur, on a rencontré le gore blanc; mais, à l'époque où ces puits furent creusés, on n'y attachait aucune importance, de sorte que la nature spéciale et le niveau exact du dépôt sont mal connus. Par contre, les échantillons des roches traversées par le puits *Saint-Louis* furent conservés avec soin et rigoureusement étiquetés, ce qui m'a permis d'étudier sur les lieux la succession réelle des roches.

Jusqu'à la profondeur de 155 mètres, le puits traverse exclusivement des roches plus ou moins micacées et schisteuses, contenant des bancs lenticulaires de poudingue quartzo-micacé ; c'est le *terrain de Saint-Chamond*. De 155 à 162 mètres, sur 7 mètres de hauteur, vient un banc extrêmement dur de silex calcédoine, blanc, jaune et vert, entièrement semblable à celui de Saint-Priest et du Mont-Reynaud ; puis, immédiatement au-dessous, un lit de brèche à petits fragments anguleux (*la talourine*), dont le ciment est brun noir foncé, et les débris empâtés blanc grisâtre, terreux, comme certaines variétés de gore blanc. L'ensemble remplace le gore blanc proprement dit, qui d'ailleurs, à la Péronnière aussi, est partout siliceux.

Rappelons également qu'au puits *Saint-Antoine* on a rencontré, vers 100 à 120 mètres, sur 24 mètres d'épaisseur, une brèche siliceuse avec ciment brun foncé, qui paraît être aussi de la *talourine* ordinaire. A partir de ce niveau siliceux, le mica diminue dans le terrain, de sorte que, si le gore blanc représente *à peu près* la ligne de séparation des conglomérats stériles de Rive-de-Gier et de Saint-Chamond, on ne peut cependant dire que le passage soit brusque et rigoureusement marqué par le banc siliceux ou le gore blanc. Toutefois, c'est bien à partir de ce niveau que l'on voit la proportion de mica rapidement diminuer.

La Grande masse fut rencontrée, au puits Saint-Louis, au niveau de 315 mètres ; or, comme les assises sont ici peu inclinées, on en peut conclure que la vraie distance du banc siliceux à la Grande masse est sur ce point de 135 mètres. Au puits *Saint-Privat* du Plat-de-Gier le terrain micacé de Saint-Chamond se poursuit jusqu'au niveau de 298 mètres ; de là jusqu'à 331 mètres on a rencontré le gore blanc siliceux, plus ou moins bréchiforme avec *talourine* vers la base ; à partir de là, le terrain inférieur perd, comme à la Grand'Croix, l'élément micacé et passe finalement au poudingue de Rive-de-Gier. Enfin, à 548 mètres, survient la Grande masse, qui se trouve ainsi à 247 mètres au-dessous du gore blanc ; toutefois la distance réelle est de 185 mètres seulement à cause de la forte inclinaison des assises, qui atteint 52 pour 100 dans le puits. Par le même motif, quoique le gore blanc siliceux ait été traversé sur une hauteur de 33 mètres, son épaisseur proprement dite ne dépasse guère 28 mètres.

Il eût été intéressant de pouvoir comparer à ces coupes des puits *Saint-Louis* et *Saint-Privat* celle du puits *Saint-Claude* de Combérigol. Malheureusement ce dernier puits fut creusé à une époque où l'on se préoccupait peu de la nature spéciale des roches traversées. Dans les notes, conservées au bureau de la mine, on s'est en général borné à distinguer *grosso modo* les schistes, les grès et les poudingues, sans indiquer la forme et la nature des fragments empâtés. Cependant, à la profondeur de 390 mètres, on signale un banc de 7 mètres d'épaisseur comme *gore blanc*, et, d'après les annotations du registre des travaux, on voit qu'il s'agit bien d'une sorte de brèche, ou *talourine*, à fragments de gore blanc et à ciment volcanique foncé. Il est surmonté d'un poudingue de 20 mètres, contenant des cornets de houille et des galets, partiellement formés de gore blanc. *Au-dessous* du banc de 7 mètres vient un autre poudingue de 30 mètres avec beaucoup de noyaux *verts*. Ce sont des galets calcédonieux, diversement colorés. En effet, au Nord du puits *Saint-Claude*, vers la ligne d'affleurement de ces bancs, à Salcigneux et dans le profond ravin de la Faverge on rencontre précisément de nombreux galets de silex dans lesquels M. Grand'Eury a découvert des fruits et des graines. Or la Grande masse se trouve au puits *Saint-Claude* vers 600 mètres de profondeur, ce qui donne 205 mètres pour la distance du gore blanc proprement dit à la couche de houille. Ainsi donc, on le voit, dans tout le district de la Grand'Croix, l'intervalle compris entre le gore blanc siliceux et la grande masse oscille entre 150 et 200 mètres. Dans le fond de la vallée, sous le Gier, il est voisin de 150 mètres; plus au Nord, sous le coteau de la rive gauche, dans les puits *Piney*, du *Chêne* et *Saint-Claude*, plutôt de 190 à 200 mètres. On en peut conclure que le *gore blanc* constitue dans ce district une sorte de niveau géologique qui permettrait de fixer, jusqu'à un certain point, la profondeur à laquelle doit se trouver la Grande masse de Rive-de-Gier. Cherchons donc à appliquer dès maintenant la règle en question à trois puits voisins, non encore arrivés à la Grande masse de Rive-de-Gier. Ce sont le puits *Bonjour* de Combérigol, déjà mentionné (§ 121), et les deux puits *Notre-Dame* et *du Fay* dans le district voisin de Saint-Chamond.

DÉPOTS SILICEUX DANS LES PUITS NEUFS,
SITUÉS A L'OUEST DE LA GRAND'CROIX.

§ 126. — Le puits *Bonjour* a été foncé à 930 mètres au Nord-Ouest du puits *Saint-Claude* et à 150 mètres au Sud de Salcigneux (pl. III). Les travaux de Combérigol les plus rapprochés en sont encore éloignés de 600 mètres. Cependant, quoiqu'une faille Nord-Sud limite les travaux momentanément à l'Ouest, il est certain que la couche doit exister sous ce puits, à moins qu'elle n'y soit amincie, comme elle l'est auprès des affleurements dans les concessions de la Faverge et du Ban. Le puits *Bonjour* est arrêté à 215 mètres de profondeur; il traverse surtout, comme le puits *Saint-Claude*, des poudingues micacés, passablement grossiers; ce sont de gros bancs de 15 à 20 mètres, alternant avec des schistes micacés, pétris d'empreintes végétales. A 60 mètres de profondeur on trouva, entre deux bancs de poudingue, une roche spéciale, de couleur verte, ayant 0^m,25 d'épaisseur; elle est finement grenue dans le haut, tendre et savonneuse au toucher vers le bas comme la stéatite. Si nous citons ce banc si mince, c'est qu'un lit pareil paraît avoir été rencontré vers 230 mètres au puits *Saint-Claude*, et que la même roche, qu'il ne faut pas confondre avec le gore blanc, existe en tout cas, comme nous le verrons dans un instant, dans les deux puits voisins du district de Saint-Chamond. A 215 mètres on a atteint un banc de poudingue, renfermant des cornets de houille (débris de *Cordaïtes* très probablement) et des fragments de gore blanc non roulés, le tout pareil au banc situé à 380 mètres au puits *Saint-Claude*. On n'a pas dépassé ce niveau, situé à 200 ou 210 mètres au-dessus de la Grande masse au puits *Saint-Claude*, de sorte que la couche de Rive-de-Gier devrait se trouver au puits *Bonjour* vers 420 à 430 mètres comme au puits *Couchoud* du Nord (§ 121).

A 350 mètres au Sud-Ouest du puits *Bonjour* vient le profond ravin des

Arques, puis au delà le district de Saint-Chamond. Sur la rive droite du ravin le terrain se relève aussi rapidement qu'il s'abaisse du côté gauche, de sorte qu'en réalité le plateau du Fay est bien la suite de celui de Combérigol. Ils forment ensemble un plateau unique, large d'un millier de mètres, au pied du Mont-Crépon, à environ 65 mètres au-dessus de la vallée du Gier, et simplement sillonné en travers par le ruisseau des Arques. A part ce profond ravin, le terrain est parfaitement identique sur les deux rives, comme le prouve la comparaison des puits ouverts dans les deux régions.

Le puits *du Fay*, en ce moment en creusement, est situé, vers le centre du plateau du Fay, à 700 mètres à l'Ouest du ruisseau des Arques, et à environ 1,500 mètres à l'Ouest-Sud-Ouest du puits *Saint-Claude*, c'est-à-dire à très peu près sur une droite, menée par ce dernier puits parallèlement à l'axe du bassin (pl. V). Les roches traversées ressemblent entièrement à celles des puits *Saint-Claude* et *Bonjour*. Ce sont, jusqu'à 300 mètres du jour, des bancs de poudingues quartzo-micacés, plus ou moins grossiers, alternant de loin en loin, tous les 10, 15 à 20 mètres, avec de faibles lits de schiste grenu micacé, parfois pétri d'empreintes houillères. A 87 mètres on a cependant rencontré un banc de gore jaune, de $0^m,50$ d'épaisseur; puis, à 318 mètres, un banc vert de même épaisseur, ayant exactement l'aspect et la nature de celui du puits *Bonjour* à 60 mètres; c'est du grès fin vers le haut avec schiste savonneux dans le bas; au-dessous encore 50 à 60 mètres de roches micacées, puis à 372 mètres une brèche à ciment brun noir et à blocs anguleux de gore blanc, c'est la *talourine*; de 380 à 395 mètres une sorte de brèche, dans laquelle les blocs siliceux deviennent fort abondants et volumineux, le ciment plus rare, le gore blanc d'une teinte verte plus prononcée. On y voit toute la collection des silex de Saint-Priest et du Mont-Reynaud, mais surtout beaucoup de silex bruns, enfumés, le tout plus ou moins anguleux. C'est cet ensemble que M. l'ingénieur Ractmadoux appela, en 1855 au puits *Notre-Dame*, à cause de son aspect spécial, poudingue *mosaïque*. Lors de ma visite (fin mai 1879), on était arrivé à 400 mètres de profondeur, et l'on trouvait encore des blocs siliceux.

Depuis lors, ces blocs ont même persisté jusqu'à 450 mètres. On voit par là que l'épaisseur totale de la brèche à silex est ici plus considérable qu'au puits *Saint-Claude* et surtout plus forte que dans les puits de la rive droite (*Saint-Louis* et *Saint-Privat*). On en peut conclure qu'au puits *du Fay* on devra rencontrer la Grande masse plus bas qu'au puits *Saint-Claude*, vers 680 à 700 mètres de profondeur, ou tout au moins, en cas d'*érosion* locale ou *faille*, les marques certaines de son existence [1].

Le puits *Notre-Dame* est à 600 mètres en amont (au N.-N.-O.) du puits *du Fay* (pl. V). Or, comme l'inclinaison des bancs est en moyenne de 33 pour 100, la houille devrait s'y trouver à 200 mètres plus haut qu'au puits *du Fay;* mais comme, d'autre part, l'orifice du puits est à 35 mètres au-dessus de celui du Fay, on arrive à une différence de 165 mètres, ce qui correspond à une profondeur réelle de 500 à 550 mètres, si nous supposons, bien entendu, qu'aucune faille majeure, ni changement de pente, ne soit venu influencer, dans l'intervalle, la position respective des assises. La coupe du puits diffère peu, dans sa partie haute, de celle du puits *Bonjour*. Jusqu'à 93 mètres, alternances fréquentes de grès, schistes et poudingues quartzo-micacés. Ces derniers prédominent toutefois. A ce niveau, de 93 à 94 mètres, un lit de grès fin gris clair passe, dans sa moitié inférieure, à du gore vert, tendre et savonneux. C'est, comme on le voit, exactement le pendant du schiste vert, rencontré au puits *Bonjour* à 60 mètres et au puits *du Fay* à 318 mètres. Au-dessous du schiste vert le terrain micacé continue, mais les bancs de poudingue deviennent plus puissants et les intercalations de grès fins schisteux plus rares. Vers 185 mètres commence le banc de 30 mètres que l'ingénieur Ractmadoux avait nommé poudingue *mosaïque;* c'est, comme je viens de le dire, une brèche multicolore de fragments siliceux et de gore blanc proprement dit avec ciment foncé de talourine. Au-dessous réapparaît le poudingue micacé ordinaire, mais à 230 mètres nouveau poudingue mosaïque sur 10 mètres; puis, entre 280 et 290 mètres, on a traversé un banc contenant

---

1. Ce puits a été arrêté à 600 mètres à cause d'une forte source. On compte remplacer le fonçage ultérieur par un travers banc, ce qui me paraît regrettable.

encore de gros fragments de silex bruns, pareils à ceux du puits *du Fay*
à 381 et 400 mètres. Après cela viennent des alternances de grès, de
schistes et de poudingues où le mica s'amoindrit peu à peu; enfin le puits
fut arrêté, fin 1857, à 405 mètres, dans un banc de fragments anguleux
de micaschiste que l'on prit pour la brèche de la base. On en concluait que
l'on avait dû manquer la couche par suite de quelque accident, ou qu'elle
ne se prolongeait réellement pas jusque-là. Cette conclusion me paraît erro-
née. Le banc dans lequel on s'est arrêté ne peut être *la brèche*, car celle-ci
se compose surtout, dans cette région, d'éléments granitiques; et la coupe
porte spécialement l'annotation : *poudingue formé exclusivement de fragments
de micaschiste vert sans pâte.* De plus, d'après la position des bancs siliceux,
on ne pourrait, à moins d'une forte faille, avoir atteint vers 400 mètres le
niveau de la Grande masse, et bien moins encore celui de la brèche. Enfin,
je dois faire remarquer que ces bancs *anguleux* de micaschiste se trouvent
à divers niveaux dans le bassin houiller; je puis même ajouter qu'un
pareil banc a été traversé, au puits *Saint-Claude*, à 90 mètres environ au-
dessus de la couche de houille. En tout cas, d'après la position des bancs
siliceux, on ne peut encore avoir atteint le niveau de la Grande masse,
même en tenant compte de l'énorme épaisseur, de près de 100 mètres, que
le terrain à bancs siliceux paraît avoir atteint en ce point. Aussi longtemps
qu'on n'aura pas rencontré *la vraie* brèche granitique, on ne doit pas déses-
pérer de trouver la houille. Seulement la couche pourrait être plus ou
moins amincie dans cette région comme dans le haut de la concession du
Ban.

Ce qui précède prouve que le *gore blanc* de Rive-de-Gier semble former
réellement un horizon géologique dans le puissant massif stérile, qui sépare
l'étage houiller de Rive-de-Gier des étages houillers de Saint-Chamond et
de Saint-Étienne. Toutefois ce *gore blanc* affecte des caractères assez variables
dans les diverses régions où on le rencontre. A Rive-de-Gier même il est
mince, schisteux; c'est un véritable *gore* assez tendre, dont la teinte varie
du gris clair au vert. A la Péronnière viennent s'y associer du silex, d'aspect
calcédonieux, et quelques lits, plus ou moins tufacés ou bréchiformes, à

ciment brun noir compact (*la talourine*). A la Grand'Croix, et surtout dans
la région de Combérigol, ainsi qu'au Fay dans la concession de Saint-
Chamond, la variété bréchiforme tend à prédominer, les bancs à fragments
de silex, tantôt enfumés, tantôt multicolores, augmentent de puissance.
Au lieu de *gore blanc*, ce sont des masses de *silex*, souvent brisées, mais
ressoudées sur place et non remaniées, de sorte que le niveau géologique
reste au fond le même. La distance jusqu'à la Grande masse varie entre
150 et 200 mètres.

L'utilité de ce niveau géologique, au point de vue des recherches
futures, ne saurait être niée; aussi ne veux-je pas oublier de rappeler ici
que l'attention fut surtout éveillée sur ce point, il y a trente ans déjà, par
M. Brochin, alors ingénieur des mines de la Péronnière et du Plat-de-Gier.
Seulement je voudrais que ce niveau ne fût pas appelé niveau du *gore blanc*,
dont le rôle est en réalité bien subordonné, mais plutôt niveau des dépôts
siliceux, ou, si l'on aime mieux, afin de rappeler le double type, niveau des
silex et du *gore blanc*.

Nous verrons bientôt le parti que l'on peut tirer de ce niveau *siliceux*
pour les recherches futures de l'étage de Rive-de-Gier dans les districts de
Saint-Chamond et de Saint-Étienne. Quant à présent, puisqu'il est question de *niveaux géologiques*, je voudrais rappeler ce que j'ai dit plus haut
(§ 83) d'une autre roche, le *gore rouge*, que plusieurs ingénieurs ont
aussi considéré comme placé à un niveau déterminé. Ce grès ou *gore rouge*
est une variété ferrugineuse du terrain quartzo-micacé de Saint-Chamond.
Un banc de cette sorte de roche affleure dans une tranchée du chemin
de fer, en amont du puits *Saint-Paul* de la Grand'Croix et à une faible
distance à l'Ouest des puits *Gillier* et du *Chêne* dans la concession de la
Péronnière. Au puits *Saint-Jean*, il a été traversé vers 100 mètres et au puits
Saint-Privat vers 145 mètres de profondeur. La distance à la Grande masse
serait donc d'environ 380 à 400 mètres, et celle du gore rouge au niveau
siliceux d'environ 200 mètres. Dans ces limites *restreintes*, de deux ou trois
concessions contiguës, un banc ferrugineux peut avoir, en effet, assez de
constance pour pouvoir servir de point de repère; mais à cela se borne son

rôle, car déjà dans les puits de *Combérigol* et de *Saint-Chamond* le gore rouge ne se montre plus; de plus, comme je l'ai dit dans la partie générale, les bancs ferrugineux apparaissent à divers niveaux du massif stérile qui sépare Rive-de-Gier des étages supérieurs.

En faisant l'historique du grand puits *Saint-Luc*, à Saint-Chamond, nous montrerons combien peu il est permis de se fier à la constance et à la continuité des bancs ferrugineux de la partie inférieure du terrain houiller de Saint-Étienne. La couleur rouge ne prend une certaine fixité qu'au niveau de l'étage le plus élevé de Saint-Étienne, où le grès houiller passe en effet au grès *rouge* proprement dit du terrain *permien*.

CHAPITRE X

TERRITOIRE DE SAINT-CHAMOND

§ 127. — Le territoire de Saint-Chamond comprend, outre l'ancienne concession de ce nom, le petit district de Valfleury, au Nord du Mont-Crépon. La concession de Saint-Chamond fut accordée à M. de Mont-Dragon par arrêt du 18 décembre 1774, mais les limites furent revues et rectifiées par ordonnance royale du 10 mai 1838. Sa contenance actuelle est de 3,542 hectares. La ville de Saint-Chamond en occupe à peu près le centre. A l'Est, cette concession touche aux concessions de la Grand'Croix, du Plat-de-Gier et de Combérigol, qui ont pour limite le Richorie et la partie haute du ruisseau des Arques. A l'Ouest, elle est bornée par une partie des ruisseaux du Langonan, du Recolin et du Janon, formant les limites orientales des concessions de Beuclas, la Calaminière, Saint-Jean de Bonnefond et la Sibertière ; au Nord, par une droite allant de Chana à Perrieux sur le flanc méridional du Mont-Crépon ; au Sud enfin, par deux droites longeant le pied de la chaîne du Pilat en amont du bourg de Saint-Martin-en-Coallieux. D'autre part, le district de *Valfleury* forme une bande étroite au Nord du Mont-Crépon à l'origine de la vallée du Langonan. (Voy. carte d'ensemble.)

On peut distinguer dans le territoire de Saint-Chamond les quatre premiers étages du bassin de la Loire, c'est-à-dire la brèche de la base, l'étage houiller de Rive-de-Gier, le massif stérile qui sépare Rive-de-Gier de

Saint-Étienne, et le premier des trois groupes de l’étage houiller inférieur
de Saint-Étienne.

La *brèche* occupe le massif entier du Mont-Crépon, sur une largeur
moyenne de 1,000 à 1,500 mètres, et atteint même 2,400 mètres au Nord
du hameau de la Bréassière. Ainsi que je l’ai dit dans la partie générale, la
brèche se compose surtout, à la base, de fragments micaschisteux, tandis
que, vers le haut, au voisinage de l’étage de Rive-de-Gier, dominent plutôt
les débris granitiques. La brèche, si puissante au Nord, ne se montre vers la
lisière Sud, qu’auprès de Saint-Martin et du hameau le Creux, sur une largeur
de 200 à 250 mètres. Comme à la Madeleine et à Grézieux les blocs granitiques y sont de beaucoup les plus nombreux (pl. VI et carte d’ensemble).

Le torrent du Gier, qui pénètre ici du terrain ancien dans la vallée
houillère, doit correspondre, comme le Dorlay auprès de la Grand’Croix,
à une puissante faille Nord-Sud, plongeant à l’Ouest, car sur ce point aussi,
comme dans la vallée du Dorlay, la brèche est coupée brusquement et ne
remonte plus dès lors au jour, le long du flanc droit de la vallée, qu’auprès
de Firminy. Au pont du Gier et dans le chemin qui monte du pont vers la
Martinière on constate, le long de la limite du terrain ancien, un poudingue
ferrugineux à galets de micaschiste, qui fait partie du poudingue stérile
de Saint-Chamond, et au delà on voit partout, au pied du Pilat, les traces
évidentes de ce même étage, ou de l’un quelconque des étages supérieurs,
verticalement redressé contre le micaschiste.

§ 128. — *L’étage houiller de Rive-de-Gier* n’a pas été exploité jusqu’à présent dans le territoire de Saint-Chamond, mais il est activement recherché
en profondeur sur divers points. Comme les affleurements de l’étage en
question se dessinent nettement au Nord et au Sud, son existence géologique sous Saint-Chamond même ne saurait être mise en doute. Reste à
savoir si les couches y seront exploitables. C’est une question toute différente dont je m’occuperai sous peu.

Au *Sud*, les affleurements de l’étage houiller se montrent, d’une façon
très nette, le long de la brèche qui forme, comme je viens de le dire, une
bande de 200 à 250 mètres, vers la lisière du bassin, entre Saint-Martin-en-

Coallieux et le hameau dit le Creux au bord du Gier. En descendant de
Saint-Martin vers Saint-Chamond, on voit, dans les fossés du chemin, un
double affleurement charbonneux, voisin de la brèche, le premier à 10 ou
12 mètres, le second à 50 mètres environ (pl. VI). Immédiatement au-
dessus vient un gros banc de grès fin (*taille*), tout à fait pareil à celui qui
couvre les couches de Rive-de-Gier.

L'affleurement reparaît auprès de la ferme Roux, à 450 mètres à
l'Ouest dudit chemin, et là aussi à peu de mètres de la brèche. Sur ce
point on a trouvé, dans une fouille, des lentilles verticales de houille qui
avaient parfois jusqu'à un mètre d'épaisseur. Au-dessus du grès, qui couvre
le double affleurement, on reconnut d'autres filets charbonneux, dans les
fondations de la fabrique Macabiaut (la Renaudière), située à 300 mètres
de la brèche. Enfin, dans un chemin qui descend de Saint-Martin vers le
Gier, à l'Ouest de la ferme Roux, j'ai également constaté, le long d'un
massif de grès fin, un petit affleurement de $0^m,20$ à 100 mètres environ de
la brèche. Si les *filets noirs* de la fabrique Macabiaut semblent déjà appartenir au *terrain stérile* supérieur, il me paraît au contraire indubitable que
ce dernier affleurement de $0^m,20$ et ceux qui sont voisins de la brèche, entre
Saint-Martin et la ferme Roux, représentent réellement l'étage houiller de
Rive-de-Gier. C'est le relèvement vertical de l'étage en question, fortement
étiré par la faille limite Sud. Auprès du micaschiste les assises sont presque
verticales et se composent de grès fin; puis, à une certaine distance de là,
elles plongent au Nord vers l'axe du bassin.

Afin de mieux étudier lesdits affleurements, on a creusé, il y a vingt ans,
un puits de recherches à 200 mètres environ au Nord du bourg de Saint-Martin. On l'a foncé jusqu'à 112 mètres sans résultats positifs. A partir de la surface du sol jusqu'à 70 mètres on a traversé principalement les bancs de grès
(*taille*), que l'on voit, dans le chemin de Saint-Martin à Saint-Chamond, au toit
du double affleurement. Quelques minces lits de schistes alternent çà et là avec
les bancs de grès. L'inclinaison est assez régulière au N.-N.-E, et la plongée
moyenne de 60°. A partir de la profondeur de 70 mètres, le puits est entré
dans un terrain brouillé; ce sont des schistes froissés, entremêlés de frag-

ments de grès; vers 80 et 93 mètres on a même rencontré des cornets de schistes charbonneux et de houille proprement dite, puis, au-dessous, de nouveaux bancs de grès, plus ou moins grossiers, en strates fortement disloquées, dont l'inclinaison va grandissant avec la profondeur. (Coupe de pl. V.)

D'après cela, il semble hors de doute que vers 70 mètres on est entré dans un premier gradin de la faille, contenant les débris de l'affleurement supérieur (*la Grande masse* probablement), et que vers 93 mètres on a pénétré dans les débris des assises qui séparent les deux affleurements (la *Grande*, de la *Bâtarde ?*). En tout cas, vu la raideur de l'inclinaison et le voisinage de la faille-limite, on ne pouvait guère s'attendre à rencontrer mieux et plus. Si l'on tient compte de la grande épaisseur de l'étage stérile supérieur de Rive-de-Gier, on voit que la couche intacte, non étirée par la faille, ne peut se trouver à moins de 700 à 800 mètres de profondeur. Cela résulte d'ailleurs aussi des faits constatés au puits *Saint-Luc*, dont nous allons bientôt nous occuper.

§ 129. — Mais suivons d'abord la brèche du Nord, au Mont-Crépon, en partant du hameau du *Mulet*, dans la concession du *Ban*. On doit se rappeler que jusqu'au voisinage de ce hameau on a pu fixer la position de l'affleurement de la Grande masse, grâce au puits Saint-Cloud et aux recherches faites à l'aide d'une fendue voisine (§ 114). La couche y est amincie, mais sa situation est nettement indiquée par la brèche au mur, et le banc de grès fin (*taille*) au toit. Les bancs de grès fins sont caractéristiques pour l'étage de Rive-de-Gier. On les rencontre, entre la brèche de la base et l'étage stérile de Saint-Chamond, tout le long du flanc méridional du Mont-Crépon, à partir de Cellieux jusqu'à son extrémité occidentale, au fond de la vallée du Langonan, à l'Est de Sorbiers. Sur quelques points on exploite même ces grès pour pierres de taille. L'une de ces carrières se voit à 500 mètres à l'Ouest du Mulet, sur le chemin qui conduit de Rive-de-Gier à Cellieux par la crête séparant le Collenon de la Faverge ; une autre, près de la Jusserandière, sur le bord du chemin qui monte de Saint-Chamond à ce même bourg de Cellieux (pl. III.) ; enfin une troisième carrière se voit au-dessus de Truzeaux. Dans l'intervalle, en revenant vers la

Jusserandière, on rencontre les mêmes bancs, à faible distance de la brèche, auprès des hameaux de la Terrière, de la Bréassière et de la Glacière (plan d'ensemble). Mais le point où l'affleurement de l'étage de Rive-de-Gier, entre la brèche et le poudingue de Saint-Chamond, se voit le mieux est le contre-fort du Mont-Crépon qui passe par la Donzillière, entre les deux affluents du ruisseau de la Mornante, dont l'embouchure dans le Gier est à Saint-Julien-en-Jarrêt (pl. V et VI). L'affleurement correspond à un méplat entre la brèche de la base et l'étage stérile supérieur. A partir du méplat, la brèche s'élève en pente raide jusqu'au sommet du Mont-Crépon; au-dessous du méplat, le poudingue supérieur descend en pente douce jusqu'à Saint-Chamond. Le méplat est formé de grès fins et de gores charbonneux noirs, qui reposent directement sur la brèche; leur puissance est de 10 à 12 mètres. Par-dessus, en stratification concordante, vient le poudingue micacé à galets quartzeux

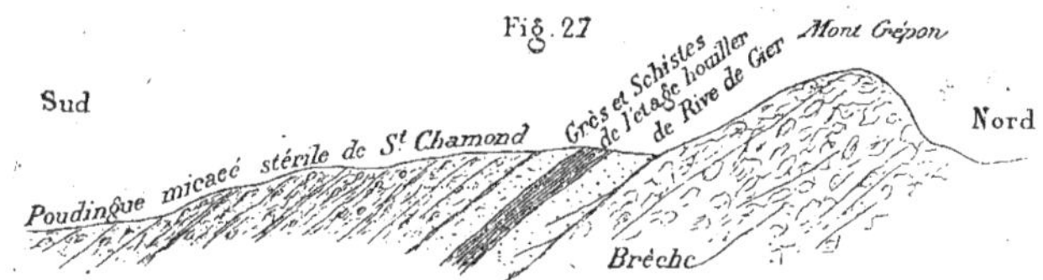

blancs. La différence entre le mur et le toit est telle que, même dans les points où le poudingue déborde les grès et repose transgressivement sur la brèche, on peut tracer la ligne où devrait aboutir l'étage de Rive-de-Gier. On distingue aisément la brèche à débris anguleux, granitiques, du grès micacé à galets quartzeux blancs. Le flanc supérieur du Mont-Crépon, composé de brèche, incline au Sud sous l'angle moyen de 15° à 20°, tandis que la pente des coteaux inférieurs à grès micacé stérile est rarement supérieure à 5 ou 6°. Ces contrastes s'observent non seulement au-dessus de Donzillière, mais encore au promontoire dont le pied oriental est baigné par le ruisseau de Truzeau, et vers le haut du contrefort qui va sur Chantacros par le domaine dit le Bois. De ce point la limite entre les deux terrains gagne, à l'Ouest, le fond de la vallée du Langonan, où une puissante faille transversale Nord-Sud, plongeant à l'Ouest, rejette au Nord la double limite de la brèche et du terrain ancien (voir la carte d'ensemble du bassin).

Ainsi donc, en résumé, l'affleurement Nord de l'étage de Rive-de-Gier se poursuit, à l'Ouest, jusqu'au profond vallon du Langonan, auprès de Sorbiers, et traverse ainsi le territoire entier de Saint-Chamond de l'Est à l'Ouest. Seulement, comme dans les concessions du Ban, de la Faverge et de Combérigol, les couches de houille disparaissent avant d'atteindre le jour; elles n'affleurent pas, soit qu'elles n'aient pu se développer dans cette région, par le fait de la disposition spéciale des lieux, ou qu'elles aient été enlevées par érosion après leur dépôt. Mais, de même qu'en profondeur la houille existe dans les trois concessions que je viens de nommer, et qu'elle y augmente même en épaisseur vers l'aval pendage et se poursuit, sur la rive droite du Gier, jusqu'au puits *Saint-Privat*, il y a tout lieu d'espérer qu'à Saint-Chamond aussi l'étage de Rive-de-Gier cessera d'être stérile à partir d'une certaine distance de l'affleurement Nord. C'est pour fixer cette distance, pour résoudre la question de l'extension, ou non-extension des couches de Rive-de-Gier sous le territoire dont nous nous occupons, que la Compagnie des mines de Saint-Chamond a creusé les puits *Notre-Dame* et *Saint-Luc* et fonce encore le puits *du Fay*.

Disons les résultats auxquels elle est parvenue jusqu'à ce jour. (Voir coupe de la pl. V.)

§ 130. — Je ne reviens pas sur les puits *Notre-Dame* et *du Fay*, dont j'ai fait connaître la situation et les chances d'avenir, à l'occasion des dépôts siliceux de la Grand'Croix (§ 126). Je rappellerai seulement que le puits *du Fay* est à peu près dans la situation du puits de *Combérigol*, qu'il devrait rencontrer la Grande masse vers 680 à 700 mètres et que le puits *Notre-Dame*, quoique foncé jusqu'à 405 mètres, ne doit pas avoir atteint la brèche de la base. La Grande masse de Rive-de-Gier, si elle n'est pas coupée par une faille ou amincie par érosion, devrait se trouver sur ce point entre 500 et 550 mètres.

Le puits *Saint-Luc* est placé au Sud de la ville de Saint-Chamond, à

120 mètres seulement au Nord de l'ancienne gare du chemin de fer de Lyon. Au point de vue de l'étage de Rive-de-Gier on n'aurait pu choisir une position plus défavorable. Il était évident qu'on aurait à traverser non seulement tout le massif stérile qui sépare Rive-de-Gier de Saint-Étienne, mais encore le groupe de l'étage inférieur de Saint-Étienne, que l'on exploitait depuis longtemps au Nord et à l'Ouest de la ville de Saint-Chamond. C'était se condamner à ne rencontrer l'étage de Rive-de-Gier avant la profondeur de 800 mètres au moins. Ce qui, malgré cela, motiva ce choix, ce fut l'idée théorique, que le gore *rouge* de la Péronnière, dont j'ai dit un mot à l'occasion du gore *blanc* (§ 83 et 126), formait, dans le bassin houiller, un niveau géologique bien déterminé; or, comme le chemin de fer coupe précisément un pareil banc ferrugineux dans la tranchée d'Izieux, à un kilomètre au Sud-Ouest de la station de Saint-Chamond, on en concluait que le puits *Saint-Luc* ne pouvait manquer de rencontrer la couche de Rive-de-Gier vers 400 à 500 mètres de profondeur. J'avais cependant prouvé, dès cette époque (1847), que le grès rouge existait dans le bassin à divers niveaux, qu'il ne pouvait, par suite, servir de repère, qu'il fallait recourir à d'autres moyens pour fixer, d'une façon approximative, la profondeur probable de l'étage de Rive-de-Gier. Se croyant bien renseigné, on passa outre, et l'on entreprit cette coûteuse recherche, qui fournit les résultats suivants.

Dès l'orifice du puits, on s'est trouvé dans le terrain normal de Saint-Chamond, c'est-à-dire dans les schistes et les grès fins à mica blanc, alternant en lits minces avec de puissants bancs de poudingue quartzo-micacé. A 46 mètres on rencontra une veine de houille crue de $0^m,80$, puis, à partir de 55 mètres jusqu'à 145 mètres, un massif ferrugineux, composé surtout de grossier poudingue en bancs de 2 à 8 mètres d'épaisseur, alternant avec de faibles lits de grès fins rouges et de schistes de même nuance. A 170 mètres le poudingue rouge fit place à un ensemble schisto-charbonneux qui se continue jusqu'à 225 mètres. On y a rencontré, à 174, 210 et 215 mètres, de faibles veines de houille et en outre plusieurs lits schisteux criblés d'empreintes végétales. Jusque-là la plongée des assises est faible;

tous les bancs inclinent au Sud-Est comme les couches exploitées au puits *Napoléon* dans l'étage houiller de Saint-Chamond ; au-dessous la plongée change graduellement ; on passe au relèvement inverse vers le Sud, de sorte que le puits correspond à peu près à la ligne de bas-fond du bassin. De 225 à 265 mètres on traversa plusieurs bancs de poudingue quartzo-micacé ordinaire, puis jusqu'à 400 mètres des schistes noirs micacés, entre-mêlés de veinules de houille ou d'empreintes végétales, et souvent associés à de faibles assises de grès ou de poudingues quartzo-micacés. A partir de 400 mètres, où l'on rencontra deux failles peu distantes l'une de l'autre, on rentra dans une région où les grès et les poudingues l'emportent de nouveau sur les schistes. Cependant vers 600 mètres et jusqu'à 680 mètres les schistes redeviennent prédominants ; les empreintes n'y manquent pas, et avec elles apparaissent aussi des filets de houille et même le grisou et le fer carbonaté des houillères. Avec la profondeur augmente l'inclinaison des bancs ; elle est de 40° au fond, et toujours dans le même sens vers le N.-O.

On se demandera sans doute où finit dans cette coupe l'étage houiller de Saint-Chamond, où commence le massif stérile situé au-dessous ? Il serait difficile de le dire, puisque le terrain est partout le même, sauf le massif ferrugineux de 90 mètres (entre 55 et 145 mètres). Il semble cependant que la limite en question doit se trouver vers 400 mètres, où se termine le grand massif schisto-charbonneux. Quoi qu'il en soit du reste, il est au moins certain que les couches du groupe de Saint-Chamond s'obli-tèrent dans cette région, ce qui ne saurait étonner, vu la nature grossière, *sauvage*, du terrain encaissant. Nous verrons, en effet, en décrivant ce groupe, que les couches de houille disparaissent en approchant du puits *Saint-Luc*, aussi bien dans le champ d'exploitation du puits *Napoléon* que dans celui des puits du *Château* et de *Rigodin*.

Arrivé à la profondeur énorme de 680 mètres, on a préféré, à cause de la forte inclinaison des assises, poursuivre la recherche à l'aide d'un travers banc, poussé normalement à la direction des strates. On est bientôt sorti du massif schisteux, et jusqu'à la distance de 340 mètres on est resté presque constamment dans une alternance de grès et de poudingues quartzo-micacés de nuance grise ou verte. L'inclinaison est graduellement descendue de 40° à 16°, de sorte que l'avancement réel en profondeur doit à peine dépasser 100 mètres.

A 310 mètres une faille, plongeant au Sud, a ramené du poudingue rouge, qui persista sans aucun changement jusqu'à la distance de 676 mètres, où fut arrêté finalement le travers banc en juillet 1868 (voy. pl. V, Coupe). Le poudingue se compose surtout de micaschiste et de quartz avec quelques galets granitiques à feldspath rose, dont le nombre est allé croissant avec l'avancement. Ce granite ne ressemble en rien au granite blanc de la brèche; il a probablement dû venir des bords de la Loire, où l'on connaît, non loin de Firminy, du granite rose en place. La présence de ce granite prouve, au reste, que ce poudingue rouge diffère complètement du grès ferrugineux que j'ai signalé dans la partie haute du puits. En tout cas il appartient encore à l'étage stérile qui couvre Rive-de-Gier, car le bout de la galerie est horizontalement à plus de 350 mètres des affleurements, que l'on connaît auprès de la brèche à Saint-Martin. A cause du redressement presque vertical de la paroi Sud du bassin, il faudrait prolonger le travers banc d'au moins 200 à 250 mètres pour atteindre les bancs de grès (taille) de l'étage de Rive-de-Gier, dont les affleurements sont visibles sous Saint-Martin. Notons encore que les assises du poudingue rouge ne semblent pas plonger en moyenne de plus de 10 pour 100, de sorte que l'épaisseur traversée pourrait bien ne pas atteindre 50 mètres. Enfin, je dois dire qu'il est à regretter que le long travers banc n'ait pas été poussé normalement à la ligne de direction des affleurements de Saint-Martin; on aurait pu gagner près de 100 mètres sur la distance totale. Au reste, si la recherche doit être un jour reprise, il ne faudrait pas poursuivre le travers banc, car on s'exposerait à rencontrer la couche amincie par le redressement brusque le long de la limite; il vaudrait mieux reprendre le fonçage du puits *Saint-Luc*, ou percer un puits intérieur dans la région où le poudingue rouge est presque horizontal et non troublé par des failles. Quant à la profondeur à laquelle la couche de Rive-de-Gier pourra être rencontrée, nul ne saurait le dire. On sait seulement que le long travers banc ne rachète qu'une profondeur totale d'environ 100 à 150 mètres; de sorte qu'il faut s'attendre à devoir creuser encore le puits *Saint-Luc* d'au moins 200 mètres, si l'on veut y atteindre la Grande masse de Rive-de-Gier; cela donne environ 900 mètres comme profondeur minima, et même il faudra plutôt aller très probablement jusqu'à 1,000 mètres, comme nous le verrons bientôt.

Les trois puits dont je viens de parler traversent l'étage stérile qui sépare Rive-de-Gier de Saint-Étienne. Les détails, dans lesquels je suis déjà entré à ce sujet, le font suffisamment connaître; je puis donc passer immédiatement au massif houiller de Saint-Chamond lui-même, qui correspond, on doit se le rappeler, au plus ancien des trois groupes, dont se compose l'étage houiller inférieur de Saint-Étienne.

FAISCEAU HOUILLER DE SAINT-CHAMOND.

§ 131. — Le caractère général du faisceau houiller de Saint-Chamond est d'être formé de roches micacées *sauvages*. Le gore proprement dit et le grès pour pierres de taille sont rares, on les rencontre seulement sur quelques points de la partie haute du dépôt. D'après sa situation, ce faisceau correspond au premier groupe de l'étage inférieur de Saint-Étienne. On peut même, comme on le verra, assez bien assimiler l'ensemble des veines de Saint-Chamond aux quatre couches n°s 13 à 16 de Saint-Étienne. La direction générale des bancs est conforme à l'allure normale du dépôt; elle est parallèle à l'axe du bassin, avec plongée ordinaire vers le Sud-Est. Les affleurements appartiennent tous à la rive gauche du Gier. On peut les suivre, depuis le ruisseau du Fay à l'Est, jusqu'à la Varizelle au delà d'Izieux, sur une étendue de cinq kilomètres. En réalité, ils vont même jusqu'aux premières concessions de Saint-Étienne; mais les couches de houille deviennent, dans cette partie extrême du district de Saint-Chamond, de plus en plus irrégulières et discontinues. Au reste, même dans la région centrale, au Nord de Saint-Chamond, les accidents sont nombreux et l'allure des couches plus ou moins troublée. On se ressent partout de la nature *sauvage* des roches. Sous l'influence des poudingues micacés, les veines sont fréquemment amincies par érosion. Un coup d'œil jeté sur la carte du district (pl. V et VI) permet de juger du nombre des accidents. Une faille de direction passe au Nord-Ouest de la ville et semble correspondre, dans sa partie occidentale, à la vallée du Janon. Dans la ville même elle sépare les mines dites du *Parterre* de celles de la région du *Château*. Perpendiculairement à cet accident longitudinal on constate une série de failles *transversales*, dont les plus importantes remontent les assises du côté Ouest. Elles partagent le district en une série de champs d'exploitation indépendants. En allant de l'Est à l'Ouest, ce sont les anciennes mines de la *Chapelle du Fay;* les mines du *Clos-Marquet* et de *Rigodin;* celles du *Parterre* et du *Château* au Nord de la ville; les territoires de *Croupisson, Lavieux* et le *Paradis* au Nord-Ouest; enfin les districts de *Plaisance,* le *Châtelard, Grange-Payre* et la *Varizelle* à l'Ouest, sur les bords du Janon. Nous allons successivement passer en revue ces divers sous-districts. Mais, auparavant, disons encore que les charbons de Saint-Chamond sont tendres et à courte flamme, presque tous riches en cendres et entremêlés de beaucoup de schistes. Les charbons sont cependant encore collants, sauf ceux des couches inférieures qui atteignent la limite des charbons maigres. Les plus gras tiennent 25 à 26 pour 100 de matières volatiles; ils proviennent de la région Ouest, c'est-à-dire des mines de la Varizelle et de la Grange-Payre. Le Parterre et le groupe de Rigodin fournissent des charbons qui ne perdent déjà plus au feu que 17 à 21 pour 100; enfin la houille des couches inférieures descend jusqu'à 16, 15 et 14 pour 100, et cesse alors de coller au feu. Ainsi donc le groupe de Saint-Chamond donne des charbons *à courte* flamme, en partie *maigres,* comme les couches les plus basses de Saint-Étienne.

§ 132. — **Mines de la Chapelle du Fay.** — Ce premier sous-district est abandonné depuis trente à quarante ans et n'est encore qu'imparfaitement exploré. Non loin des limites du Plat-de-Gier on voit, sur la rive droite du ruisseau du Fay, un faible affleurement, plongeant au Sud. Pour explorer cette couche on fonça vers 1840 le puits *Jaboulay* (ou

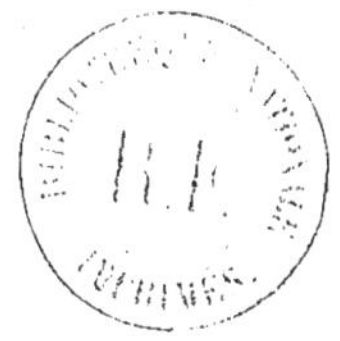

Planaize) jusqu'à la profondeur de 140 mètres. On traversa la couche à 64 mètres du jour, et on y ouvrit quelques travaux; son épaisseur était de 0^m,50 à 0^m,60; le charbon de qualité médiocre (pl. V).

En remontant le ruisseau on trouve, à 500 mètres de là, au lieu dit la *Chapelle du Fay*, plusieurs anciens puits, qui dénotent des travaux plus importants. On y voit un double affleurement, lequel, à moins d'une forte faille dont je parlerai dans un instant, appartient à des couches qui passent sous la précédente. En tout cas, elles sont en amont de l'orifice du puits du Fay, foncé en ce moment à la recherche de la couche de Rive-de-Gier.

Sur la rive gauche du ruisseau se trouve le puits *Saint-Roch*, sur lequel je n'ai pas de renseignements. Mais la même couche a été exploitée de 1841 à 1845 par la fendue *Targe* et, sur l'autre rive, par les puits *Brun* et *Barrier*, de sorte que ce que je vais dire de ces puits peut s'appliquer aussi à la mine *Saint-Roch*.

La veine supérieure est peu importante et de qualité inférieure, son épaisseur est de 0^m,60 à 1 mètre; on ne l'a guère exploitée. La couche inférieure mesure au contraire, sur certains points, jusqu'à 2^m,50 et même 3 mètres. Toutefois sa puissance moyenne est de 1^m,60 seulement.

Le puits *Barrier* l'a rencontrée à 46 mètres et le puits *Brun* à 74 mètres. Ce dernier a traversé la couche supérieure à 18 mètres. Le puits *Barrier* a été foncé à 20 mètres au-dessous de la couche principale sans découvrir d'autres veines. Les roches du toit et du mur se composent de grès schisteux et micacés passant au poudingue. C'est, comme ailleurs à Saint-Chamond, du terrain *sauvage*, ce qui explique les variations de puissance du gîte houiller. Les amincissements étaient surtout fréquents à l'Est vers la fendue *Targe*. Celle-ci est descendue jusqu'à la profondeur de 50 mètres mesurée verticalement. La plongée y est de 20 à 25° en moyenne; la direction presque Est-Ouest. Auprès de la Chapelle une faille transversale semble remonter la couche à l'Est; elle n'est pas connue au delà, car la veine du puits *Jaboulay*, ci-dessus mentionnée, ne lui ressemble guère et doit être plus élevée. La houille était tendre et grasse; on en a fait du coke pendant quelques années pour les hauts fourneaux de l'Horme, quoique la couche

fût mêlée de schistes et le menu plus ou moins pierreux. En résumé, on
le voit, la couche n'est encore connue que jusqu'aux niveaux de 50 à
70 mètres, et quoiqu'elle semble devoir se poursuivre en profondeur, on
ne saurait dire, à cause des roches *sauvages* qui l'accompagnent, jusqu'où
elle pourra s'exploiter. En tout cas, vu les renflements de 2ᵐ,50 à 3 mètres,
il conviendrait de ne pas négliger son aval pendage.

En se dirigeant de la Chapelle du Fay vers le Nord, on rencontre, à
mi-chemin du puits *Notre-Dame*, des traces charbonneuses qui ne semblent
pas devoir appartenir à de véritables couches, car le puits *du Fay*, qui aurait dû les recouper, n'a rencontré au niveau voulu que deux filets de
houille de 0ᵐ,04 à 0ᵐ,05 d'épaisseur.

§ 133. — A l'Ouest des affleurements de la Chapelle du Fay, on exploite
depuis longtemps des couches analogues sous les domaines du *Clos-Marquet*
et de *Rigodin;* mais entre deux, sur un parcours de 600 à 700 mètres, les
affleurements sont peu distincts, soit que les couches soient réellement
amincies, ou qu'une faille de direction les coupe à une faible distance au-
dessous du sol. Cependant les recherches, entreprises il y a quinze ans par le
puits Saint-Benoît, à 300 mètres à l'Est du hameau de Peyrard, ont fait connaître un groupe de quatre couches, situées sur le prolongement de celles
dont je viens de parler. De ces quatre couches, deux seulement furent reconnues exploitables, la première et la troisième à partir du haut. La plus
élevée a une puissance de 0ᵐ,70 ; c'est du charbon collant un peu schisteux.
La seconde, à 16 mètres sous la précédente, ne mesure que 0ᵐ,45 et semble
être formée de schiste charbonneux plutôt que de véritable houille.
A 28 mètres de distance vient la troisième couche, la plus importante
des quatre. Elle a 1ᵐ,20 d'épaisseur et donne du charbon gras de qualité
ordinaire.

Enfin à 45 mètres de la troisième vient la quatrième de 0ᵐ,80 à 0ᵐ,90.
C'est du charbon cru et pierreux, difficile à vendre.

Les roches qui alternent avec les quatre couches se composent essentiellement, comme à Rigodin et au Fay, de schistes, ou de grès schisteux,
pétris de mica et d'empreintes végétales.

Le résultat des recherches fut d'ailleurs trop peu favorable pour amener l'ouverture, sur ce point, d'un vrai champ d'exploitation. On pourra d'ailleurs explorer leur aval pendage en partant des travaux du Clos-Marquet.

§ 134. — **Mines du Clos-Marquet et de Rigodin.** — La mine du *Clos-Marquet* est située à 400 mètres à l'Ouest des fouilles dont je viens de parler. Les couches exploitées sur ce point se relient sans interruption, à l'Ouest, avec ceux des puits *Neyrand* et *Saint-Louis* de *Rigodin*, et, même au delà, avec les anciens travaux du *Parterre;* de sorte qu'en réalité on a ici, sans accidents graves, un champ d'exploitation d'environ 4,000 mètres en direction, dont l'aval pendage, au-dessous de 100 à 150 mètres, est encore à peu près partout complètement vierge.

On connaît, dans ce district, sept ou huit couches généralement peu constantes, tant en direction qu'en profondeur. Leur puissance s'accroît à l'Ouest, en approchant du Parterre, et s'oblitère à l'Est. On admet aussi que la plupart d'entre elles tendent à s'amincir et à devenir inexploitables en profondeur; toutefois, à cet égard, il me paraît difficile que l'on puisse être aussi affirmatif. Ainsi que je viens de le dire, l'aval pendage est encore inconnu au-dessous de 100 à 150 mètres et l'on peut facilement prendre pour amincissement définitif ce qui, en réalité, peut n'être qu'une diminution locale de la puissance normale, soit par érosion, soit par transformation graduelle de la houille en schiste. Ce qui est certain cependant, c'est qu'aucune de ces couches ne se poursuit intacte jusqu'au puits Saint-Luc, qui a bien rencontré, entre 200 et 400 mètres, de nombreux lits de schistes charbonneux et quelques veinules de houille, mais à aucun niveau une véritable couche de houille.

La première couche, en partant du haut, affleure au Sud du puits *Neyrand;* elle a été fouillée par la fendue *Rozet,* où elle mesure 0^m,80, mais elle disparaît en direction et ne peut, par ce motif, être comptée au nombre des couches normales du district en question.

Le puits *Neyrand* et les puits *Finaz* A et B du Clos-Marquet recoupent les trois couches suivantes, désignées à Saint-Chamond par les n°ˢ 1 à 3.

Au puits B, plus éloigné des affleurements que le puits A, la couche n° 1 est à 24 mètres de profondeur, le n° 2 à 36 mètres et le n° 3 à 64 mètres. Au puits *Neyrand* les profondeurs respectives sont 32, 44 et 68 mètres; le fond du puisard est à 74 mètres. La puissance de la première couche est de $0^m,90$ à 1 mètre auprès des puits, mais devient plus forte à l'Ouest. En approchant du Parterre, on a trouvé jusqu'à $2^m,30$, tandis qu'à l'Est l'épaisseur se réduit à $0^m,60$. Le charbon est cendreux, tendre et de qualité inférieure, surtout à l'Est, où sa puissance est faible. On assure qu'à partir du niveau de 50 mètres la couche n'est plus exploitable. Je donne ce renseignement sous toutes réserves, me référant à ce que j'ai dit ci-dessus sur la tendance des mineurs à se laisser trop facilement rebuter par des amincissements d'une étendue limitée.

La seconde couche fut peu exploitée à cause de sa faible puissance et de sa qualité inférieure; son épaisseur moyenne est de $0^m,60$ à $0^m,70$.

La troisième couche est la plus importante de ce premier faisceau : sa puissance normale est de $1^m,20$ à $1^m,30$; mais, comme le n° 1, elle se développe à l'Ouest et diminue à l'Est. En approchant du Parterre on a trouvé jusqu'à 2 mètres; du côté opposé, $0^m,80$. On prétend aussi qu'à partir du niveau de 85 mètres elle cesse d'être exploitable; c'est encore une assertion que je ne garantis pas; mais je dois dire qu'en 1857, je vis la couche s'amincir de 2 mètres à $0^m,40$ en allant des affleurements au fond des dernières descentes. Le charbon est dur et de meilleure qualité que celui des deux couches précédentes. La houille des trois veines est d'ailleurs grasse, à courte flamme et striée de lamelles ternes. Au feu elle ne dégage pas au delà de 21 à 22 pour cent de matières volatiles. Les roches qui accompagnent ce premier faisceau sont argilo-schisteuses et micacées, presque toujours pétries d'empreintes végétales. Le toit de la troisième couche est bien réglé; aussi l'amincissement semble-t-il le fait de la substitution graduelle du schiste à la houille et non le résultat de l'érosion. Aux affleurements la pente des couches est d'environ 15°; en profondeur, elle atteint 20°.

Au mur des trois couches, jadis exploitées par les puits *Neyrand* et *Finaz*, existe un nouveau faisceau de trois autres couches, qui est exploité aussi, depuis trente à quarante ans, par les puits *Rigodin* et *Saint-Louis* et, plus récemment, au Clos-Marquet, par le puits *Finaz B* suffisamment approfondi.

La couche n° 4 est réduite au puits B à un simple filet et ne fut rencontrée exploitable dans cette région que jusqu'au niveau de 50 mètres. A l'Ouest, au puits *Darnon* du Parterre, la distance entre les n°ˢ 3 et 4 est de moins de 25 mètres, tandis qu'elle atteint le double à Rigodin. Au vieux puits *Saint-Louis*, dit *Rigodin*, la couche n° 4 fut rencontrée à 3 mètres du jour et au puits *Neuf Saint-Louis* à 8 mètres. Son aval pendage y fut exploité à l'aide de travers bancs, partant à divers niveaux des parois de ces deux puits. La puissance moyenne de la couche est de 1 à 2 mètres, mais elle est divisée en deux bancs par un nerf schisteux de $0^m,60$, et parfois même en trois par un deuxième nerf qui se développe dans le banc du mur.

Dans l'une de mes visites, j'ai trouvé :

Toit.

Houille.	$0^m,60$ à $0^m,70$	
Nerf schisteux.	0 60	Puissance utile $1^m,30$ à $1^m,50$.
Houille.	0 50 à 0 60	
Nerf schisteux.	0 40	Puissance totale $2^m,30$ à $2^m,50$.
Houille crue.	0 20	

Mur.

La puissance *utile* était par suite, en moyenne, de $1^m,30$, ou au maximum de $1^m,50$, en tenant compte des $0^m,20$ de houille crue du mur. Au reste, même les deux bancs supérieurs sont durs et pierreux. On obtenait à la vérité 30 pour cent de *gros*, mais il était chargé de cendres. Ajoutons que cette couche n° 4 est parfois désignée sous le nom de couche *Saint-Louis*. Nous la retrouverons dans les mines du Parterre, où sa puissance utile est de $1^m,20$, tandis qu'à l'Est, dans le *Clos-Marquet*, elle est réduite à $0^m,80$ aux affleurements, et à zéro vers 50 mètres. Le charbon en est maigre, la proportion des matières volatiles oscillant entre 15,5 et 16,5 pour cent. A 35 mètres au mur de la couche Saint-Louis vient le n° 5, appelée *petite couche Darnon* dans les anciens travaux du Parterre. Cette couche n'a que $0^m,50$ au puits Saint-Louis et moins encore au puits B du

Clos-Marquet. La houille de la cinquième couche est grasse et tient 18 à 20 pour cent d'éléments volatils. Enfin la principale couche du district est le n° 6, appelée au Parterre *Grande couche Darnon*, et couche du *Clos-Marquet* au puits B. Elle est à 30 ou 40 mètres sous la précédente, c'est-à-dire à 77 mètres de profondeur au puits *Neuf Saint-Louis* et à 127 mètres au *Clos-Marquet B.*

Sa puissance totale, au puits *Saint-Louis*, est de 3 à 4 mètres en y comprenant un nerf schisteux de 1 mètre à 1^m,50. Chacun des deux bancs mesure 1^m,20 à 1^m,50, et parfois même on voit se développer, dans le toit du banc supérieur, formé de schiste charbonneux, un troisième banc de houille de 0^m,50. En somme, c'est une couche importante, assez régulière, de 2 mètres de puissance utile. Le charbon en est dur, chargé de cendres et tout à fait maigre ; la teneur en matières volatiles est de 15 pour cent. Cette couche est d'ailleurs riche en minerais de fer et semble correspondre, par ce caractère, par sa position et par sa manière d'être, à la couche n° 14 de Saint-Étienne. Au Clos-Marquet, sa puissance utile est réduite à 1^m,50.

Les roches traversées par les puits *Saint-Louis* sont entièrement micacées. Aux profondeurs de 12 et de 28 mètres on a même rencontré de grossiers poudingues quartzo-micacés, en bancs de 0^m,50 à 3 mètres d'épaisseur. Le reste se compose de schistes et de grès schisteux avec nombre empreintes.

Ce qui précède prouve que ce deuxième faisceau des couches de Saint-Chamond est également à peu près vierge au-dessous de 150 mètres, et rien ne prouve qu'à ce niveau les veines soient déjà amincies. On a donc encore sur ce point un vaste champ intact, dont l'exploitation serait certainement profitable si les charbons étaient plus gras et plus purs.

§ 135. — A environ 100 mètres du mur de la sixième couche vient le troisième faisceau, formé d'une seule couche, le n° 7, dite *des Roches*. C'est la dernière couche de l'étage de Saint-Chamond. Le puits des *Roches* est placé sur la faille, qui coupe le n° 6 près de son affleurement, ce qui empêche d'apprécier l'intervalle réel entre les couches n°s 6 et 7. Le terrain est schisteux comme celui des faisceaux supérieurs ; schistes proprement dits, plus ou moins charbonneux, grès schisteux lenticulaires et çà et là quelques bancs peu puissants de poudingue, le tout fortement micacé. C'est donc encore du terrain *sauvage*. En approchant de la couche, les veinules de houille se multiplient; enfin la couche elle-même se compose de trois bancs avec intercalation de schistes gris noirs micacés.

Voici sa coupe :

Schistes charbonneux. — Toit.

1er banc. — Houille.	0^m,20 à 0^m,25	
Nerf. — Schiste noir	0^m,40 à 0^m,50	Puissance utile 0^m,90 à 1^m,15.
2e banc. — Houille.	0^m,30 à 0^m,40	Puissance totale 1^m,70 à 2^m,15.
Nerf. — Schiste noir	0^m,40 à 0^m,50	
3e banc. — Houille.	0^m,40 à 0^m,50	

Schiste. — Mur.

La couche est régulière et a été suivie sur son aval pendage par le puits *Rigodin* jusqu'à la profondeur de 177 mètres. Sa pente moyenne est de 25 à 30 pour cent. En direction on a rencontré deux failles qui ne semblent pourtant pas très considérables. L'amont pendage fut autrefois exploité par le puits de la *Charité*, lequel a rencontré la couche à 84 mètres.

Quant au puits *des Roches*, il est encore aujourd'hui en activité, et la couche est en outre exploitée par le puits *Rigodin*, et le sera bientôt par le puits du *Clos-Marquet*, qui doit la rencontrer vers 225 mètres. Le charbon en est malheureusement tout à fait maigre; c'est presque de l'anthracite, car il ne renferme que 14 pour cent de matières volatiles; c'est le charbon le plus maigre du bassin de la Loire. Contrairement à ce qui se passe ailleurs, à Saint-Chamond, la couche des Roches devient plus pure et plus puissante sur son aval pendage. Au puits *Rigodin* on trouve jusqu'à 2 mètres, même 2^m,30 de charbon, ne contenant que quelques rognons de fer lithoïde vers le milieu de son épaisseur. La couche paraît s'amincir vers l'Ouest. A peu de distance du mur de la couche n° 7 commence le poudingue quartzo-micacé de l'étage stérile qui sépare Rive-de-Gier de Saint-Étienne. Ce sont les bancs dans lesquels fut ouvert le puits du *Fay*.

En remontant depuis les affleurements de la couche n° 7, au Nord-

Est, vers Truzeaux ou la Bréassière, on recoupe tous les bancs de l'étage
stérile. L'inclinaison et la direction des assises restent sensiblement
constantes jusqu'à la brèche, ce qui permet de calculer, d'une façon approximative, l'épaisseur totale de l'étage en question. La distance horizontale de l'affleurement de la couche n° 7 à la Bréassière, où paraît la brèche,
est de 2,000 mètres. En admettant, pour le massif entier, la pente moyenne
de 30 pour cent de la couche n° 7, on trouve, pour la puissance cherchée,
600 mètres, ce qui place la grande masse de Rive-de-Gier à 650 mètres
environ au-dessous de la septième couche. Ce chiffre, on le voit, s'accorde
avec les 600 mètres de profondeur du puits Saint-Claude de Combérigol,
situé à peu de distance au mur des couches de la Chapelle du Fay; il confirme aussi ce que nous avons dit de la profondeur probable à laquelle on
rencontrera la couche de Rive-de-Gier au puits *du Fay*.

Avant de nous occuper des autres mines de Saint-Chamond, il convient de résumer la série des couches du district de *Rigodin*, que l'on peut
considérer, en quelque sorte, comme le type du district entier. Je laisse
de côté les couches de la Chapelle du Fay, dont le classement est un peu
incertain, mais qui, en tout cas, correspondent à l'un des deux faisceaux
inférieurs de Rigodin.

Si donc on part du puits *Neyrand*, pour aller de là, vers le Nord-Ouest,
à Rigodin et aux puits des *Roches* et de la *Charité*, nous aurons la coupe
suivante :

Couche de la fendue Rozet. — Puissance utile	$0^m,80$	Intervalle 40 mètres.	
Couche n° 1 du puits Neyrand.	0 90 à 1^m,		
Couche n° 2.	0 60 à 0 70	—	12 —
Couche n° 3	1 20 à 1 30	—	32 —
Couche n° 4	1 40	—	40 —
Couche n° 5	0 60	—	35 —
Couche n° 6	2 70	—	30 —
Couche n° 7	1 00 à 1 20	—	100 —
Épaisseur totale de la houille	$9^m,20$ à $9^m,70$	Puissance totale des roches	289 —

Ainsi donc la puissance totale de l'étage houiller du district de Rigodin, houille et roches réunies, est d'environ 300 mètres, et celle de la houille exploitable de 9 à 10 mètres. Mais toutes ces couches, les plus élevées surtout, s'amincissent en profondeur et disparaissent finalement avant d'atteindre le puits *Saint-Luc*.

Poursuivons maintenant l'étude du district de Saint-Chamond, en nous avançant de l'Est à l'Ouest.

§ 136. — **Mines du Parterre.** — Le Parterre est probablement le siège des plus anciens travaux de Saint-Chamond. On y exploite les mêmes veines qu'à Rigodin. Dans les couches moyennes, les galeries vont même sans interruption de l'un des districts à l'autre. Il y a là une foule d'anciens puits et de fendues, par lesquels les trois couches supérieures furent jadis exploitées à de faibles profondeurs.

Cependant, malgré la similitude dont je viens de parler, on pourrait croire, en ne consultant que la nature des roches, que le faisceau du Parterre diffère entièrement de celui de Rigodin. A Rigodin on chercherait vainement des bancs de grès quartzo-feldspathique pour pierres de taille, tandis qu'au Parterre, qui domine la ville, les carrières abondent au toit de la première couche. Cependant, même sur ce point, on voit les bancs de grès se transformer graduellement. Au Nord, ce sont de gros bancs de 6 à 7 mètres; au Sud, auprès de la ville, ces bancs sont réduits à $0^m,60$ ou $0^m,70$; le grès devient schisteux, puis micacé, et finalement, auprès du Château, il ne diffère plus de celui de Rigodin. A l'Ouest, dans le territoire de Lavieux, nous verrons se produire la même transformation. Bref, comme je l'ai déjà dit dans la partie générale, ces modifications ne sont pas rares; mais aussi, dès que les roches deviennent *sauvages*, la houille s'altère en même temps. Au Parterre, sous le grès feldspathique (*taille*), la couche n° 1 a de 2 à 4 mètres de puissance, tandis qu'à Rigodin et au Château, son épaisseur descend à un mètre, et même, dans la partie orientale, à $0^m,60$. Le Parterre offre d'ailleurs une allure pareille à celle du Mouillon à Rive-de-Gier. Une faille de direction prend naissance dans les travaux de Rigodin et grandit à l'Ouest, auprès du Château, où elle redresse les couches, avant de les rejeter en profondeur avec une forte pente vers le Sud. Il en résulte la disposition spéciale en forme de fer à cheval, que l'on voit figurée sur nos cartes (pl. VI). Au centre du Parterre, au puits *Montmartin*, on trouve la première couche vers 36 ou 38 mètres de profondeur ; on la rencontre à 30 mètres dans les puits *Gonon* et *Chavannes*, et à la surface du sol auprès des puits *Granjeon* et *Darnon*. Elle se compose de deux bancs ; le plus élevé mesure 2 à 3 mètres ; l'inférieur, sous un nerf de $0^m,20$, en moyenne 1 mètre. Le charbon, depuis longtemps complètement exploité, était assez pur, et en tout cas meilleur que celui des deux couches suivantes. Entre la première et la deuxième couche, à 3 ou 4 mètres au toit de celle-ci, on exploitait, vers 1845, pour les hauts fourneaux de l'Horme, un banc de minerai de fer de $0^m,25$ à $0^m,40$ d'épaisseur.

A partir du mur de la première couche les roches sont partout micacées au Parterre comme à Rigodin. Le grès pour pierres de taille ne dépasse nulle part le toit de la couche n° 1. La distance de la première à la deuxième couche décroît de l'Est à l'Ouest. Au puits *Granjeon* elle est de 25 mètres ; aux puits *Montmartin* et *Gonon* de 12 à 15 mètres.

La puissance de la couche n° 2 était de $1^m,80$ à 2 mètres au Nord-Ouest, de $1^m,40$ seulement au Sud, près du puits *Gonon*.

La troisième couche semble s'éloigner de la deuxième au Sud, car l'intervalle est de 10 mètres au puits *Darnon*, de 30 mètres au puits *Gonon*. La couche elle-même a 2 mètres aux puits *Darnon* et *Montmartin*, et $1^m,30$ à $1^m,40$ seulement dans les puits *Granjeon* et *Gonon*.

Les couches n°ˢ 2 et 3 donnaient une proportion plus forte de gros que le n° 1. Le charbon en était collant, mais pourtant plus maigre que celui des couches correspondantes du puits *Neyrand;* il ne contenait que 18 à 19 pour cent d'éléments volatils.

La couche n° 4 est à la profondeur de 40 mètres au puits *Darnon* et à 57 mètres au puits *Granjeon;* c'est 22 mètres au-dessous de la troisième. A Rigodin, sa puissance utile est, comme on l'a vu, de $1^m,30$ à $1^m,50$; au Parterre, on ne trouve que $1^m,10$ à $1^m,30$. Le charbon, déjà maigre à Rigodin, ne fond plus du tout au Parterre ; il ne dégage au feu que 15 à 16 pour cent de matières volatiles. Les travaux s'étendent dans cette couche sans interruption, sauf quelques faibles étranglements, depuis *Rigodin* jusqu'au puits *Granjeon,* sur une longueur en direction d'environ 800 mètres. En profondeur on n'est pas descendu au-dessous du niveau de 100 à 120 mètres.

Au Parterre, le seul puits *Darnon* fut foncé récemment au-dessous de la quatrième couche; il atteint le n° 5 à 67 mètres et le n° 6 à 130 mètres. Le n° 5, ou *petite* couche *Darnon,* n'a que 0$^{\rm m}$,70 sous le Parterre. Cette veine donne du charbon plus gras que la couche supérieure n° 4. C'est une anomalie assez rare. Il fond bien et dégage 19 à 20 pour cent de matières volatiles, tandis que la houille du n° 6 n'en renferme de nouveau que 15 à 16 pour cent, comme le n° 4; ou plutôt, elle est même un peu plus maigre que celle du n° 4.

La dernière couche, exploitée jusqu'à présent sous le Parterre, le n° 6, ou *grande* couche *Darnon,* est à 60 mètres au mur du n° 5, tandis qu'au puits *Saint-Louis* l'écart est de 30 à 35 mètres seulement. A part cela, les caractères de la couche sont les mêmes de part et d'autre; je n'ai donc rien à ajouter sur ce point. On l'exploite encore au Parterre comme à Rigodin, et son aval pendage au-dessous du puits *Darnon* est entièrement vierge.

Quant à la couche n° 7, une descente, ouverte depuis le puits *des Roches,* prouve son existence en profondeur jusqu'au delà des puits *Rigodin* et *Clos-Marquet;* elle y est d'ailleurs en partie encore intacte et doit se trouver aussi sous le Parterre, au pied de la faille de l'Ouest. Au fond, on retrouve donc au Parterre toute la série des couches de Rigodin; aussi le résumé, ci-dessus donné, s'applique-t-il également aux mines du Parterre. Il serait possible cependant que l'épaisseur totale des couches et la puissance de l'étage entier fussent un peu plus élevées au Parterre qu'à Rigodin.

§ 137. — **Mines du Château.** — La mine du Château se trouve au Sud de l'arête de soulèvement ci-dessus mentionnée. On y exploite les mêmes couches qu'au Parterre; mais, grâce à l'arête en question, la plongée des bancs atteint 45 pour cent vers le haut et ne reprend son allure normale de 30 pour cent qu'à la distance de 40 à 50 mètres au Sud de puits de *Château*. Ce puits, qui a 112 mètres de profondeur, traverse les quatre premières couches, mais elles s'y rencontrent partiellement amincies par le brusque relèvement dû à la faille; leur puissance ne redevient entière que là où la pente n'est plus supérieure à 30 pour cent. Un travers banc, partant du puits du *Château* et dirigé du mur au toit, les recoupe au niveau de 107 mètres. Leur puissance utile est généralement un peu moindre qu'au Parterre.

La première couche est réduite à $1^m,50$; la seconde à $1^m,20$; la troisième mesure $1^m,50$ à 2 mètres; la quatrième $1^m,50$.

Cette moindre puissance semble bien indiquer que les veines de houille s'oblitèrent réellement sur leur aval pendage, comme le prouve, au reste, le fait déjà mentionné de la disparition presque totale de toutes les couches au *grand puits Saint-Luc*. Sur ce point spécial du Château, on ne peut cependant directement vérifier le fait, parce que les veines s'enfoncent toutes sous la ville de Saint-Chamond, où leur exploitation ne peut être poursuivie. Aussi, par ce motif, a-t-on dû arrêter tous les travaux vers le Sud-Est à la distance de 80 mètres du puits.

Disons enfin qu'entre la deuxième et la troisième couche le travers banc a rencontré une faible veine intermédiaire de $0^m,70$, et, au toit de la deuxième, du minerai de fer comme au Parterre.

Quant aux roches, elles sont également micacées. Au toit des couches on constate partout, dans l'intérieur de la ville de Saint-Chamond, et spécialement le long de Janon et dans le lit du Gier, de nombreux bancs de poudingue quartzo-micacé, plongeant au Sud-Est; il est parfois même quelque peu ferrugineux comme les assises du puits *Saint-Luc* entre les niveaux de 50 et 150 mètres.

Les travaux du Parterre et du Château se relient directement, avons-nous dit, à ceux de Rigodin du côté de l'Est. Dans la direction opposée, à l'Ouest, les travaux sont arrêtés par une grande faille transversale qui se voit nettement à la surface du sol auprès de Croupisson. Le rejet est de plus de 200 mètres, car sur le prolongement des couches les plus élevées du Parterre se montrent les affleurements des veines inférieures n°s 5 et 6.

Le banc de grès, exploité au Parterre, ne se prolonge pas du côté de La-vieux ; il reparaît seulement dans les carrières de Prodon, non loin du Janon, à l'Est du Paradis. Cette faille prouve, une fois de plus, la *non*-con-cordance, si fréquente dans le bassin de la Loire, entre le relief extérieur et les accidents souterrains. D'après la pente de la faille, le sol devrait s'élever à l'Ouest d'environ 200 mètres, tandis qu'on voit se dessiner, sur ce point, la Combe de Lavieux, dont le fond est à 25 ou 30 mètres au-des-sous du Parterre.

Remarquons aussi, en passant, que c'est probablement grâce à cette importante faille, qui semble couper transversalement tout le bassin, que la brèche et les affleurements de Rive-de-Gier ont été ramenés au jour, le long de la lisière Sud du dépôt houiller, entre Saint-Martin et le hameau du Creux. Nous verrons bientôt qu'une faille à pente inverse, pour le moins aussi considérable, semble limiter le district de Saint-Chamond à l'Ouest dans le vallon du Ricolin.

§ 138. — **Mines de Lavieux et du Paradis.** — Les mines de Lavieux et du Paradis sont comprises entre la grande faille transversale de Croupisson, dont je viens de parler, et la faille parallèle du Paradis, qui remonte les assises dans le même sens, de l'Est à l'Ouest. La distance d'une faille à l'autre est de 800 mètres ; c'est l'étendue en direction du champ d'exploitation de ces deux mines. Lavieux est situé à l'Est, le Paradis à l'Ouest. Quoique dans les deux mines on ait exploité les mêmes couches, les travaux sont restés indépendants, par le fait d'une nouvelle faille peu importante, à pente inverse, qu'on ne chercha pas à franchir.

Les couches, exploitées dans ces deux mines, ainsi que les roches qui leur servent de toit et de mur, appartiennent au même faisceau que celles du Parterre. Les charbons sont également plus ou moins pierreux et mai-gres, et le terrain micacé et *sauvage ;* mais, à raison même de la variabilité des couches, on ne peut les identifier d'une façon positive à celles des dis-tricts précédents. On constate pourtant que les couches de Lavieux sem-blent correspondre aux veines moyennes et supérieures du Parterre ; tandi que la couche la plus basse, celle du puits des *Roches,* ne semble avoir ét atteinte ni à Lavieux ni au Paradis. On a d'ailleurs constaté qu'à l'inverse de Rigodin presque toutes les couches s'amincissent et s'oblitèrent de l'Est à l'Ouest.

Les deux champs d'exploitation sont depuis longtemps abandonnés et criblés de nombreux puits. Voici les renseignements que j'ai pu recueillir sur les plus importants d'entre eux.

Au pied de la combe de Lavieux, on a foncé les puits *Saint-Maurice*, *Royet* et *Chazel*. Ils sont placés sur le prolongement de l'arête de relèvement du Château, qui affleure ici sur la rive gauche du Janon. Cette faille redresse le faisceau le long de la rivière; puis de là les assises inclinent, vers le Sud-Est, sous le quartier Ouest de la ville de Saint-Chamond.

Plus haut, à mi-côte, sont les puits *Saint-Jean* et *Fulchiron*. Sur le plateau même le puits *Bajard*. Outre cela, la plupart des couches furent aussi exploitées à l'aide de galeries et de fendues partant des affleurements. Au Paradis, les puits principaux sont celui de la *Machine*, de 65 mètres, et celui dit *Fayol* de 94 mètres. Au-dessus, les puits *Élie* et *Élisée*.

Les couches les plus élevées, qui doivent correspondre aux n° 1 à 3 du Parterre, n'ont pu être rencontrées ni par le puits *Saint-Maurice*, qui est coupé par la faille de direction, ni par les puits *Royet* et *Chazel*, l'un et l'autre placés au mur de ces veines.

La première couche avait 1^m,80 à 2^m,30; le charbon en était gras et de qualité passable; mais les travaux furent arrêtés à l'Ouest, au voisinage des carrières Prodon, par une faille faisant descendre les couches à l'Ouest vers le Paradis, où elles furent exploitées par le puits de la *Machine*.

La seconde, placée à 10 mètres au-dessous de la première et dont l'épaisseur était de 1^m,50, et la troisième de 1^m,50, à 16 mètres plus bas, ont donné l'une et l'autre du charbon gras pareil à celui de la première. Ces deux veines furent également rejetées à faible distance par la même faille que la couche la plus élevée. A 12 mètres de la troisième on signale une mauvaise veine inexploitable de 0^m,60 à 0^m,80, qui ne saurait correspondre au n° 4 du Parterre. Celle-ci est représentée par la couche située à 35 mètres au-dessous de la troisième. Sa puissance est de 1^m,20 à 1^m,40; la houille en est crue et de qualité inférieure; mais elle a pu être exploitée au puits de la *Machine*, à 64 mètres du jour, et, sous les carrières Prodon, jusqu'à la faille transversale, déjà mentionnée dans les trois couches supérieures.

Les veines dont je viens de parler furent aussi recoupées à l'Ouest par le puits *Fayol*; mais sous l'influence de la grande faille du Paradis, elles y furent étranglées, brouillées et rendues inexploitables.

La sixième couche de Lavieux, rencontrée à 21 mètres sous la précédente, n'a qu'une épaisseur de 0^m,70; elle est schisteuse et n'a pu être exploitée. Elle peut être assimilée au n° 5 du puits Darnon.

L'avant-dernière des couches de Lavieux correspondrait alors à la grande couche dite n° 6 au puits *Darnon*; elle lui ressemble, en effet, sous plus d'un rapport. Le puits *Saint-Maurice* l'a recoupée à 130 mètres du jour; c'est la plus élevée des deux couches de ce puits, car, je le répète, la faille de direction, ci-dessus citée, a fait disparaître sur ce point les cinq couches supérieures. Enfin la dernière des couches de Lavieux, celle qui au puits *Saint-Maurice* est à la profondeur de 163 mètres, serait une veine supplémentaire de faible importance, et non le n° 7 du puits des *Roches*, qui ne pourrait se rencontrer, au puits *Saint-Maurice*, à moins de 200 mètres du jour.

Au surplus, que ces rapprochements soient exacts ou non, la couche située à 130 mètres au puits *Saint-Maurice* est la plus importante du territoire de Lavieux; elle avait 0^m,80 à 1^m,50 d'épaisseur, et même 2^m,50 sous Croupisson, au voisinage de la grande faille, tandis qu'au puits *Élisée* elle avait 1^m,70, et seulement 0^m,50 au puits *Élie*. On l'a exploitée dans l'étendue entière de ce territoire, au puits *Saint-Jean* à 40 mètres, au puits *Falchiron* à 34 mètres, au puits *Royet* à 94 mètres, etc. Dans les parties hautes, depuis les affleurements jusqu'au puits *Saint-Jean*, le charbon était dur, donnant beaucoup de gros. A 130 mètres, au niveau de fond du puits *Saint-Maurice*, il était schisteux et cru. C'est un nouvel exemple de l'amoindrissement progressif des couches de Saint-Chamond en profondeur. Le charbon fut d'ailleurs partout maigre comme celui du n° 6 au Parterre.

Quant à la dernière couche connue à Lavieux, elle n'a que $0^m,60$ à $0^m,80$; la houille était maigre, comme celle du n° 6, crue aux affleurements et schisteuse en profondeur. Son amont pendage fut exploité par le puits *Bajard*, l'aval pendage, par le puits *Saint-Maurice*, à 163 mètres du jour.

En résumé, on peut considérer le district de Lavieux comme déjà à peu près entièrement épuisé jusqu'au niveau du Janon, en exceptant le N° 7, si toutefois cette couche, ce qui me semble probable, existe réellement dans cette région. Au Paradis il resterait en outre le n° 6, en aval du puits *Élie*.

Remarquons encore, avant de quitter le territoire de Lavieux, que la direction et la plongée des couches sont pareilles à celles de Rigodin, sauf une double inflexion très marquée au voisinage des deux failles transversales de Croupisson et du Paradis.

§ 139. — **Mines de la Grange-Paire et de la Varizelle.** — Au delà du Paradis, en se dirigeant au Sud-Ouest, on ne retrouve, d'une façon positive, que le faisceau des couches supérieures n°ˢ 1 à 3 ou 4. Comme au Parterre et à Rigodin, les trois premières veines sont fort rapprochées les unes des autres et ont pour toit un massif stérile essentiellement formé de poudingue quartzo-micacé; c'est le repère qui permet de les classer. Le charbon en est gras et même plus riche en matières volatiles qu'à Rigodin; il perd au feu 24 à 26 pour cent de son poids et donne du coke gris blanc argentin bien aggluitné. Au mur de ce premier faisceau se montrent bien encore çà et là quelques affleurements, mais ils sont discontinus, peu importants, et, en tout cas, jusqu'à présent mal explorés. Au reste, dans toute cette région, les failles se rapprochent et refoulent les affleurements vers le Sud, ce qui explique le rétrécissement de l'étage houiller de Saint-Chamond entre les deux failles opposées de Croupisson et du Ricolin (voir la carte d'ensemble). Il ne s'élargit de nouveau qu'entre Sorbiers et Saint-Jean de Bonnefond, à l'Ouest du dernier accident.

Les mines de la *Grange-Paire* et de la *Varizelle* bordent les deux rives du Janon, au voisinage de la route nationale de Saint-Étienne à Lyon, à l'extrémité Ouest de la ville de Saint-Chamond. La première de ces deux mines fut exploitée, en dernier lieu, par les puits *Saint-Jacques* et *Saint-Bazile*, et autrefois, vers 1837, par le puits des *Fourches*. Tous ces puits traversent le poudingue grossier du toit.

La mine est cernée par deux failles à pente inverse, qui se rencontren[t] vers Grange-Neuve et vont en divergeant, au Sud-Est, vers Izieux. L[e] puits *Saint-Jacques* est lui-même placé sur la faille orientale et ne rejoin[t] les couches qu'à l'aide de travers bancs; il a 102 mètres de profondeu[r] totale et rencontre la faille vers 65 mètres. Les affleurements se voien[t] à l'Ouest de l'Aulanière. Ce sont les trois couches n°ˢ 1 à 3, dont les deu[x] extrêmes sont à 20 mètres seulement l'une de l'autre. Au mur de la faill[e] orientale les mêmes affleurements traversent le Janon et vont rejoindre l[a] mine du *Châtelard*, située aux portes de Saint-Chamond entre le Janon [et] le Gier.

A la mine de la *Grange-Paire* les couches plongent au Sud-Est comm[e] dans les autres mines de Saint-Chamond; le champ d'exploitation mesur[e] 200 mètres au voisinage des affleurements, 250 à 300 mètres au fond de[s] travaux.

La première couche, la plus importante des trois, a auprès des affleure-ments une puissance totale de 4 mètres à 4ᵐ,50 avec un nerf de 0ᵐ,40 à 0ᵐ,5[0] vers le milieu. La partie haute de 1ᵐ,80 se compose de charbon schisteu[x] impur, qui se transforme même, au niveau de 50 mètres, en schiste argi[-] leux proprement dit. Le banc du mur mesure 2 mètres à 2ᵐ,30; c'est d[u] charbon tendre, moins impur que celui du banc supérieur. Cependant ver[s] 70 mètres les filets schisteux s'y développent aussi, et, à 100 mètres d[u] jour, il devient à son tour inexploitable.

A 6 ou 7 mètres au mur de la première couche vient un banc de mi[-] nerai de fer, comme au Partère; puis, à 10 mètres, la deuxième couche d[e] houille de 1ᵐ,30. Le charbon en est schisteux et tendre, et la couche s'altèr[e] également, vers 80 mètres de profondeur, au point de devenir inexploitabl[e]

Enfin la troisième couche est très variable dans son allure. Aux affleu[-] rements sa puissance atteint 3 à 4 mètres; elle a donné du gros de bonn[e] qualité et du menu qui a pu être employé au feu de forge; mais dès la pr[o]

fondeur de 60 mètres elle était réduite à 0ᵐ,70, et le charbon devenait cru.
Enfin l'intervalle de 10 mètres qui sépare la deuxième de la troisième
couche descend parfois à moins d'un mètre au voisinage des affleurements.

La mine de *Grange-Paire* était la plus importante exploitation de Saint-
Chamond il y a vingt ans; elle est épuisée aujourd'hui. Il y reste pourtant les
couches inférieures, encore inconnues, mais elles sont d'autant plus incer-
taines sur ce point que les affleurements inférieurs sont rares dans cette
région. Cependant une couche inférieure affleure à l'entrée de la vallée du
Langonan, non loin de l'aciérie Bonnaud, sur le versant Nord du Crêt des
Fourches. C'est probablement le n° 6. Elle fut explorée à l'aide d'une galerie à travers bancs partant du fond de la vallée; on y a trouvé une veine
irrégulière, en forme de chapelets, variant de 0ᵐ,50 à 2ᵐ,50. Le toit se compose de poudingue quartzo-micacé grossier, qui semble avoir entamé la
houille par érosion et presque complètement enlevée sur certains points.
En tout cas, son existence est incertaine en profondeur.

Le puits *Sainte-Ursule*, ouvert non loin du Janon pour son exploitation,
fut arrêté à 36 mètres, avant d'avoir atteint la profondeur nécessaire. La
même veine inférieure se poursuit à l'Ouest, dans le domaine de la Phili-
pière, au mur des couches de la Varizelle.

Les couches de la Varizelle furent autrefois exploitées par fendues
et par deux puits placés entre la route et le Janon, et, en dernier lieu, par
le puits *Saint-Augustin* sur la rive droite du Janon. Le champ d'exploitation
est séparé du précédent par la faille de Grange-Neuve qui relève les veines de
50 à 60 mètres à l'Ouest. Celles-ci ont à très peu près les mêmes caractères
qu'au puits *Saint-Jacques* et sont aussi à 10 mètres l'une de l'autre, mais leur
puissance est un peu moindre. La première, la plus importante des trois,
mesure 2ᵐ,30; la seconde 1ᵐ,20; la troisième 2ᵐ,20. Celle-ci a donné du
charbon de forge comme la troisième du puits *Saint-Jacques*. Les trois couches diminuent de puissance et de qualité vers l'aval pendage; la première
ne fut plus exploitable à 50 mètres, la seconde à 30 mètres, la troisième à
90 mètres. Cette dernière était réduite à 0ᵐ,40 au puits *Saint-Augustin*.

Enfin, à la Varizelle, comme à Grange-Paire, les puits ont traversé une série de gros bancs de poudingue micaschisteux avant d'atteindre la première couche. Ajoutons enfin qu'à 20 mètres au mur du n° 3 on a recoupé la veine n° 4, réduite ici à 0^m,35. C'était encore du charbon gras.

Beaunier parle de la Varizelle comme ayant été exploitée fort anciennement et dit aussi qu'elle fournit de meilleure houille que les autres mines de Saint-Chamond.

Le champ d'exploitation de la Varizelle mesure 400 mètres en direction. Il se termine à l'Ouest à un accident mal défini, mais qui, en tout cas, amincit les veines et semble même les anéantir complétement ; car, à partir du pont Nantin jusqu'à Saint-Jean de Bonnefond, sur une étendue en direction de 3,000 mètres, on ne rencontre plus que des roches *ultra-sauvages*, des poudingues quartzo-micacés extrêmement grossiers, entre lesquels les couches de Saint-Chamond sont réduites à une ou deux veines minces, discontinues et inexploitables. Mais, avant de parler de cette partie extrême du district de Saint-Chamond, revenons sur nos pas, car il nous reste à dire ce que l'on a trouvé au puits *Napoléon* de la mine *du Châtelard*, et ce que deviennent les couches de Saint-Chamond vers leur aval pendage au puits *Saint-Luc*.

§ 140. — **Mine du Châtelard**. — La mine du Châtelard est située au Sud-Ouest de la ville entre le Janon et le Gier. Un seul puits, dit *Napoléon*, de 90 mètres de profondeur, dessert le champ d'exploitation ; on l'a foncé sur le bord du chemin qui mène de Saint-Chamond à Izieux. Le terrain traversé se compose en grande partie de poudingues micaschisteux, entremêlés de quelques veinules argilo-charbonneuses. A 28 et à 50 mètres du jour on a cependant rencontré deux ou trois bancs de houille de 0^m,20 à 0^m,30 d'épaisseur, mais à 80 mètres seulement une couche exploitable, entremêlée de schistes, qui s'amincit de 2 mètres à 0^m,40 à l'Est aussi bien qu'à l'Ouest. Çà et là les nerfs schisteux se transforment même en grosses lentilles de grès poudingue. Le tout, en un mot, offre le caractère d'un dépôt *sauvage* fort peu constant dans son allure. L'ensemble doit appartenir au groupe des couches n°s 1 à 3, mais on ne saurait dire positivement si

la couche exploitée correspond au n° 1 ou au n° 3. A une certaine distance au mur de l'affleurement exploité on a pu constater les traces d'une
ou deux couches inférieures, également peu importantes et irrégulières.
Enfin, disons encore qu'à l'Est on a rencontré, dans les travaux, une *serrée*
qui n'a pas permis de pousser jusqu'au puits *Saint-Luc*. Toutefois on n'a
pu me renseigner sur le véritable caractère de cet accident; je ne sais si
c'est un amincissement par érosion, ou une simple altération de la houille.

Le charbon du Châtelard est d'ailleurs pareil à celui de Grange-Paire,
tendre et gras, et, comme ce dernier, moyennement riche en matières volatiles.

§ 141. — **Puits Saint-Luc.** — Revenons maintenant au puits *Saint-
Luc*, afin de constater ce que devient l'aval pendage des couches de Saint-
Chamond. Il est évident, d'après la plongée générale des assises de l'étage
de Saint-Chamond, que le puits *Saint-Luc* a dû les traverser dans leur ensemble, et qu'il correspond même au bas-fond de cet étage, puisque, dans
le fonçage de ce puits, on a constaté le passage graduel de la plongée Sud-
Est vers l'inclinaison opposée au Nord-Ouest. On peut remarquer, en second
lieu, que la grande faille de Croupisson passe à l'Est du puits *Saint-Luc*, et
qu'ainsi les assises traversées dans ce puits doivent correspondre aux districts de Lavieux et du Châtelard. Or, d'une part, au toit des couches exploitées au Châtelard, à la Grange-Paire et à la Varizelle, on rencontre, à la surface du sol, à la suite de plusieurs bancs de poudingue quartzo-micacé
ordinaire, un puissant massif de grès poudingue ferrugineux, qui affleure
dans la tranchée du chemin de fer à Izieux, et, d'autre part, le puits *Saint-
Luc* a précisément traversé 90 mètres de roches ferrugineuses à la suite
de 55 mètres de poudingue quartzo-micacé, gris ou vert. Ensuite, à partir
de 145 mètres jusqu'à 400 ou 450 mètres, sur 250 à 300 mètres de hauteur,
le puits a recoupé un ensemble schisto-charbonneux, entremêlé de grès
micacés, où se voient, à divers niveaux, des veinules de houille. C'est
évidemment le groupe houiller de Saint-Chamond, où toutes les couches
sans exception sont abâtardies. Au-dessous commence le massif stérile qui
sépare Saint-Chamond de Rive-de-Gier, tandis que la partie haute du
puits correspond aux poudingues qui séparent, à Saint-Étienne, le groupe

inférieur (n⁰ˢ 16 à 13) du groupe moyen (n⁰ˢ 12 à 9). Il se pourrait même que la couche de houille crue, rencontrée au puits *Saint-Luc* à 46 mètres du jour, correspondît à l'une des veines du groupe moyen. Mais, en tout cas, ce groupe ne devient exploitable qu'à partir de Chaney au Nord, et de Saint-Jean de Bonnefond au Sud.

§ 142. — Extrémité ouest de la concession de Saint-Chamond. — À l'Ouest de la Varizelle et de Grange-Neuve, nous l'avons déjà dit, tout gîte exploitable disparaît dans la concession de Saint-Chamond. Les roches deviennent de plus en plus grossières ; les couches continues sont remplacées par de simples lentilles de faible étendue. C'est ainsi qu'au pont Nantin, au milieu de bancs grossiers, fortement inclinés vers le Sud, on voit affleurer une faible veine de 0ᵐ,30, et au mur de cette veine, dans le domaine de Pacalon, deux autres couches minces, à 15 mètres l'une de l'autre, la première de 1ᵐ,20, la seconde de 0ᵐ,60, mais l'une et l'autre inexploitables à cause de leur irrégularité et de la nature schisteuse du charbon. (Pl. VII.) À 500 ou 600 mètres de distance, à l'Ouest, auprès de Besserlé, on a également fouillé deux veines affleurant à 130 mètres horizontalement l'une de l'autre. La plus élevée mesure 1ᵐ,10 ; l'autre 0ᵐ,25. Mais comme ces veines sont déjà au toit de la faille du Langonan, nous en reparlerons dans un instant. (Pl. VIII.)

Si maintenant du faisceau des couches de la Varizelle on se dirige au Nord, pour y étudier le terrain inférieur, on ne rencontre partout que des grès poudingues quartzo-micacés, passant çà et là à de grossiers schistes, mais nulle part de véritables couches de houille. On peut tout au plus citer des traces charbonneuses dans le flanc droit de la vallée du Langonan, au Nord de la Philippière, et une veine analogue au Sud de la Sorlière. Plus au Nord, tout le long du versant gauche de la vallée, on est en plein dans le puissant étage stérile qui sépare Rive-de-Gier des massifs houillers de Saint-Chamond et de Saint-Étienne. Il semble donc bien que, dans toute cette région, les couches inférieures de Saint-Chamond (les n⁰ˢ 5 à 7) et les couches correspondantes de Saint-Étienne (les n⁰ˢ 14 à 16), soient encore plus oblitérées que le groupe supérieur n°s 1 à 4, appartenant au n° 13 de Saint-Étienne. (Pl. VII et carte d'ensemble.)

En remontant d'autre part vers Saint-Étienne, soit par la route de la vallée du Janon, soit par celle qui suit le Langonan, ou bien, entre ces deux routes, par le Crêt du Ronzy, on arrive, au voisinage de la vallée transversale du Ricolin, à un changement brusque de direction. L'alignement Est-Ouest avec plongée au Sud fait place à l'orientation Nord-Sud avec plongée vers l'Ouest. C'est le résultat d'une forte faille transversale, dont les effets sont surtout sensibles dans la partie haute du Langonan, où ce cours d'eau coule du Nord au Sud.

A l'Ouest, c'est-à-dire au toit de la faille, le dépôt houiller s'épanouit de nouveau. L'étage inférieur de Saint-Étienne double de largeur et l'ensemble redevient enfin moins *sauvage*. C'est l'origine du bassin proprement dit de Saint-Étienne. Vers cette limite même, et au toit de la faille, quoique encore dans la concession de Saint-Chamond, on peut citer une dernière petite mine, celle de la *Pacotière*, sur le bord de la route du Langonan. On y a exploité une faible couche de 0^m,45 à 1 mètre, dont le charbon est assez cru. Elle est dirigée Nord-Sud avec forte plongée vers l'Est. C'est très probablement, comme nous le verrons bientôt, la 13e couche de l'étage inférieur de Saint-Étienne. (Pl. VII.) La faille met ici en regard de l'étage stérile, qui couvre Rive-de-Gier, l'étage inférieur de Saint-Étienne. Les travaux furent au reste peu importants ; ils comprennent 160 mètres en direction sur 40 mètres suivant la pente. On s'est borné à attaquer la couche par un travers banc et un petit puits. Son allure est trop peu réglée et sa puissance trop faible pour qu'il y ait lieu de la poursuivre en profondeur. On atteindrait d'ailleurs, à faible distance, la faille même de Langonan.

Si enfin on se dirige au Sud, le long de cette faille, on rencontre, sur le flanc gauche de la vallée du Janon, au hameau de Besserlé, les deux veines de 1^m,10 et 0^m,25, dont je parlais il y a un instant. On les a fouillées, il y a vingt ans, vers les limites de la concession. Au delà elles furent régulièrement exploitées, à la même époque, par le puits des *Roches* dans la concession de Saint-Jean de Bonnefond. Ce doit être, comme nous le verrons, la couche n° 12; mais sur ce point elle est encore peu régulière et au milieu de roches quartzo-micacées tout à fait *sauvages*. (Pl. VIII.)

En résumé, on le voit, toute la partie Ouest de la concession de Saint-Chamond est à peu près stérile, et la région centrale est ou épuisée, ou rendue inexploitable par les constructions qui couvrent le sol. On doit seulement en excepter une partie des territoires de Rigodin et du Clos-Marquet, où les couches inférieures n°ˢ 5 à 7 sont encore vierges. On conçoit donc de quelle importance est, pour cette vaste concession, la poursuite des profonds puits *Saint-Luc* et *le Fay* à la rencontre de l'étage houiller de Rive-de-Gier.

Plaçons ici, pour résumer les renseignements concernant Saint-Chamond, le tableau des puits de cette concession.

NOMS DES PUITS.	COTES de niveau.	PROFONDEUR DES COUCHES DE SAINT-CHAMOND dans les puits.							PROFONDEUR totale des puits.	OBSERVATIONS.
		N° 1	N° 2	N° 3	N° 4	N° 5	N° 6	N° 7		
Jaboulay		64ᵐ	»	»	»	»	»	»	140ᵐ	Ces trois puits sont
Barrier.		»	»	46ᵐ	»	»	»	»	66	situés à la chapelle
Brun.		»	18ᵐ	74	»	»	»	»	»	du Fay.
Du Clos. Marquet B..		»	24	36	64ᵐ	93ᵐ	127ᵐ	225ᵐ	»	
Neyrand		»	32	41	68	»	»	»	74	
Saint-Louis ou Rigodin.		»	»	»	3	38	72	177	»	Puits du district de Rigodin.
Neuf Saint-Louis. . .		»	»	»	8	43	77	»	»	
De la Charité. . . .		»	»	»	»	»	»	84	»	
Montmartin		37	50	»	»	»	»	»	»	Puits du Parterre.
Gonon		30	44	74	»	»	»	»	»	
Darnon.		»	15	25	40	67	130	»	»	Le puits Darnon est le seul puits du Parterre foncé au-dessous du n° 4.
Granjean		»	25	35	57	»	»	»	»	
Du Château.		»	»	»	»	»	»	»	112	Un travers bancs à 107ᵐ recoupe les couches 1 à 4 au niveau de 107ᵐ.

Les cotes de niveau n'ont pas été rigoureusement déterminées.

NOMS DES PUITS.	COTES de niveau.	PROFONDEUR DES COUCHES DE SAINT-CHAMOND dans les puits.							PROFONDEUR totale des puits.	OBSERVATIONS.
		N° 1	N° 2	N° 3	N° 4	N° 5	N° 6	N° 7		
De la Machine. . . .	*Les cotes de niveau n'ont pas été rigoureusement déterminées.*	4	14^m	30	64^m	»	»	»	65^m	Puits de Lavieux.
Fayol.		»	»	»	»	»	»	»	94	
Saint-Maurice. . . .		»	»	»	»	»	130^m	»	165	Par suite d'une faille ce puits marque les couches supérieures.
Saint-Jean.		»	»	»	»	»	40	»	»	
Fulchiron.		»	»	»	»	»	34	»	»	
Royet.		»	»	»	»	»	91	»	»	
Saint-Jacques. . . .		»	»	»	»	»	»	»	102	Le puits St-Jacques ne rejoint les couches 1 à 3 que par un travers bancs.
Saint-Ursule		»	»	»	»	»	»	»	36	
Saint-Augustin. . . .		»	»	»	»	»	»	»	90	
Sainte-Catherine. . .		»	»	»	»	»	»	»	»	
Napoléon		»	»	»	»	»	»	»	90	A 80 mètres une couche qui paraît correspondre aux couches 1 à 3.
Saint-Luc.		»	»	»	»	»	»	»	680	De 145 à 440 mètres le puits traverse les couches 1 à 7.
Notre-Dame.		»	»	»	»	»	»	»	405	Les 3 puits ont été foncés à la recherche de l'étage de Rive-de-Gier.
Du Fay.		»	»	»	»	»	»	»	600	Le premier ne peut le rencontrer au-dessus de 900 à 1,000^m, le second avant 500^m, et le troisième avant 680 mètres.

§ 143. — **Dépôt de Valfleury sur le revers Nord du Mont-Crépon.** — Au Nord et en dehors de la concession de Saint-Chamond on rencontre, entre la brèche et le sous-sol ancien de gneiss, un petit lambeau houiller entièrement indépendant du reste du bassin. Il se présente, sous forme d'étroite lanière, entre Valfleury à l'Est, et la Choletière à l'Ouest. Sa longueur est de 2,500 mètres, sa largeur maxima d'au plus 350 mètres; le dépôt commence à zéro au Sud de Valfleury et se poursuit à l'Ouest, le long du Langonan, en se renflant progressivement jusqu'à la distance de 2,000 mètres; là il décroît assez rapidement, puis disparaît sous la brèche auprès de la Choletière. Il se compose de grès fins et de schistes, qui reposent directement sur le gneiss sans la moindre interposition de poudingue, ni de brèche. Son épaisseur paraît peu considérable, et la pente générale des assises est assez faible vers le Sud-Est sous la brèche. Sauf à la Choletière, on ne voit pourtant nulle part la superposition directe de la brèche sur le dépôt schisteux de Valfleury; aussi me suis-je demandé longtemps si cet étage houiller passait réellement au-dessous, ou si une grande faille ne séparait pas plutôt les deux dépôts? Mais cette faille ne se voit nulle part, en sorte qu'il fallut bien admettre, même avant que les travaux de la Choletière eussent éclairci la question, que le dépôt de Valfleury était réellement plus ancien que la brèche. Toutefois la différence d'âge n'est pas nécessairement grande. La brèche, nous l'avons dit, est, malgré sa puissance, une formation de courte durée; c'est un *éboulis*, formé à la suite de l'effondrement du sous-sol ancien le long de deux failles parallèles, à pentes opposées.

Ainsi donc, avant la formation même de la brèche, il s'était déjà déposé en ces lieux un petit lambeau houiller, dont nous retrouverons au reste, non loin de la Fouillouse, quelques autres débris.

Le lambeau de Valfleury a été fouillé à plusieurs reprises, mais toujours sans succès; on a bien trouvé des empreintes et même des veinules charbonneuses, que l'on connaissait d'ailleurs par les dénudations naturelles du sol; mais en aucun point on n'a rencontré de véritable couche de houille. C'est un dépôt stérile, qui se rattache à l'étage houiller de Rive-de-Gier par les calamites précédemment signalées dans le banc schisteux du revers Nord du Mont-Crépon, au milieu de la brèche (§ 81); et, en effet, d'après M. Grand'Eury, les plantes trouvées à Valfleury ne diffèrent en rien de la flore de l'étage de Rive-de-Gier. C'est une confirmation de ce que je viens de dire au sujet de la faible durée de la période pendant laquelle s'est formée la brèche.

Si ce dépôt de Valfleury est plus ancien que la brèche, il peut s'étendre au-dessous, à de grandes distances, et même devenir riche en profondeur. Cela est possible, sans nul doute ; mais comme il est peu puissant et stérile le long des affleurements, non seulement à Valfleury, mais aussi à la Choletière et auprès de la Fouillouse, comme nous le verrons, son enrichissement en profondeur me paraît peu probable ; je ne conseillerai donc à personne d'entreprendre, dans le bassin de la Loire, des recherches de houille au mur de la brèche.

CHAPITRE XI

PARTIE ORIENTALE DU TERRITOIRE HOUILLER DE SAINT-ÉTIENNE.

§ 144. — Je désigne sous ce nom toute la portion du bassin houiller de la Loire comprise entre la concession de Saint-Chamond à l'Est et le cours du Furens à l'Ouest.

Il renferme les districts de la *Chazotte* et *Chaney* au Nord-Est, de *Saint-Jean* de *Bonnefond* et *Côte-Thiolière* au Sud-Est, du *Cros* et du *Treuil* au Nord-Ouest, et de *Villebœuf* au Sud-Ouest. C'est, après Rive-de-Gier, la partie la mieux connue du bassin, celle qui m'a servi de type pour la classification des nombreuses couches de Saint-Étienne.

Le premier et le troisième de ces quatre districts comprennent uniquement l'étage inférieur de Saint-Étienne, et même simplement les deux premiers groupes de cet étage. Le second et le quatrième renferment au contraire la série entière des trois étages.

Nous commencerons par le district de la *Chazotte* et *Chaney*, mais auparavant revenons un instant sur la puissante faille de Langonan-Ricolin, ci-dessus signalée (§ 142). Elle produit sur la largeur utile du dépôt houiller un effet pareil à celui de la faille du *Dorlay*. On a vu qu'à partir de la Grand'Croix le sous-sol ancien s'est affaissé dans la direction de l'Ouest, de façon à permettre le dépôt de l'étage houiller de Saint-Chamond sur celui de Rive-de-Gier (§ 146). — Ici une faille transversale à peu près parallèle, celle de *Langonan-Ricolin*, marque un nouvel affaissement dans le même sens ; le bassin s'élargit, la limite de la brèche recule au Nord (voir la Carte d'ensemble), et un nouveau groupe, celui des couches 12 à 9, se superpose aux couches 16 à 13 de l'étage inférieur de Saint-Étienne. Au lieu de 2,000 à 2,500 mètres de largeur utile on arrive à 5,000 mètres ; et bientôt, grâce à d'autres failles analogues, le groupe de la huitième couche, l'étage moyen apparaissent à leur tour.

Comme à la Grand'Croix, la faille de Langonan transforme d'abord l'allure normale en allure transversale, mais au delà l'influence des failles limites l'emporte de nouveau, et l'allure normale redevient dominante, sauf au voisinage des autres failles transversales que je viens de mentionner. Sur plusieurs points cependant il en est résulté une sorte d'allure intermédiaire, qui se conçoit aisément, sous l'influence du double affaissement du dépôt houiller, le long des cassures transversales et longitudinales.

Quant à présent, je me borne à signaler l'allure transversale au voisinage de la faille *Langonan-Ricolin* dans les concessions de Beuclas, la Calaminière et Saint-Jean de Bonnefond, ainsi qu'à la petite mine de la Pacotière dans la concession de Saint-Chamond (§ 142). Au reste, la faille a marqué de son empreinte non seulement les bancs du terrain, mais encore les formes extérieures du sol houiller. La direction des vallons et celle des assises du bassin houiller se modifient simultanément sur le parcours de la puissante faille.

§ 145. — A Saint-Étienne, comme à Saint-Chamond et à Rive-de-Gier, la *brèche* se trouve à la base du dépôt houiller. Cependant, le long de la lisière Sud, elle ne perce plus les dépôts supérieurs. Depuis Saint-Chamond l'affaissement auprès de la faille limite atteint partout d'énormes proportions, et partout aussi les dépôts supérieurs cachent entièrement les massifs inférieurs. Ceux-ci ne restent visibles que vers la lisière Nord, où le sous-sol ancien a éprouvé de moindres mouvements. Les étages supérieurs n'ont pu se développer dans cette région, parce que la brèche a dû rester émergée pendant la majeure partie de la période houillère proprement dite.

Nous avons suivi ce puissant éboulis, le long du Mont-Crépon, jusqu'au

point où le chaînon est coupé par la profonde gorge du Langonan (§ 129).
Nous avons même constaté, au Nord de Saint-Chamond, les traces de l'étage
de Rive-de-Gier entre la brèche de la base et le massif stérile de 600 mètres qui lui succède en montant. L'affleurement de l'étage houiller se retrouve également au delà, et même mieux développé sur quelques points.
Ce sont, comme à Salcignieux et à la Jusserandière, des bancs de grès
quartze-feldspathiques entre la brèche et le poudingue stérile supérieur.
En allant de l'Est à l'Ouest, on peut citer les grès au Nord de Chana, commune de Sorbiers; ceux de la Giraudière au Nord de la Talaudière; le
dépôt d'Ecullieux, et surtout celui de la rive droite du ruisseau de Robertane, non loin des Avats. Sur ce dernier point on connaît même un affleurement houiller qui doit correspondre aux couches de Rive-de-Gier. Il en
sera question lorsque nous aborderons la partie Ouest du territoire de
Saint-Étienne. Pour le moment bornons-nous à la zone qui s'étend du Langonan à la Fouillouse. (Voy. la Carte d'ensemble.)

Lorsqu'on remonte de l'Est à l'Ouest la profonde gorge du Langonan,
on est arrêté, à la Pacotière, par le barrage Nord-Sud de Sorbiers, dû à la
grande faille de Langonan-Ricolin. La route départementale n° 7 est obligée
de gravir, en pente raide, une différence de niveau de plus de 100 mètres,
pour pouvoir franchir le col de Beuclas (519 mètres), appartenant à la
dorsale européenne, qui sépare l'Océan de la Méditerranée. Grâce à la faille
en question, on passe brusquement de la brèche du Mont-Crépon au poudingue stérile de la hauteur de Sorbiers; et, au col de Beuclas, tout aussi
brusquement, de ce même poudingue à l'étage inférieur de Saint-Étienne.

Le long de la faille qui plonge à l'Ouest, les assises courent du Nord
au Sud, et à la Pacotière elles inclinent même à l'encontre du plan de la
faille. Cependant, dès qu'on s'en éloigne de quelques cents mètres, l'allure
normale redevient prédominante. (Pl. VII.)

Ainsi, en montant du col de Beuclas vers Sorbiers et Chana, on rencontre, comme entre Saint-Chamond et le Mont-Crépon, toute la série des
bancs dont se compose l'étage stérile de Rive-de-Gier. On arrive ainsi
jusqu'à la brèche du revers Nord du *Mont-Maga* (740 mètres), situé au

·Nord du village de Chana. Dans tout ce parcours, de plus de 2 kilomètres, les bancs inclinent régulièrement au Sud; on atteint ainsi de proche en proche des assises inférieures; en effet, auprès de Chana et sur toute la ligne entre Chana et le village de l'Onzonière, et même au delà jusqu'au ·fond de la vallée de l'Onzon, on rencontre partout le niveau du gore blanc siliceux précédemment signalé.

Les blocs et les fragments anguleux de silex sont surtout nombreux entre l'Onzonière et Chana; c'est le repère géologique placé vers 200 à 250 mètres au-dessus de la Grande couche de Rive-de-Gier; aussi, en dépassant Chana, rencontre-t-on, au Nord de la zone à silex, avant d'atteindre la brèche, un ensemble de bancs de grès quartzo-feldspathiques qui correspond à l'étage proprement dit Rive-de-Gier. Et si maintenant on s'avance, de l'Est à l'Ouest, le long de la route départementale n° 7, de la Talaudière à la Fouillouse, on retrouvera partout les mêmes terrains; c'est-à-dire partout, sous l'étage inférieur de Saint-Étienne, le poudingue stérile avec son niveau siliceux, puis, au mur du poudingue, tantôt directement la brèche, tantôt les grès de Rive-de-Gier affleurant entre deux.

Ainsi, au Nord de la Talaudière, on voit le poudingue siliceux auprès de la Giraudière et, un peu au delà, les grès de Rive-de-Gier. Plus loin, à Soleymieux et aux Granges, au Nord du Cros, le poudingue stérile en assises régulières tout le long du flanc méridional du Grand-Mont-Reynaud, et peu après le massif siliceux, en place, au Petit-Mont-Reynaud. Sur l'autre rive du Furens, entre la Terrasse et Saint-Priest, c'est un ensemble tout à fait identique. A l'Ouest de Saint-Priest, à la Bertrandière, on retrouve encore la même série. Sur ces trois points, au *Mont-Reynaud*, à *Saint-Priest* et à la *Bertrandière*, le massif siliceux n'a été que partiellement fracturé; de plus, le poudingue stérile repose directement sur la brèche sans interposition, aux effleurements, de l'étage houiller de Rive-de-Gier. (Carte d'ensemble.)

A l'Ouest de la Bertrandière, en montant du pont de Ratarieux vers le domaine du Maniquet, on retrouve encore toute la série des bancs quartzomicacés de l'étage stérile avec direction Est-Ouest et plongée Sud; puis, au Maniquet même, un puissant poudingue à gros galets de silex bleuâtre corné, tout à fait pareil à celui de Chana, près de Sorbiers, et celui du puits du Fay à Saint-Chamond.

En direction on poursuit cet amas de fragments siliceux, à l'Ouest, jusqu'au ruisseau d'Écullieux, à l'Est jusqu'à la Bertrandière. A Écullieux même, entre la brèche et le poudingue stérile quartzo-micacé ordinaire, reparaît enfin de nouveau un lambeau de beaux grès feldspathiques, qui appartiennent à l'étage houiller de Rive-de-Gier. Ainsi donc, on le voit, sur toute la ligne, depuis Sorbiers jusqu'à la Fouillouse, on rencontre, au toit de la brèche, tantôt les traces de l'étage proprement dit de Rive-de-Gier, tantôt le niveau des bancs siliceux, situé vers 200 à 250 mètres au-dessus de Rive-de-Gier.

1° **District de la Chazotte et de Chaney.**

§ 146. — Ce district, situé à l'angle Nord-Est du territoire de Saint-Étienne, comprend les concessions de *Sorbiers, Beuclas,* la *Calaminière,* la *Chazotte,* le *Montcel, Reveux* et *Chaney.* Il est limité, à l'Est, par la concession de Saint-Chamond, ou, plus exactement, par la grande faille de Langonan-Ricolin; au Nord, par la limite du bassin; à l'Ouest, par le Furens, ou plutôt par les failles auxquelles est due cette vallée centrale du bassin; enfin au Sud, par les droites qui bornent dans cette direction les concessions de la Calaminière, Chaney et Reveux.

La lisière Nord du district, comme je l'ai déjà dit, est occupée par la double bande de la brèche et de l'étage stérile supérieur de Rive-de-Gier. Sa largeur va en diminuant de l'Est à l'Ouest. A l'Est, sur la rive gauche du Langonan, elle est de 3,500 mètres, dont 2,250 mètres appartiennent à l'étage stérile quartzo-micacé. À l'Ouest, le long de la limite commune des concessions de Sorbiers et du Cros, elle est réduite à 1,500 mètres, dont 1,000 mètres pour le poudingue supérieur. Si la brèche semble ainsi perdre de sa puissance, en s'avançant de l'Est à l'Ouest, il n'en est pas de même de l'étage stérile quartzo-micacé, ou, du moins si son épaisseur diminue quelque peu, ce n'est pas dans la proportion de 2,250 à 1,000 mètres.

Si, à Sorbiers, en effet, la largeur de la bande stérile est relativement aussi grande, cela provient surtout de la faible inclinaison des assises du terrain dans cette région et de leur pente plus forte au Nord-Ouest de la Talaudière.

La composition de la bande stérile peut être constatée sans peine à la surface du sol. On trouve partout de gros bancs de poudingue quartzo-micacé, alternant avec de minces lits de schistes, ou avec des grès schisteux également micacés, parfois sillonnés de veinules charbonneuses, irrégulières, fort peu puissantes. C'est, en un mot, le même terrain qu'à Saint-Chamond. Plusieurs puits furent foncés dans ce terrain, au mur de la 16ᵉ couche, afin d'explorer ces filets charbonneux. Mais aucun d'eux n'a rencontré de véritable couche de houille, et aucun d'eux n'a été entrepris, du moins jusqu'à présent, en vue d'y rechercher l'étage de Rive-de-Gier. Avant d'en arriver là, il faut, en effet, s'assurer d'abord de son exploitabilité à Saint-Chamond même.

Deux des puits en question furent creusés dans la concession de Sorbiers; ce sont les puits *Saint-Pierre* et *Saint-Paul;* deux autres, les puits *Sainte-Barbe* et *Chaleyer* à Beuclas; enfin, le cinquième, le puits *Jules,* au centre de la concession de la Chazotte. (Pl. VII.)

Le puits *Saint-Pierre* est ouvert, non loin du chemin de fer de la Chazotte, au voisinage de l'affleurement de la 16ᵉ couche. Il fut poussé jusqu'à 160 mètres dans la gratte. Le puits *Saint-Paul,* ou du *Sorcier,* est géologiquement dans la même situation, et ne pouvait rien apprendre de plus que le précédent. Sa profondeur est de 110 mètres. Le puits *Saint-Pierre* a rencontré à 50 mètres du jour une veine de schiste charbonneux *moureux* de 0ᵐ,60 d'épaisseur.

Le puits *Sainte-Barbe* a été foncé à la distance de 400 mètres au Nord de la route départementale N° 7, sur la crête qui monte vers Sorbiers, à 300 mètres environ de l'affleurement de la 16ᵉ couche. Sa profondeur est de 80 mètres. On y a rencontré, outre le terrain quartzo-micacé ordinaire, quelques bancs de poudingue ferrugineux, qu'il ne faut pas confondre avec le massif rouge du puits *Saint-Luc* de Saint-Chamond, placé à un niveau beaucoup plus élevé.

Les mêmes bancs ont été rencontrés par le puits *Chaleyer*, qui a été foncé jusqu'à 304 mètres. A 140 mètres il a traversé la 14ᵉ couche ; au delà, par le fait de la faille du puits Notre-Dame, il a dû atteindre directement le terrain inférieur et manquer la couche de la Vaure (N° 15).

Enfin le terrain inférieur fut surtout reconnu stérile par le puits *Jules* de la Chazotte, qui a été récemment approfondi de 290 mètres au-dessous de la couche de la Vaure, située sur ce point à 150 mètres du jour. A la distance de 95 mètres sous la 15ᵉ on a rencontré la 16ᵉ couche, sous forme d'une dizaine de minces veines de houille, éparpillées sur une hauteur de 15 mètres, et dont la plus puissante n'avait pas au delà de 0ᵐ,50 à 0ᵐ,65. Jusque-là le terrain est essentiellement schisteux avec quelques faibles bancs de grès. A 120 mètres on passe assez brusquement au poudingue quartzo-micacé que l'on n'a plus quitté jusqu'au fond. De loin en loin seulement on voit apparaître, comme à Saint-Chamond, de minces lits de schistes micacés à empreintes. A 10 mètres du fond, c'est-à-dire à 280 mètres au-dessous de la couche de la Vaure, on a enfin percé un banc quartzo-ferrugineux de 5 mètres d'épaisseur qui, par sa position, ne peut correspondre ni au premier massif rouge du puits Saint-Luc, situé au-dessus des couches de Saint-Chamond, ni au massif rouge inférieur du même puits, trouvé, à la base de l'étage stérile, dans la longue galerie à travers banc. C'est une preuve de plus que ces bancs ferrugineux n'ont absolument rien de constant dans le terrain houiller, et ne sauraient, par suite, servir de repère géologique.

Par contre, il resulte de ce qui précède, qu'à la distance de 100 mètres au-dessous de la couche de la Vaure se trouve la base de l'étage inférieur de Saint-Étienne, et qu'à partir de là l'étage micacé, qui sépare Rive-de-Gier de Saint-Étienne, est réellement stérile ; il renferme à peine quelques rares lits de schistes plus ou moins charbonneux. Nous pouvons donc immédiatement passer au groupe houiller proprement dit de Saint-Étienne.

§ 147. — Le plus léger examen de nos cartes prouve que la concession de Sorbiers est en entier et celle de Beuclas en majeure partie au mur des couches du premier étage stéphanois. (Carte d'ensemble et Pl. VII.)

La Chazotte, la Calaminière et le Montcel ne renferment encore, comme Saint-Chamond, que le premier groupe de cet étage. Enfin Chaney et Reveux comprennent seules les couches 12 à 9. La 8e couche n'apparaît à son tour que dans les districts voisins, situés au Sud et à l'Ouest. Étudions donc successivement les deux groupes inférieurs, formés des couches 16 à 13 et 12 à 9.

On a vu, dans la partie générale (§ *85 à 87*), que le groupe *inférieur* renferme quatre couches (les nos 16 à 13), qui presque toutes sont doubles, et se partagent même, sur certains points, en trois ou quatre veines. La puissance réunie de ces couches est de 12 à 15 mètres; celle du massif entier de 300 à 350 mètres. Vient ensuite un massif stérile de 120 à 135 mètres, puis le groupe *moyen* avec quatre faibles couches, les nos 12 à 9, mesurant ensemble 5 mètres, sur une hauteur totale de 80 à 100 mètres. Au-dessus, nouvel intervalle stérile de 120 à 125 mètres précédant le groupe *supérieur* de la 8e couche.

Les roches, dont se composent les deux groupes, varient beaucoup. Dans le bas, et surtout à l'Est, l'élément micacé abonde encore. Vers le haut, ou plutôt à l'Ouest, ce caractère s'efface; à la place des roches micacées on voit graduellement apparaître les grès quartzo-feldspathiques (*taille*) et le schiste argileux ordinaire (*gore*).

Le groupe inférieur, nous l'avons déjà dit, ne se montre pas avec son plein développement au voisinage de la faille de Langonan.

A Beuclas et à la Calaminière les couches sont encore minces et oblitérées; les 15e et 14e couches n'acquièrent toute leur puissance qu'à la Chazotte et au Montcel, et même la 13e à Chaney seulement, sur les confins du district suivant. D'après cela, il me semble naturel de faire connaître d'abord le groupe *normal* dans les concessions de la *Chazotte*, du *Montcel* et de *Chaney*, puis de dire ce qu'il devient dans les concessions limitrophes.

§ 148. — A la base du groupe se trouve la 16e couche, qui ressemble beaucoup aux veines de Saint-Chamond par la multiplicité des nerfs et la nature schisteuse et crue de la houille. On l'a exploitée, par une fendue et quelques puits, vers l'extrémité Sud de la concession de Beuclas, là où la route de Langonan franchit le col qui sépare les eaux de la Loire de celles du Rhône. L'affleurement coupe deux fois la route; une première fois à 200 mètres à l'Est du puits *Saint-Paul*. La couche y plonge au Sud-Est. Elle est connue dans le puits de *Beuclas* à 33 mètres et dans le puits Saint-Honoré à 50 mètres. Ce dernier puits est tombé sur la faille du puits Notre-Dame et ne communique avec la couche de houille qu'à l'aide d'un travers-bancs dirigé au Nord-Ouest. (Pl. VII.)

Vu la qualité de la houille, les travaux sont peu étendus, aussi n'a-t-on pas cherché par ce motif à franchir la faille Est-Ouest des puits *Saint-Honoré* et *Notre-Dame,* qui rejette le terrain au Sud, sous les travaux de la couche de la Vaure (le n° 15). Le champ d'exploitation, entre les affleure-ments et le niveau de 50 mètres, mesure à peine 200 mètres dans les deux sens. La couche est en deux bancs, séparés par un nerf schisteux, qui a tantôt 2 mètres, tantôt à peine $0^m,20$ à 0^m30. Le banc supérieur mesure 1 mètre ; le banc inférieur, $0^m,40$. La houille est crue.

La faille, dont je viens de parler, va du puits *Notre-Dame* au puits *Saint-Paul;* le rejet est d'environ 70 à 80 mètres ; aussi l'affleurement doit-il être reporté, au delà du moulin Gillier, sous les alluvions de l'Onzon, for-mant sur ce point la limite des concessions de Sorbiers et de la Chazotte.

A l'Est, les travaux sont également arrêtés par un accident, sensiblement Nord-Sud et plongeant à l'Ouest. Au delà se trouve le deuxième affleurement, ci-dessus mentionné, avec une fendue sur le bord de la route. Les travaux sont encore moins étendus que ceux du puits *Saint-Honoré*, et la couche plus crue. Elle se compose d'un banc supérieur tendre de $0^m,45$, d'un nerf schisteux de $0^m,60$ et d'un banc inférieur peu solide de $0^m,85$. Le puits *Julien,* qui fut creusé pour l'exploration de son aval-pendage, est tombé sur la faille dont je viens de parler. Du côté opposé, à l'Est, un autre acci-dent limite également les travaux ; on n'a pas cherché à le franchir, à cause de la qualité inférieure du gîte et du voisinage des premiers gradins de la faille de Langonan.

Sur son aval-pendage, la couche n° 16 a été rencontrée par deux puits, mais ni l'un ni l'autre ne l'a trouvée exploitable dans les conditions actuelles. Ainsi le puits *Jules* (§ *146*) l'a recoupée à 95 mètres au mur de la couche de la Vaure ; elle y est représentée par une dizaine de minces veines de houille, entrelardées d'un égal nombre de nerfs schisteux, sur une épaisseur totale de 15 mètres. Au puits *Petin*, elle est à la profondeur de 452 mètres, à 80 mètres sous la 15ᵉ couche. Ce sont des schistes plus ou moins charbonneux et feuilletés, au milieu desquels il y a deux bancs principaux, le supérieur de 0ᵐ,70, l'inférieur de 1ᵐ,20, et entre deux un nerf schisteux de 0ᵐ,60.

Comme au puits *Jules,* tout le terrain, compris entre les n°ˢ 15 et 16, se compose de schistes ou de grès schisteux micacés d'apparence *sauvage*, contenant toutefois vers 400 mètres une veine de houille de 0ᵐ,50. On le voit, la 16ᵉ couche est sur ce point une sorte de non-valeur ; malgré cela personne n'oserait affirmer que, dans son prolongement vers l'Ouest, elle ne puisse devenir meilleure et plus puissante. A mesure que l'on s'éloignera du terrain micacé de Saint-Chamond, on aura des chances de trouver mieux. Il faudra donc, dans les parties plus centrales du bassin, rechercher la 16ᵉ au-dessous de la 15ᵉ couche.

§ 149. — A 90 mètres au-dessus de la 16ᵉ couche, séparée de celle-ci par un ensemble schisteux, vient la 15ᵉ couche, appelée couche de la *Vaure* dans ce premier district du bassin stéphanois. C'est la couche principale de la Chazotte. Elle se compose de deux bancs, séparés l'un de l'autre par un nerf schisto-charbonneux, dont l'épaisseur est assez variable. Au puits *Louise* il n'a que 0ᵐ,90, au puits *Petin* 8 à 9 mètres ; en moyenne, il oscille entre 2ᵐ,50 et 5 mètres. Ce nerf contient çà et là des rognons de minerai de fer, et parfois aussi un troisième banc de houille de 1ᵐ,20 à 1ᵐ,60. Des deux bancs principaux, l'inférieur est le plus important, mais non le meilleur. Dans la plupart des puits de la Chazotte il mesure 3 à 4 mètres et se compose de charbon tendre (*moureux*), qui ne donne pour ainsi dire pas de gros et dont le menu brut renferme parfois jusqu'à 15 pour 100 de cendres. Cependant, après lavage, c'est un bon charbon pour les *agglomérés*; il ne peut même guère servir que pour cet usage parce qu'il est maigre, ne tenant guère plus de 16 à 19 pour 100 de matières volatiles. A cause de sa friabilité, l'exploitation en a toujours été difficile et onéreuse. Le lavage aussi n'est pas facile par suite de la nature *moureuse* du charbon.

Dans la même région centrale de la Chazotte le banc *supérieur*, qui est sans nerfs, a une épaisseur moyenne de 2 à 3 mètres. Vers son amont-pendage (puits *Camille* et *d'Onzon*) il contenait, près du mur, d'assez nombreux rognons de minerai lithoïde, qui disparaissent vers l'aval-pendage (puits *Louise* et *Lucie*). Le charbon du banc supérieur est plus pur et plus dur que celui du banc inférieur, le menu convient également pour les agglomérés. A cause de sa dureté, l'exploitation du banc supérieur offre plus d'avantages que celui du banc tendre inférieur. Le toit de la couche est schisteux sur une faible hauteur et sans minerais de fer; puis viennent principalement des bancs de grès, parfois assez grossiers, jusqu'au voisinage de la couche des *Roches* (le n° 14). Sur divers points le schiste du toit disparaît par *érosion;* le grès repose alors directement sur la houille et, dans ce cas, le banc supérieur est lui-même parfois raviné. Ainsi au puits *Louise* le grès touche la houille, et non loin de là, au puits *Jules*, grâce au même banc de grès, le banc supérieur a complètement disparu.

La couche de la *Vaure* affleure, sur les bords de l'Onzon, dans les prairies, au Sud-Est de la Talaudière. Elle se poursuit régulièrement sur 800 mètres en direction, plongeant de 20 pour 100 jusqu'à 100 mètres du jour, puis incline un peu moins en approchant de la limite Sud de la concession de la Calaminière, dans le fond des travaux du puits *Petin*. Vers le Sud-Est, elle est aujourd'hui connue jusqu'auprès du domaine de la Soteignère, sur plus de 1,500 mètres suivant le sens de la pente. Son allure est d'ailleurs assez régulière, vers son amont-pendage, dans la concession proprement dite de la Chazotte; mais les accidents se multiplient en profondeur, et la couche s'altère graduellement, dans la concession de la Calaminière. Les accidents sont des failles, et, dans ce district, on en peut distinguer deux systèmes à angle droit, nettement définis. Les unes vont à peu près de l'Est à l'Ouest,

ou plutôt, Ouest 10 à 15° Nord vers Est 10 à 15° Sud. Les autres courent du
Nord au Sud, ou plus exactement sur Nord 10 à 15° Est. Les deux failles
principales du premier système limitent, au Nord et au Sud, le champ d'exploitation, de 800 mètres en direction, dont je viens de parler. Au Sud, c'est
la faille du *Montcel* qui passe sous la Jaillère, le Montcel et le château de la
Chazotte. L'importance du rejet augmente à l'Est et diminue à l'Ouest;
mais, dans cette direction, un gradin voisin la remplace en quelque sorte;
c'est la faille de *Fraisse*, qui commence à zéro, là où l'accident principal
s'évanouit. La seconde faille principale, celle du Nord, passe sous la Calaminière; elle est connue sous le nom de faille *de la Vaure*. Forte près des affleurements de la couche, elle disparaît à l'Est auprès du puits *Julie*. Mais là
aussi cette faille principale a ses satellites. A faible distance au Nord, on
rencontre la faille *Mayol*, qui va du puits *Vachier* au puits *Saint-Florentin* et,
un peu plus loin, la faille du puits *Notre-Dame* de Beuclas. Toutes ces failles
plongent au Sud, de sorte que les affleurements reculent constamment, de
proche en proche, dans le même sens. Celle de *Fraisse* les rejette des prairies de l'Onzon vers Longiron au Nord-Ouest du château de la Chazotte;
puis une nouvelle faille, encore parallèle aux précédentes, celle des *Roches*,
reporte l'affleurement de la 15ᵉ couche vers Soleymieux; enfin une dernière faille du même système passe sous le château de Reveux et par le
puits *Saint-Jean*; delà son nom de faille *Saint-Jean*. Elle rejette l'affleurement de la couche des Vaures, de Soleymieux, au delà de la Bâtie, dans
la concession du Cros. (Pl. IX, et carte d'ensemble.)

Le second système de failles, celui qui va du Nord au Sud, est limité
à la partie orientale du district de la Chazotte. Malgré une légère différence de direction et une plongée inverse, on peut considérer ce système
comme une conséquence de la grande cassure du Langonan. Il se compose
d'une série de petites failles Nord-Sud, qui toutes inclinent vers l'Est, à
l'encontre de la faille de Langonan. Trois gradins de 15 à 25 mètres passent à l'Ouest du puits *Petin*; un peu plus loin vient la faille du puits *Voro*
de 13 mètres, puis celle du puits *Baby* de 25 mètres, enfin celle du *Cab*
qui est insignifiante. Le déplacement total des gradins réunis attein

100 mètres; c'est déjà beaucoup au point de vue des travaux, mais la gêne est notablement accrue par la division du rejet en cinq ou six gradins successifs. (Pl. VII et IX.)

Le district de la Chazotte est criblé de puits; ils sont trop nombreux pour être d'une bonne exploitation. Les uns, comme les puits de la *Vaure*, *d'Onzon*, *Camille*, etc., sont au pied du coteau, et atteignent la couche de la Vaure vers 50 à 100 mètres; les autres, comme les puits *du Fay* (ou *Lucie*), *Baby* et *Petin*, sont sur le plateau à 60 mètres plus haut. Les deux premiers ne rencontrent la 15e couche que vers 250 mètres, et même le puits *Petin* n'y arrive que vers 360 mètres par suite des failles N.-S. ci-dessus mentionnées.

La couche de la Vaure est surtout régulière et belle, vers son aval pendage, entre les puits *Baby*, *Lucie* et *Louise* de la Chazotte, et au puits *du Fay* du Montcel. Le banc inférieur y a 3 mètres, le banc supérieur 2^m,80 à 3 mètres; en outre, le nerf qui les sépare a moins d'un mètre. Mais cette double couche s'altère à la fois vers les affleurements au Nord-Ouest, et au Sud-Est vers l'aval-pendage du puits *Petin*. Entrons dans quelques détails au sujet de ces variations. Au puits *Camille*, sur les bords de l'Onzon, où la couche est à 55 mètres de profondeur, le banc inférieur n'est qu'une alternance de schistes et de charbon. Sur une hauteur de 2^m,60, on compte jusqu'à cinq nerfs schisteux, dont l'épaisseur réunie est de plus d'un mètre, et le banc de charbon le plus fort n'a que 0^m,35. Au puits voisin de la *Vaure*, à 70 mètres de profondeur, le banc supérieur, d'assez bonne qualité, avait 2^m,50, le banc inférieur, à 4 mètres de distance, 2^m,20 de charbon entremêlé de schistes comme au puits Camille.

L'affleurement se voit sous un banc de grès (*taille*) au Nord de la Calaminière, dans le chemin qui va de Beuclas à la Calaminière. Au puits *Sainte-Anne*, dans la concession du Montcel, le banc inférieur, à 109 mètres de profondeur, est également inexploitable à cause de ses nombreux nerfs; mais il s'améliore, comme ailleurs, sur son aval-pendage. A l'Ouest du Montcel, au puits *Saint-Charles*, l'altération gagne même les parties supérieures, car, dans ce puits, à 172 mètres du jour, toute la couche de la Vaure est réduite à un ensemble schisteux de 2 à 3 mètres, contenant, en fait de houille, 7 ou 8 veines irrégulièrement disséminées, dont la puissance utile est de 1^m,50 seulement. Cet état de choses se poursuit d'ailleurs à l'Ouest, car au puits *Jovin*, à 149 mètres, la couche de la Vaure ne se compose plus que d'un banc de *moure* de 0^m,30 à 0^m40 et de quelques minces veines de houille, le tout complètement inexploitable ; au delà encore, dans la concession du Cros, nous verrons la couche, au puits de la *Chèvre*, également réduite à un mètre de mauvais charbon mêlé de schistes. Toutefois là, comme nous le dirons en nous occupant du district suivant, l'amélioration est rapide en profondeur, à la fois comme puissance et qualité. La couche doit aussi se prolonger dans la concession de Chaney, car, au Nord, les travaux du Cros atteignent sa limite vers l'étang de Molina ; d'autre part, à l'Est, on touche aux travaux du puits *du Fay* de Montcel et, à l'Ouest, à ceux du puits *Mars*, dans la concession de Méons.

Voyons maintenant comment la couche se comporte dans la direction du Sud-Est au puits *Pelin*, et au Nord-Est vers les puits *Chaleyer* et *Saint-Louis* de Beuclas.

Au puits *Baby*, sauf dans le voisinage de la faille Nord-Sud, la couche est encore régulière et les deux bancs à faible distance l'un de l'autre comme aux puits *Louise* et *Lucie*. Mais à mesure que l'on s'avance au Nord vers le puits *Voron*, les deux bancs se séparent de plus en plus et, en même temps, le banc supérieur se charge d'un nombre considérable de nerf schisteux. Ainsi à 100 mètres à l'Est du puits *Voron* les deux bancs sont à 13^m,50 l'un de l'autre, et l'entre-deux schisteux comprend cinq veines de houille de 0^m,15 à 0^m,80 d'épaisseur ; d'autre part, le banc supérieur de 2^m,30 contient quatre nerfs stériles. Quant au banc inférieur, il mesure 2^m,50 et semble encore relativement pur.

Au puits *Pelin* même la couche supérieure a 1^m,60, le banc inférieur 3 mètres, et l'intervalle de 7^m,60 est également entrelardé de filets charbonneux. Sur l'aval-pendage, à 135 mètres au Sud-Est du puits *Pelin*, le banc supérieur n'a plus que 0^m,60, avec quelques veinules de houille dans

les schistes du toit et du mur. L'intervalle entre les deux bancs est de
13 mètres, et contient aussi de nombreux lits de houille, dont le plus épais
mesure 0^m,50. Le banc inférieur conserve 2^m,10. Enfin, à l'extrémité de la
descente d'exploration, poussée vers le Sud-Est du puits *Petin* à 500 mètres
de distance, le banc supérieur est ramené à moins de 0^m,50 et s'y trouve
divisé par un nerf. L'intervalle schisteux y atteint 17 mètres par suite
d'une masse de gratte, intercalée au milieu des schistes à minces véinules
de houille. Le banc inférieur conserve sa puissance de 1^m,70 à 2 mètres, mais
c'est de la *moure* comme ailleurs; de plus, des nerfs schisteux s'y développent graduellement vers l'extrémité de la descente en qustion. Ainsi, en
résumé, on le voit, la couche de la Vaure se prolonge régulièrement vers
le Sud-Est, dans la direction de la concession de Saint-Jean de Bonnefond,
mais les deux bancs s'y amoindrissent l'un et l'autre graduellement[1].

Au Nord, en approchant de Beuclas et de la faille de Langonan, la
couche de la Vaure s'altère aussi. Dans les travaux des puits *Notre-Dame* et
Saint-Honoré on a bien encore trouvé 6 mètres de houille en deux bancs,
séparés par un nerf de grès de 0^m,50 à 1 mètre. Mais le banc inférieur est,
comme au puits *Camille*, fortement entrelardé de veinules schisteuses.
Dans les travaux des puits *Julie* et *Deville* la couche plonge à l'Est vers le
puits *Chaleyer;* en outre, les 4 ou 5 failles Nord-Sud, connues au puits
Petin, la font également descendre dans le même sens; aussi ne pouvait-on
guère trouver la couche de la Vaure sur ce point à moins de 250 mètres de
profondeur. Par le fait, on l'a manquée à cause de la faille du puits *Notre-
Dame*, qui coupe précisément le puits *Chaleyer* à ce niveau. On est arrivé
ainsi dans les terrains inférieurs, sans rencontrer même la 16e couche, et
l'on s'est arrêté, comme au puits Jules, dans la *gratte* rouge, à 304 mètres
de profondeur. A 140 mètres, le puits Chaleyer traverse la couche des *Roches*
(le n° 14), qui ne mesure sur ce point que 1 mètre à 1^m,50.

Au puits *Saint-Louis* de Beuclas, situé en amont de la faille Notre-Dame,
la 15e doit se trouver à une profondeur moindre. La couche des *Roches*

____

1. La descente en recherche, dont je viens de parler, est arrêtée à 300 mètres de la limite Nord
de la concession de Saint-Jean.

(n° 14), réduite à 0ᵐ,30, a été rencontrée à 47 mètres. A 80 mètres et à 110 mètres viennent d'autres filets de houille, puis, au-dessous d'un massif de 40 mètres, uniquement formé de schistes friables, on a traversé, à 150 mètres, une couche de houille entremêlée de schistes, de 2 mètres environ. On s'est arrêté là, à tort selon moi, car si l'on compare la coupe de ce puits à celle du puits voisin *Julie*, on constate une identité presque complète. A 40 mètres, la couche des *Roches*, représentée par deux veines de 0ᵐ,20 chacune ; à 75 mètres et 105 mètres, les mêmes filets qu'au puits *Saint-Louis*, puis au-dessous également 40 mètres de schistes friables, et finalement, à 145 mètres du jour, une couche de houille, criblée de lits de schistes de 3 mètres. Or, c'est à 15 mètres plus bas que fut rencontré le banc supérieur de la couche de la Vaure, c'est-à-dire au niveau de 163 mètres ; puis à 170 mètres le banc inférieur. Le premier mesure 2 mètres, le second 1ᵐ,60, et là aussi, comme ailleurs, l'intervalle est occupé par des schistes charbonneux. Quoique la couche soit encore exploitable sur ce point, elle est cependant déjà moins puissante qu'au puits *Notre-Dame*. Au puits *Saint-Louis* elle doit être, sans doute, moins forte encore, car en suivant les travaux du puits *Petin*, dans la direction des puits *Chaleyer* et *Saint-Louis*, on voit les deux bancs s'altérer graduellement ; l'inférieur est réduit à 1 mètre et souvent même à 0ᵐ,50, et si le banc supérieur se maintient un peu mieux, il diminue pourtant aussi. En tout cas le dépôt houiller s'amoindrit vers le Nord-Est, et les roches aussi deviennent plus *sauvages*. Malgré cela, il conviendrait de foncer encore le puits *Saint-Louis* d'une vingtaine de mètres, pour qu'il pût servir de puits d'aérage aux travaux profonds du puits *Petin ;* ou bien il faudrait rejoindre la couche par un travers-bancs partant du puits *Chaleyer* vers 250 mètres.

En résumé, la couche de la *Vaure* est déjà en grande partie exploitée dans la concession de la Chazotte ; la seule région encore vierge correspond à la concession de la Calaminière sous le plateau du Fay.

Au Montcel la couche de la *Vaure* est de même en grande partie exploitée au Nord ; par contre, on peut considérer comme vierge la région comprise entre le Fay et le château de Nanta. On ne l'a d'ailleurs pas explorée jusqu'à présent au Sud de la faille du Montcel. Les puits *Lacroix* et *Saint-Joseph* ne dépassent pas la 14ᵉ couche.

La 15ᵉ couche a été exploitée par le puits du pré *du Soleil* à 157 mètres, par le puits *Sainte-Anne* à 109 mètres, par le puits *Saint-Martin* à 201 mètres et, dans son aval-pendage, par le puits *du Fay* à 250 mètres.

La couche, comme à la Chazotte, devient impure vers son amont-pendage. Ainsi le menu du *Pré de Soleil*, vers 150 mètres, laisse 10 à 12 pour 100 de cendres; tandis qu'aux affleurements on trouve 17 pour 100.

Tous ces travaux, comme le montrent les courbes de niveau de la carte (Pl. VII et IX), s'arrêtent à la faille du Montcel; au delà, comme je l'ai dit, elle est encore vierge à cause de sa profondeur plus grande. Entre les puits *Sainte-Anne* et *du Fay* la couche s'y montre à peu près dans les mêmes conditions qu'à la Chazotte; les accidents sont cependant plus rapprochés et le champ d'exploitation plus restreint. En outre, comme irrégularité spéciale, on peut citer une grosse lentille de grès qui s'est développée dans les travaux du puits du *Fay* entre le banc inférieur, très épais et *moureux*, et le banc supérieur un peu aminci. Au pied de la faille du Montcel, dans la région du puits *Lacroix*, la couche sera sans doute belle, comme au puits du *Fay*, et à peu près horizontale jusque sous le château de Nanta. Mais la largeur de la zone est réduite à 300 mètres, et en amont, sous le puits *Saint-Joseph*, on doit arriver à une partie oblitérée comme au puits *Saint-Charles* de la Chazotte.

J'ai déjà dit que la 15ᵉ couche est encore inconnue dans les concessions de Chaney et de Reveux, mais que son existence peut y être considérée comme certaine, malgré l'insuccès du puits *Rosand*, qui a été foncé, sans rien rencontrer, jusqu'à la profondeur de 480 mètres. Cet insuccès s'explique par la faille du puits *Saint-Jean*, qui coupe le puits *Rosand* au niveau de la 15ᵉ couche. Un travers-bancs pourra la rejoindre.

§ 150. — A la couche de la *Vaure*, succède, en remontant la série des terrains, la couche *des Roches*, ou *quatorzième*. Cette couche fut surtout exploitée dans la partie Ouest de la concession de la *Chazotte* et dans les deux concessions contiguës du *Montcel* et de *Chaney*. Indiquons ses caractères dans cette région, mais auparavant donnons quelques détails sur la nature des roches qui séparent les couches n°s 15 et 14. Nous trouvons ici un exemple frappant de rapide transformation latérale du terrain micacé *en gore* et grès quartzo-feldspathique ordinaire (*taille*).

A l'Est, dans les puits *Petin*, *Julie*, *Saint-Louis*, etc., on rencontre surtout des assises schisteuses, plus ou moins micacées, avec deux ou trois filets de houille, et quelques faibles bancs de grès et de poudingue quartzo-micacés. Il en est encore ainsi au puits du *Pré du Soleil* dans la concession du Montcel. Par contre au puits *Saint-Martin* les grès et poudingues dominent. Le grès quartzo-feldspathique (*taille*) règne d'ailleurs exclusivement à l'Ouest; il remplace toute autre roche, entre la 15e et la 14e, dans les puits *Saint-Charles* et *Jovin* de la Chazotte et plus loin encore dans la concession du Cros. Dans toute cette région l'intervalle entre la 15e et la 14e est occupé presque exclusivement par de très gros bancs de grès. La distance est de 120 mètres en moyenne, mais atteint 150 mètres dans les puits *Jovin* et *Petin*, tandis qu'elle diminue à l'Ouest, où le grain de la roche devient plus fin.

La 14e couche, dite des *Roches*, se compose de deux bancs comme la 15e; mais les bancs sont moins puissants et le charbon moins pur. La houille est à courte flamme, striée de parties ternes, et pourtant plus grasse que celle de la 15e; elle dégage 18 à 21 pour 100 de matières volatiles, et peut à la rigueur donner du coke; mais, pour cela, il faut laver le menu avec beaucoup de soin. Le gros est dur, grâce aux veinules schisteuses dont il est criblé. En somme, c'est une couche de qualité inférieure, qui devient même inexploitable sur certains points. C'est dans la concession du Montcel et la partie contiguë de la Chazotte qu'elle a pu être exploitée avec le plus d'avantages; à l'Est vers la Calaminière et à l'Ouest, au delà de Chaney, elle s'oblitère complètement.

Dans les parties normales le banc supérieur comprend 1^m,40 à 1^m,50 de houille, entremêlée de deux ou trois nerfs schisteux de 0^m,40 à 0^m,50; l'inférieur contient, 1^m,25 à 2 mètres et un égal nombre de nerfs, formant aussi un ensemble de 0^m,40 à 0^m,50. Les deux bancs sont séparés l'un de l'autre par un banc de schiste de 1 à 2 mètres, qui parfois se transforme en grès fin et se renfle alors à 6 ou 8 mètres.

Dans cet entre-deux schisteux on rencontre habituellement un peu de minerai de fer.

La couche des Roches fut exploitée, il y a trente-cinq ans, par les puits du *Pré du Soleil* et de *Saint-Martin;* dans le premier à 48 mètres, dans le second à 82 mètres de profondeur. La couche y était fort régulière, inclinant au S.-S.-E. d'environ 20 pour 100 près des affleurements, mais devenait presque horizontale sur son aval-pendage, qui est aujourd'hui desservi par le puits du *Fay.* A l'Ouest, les travaux étaient jadis limités à la faille du Montcel; depuis lors on l'a exploitée, au delà, par le puits *Saint-Joseph,* et on l'exploite encore au puits *Lacroix,* ouvert au-dessus de la Buissonnière à la cote de 590 mètres. Là aussi la couche devient presque horizontale sur son aval-pendage. Les travaux sont compris entre les deux failles parallèles du Montcel et des Roches. Au puits *Saint-Joseph* la couche a été traversée à 103 mètres de profondeur; mais on est descendu immédiatement à 52 mètres au mur de la couche, puis on l'a rejointe par un travers-bancs de 200 mètres de longueur. Au puits *Lacroix* la 14ᵉ couche est à la profondeur de 267 mètres. Il pourra servir, avec le puits du *Fay,* à exploiter l'aval-pendage jusqu'à l'extrémité Sud-Est de la concession. Dans la partie orientale de la concession voisine de la *Chazotte* la 14ᵉ couche a été déhouillée, dans les mêmes conditions qu'au Pré du Soleil, par les puits *du Gabet, Sainte-Marie,* etc.

Les deux bancs y furent trouvés divisés par des nerfs, comme le prouvent les coupes ci-jointes :

Grès comme toit.

	Houille . .	0ᵐ,45		Houille.	0ᵐ,40
Banc supérieur,	Schistes. .	0 45		Schistes.	0 20
puissance utile	Houille . .	0 48	Banc inférieur,	Houille	0 30
1ᵐ,13	Schistes. .	0 40 à 0ᵐ,70	puissance utile	Schistes.	0 80
	Houille . .	0 25	1ᵐ,87	Houille	0 17
Entre-deux, grès fin et schistes .		4ᵐ,50		Schistes.	0 12
				Houille.	1 »

Au puits *Baby* l'intervalle entre les deux bancs tend à augmenter; il atteint 7 mètres; en même temps les deux bancs s'altèrent notablement. Le banc supérieur est réduit à 1 mètre; le banc inférieur se compose de cinq lits de houille de $0^m,20$, entre lesquels l'un des nerfs prend une épaisseur de $0^m,60$ et l'autre de $1^m,80$.

Au puits *Petin*, à 203 mètres de profondeur, le banc supérieur est réduit à $0^m,62$ de puissance utile, avec deux nerfs de $0^m,90$ et $0^m,70$, et le banc inférieur, à 30 mètres plus bas, ne contient même plus que $0^m,42$ de houille, également divisée en trois veines par des nerfs de schistes; c'est-à-dire qu'au puits *Petin* la couche des Roches est inexploitable, et il en est ainsi dans toute la concession de la Calaminière, car déjà au puits *Julie*, à 40 mètres du jour, chacun des deux bancs n'a pas au delà de $0^m,20$ [1].

Dans la partie occidentale de la Chazotte et dans la région contiguë de Chaney, on a aussi exploité la couche des Roches, quoique dans des conditions un peu moins favorables qu'au Pré du Soleil. La partie comprise entre la concession du Montcel et la faille des Roches fut prise, à l'aide d'un travers-bancs, par le puits *David*, foncé au mur de la couche. C'est l'amont-pendage de la région desservie par le puits *Saint-Joseph*. La couche y était divisée par un nerf de $0^m,60$ à 1 mètre; elle renfermait, dans chacune de ces deux moitiés, $1^m,20$ à $1^m,30$ de houille dure avec quelques veinules de schistes.

Au pied de la faille des Roches, la couche n° 14 fut exploitée par trois petits puits, il y a quarante à cinquante ans. Elle affleure sur ce point sous un fort banc de grès qui sert de toit immédiat au banc supérieur. Le plus profond des trois puits, dit puits des *Roches*, n'a que 36 mètres.

Les travaux se sont étendus également dans la concession voisine de Chaney, où deux puits furent en activité dans la période décennale de 1840 à 1850 : le puits des *Quatre-Nations*, où la couche se trouve à 35 mètres, et le puits *Frotton*, qui l'a rencontrée à 65 mètres; elle est là aussi, comme au puits des *Roches*, sous un épais banc de grès. Les assises vont du Nord au

1. Les deux veines de $0^m,50$ et $0^m,70$, trouvées au puits Julie à 105 mètres de profondeur, que l'on avait prises d'abord pour la couche des Roches, correspondent à une couche intermédiaire sans importance.

Sud et plongent à l'Est, avec une pente moyenne de 20 à 25 pour 100 près des affleurements, et de 15 pour 100 en profondeur. Les travaux étaient fort réguliers, mais la couche s'altérait complètement, au Sud du puits des *Quatre-Nations*, par la substitution du schiste à la houille, de sorte que les galeries durent être arrêtées avant d'avoir atteint la faille du puits *Saint-Jean*. Le banc supérieur avait $1^m,30$ au puits des *Quatre-Nations* et 1 mètre au puits *Frotton*; le banc inférieur, situé à $0^m,60$ sous le précédent, mesurait $1^m,60$ dans le premier puits et $1^m,50$ dans le second. Le banc inférieur était plus estimé que la partie haute et fournissait même, en 1845, du coke à l'usine de l'Horme. Dans les deux puits se trouve, en outre, à 5 mètres au-dessous du banc inférieur, une troisième veine inexploitable de $0^m,60$ à $0^m,75$.

D'après ce qui précède, il est à craindre que la couche des *Roches* n'offre plus que de bien faibles ressources dans le district qui nous occupe. Son aval pendage doit à la vérité se prolonger sous le hameau de Chaney, à l'Est du puits *Frotton*, vers le Grand-Ronzy et Nanta; mais d'autre part, comme la houille s'est transformée en schistes, à l'Ouest et au Sud du puits des *Quatre-Nations*, il est à craindre que l'amont pendage, sous les puits *Sainte-Marie* et *Saint-Jean*, ne soit en partie stérile. On voit cependant son affleurement, dans la tranchée de la route de Sorbiers, à l'Ouest de l'étang de Méons; et à Reveux, au puits *Rosand*, on a rencontré les deux bancs de la même couche à 220 mètres de profondeur. Toutefois, leur épaisseur y est faible,

Enfin, au delà, dans la concession de Méons, on a trouvé deux bancs de $0^m,40$ à $0^m,60$ au puits Mars, à la profondeur de 172 mètres, et un seul banc de $0^m,70$, au puits *Verpilleux*, à 258 mètres, lesquels semblent bien devoir correspondre, par leur position, à la quatorzième, dite des Roches, comme nous le verrons bientôt.

A la couche des *Roches*, ou *quatorzième*, succède, en montant, la couche de *l'Étang*, ou *treizième*, de l'étage inférieur de Saint-Étienne. Les roches qui séparent les deux couches se modifient, de l'Est à l'Ouest, comme celles du mur de la couche des Roches. Au puits *Pelin*, on rencontre des assises d'aspect *sauvage*, c'est-à-dire une alternance de grosse gratte quartzo-micacée et de grès, ou schistes blancs, pétris de mica. Les mêmes roches se rencontrent dans les puits *Chaleyer, Saint-Louis, Baby*, etc.

Au *Pré du Soleil* un faible banc de grès couvre le banc supérieur de la couche des Roches, puis de là jusqu'au jour on ne rencontre absolument que des schistes plus ou moins micacés. Sur l'aval pendage, au puits *Saint-Martin*, le grès domine. Enfin, dans la partie Ouest de la concession de la Chazotte, et dans la partie contiguë de Chaney, le grès (*taille*) ordinaire domine dans les divers puits. Le puits des *Roches* et celui des *Quatre-Nations* n'ont, pour ainsi dire, traversé que du grès. Au puits *Frotton* on trouve aussi un banc de grès de 25 mètres au toit de la couche, puis au-dessus, jusqu'à la 13ᵉ, des assises de grès fin et de schistes alternant plusieurs fois entre eux.

Avec le changement de roches s'opère aussi un changement de distance. Au puits *Petin*, où le poudingue grossier abonde, la 13ᵉ est à 200 mètres au-dessus de la 14ᵉ. Au Montcel, à la fendue de la Forestière, l'écartement est de 140 à 150 mètres. A la limite de la Chazotte et de Chaney, au pied de la faille des Roches, on ne trouve plus que 90 à 100 mètres; enfin au puits *Frotton* 60 mètres et, dans les puits *Verpilleux* et *Mars* de la concession de Méons, 55 à 60 mètres. On a donc ici un nouvel exemple d'altération *latérale* très prononcée.

§ 151. — La *treizième* couche n'existe pas dans les concessions de Sorbiers, Beuclas et la Chazotte. Ces concessions ne renferment que les veines inférieures nᵒˢ 16 à 14. La 13ᵉ commence à poindre à la Pacotière, à la limite Ouest de la concession de Saint-Chamond, puis reparaît à la Calaminière au Sud du puits *Petin*. L'affleurement suit le versant Nord du Crêt de Ronzy, passe auprès de la Chapelle du Fay, puis à la Buissonnière et à la Jaillière, où elle contourne le coteau sur lequel est installé le puits *Lacroix* du Montcel. Au delà on l'a exploitée, jusqu'à la faille des Roches, par le puits du *Châtaignier* et la fendue de la *Forestière* que je viens de nommer. La faille rejette ensuite la couche vers le Nord-Ouest, au pied du coteau de Chaney, où on l'a fouillée fort anciennement, par les petits puits *Motte, Chaney* et quelques fendues. La faille du puits *Saint-Jean* ramène enfin l'affleurement sous l'ancien étang de Molina; puis la faille de la République, sous le vieil étang de Méons, ce qui lui fit donner par les exploitants le nom de couche de *l'É-tang*. Cette couche n'est complètement développée, et à l'état normal, que dans cette région, aussi est-ce par ce point que nous allons commencer son étude.

A Chaney, sous l'ancien étang de Molina, la 13ᵉ couche fut exploitée, il y a quarante ans, par les puits *Sainte-Marie* et *Saint-Jean*. Le premier de ces puits a 53 mètres jusqu'au toit de la couche. La profondeur du second est de 106 mètres, mais, placé sur la faille, il n'a atteint la couche que par un travers banc de 48 mètres. La puissance normale de la couche oscille entre 4 et 6 mètres. Au toit immédiat on trouve un faible banc de schistes avec minerais de fer, puis une veine de houille de $0^m,50$ à $0^m,60$, et au-dessus principalement du grès. La couche, comme la 14ᵉ au puits des *Quatre-na-tions*, court du Nord au Sud avec plongée régulière, vers l'Est, de 25 à 30 pour 100. En approchant du point de rencontre des deux failles, qui limitent le champ d'exploitation, la couche se relève au Sud vers la faille de la République, en plongeant au Nord vers celle du puits *Saint-Jean*. C'est un double exemple de couche inclinant à l'encontre du sens de la plongée des failles.

Le charbon était d'excellente qualité, surtout vers l'amont pendage, où la puissance était de 4 mètres à $4^m,50$. On peut citer le menu comme véritable type de houille grasse pour coke; il contenait peu de cendres et dégageait 25 pour 100 de matières volatiles (nᵒ 94 du tableau des houilles). Le gros, quoique tendre comme toutes les houilles grasses à courte flamme, était cependant assez solide. En approchant du point de rencontre des deux failles, la couche augmentait de puissance, devenait plus tendre et se chargeait de quelques veinules de schistes; malgré cela, le charbon était encore fort recherché pour coke et forge.

La faille de la République fait descendre la couche de 40 mètres au voisinage du puits *Blondin*, de 60 mètres au puits *Rosand* et de 80 mètres auprès du château de Reveux. On reconnaît la faille, à la surface du sol, par le banc de grès, formant saillie au Nord du puits de la République et le long de la clôture du parc de Méons. Au pied de la faille s'étend, à l'Est, la mine de *Reveux*, à l'Ouest, celle de Méons. Par le fait de la faille, l'allure du gîte s'est modifiée, la direction est devenue Est-Ouest avec plongée générale vers le Sud. Cependant, à partir du puits de la *République*, la couche se rapproche graduellement du jour, et l'atteindrait presque, si elle n'était coupée, avant d'affleurer, par la faille de la République, au point de jonction de cette faille avec celle du puits Mars. C'est là que se trouvait l'ancien étang de Méons (pl. IX), qui a fait appeler la couche en question *mine* ou couche de l'*Étang*. Il y a quarante ans le charbon de l'*Étang* était renommé, entre tous, par sa pureté, comme charbon de forge et charbon à coke. Il était en effet aussi pur sous l'étang de Méons que sous l'étang de Molina (voir l'échantillon n° 93 du tableau des houilles).

La couche avait, comme à Chaney, 4 à 5 mètres de puissance; puis venait un nerf de grès fin de $0^m,40$; au-dessus, une veine de houille pure de $0^m,45$; ensuite un mélange de schiste charbonneux avec minerais de fer de $0^m,65$, couvert par 2 mètres de charbon cru, entrelardé de lits de schistes; enfin, un faible banc de schiste dur, puis un gros banc de grès. A Méons le charbon était pur dans toute la région qui longe la faille de la République, mais il s'altère à Reveux, comme à Chaney, à mesure que l'on avance du Nord au Sud. A partir du puits *Rosand* des lits de schistes se développent entre les bancs de houille, croissent rapidement au delà du puits *Grégoire* et y rendent finalement la couche inexploitable dans la majeure partie de son épaisseur. C'est un exemple frappant de rapide transformation de houille en schistes. Nous verrons bientôt qu'il en est de même à Méons, vers l'aval pendage du gîte, au Sud-Est du puits *Saint-Claude*.

La mine de Reveux était en active exploitation dans la période de 1840 à 1860. Deux puits servaient à l'exploitation : le puits *Rosand*, qui rencontre la 13ᵉ couche à 140 mètres et le puits *Grégoire*, ouvert à 16 mètres en amont, à la profondeur de 182 mètres. Sur ce dernier point, la couche est presque horizontale, ou plutôt, elle se relève même quelque peu en sens inverse, au delà du puits, vers l'Est; mais on ne l'a pu suivre au loin, dans cette *direction*, à cause des limites de la concession. Du reste, l'altération, dont je viens de parler imposait aussi des bornes aux travaux. Dans cette *région* la puissance totale de la couche était de 7 mètres, mais ce sont les schistes et non la houille qui avaient grandi, et avec les schistes le minerai de fer; aussi livrait-on, en 1841, 35 à 40 tonnes de minerai lithoïde par mois à l'usine de Terrenoire.

Au puits *Rosand* la couche plonge, d'une part, à l'Est vers le puits *Grégoire*, de l'autre, au Sud vers la mine de Méons, alors aussi en exploitation. Nous y reviendrons en nous occupant du district voisin.

Pour le moment, poursuivons la couche, en sens inverse, vers le Nord. Mais auparavant constatons que des deux grandes failles qui se rencontrent sous le château de Reveux, l'une d'elles, celle de la République, est arrêtée par celle du puits *Saint-Jean*. Cette dernière est accusée, au jour, par le ravin de l'Hermitage, qui monte du puits de la *Madeleine* vers le hameau du Grand-Ronzy; en effet, des deux côtés du ravin, les terrains ne se correspondent ni sous le rapport de l'âge, ni sous celui de l'allure générale. Au Nord-Est du ravin on rencontre, entre Chaney et Nanta, la série des affleurements n° 13 à 9 plongeant à l'Est; tandis qu'au Sud-Ouest de ce même ravin on se trouve dans le terrain *sauvage* quartzo-micacé, qui sépare la 9° couche de la 8°, terrain dont les assises inclinent au Sud. Le même effet est produit, par la faille du puits *Saint-Jean*, à Chaney même. L'allure Nord-Sud se transforme en allure Est-Ouest. Cette faille se prolonge, pour le moins, jusqu'au Grand-Ronzy et probablement même au delà jusque dans la concession de Saint-Jean de Bonnefond.

Quant à la faille de la République, elle est certainement arrêtée par celle du puits *Saint-Jean*, sinon elle aurait coupé les travaux de la 12° couche au puits des *Chevaux*. Nous verrons bientôt qu'il y a peut-être *rejet* d'une faille par l'autre, mais ce que je tiens à constater dès maintenant, c'est que la faille *transversale* du puits Saint-Jean est sur ce point plus *importante*, ou *d'âge plus récent*, que la faille *longitudinale* de la République. Celle-ci est positivement *limitée ou rejetée* par la première.

Au Nord de la faille Saint-Jean on rencontre des assises inférieures.

L'ancien amont-pendage de la 13ᵉ couche a été balayé, et ce qui reste de cette couche, en amont de la faille, correspond à l'aval-pendage de la mine de Reveux, c'est-à-dire que l'on retrouve ici, comme au puits *Grégoire,* des bancs de houille entrelardés de veines de schistes. En effet, au Nord du château de Reveux, dans une tranchée faite parallèlement à l'avenue qui descend du château vers le puits Saint-Jean, on a constaté sur $6^m,20$ de hauteur pas moins de huit lits de houille, dont les trois plus épais ne mesuraient que $0^m,40$, $0^m,45$ et $0^m,80$. Les huit lits réunis formaient ensemble un total utile de $2^m,75$. On les a exploités, en partie, à l'aide du puits *Sainte-Madeleine.* Ces veines ne représentent d'ailleurs qu'une partie de la 13ᵉ couche, car au-dessus, à peu de distance, viennent d'autres affleurements. Toutefois, entre-deux passe une branche de la faille Saint-Jean, qui remonte à son tour de quelques mètres les veines exploitées au puits *Sainte-Madeleine.* Au delà de ce faible accident, les affleurements sont visibles, au pied du coteau de Chaney, depuis le ravin de l'Hermitage jusqu'à la faille des Roches, qui passe vers la limite commune des concessions de Chaney et du Montcel. Tout le long de ces affleurements on voit des traces d'anciens travaux partiellement incendiés, aussi appelle-t-on le lieu, par ce motif, côte du *Brûlé.* A l'extrémité orientale de la côte existent trois anciens puits (le puits *Motte* de 60 mètres et les deux puits *Chaney* de 40 mètres), qui furent creusés vers la fin du siècle dernier. On reprit ces travaux en 1834; et en 1838 on fonça le puits *Saint-Joseph,* vers l'extrême limite de la concession, jusqu'à la profondeur de 50 mètres. La couche fut, sur ce point, partiellement exploitée à ciel ouvert, et l'aval-pendage, par le puits que je viens de nommer. Les travaux étaient en activité de 1840 à 1845, aussi tous les détails dans lesquels je vais entrer sont-ils extraits de notes que je pris alors moi-même sur les lieux.

Aux affleurements la couche avait une puissance totale de 10 à 12 mètres, divisée en quatre bancs par des intercalations stériles plus ou moins fortes. Le premier banc, appellé *Grande masse,* mesurait 6 mètres; c'était du charbon dur, dont le menu avait peu de valeur à cause des nombreuses veinules de schistes, ou parties *crues.* Au-dessous venait un banc de schiste de 0ᵐ,10 à 0ᵐ,30, puis la couche, dite de *Huit pieds*, à cause de sa puissance de 2ᵐ,40. C'était du charbon plus tendre et plus pur que celui de la Grande masse; on s'en servait pour la forge et le coke. Ensuite, nouveau nerf de 0ᵐ20 à 0ᵐ30, et au-dessous, la couche appelée *Massette* de 1ᵐ,60, donnant du charbon pur et brillant. Enfin, sous un banc de grès de 12 à 14 mètres un dernier banc, nommé alors *quatrième* couche par les exploitants. C'est une couche de 1ᵐ,80₉ divisée en trois par deux filets schisteux, et par ce motif de qualité médiocre. Cet ensemble est, vu sa puissance, beaucoup plus important que la couche des puits *Saint-Jean* et *Sainte-Marie*, mais déjà aux affleurements le charbon était de qualité moindre et cette qualité allait s'amoindrissant de plus en plus à mesure que l'on avançait au Sud-Est sous le coteau de Chaney. Des veinules de schistes se développaient au milieu de la houille et la remplaçaient graduellement. C'est le fait que j'ai signalé à Reveux et à Méons, vers l'aval-pendage de la couche. Là aussi, comme à Reveux, apparaît le minerai de fer avec les schistes. Les entre-deux se modifient à leur tour, tantôt en plus, tantôt en moins. Ainsi au puits *Saint-Joseph* même, à 60 mètres environ des affleurements, le nerf schisteux entre la *Grande* et la couche de *Huit pieds* s'est accru jusqu'à 4 mètres, et l'on trouva même 6 mètres au puits de *Chaney*. Le nerf qui sépare la couche de *Huit pieds* de la *Massette* mesure 2 mètres, et le banc de grès, qui couvre la *quatrième* couche, atteint 14 mètres. Mais déjà au vieux puits de *Chaney* cet intervalle est réduit à 6 mètres, et le nerf de 2 mètres, au-dessus de la Massette, à 0ᵐ,50.

Si maintenant du puits *Saint-Joseph* on suit les affleurements de la côte du *Brûlé* du Nord au Sud, on trouvera partout, comme nous l'avons dit, des traces de vieux travaux et des restes d'anciennes galeries ou fendues. Le puits *Frotton*, placé au pied du coteau, traverse à son orifice la Grande masse incendiée, qui avait là 3 à 4 mètres et recoupe au-dessous les trois bancs inférieurs, c'est-à-dire le banc de *Huit pieds*, la *Massette* et la dernière couche, dite *quatrième*, placée à un mètre seulement sous la *Massette*. Ces trois dernières veines renferment du minerai de fer.

Non loin delà les fouilles, entreprises sous le coteau, constatèrent que la Grande masse avait 3^m,50; c'était du charbon dur, divisé en plusieurs bancs par de minces lits de schistes. Au-dessous, 0^m,60 de schistes, puis la couche de *Huit pieds*, dont l'épaisseur varie de 2^m,50 à 1^m,50. Au mur de ce banc, du fer lithoïde en larges rognons, et un banc de schistes de 0^m,50. Après cela, la *Massette*, dont la puissance varie de 1^m,20 à 1^m,50; enfin, sous un nouveau nerf schisteux de 1 mètre environ, la *quatrième couche*, avec une épaisseur variable de 1^m,25 à 1^m,80, et du minerai de fer vers le milieu de son épaisseur. On le voit, la couche diffère de ce qu'elle était au puits *Saint-Joseph* par les entre-deux qui diminuent d'épaisseur à mesure que l'on avance de l'Est à l'Ouest. C'est principalement le banc de grès, couvrant la quatrième couche, qui a notablement diminué d'épaisseur.

. Les mêmes affleurements se poursuivent vers l'Ouest en remontant, le long de la côte, jusqu'au fond du ravin de l'Hermitage, où, comme je l'ai dit, ils sont rejetés par la faille du puits *Saint-Jean*. Là aussi, sur les deux flancs du ravin, on a fouillé, à la fin du siècle dernier et vers les premières années du siècle présent, les deux veines supérieures par des fendues, et les deux inférieures par le petit puits, dit *Caramantrant*, de 15 à 20 mètres de profondeur. La veine la plus élevée avait 1^m,60, l'inférieure, séparée de la précédente par 2 mètres de schistes, 2 mètres à 2^m,30; à un niveau un peu inférieur, on trouva, dans le puits, une couche de 1^m,30 de bon charbon et au-dessous, sur une hauteur de 6 mètres, une série de bancs de houille et de schistes. (Pl. IX.)

Si les diverses branches de la 13e couche se rapprochent ainsi à l'Ouest, comme nous venons de le voir, elles se séparent, au contraire, de plus en plus à l'Est, dans la concession du *Montcel*, et s'y amoindrissent en même temps.

Au puits *Saint-Joseph* de Chancy, la faille des Roches remonte les affleurements, à mi-coteau, vers la châtaigneraie de la Jaillière, située au Sud-Est du château de Montcel. Le puits *Lacroix* a traversé les diverses parties de la couche. Le banc le plus élevé (*la Grande masse*) mesure 5 mètres, mais il renferme 15 à 18 lits de schistes, formant ensemble une épaisseur de 2^m,50, et contenant un peu de minerai de fer; aussi n'est-il pas exploitable dans les conditions actuelles. Au-dessous, à la distance variable de 6 à 12 mètres, vient le deuxième banc de 2ᵐ,30 à 2ᵐ,50, qui renferme aussi 0ᵐ,80 de schistes avec minerais en plusieurs lits. Plus bas, la troisième veine de 1 mètre environ, et finalement, sous un épais banc de grès, la seule bonne veine du massif entier. On l'a exploitée récemment par la fendue de la *Forestière*, au mur des carrières ouvertes dans le grès du toit. Sa puissance totale est de 3ᵐ à 3ᵐ,30, avec un nerf de 0ᵐ,30 vers le milieu, et quelques faibles lits schisteux dans le reste. Le charbon est, comme ailleurs, gras et à courte flamme, tenant 22 pour 100 de matières volatiles, mais généralement chargé de cendres. En somme, la couche a, dans son ensemble, moins de valeur qu'à Chaney.

A l'Est de la faille du Montcel, l'oblitération fait de nouveaux progrès; on ne retrouve plus d'affleurement important quelque peu continu. Les failles Nord-Sud des puits *Baby* et *Petin* viennent en outre déchiqueter la couche en tronçons peu étendus. On constate bien encore çà et là, à la chapelle du Fay, à la Granotière et auprès du puits *Petin*, des traces charbonneuses, qui aboutissent finalement auprès de la Pacotière, à la grande faille de Langonan. Mais on ne peut plus espérer, dans cette région, de gîte réellement exploitable.

En résumé, rien n'est plus variable que la nature et la consistance de la 13ᵉ couche dans ces parages; aussi, ne faut-il pas s'étonner que l'on ne puisse rigoureusement paralléliser les couches de Saint-Chamond à celles du district Stéphanois. Cependant cette couche multiple, qui s'appelle 13ᵉ couche à Saint-Étienne, correspond réellement, par sa position, aux quatre veines supérieures du Parterre à Saint-Chamond. De part et d'autre les quatre bancs sont tantôt réunis, tantôt distincts, et les quatre bancs du Parterre couronnent le groupe des couches de Saint-Chamond comme la treizième couche de Méons et Chaney couronne le premier groupe de l'étage inférieur du bassin Stéphanois.

§ 152. — Entre le premier et le deuxième groupe de l'étage inférieur de Saint-Étienne, c'est-à-dire au toit de la 13ᵉ couche, on rencontre, à Chaney et à Reveux, plusieurs alternances de schistes et de grès fins quartzo-

feldspathiques, partout stratifiés en assises régulières peu micacées. Dans
le deuxième groupe les roches *sauvages* sont également inconnues; les grès
fins et les schistes argileux continuent à alterner régulièrement jusqu'au
toit de la 9ᵉ couche; aussi les couches de houille de ce deuxième groupe
sont-elles plus régulières et plus continues que celles du groupe inférieur;
mais leur puissance est moins considérable; elle dépasse rarement 1ᵐ,50 à
2 mètres, du moins dans le district oriental de Saint-Étienne. La distance
qui sépare la 13ᵉ de la 12ᵉ couche est, par le même motif, assez constante;
elle ne varie guère, à l'Est du Furens, qu'entre 100 et 130 mètres. Ainsi au
puits *Rosand* de Reveux on trouve 105 mètres, au puits Grégoire 130 mètres,
au puits de l'Éparre de Méons 123 mètres, au puits du Bessard 120 mètres. Au puits Saint-Jean de Chaney, où la 13ᵉ est à 95 mètres de profondeur,
l'affleurement de la 12ᵉ couche passe à peu de distance en amont, de sorte
que l'intervalle des deux couches est là aussi d'environ 100 à 110 mètres,
comme au puits *Rosand*. Les quatre couches du deuxième groupe affleurent d'ailleurs à faible distance les unes des autres. La douzième se poursuit, de l'Est à l'Ouest, depuis les environs du puits *Saint-Jean*, en passant
au Nord du château de Méons, jusqu'à la faille du puits Mars. La onzième
suit parallèlement, entre les puits *Blondin* et *Rosand*, et traverse ensuite le
parc de Méons, à l'Est du château. Les deux affleurements sont coupés, par
la tranchée du chemin de fer de la Chazotte, à l'Ouest de Reveux.

L'affleurement de la dixième couche se voit entre les puits *Rosand* et
Grégoire, et celui de la neuvième à peu de distance en amont du puits
Grégoire et des maisons du hameau de Reveux. De ces quatre couches la
douzième est la plus importante comme puissance, et la dixième comme
pureté de charbon.

Dans la concession de Reveux les onzième et douzième couches furent
exploitées, dès 1830, par MM. Kérizouët et Champanet, à l'aide de fendues et de puits à treuil, sous les prairies situées au Sud du puits *Rosand*.
Plus récemment les travaux ont été poursuivis, par le puits *Grégoire*, sous
les coteaux, qui dominent Reveux, jusqu'aux limites Est de la concession, où
elle restait encore exploitable, tandis que le puits du *Cret* de la *Barallière*,

comme nous le verrons, l'a trouvée réduite à un filet de $0^m,20$. L'exploitation est bornée, au Nord par les failles de la République et du puits Saint-Jean, à l'Ouest par les limites de la concession de Méons.

La douzième couche avait $1^m,40$ à $1^m,50$, elle donnait une forte proportion de gros, mais le menu était de qualité médiocre. Le toit, formé de grès fin schisteux, rendait l'exploitation facile et peu coûteuse. L'inclinaison de la couche est faible; elle est réduite, sous le coteau, à 5 ou 6 pour 100 comme celle de la treizième.

La puissance de la couche suivante, le n° 11, est de $1^m,20$ à $1^m,40$ avec un nerf de $0^m,25$ vers le milieu de son épaisseur. Le charbon est plus tendre et moins pur que celui de la précédente; la moitié inférieure surtout est crue. On a pu cependant l'exploiter aussi avec avantage, grâce au toit de grès qui la couvre.

Le puits *Rosand* traverse la 11ᵉ à 9 mètres et la 12ᵉ à 34 mètres. Au puits *Grégoire* la plus élevée se trouve à 20 mètres et la seconde à 40 mètres de profondeur. La distance des deux couches varie par suite entre 20 et 25 mètres. La dixième couche affleure vers les maisons mêmes du hameau de Reveux et coupe le puits Grégoire à 4 mètres du jour. Sa puissance est de $0^m,70$ à 0^m90 seulement, le charbon est tendre, mais plus pur que celui des deux couches inférieures. On l'a autrefois exploitée, par galeries de niveau, sous le coteau qui domine Reveux. Cette couche reste également peu puissante dans les concessions voisines de Méons et de Bérard (sous Montheil), mais s'y améliore comme qualité. La distance, qui la sépare de la couche n° 11, varie entre 10 et 16 mètres à Reveux, mais augmente au puits de l'Éparre.

Entre la dixième et la neuvième couches les roches deviennent plus grossières, et au toit de cette dernière veine se trouve un assez fort banc de grès qui facilite, par sa solidité, l'exploitation de la houille sous-jacente. Ce banc de grès forme un petit escarpement au-dessus des maisons de Reveux, et c'est directement sous le banc de grès que l'on voit affleurer la neuvième couche, dont la puissance est de $1^m,20$ près du jour et de $0^m,80$ sur son aval pendage. L'inclinaison en est faible, comme celle des veines inférieures; elle plonge sous les hauteurs du Grand-Ronzy, vers l'Est-Sud-Est, mais devient inexploitable avant d'atteindre la limite Est de la concession. Il en est de même des couches 10 et 11. La 12° couche se maintient seule dans toute l'étendue de la concession. La houille de la 9° est dure, un peu crue, assez semblable à celle de la douzième. Elle fut exploitée par plusieurs courtes galeries vers 1830.

A la suite du banc de grès, qui couvre la neuvième couche, on ne voit plus aucun affleurement jusque au delà du Grand-Ronzy, sur le versant opposé de la crête, située entre la vallée de l'Onzon et celle du Janon. Dans toute cette région reparaissent les schistes et grès quartzo-micacés, qui caractérisent le massif stérile séparant la 8° couche du groupe moyen n°s 9 à 12. Le terrain est même composé, sur plusieurs points, d'assez gros fragments de micaschiste; c'est un vrai terrain *sauvage* comme celui qui est au toit et au mur du groupe de Saint-Chamond.

Les affleurements des couches 9 à 12, dont nous venons de nous occuper à Reveux et à Méons, sont coupés par la faille du puits Saint-Jean et remontés par elle à mi-hauteur du coteau, qui s'étend de Chancy vers les hameaux du Grand-Ronzy, du Grand-Culty et du château de Nanta. On retrouve là les quatre couches, dont j'ai pu visiter les exploitations dans les années 1835 à 1840. (Pl. VII et VIII.)

Les deux inférieures, n°s 11 et 12, ont été exploitées, par les Srs Barbier et Ogier, à l'aide des puits de la *Machine* et des *Chevaux*. La couche n° 11, de 1^m,50, fut cependant presque aussitôt délaissée à cause de sa qualité relativement inférieure. Elle se trouve, dans le puits des *Chevaux*, à 16 mètres de profondeur et le n° 12 à 50 mètres. (Pl. IX.)

Le puits de la *Machine* a manqué les deux couches par suite d'une faille, dont l'allure ne fut pas étudiée. La couche inférieure communique cependant avec le puits, par un court travers-bancs, à la profondeur de 96 mètres. Sa puissance est de 1^m,70 à 2 mètres; la qualité de la houille est pareille à celle de la 12° couche de Reveux; le toit aussi était formé, comme à Reveux, de grès schisteux solide.

Les couches plongent à l'Est, ayant une pente assez forte de 30 à 35 pour 100. A cause des limites étroites de l'amodiation, accordée aux exploitants par les concessionnaires, les travaux ne dépassent pas 250 mètres en direction et ne paraissent pas avoir atteint, au Nord et au Sud, les deux failles parallèles des Roches et du puits Saint-Jean, situées à 700 mètres l'une de l'autre. Au Sud, il se pourrait toutefois que les travaux aient été arrêtés par la faille de la République, qui elle-même a pu être rejetée par celle du puits Saint-Jean. Mais, ainsi que je viens de le dire, les travaux d'exploitation n'ont pas été poussés assez loin, dans la direction du Sud, pour pouvoir affirmer si, oui ou non, la faille de la République a été *rejetée* ou simplement *arrêtée* par l'autre faille. Ce qui est certain, c'est que la faille de la République ne se poursuit pas en *ligne droite*, sinon elle aurait coupé le champ d'exploitation du puits des *Chevaux*. Donc, je le répète, la faille du puits Saint-Jean *arrête* ou *rejette* celle de la République.

Au-dessus des couches 11 et 12 vient l'affleurement de la *dixième ;* elle a été coupée par le puits de la *Machine* à 8 mètres du jour. Comme ailleurs, dans ce district, cette couche est peu puissante et ne fut pas explorée, par ce motif, dans cette région.

Enfin la couche n° 9 a été exploitée par fendue, en 1835, à l'Ouest du château de Nanta, vers l'extrême angle Est de la concession de Chaney. Sa puissance est de 1 mètre à 1^m,30, elle ressemble tout à fait, par son toit de grès et la nature de la houille, à la neuvième couche de Reveux. La veine plonge de 20 à 25 pour 100 à l'Est. Les travaux sont peu étendus. Au Nord on a rencontré la faille des Roches, au Sud un autre accident qui précède la limite de la concession, peut-être le prolongement *rejeté* de la faille de la République? Toutefois, il ne me semble pas qu'elle puisse exister sur ce point, car un ancien puits, de 45 mètres de profondeur, situé à l'Est du hameau du Grand-Ronzy, dans la concession de Terrenoire, a exploité la douzième couche, vers 1820, au Sud des travaux du puits des *Chevaux*. Si donc la faille de la République avait été rejetée par celle du puits *Saint-Jean*, elle devrait plutôt se trouver au Sud des travaux entrepris par cet ancien puits du Grand-Ronzy. Nous verrons bientôt qu'il doit exister, en tout cas, dans cette région, un puissant accident.

Disons encore, avant de quitter la concession de Chaney, que le puits des *Chevaux* a été foncé, à 80 mètres au-dessous de la douzième couche, dans l'espoir de rencontrer la 13e. On s'est arrêté dans un schiste charbonneux, croyant que la couche inférieure avait disparu. Le fait est, comme nous l'avons dit, que la treizième devient schisteuse et stérile en s'avançant des affleurements du *Brûlé* vers l'Est, mais il peut néanmoins rester encore sur ce point des parties exploitables; l'insuccès du puits des *Chevaux* ne prouve rien, parce qu'il aurait fallu l'approfondir, non de 80 mètres seulement, mais de 120 à 130 mètres.

Au Nord de la concession de Chaney, dans l'angle Sud-Est de celle du Montcel, on voit, en amont de la faille des Roches, un affleurement houiller, qui appartient certainement à la douzième couche.

Au delà, il semble devoir passer par l'angle Sud de la concession de la Calaminière et se relier ensuite aux veines connues à Saint-Jean de Bonnefond, dont nous nous occuperons sous peu.

En résumé, on le voit, le groupe des couches 9 à 12 est encore peu développé dans ce premier district du bassin stéphanois et n'occupe, outre Reveux, qu'une faible fraction de la concession de Chaney.

§ 153. Terminons l'historique de ce premier district du bassin stéphanois par le tableau des concessions et des puits que l'on y rencontre.

1° Concession du district de la Chazotte et de Chancy.

NOMS DES CONCESSIONS.	ÉTENDUE en HECTARES.	DATES des ORDONNANCES DE CONCESSION.
Concession de Sorbiers.	185	13 juillet 1825.
— de Beuclas.	104	23 mai 1825.
— de la Calaminière.	161	14 mai 1840.
— de la Chazotte	606	13 juillet 1825.
— du Montcel.	123	—
— de Reveux.	44	—
— du Chaney.	150	—

2° *Tableau des profondeurs des puits.*

NOMS des CONCESSIONS.	NOMS DES PUITS.	COTES de l'orifice des puits au-dessus de la mer.	PROFONDEUR DES COUCHES dans les puits.			PROFONDEUR totale des puits.	OBSERVATIONS.
			13e	14e	15e		
Concession de Sorbiers.	Saint-Pierre	510ᵐ.	»	»	»	160ᵐ.	Ouverts au mur de la 16e couche pour reconnaître le terrain inférieur. — N'ont rencontré que des filets de schistes charbonneux.
	Saint-Paul.	»	»	»	»	110	
	Saint-Honoré.	»	»	»	»	80	La 16e, rencontrée à 50 mètres par un travers-bancs.
	Saint-Florentin.	»	»	»	»		Foncé sur la faille Mayol près des affleurements de la 13e.
Concession de Beuclas.	Sainte-Barbe.	»	»	»	»	80	Ouvert à 300 mètres horizontalement au mur de la 16e couche. A rencontré du poudingue ferrugineux.
	Chaleyer.	559	faille.	140ᵐ.	250ᵐ.	304	A manqué la 15e par le fait de la faille Notre-Dame.
	Saint-Louis.	544	»	47	»	150	La couche de la Vaure doit se trouver vers 175 mètres.
	Julien.	516	»	»	»		La 16e à 26 mètres.
	Beuclas	514	»	»	»	35	La 16e rencontrée à 30 mètres.
	Notre-Dame	522	»	»	52	»	Par travers-bancs.
Concession de la Calaminière.	Petin	583	»	203	372	458	La 16e couche est dans le puits Petin à 452 mètres.
	Vachier	528	»	20	138	»	
	Deville	523	»	30	141		
	Julie	544	»	40	170		La 14e inexploitable.
	Mayol.	519	»	»	115		
	Voron	537	»	»	»		Ouvert à peu de distance au mur de la 14e.
Concession de la Chazotte.	Camille	498	»		55		
	La Vaure	498	»		70		La 15e couche est inexploitable.
	Saint-Charles	»	»	»	172		
	Jovin	517	»	5	149		
	Gabet.	539	»	91			
	David	»	»	»	»		Le puits est en communication avec la 14e par un travers-bancs.

NOMS des CONCESSIONS.	NOMS DES PUITS.	COTES de l'orifice des puits au-dessus de la mer.	PROFONDEUR DES COUCHES dans les puits.			PROFONDEUR totale des puits.	OBSERVATIONS.
			13e	14e	15e		
	Roches	520m.	»	36m.	»		
	Louise.	537	»	61			
Concession	Marie.	540	»	60			
	Lucie	560	»	119	247m.		
	D'Onzon.	501	»	»	115		
de la	Pagat.	529	»				Une faille coupe le puits entre les couches 14 et 15.
	Baby	565	»	160	248		A été foncé à 290 mètres au-dessous de la couche de la
Chazotte.	Jules	544	»	»	150	440m.	Vaure. La 16e est à 245m.
	Sainte-Anne n°1. . . .	510	»		109		Est ouvert à peu de mètres au mur de la 14e.
Concession	Saint-Martin.	542	»	82	201		
	Pré-du-Soleil.	523	»	48	157		
du	Du Fay		»	»	255	260	
	Lacroix	590		267			
	Saint-Joseph.	515	»	103	»	160	La 14e couche est exploitée par un travers-banc à 155 mètres.
Montcel.	Saint-Benoît	524	»	25	»		
	Du Châtaignier. . . .	569	20m.	»	»		
	Des Quatre-Nations . .	512	»	35	»	108	On a percé 20 mètres de plus par un trou de sonde.
	Frotton	517	5	65	»	71	
Concession	Motte ou Chaney n° 3.	532	45	»	»	60	
	Saint-Joseph.	519	35	»	»	50	
	Chaney n° 2	527	42	»	»	45	
de	Sainte-Marie.	506	50	»	»	114	
	Saint-Jean.	512	95	»	»	106	Se trouve sur une faille. Rencontre la 13e par un travers-bancs.
Chaney.	Sainte-Madeleine . . .	548	» 12e C.	»	»		Peu profond.
	De la Machine	598	96	»	»	100	Ces deux puits ont servi à l'exploitation de la 12e couche.
	Des Chevaux.	599	50	»	»	130	
	Rosand	520	140				Le puits Rosand traverse la 12e à 34 mètres.
Concession	Grégoire.	543	182				Le puits traverse la 12e à 40m.
de	Blondin.	520					Les puits Blondin, Lassagne et Garrat n'ont servi que pour la 12e couche.
	Lassagne	560	»	»	»	»	
Reveux.	Garrat.	568					
	Neuf	»	»	»	»	»	

2° District de Saint-Jean de Bonnefond
et de Côte-Thiolière.

§ 154. — Le district de Saint-Jean et de Côte-Thiolière comprend la région Sud-Est du territoire houiller de Saint-Étienne et renferme les concessions de *Saint-Jean de Bonnefond*, de la *Sibertière*, du *Grand-Ronzy*, de la *Barallière*, de *Côte-Thiolière* et du *Janon*, ainsi que les parties des concessions de *Terrenoire* et de *Monthieux*, situées à l'Est de la grande faille dite de Monthieux. Il est borné, à l'Ouest, par cette faille; au Sud, par la limite du bassin houiller; à l'Est, par la concession de Saint-Chamond, et au Nord, par le district précédent de la Chazotte et de Chaney. Superposé à ce dernier, on y rencontre surtout les parties hautes du dépôt houiller. Celles-ci couvrent, dans cette région, les étages inférieurs, qui sont partout enfouis à de grandes profondeurs, et dans des conditions de richesse et d'allure encore peu connues.

Le district précédent se termine, vers le Sud, au groupe des couches 12 à 9. Ainsi, au mur de la faille de Chaney, on voit les affleurements 11 et 12 plonger, au Sud, sous la concession de Saint-Jean de Bonnefond; de là, entre la faille de Chaney et celle du puits Saint-Jean, les mêmes couches 9 à 12 passent directement, auprès de Nanta et du Grand-Ronzy, de la concession de Chaney dans celle de Terrenoire; enfin, au toit de la faille Saint-Jean, au Grand-Ronzy et à la Barallière, paraissent les affleurements de la huitième couche et de ses satellites.

En d'autres termes, dans la partie orientale du district dont nous nous occupons, on rencontre spécialement le groupe 12 à 9, et, dans la partie Ouest, la huitième couche. Au-dessus viennent ensuite les étages moyen et supérieur de Saint-Étienne; le premier à Côte-Thiolière, le second au Bois d'Avaize. Le groupe 12 à 9, bien caractérisé, et dans des conditions relatives de régularité à Chaney, Reveux et Méons, s'oblitère, au Sud-Est, dans la concession de Saint-Jean. Les roches y deviennent micacées et *sauvages*, et alors, comme toujours dans un pareil terrain, les couches de houille deviennent plus irrégulières ; elles tendent à s'amoindrir vers la lisière méridionale du bassin.

Au reste, entre les travaux des couches 12 à 9, à Chaney, et les mines voisines de la concession de Saint-Jean doit passer un puissant accident, puisque l'inclinaison des assises est tout à fait différente. Dans la concession de Chaney, au puits des *Chevaux*, et auprès du château de Nanta, les couches plongent à l'Est ou au Sud-Est, tandis qu'entre Saint-Jean de Bonnefond et la limite de la concession de Saint-Chamond, les couches plongent au Sud-Ouest. Il y a là une faille de direction, qui doit relier la faille transversale du puits Saint-Jean à celle de Chaney et même se prolonger au delà jusqu'à la faille de Langonan. Il ne serait d'ailleurs pas impossible, comme je l'ai déjà dit, que cette faille de direction ne fût en réalité autre chose que celle de la *République*, successivement rejetée par les failles transversales de *Saint-Jean* et de *Chaney*. Cette faille est tracée (pl. IX) auprès de Caramentrant et de l'Oyasse.

Grâce à ces accidents multiples, il est fort difficile de rattacher rigoureusement les affleurements des environs de Saint-Jean de Bonnefond aux couches du district précédent. Deux repères cependant peuvent servir de base. D'une part, on a vu, au Montcel et à la Calaminière, la treizième couche affleurer sur le versant Nord du Crêt de Ronzy et plonger faiblement, au Sud, sous la concession de Saint-Jean de Bonnefond ; au-dessus, à une distance assez grande, on doit donc retrouver le groupe supérieur 12 à 9. D'autre part, comme nous le verrons bientôt, le groupe de la huitième couche et de ses satellites affleure, sur le versant Sud de ce même Crêt de Ronzy, auprès de la lisière Nord des concessions de la Barallière et du Ronzy. Les affleurements vont de l'Ouest à l'Est, puis s'infléchissent vers le Sud-Est, en passant par l'extrémité Ouest du bourg de Saint-Jean ; au delà ils coupent l'ancienne grande route de Saint-Étienne à Lyon, auprès des puits *Saint-Georges* et *Sainte-Barbe*. Or, au mur de ces affleurements si nets de la huitième couche, on rencontre successivement, en descendant le vallon du Ricolin, une série d'affleurements inférieurs qui, par cela même, doivent correspondre au groupe 9 à 12. On voit donc que les

deux repères dont je viens de parler permettent de classer assez sûrement les couches de la région qui nous occupe.

Nous allons dire en quoi elles consistent, en commençant par la plus
inférieure.

§ 155. — Rappelons qu'à Besserlé, au toit de la faille de Langonan,
on a fouillé, vers la limite de Saint-Chamond, une couche peu régulière,
de $1^m,10$, plongeant de 40 à 50 pour 100 vers le Sud (§ 142). C'est la plus
basse du groupe 9 à 12 ; elle doit donc correspondre à la douzième couche.
On l'a exploitée, au puits des *Roches*, dans la concession de Saint-Jean de
Bonnefond, et, sur ce point aussi, comme ailleurs, c'est la plus importante du groupe. Son affleurement passe au Sud des fermes de Besserlé et
de Grassy, puis au Nord de celle de la Buissonnière, et traverse ensuite le
vallon du Ricolin, ou plutôt, il semble momentanément interrompu, sur ce
point, par un accident, qui ne permet pas de le retrouver au delà d'une
façon sûre. Je crois cependant devoir y rattacher la couche autrefois
exploitée, non loin de Nanta, par la fendue de Bachassin, parce que cette
couche est également sur ce point la plus basse du groupe. En tout cas,
voici les renseignements que j'ai pu recueillir, sur ces travaux, lors de mes
visites des lieux.

A partir de la limite orientale de la concession de Saint-Jean, la
couche fut exploitée, par le sieur Barbier, amodiateur de la concession, sur
600 à 700 mètres en direction. Il a ouvert, à cet effet, deux puits et une
série de fendues, c'est-à-dire, le puits des *Roches* de 55 mètres de profondeur, sur le bord de l'ancienne route de Saint-Étienne à Lyon, à 100 mètres
à peine de la limite Ouest de la concession de Saint-Chamond, et le puits
Crapotte, à 600 mètres à l'Ouest du premier, non loin de la ferme de la
Buissonnière. Ce dernier fut approfondi jusqu'à 171 mètres ; il traverse la
couche au niveau de 67 mètres et n'a rencontré ensuite aucune autre veine.
Outre ces puits, deux ou trois fendues servaient pour l'aérage, la descente
des ouvriers et l'introduction des remblais. Les travaux étaient en activité
de 1858 à 1863 ; ils produisirent, à certains moments, 30 à 35 tonnes de
houille par jour, qui fut en partie carbonisée sur les lieux mêmes. La

couche était fort irrégulière et sa puissance moyenne de 1 mètre ; mais on rencontrait sur quelques points d'épais renflements de 4 à 5 mètres, immédiatement suivis de complets étranglements, d'où le charbon a dû être refoulé dans les parties contiguës. Les roches sont d'ailleurs, dans ce district, quartzo-micacées et d'aspect *sauvage*.

Au puits des Roches la couche court de l'Ouest à l'Est avec plongée de 40 à 50 pour 100 vers le Sud ; mais, à peu de distance de là, elle s'infléchit parallèlement à la faille de Langonan, dans la concession voisine de Saint-Chamond, et incline alors à l'Ouest. Par contre, en s'avançant depuis le puits des *Roches*, en sens inverse, vers la Buissonnière et le puits *Crapotte*, la couche incline moins et devient même presque horizontale au Sud-Ouest de ce dernier point. Toutefois, même là les étranglements sont fréquents et le gîte très irrégulier. Nulle part, jusqu'à présent, on n'est d'ailleurs descendu dans les travaux à plus de 70 mètres du jour. On a été arrêté par des resserrements et en partie aussi, semble-t-il, par une faille de direction plongeant au Sud.

Au delà du puits *Crapotte*, la couche fut encore explorée, sans succès, non loin du Ricolin, par la fendue *Margaron* et, sur la rive gauche du ruisseau, en 1839, par les fendues des *Morts* et du *Renard* (ou *Guillaume*). Enfin, à l'Est du domaine de Bachassin, le sieur Barbier exploita, en 1854, par fendues, dans la combe du Grand-Razas, une couche de 1 mètre à 1^m,20, qui semble bien correspondre par sa position à la douzième couche. C'était de la houille dure, donnant du gros. Là encore le gîte a été rencontré souvent aminci par érosion et directement couvert par un grossier banc de grès. La couche plonge de 20 pour 100 au Sud-Ouest ; mais, sur son aval pendage, elle est coupée par une faille transversale, dont la direction et l'inclinaison concordent avec celle dite de *Chancy*. Un puits de 60 mètres, foncé sur ce point à la recherche de la couche, est tombé sur la faille sans trouver la houille. Disons encore que la couche de Bachassin semble se raccorder avec l'affleurement de la 12e, signalé, dans la concession du Montcel, au Nord de la longue faille de *Chancy* que je viens de mentionner.

Au-dessous de la couche de Bachassin, comme au mur de la couche,

jadis exploitée par les puits *Crapotte* et des *Roches*, on ne connaît aucun affleurement proprement dit jusqu'à la treizième qui passe, comme on sait, par la
Jaillére, la Chapelle du Fay, la Granotière (près du puits *Petin*) et la Pacotière. C'est la meilleure preuve que ces diverses mines sont toutes ouvertes
sur la douzième couche. C'est, par suite, à tort que la couche, exploitée par le
sieur Barbier dans ces régions, fut longtemps désignée comme treizième,
parce qu'elle se trouve sur le prolongement des couches de la Varizelle de
Saint-Chamond. On négligeait, ou ignorait, la grande faille de Langonan,
qui rejette le groupe de Saint-Chamond en profondeur, et ramène les
affleurements de la treizième couche sur le versant Nord des hauteurs du
Grand-Ronzy.

Remarquons enfin que les traces charbonneuses, que l'on constate çà
et là entre les douzième et treizième couches, n'affectent nulle part les caractères de véritables affleurements. Ce que l'on a appelé quatorzième
couche auprès de Besserlé n'est en réalité qu'une veine schisto-charbon-
neuse de $0^m,20$ à $0^m,30$ sans aucune importance réelle, et il en est de même
des quelques traces noires que l'on rencontre, sur les deux rives du Ricolin, entre Grassy et la Buissonnière au Sud, et les domaines du Colom-
bier et de Bonnefond au Nord. Je le répète, entre l'affleurement de la
treizième couche, sur le versant Nord des hauteurs du Grand-Ronzy, et les
veines, qui oaraissent sur le versant Sud entre Bachassin et Grassy, il
n'existe aucun autre affleurement proprement dit, ce qui montre bien que
les gîtes en question correspondent à la *douzième* couche.

Passons maintenant aux couches plus élevées (pl. VIII).

§ 156. — A peu de distance au-dessus de la couche dont je viens de
parler, le sieur Barbier exploita aussi, de 1862 à 1865, une autre veine,
laquelle doit ainsi correspondre à la onzième. En effet, elle en a les caractères; c'est une couche de $0^m,90$ à 1 mètre, avec renflements locaux comme
la précédente; mais le charbon en est plus cru et plus dur. L'affleurement
se voit au Sud de Grassy et passe à mi-distance entre les fermes de la Buissonnière et de la Vivaraise. Dans cette région il est parallèle à celui de la
douzième et n'en est distant que d'environ 150 mètres, soit 50 mètres ver-

ticalement. A l'Est, dans la direction de Saint-Chamond, l'affleurement tourne à angle droit vers le Sud, comme la couche inférieure, tandis qu'à l'Ouest il s'éloigne de l'affleurement de la 12ᵉ par suite du raplatissement des assises dans cette région ; au delà il traverse également le Ricolin, où on l'a fouillé en 1809, et remonte ensuite, le long du coteau, vers Nanta. Toutefois, là aussi la continuité n'est pas entière à cause des failles ; on peut cependant citer, sous la ferme même de Bachassin, un lambeau de couche, qui doit appartenir à la 11ᵉ puisqu'elle est peu supérieure à celle de la fendue du Grand-Razas. La onzième couche fut exploitée par les fendues de la *Vivaraise* et de *Notre-Dame*. La première a suivi la couche sur 135 mètres suivant la pente, ou 50 mètres verticalement. C'est une plongée moyenne de 35 pour 100. A l'Ouest, vers la fendue *Notre-Dame*, la pente diminue, comme au puits *Crapotte*. L'étendue exploitée par les deux fendues est de 300 mètres dans le sens de la direction. Au fond des travaux, la couche est coupée par la faille de direction, connue, au puits des *Roches*, dans la douzième couche. En somme, on le voit, les onzième et douzième couches sont encore en grande partie vierges dans ce district, mais peu régulières ; de plus, comme nous le verrons bientôt, elles deviennent en partie stériles sur leur aval pendage.

La dixième couche est peu puissante dans ce district, et fut peu fouillée jusqu'à présent. On peut y rapporter le petit affleurement de 0ᵐ,60 qui se montre sur le bord de l'ancienne route de Saint-Étienne à Lyon, auprès de la Vivaraise, ainsi que les traces charbonneuses des bords du Ricolin entre la Rivoire et chez Crapotte. La même couche a été suivie horizontalement, sur 150 mètres, dans la concession de la Sibertière, par une galerie ouverte, au bord de la route neuve de Saint-Étienne à Lyon, dans le fond de la vallée du Janon. La couche n'avait que 0ᵐ,40 sur ce point, était irrégulière et associée à un terrain *sauvage*, peu propice aux dépôts houillers.

Quant à la neuvième couche, son existence est fort incertaine dans les deux concessions de Saint-Jean et de la Sibertière. On peut tout au plus y rapporter le filet charbonneux qui se voit à l'Est du domaine du Chomat, près de la route nouvelle de Lyon, et peut-être aussi les traces d'anciens travaux, que l'on remarque, dans les prairies, au Nord du bourg de Saint-Jean, sur le chemin menant à Nanta.

Ajoutons que les nombreux puits creusés à la recherche de l'aval pendage du groupe 9 à 12 n'ont partout rencontré qu'un terrain *sauvage* essentiellement quartzo-micacé. Ainsi, dans la concession de la Sibertière, on a foncé, à 130 mètres au Sud du puits des *Roches*, un puits de 200 mètres, qui est constamment resté dans les schistes et les poudingues quartzo-micacés. On n'y a pas rencontré les aval pendages des onzième et douzième couches qui semblaient cependant devoir exister sur ce point. On les a manqués, soit que les veines aient réellement disparu en profondeur, soit que le puits ait rencontré la grande faille de direction, qui limite les travaux des puits des *Roches* et ceux de la fenduc *vivaraise*.

Deux autres puits furent creusés, sans plus de succès, entre les domaines du Chomat et de la Sibertière; ce sont les puits *Saint-Jean* et *Sainte-Marie* de la Sibertière; le premier a été poussé à 75 mètres, le second à 160 mètres. Ce dernier seul a trouvé une faible veine de 0^m,15 à 60 mètres de profondeur; ce pourrait être la dixième couche.

A l'extrémité Ouest de la concession de la Sibertière on a enfin creusé le puits *Sainte-Barbe* jusqu'à la profondeur de 150 mètres au-dessous du banc inférieur de la huitième douche (le n° 8 *bis*). Il n'a traversé que des schistes et des poudingues quartzo-micacés. On en peut dire autant du puits voisin *Saint-Hubert* de la concession de Saint-Jean, qui a été récemment poussé jusqu'à la profondeur de 407 mètres, c'est-à-dire à 387 mètres au mur de la huitième couche. Or, nous verrons bientôt que la distance de la huitième à la douzième est, en moyenne, de 200 à 210 mètres, et celle de la huitième à la treizième de 320 à 340 mètres; par suite, si les couches 9 à 13 existaient réellement sur ce point, le puits *Saint-Hubert* aurait dû les traverser. De même, le puits *Sainte-Barbe* aurait dû rencontrer la première de ce double groupe, la neuvième, qui se trouve en général à 125 mètres au-dessous de la huitième. A la vérité, des failles peuvent couper les puits; et, en réalité, on en signale deux ou trois au puits *Saint-Hubert;* mais il serait néanmoins peu rationnel d'admettre, *à priori*, que les failles aient fait disparaître les cinq couches 9 à 13 sans en laisser quelques traces.

A deux niveaux différents, à 207 mètres de profondeur (187 mètres sous la huitième), et à 320 mètres (300 mètres sous la huitième), on a exploré par galeries des filets charbonneux, mais sur les deux points sans le moindre succès. Le premier niveau correspondrait aux couches 10 et 11, qui sont partout assez rapprochées l'une de l'autre et parfois même entièrement confondues ; le second niveau serait celui de la treizième couche. Il faut donc en conclure, d'une façon presque certaine, que ni le groupe 9 à 12, ni la treizième couche ne se prolongent, au Sud, jusqu'auprès de Saint-Jean de Bonnefond. Et ce résultat doit peu étonner lorsqu'on se rappelle que la treizième couche se transforme en schistes, à Reveux et à Méons, dans son aval pendage Sud. On sait de même que les couches 9 à 12 s'altèrent en s'avançant de Reveux vers la Barallière et le Grand-Ronzy. Au surplus, l'aspect des roches, rencontrées au puits *Saint-Hubert*, vient encore confirmer cette fâcheuse conclusion. Sur toute la hauteur des 407 mètres, il n'y a pas un seul banc régulier de véritable *taille* ni de véritable *gore ;* ce sont partout des roches *sauvages,* micacées, et surtout de très nombreux bancs de grossiers poudingues à galets de quartz et de micaschiste, et même, à partir du niveau de 380 mètres, des poudingues ferrugineux à gros éléments de micaschistes.

§ 157. — La huitième couche commence à paraître à l'extrémité Ouest des concessions de la Sibertière et de Saint-Jean de Bonnefond. Au Sud, l'affleurement ne dépasse guère l'ancienne route de Saint-Étienne à Lyon. Sur ce point, il est coupé par les failles de direction dont je viens de signaler un premier gradin à la Vivaraise, et dont le prolongement se voit à Poyeton, au Mont-Garat, à Terrenoire, à la mine du Janon (puits *Saint-Félix*), etc.

Dès son origine, la huitième couche est accompagnée de ses deux satellites ordinaires ; l'une, la veine inférieure, était autrefois appelée la neuvième ; c'est la couche du *mur* qui, au reste, dans cette région, vaut mieux que la huitième proprement dite ; l'autre, au toit, est connue sous le nom de *crue.*

Le puits *Saint-Blaise*, sur le bord de l'ancienne grande route, a rencontré les trois veines aux profondeurs suivantes :

La *crue*, à 52 mètres, de 0^m,70 de puissance.

La huitième proprement dite, à 72 mètres, de 0^m,70 à 0^m,90, et la couche du *mur*, à 104 mètres, de 1 mètre.

Le puits fut arrêté à 112 mètres.

Le puits *Saint-Barbe*, ouvert au mur de la *crue*, a traversé la huitième à 18 mètres, et la couche du mur à 53 mètres. L'une et l'autre mesurent 0^m,60 à 1 mètre. La huitième fut aussi exploitée, par une fendue voisine, sur le bord de la route. La puissance de cette veine est très inégale; le charbon, directement couvert par du grès grossier, est partiellement enlevé par érosion. Il est d'ailleurs de qualité médiocre et entremêlé d'éléments schisteux. Aussi fut-elle peu exploitée par les puits dont je viens de parler.

La huitième s'améliore au Nord-Ouest, dans les concessions de Saint-Jean et de Terrenoire; elle se compose alors, en général, de deux ou de plusieurs bancs avec intercalation de nerfs schisteux. C'est le cas au puits *Saint-Hubert*, où cependant le banc supérieur, et même parfois le banc inférieur, étaient aussi partiellement amincis. La huitième couche y est à 20 mètres de profondeur, le n° 8 *bis* à 46 mètres. La première avait en moyenne 1 mètre d'épaisseur utile et la seconde 0^m,70 à 0^{m}80.

Les mêmes couches furent exploitées, dans des conditions peu différentes, par le puits *Saint-Georges*, qui les a traversées à 35 et à 62 mètres, et par le puits *Saint-Antoine*, dans la concession voisine de Terrenoire, où la huitième est à 54 mètres et le n° 8 *bis* à 83 mètres.

Enfin, les travaux les plus importants de cette région sont ceux du puits *Descours*, où les trois couches se présentent dans les conditions suivantes. Le puits a une profondeur totale de 155 mètres, avec trou de sonde de 8 mètres au fond du puits, soit 163 mètres en tout.

La première couche, la *crue*, fut traversée à 80 mètres; elle n'a que 0^m,60 à 0^m,70 d'épaisseur.

La huitième proprement dite, à 124 mètres du jour, est divisée en deux par un nerf schisteux variant de 0^{m}20 à 0^{m}30. Sa puissance totale est de 1^m,40, dont 1^m,10 à 1^m,20 de houille plus ou moins schisteuse.

Enfin, la 8e *bis*, à 143 mètres de profondeur, mesure 0^m,90. C'est du charbon de qualité moyenne, qui a pu être exploité comme celui des deux couches supérieures.

Les veines plongent régulièrement de 40 pour 100 au Sud-Ouest et furent complètement exploitées, dans la concession de Saint-Jean, pendant les années 1846 à 1861, et partiellement dans les concessions voisines de Terrenoire et de la Sibertière. On a enlevé tout le charbon, depuis les affleurements jusqu'au puits *Descours*, sur 400 mètres en direction. Le puits *Saint-Georges* servait pour l'aérage. Au Sud, dans la concession de la Sibertière, on fut arrêté par les failles de direction déjà mentionnées. Au Nord-Ouest, dans la concession de Terrenoire, on a rencontré un accident, dont on a négligé d'étudier la nature, mais qui, en tout cas, n'arrête pas les couches.

En résumé, la huitième couche, ainsi que ses deux voisines, au mur et au toit, étaient peu puissantes dans les mines dont je viens de parler, et le charbon de qualité médiocre. Elles sont épuisées dans la concession de Saint-Jean et ne peuvent que s'amincir et empirer dans la concession voisine de la Sibertière, où la faille de direction les rejette d'ailleurs à une profondeur inconnue vers le Sud. Quant aux couches inférieures, 9 à 12, leurs ressources, d'après ce qui précède, sont également peu étendues, et plus que précaires dans les deux concessions de Saint-Jean et de la Sibertière.

§ 158. — A l'Ouest de la concession de Saint-Jean, la huitième couche et ses acolytes se prolongent dans les trois concessions contiguës de Terrenoire, du Ronzy et de la Barallière (pl. VIII et X). L'affleurement de la huitième proprement dite passe sous les maisons les plus occidentales du bourg de Saint-Jean, remonte au Nord-Ouest le coteau du Ronzy, puis traverse, de l'Est à l'Ouest, la concession de ce nom et celle de la Barallière; là elle rencontre successivement trois failles transversales, allant du Sud-Sud-Est au Nord Nord-Ouest, dont la première, peu importante, remonte la couche à l'Ouest, tandis que la seconde, celle de l'Éparre, et surtout la

troisième, celle de Méons, la rejettent en profondeur, en repoussant l'affleurement graduellement vers le Nord, au hameau de l'Éparre, au puits de
Planterre, et finalement dans la concession du Cros. Dans cette région, grâce
aux failles dont je viens de parler, il y a une série de champs d'exploitation
indépendants, qui furent en activité à diverses époques. En allant de l'Est à
l'Ouest, on trouve d'abord le puits *Saint-Antoine*, dont j'ai déjà parlé, et dont
les travaux se lient étroitement à ceux du puits *Saint-Hubert*. Vient ensuite
une lacune assez grande, où l'aval pendage est à peu près intact, dans la
concession de Terrenoire, entre le bourg de Saint-Jean et le hameau du
Grand-Cimetière, mais dont les parties hautes furent plus ou moins fouillées, il y a cinquante ans, par les puits *Dancer* et diverses fenduoes. Celles-
ci furent même reprises, il y a quelques années, lors de la disette exceptionnelle des charbons, en 1872 et 1873. L'épaisseur utile de la couche va
croissant de l'Est à l'Ouest, et atteint même, sur quelques points, 2 à
3 mètres dans les concessions du Ronzy et de la Barallière, où elle fut activement exploitée jusqu'à épuisement par les puits *Ogier*, *Paillon*, *Moreau*,
du *Crêt*, et *Lafond*. Entrons dans quelques détails au sujet de ces anciens
travaux (pl. X).

Rappelons d'abord que le terrain est souvent micacé (*sauvage*) au toit
de la neuvième couche. Il en est ainsi, en particulier, tout le long du
revers Nord du coteau du Ronzy, entre Reveux et Côte-Thiollière, jusqu'au
près de l'affleurement même de la huitième couche. D'autre part, le puits
du *Crêt*, dans la concession de la Barallière, que l'on a foncé à plus de
300 mètres au mur de la huitième couche, n'a également rencontré, avant
de parvenir au niveau de la neuvième, qu'une série de bancs riches en
mica, tour à tour arénacés et schisteux, mêlés de poudingues quartzo-
micacés. La huitième couche y fut traversée à 52 mètres et son acolyte inférieure (8 *bis*) à 90 mètres; celle-ci se compose, sur 3 à 4 mètres de hauteur, de houille crue et de schistes plus ou moins charbonneux. Ensuite,
nouveau terrain *sauvage* jusqu'à la neuvième couche, à la profondeur de
210 mètres. Enfin, à partir de là, au lieu de grès proprement dits (*taille*)
et de schistes fins à empreintes végétales (*gores*), comme à Reveux et à

Méons, le puits n'a aussi traversé que des roches *sauvages*, pareilles à celles de la concession de Saint-Jean. Dans de semblables terrains les couches de houille sont stériles, ou minces, en un mot *inexploitables*.

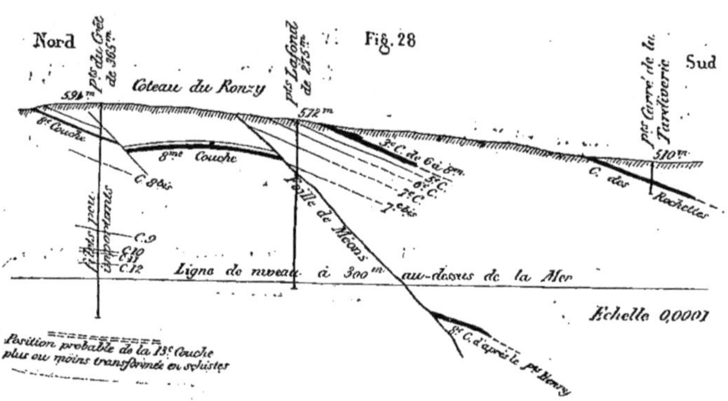

Au puits du Crêt la neuvième couche est formée de trois veines de 0^m,05, 0^m,08 et 0^m,12, séparées les unes des autres par d'épais nerfs schisteux. La dixième, à 252 mètres, se compose de deux veines, voisines l'une de l'autre, de 0^m,10 chacune. La onzième, à 257 mètres, comprend deux bancs crus, de 0^m,35 et 0^m,50, séparés par un nerf de 0^m,60 ; enfin, la douzième, à 272 mètres, est représentée par une veine crue de 0^m,20. De là, jusqu'au fond du puits, à 365 mètres, nouvelle série d'assises micacées, d'apparence *sauvage*. Ce n'est pas encore le niveau de la treizième couche, située à 120 mètres au-dessous de la douzième; au reste, on ne peut guère s'attendre à la trouver exploitable sur ce point, puisque à Méons, comme à Reveux, elle s'altère et se transforme en schistes vers son aval pendage.

Ainsi donc, dans les concessions de la Barallière et du Ronzy, les couches 9 à 13 sont toutes inexploitables très probablement. Revenons donc à la huitième couche.

En 1847, elle fut exploitée, dans la concession du Ronzy, par les puits

Ogier et *Paillon*. Sauf de légers sauts de peu d'importance, la couche y était assez régulière, plongeant du Nord au Sud, avec une pente moyenne de 50 à 60 pour 100.

Aux affleurements, la couche avait 1^m,70 ; plus bas 2 mètres ; enfin, à 230 mètres à l'Ouest du puits *Paillon,* dans la concession de la Baraillère, je pus constater 2^m,60, puissance qui se soutint d'une façon assez constante jusqu'au puits du *Crêt*. Le charbon était *feuilleté* dans tout ce quartier, c'est-à-dire, divisé en plaquettes minces parallèlement au plan de la couche et, par suite, assez tendre. Il était gras, avec 30 pour 100 de matières volatiles, et convenable pour coke de hauts fourneaux. Cependant, entre les feuillets de houille se montraient des lamelles de schistes, qui souillaient le menu, et, dans certaines régions, les schistes se développaient même, outre mesure, aux dépens de la houille. J'ai pu observer cette altération au voisinage du puits *Ogier*, et, plus tard, elle fut aussi constatée, vers l'aval pendage, aux environs du puits *Moreau,* où la couche est à la profondeur de 185 mètres.

On exploitait encore activement par ce dernier puits, il y a vingt ans, mais aujourd'hui le gîte est épuisé jusqu'à ce niveau ; de plus, d'après ce qui s'est passé au puits *Moreau,* on doit craindre que, sur une certaine étendue, la couche ne soit également transformée en schistes sur son aval pendage, vers l'extrémité Sud de la concession du Ronzy et surtout à la Tardiverie, dans la concession de Terrenoire.

Disons encore que la huitième couche renferme, dans cette région, du minerai de fer, et qu'aux puits *Paillon* et *Moreau* on a aussi reconnu, comme à Saint-Jean de Bonnefond, la présence de la petite couche supérieure, dite la *crue,* vers 15 à 20 mètres au-dessus de la huitième. Mais, sur ce point, elle est inexploitable et entremêlée de nombreux schistes. Cette couche du toit fut également rencontrée, en 1838, par le sieur Ogier, dans une fouille, ouverte sur les affleurements, au Nord-Ouest du puits du *Crêt*. Mais ce puits lui-même ne l'a pas rencontrée, à cause d'une petite faille Est-Ouest, passant dans ce puits à peu de distance au-dessus de la huitième. Le champ d'exploitation du puits du *Crêt* est, au reste, fort irrégulier et sillonné de nombreux accidents, dont il importe de mentionner les plus considérables.

A l'Est, le puits du *Crêt* est séparé des puits *Paillon* et *Moreau* par la faille Nord-Sud de la Barallière, qui est bornée au Sud, comme nous le verrons dans un instant, par une autre faille plus importante, celle de Méons; en outre, à 300 mètres à l'Ouest de la faille de la Barallière, vient celle de l'Éparre, dont la pente est directement inverse. L'extrémité Sud du champ d'exploitation, compris entre les deux failles, fut déhouillée par le puits *Lafond*, qui a été foncé sur l'affleurement de la cinquième couche; il la traverse, en effet, comme le montre la coupe ci-dessus (fig. 28), à 5 mètres du jour, la sixième à 20 mètres, la septième à 42 mètres et la septième *bis* à 80 mètres. A ce même niveau on est directement arrivé, par la faille de Méons, au mur de la huitième couche. Le fonçage fut alors poursuivi à la recherche du groupe n°ˢ 9 à 12. On est ainsi arrivé à 275 mètres, sans rencontrer le moindre filet de houille. Comme au puits du *Crêt*, c'est du terrain micaschisteux, *sauvage*; les traces mêmes du groupe 9 à 11, qui se voient encore au puits du Crêt, ont ici disparu. On s'est arrêté à faible distance au-dessus de la douzième, qui sans doute est aussi réduite à un simple filet.

Nous reviendrons sur ce puits à l'occasion des couches supérieures; pour le moment, j'ajouterai seulement que la couche 7 *bis* y fut exploitée, il y a vingt ans. Elle se composait de 1 mètre à 1ᵐ,30 de houille, dont la qualité était assez semblable à celle de la huitième, et, comme la faille de Méons met la septième *bis* à peu près au niveau de la huitième du puits du Crêt, les exploitants croyaient même, pendant quelque temps, ne pas avoir changé de couche.

Rappelons d'ailleurs qu'il ne faut pas confondre cette septième *bis* avec la *crue*, située à 130 mètres au-dessous, au voisinage du toit de la huitième.

A l'Ouest des travaux du puits du *Crêt* se trouve, comme nous venons de le dire, la faille de l'Éparre. Celle-ci fait descendre la huitième couche de 40 à 50 mètres vers le Sud-Ouest. L'affleurement est ainsi ramené, du coteau de Ronzy à son pied occidental, non loin du hameau de l'Éparre (voir ci-après fig. 30). Là, on connaissait depuis longtemps un double affleurement, que l'on avait considéré à tort comme la suite des couches supérieures de Reveux (n°ˢ 9 et 10). En réalité, l'affleurement supérieur, de 0ᵐ,80 à 1 mètre, est la *crue;* l'inférieur, de 3 à 4 mètres, la huitième proprement dite (pl. X).

Elle fut exploitée, par un sieur Olivier, à l'aide d'une fendue ouverte sur le bord du chemin qui conduit de Méons à Côte-Thiollière. L'un des ancê‑ tres du propriétaire actuel du château de Méons l'avait également entamée, plus au Nord, par une galerie, dite la *Grande-Fendue,* dont on voyait encore l'entrée éboulée en 1840. Mais ces travaux n'avaient pénétré qu'à de faibles profondeurs. Aussi put-on reprendre l'exploitation avec avantage vers 1863. La couche, peu inclinée, fut complètement déhouillée, de 1864 à 1869, à l'aide d'un long plan incliné, sur une étendue de 500 mètres, suivant le sens de la pente, et de 250 mètres en largeur, entre les deux failles parallèles de l'Éparre et de Méons. Le long des affleurements et dans la pre‑ mière moitié des 500 mètres, le charbon était feuilleté et relativement pur, comme à la Barallière, mais, à partir de 300 mètres, des lamelles de schistes commençaient à se montrer au milieu de la houille et la rendirent finale‑ ment, dans les derniers 50 mètres, presque inexploitable.

L'inclinaison de la couche se modifie aussi du Nord au Sud. Près du jour elle est de 15 à 20 pour 100; au delà elle diminue, puis devient nulle au centre des travaux. Plus loin encore, elle change de sens, la couche se relève contre la faille de l'Éparre qui, finalement, grâce à ce changement de pente, se réduit à zéro à la hauteur du puits du *Crêt.*

Dans les travaux souterrains, comme aux affleurements, la *crue* existe partout vers 15 à 20 mètres au-dessus de la huitième, mais sa puissance est en général réduite à 0ᵐ,50. Des schistes et du minerai de fer se substituent à la houille qui devient dure et pierreuse. Entre les deux failles de l'Éparre et de Méons, l'allure est transversale comme au puits du Crêt, c'est-à-dire sensiblement Nord-Sud, tandis que partout ailleurs, dans ce dis‑ trict, la direction générale est plutôt Est-Ouest.

La faille de Méons, dont nous venons de parler à plusieurs reprises, est l'une des plus importantes du district qui nous occupe. A Côte-Thiol‑

lière, elle remonte la huitième couche presque au niveau de la troisième. On voit, en effet, la trace de la faille, en huitième couche, suivre de très près les affleurements des couches nᵒˢ 7 à 3. L'importance du rejet est sur ce point de 230 à 240 mètres, aussi l'affleurement de la huitième couche est-il déplacé horizontalement, jusqu'au Cros, d'environ 1,500 mètres vers le Nord.

L'importance du rejet a pu être appréciée au puits *Henry* (voir fig. 30), qui fut récemment approfondi pour exploiter la huitième couche au pied de la faille. On l'a trouvée, en effet, à la cote de 212 net, qui correspond à 315 mètres de profondeur, mais elle y est en grande partie transformée en schistes. Le lambeau est d'ailleurs étroit, car déjà, à la distance de 100 mètres, il est borné par la faille inverse de Monthieux, dont nous nous occuperons dans un instant.

Pour le moment, revenons à la faille de Méons. Elle coupe le puits *Lafond*, comme nous l'avons dit, mais disparaît au delà, car elle n'affecte pas les travaux de la troisième au Grand-Cimetière; et d'ailleurs, si elle se prolongeait dans cette direction, en passant au mur de la troisième, elle aurait perdu son importance, puisque la huitième du puits *Moreau* arrive à la distance ordinaire de la troisième couche par l'effet seul de la plongée naturelle des assises. Au surplus, à peu de distance du puits *Lafond*, la faille de Méons rencontre celle de la Barallière. Sous l'action combinée de ces deux failles l'espace triangulaire compris entre deux, c'est-à-dire, les quartiers de l'Éparre et du Crêt ont été soulevés, tandis que le territoire du puits Moreau à l'Est et celui de Côte-Thiollière au Sud sont relativement descendus de plus de 200 mètres. Reste à savoir si ces deux failles sont contemporaines ou non? La circonstance qu'elles se limitent réciproquement au point d'intersection, sous le hameau de la Barallière, semblerait prouver qu'elles sont de même âge. Mais, d'autre part, on constate, au Sud de Côte-Thiollière, dans les travaux de la troisième couche, une deuxième faille Nord-Sud, celle de la *Tardiverie*, qui incline à l'Est, comme celle de la *Barallière*, et qui occupe précisément la place où devrait se trouver la faille de la Barallière si celle-ci était réellement rejetée par celle de Méons.

On peut facilement s'en rendre compte par l'épure ci-jointe, dressée à l'échelle de $\frac{1}{10,000}$, où $m\,n$ et $a\,b$ représentent les traces horizontales des failles de Méons et de la Barallière.

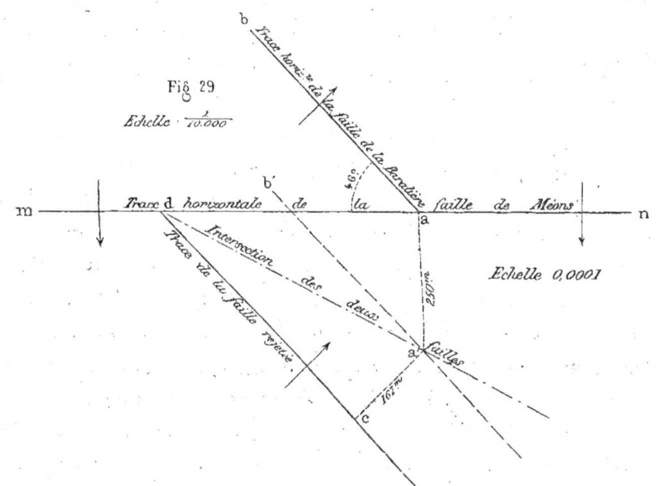

Ces traces font entre elles, d'après les plans de notre atlas (voy. pl. X), un angle de 46°; la faille de Méons plonge au Sud Sud-Ouest, celle de la Barallière à l'Est Nord-Est. La grandeur verticale du déplacement est de 250 mètres entre le puits *Henry* et les travaux de l'Éparre, et telle est aussi, d'après les plans, la projection horizontale du rejet, si du moins aucun gradin, ou lambeau de couche, n'existe entre deux. Admettons cela et appliquons cette donnée à l'épure en question. Remarquons que si la faille de Méons a réellement déplacé celle de la Barallière, le point a de celle-ci a dû descendre de 250 mètres, le long de la ligne de plus grande pente de la faille de Méons, et par suite venir se placer en a', situé, comme nous venons de le dire, à 250 mètres horizontalement de a. Par suite, la trace horizontale de la faille rejetée serait, à ce niveau inférieur, $a'\,b'$ parallèle à $a\,b$; or, pour trouver la trace cherchée au niveau $m\,n$, il suffit de remonter $a'\,b'$ de

250 mètres, parallèlement à elle-même, le long du plan de la faille rejetée. Il faudrait, pour cela, connaître exactement l'inclinaison de la faille de la Baralllère. Malheureusement on ne peut la déduire que d'une façon peu sûre des plans existants. J'ai trouvé 60 mètres de déplacement horizontal pour 90 mètres de hauteur verticale, ce qui donne, pour 250 mètres, les 6/9 de 250 = 167 mètres. Portons cette longueur a' c sur une perpendiculaire à a b et menons c d parallèlement à a' b' ou a b. C'est la trace cherchée. Elle coupe la droite m n à 475 mètres du point a, tandis que les plans donnent 370 mètres. L'accord est loin d'être satisfaisant, mais aussi, comme je l'ai dit, on connaît mal la faille de la Baralllère; en outre, l'inclinaison de la faille de Méons est probablement supérieure à 45°, c'est-à-dire qu'il existe très probablement entre l'Éparre et le puits *Henry* un gradin, ou lambeau de couche, de sorte que la projection horizontale a a' de la faille serait au-dessous de 250 mètres, ce qui diminuerait dès lors la longueur a d. Aussi, malgré l'accord imparfait, on peut, je crois, affirmer d'une façon positive qu'il s'agit bien ici d'une faille rejetant une autre faille [1]. Seulement, il semble que la faille plus moderne de Méons s'arrête elle-même à celle de la Baralllère, ou du moins n'a plus au delà qu'une faible importance.

Observons encore, avant de revenir aux couches de houille de notre district, que la faille de Méons appartient au système des grandes failles transversales plongeant à l'Ouest et que l'important accident parallèle du Soleil, dont nous aurons à nous occuper bientôt, coupe aussi, au bois d'Avaize, la faille à pente inverse de Monthieux, ce qui prouverait bien que les failles, dont l'inclinaison va de l'Est à l'Ouest, sont, dans le bassin de la Loire, plus récentes que celles qui inclinent à l'Est.

Dans la suite de notre étude nous aurons à revenir sur cette question; pour le moment, passons aux couches de houille de l'étage *moyen*, en allant de Côte-Thiollière vers le Sud, et de la Sibertière vers l'Ouest.

Cet étage moyen se compose, comme on sait, de deux groupes (§ 89), celui de la *troisième* couche, et celui de la couche des *Rochettes*.

---

1. En tout cas, je crois qu'il serait utile, lors de la rencontre d'une faille par une autre, de ne pas

§ 159. — Occupons-nous d'abord de celui de la *troisième*.

Entre la huitième couche et la base de l'étage moyen (couche 7 *bis* du puits *Lafond*), on rencontre presque exclusivement des schistes plus ou moins micacés, ou des grès quartzo-micacés, contenant des lentilles de grossière *gratte*, c'est-à-dire, comme au mur de la huitième, du terrain *sauvage*. Il ne faut donc pas s'étonner si la huitième couche, comme on vient de le voir, est elle-même irrégulière ou *sauvage* dans ce district.

Le terrain micacé dont je parle a été traversé par les puits *Paillon*, *Moreau*, du *Crêt*, *Henry*, etc., qui tous ont atteint la huitième couche. On peut aussi l'observer, à la surface du sol, en descendant de l'affleurement de la huitième, connue au coteau du Grand-Ronzy, vers le Grand-Cimetière, la Barallière et Côte-Thiollière; ou bien, en allant des puits *Sainte-Barbe* et *Saint-Hubert*, de la concession de Saint-Jean, vers Poyeton et le Grand-Cimetière. Dans l'un et l'autre de ces deux trajets on arrive finalement à l'affleurement de la troisième couche, partout visible à la surface du sol, par les nombreux effondrements dus aux anciennes fendues. L'affleurement décrit un vaste fer à cheval qui part des environs de la Massardière, sur le versant Est du Mont-Garat, passe à Roche-Bordéas et au Grand-Cimetière, puis longe, à partir de là, le flanc Sud du coteau de Ronzy jusqu'à Côte-Thiollière. Là, la faille de la Tardiverie déplace l'affleurement d'environ 200 mètres; celui-ci franchit ensuite, de l'Est à l'Ouest, toute la concession de Côte-Thiollière, passe à Grange-Neuve, et se termine dans la concession de Monthieux, contre la faille de même nom, au pied du coteau de Montheil, après un parcours total de trois kilomètres.

Depuis la Massardière jusqu'à Côte-Thiollière l'affleurement est en réalité double, c'est-à-dire, qu'au-dessous de la troisième on rencontre les traces d'une veine inférieure (la septième probablement), et même, au puits *Lafond*, on commence à distinguer assez nettement les traces des cinquième, sixième et septième couches; cependant elles y sont encore fort rapprochées de la troisième, et ce n'est en réalité qu'entre Côte-Thiollière et

négliger des épures aussi simples; elles permettent de juger du sens dans lequel doit se rencontrer la faille rejetée, et de décider si les deux failles sont contemporaines ou non.

Grange-Neuve que les affleurements des couches inférieures se dessinent nettement. Dans cette direction, en effet, les massifs de grès, qui séparent la troisième de la quatrième et celle-ci de la cinquième, commencent à grandir, tandis qu'à l'Est, du moins en profondeur, la quatrième et même parfois la cinquième sont presque confondues avec la troisième.

Ajoutons qu'à la Massardière la troisième couche semble amincie par les failles de direction, qui coupent le terrain houiller au voisinage de la chaîne du Pilat, et qu'elle ne prend tout son développement qu'à partir du puits *Saint-Léon*, à l'Est de Poyeton. En tout cas, elle est puissante (6 à 7 mètres) à partir du Grand-Cimetière, dans l'ancien champ d'exploitation dit *des Chaux ;* mais, comme ces travaux sont abandonnés depuis cinquante ans, on y connaît moins bien le gîte houiller qu'à l'Ouest de la faille de la Tardiverie, où elle fut activement exploitée de 1830 à 1860. Par ces motifs, c'est dans cette dernière région que nous allons l'étudier d'abord.

§ 160. — Les troisième, quatrième et cinquième couches furent exploitées dans trois mines contiguës, longtemps indépendantes, celle de la *Tardiverie* à l'Est, celle de *Côte-Thiollière* au Centre et celle de *Monthieux* à l'Ouest. La première, située dans la concession de Terrenoire, s'étend de la faille de la Tardiverie jusqu'à la limite de Côte-Thiollière ; la seconde occupe, dans toute sa longueur, la concession de ce nom ; la troisième se poursuit au delà, vers le Nord-Ouest, jusqu'au pied du coteau de Montheil où la faille, dite de Monthieux, ramène les couches à la surface du sol (pl. X).

La troisième couche se poursuit ainsi, sans interruption, avec une très grande régularité, sur 1,500 mètres de longueur, et 500 mètres suivant la plongée.

La Tardiverie et Côte-Thiollière étaient, vers 1840, les deux mines les plus régulières et les plus florissantes du bassin. Malheureusement les exploitants abusèrent de leur situation ; on tailla en *plein drap*, sans s'inquiéter de l'avenir. Les galeries furent multipliées dans tous les sens, élargies et exhaussées outre mesure ; les remblais étaient alors inconnus, de sorte que bientôt les chantiers s'éboulèrent, ce qui amena l'incendie sur nombre de points. La mine de la Tardiverie, en particulier, dut être abandonnée

par ce motif pendant plusieurs années. Les travaux ne furent repris qu'à
la suite de la fusion des mines; mais dire les énormes pertes occasionnées
par ce premier gaspillage serait impossible!

L'allure des couches est à peu près transversale sur ce point; elles
courent du Sud-Est au Nord-Ouest, grâce aux failles de Monthieux et de
Méons. L'inclinaison est de 25° à 30° vers le Sud-Ouest, c'est-à-dire de
50 à 60 pour 100; elle est surtout forte, en profondeur, au voisinage du
puits d'*Avaize*.

Dans la partie Ouest, le long des affleurements, la quatrième couche
est séparée de la troisième par un banc de grès de plusieurs mètres, qui toutefois s'amincit en forme de coin, et se transforme en un nerf schisteux de
quelques centimètres dès la profondeur de 60 mètres; et ce coin disparaît
aussi, le long des affleurements, à l'Est de Côte-Thiollière.

Dans cette région, la quatrième couche a une puissance variable de
$1^m,30$ à $1^m,80$; c'est du charbon pierreux, entrelardé de plusieurs nerfs et
séparé de la troisième proprement dite par un simple lit de schiste de
$0^m,10$ à $0^m,20$, qui se transforme à l'Ouest près du jour, comme je viens de
le dire, en un banc de grès de 7 à 9 mètres.

A ce nerf, si peu constant, succède la troisième proprement dite. Elle
se compose de plusieurs bancs, inégalement purs, que les mineurs distinguent avec soin. Le premier, en partant du mur, est appelé banc du *Bon
Menu;* sa puissance oscille entre $1^m,80$ et $2^m,25$; c'est du charbon tendre,
qui a pu être carbonisé, sans lavage préalable, pour coke de hauts fourneaux.

Viennent ensuite les *petites planches* de $1^m,40$ à $1^m,50$; puis la *Carraude*
de $1^m,70$ à $1^m,90$, formée de charbon dur, généralement apprécié pour le
chauffage domestique et les fours à grille. Ce banc est couvert par un lit
de schiste et de minerai, dont l'épaisseur maximum est de $0^m,20$ à $0^m,40$;
au-dessus, nouveau banc de houille dure, dite *la dessus*, de $1^m,40$, puis un
nerf de schistes et de houille pierreuse de 1 mètre; enfin, un dernier banc,
la *crue*, de $0^m,70$ à $0^m,90$. Le tout est surmonté d'un toit schisteux de plusieurs mètres contenant des rognons de minerai de fer. La puissance totale

utile de la couche est ainsi de sept mètres sans la quatrième, ou de 8 mètres à 8^m,50 là où les deux couches sont confondues.

Dans le quartier dit *de la Chaux* le *grisou* s'est trouvé abondant, même à de faibles profondeurs ; de là les noms de puits du *Gaz*, donnés à deux des puits ouverts dans cette région vers 1825. Au puits *Neuf de la Chaux*, la puissance utile de la troisième est de 6^m,90. On l'a rencontrée à la profondeur de 160 mètres.

Le charbon de la troisième couche de Côte-Thiollière appartient à la classe des houilles grasses ordinaires, tenant 26 à 27 pour 100 de matières volatiles. Les numéros 82 à 85 du tableau des houilles viennent des quatre mines contiguës de Monthieux, Côte-Thiollière, la Barallière et Terrenoire (quartier de la petite Chaux). La composition y est très uniforme et la houille de même apparence, à éclat vif, et plutôt tendre que dure. Le charbon en morceaux tient 7 à 10 pour 100 de cendres, selon les bancs d'où il provient.

Le schiste, qui couvre la troisième couche, a une épaisseur assez variable ; il est partiellement raviné par le grès (*taille*) qui lui succède, jusqu'à la surface du sol, dans tous les puits de ce quartier. Au puits *Remel* de Monthieux le schiste était réduit à 1 ou 2 mètres, et, vers la limite de Côte-Thiollière et la Tardiverie, la couche elle-même s'est trouvée amincie par érosion, le long d'une zone ayant la forme d'un ovale allongé, dont le petit axe avait 30 mètres, et le grand axe, entre les puits *Robert* et *Saint-Hippolyte*, près de 400 mètres. La région amincie est marquée sur nos cartes (pl. X). L'érosion s'arrête, au Nord-Ouest, avant d'atteindre l'affleurement, et, au Sud-Est, en amont du niveau du puits d'*Avaize*.

A part cet accident et la faille de la Tardiverie, dont j'ai parlé, les dérangements sont insignifiants et rares dans les travaux. On a pu suivre la troisième couche, comme je l'ai dit, sans interruption, sur près de 1,500 mètres de longueur. Vers l'aval pendage on est descendu jusqu'à la faille de Monthieux, qui a entraîné, près du puits *Remel,* d'épais massifs jusqu'au jour.

Lors du percement de la profonde tranchée de Monthieux, pour l'ouverture du chemin de fer de Saint-Étienne à Lyon, on a constaté également des lambeaux de houille dans les premiers gradins de la faille. Plus à l'Est, cette faille coupe la couche en profondeur; elle passe au voisinage du puits *Saint-Antoine*, et en aval du puits *d'Avaize*. Sur ce point la couche est encore vierge, tandis qu'en amont elle est, depuis plusieurs années, à peu près complètement déhouillée. On s'est servi dans ce but du puits *Remel* à Monthieux, des puits *Merle, Robert, Saint-Antoine*, etc., dans la concession de Côte-Thiollière, et des puits *Saignol, Bertrand, Saint-Hippolyte* et *Avaize* dans la concession de Terrenoire. C'est au puits *d'Avaize* n° 2 que les travaux ont atteint la plus grande profondeur; on a exploité jusqu'à la cote de 300 mètres, soit 247 mètres au-dessous du jour. La couche augmente d'inclinaison en profondeur et semble y devenir moins pure; ainsi, au puits *d'Avaize*, la partie exploitable est réduite à 3 mètres et correspond au banc du *Bon Menu*. Au-dessous, la quatrième est crue; et, au-dessus, ce sont des alternances de schistes et de charbon, sur 4 à 5 mètres de hauteur, difficilement exploitables. Pour continuer les travaux, il faudrait approfondir le puits *d'Avaize* n° 2, puis rejoindre la couche par un long travers-bancs. Malheureusement il ne reste, entre la faille de Monthieux et celle de la Tardiverie, qu'une bande d'environ 200 à 250 mètres de largeur sur 600 à 700 mètres de longueur, massif dont une partie devra être respectée à cause du tunnel du chemin de fer de Lyon, qui passe sous le coteau d'Avaize. Malgré cela, l'approfondissement du puits *d'Avaize* semble indiqué pour l'avenir, car on pourra également rejoindre l'aval pendage de la troisième couche du côté opposé de la faille de la Tardiverie, au Sud du quartier de la Chaux. Ce quartier, nous l'avons dit, est situé à l'Est de la faille en question, et s'étend, d'une part, jusqu'aux affleurements du Mont-Garat et de l'autre, au Sud, jusque sous les hauts fourneaux de Terrenoire.

Entre la Barallière et le Grand-Cimetière, où la couche fut autrefois exploitée, le long des affleurements, par l'ancien puits *des Chaux* et celui *du Gaz*, le gîte atteint, sur quelques points, 8 à 9 mètres de puissance avec des qualités de houille pareilles à celles de la Tardiverie; mais, à partir de Poyeton, l'affleurement semble s'amoindrir aux approches de la vallée du

Janon. Au puits Neuf de la *Chaux*, foncé il y a dix ans, on n'a trouvé, en effet, que 6^m,90 de charbon, divisé en trois bancs par deux nerfs de 0^m,50 à 1 mètre d'épaisseur. Quant à l'aval pendage, auprès des hauts fourneaux, il est encore inconnu, mais la couche ne saurait devenir brusquement stérile. Il reste donc encore, sur ce point, un champ vierge d'une quarantaine d'hectares qui pourra fournir environ 2,500,000 tonnes de houille.

L'ancien quartier des Chaux fut exploité, vers 1825, lors de la mise en feu des hauts fourneaux de Terrenoire. Une galerie d'écoulement débouchant dans le vallon du Ricolin, près de la Sibertière, passait auprès du puits *du Gaz* et s'étendait jusqu'auprès du puits *Roustain*, ouvert au voisinage du hameau de la Barallière. L'aval pendage fut fouillé par le puits *Lyonnet*, qui rencontre la couche vers 120 mètres de profondeur. Les plans indiquent à l'Ouest une faille, mal explorée, qui doit être un premier gradin de celle de la Tardiverie, et, au Sud, un autre accident peu important, qui sépare ces travaux de ceux que l'on ouvrira un jour au puits neuf de la *Chaux*. Disons, en terminant, que vers 1825 à 1830 on a creusé, auprès de la ferme de la Tardiverie, un puits de 180 mètres, le puits *Nul*, dont les résultats furent complètement négatifs ; de là son nom. On reconnut plus tard qu'il était précisément tombé sur la faille de la Tardiverie, dont l'amplitude est de 80 à 100 mètres sur ce point.

On compte aujourd'hui reprendre le quartier des *Chaux* par une longue galerie à travers-bancs, partant du fond de la vallée du Janon, près de la station de Terre noire sur le chemin de fer de Lyon.

§ 161. — Sous la troisième couche on a également exploité, dans ce district et vers la même époque, les cinquième et septième couches.

La cinquième couche est séparée de la troisième par un banc de grès massif (*taille*) de 25 à 30 mètres. Aussi est-elle amincie par érosion dans une grande partie de son étendue. A l'Ouest, dans la concession de Monthieux, elle mesurait 1^m,50 à 1^m,70 ; mais déjà, à Côte-Thiollière, au puits *Merle*, elle était réduite à 1^m,50 et au puits *Saint-Antoine* à 1 mètre ; le travers-bancs qui part du puits *Bertrand*, au niveau de 152 mètres, n'a trouvé que 0^m,50. Il en est de même aux puits *Lafond* et *Roustain*, dans la concession de la Barallière.

Enfin, à l'Est, le long des affleurements, la couche disparaît entièrement, et, comme je l'ai dit, on ne constate plus, sur ce point, que les affleurements des troisième et septième couches.

Le charbon de la cinquième couche, dans les concessions du Treuil, de la Roche et de Bérard, était autrefois spécialement recherché pour la forge. Il n'en était plus de même dans le district de Côte-Thiollière ; c'est du charbon gras ordinaire, trop chargé de parties pierreuses pour convenir au travail de la forge.

A peu de mètres au-dessous de la cinquième couche vient la sixième ; c'est une veine inexploitable de 0^m,30 à 0^m,40, qui disparaît, à son tour, dans la partie orientale du district. Enfin, à 20 mètres sous la sixième vient la septième couche, de 1^m,10 à 1^m,30. On l'a rencontrée dans la plupart des puits de Côte-Thiollière et de la Tardiverie, ainsi qu'au puits *A de la Chaux*, à 50 ou 60 mètres au-dessous de la troisième. Le charbon est plus ou moins pierreux et de qualité médiocre. Tandis que le grès règne au toit de la cinquième couche, le schiste domine, entre la cinquième et la septième, sur 20 à 30 mètres de hauteur.

Les deux couches dont je viens de parler (n°s 5 et 7) ont été exploitées par une série de travers-bancs partant de la troisième couche. Leur allure générale était d'ailleurs la même, car les trois couches sont sensiblement parallèles.

La couche 7 *bis*, mentionnée à l'occasion du puits *Lafond*, n'a pas été recherchée dans les autres parties du district de Côte-Thiollière. Sa continuité est d'ailleurs problématique, car elle disparaît à l'Ouest vers Monthieux et Bérard, et on ne connaît nulle part son affleurement aux environs de la Barallière et du Grand-Cimetière.

Entre la troisième couche et le groupe supérieur des *Rochettes* se trouve un massif de 130 à 140 mètres, principalement formé de grès fins, entremêlés de rares bancs de schiste. Ce massif, généralement stérile, renferme pourtant une ou deux faibles veines, que l'on appelle n°s 1 et 2, sans que l'on puisse positivement affirmer qu'elles correspondent rigoureusement aux couches 1 et 2 du district du Treuil. En tout cas, le n° 1 de Côte-Thiollière est à une distance plus grande de la troisième couche qu'au Treuil, de sorte qu'il pourrait déjà appartenir au faisceau de veines, qui ailleurs (Beaubrun et la Béraudière) sont connues au mur de la couche des Rochettes. Au surplus, voici les caractères des deux veines en question. La couche n° 2 est à 15 mètres environ au-dessus de la troisième, elle mesure 1 mètre au maximum, et se compose de charbon terreux et tendre. On ne l'a nulle part exploitée dans ce district, quoiqu'elle existe dans la plupart des puits. Quant à la couche n° 1, elle affleure à peu de mètres au Sud du puits *Merle*, et fut recoupée, par les puits *Bertrand, Saint-Hippolyte, Robert*, etc. vers 45 à 50 mètres au-dessus de la deuxième. Sa puissance varie entre $1^m,20$ et $1^m,40$; le charbon en est dur, un peu pierreux, mais, en somme, de qualité marchande; elle donnait une forte proportion de gros, et a pu être exploitée sur divers points. Au puits *Saint-Hippolyte*, où la troisième couche est à 202 mètres de profondeur, le n° 1 se trouve à 155 mètres.

§ 162. — Trois puits, dans le district de Côte-Thiollière, ont été foncés à des profondeurs exceptionnelles; ce sont les puits *Henri, Robert* et *de l'Est*. On se proposait d'explorer les couches de l'étage inférieur, spécialement les n°° 8 et 13. Avant de passer au groupe des Rochettes, disons quelques mots de ces recherches qui intéressent l'avenir, et donnons en même temps quelques nouveaux détails sur les deux failles opposées de *Méons* et de *Monthieux*, dont les puits en question ont permis d'étudier l'allure.

Le puits *Henri* est un ancien puits, foncé autrefois, près de la fabrique de noir animal de Côte-Thiollière, sur l'affleurement de la troisième couche. Il servait alors à l'exploitation des cinquième et septième couches, la première à 16 mètres, la seconde à 44 mètres de profondeur. Dans ces dernières années, il fut élargi et approfondi en vue de la huitième couche que l'on rencontra, en effet, au voisinage de la faille de Méons, à 290 mètres de profondeur et que l'on rejoignit par un court travers banc, au pied de la faille, à 310 mètres; malheureusement elle y est en majeure partie transformée en schistes.

Le puits *Robert* a longtemps servi à l'exploitation des troisième, cinquième et septième couches de Côte-Thiollière; il coupe la troisième à 83 mètres, la cinquième à 116 mètres, et la septième à 140 mètres. Au niveau de 205 mètres, un travers-bancs va rejoindre la troisième couche, dans son aval pendage, très près du point où elle est limitée par la faille de Monthieux. Le puits a été poussé jusqu'à 600 mètres dans l'espoir de rencontrer la huitième couche au toit, et la treizième couche au mur de la faille de Monthieux.

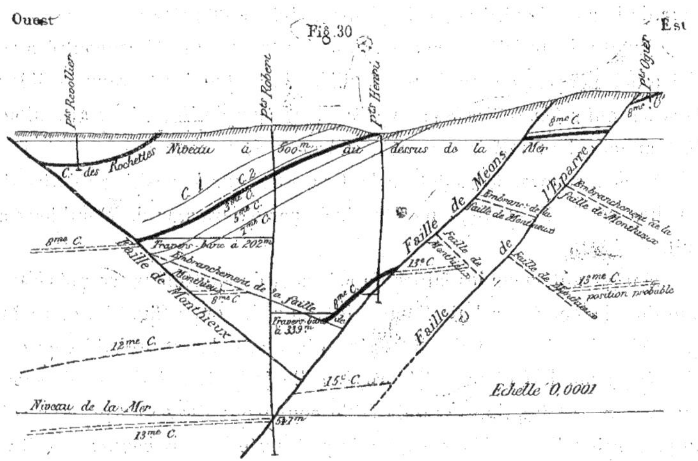

La figure 30 fait voir jusqu'à quel point on a réussi. Un embranchement, ou premier gradin peu incliné, de la faille de Monthieux a coupé la huitième couche vers 345 mètres; à 400 mètres le puits a franchi la faille principale, et au niveau de 545 à 550 mètres, où devait se trouver la treizième couche, il a traversé la faille inverse de Méons. On a bien rencontré sur ce point des filets de houille, mais la veine est complètement oblitérée. La couche, déjà entremêlée de beaucoup de schistes dans les travaux des puits *Verpilleux* et de *l'Est*, comme nous le verrons sous peu, semble ici remplacée sur toute sa hauteur par des schistes faiblement charbonneux.

La huitième couche, reconnue au puits *Henri*, comme on vient de le dire, fut ensuite recoupée par un travers banc, ouvert au puits *Robert* à 339 mètres. On l'explora en divers sens et on la trouva, non seulement affectée par les premiers gradins des deux failles, mais encore réduite à de faibles dimensions. Au milieu de la couche, un nerf schisteux de 1^m,50, et au mur, comme au toit, un simple banc de 1 mètre, plus ou moins mêlé de minces filets de schistes. Bref, la huitième couche est inexploitable sur ce point, comme dans le fond des travaux de l'Éparre. La largeur de la zone houillère est d'ailleurs réduite à 80 mètres.

Quant à la treizième couche, dont les traces ont été rencontrées vers 545 à 550 mètres, on ne l'a pas fouillée parce que les travaux de Méons, dans les puits *Saint-Claude* et *Verpilleux*, et ceux de Monthieux au puits de *l'Est*, annonçaient déjà la complète altération de la couche.

Notons encore, au sujet de la figure 30, que la position relative des couches n°s 8, 12 et 13 a pu être fixée par les travaux de Monthieux au puits de *l'Est*.

Maintenant, pour les failles de Méons et de Monthieux, se présente la question de leur âge relatif. Comme le prouve la coupe (fig. 30), on a admis que celle de Méons est de date plus récente. Cela est probable, en effet d'après sa manière d'être à l'égard de celle de la Barallière, et cela ressort surtout de ce fait qu'une grande faille coupe le puits *Robert* juste au point où passerait celle de Méons, supposée prolongée avec sa pente et sa direction normale, telles qu'elles sont connues par les travaux de l'Éparre et ceux du puits *Henri*.

L'âge relatif ainsi établi, il est évident que la faille de Monthieux a dû être déplacée par celle de Méons avec le massif entier qui la contient. J'ai pu ainsi fixer sa nouvelle position, au mur de la faille de Méons, et partant de l'amplitude bien connue de cette faille, et par suite marquer aussi, d'une façon approximative, le niveau et la position de la treizième couche dans cette région orientale de Côte-Thiollière.

Disons enfin, au sujet des puits *Henri* et *Robert*, que les roches qui succèdent à la septième couche sont ici, comme ailleurs, fortement micacées.

Au voisinage de la *huitième* et de la *Crue*, le terrain est même à gros grains
et présente de nombreux bancs de *gratte*.

Remarquons aussi que, par le fait de la faille de Méons, le puits *Robert*
a dû dépasser de plus de cent mètres le mur de la quinzième couche, et
même pénétrer au delà de la seizième dans les premières assises du massif
stérile qui sépare Rive-de-Gier de Saint-Étienne. Le terrain est d'ailleurs
sauvage; aussi, d'après les travaux des puits *Mars* et *Méons*, il est à craindre
que la quinzième ne soit à son tour transformée en schistes, dans cette région, comme la huitième et la treizième.

Le troisième puits qui a été creusé, dans ce quartier, à la recherche
des couches inférieures est celui de *l'Est* sur la limite de la concession de
Monthieux. Il est ouvert au toit de la faille de Monthieux, à peu de mètres du point où elle perce au jour; aussi a-t-on rencontré successivement
divers lambeaux de houille, qui correspondent aux couches n°ˢ 1, 3, 4 et 5,
toutes entraînées partiellement, le long de la faille, jusqu'au jour; ce fut
le cas, entre autres, dans les travaux du puits *Remel* (pl. X).

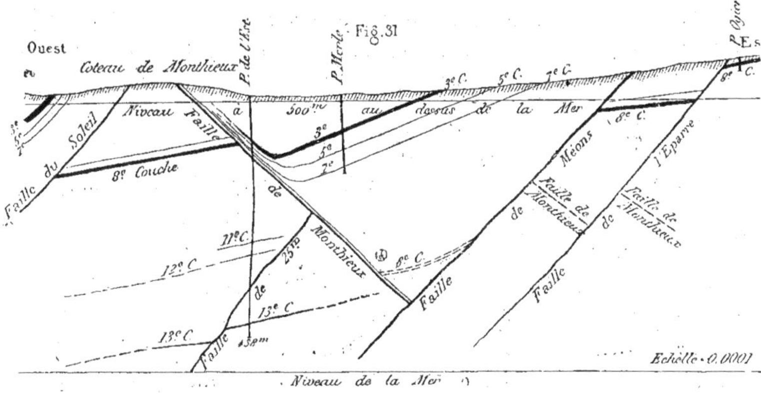

Dans le puits de *l'Est*, la couche n° 1 est à 22 mètres du jour; elle mesurait 0ᵐ,35. Le n° 3, à 70 mètres, contenait 1ᵐ,95 de houille assez pure;
le n° 4 0ᵐ,50 de houille mauvaise à 90 mètres, et le n° 5 un mètre de

houille passable à 98 mètres de profondeur. A ce niveau, le puits doit tra
verser le dernier gradin de la faille, car il atteint le mur de la huitième
déjà connu et exploitée dans le puits voisin, le puits *Stern*. Le puits de l'E
fut lui-même mis en communication avec ces travaux par un travers-banc
percé à 102 mètres du jour. Malheureusement là aussi la couche, d'un
puissance moyenne de $2^m,50$ à 3 mètres, était déjà fortement chargée d
schistes, et devenait inexploitable, dans son aval pendage, à la cote d
380 mètres.

Le puits fut creusé au delà à la recherche des couches inférieure
Après une série de schistes et de grès, plus ou moins micacés, on a trouv
la onzième couche dans un faible accident à 272 mètres, et la douzièm
dans un autre rejet analogue à 294 mètres. La première de ces couche
avait $0^m,30$ dans le puits et $0^m,65$ dans une galerie de recherche, qui suiva
les traces du gîte. La douzième conservait sa puissance ordinaire de $1^m,2$
dont $0_m,60$ de bon charbon à la base, et $0_m,60$ de charbon entremêlé d
schistes vers le toit. Quant aux couches 9 et 10, elles s'amincissent déjà
comme nous le verrons, dans les travaux voisins du puits *Saint-Louis*,
paraissent s'évanouir au Sud avant d'atteindre le puits de l'*Est*. A pa
cela, le terrain se présente ici avec ses caractères ordinaires ; aussi la dis
tance de la huitième à la douzième couche est-elle, comme ailleurs, d'en
viron 200 mètres (voy fig. 34).

La douzième couche n'a pu être exploitée, à cause des nombreux ac
cidents secondaires qui l'affectent au voisinage des grandes failles de Mo
thieux et du Soleil. L'un de ces accidents, plongeant au Sud-Ouest comm
la faille du Soleil, occasionne un déplacement de 25 mètres et traverse l
puits entre 325 et 360 mètres. C'est un épais brouillage qui a rendu le creu
sement du puits assez difficile.

La treizième couche fut enfin traversée à 416 mètres, soit 122 mètr
au-dessous de la douzième et 324 mètres sous la huitième. Elle est pr
cédée et suivie de roches micacées, plus ou moins *sauvages*. Le puits e
arrêté dans un grossier poudingue quartzo-micacé à $438^m,60$ de profo
deur. On a entrepris quelques travaux dans la treizième couche ; on a r

trouvé, la faille de 25 mètres dont je viens de parler, et l'on a exploré le
gîte en amont et en aval de cet accident. Partout, dans le puits comme
dans les travaux, la couche fut trouvée inexploitable. Cependant dans la
partie haute, voisine du toit, on rencontra quelques bancs d'assez bon
charbon, dont la puissance totale est de $1^m,30$; mais la région du mur est,
sur plusieurs mètres de hauteur, entièrement transformée en schistes à
minces veinules de houille, qui dégagent du grisou. La partie voisine du
toit a donné, dans un montage, la coupe suivante :

```
Bon charbon . . . . . . . . . . . .   0ᵐ,40
Schiste. . . . . . . . . . . . . .    0  20
Très bon charbon . . . . . . . . .    0  15
Schiste. . . . . . . . . . . . . .    0  20
Très bon charbon . . . . . . . . .    0  15
Schiste. . . . . . . . . . . . . .    0  60
Bon charbon . . . . . . . . . . . .   0  60
                  Total. . . . . .    2  30 dont 1ᵐ de schistes.
```

Au-dessous, plusieurs mètres de schistes charbonneux dégageaient
également du grisou. Dans le puits même on n'a trouvé qu'un mètre de
charbon de qualité médiocre.

Bref, on le voit, la couche est difficilement exploitable et fait craindre,
comme nous l'avons déjà dit, qu'elle ne soit stérile, sur une assez vaste
étendue, dans la région située au Sud des concessions de Méons, Chaney
et Reveux, où déjà elle tend à s'oblitérer tout le long de son aval pendage.

La figure 31 donne, outre la coupe du puits de *l'Est*, la disposition du
massif houiller relevé entre les deux failles de Monthieux et du Soleil.
A l'Ouest, au puits *Stern*, on voit les groupes de la troisième et de la huitième couche ; entre les deux failles, les couches 8, 11, 12 et 13 ; enfin,
au toit de la faille de Monthieux, de nouveau, comme au puits *Stern*, les
groupes 3 et 8.

Constatons encore l'influence très différente de la faille de Monthieux
et des failles de Méons et du Soleil sur l'allure des couches. Les assises se
relèvent d'abord graduellement, puis finalement d'une façon assez brusque,

vers les failles de Méons et du Soleil, tandis qu'elles inclinent à l'encontre de la faille de Monthieux, qui en entraîne, malgré cela, de puissants lambeaux jusqu'au jour.

§ 163. — Le deuxième groupe de l'étage *moyen* comprend la couche des *Rochettes* et ses satellites, dont le nombre est réduit à un ou deux dans le district de Côte-Thiollière, tandis qu'il croît à 3 ou 4 à l'Ouest de Saint-Étienne.

Entre la couche nº 1 du groupe de la troisième et la couche des *Rochettes* s'étend un massif, régulièrement stratifié, de près de 100 mètres, essentiellement composé de grès fins quartzo-fedspathiques, contenant çà et là de faibles lits de schistes. On voit ces bancs à l'entrée supérieure du tunnel de Terrenoire, auprès du puits *Saint-Antoine* de Côte-Thiollière (pl. X). L'affleurement de la couche dessine, à l'intérieur du fer à cheval de la troisième, un circuit concentrique, qui commence à l'Est en amont des hauts fourneaux de Terrenoire, se dirige de là au Nord-Ouest, puis à l'Ouest, le long du pied de la Côte du Grand-Cimetière, et rencontre enfin, sous la Baràllière, la faille de la Tardiverie. Celle-ci le ramène de 200 mètres vers le Sud, entre les puits *Bertrand* et *Saint-Hippolyte ;* de ce point, continuant sa route de l'Est à l'Ouest, il passe à l'orifice du tunnel du chemin de fer et va se terminer, contre la faille de Monthieux, à peu de distance de l'ancienne grande route de Saint-Étienne à Lyon, auprès des premières maisons du hameau de Monthieux.

La couche des Rochettes a été exploitée, par puits et fendues, dans les concessions de Monthieux et de Terrenoire. Les travaux furent entrepris par les puits *Saint-Jean* et de la *Providence* à Monthieux, *Revollier*, des *Chaumières*, d'*Avaize*, de la *Tardiverie*, de la *Pacallière*, etc., dans la concession de Terrenoire. Tous ces puits rencontrent la couche à moins de 100 mètres de profondeur, et nulle part les travaux n'ont pu s'étendre au loin. Dans les puits *Saint-Jean* et *Revollier* la couche est arrêtée, vers son aval pendage, par la faille de Monthieux, contre laquelle elle se relève assez brusquement, comme la troisième. Plus loin, elle s'enfonce sous la colline d'Avaize, où aucun puits ne l'a encore poursuivie en profondeur. Sur le revers

opposé du coteau, sous la forge même de Terrenoire, on voit les assises remonter au jour, mais le relèvement est fort raide, et les couches sont laminées par des failles de direction, de sorte qu'on ne peut plus reconnaître,
d'une façon positive, les divers affleurements.

La puissance utile de la couche des Rochettes varie, en général, dans
le district qui nous occupe, entre 2^m,50 et 4 mètres. Sur quelques points, à
la Tardiverie par exemple, on a même rencontré des renflements locaux
de 5 à 6 mètres, mais partout le charbon est entremêlé de veinules schisteuses.

Au puits *Saint-Jean*, qui traverse la couche, à 70 mètres du jour, au
point même où elle est coupée par la faille de Monthieux, j'ai constaté la
coupe suivante :

	Toit.
Schistes avec rares veinules de houille	5^m,00 à 6^m,00
Houille crue avec lit de schistes	4 00
Nerf schisteux, appelé *carreau*.	0 04 à 0 10
Bonne houille	0 50
Houille tendre un peu terreuse.	1 00
Houille crue, mêlée de schistes.	0 50
	Mur.

La puissance totale est, par suite, de 6 mètres, et dans les quartiers
comme à la Tardiverie, où se trouvaient 6 mètres de houille, les schistes
étaient en grande partie remplacés par du charbon. Par contre, dans
les travaux des puits *Saint-Jean*, la *Providence* et *Revollier* on ne pouvait
utiliser, sur divers points, que les deux mètres situés au mur du *carreau*; et, même dans les parties les plus favorisées, les 4 mètres de la
partie haute donnaient rarement plus de 2 mètres de charbon marchand,
plus ou moins pierreux et de qualité inférieure.

L'allure de la couche est d'ailleurs régulière comme celle de la troisième ; elle plonge de 15 à 16° au S.-O. Dès les premiers travaux, et même
au voisinage de la surface, on a constaté, dans la couche des Rochettes, la
présence du grisou.

Au puits *Revollier* on a suivi la couche en descente, et, plus à l'Est, des travaux furent ouverts, près des affleurements, à l'aide des puits *Merlat* et des *Chaumières*. On dut les abandonner à cause du voisinage du tunnel de Terrenoire. On reprit cependant ces travaux, vers 1867 à 1870, en poussant un travers-bancs, depuis le puits d'*Avaize* n° 1, au niveau de 103 mètres. Par ces travaux, on a successivement soutiré les eaux des anciennes mines et déhouillé la couche jusqu'au niveau du travers-bancs, sauf la réserve prescrite pour la conservation du tunnel de Terrenoire. La puissance utile fut de 2 mètres à peine, mais au toit on trouva, comme ailleurs, 4 à 5 mètres de schistes entrelardés de charbon cru.

Une exploitation analogue fut ouverte, à 90 mètres de profondeur, au puits d'*Avaize* n° 2, à l'Est du massif protecteur du tunnel. La couche n'y avait aussi que 2 mètres en moyenne, à part quelques renflements de 3 à 4 mètres. Le charbon s'y trouvait également coupé de nombreux lits de schistes. Il semble donc que la couche des Rochettes s'altère en profondeur comme les n°ˢ 8, 13 et 15, car c'est uniquement en amont du puits d'*Avaize* n° 2, dans les deux puits de la *Tardiverie* et le long des affleurements voisins, que l'on a pu constater, en 1834 et 1835, des massifs purs de 5 à 6 mètres, qui furent partiellement exploités à ciel ouvert[1]. A la mine de la Pacallière, qui fut en activité en 1828, la couche avait, dans son ensemble, à 90 mètres du jour, près de 10 mètres, en y comprenant, bien entendu, les nombreux lits de schiste du toit. En somme, on le voit, la couche des Rochettes, quoique assez puissante aux affleurements, est en général plus ou moins pierreuse et crue, et bien inférieure à la troisième comme qualité et épaisseur utile; de plus, elle semble s'amoindrir en profondeur dès que l'on atteint le niveau de 80 à 100 mètres, de sorte que, malgré son extension très probable au-dessous de la colline du bois d'Avaize, il serait imprudent de compter sur elle comme importante ressource d'avenir.

A quelque vingt mètres au-dessous de la couche des Rochettes on

1. Le puits *Ogier* fut arrêté à 45ᵐ, avant d'avoir atteint la couche.

observe, sur divers points, une veine secondaire* que l'on peut considérer comme une sorte de *satellite* de la couche principale. Au puits *Saint-Jean* de Monthieux, elle est à 28 mètres de la couche principale, et mesure en moyenne 1ᵐ,30. C'est également du charbon pierreux; aussi la couche fut-elle peu exploitée jusqu'à présent. Cette même veine fut reconnue au puits *Revollier*, mais paraît s'amoindrir et disparaître au delà. Nous verrons, par contre, que ces couches secondaires se multiplient et se développent, à l'Ouest, dans les groupes de Beaubrun et de la Béraudière.

§ 164. — Au groupe de la couche des *Rochettes* succède, en montant, un massif de poudingue, ou de grès grossier à galets de quartz, puis l'étage *supérieur* de Saint-Étienne, fort bien caractérisé, dans le district de Côte-Thiollière, au quartier du bois d'Avaize.

Le poudingue dont je viens de parler a été reconnu par le travers-bancs ci-dessus mentionné, ouvert à 103 mètres au puits d'Avaize nᵒ 1 pour l'exploitation de la couche des Rochettes. La distance qui sépare cette couche de la plus basse des couches de l'étage supérieur est de 55 mètres, mesurée normalement aux bancs du terrain, ou de 140 mètres comptée horizontalement dans la galerie même. Sur les 55 mètres, il y en a 40 de poudingue proprement dit. Le reste se compose de grès fin et de 5 à 6 mètres de schistes charbonneux, situés au toit de la couche des Rochettes. Le poudingue de 40 mètres grossit, à l'Ouest, aux dépens des couches de houille de l'étage supérieur, de sorte qu'à la Béraudière, et surtout à Montrambert, la houille disparaît graduellement, tandis que le poudingue atteint jusqu'à 200 et 300 mètres sur quelques points.

L'étage supérieur comprend jusqu'à douze couches, comme le montre la coupe ci-jointe de la colline du bois d'Avaize; mais, sur ce nombre, cinq ou six peuvent seules être considérées comme exploitables. Nous allons les suivre de bas en haut, en observant dès maintenant que les couches infé-rieures sont les moins importantes et semblent disparaître les premières dans leur prolongement vers l'Ouest.

Au-dessus des grès grossiers et des poudingues, servant de toit au groupe des Rochettes, vient la veine nᵒ 12 du bois d'Avaize de 1ᵐ,30, dont

0^m,60 de houille à la base, un nerf schisteux de 0^m,40 au milieu, et un filet charbonneux de 0^m,30 au toit. C'est, en somme, une veine médiocre, non exploitée jusqu'à ce jour. Elle coupe le travers-bancs à 60 mètres au Nord du puits d'Avaize.

La veine suivante, le n° 11, franchit la galerie au puits même; elle est à 25 mètres de la précédente. L'intervalle est occupé par du grès fin régulièrement stratifié. La couche elle-même mesure 1 mètre; mais c'est aussi du charbon cru inexploitable. A partir de là, et jusqu'à la couche importante, dite *Grande masse* du bois d'Avaize, qui affleure à l'orifice du puits n° 1, on rencontre une série de veines peu importantes au milieu de schistes fins argilo-charbonneux (*gores*). Ainsi à 18 et 30 mètres au-dessus du n° 11 se trouvent les veines n°s 10 et 9; elles comprennent chacune environ un mètre de charbon pierreux inexploitable. A 20 mètres plus haut, dans le puits, vient le n° 8; c'est une couche de 2 à 2^m,50, divisée en trois par deux nerfs schisteux, et dont le charbon est également impur. On l'a cependant fouillée, à la fois, dans la galerie d'écoulement, servant au roulage, ouverte à 22 mètres au-dessous de l'orifice du puits, et dans le travers-bancs de 103 mètres, où le massif stérile, qui sépare les veines 9 et 8, s'évanouit en partie. A 6 ou 7 mètres de la huitième le puits a traversé la couche n° 7, de 3 mètres de puissance totale, dont 1^m,50 d'épaisseur utile. Le charbon en est dur et cendreux, mais pourtant assez pur pour avoir permis le tracé de quelques chantiers au niveau des deux travers-bancs. Son analyse figure sous le n° 31 du tableau des houilles.

Au niveau inférieur de 103 mètres le n° 7 s'éloigne un peu plus du n° 8; cependant la distance réelle n'est pas supérieure à 10 mètres, de sorte que les veines 7, 8 et 9 pourraient bien s'unir en une seule masse sur quelques points; c'est ce qui a dû arriver très probablement, comme nous le verrons, à la Richelandière dans les concessions de Monthieux et de Terrenoire.

Nous arrivons enfin à la couche principale du bois d'Avaize, désignée, par ce motif, sous le nom de *Grande masse*. Elle affleure à l'orifice du puits du bois d'Avaize n° 1 et c'est ce large affleurement, visible surtout à l'Est de la colline d'Avaize, qui fit donner à ce quartier le nom de *Terrenoire*. Sa puissance totale est de 8 à 9 mètres; mais en profondeur, au niveau de 103 mètres, elle se divise en deux; aussi les exploitants ont-ils appelé *petite couche*, ou n° 6, le banc inférieur de 1 mètre à 1^m,50; réservant le nom de *grande* couche (ou n° 5) au banc supérieur de 6 à 7 mètres. Les deux parties furent activement exploitées, en direction et par des descenderies, jusqu'aux limites de la concession. A l'Ouest, on a rencontré, à 350 mètres du travers-bancs, le relèvement dû à la grande faille de Monthieux; au Sud, on est allé jusqu'à la concession voisine du Janon, où la couche devient horizontale, puis se relève en sens inverse.

Dans cette concession elle fut exploitée par un travers-bancs, qui débouche dans la forge même de Terrenoire à la cote de 515 mètres; et par le puits de *Bel-Air*, ouvert non loin de la crête du bois d'Avaize, à l'altitude de 621 mètres. Une faille de direction, plongeant au N. N-O, coupe les travaux vers leur extrémité Est, mais tend à s'évanouir à l'Ouest entre les puits du *Bel-Air* et *Bachmann*. Elle a cependant encore brouillé la couche du *Bon Menu* à la hauteur de ce dernier puits.

La Grande masse conserve sa puissance dans le bas-fond, mais perd une partie de son épaisseur à l'Est, où son amont pendage contourne la colline d'Avaize.

Les travaux sont fort anciens dans cette couche, mais ne furent dirigés avec suite et régularité que depuis la formation des grandes sociétés houillères. Les anciens se sont servis de plusieurs fendues et des puits *Fournion*, *du Plomb*, de *Terrenoire* et du puits *Neuf*.

En 1835, étant alors chargé du service des Mines comme ingénieur ordinaire, je dus faire arrêter les travaux que le sieur Ogier aîné poursuivait, dans cette couche, par le puits *Culminant*. J'avais constaté que l'un de ses chantiers passait à moins de 4 mètres au-dessus de la clef de voûte du tunnel. Depuis lors tout travail d'exploitation fut interdit à moins de 100 mètres de l'axe du chemin de fer souterrain. Sauf ce massif, ainsi réservé en vue du tunnel, la Grande masse est entièrement dépilée, depuis huit à dix ans, sur le versant Nord par la Société des houillères de Saint-Étienne, et sur le versant Sud par la Société des forges de Terrenoire, propriétaire de la concession du Janon. Dans cette dernière concession l'amont pendage fut déhouillé par la galerie du Janon, et le bas-fond par le puits *Bel-Air*, qui rencontre la Grande masse vers 240 mètres. Sur ce point la couche avait 7 mètres de puissance. Au-dessous venait un banc de grès de 3 mètres, puis la petite couche n° 6 de 1^m,15.

Le charbon de la Grande masse était solide, quoique très bitumineux, comme tous les charbons du bois d'Avaize. Son analyse figure au n° 29 du tableau des houilles. Ce charbon, dont l'éclat est vif, double de volume au creuset, et fournit 12 pour 100 de bitume fluide avec fort peu d'eau. Les échantillons choisis ne laissaient pas au delà de 1,3 pour 100 de cendres. Le coke, blanc argentin, était peu solide. L'analyse de la sixième couche figure sous le n° 32. Le charbon est moins pur que celui de la cinquième couche.

Au toit de la Grande masse succèdent quelques mètres de *gore*, puis un banc de grès fin (*taille*), qui sert de mur à la *petite masse* (n° 4), dont la puissance est de 1 mètre seulement. Par suite de son irrégularité, elle fut peu exploitée. Le charbon est dur et contient plus de cendres que celui des couches voisines.

Au toit vient un nouveau banc de grès, et par-dessus la couche du *Bon Menu* (n° 3). C'est une couche de 3 à 4 mètres, dont le charbon tendre et fibreux, divisé en bancs minces, est pur et à éclat vif. On trouve son analyse sous le n° 28 du tableau des houilles. La proportion des cendres est faible et celle des essences légères considérable; aussi le charbon double-t-il de volume au creuset comme celui de la Grande masse. La couche du *Bon Menu* est, après la Grande masse, la plus importante du bois d'Avaize.

Comme qualité, elle lui est même quelque peu supérieure. Aussi fut-elle, comme celle-ci, plus ou moins fouillée dès les temps anciens. Les derniers exploitants furent réduits à glaner les piliers jadis abandonnés, et depuis dix ans déjà la couche du Bon Menu est entièrement épuisée dans les concessions de Terrenoire et du Janon.

Entre le *Bon Menu* et le n° 2, appelé la *Rouillère* ou la *Rouillat*, on rencontre spécialement des schistes à minerai de fer. La distance est d'une vingtaine de mètres. La Rouillère est une couche de 2 à 3 mètres sous un puissant banc de grès. Elle affleure dans la carrière de pierre du bois d'A-vaize, et y fut exploitée par des fendues. La houille est bitumineuse et pure comme celle des couches précédentes (voir n° 30 du tableau). Les cendres en sont rouges; de là peut-être le nom de *Rouillère*. La couche se relève, comme les précédentes, de la ligne de bas-fond vers la vallée du Janon, mais elle paraît amincie sur ce point grâce au grès, qui lui sert de toit sur le versant Nord; la compagnie de Saint-Étienne y travaillait activement de 1866 à 1868, et en acheva peu après le déhouillement.

Le banc de grès qui couvre la *Rouillère* a une épaisseur de 30 à 40 mètres. Au-dessus se trouve enfin la dernière couche de l'étage supé-rieur, le n° 1, appelée la *Mourinée*, ou le *Mourinet*, à cause de la consistance tendre (*moureuse*) du charbon. Sa puissance moyenne est de 5 à 6 mètres, mais en réalité fort inégale et difficile à évaluer. Sur quelques points la masse charbonneuse constitue des amas de 8 à 10 mètres, que la compagnie des forges de Terrenoire exploite, depuis peu, avec avantage à ciel ouvert. Au sommet du fer à cheval l'amas houiller aurait même atteint près de 20 mètres. Le charbon de la Mourinée fournit à la carbonisation beaucoup de bitume et un coke léger comme toutes les couches du bois d'Avaize (voir le n° 27 du tableau). Il laisse plus de cendres que ceux de la Grande masse, du Bon Menu et de la Rouillère, et donne peu de gros par suite de sa friabilité.

La couche est à peu près horizontale à l'extrémité orientale du bois d'Avaize et s'y trouve à faible profondeur. Une partie en est incendiée de-puis fort longtemps, et aujourd'hui cachée sous des schistes plus ou moins rubéfiés et porcelanisés.

Plus loin elle forme, à la façon des couches inférieures, un bas-fond sous l'axe de la colline, pour se relever de là, en sens inverse, au Nord et au Sud. Mais, tandis que l'affleurement Nord peut être poursuivi à l'Ouest jusqu'à la faille de Monthieux, la branche Sud disparaît par le fait de la faille du Soleil qui, vu sa faible inclinaison, s'avance à l'Est bien au delà du puits Bel-Air[1].

1. Dans les parties hautes cette inclinaison n'atteint pas 40°.

On voit, par ce qui précède, que la colline d'Avaize, jadis si riche en houille, est déjà entièrement épuisée quant à l'étage *supérieur*. Aussi les seules questions, qui puissent aujourd'hui intéresser le mineur sur ce point, est celle de l'existence des étages *moyen* et *inférieur*, sous la verticale du bois d'Avaize, et celle du *prolongement* des trois étages sous le plateau de Patroa et le coteau Saint-Roch.

Occupons-nous d'abord de la première des deux questions.

§ 165. — L'extension des étages inférieurs au point de vue purement *géologique*, je l'ai déjà dit, ne peut aujourd'hui faire doute pour personne, car au Nord et à l'Est toutes les assises du terrain houiller plongent régulièrement vers le bois d'Avaize. Mais le doute est permis lorsqu'il s'agit de promettre des couches *industriellement exploitables*. Les exemples de veines, s'altérant ou se modifiant en profondeur et en direction, sont trop nombreux à Saint-Étienne, pour que l'exploitant sérieux se contente de simples considérations géologiques. Il lui faut des faits pour croire à l'existence d'une couche véritablement exploitable. Voyons donc ce que deviennent en particulier, sous le bois d'Avaize, la couche des *Rochettes* et la *troisième* de l'étage moyen.

La première de ces couches est connue, au puits d'Avaize n° 2, à 90 mètres de profondeur, et, au puits d'Avaize n° 1, vers l'extrémité Nord du travers-bancs ouvert au niveau de 103 mètres. Sur ces deux points elle s'enfonce régulièrement sous l'étage supérieur; il en est de même, on n'en peut douter, de l'aval pendage des anciens travaux de la *Pacallière* et du puits *Ogier* au Nord de Terrenoire. Seulement, nous l'avons dit, la couche y est moins puissante et moins pure qu'aux affleurements. On peut donc craindre qu'elle ne s'altère tout à fait en profondeur.

D'autre part, la *troisième* couche est connue sous celle des *Rochettes* à Monthieux, à la Tardiverie, à Côte-Thiollière, dans le quartier de la Chaux, etc.; et l'on sait que, sur ces divers points, elle n'a rien perdu de sa puissance, ni de sa qualité, en s'avançant des affleurements vers l'aval pendage. Nous verrons même, dans la suite, qu'à Villebœuf, Beaubrun et la Béraudière, elle est connue, et même exploitée depuis longtemps, au-dessous des couches de l'étage supérieur. On peut donc, sans trop de témérité, affirmer d'une façon à peu près positive que, sous le bois d'Avaize, la troisième couche doit se trouver exploitable, du moins dans les régions où elle n'est pas rejetée par la faille de Monthieux. Or, s'il en est ainsi, on doit retrouver les traces des groupes de la *Troisième* et des *Rochettes* au Sud du bois d'Avaize, où les assises inférieures remontent au jour, en se relevant vers le bord du bassin houiller, contre le pied de la chaîne du Pilat. Quelques affleurements se voient, en effet, sur ce point, et d'importants travaux furent entrepris, par les concessionnaires du Janon, en vue de les explorer.

Rappelons d'abord que la galerie du Janon (voir pl. XXIII) a recoupé, dans toute son étendue, le massif schisto-charbonneux qui caractérise le mur de la Grande masse. Or, vers le milieu de ce massif, elle a traversé une couche de houille, de qualité médiocre, ayant 1^m,10, qui doit correspondre au groupe des veines 7, 8 et 9 du bois d'Avaize, presque confondues en une seule dans la profondeur. De là à la couche des Rochettes la distance normale est de 100 à 120 mètres; eh bien! à pareille distance on a reconnu, dans le lit du Janon et dans les fondations de la forge de Terrenoire, une couche crue de 1^m,20. Une couche de même nature fut aussi coupée, par le chemin de fer, à mi-distance entre les deux puits inférieurs du tunnel de Terrenoire. L'assimilation n'est pourtant pas certaine, car des failles de direction sillonnent ce quartier, et mettent parfois en regard des bancs appartenant à des niveaux différents.

Pour explorer cette partie du bassin houiller la compagnie de Terrenoire fonça, non loin de la forge, le puits *Saint-Félix*, sur l'affleurement même de la petite couche que je viens de mentionner, dans la galerie du Janon, à 40 mètres au mur de la Grande masse. Le puits fut approfondi jusqu'à 423 mètres sans rencontrer de véritable couche de houille. Vers 180 mètres on trouva cependant quelques filets de charbon qui pourraient correspondre à la couche des Rochettes. La raideur de la pente, voisine de 70°, prouvait le passage d'une faille de direction plongeant au Nord-Ouest. A 350 mètres on traversa une nouvelle faille; c'était la profondeur à laquelle on pouvait espérer la troisème couche de l'étage moyen. En réalité, on ne trouva rien, mais on ne saurait positivement dire si l'on a manqué l'étage moyen par le fait des failles en question, ou s'il est réellement devenu stérile. Je crois plutôt, par les motifs ci-dessus signalés, que la troisième couche n'est pas altérée, mais déplacée par des failles. Lorsqu'on consulte la carte du district qui nous occupe (pl. X), on voit, en effet, que vers 400 à 450 mètres de profondeur les deux failles transversales de Monthieux et de Méons doivent couper le puits *Saint-Félix*, comme elles coupent les puits *Henri*, *Robert* et de *l'Est* (fig. 30 et 31), ce qui supprimerait sur ce point l'étage moyen [1].

D'autre part, comme les couches inférieures, nᵒˢ 8, 13 et 15, sont déjà stériles au puits *Robert*, on voit que le puits *Saint-Félix* a fort peu de chances de rencontrer, même approfondi, des couches de quelque valeur. Il faut chercher plus à l'Est, vers l'aval pendage immédiat du puits d'Avaize nᵒ 2, c'est-à-dire foncer ce dernier puits, comme je l'ai déjà dit, et rejoindre ensuite la troisième couche par un travers-bancs.

Disons, pour clore cette discussion au sujet de l'avenir du district en question, que les quelques affleurements qui figurent sur nos cartes entre les hauts fourneaux et la forge doivent appartenir à l'étage moyen, tandis que ceux qui se voient auprès de Gaillard, sur la rive droite du Janon, appartiennent plutôt à l'étage inférieur. Mais les uns et les autres correspondent à la zône fortement redressée par la faille-limite Sud du bassin, et se trouvent, de plus, sur le passage des failles de Monthieux, du Soleil et de la Tardiverie. Il n'y a donc pas place ici pour un champ de travaux quelque peu étendu et régulier.

Quant à la question du prolongement des trois étages de Saint-Étienne sous Patron et Saint-Roch, nous la traiterons après la description du district nᵒ 3.

§ 166. — Donnons, pour terminer la description du deuxième district, la liste des concessions et des principaux puits que l'on y a ouverts.

---

1. D'après M. Grand'Eury on trouve, en effet, parmi les déblais du puits Saint-Félix des empreintes du groupe de la huitième couche de l'étage inférieur.

1° *Concessions du district de Saint-Jean de Bonnefond et de Côte-Thiolière.*

NOMS DES CONCESSIONS.	ÉTENDUE en HECTARES.	DATES des ORDONNANCES DE CONCESSION.
Saint-Jean de Bonnefond	322 hect.	23 mai 1841.
Le Sibertière.	190 —	Id.
Le Grand-Ronzy	28 —	4 novembre 1824.
La Barallière	38 —	4 id. 1824.
Côte-Thiollière.	69 —	6 id. 1825.
Terrenoire.	572 —	4 id. 1824.
Monthieux.	71 —	6 id. 1825.
Le Janon	215 —	4 id. 1824.

2° *Tableau des puits par concessions.*

NOMS des CONCESSIONS.	NOMS des PUITS.	COTES de niveau de l'orifice des puits.	PROFONDEUR DES COUCHES dans les puits.					PROFONDEUR totale des puits.	OBSERVATIONS.
			N° 12	N° 8	N° 8 *bis*	N° 7	N° 3		
St-Jean de Bonnefond.	Crapotte . . .	475ᵐ,	67ᵐ,	»	»	»	»	171ᵐ,	
	Des Roches. .	470	5	»	»	»	»	58	
	St-Hubert. . .	494	»	20ᵐ,	46ᵐ,	»	»	407	Les couches 9 à 13 y sont stériles.
	St-Blaise . . .	525	»	72	104	»	»	112	Le puits *St-Blaise* traverse la *crue* à 52 mètres.
	Descours . . .	526	»	124	143	»	»	155	
	St-Georges . .	516	»	35	62	»	»	70	
Sibertière.	Puits de recherche.	»	»	»	»	»	»	200	Ce puits est situé à 130ᵐ, au Sud du puits des *Roches.* Les puits de la Sibertière n'ont rencontré aucune couche.
	St-Jean. . . .	»	»	»	»	»	»	.75	
	Ste-Marie. . .	»	»	»	»	»	»	160	Le puits *Ste-Marie* seul a traversé, à 60ᵐ, une veine de 0ᵐ,15.
	Ste-Barbe. . .	530	»	18	3	»	»	150	

NOMS des CONCESSIONS.	NOMS des PUITS.	COTES de niveau de l'orifice des puits.	PROFONDEUR DES COUCHES DANS LES PUITS.					PROFONDEUR totale des puits.	OBSERVATIONS.
			N° 12	N° 8	N° 8 *bis*	N° 7	N° 3		
Terre-noire.	St-Antoine . .	520m.		54m.	83m.	»	»	90m.	
	Saignol. . . .	556	»	»	»	»	56m.	65 environ	
	Bertrand . . .	556	»	»	»	»	120	160	Le puits *Bertrand* a rejoint la 3ᵉ par une traverse ouverte au niveau de 152m.
	St-Hippolyte . .	540	»	»	»	»	202	220	
	D'Avaize n° 2 .	544	Couche des Rochettes à 90m.	»	»	»	247	250	
	D'Aveize n° 1 .	547	»	»	»	»	»	110	A 103m, un travers-bancs recoupe la couche des Rochettes et la plupart des couches du bois d'Avaize.
	Puits Neuf. . .	583	»	»	»	»	»	150	Ce puits traverse la Grande masse et le Bon-Menu du bois d'Avaize.
	De la Chaux. .	547	»	»	»	»	160	164	
	Lyonnet. . . .	547	»	»	»	»	120	130	
Barallière.	Du Crêt. . . .	590	272	52	»	»	»	365	Ce puits a rencontré les couches 9 à 12 sous forme de veines inexploitables.
	Lafond	565	»	»	»	42	»	275	Le puits Lafond a coupé la couche 7 *bis* à 80m; il a manqué la 8ᵉ par une faille, et les couches inférieures 9 à 12 sont stériles.
Grand-Ronzy.	Paillon n° 1 . .	634	»	71	»	»	»	80	
	Moreau. . . .	615	»	185	»	»	»	190	

Pour les puits de la Côte Thiollière, les sous-colonnes portent les têtes N° 7, N° 5, N° 3 :

NOMS des CONCESSIONS.	NOMS des PUITS.	COTES de niveau de l'orifice des puits.	N° 12	N° 8	N° 8 *bis*	N° 7	N° 5	N° 3	PROFONDEUR totale des puits.	OBSERVATIONS.
Côte Thiollière.	Merle.	518	»	»	»	»	108	66	115	
	St-Antoine. . .	516	»	»	»	»	174	140	200	Rencontre la faille de Monthieux au-dessus de la 7ᵉ.

NOMS des CONCESSIONS.	NOMS des PUITS.	COTES do niveau de l'orifice des puits.	PROFONDEUR DES COUCHES DANS LES PUITS.						PROFON-DEUR totale des puits.	OBSERVATIONS.
			N° 12	N° 8	N° 8 *bis*	N° 7	N° 5	N° 3		
Côte-Thiollière.	St-Jean. . . .	528	»	»	»	»	»	50	60	A 310ᵐ, un travers-bancs atteint la 8ᵉ.
	Henry	520	»	290	»	44	16	»	320	
	Robert	524	la 13ᵉ. 545	339 par un t.-bancs	»	140	108	75	600	La 8ᵉ et la 13ᵉ sont coupées par les failles de Méons et de Monthieux.
Monthieux. partie orientale	De l'Est. . . .	513ᵐ.	12ᵉ C. à 294ᵐ. 13ᵉ C. à 416ᵐ.	102ᵐ.	»	98ᵐ.		70ᵐ.	438ᵐ.	La 8ᵉ a été atteinte par une traverse au mur de la faille de Monthieux.
Janon.				Couche des Rochettes.		Grande masse du bois d'Avaize.				
	Saint-Félix.. .	543ᵐ,		180ᵐ.		»			423	A 350ᵐ, on a traversé une faille qui doit faire disparaître la 3ᵉ couche de l'étage moyen.
	Bel-Air. . . .	621		»		240ᵐ.			250	
	Bachmann.. .	559		»		85			90	

3º District du Cros et du Treuil.

§ 167. — Le district du Cros et du Treuil s'étend depuis le Furens, qui en forme la limite Ouest, jusqu'au district de Chaney et la Chazotte à l'Est. Au Nord, il va jusqu'à la limite du bassin houiller; au Sud, jusqu'au pied des collines de la Richelandière et de Saint-Roch. Il comprend, au Nord, la grande concession du *Cros*, au Sud, les quatre petites concessions de *Méons*, le *Treuil*, la *Roche* et *Bérard*, appartenant aujourd'hui, avec *Terre-noire* et *Chaney*, à la Société des houillères de Saint-Étienne.

Suivons le terrain de bas en haut, c'est-à-dire du Nord au Sud.

Vers le Nord de la concession du Cros règne la *brèche* de Rive-de-Gier et, directement au-dessus, le puissant poudingue stérile de Saint-Chamond. C'est la suite de la double bande, déjà signalée au Nord du district de la Chazotte et de Chaney.

Je n'ai rien à ajouter en ce qui concerne la *brèche*. Je dirai seulement que la largeur de ce dépôt est de 6 à 700 mètres; qu'elle passe au Nord du petit Mont-Reynaud, et que là, sous la Tour-en-Jarrêt, elle est surtout formée de gros blocs de schistes savonneux à mica blanc, auquel s'associe un véritable amas de fer hydroxydé[1].

Quant à l'étage stérile qui couvre Rive-de-Gier, rappelons que le sommet du Petit Mont-Reynaud est coiffé d'un amas siliceux d'origine geysérienne (§ 73), et que le Grand Mont-Reynaud ainsi que les environs de Bayard, Soleymieux et Longiron, sont exclusivement occupés par la *gratte micacée* de Saint-Chamond (§ 145). On peut très bien étudier la composition de cet étage stérile en partant du mur de la seizième couche, au hameau des Granges, et en se dirigeant de là au sommet du Grand Mont-Reynaud, ou le long du ruisseau de l'Isérable jusqu'à son embouchure dans le Furens. Partout ce sont des grès schisteux micacés, plongeant faiblement au Sud-Est, et alternant avec de gros bancs de gratte quartzo-micacée, dont les galets atteignent parfois la grosseur de la tête d'un enfant. On en trouve de pareils au sommet du Grand Mont-Reynaud. Le même étage stérile occupe également le revers Nord de ce coteau jusqu'au hameau des Brosses, sur les bords de l'Onzon. Par contre, dans le ravin, qui monte de l'Onzon au col de jonction des deux Monts-Reynaud, une forte faille relève la brèche de la base, de sorte que l'amas siliceux, situé au sommet du Petit Mont-Reynaud, semble reposer presque directement sur elle. La gratte de Saint-Chamond se voit de même au-dessous de Soleymieux, le long de la route départementale n° 11, qui va de Saint-Étienne à Valfleury et Saint-Symphorien-le-Château. A partir de la vallée de l'Onzon, dans la direction de la Talaudière, l'étage en question occupe

---

les deux bords de la rivière. On voit là, auprès de Bayard, le long de la route départementale n° 7, un petit affleurement charbonneux que j'avais considéré, en 1847, comme pouvant représenter l'étage de Rive-de-Gier. Par le fait, il est encore éloigné de la brèche de la base, et M. Grand'Eury y a même trouvé des plantes qui caractérisent le puissant étage séparant Rive-de-Gier de Saint-Étienne. Deux puits, dont l'un d'environ 200 mètres, sur les bords de l'Onzon, ont prouvé que cet affleurement ne s'améliore pas en profondeur, et qu'en réalité, comme ailleurs dans le bassin de la Loire, cet étage intermédiaire est vraiment stérile sur ce point.

Quant à l'étage même de Rive-de-Gier, il est également stérile le long de son affleurement; aussi, dans l'état actuel des choses, on ne saurait affirmer si, oui ou non, il sera exploitable à partir d'un certain niveau. En tout cas, la moitié Sud de la grande concession du Cros peut seule contenir des couches de houille, et sous un tiers à peine de son étendue s'étend l'étage inférieur de Saint-Étienne.

§ 168. — L'étage stéphanois débute auprès des hameaux de la Chèvre et des Granges, par une couche qui, vu sa qualité et sa situation, représente certainement la suite de la couche n° 16, connue à Beuclas (pl. VII et IX). A la Chèvre, comme aux Granges, on a fouillé, en effet, une couche de qualité inférieure qui incline au Sud-Est sous les travaux de la grande couche du Cros (la quinzième). A la Chèvre le puits n'a qu'une vingtaine de mètres; il communique, par les travaux, avec une fendue partant des affleurements. La veine est entremêlée de schistes et n'avait guère plus d'un mètre de puissance; le charbon en est pierreux. Les travaux sont de toutes parts bornés par des accidents, qu'on n'a pas cherché à franchir à cause de la mauvaise qualité de la houille. Ils n'ont d'ailleurs que 100 mètres en direction sur 150 mètres suivant la plongée, qui est de 18 à 20 pour cent en moyenne.

Les travaux des Granges sont plus étendus; on les a exécutés il y a trente-cinq ans. Le puits d'aérage, voisin des affleurements, n'a que 20 mètres, le puits principal, dit *Théodore*, une cinquantaine de mètres. La couche ne mesure en moyenne que $1^m,10$ à $1^m,20$; au mur existe en outre un autre banc inexploitable comme à Beuclas. Le charbon des Granges est entremêlé de nerfs, comme celui de la Chèvre, et peu riche en matières volatiles. L'exploitation en était pourtant facile parce que le toit de grès exigeait peu de bois, et que la proportion de gros charbon y était élevée. Malgré cela on n'a pas cherché à franchir les accidents, qui limitent la couche à l'Est et à l'Ouest. Les travaux ne se sont étendus que sur 200 mètres dans le sens de la pente, qui était faible comme à la Chèvre. En direction la couche fut suivie à peine sur 100 mètres, près du jour, et sur 180 mètres au niveau du puits *Théodore*.

Jusqu'à présent on n'a nulle part cherché à atteindre cette seizième couche au-dessous des travaux de la quinzième. Le puits Valeton seul a été foncé jusqu'à 60 mètres au mur de la quinzième, distance insuffisante pour rencontrer la seizième. Le terrain traversé se compose de grès grossier.

§ 169. — La *quinzième* couche est régulièrement exploitée dans la concession du Cros depuis cinquante ans, et le fut même antérieurement au voisinage des affleurements. Les travaux occupent aujourd'hui toute la largeur de la concession, soit 1,500 mètres, depuis l'ancien étang de Molina près de Chaney jusqu'à l'étang du Cros, entre l'Étivalière et le hameau du Cros. Les affleurements longent le pied méridional du Mont-Reynaud, près des Granges et de la Girardière, et les travaux vont de là jusqu'à la limite Sud de la concession, sur 1,000 mètres selon le pendage. Au delà, la couche s'enfonce sous la concession voisine de Méons, où l'on vient seulement de l'atteindre, par le puits *Mars*, il y a peu de temps (pl. IX).

Dans la concession du Cros elle fut jadis exploitée par les puits *Valeton* et du *Cros*, et l'est encore par les puits *Camille* et des *Chaumières*, ce dernier servant pour la descente des remblais.

Le classement de la grande couche du Cros est resté douteux pendant fort longtemps. La quinzième couche de la Chazotte se trouvant amincie au puits *Jovin*, situé à 350 mètres de la limite Est des mines du Cros, on devait penser qu'il en serait de même au Cros. D'autre part, les travaux voisins de Méons ne pouvaient fournir aucun renseignement utile, à cause des failles qui séparent les deux mines. Comme la quinzième semblait s'évanouir à l'Ouest de la Chazotte, on ne pouvait hésiter, pour la couche du Cros,

qu'entre la quatorzième et la treizième. Mais la quatorzième s'amincit
aussi vers les limites de Méons, au puits des *Quatre-Nations.* On était
donc amené à assimiler la couche du Cros à la treizième. Ce rapprochement était d'autant plus naturel que la couche du Cros ressemble beaucoup
plus, comme puissance et qualité, à la treizième de Méons et de Chaney
qu'à la quatorzième du Montcel. Mais aujourd'hui, que les travaux du Cros
sont plus étendus, on est obligé de reconnaître que la couche que l'on y
exploite passe *sous* la treizième du puits *Sainte-Marie* de Chaney, et que
la faille de la République la rejette de même au-dessous de la treizième
des puits *Mars* et de l'*Étang* à Méons. Par suite, cette couche inférieure ne
peut être que la quatorzième ou la quinzième. Or, ici le doute n'est guère
possible, car non-seulement la couche du Cros ressemble beaucoup plus à
la quinzième qu'à la quatorzième, mais encore les travaux prouvent qu'auprès de Molina la couche du Cros doit passer à plus de 200 mètres au-dessous de la treizième, ce qui dépasse de beaucoup la distance à laquelle peut
se trouver la quatorzième, et, d'ailleurs, on connaît, près de Molina, au-
dessus des travaux du Cros, un affleurement, dont les caractères et la position correspondent bien à la vraie quatorzième. Il suit donc de là que l'on
peut considérer comme établi que la couche du Cros est bien réellement
le prolongement occidental de la couche de la *Vaure*, ou quinzième, des
concessions de la Chazotte et du Montcel. Si celle-ci est amincie au puits
Jovin, vers la limite Ouest de la Chazotte, on a constaté aussi qu'au voisinage
des affleurements, en amont du puits des *Chaumières*, la couche du Cros est
peu puissante et de qualité inférieure. Elle ne s'améliore et ne devient
importante que vers son aval pendage, au voisinage de Molina. Du reste
au Cros, comme à la Chazotte, la quinzième couche est peu constante dans
son allure; la puissance et la qualité varient souvent assez rapidement et
à des intervalles de faible étendue. Cependant elle se compose également
de deux bancs principaux, séparés l'un de l'autre par un nerf schisto-charbonneux, dont l'épaisseur varie de quelques centimètres à 1^m,60, et dans
lequel se trouvent aussi des rognons de fer carbonaté-lithoïde. Au Cros,
comme à la Chazotte, le banc supérieur fournit de la houille plus

dure que le banc inférieur. Celle-ci, sans être aussi *moureuse* qu'à la Chazotte, est cependant assez friable. La houille des deux bancs est d'ailleurs plus grasse et plus riche en matières volatiles que celle de la quinzième du district précédent. Elle donne 75 à 76 pour 100 de coke dense et compact, bien fondu, et perd, par suite, à la calcination, 24 à 25 pour 100 de matières volatiles. Le charbon comprend, comme presque toutes les houilles à courte flamme, des lamelles alternativement ternes et brillantes. (Voir le n° 108 du tableau des houilles.) Dans le charbon en morceaux, les cendres atteignent la proportion de 6 à 7 pour cent.

Le toit de la couche est formé de 10 à 20 mètres de schistes, contenant çà et là des rognons de minerai. Plus haut vient un gros banc de grès qui va jusqu'à la surface du sol. Au mur se trouve du schiste, puis également du grès (*taille*), et parfois, dans ce schiste, un troisième banc de houille qui, dans les parties exceptionnellement puissantes, forme alors, avec les bancs supérieurs, par la disparition des nerfs schisteux, une couche unique de 10 à 12 mètres de puissance. En général cependant l'épaisseur utile est peu supérieure à 6 ou 7 mètres. Voici la coupe, relevée dans les travaux, auprès de l'ancien puits du Cros :

Schiste.	15^m,00 à 20^m,00	*Toit.*
Banc *supérieur*, houille dure	2 50 à 3 00	
Nerf comprenant { schiste charbonneux et minerai de fer.	1 60	
Banc *inférieur*, houille tendre relativement pure	1 50	Puissance totale 8^m à 8^m,50 dont 4 à 5^m de houille.
Nerf composé de { schiste charbonneux.	1 00	
{ grès fin schisteux . .	0 80	
Banc du *mur*. Houille.	0 50	
Schiste et grès schisteux.		*Mur.*

Vers l'aval pendage, et surtout en s'avançant vers l'Est, la couche devient plus forte ; le banc *supérieur* atteint 4 mètres, le nerf, situé au-dessous, se réduit à 1 mètre, le banc *inférieur* s'accroît à 3 mètres, et cela aux dépens du schiste charbonneux, qui disparaît en ne laissant plus qu'un nerf de grès de 0^m,50, sous lequel le banc du *mur* mesure encore 0^m,80. Enfin auprès de *Molina* on constate la coupe ci-jointe, où le schiste du mur ordinaire de la couche est à son tour partiellement remplacé par du charbon.

Banc *supérieur*, bonne houille.	4^m,00 à 5^m,00	
Nerf schisteux.	0 40	
Banc *inférieur*, bonne houille.	3 00	
Nerf schisteux.	0 30	Épaisseur totale 12^m,90
Banc du *mur*.	1 30	à 13^{m}90, dont 10^m environ
Grès tendre.	0 50	de bonne houille.
Houille crue.	2 30	
Grès tendre.	0 20	
Houille très pierreuse.	0 90	

En remontant de Molina vers les affleurements la couche devient de nouveau plus mince et moins pure. Sous la Bâtie et au-dessus du puits des *Chaumières* on ne trouve plus que 4 à 5 mètres de charbon médiocre.

Ainsi, en résumé, la quinzième couche n'est pas plus constante dans son allure au Cros qu'à la Chazotte. Dans les deux districts elle s'altère vers les affleurements, et nous verrons bientôt que sur son aval pendage prolongé, dans la concession de Méons, elle s'oblitère également comme au puits *Petin* de la Chazotte.

La direction générale de la couche est Nord Est-Sud Ouest entre la Bâtie et Molina, et sensiblement Est-Ouest aux environs du Cros.

L'inclinaison vers le Sud-Est ou le Sud n'est nulle part bien forte; elle dépasse rarement 25 pour cent, et, dans l'ancienne mine du Cros, au Sud du puits *Valeton*, elle est même au plus de 10 pour cent. Par suite, l'exploitation y est facile, et sa régularité n'est troublée que par de légers accidents qui vont rejoindre la grande faille de la *République*, passant à faible distance au Sud du puits du *Cros*. Cette faille, orientée Est-Ouest, sépare les mines de Chaney et du Cros de celles de Reveux et de Méons. A Chaney elle affecte la treizième couche, au Cros la quinzième; sur les deux points elle fait descendre le terrain du Nord au Sud et y limite les champs d'exploitation. Nous y reviendrons dans un instant. Une autre faille importante borne la mine du Cros à l'Est, à peu de distance des limites de la concession; c'est la grande faille transversale du puits *Saint-Jean*, signalée à l'occasion des travaux de la treizième couche de Chaney (§ 151). Elle remonte la quinzième couche au jour.

A l'Ouest, les travaux du Cros vont également buter contre un accident, sensiblement dirigé du Nord au Sud. La faille est à peu près verticale, mais le sens du rejet ne semble pourtant pas douteux, car, sous l'étang du Cros, on a vu le charbon remonter à la surface du sol, vers l'Ouest, le long de la trace de la faille au jour (pl. IX).

§ 170. — Parmi les accidents qui troublent la régularité des travaux, il faut signaler les deux rejets opposés qui passent entre le hameau du Cros et la ferme de la Bâtie; ils encadrent un quartier de vieux travaux peu profonds, depuis longtemps abandonnés et très probablement remplis d'eau. Un autre accident, qui commence à zéro près de l'ancien étang de Méons, sépare, au Nord, le quartier de la Bâtie de celui du puits des *Chaumières*. Vers son origine se trouve un bas-fond, divisé en deux par un dos d'âne saillant, le long duquel la couche remonte vers la faille de la République, en sens inverse du rejet qu'elle occasionne. Nous verrons de même qu'au Sud de ce point, dans la mine de Méons, la treizième couche plonge à l'encontre de la faille, vers le Nord, tandis que celle-ci incline au Sud. C'est un exemple frappant de double inflexion par *refoulement*, due à l'action d'une faille longitudinale (voyez les courbes de niveau de la pl. IX).

La faille de la République opère ici un déplacement de 220 mètres environ. On sait, en effet, que l'orifice du puits du *Cros* coïncide avec l'affleurement de la couche n° 11, et que le banc du mur de la quinzième s'y trouve à 110 mètres de profondeur. Ainsi, par le fait de la faille de la République, qui coupe le puits du *Cros* (voir pl. IX, la coupe), la onzième couche n'est séparée de la quinzième que par un intervalle vertical de 110 mètres, tandis que, dans les puits voisins *Mars* et *Saint-Louis* de Méons, la distance réelle est de 330 mètres, ce qui donne pour l'amplitude du rejet 330—110=220 mètres. Or, comme la treizième est au puits Mars à 190 mètres au-dessus de la quinzième, on voit que la première de ces deux couches doit se trouver, au pied de la faille (au toit), à 220—190=

30 mètres environ au-dessous du niveau de la recette d'accrochage de la quinzième dans le puits du *Cros*. Il doit donc exister un lambeau de la treizième dans l'angle Sud-Ouest de la concession du Cros, formant l'amont pendage du massif que l'on vient de rencontrer, au puits *Saint-Louis* de Méons, à la profondeur de 396 mètres. Au-dessus de ce lambeau de treizième se trouvent les quatre veines 9 à 12, dont les affleurements se voient, auprès du puits du *Cros,* à de faibles intervalles, grâce à la forte inclinaison des assises du terrain sur ce point (voy. pl. IX, coupe et plan).

Avant de quitter les travaux mêmes de la quinzième, disons encore que, pour exploiter son aval pendage, le long des limites de Méons, on a approfondi le puits du *Cros* de 15 à 20 mètres, puis on a rejoint, à l'aide d'un travers-bancs, les parties basses de la mine. De plus, comme l'orifice de cet ancien puits est de plusieurs mètres au-dessous du niveau de la voie ferrée, on a creusé, sur le bord du chemin de fer même, le puits *Camille*, de 140 mètres de profondeur, qui fut ensuite également relié, par un long travers-bancs, avec le bas-fond ci-dessus mentionné. Ce puits fonctionne aujourd'hui comme fosse principale d'extraction des mines du Cros, malgré un roulage souterrain un peu long.

§ 171. — Avant de poursuivre la quinzième couche au Sud, dans la concession voisine de Méons, occupons-nous maintenant de la treizième couche, qui a alimenté pendant quarante ans (de 1830 à 1870) les puits les plus importants de l'ancienne mine de Méons, ceux de l'*Étang*, de la *République* et de *Mars* dans la région de l'amont pendage, et les puits *Saint-Claude* et de l'*Éparre* dans les parties basses.

On a vu (§ 151) ce qu'est la treizième couche dans la concession de Chaney, et comment la faille de la *République* la rejette en profondeur, vers le Sud, sous la concession voisine de *Méons*. C'est là qu'il s'agit maintenant de la poursuivre. J'ai, au reste, déjà fait connaître sa manière d'être dans la région Nord, sous l'ancien étang de Méons, où le gîte avait 4 à 5 mètres de puissance utile, et fournit, pendant quelques années, le charbon à coke le plus estimé de Saint-Étienne. On a vu aussi comment la couche s'est altérée, à l'Est, dans le quartier des puits *Rosand* et *Grégoire* de Reveux.

Un faible accident, de 6 à 10 mètres, gradin subordonné de la faille de la République, sépare l'ancienne mine de l'Étang des travaux plus récents et plus importants du puits *Mars*. Là, sur une échelle plus grande, on a pu constater la même altération graduelle du gîte.

Au puits *Mars*, la coupe de la couche diffère peu de celle du puits de l'*Étang*. Sous un toit schisteux on a trouvé :

Houille crue.	2^m,00
Lit, composé de schiste, de houille et de minerai de fer.	0 65
Houille crue.	0 45
Nerf de grès fin, appelé le *carreau*.	0 40
Houille d'excellente qualité.	4 00 à 5 00
Grès schisteux, dit *manifer*.	1 00
Houille plus ou moins terreuse.	1 20
Grès schisteux pur.	8 00 à 10 00

(Houille d'excellente qualité à Houille plus ou moins terreuse : 7 mètres.)

Au-dessous nouvelle veine de houille de 0^m50, qui semble correspondre au banc inférieur, appelé *quatrième* à Chaney (côte du Brûlé), et connue aussi à la fendue de la *Forestière* dans la concession du Montcel.

Le mur de la treizième couche est au puits *Mars* à la profondeur de 115 mètres, et la couche des *Roches* (ou quartorzième) au niveau de 172 mètres, soit 57 mètres sous la treizième, ce qui est aussi, à 2 ou 3 mètres près, la distance des deux couches au puits *Frotton* de Chaney (§ 150).

L'allure de la treizième est à peu près Est-Ouest avec plongée vers le Sud. Celle-ci est de 30 à 35 pour cent aux environs mêmes du puits *Mars*, mais diminue à l'Est, vers son aval pendage, jusqu'à moins de 20 pour cent. Les travaux vont, d'une façon régulière, jusqu'aux limites de la concession de Reveux, à 800 mètres de distance, tandis qu'ils sont bornés à l'Ouest par une faille, qui coupe le puits au niveau de la *onzième* couche. C'est un *rejeton*, ou sorte de *bifurcation* oblique, de la faille de la République, ou plutôt, comme nous le verrons, cet accident, connu sous le nom de *faille Mars*, semble être un gradin de la faille de Méons. Au point où elle se détache de la faille de la République, son amplitude est de 120 à 130 mètres, tandis qu'elle se termine à zéro, vers le Sud-Est, à moins de 500 mètres de distance. Ce rejet de 120 à 130 mètres s'ajoute à la faille de la République, c'est-à-dire que l'amplitude de celle-ci, qui est de 80 à 100 mètres seulement à l'Est du point de jonction, devient 220 mètres au delà; de plus, on ne retrouve aucune trace de cet accident secondaire, au Nord de la faille principale, dans les travaux du Cros.

A la surface du sol on reconnaît la faille du puits Mars, sur les bords de l'étang desséché de Méons, auprès de l'ancienne fendue de la mine. On voyait là, côte à côte, le long de la faille, un massif de grès grossier au toit de la faille et la houille de la treizième au mur.

Le charbon du puits *Mars* était brillant et pur, mais tendre comme en général tous les bons charbons à coke (nᵒˢ 93 à 98 du tableau des houilles). Malheureusement déjà au puits *Saint-Claude*, à 270 mètres du puits *Mars*, à la profondeur de 200 mètres, la couche commence à s'altérer. Entre les bancs de houille se développent des schistes et du minerai de fer; c'est le pendant de ce que nous avons signalé, à la Côte du *Brûlé*, dans la concession de Chaney, et dans les travaux des puits *Rosand* et *Grégoire* de Reveux. Par suite de l'intercallation de l'élément terreux, les sept mètres de houille et schistes, connus au puits *Mars* au-dessous du *carreau*, dépassent 10 mètres au puits *Saint-Claude*.

Plus loin, au puits *Verpilleux*, la houille est encore moins pure qu'au puits *Saint-Claude*. La puissance de la couche, prise au-dessous du *carreau*, est de 7ᵐ,50. Enfin, au puits de l'*Éparre*, à 240 mètres de profondeur, et au voisinage de la limite orientale de la concession, les schistes se sont développés au point de rendre la couche complètement inexploitable. Dans cette région, en amont du puits de l'*Éparre*, où la couche n'est pas encore complètement altérée, on exploitait, en 1841, le minerai de fer, en même temps que la houille, pour l'usine de l'Horme.

§ 172. — Vers cette époque, de 1841 à 1843, je visitai fréquemment les travaux de Méons. Jusqu'alors tous les ingénieurs et directeurs de mines sans exception admettaient, comme une sorte d'axiome indiscutable, qu'il n'y avait, dans le bassin de Saint-Étienne, qu'une seule grande *masse*, la *troisième,* c'est-à-dire que la grande couche de Côte-Thiollière et la grande masse des mines du Treuil et de Bérard étaient identiques, aussi bien avec la couche de l'*Étang* (la treizième actuelle), qu'avec la couche alors exploitée par les puits *Payet, Bréchignac,* le *Bessard* et *Saint-André* (la huitième actuelle).

Or, dès mes visites de 1841, je fus frappé des différences que présentait la couche de l'Étang avec sa voisine du puits *Saint-André*, et des facilités spéciales que présentait ce district pour l'étude de l'âge relatif des couches. Les travaux souterrains des deux mines voisines n'étaient alors qu'à 80 mètres de distance horizontale, mais on ne savait pas encore s'il existait ou non une faille dans ce court intervalle.

En s'avançant, depuis le puits *Saint-Claude,* le long de la couche, vers l'Ouest, on contourna l'origine de la faille du puits *Mars,* et l'on put ainsi suivre le lambeau rejeté en profondeur par cet accident.

On se dirigea directement sur le puits *Saint-André,* mais on fut bientôt arrêté par une nouvelle faille, parallèle à la première. D'autre part, les descentes, ouvertes dans les travaux du puits *Saint-André*, avaient rencontré le même accident du côté opposé. On constata qu'il y avait *chevauchement ;* que la différence de niveau était de 30 à 40 mètres, et que les deux couches ne pouvaient être identiques, à moins d'une véritable faille *inverse.* Cela n'était pas impossible, car on ne savait pas alors que, dans le bassin de la Loire, les seules failles *longitudinales* sont parfois inverses. Pourtant il était évident qu'en cas de glissement de la couche sur elle-même, elle n'aurait pu changer de caractères, tandis que précisément les différences entre les deux couches étaient grandes de part et d'autre de la faille. Nous les indiquerons en nous occupant de la mine du *Bessard.* Pour le moment, parlons des travaux qui furent alors entrepris (voy. pl. IX et coupe pl. XXVI).

Remarquons d'abord qu'au point où l'on atteignit la faille, dans la couche de l'*Étang,* le chevauchement horizontal était de 70 mètres. Ce fait, que je pus constater en automne 1843, rapproché des différences que présentaient les deux couches au toit et au mur de la faille, ne laissa plus aucun doute dans mon esprit. La couche du puits *Saint-Claude* devait être *inférieure* à celle du puits *Saint-André.* Aujourd'hui le fait est si évident,

que bien des personnes pourront trouver étrange que je m'appesantisse
à prouver ce que nul ne songe plus à contester. Mais, si je le fais,
c'est qu'alors il n'en était pas ainsi. Le directeur même de la mine était
perplexe; il fit ouvrir une descenderie le long de la faille, afin de s'assurer
si la couche était rejetée en amont ou en aval.

Au mois de février 1844 on était descendu de 60 mètres le long de la
faille, soit 40 mètres verticalement. La faille avait une pente variant de
45 à 50°; elle était marquée par une salbande argilo-charbonneuse très
nette; le plan de glissement était lisse, et surtout franchement accusé au
travers des bancs de grès. Bref, tout indiquait une faille *ordinaire* et non
une faille inverse, mais, en même temps, tout annonçait un rejet de plus
de 200 mètres, sinon le puits *Saint-Claude*, où la couche de *l'Étang* est à
200 mètres de profondeur, eût aussi recoupé la couche supérieure du
puits *Saint-André*. Ainsi donc, la couche exploitée au puits *Saint-André*
(la huitième actuelle) devait être supérieure à la couche de *l'Étang*, et
géologiquement plus élevée d'au moins 200 mètres. C'était le premier pas,
quelque peu sérieux, fait dans mon étude du bassin houiller.

J'ajouterai que, dès cette époque, on reconnut la faille en question
dans toute l'étendue des travaux du puits Saint-Claude, et qu'elle s'y
montra partout régulière et droite. On la nomma dès lors faille de *Méons*, et
c'est elle que nous avons déjà rencontrée, dans son prolongement oriental,
le long des travaux de la fendue de *l'Éparre* et jusqu'aux puits *Robert* et
Lafond de Côte-Thiollière et de la Barallière. Grâce à la connaissance
parfaite de son allure, on a pu récemment placer le puits *Verpilleux* de
façon à rencontrer, à faible distance, la huitième couche au toit et la treizième au mur de cette faille et, au-dessous de celle-ci, les quatorzième et
quinzième couches.

Nous donnons ci-dessous la coupe (fig. 33), passant par les puits
Bréchignac, de *l'Isérable* et *Verpilleux*, afin de mieux montrer la position
relative des couches. C'est la même situation respective qu'entre les puits
Mars et *Saint-André* (coupe, pl. XXVI).

Nous dirons bientôt les caractères de la huitième et de la quinzième, dans ce quartier. Quant à la treizième, j'ai déjà dit combien les schistes ont gagné de terrain aux dépens de la houille, et qu'à l'Est surtout, vers le puits de *l'Éparre*, elle cesse d'être exploitable.

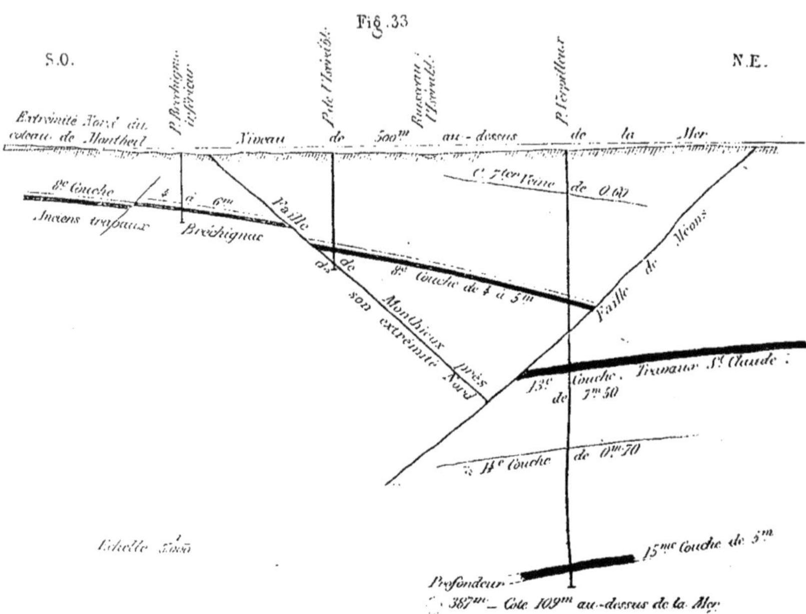

Dans cette région des puits *Verpilleux* et *Saint-Claude* (pl. IX et X), la couche est presque horizontale. C'est un bas-fond, d'où elle remonte au Nord-Ouest, entre les failles de Méons et de Mars, de la cote 310 à la cote 370, en face du puits *Saint-André*. Là elle atteint une sorte de dos d'âne, d'où elle replonge jusqu'à la cote 330, en se terminant en pointe à l'angle de jonction des failles de Mars et de Méons.

§ 173. — Revenons maintenant à la faille de Méons. Je viens de montrer que, dès 1844, il était évident que son amplitude devait dépasser 200 mètres. Or, au puits *Henri*, nous avons trouvé 230 à 240 mètres; et

au puits *Verpilleux* on arrive à 275 mètres, car la distance vraie de la huitième à la treizième étant de 330 mètres, et la distance effective, dans le
puits, de 55 mètres seulement à cause de la faille, on voit que son amplitude sur ce point est de 330 — 55 = 275 mètres.

Enfin, en face du puits *Saint-Louis*, où la treizième vient d'être rencontrée à la profondeur de 396 mètres, le rejet redescend à 260 mètres ; de
sorte qu'aux limites de la concession, il doit être voisin de 260 mètres à
250 mètres. Par suite, la faille de Méons doit couper la treizième couche
très près de l'angle Sud-Ouest de la concession du Cros, et suivre ensuite à
faible distance sa limite occidentale, qui est ici précisément parallèle à la
trace de la faille. Ajoutons que la ligne de jonction des deux failles (pl. IX)
de Méons et de la République doit se trouver à peu de distance au Sud
du puits *du Cros*.

Or que deviennent les deux failles au delà ? C'est une question importante qu'il convient d'examiner. Il est d'abord évident que la faille de Méons
ne traverse pas celle de la République ; elle s'y arrête comme la faille du
puits *Mars*, car il n'en existe aucune trace dans les travaux du Cros. D'autre
part, si la faille de la République, supposée plus moderne, eût rejeté celle
de Méons, l'épure, dressée d'après les principes développés au § 158, et en
admettant 45° pour la pente des deux failles, tend à prouver que la trace de
la faille rejetée serait en *c d*, à 90 mètres environ à l'Ouest de *a b*, dans le
domaine des travaux du Cros, où rien de pareil ne se montre (fig. 34).

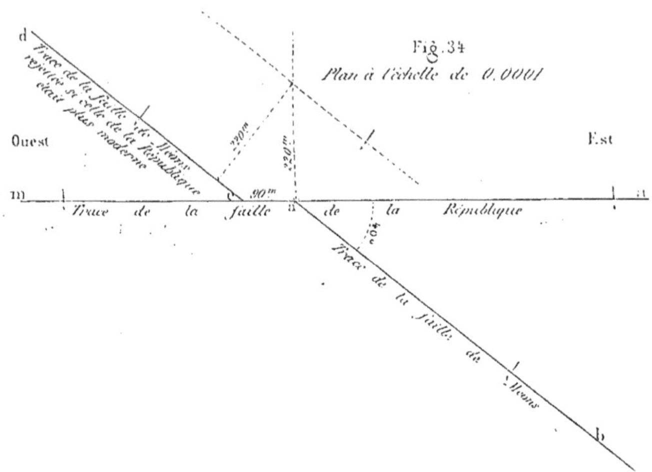

Donc la faille de Méons *s'arrête* à celle de la République, comme à Côte-Thiollière, à son autre extrémité, elle ne dépasse pas celle de la Barallière (§ 158). De là il ne résulte pourtant pas nécessairement que les failles de Méons et de la République soient contemporaines. Il arrive assez souvent qu'un filon *ancien* se rouvre lors de la formation d'un filon plus moderne ; cela est le cas surtout lorsque la pente et la direction des deux accidents sont peu différentes ; alors la cassure nouvelle se poursuit, non au delà du filon ancien, mais *le long* du plan même de ce filon. Or, c'est là ce que l'on observe ici. Les deux failles plongent dans le même sens et se rencontrent sous l'angle aigu de 40° ; dès lors la nouvelle cassure, au lieu de continuer en ligne droite, s'est déviée, suivant l'angle obtus, le long de la faille ancienne, en accroissant de sa propre amplitude le rejet antérieur. S'il en est ainsi, la faille de la République doit produire, à l'Ouest de celle de Méons, un déplacement total d'environ 470 mètres, somme de l'amplitude de la faille de Méons, qui est de 250 mètres vers son extrémité Nord, et de celle de la République qui est de 220 mètres. Si les choses se passent réel-

lement ainsi, la quinzième couche, vers l'angle Sud-Ouest de la concession
du Cros, doit être abaissée, par le fait de la double faille, d'environ 470 mètres
du côté de Méons. Eh bien! c'est en effet ce qui a lieu. Au puits *Saint-Louis*
la treizième couche, ainsi que nous le verrons dans un instant, a été rencontrée à la profondeur de 396 mètres, et comme le mur de la quinzième
est au puits *Mars*, à 190 mètres au-dessous de la treizième, la quinzième se
rencontrera au puits *Saint-Louis* vers 585 ou 590 mètres de profondeur[1],
c'est-à-dire à la cote de — 75 mètres environ, puisque l'orifice de ce puits est
à l'altitude de 512 mètres. D'autre part, la cote de la quinzième, en *amont*
de la faille, près du puits du Cros, est de 390 mètres; elle sera donc,
en *aval*, de 390 — 470 mètres = — 80 mètres, chiffre assez rapproché
de 75 mètres, pour qu'en pareille matière on puisse les considérer comme
identiques. Ainsi donc, ce qui est *certain*, c'est que le rejet de la faille de
Méons s'ajoute à celui de la République comme le rejet de la faille de Mars;
d'autre part, il est plus que probable, d'après ce que j'ai déjà dit sur l'an-
cienneté relative des failles *longitudinales*, et spécialement sur les rapports
d'âge de la faille de la République et de celle du puits *Saint-Jean*, qui est parallèle à celle de Méons (§ 151), que la faille *plus moderne* de Méons s'est déviée
le long de la faille plus ancienne de la République, au lieu de la rejeter, et
qu'elle a ainsi accru l'amplitude de celle-ci de son amplitude propre. En
tout cas, la faille du puits *Mars* semble être un premier gradin de celle
de Méons, c'est-à-dire que cette cassure accessoire a dû se produire par le
fait même de l'action que la faille de Méons a exercée sur celle de la République.

§ 174. — Nous avons dit ce qu'était la quinzième couche dans la concession du Cros, en amont de la faille de la République, voyons ce qu'elle
devient à son pied dans la concession voisine de Méons.

Le déplacement, dû à la faille de la République, est fort inégal, comme
nous l'avons vu, à cause des failles transversales de Méons et du puits *Mars*.

---

1. J'entends la profondeur de la quinzième au *toit* et au *pied* de la faille de Méons, car il est probable que le puits rencontrera la faille de Méons et non la couche. Il faudra y arriver par un travers-bancs.

Jusqu'à présent la quinzième couche n'a été atteinte qu'en amont de ces deux failles transversales, par l'approfondissement du puits *Mars*.

Ce puits était longtemps arrêté à la profondeur de 135 mètres. Il est aujourd'hui foncé jusqu'au niveau de 316 mètres. Le terrain traversé se compose en majeure partie de schistes (*gore et mannifer*), avec quelques rares bancs de grès. A divers niveaux on a recoupé de faibles veines de houille. A 10 mètres au mur de la treizième un banc de 0^m,45, à 26 mètres une petite couche de 0^m,75, à la profondeur de 173 mètres (à 57 mètres sous la treizième) une double veine de 0^m,40 et 0^m,60, séparées l'une de l'autre par un nerf de 1^m,20. C'est la couche des *Roches*, ou quatorzième, qui se trouve précisément à cette même distance de la treizième au puits *Frotton* de Chaney. On ne l'a pas explorée jusqu'à ce jour. Quant aux deux veines supérieures, elles peuvent être considérées comme des dépendances de la treizième, pareilles à celles qui existent au Montcel et au puits *Saint-Joseph* de Chaney.

Vers 232 à 252 mètres se rencontrent encore des veinules charbonneuses, enfin à 276 mètres on a percé le toit de la quinzième et à 306 mètres le mur, de sorte que la couche mesure ici, en réalité, dans le puits, jusqu'à 30 mètres. Voici sa coupe détaillée du toit au mur :

Houille rendue dure par des éléments terreux et des rognons de minerai de fer.	8^m,80	
Schiste charbonneux	0	80
Houille dure, comme ci-dessus, avec rognons de minerai de fer.	6	00
Schiste.	0	10
Houille tendre avec rognons de fer carbonaté	2	30
Houille assez dure avec rognons de fer carbonaté..	3	35
Schistes et charbon cru	0	55
Houille tendre pure, avec rognons de fer carbonaté..	1	00
Schistes.	0	20
Houille tendre pure sans minerai.	1	10
Schistes avec quelques veinules charbonneuses	2	80
Houille tendre avec quelques nerfs et rognons de minerai.	2	90
Mur. (*Underclay*), avec minerai de fer.		

En résumé, sur les 30 mètres, il y a 4^m,50 à 5 mètres de parties pierreuses et 25 mètres de houille, contenant çà et là des rognons épars de minerai de fer. En somme, la couche l'emporte de beaucoup sur celle du Cros par son épaisseur, mais elle lui est inférieure pour la qualité. Cette extrême accumulation charbonneuse semble au reste tout à fait locale, sans être pourtant le produit d'un refoulement *postérieur*, car la stratification est parfaitement réglée et le charbon nullement broyé. Il dut y avoir là des conditions de végétation houillère particulièrement favorables, mais qui n'ont pas dû s'étendre au loin, car en amont, à moins de 400 mètres de distance, vient la mine du Cros avec sa puissance réduite de 6 à 8 mètres, et, en aval, le long d'une descente pratiquée dans le gîte, on a vu successivement, à partir du toit, les deux grosses masses houillères de 6 et de 8 mètres se transformer en schistes; aussi, bien avant d'arriver au puits *Verpilleux*, il ne reste plus que les deux bancs du mur, je veux dire celui de la base de $2^m,90$ et celui de $1^m,10$ au-dessus du nerf schisteux de $2^m,80$. Enfin, au puits *Verpilleux* même, situé à 400 mètres en aval du puits *Mars*, ces deux bancs sont séparés l'un de l'autre par $6^m,50$ de schistes. En outre, la veine supérieure, réduite à $1^m,90$, et formée de charbon terreux avec filets de schistes, semble difficilement exploitable. Quant à celle du mur, de $1^m,60$, elle contient du charbon assez pur, mais dont il faut pourtant défalquer encore deux minces nerfs schisteux.

En somme, la quinzième couche est si variable dans ce district, qu'on ne saurait encore se prononcer sur sa véritable importance. De même qu'elle a rapidement grossi aux environs du puits *Mars* et auprès de Molina, dans la concession du Cros, elle peut aussi se développer de nouveau à l'Ouest et au Sud du puits *Verpilleux*. Rien ne prouve que l'altération, subie sur ce point, s'étende au loin dans cette direction. Nous verrons, en effet, que les huitième et treizième couches, fortement altérées à Monthieux et au puits *Jabin* de la concession de Terrenoire, sont de nouveau exploitables au Sud-Ouest dans la concession de Villebœuf. En tout cas, la quinzième couche est encore à peu près inconnue au Sud du Cros. Au toit de la faille de la République, elle n'est encore explorée que le long de la descente qui va du puits *Mars* au puits *Verpilleux* et, au toit de celle de Méons, aucun puits ne l'a atteinte, jusqu'à présent, car elle ne peut se trouver là à moins de 550 mètres de profondeur. Le puits *Saint-Louis* pourra la rejoindre par un travers-bancs au mur de la faille de Méons, dans l'angle Nord-Ouest de la concession de Méons.

La quatorzième couche a été recoupée, comme la quinzième, par les puits *Mars* et *Verpilleux ;* elle y est mince et partout inexploitable, mais ne fut au reste fouillée nulle part. Ajoutons seulement que l'affleurement, visible dans la tranchée de la route départementale n° 11, auprès de l'ancien étang de Méons, et celui que nous avons cité dans les prairies de Molina, concession du Cros, dénotent également une veine peu importante, de médiocre qualité.

§ 175. — Au-dessus de la treizième couche vient le groupe des veines n° 9 à 12. Elles se prolongent, de Chaney et de Reveux, dans les concessions voisines de Méons, le Cros et Bérard. Le puits *Saint-Claude* a traversé les deux veines inférieures, n° 11 et 12, et le puits de *l'Éparre*, les quatre veines. Elles s'y présentent avec les mêmes caractères que dans la concession voisine de Reveux.

Les couches 9 et 10 sont, en effet, déjà amincies au puits de *l'Éparre* et ne furent exploitées, dans ce quartier, que par d'anciennes fendues partant des affleurements. La dixième couche coupe le puits au niveau de 63 mètres. La onzième, vers 104 mètres, et la douzième à 125 mètres (voy. les coupes des puits de *l'Éparre* et *Mars*, pl. XXII et XXVI). Cette dernière couche traverse le puits *Mars*, sous la faille de Méons, à 46 mètres de son orifice, et le puits *Saint-Claude*, dans une région un peu brouillée par des accidents, vers 75 mètres. Comme à Reveux, la douzième couche est la plus forte du groupe. Son épaisseur moyenne est de 1^m,40 à 1^m,60 et le mur de la couche plus ou moins charbonneux. Le charbon est dur et donne une forte proportion de gros. La onzième couche affleure entre les puits *Mars* et *Saint-Claude* [1] ; elle mesure 1^m,20 à 1^m,30 ; le charbon en est tendre et terreux. Les deux couches sont coupées par la faille

---

[1]. Malgré cette situation de l'affleurement le puits *Mars* coupe la onzième couche, aussi bien que la douzième, entre les failles de Méons et de Mars (voy. pl. XXVI) ; c'est par ce motif que la distance de la douzième à la treizième est réduite à 70 mètres dans ce puits.

de Méons à faible distance du puits *Saint-Claude*, aussi les travaux n'ont-ils
pu être poussés que dans la direction du puits de *l'Éparre* vers l'Est. Il ne
reste guère d'inexploité que l'aval pendage de la douzième couche au Sud-
Est du puits *Saint-Claude*; mais on sait, par les résultats négatifs des puits
du *Crêt* et *Robert*, que les chances sont peu favorables dans cette direction.

Par contre, on peut espérer la suite du groupe, sous les concessions
voisines de Bérard et de Monthieux, *au toit* de la faille de Méons. Nous avons
même déjà signalé l'existence des couches 11 et 12 au puits *de l'Est* de
Monthieux, et nous allons aborder maintenant ce groupe plus au Nord,
dans la partie occidentale de la concession de Méons et vers les limites de
celle du Cros. Cependant, avant de quitter le quartier de l'Éparre, il importe
d'ajouter qu'aux puits *Saint-Claude* une veine de charbon de $0^m,50$ existe à
40 mètres au mur de la douzième.

§ 176. — A l'Ouest du sous-district, dont je viens de parler, s'étend,
du Nord au Sud, le coteau de Montheil et de Monthieux. Il est compris
entre les deux failles parallèles de Méons et du Soleil. La première, comme
on l'a vu, fait descendre les assises de 220 mètres ; la seconde les abaisse,
à son tour, de 250 à 300 mètres. Elles sont horizontalement à 600 mètres
l'une de l'autre; c'est la largeur de la zone qui va nous occuper. Elle
débute au Nord par la faille de la République, comme le montrent les
planches IX et X. On voit là, dans l'angle Sud-Ouest de la concession
du Cros, les affleurements du groupe 9 à 12, entre la faille et le puits
Camille, et l'affleurement de la huitième à peu de mètres au Sud du puits.
Ces cinq couches plongent au Sud-Est, sous la concession voisine de Méons.
La pente en est d'abord assez forte, mais diminue vers l'aval pendage et
y change même de sens, comme le montrent les courbes de niveau. A partir
de la concession de Méons l'allure des couches est parallèle aux failles de
Méons et du Soleil, mais leur pente est inverse. Les deux failles plongent de
45 à 50° vers l'Ouest, tandis que les couches inclinent de 15 à 20 0/0 vers l'Est.

Le groupe inférieur 9 à 12 est recoupé par des travers-bancs, qui partent des travaux de la quinzième, au mur de la faille de la République (pl. IX).
On les exploite là où la puissance et la régularité du gîte le permettent, mais

en général, dans la concession du Cros, les quatre couches sont minces, tourmentées et souvent affectées par des accidents. La douzième paraît avoir en moyenne $1^m,30$, mais descend parfois à $0^m,80$. La onzième mesure 1^m à $1^m,20$; la dixième n'avait dans un travers-bancs que $0^m,35$, mais se renfle ailleurs jusqu'à $0^m,80$; enfin la neuvième varie de $0^m,80$ à $1^m,20$. C'est la seule couche traversée par le puits *Camille;* elle s'y trouve, à la profondeur de 96 mètres, sous un épais massif de schistes entremêlés de grès fins schisteux. Le mur se compose de grès massif ordinaire. On rencontrerait la dixième vers 150 à 155 mètres, c'est-à-dire à 4 ou 5 mètres au-dessous du fond actuel du puits. Jusqu'à présent les quatre couches 9 à 12 sont à peine entamées au Cros; tandis qu'elles sont régulièrement exploitées au puits *Saint-Louis* de Méons (l'ancien puits du *Bessard*). Par ce motif, je passe immédiatement à ce puits voisin, situé à 500 mètres au Sud du puits *Camille.* J'ajouterai seulement que le puits *Camille,* suffisamment approfondi, rencontrera la treizième couche vers 300 mètres du jour, c'est-à-dire à 100 mètres environ en amont du puits *Saint-Louis* (voir coupe de la pl. IX).

Le puits *Saint-Louis* fut ouvert, il y a cinquante ans, pour l'exploitation de la huitième couche, alors assimilée à la troisième du bassin. Nous en parlerons après le groupe 9 à 12. Pour le moment, je dirai seulement que la huitième se trouve dans ce puits à 72 mètres de profondeur, sous des schistes et des grès plus ou moins micacés. Vers 1845 le puits fut approfondi, afin de rechercher, au mur de la *Grande masse,* les petites couches 4 à 7, connues au Treuil et à Bérard. On ne les trouva pas. A leur place on rencontra de simples filets de charbon, à 125, 135 et 151 mètres de profondeur. C'était, comme nous le verrons, un premier indice qui semblait établir que la Grande masse du Bessard ne pouvait correspondre à la troisième du quartier du Treuil. Cependant on pouvait alors admettre que ces filets représentaient en réalité les veines en question fortement amincies. Quoi qu'il en soit, on perdit alors courage, et le fonçage fut une seconde fois suspendu. On ne le reprit que lorsqu'on fut certain que la Grande masse était bien la huitième, et qu'au-dessous on devait rencontrer non le groupe 4 à 7, mais les couches 9 à 13, déjà connues dans les puits voisins de *Mars*, *Saint-Claude* et de *l'Éparre*, au mur de la faille de Méons.

On rencontra en effet :

La neuvième couche à 192 mètres.

La dixième couche à 235 mètres.

La onzième couche à 252 mètres.

La douzième couche à 275 mètres.

Et la treizième couche à 396 mètres.

Le puits est arrêté au niveau de 403 mètres.

Les roches traversées se composent principalement, entre la huitième et la neuvième couche, de grès quartzo-feldsphatiques (*taille*), sauf au voisinage des filets charbonneux, ci-dessus mentionnés, où dominent les schistes.

Entre la neuvième et la dixième couche, ce sont de fréquentes alternances de grès fins et de schistes ; entre la dixième et la onzième du grès ; entre la onzième et la douzième nouvelle alternance de roches arénacées et schisteuses. Sous la douzième viennent 15 à 20 mètres de grès ; après cela, jusqu'à la treizième couche, presque exclusivement des schistes, fins ou grossiers, avec de nombreuses veinules de houille crue.

La neuvième couche est formée de houille dure, pareille à celle de la onzième du puits de l'Éparre. La puissance oscille entre 1 mètre et $1^m,40$. On l'exploite peu à cause de sa mauvaise qualité. Le charbon ne peut se vendre qu'en hiver pour le chauffage domestique. Les trois autres couches sont meilleures ; la dixième mesure $0^m,70$ à $0^m,80$; la onzième $1^m,15$ et la douzième $1^m,20$ à $1^m,50$. On les exploite toutes les trois ; mais elles s'amincissent au Sud, en pénétrant sous les puits de Montheil de la concession de Bérard. Dans cette direction on constate d'ailleurs le rapprochement graduel des couches 10 et 11.

L'exploitation des quatre couches est facile et peu coûteuse, grâce à leur régularité, au Nord et à l'Ouest du puits Saint-Louis. Par contre au Sud, outre l'amincissement dont je viens de parler, de fréquents accidents viennent troubler la marche des couches. C'est, en effet, entre les puits *Saint-Louis* et de *l'Isérable* que prend naissance la faille de Monthieux ; c'est d'abord une simple *précipitée* de mines, puis bientôt une véritable faille, qui grandit rapidement du Nord au Sud. Outre cela, il se détache de cet accident, ainsi que de la grande faille parallèle, mais à pente opposée, du Soleil, une foule de rejets secondaires, la plupart figurés sur nos plans de la huitième couche, dans les travaux des puits *Payet* et *Peyret* sous Montheil (voir pl. X et XXI). Ces accidents, déjà fâcheux dans une grande couche comme la huitième, sont surtout gênants dans les couches minces. Aussi les travaux n'ont-ils pu se développer largement, dans les couches 9 à 12, sous Montheil et Monthieux.

Au puits de l'*Est*, la douzième couche était réduite à 0ᵐ,60, la onzième à 0ᵐ,65, enfin les dixième et neuvième y sont fortement amincies (§ 162).

Au-dessous du groupe 9 à 12 on a rencontré, au puits *Saint-Louis*, la treizième couche à la profondeur de 396 mètres. Avant de la chercher sur ce point on perça la faille du Soleil à partir des travaux de la huitième du Treuil. Un court travers-bancs et un puits intérieur de 17 mètres amenèrent, en 1872, la découverte de la treizième proprement dite, et confirmèrent les déductions tirées de l'étude de la faille de Méons.

La couche diffère peu de celle du puits *Mars* (§ 171). Sous un toit de schiste charbonneux vient d'abord un banc de houille crue de 1ᵐ,35, puis un nerf schisteux (le *carreau*) de 0ᵐ,37, ensuite la couche proprement dite de 4ᵐ,13, dont la moitié inférieure surtout est d'excellente qualité.

Au-dessous, sur 9 mètres de hauteur, plusieurs alternances répétées de schistes et de houille plus ou moins crue. Jusqu'à présent la couche n'est point encore exploitée sur ce point, on l'a simplement explorée en descente depuis la faille du Soleil jusqu'au puits *Saint-Louis*. Mais on prépare activement les travaux, et tout y annonce, comme au puits *Mars*, une exploitation fructueuse et une excellente houille à coke. Il faut cependant s'attendre à une altération graduelle de la couche au Sud, d'après sa manière d'être aux puits *Verpilleux* et de l'*Est*.

§ 177. — Arrivons maintenant à la huitième couche du sous-district de Montheil ; c'était autrefois la couche importante de ce quartier. Elle fut, comme je l'ai dit, pendant fort longtemps assimilée à la troisième du Treuil.

On l'a exploitée, au Nord, par une fendue dans la concession du Cros, et par les puits *Planterre, Saint-André* et du *Bessard* dans celle de Méons ; au Centre, par les puits *Bréchignac, Peyret* et *Payet* dans la concession de Bérard, et au Sud, par les puits *Saint-Denis* et de l'*Est* dans la concession de Monthieux. Passons rapidement en revue ces anciens travaux, en commençant par le Nord, c'est-à-dire par la fendue du Cros. On verra que dans ces divers quartiers la huitième couche varie fréquemment de puissance et de qualité, comme à l'Éparre, à la Barallière et au Grand-Ronzy.

L'affleurement se voit au Cros, à quelques mètres au Sud du puits *Camille.* Il s'étend de la faille de Méons à celle du Soleil. On y distingue nettement la huitième proprement dite et la petite couche supérieure dite la *Crue.* Les deux branches ont été exploitées par fendues jusqu'aux limites de la concession de Méons. La huitième proprement dite a 3 à 4 mètres de puissance ; c'est du charbon gras de qualité ordinaire. Au-dessus vient un banc de grès de 10 à 15 mètres, puis la veine supérieure, qui se compose elle-même de trois parties :

Vers le haut un banc de houille de $0^m,90$ à 1 mètre.

Au milieu un banc de minerai de fer compact de 1 mètre.

A la base un second banc de houille de $0^m,50$ à $0^m,70$.

La houille est dure, cendreuse, de qualité ordinaire. Le minerai diffère beaucoup du fer carbonaté ordinaire. Il est gris clair, parfois fibreux, ailleurs compact et subcristallin ; c'est un banc massif continu, qui n'affecte pas la forme de rognons. En réalité, c'est un minerai détestable, qui renferme jusqu'à 6 pour 100 d'acide phosphorique, combiné à la chaux, et, en outre, dans les fissures, des particules pyriteuses. On l'a exploité pendant quelque temps, et fondu à l'Horme et à l'usine de Terrenoire jusqu'au moment où l'analyse en a démontré les déplorables qualités (voir cette analyse au § 50, n°s 4 et 5 du tableau des analyses).

Le minerai n'existe pourtant pas dans toute la région. A l'Ouest d'une ligne passant au Nord-Est des puits *Saint-André* et *Planterre* le banc s'amincit, puis disparaît complètement. Il règne le long de la faille de Méons et non, du côté opposé, le long de la faille du Soleil. C'est ce fait surtout qui me prouva, en 1844, que la Grande masse, exploitée au puits *Saint-André*, ne pouvait être la même que celle du puits *Mars* qui, au mur de la faille de Méons, n'était pas divisée en deux par un banc de grès de 10 à 15 mètres, ni pourvue d'un banc compact de minerai de fer. Cette différence radicale prouvait nettement que la faille de Méons n'était pas *inverse*, qu'il n'y avait pas *chevauchement*, et que la couche du puits *Mars* devait se retrouver, par le fait de la faille de Méons, à plus de 200 mètres au mur de la couche du puits *Saint-André*.

Nous verrons bientôt que celle-ci est à son tour inférieure à la *troisième* du Treuil ; mais, pour le moment, voyons d'abord ce qu'elle devient dans son prolongement Sud.

A l'Ouest de la ligne dont je viens de parler, allant à peu près du puits *Camille* au puits *Verpilleux*, la couche supérieure se rapproche de la Grande masse et ne renferme plus de minerai massif. Dans l'angle Sud-Ouest du Cros, on constate la coupe suivante :

La Crue.	Houille pierreuse.	1ᵐ,20 à 1ᵐ,40
Nerf schisteux.	Remplaçant le grès ordinaire.	1 20 à 2 00
Huitième proprement dite. . . . . {	Houille	3 00 à 4 00

Au puits Saint-André même.

La Crue. . . . . {	Houille pierreuse.	0 70
	Houille tendre assez pure	0 60
Nerf. . . . . {	Schiste charbonneux avec veinules de houille et rognons de minerai.	0 80
Huitième proprement dite. . . . . {	Bonne houille.	0 60
	Carreau, nerf de grès	0 15 à 0 20
	Bonne houille.	3 00

En approchant du puits *Saint-Louis*, et surtout du puits *Bréchignac*, les rognons de minerais disparaissent à leur tour, le haut de la couche s'améliore ; le carreau se réduit à 0ᵐ,03 ou 0ᵐ,04, et *la crue*, ayant 1ᵐ,30, a pu s'exploiter avec la *Grande masse*.

Dans cette région la couche mesurait, en effet, dans son ensemble, 6 mètres, dont 1ᵐ,20 à 1ᵐ,30 correspond à la *crue*, et 3ᵐ,80 à 4 mètres à la

huitième proprement dite; le nerf schisto-charbonneux, qui les sépare, est
de 0^m,80 à 1 mètre seulement.

L'allure de la couche est régulière. On voit par les courbes de niveau
que sa direction est parallèle aux deux failles de Méons et du Soleil, entre
lesquelles elle se développe. Sa pente moyenne est d'environ 20 pour cent
du Sud-Ouest au Nord-Est.

Auprès de la faille du Soleil la couche n'est en général qu'à 30 ou 40 mètres de profondeur, tandis qu'elle atteint 120 mètres au voisinage de la
faille de Méons. Là aussi apparaît, entre les puits *Bréchignac* et de *l'Isérable*,
la faille opposée de Monthieux, dont l'amplitude, qui est de 10 mètres
à peine sur ce point, atteint 50 mètres entre les deux puits *Payet*, et croît
rapidement au Sud, comme nous l'avons dit.

Dans cette direction se multiplient d'ailleurs les accidents secondaires.
Les travaux du puits *Peyret* et *Payet* ont été troublés par de fréquents rejets. Outre cela la couche diminue de puissance, ou plutôt la *crue* se sépare
de nouveau de la huitième proprement dite. Celle-ci mesure 3^m,50 à 4 mètres, sous un banc de grès de 10 à 12 mètres, et à ce banc succède la
crue de 1^m,20 à 1^m,50, formée de charbon pierreux, avec rognons de minerai de fer (coupes de pl. XXII et XXVI).

Au delà, vers la limite de Monthieux, la couche principale se
réduit à 2^m,50; et à Monthieux même, dans le champ d'exploitation
du puits *Saint-Denis*, jai vu, sur 60 mètres de largeur, la houille presque
entièrement changée en schistes. L'altération n'était pourtant que locale,
car au puits Saint-Denis même, et au Sud de la zone en question,
la houille reparut, comme avant, sur 2^m,50 de hauteur [1]. On put
exploiter la région comprise entre les puits *Saint-Denis* et de *l'Est*,
mais les descentes, pratiquées au Sud du puits de *l'Est*, pénétrèrent bientôt
dans une nouvelle zone inexploitable, que l'on n'a pas cherché à franchir
à cause des difficultés d'un pareil travail en descente. On ne sait donc pas
si l'altération est définitive ou locale comme au Nord du puits *Saint-*

---

[1]. Voir pour plus de détails, sur cette altération de la couche, le § 11.

Denis. La circonstance qu'à Villebœuf la couche reparaît exploitable semble militer en faveur de la dernière hypothèse.

Notons encore qu'à partir de la concession de Monthieux la couche change de direction; d'abord parallèle aux failles transversales, elle s'infléchit ensuite suivant l'axe du bassin, et plonge finalement vers le Sud. Ce changement de pente permet de fixer l'âge relatif de notre couche. En montant du hameau de Monthieux vers le bois d'Avaize, entre les deux failles opposées du Soleil et de Monthieux on rencontre au toit de la huitième les affleurements, nettement caractérisés, des septième, cinquième et troisième couches, ce qui permit de déterminer approximativement, comme à Côte-Thiollière, la grandeur de l'intervalle séparant la huitième de la septième. On le trouva ici de 190 à 200 mètres.

Une autre preuve de l'antériorité de la *Grande masse* de Montheil ressort de l'étude de la faille du Soleil. Les troisième, cinquième et septième couches du puits *Stern* de Monthieux remontent en pente raide le long de cette faille et s'appuient sur le massif qui renferme, au mur de la faille, la *Grande masse* du puits *Saint-Denis* (voir ci-dessus figure 31 et coupe de pl. XXIV). Celle-ci, que nous venons de suivre pas à pas depuis le Cros jusqu'à Monthieux, ne saurait donc être la *troisième*; elle est nettement comprise entre la *septième* et la couche de *l'Étang* (la *treizième*). C'est par ces rapprochements que je suis parvenu à montrer, vers 1845 et 1846, que le bassin de Saint-Étienne devait renfermer au moins *trois grandes couches*, la troisième, la huitième et la treizième. Ainsi se vérifiait la présomption, ci-dessus mentionnée (§ 176), que les trois filets charbonneux, trouvés en 1845 sous la *Grande masse* du Bessard, lors du premier approfondissement du puits *Saint-Louis*, ne pouvaient représenter les quatrième, cinquième et septième couches de l'étage moyen. Ce fut aussi vers cette même époque que l'approfondissement du puits *Payet* nº 1 fit découvrir, comme au puits *Saint-Louis*, de simples filets de houille (coupe de pl. XXII), au lieu des quatrième, cinquième et septième couches. Tout fut expliqué, le jour où, par l'étude de la faille du Soleil, au puits *Saint-Denis*, on put se convaincre que le groupe 3 à 7 était superposé à la *Grande masse* du coteau de

Montheil. Ajoutons que les effets de la faille peuvent être constatés, d'une façon très nette, à la surface même du sol, sans le secours des travaux souterrains. En effet, lorsqu'on suit l'ancienne route de Lyon, on voit, au coteau de Monthieux, les assises se relever verticalement contre le massif à strates peu inclinées, que le chemin de fer de Lyon franchit en profonde tranchée; et au delà, en descendant vers le puits de *l'Est*, on voit de même les assises de l'étage moyen (les couches 3 à 7) se relever le long de la faille de Monthieux. On peut, en un mot, vérifier, par la simple étude de la surface, l'exactitude de la coupe fig. 31 ci-dessus insérée dans le texte.

La houille de la huitième couche, dans ce quartier, est un charbon gras ordinaire, tendre et pur. Au milieu de la masse à éclat vif on aperçoit quelques lamelles ternes, comme dans les houilles à coke. La proportion des matières volatiles atteint 30 à 33 pour 100; celle des cendres 5 à 10. Les quatre échantillons n°ˢ 50 à 53 du tableau des houilles proviennent des mines de ce sous-district. Au reste, depuis dix ans, ces anciennes mines sont complètement déhouillées. Au lieu de la huitième, on y exploite maintenant le groupe 9 à 12 et la treizième. Disons enfin, pour caractériser le charbon de la huitième dans ce quartier, qu'on le vendait comme charbon de forge de deuxième qualité et, à défaut de houilles plus carburées, pour la fabrication du coke de qualité ordinaire.

§ 178. — Le district dont nous nous occupons se compose de deux sous-districts, séparés l'un de l'autre par la faille du Soleil. Nous venons d'étudier celui qui s'étend à l'Est, ou au *mur* de la faille; passons maintenant à celui qui est situé à l'Ouest, au *toit* du grand accident. Il comprend plus particulièrement les concessions du *Treuil*, de la *Roche* et de *Bérard*, auxquelles il faut joindre la partie de celle de Terrenoire, connue sous le nom de *Mine du Gagne-Petit*, ainsi que la région Ouest de la concession de *Monthieux* (pl. X et XXI).

On exploite, dans ce sous-district, l'étage moyen et la huitième couche.

Commençons par l'étage moyen, car c'est lui qui a servi de type pour le classement des couches de Saint-Étienne.

Lorsqu'on contourne à mi-hauteur le coteau du cimetière de Saint-

Étienne, on rencontre, à l'Est et au Nord, les traces d'un double affleurement, jadis exploité par une série de galeries pour houille et minerai de fer. Ce sont les couches n°s 1 et 2, de l'étage moyen, séparées l'une de l'autre par 6 à 8 mètres de schistes plus ou moins charbonneux, au milieu desquels se trouvent des rognons de minerai lithoïde et des fragments de conifères transformés en carbonate de fer. Les couches elle-mêmes ont 0^m,50 à 0^m,90 de puissance ; c'est du charbon cru, entremêlé de schistes et de minerai. On les exploita, de 1822 à 1830, comme couches à minerai, pour les hauts fourneaux de Terrenoire. C'est au toit immédiat de la première couche que se trouve le banc de grès fin de 3 à 4 mètres, dans equel Alexandre Brongniart découvrit, en 1821, la forêt de *Calamites pachyderma,* en tiges debout, dont j'ai parlé au § 65[1].

Sous le cimetière les assises du terrain sont presque horizontales, ou du moins plongent à peine de 5 à 6 pour 100 vers le Sud. Sous la deuxième couche affleure, au pied du coteau, un banc de grès de 8 à 10 mètres, que l'on exploita jadis, pour pierres de taille, sur le versant Nord de la colline au hameau du Treuil. Au-dessous du grès vient le schiste qui sert de toit à la *troisième* couche, ou *Grande masse.* La distance de la deuxième à la troisième est, sur ce point, d'environ 15 mètres. Mais cette distance, et surtout l'épaisseur du banc de grès, varient beaucoup. Au puits *Bourgoing* le banc de grès n'a plus que 3 à 4 mètres, et au puits *Achille* il est même réduit à zéro. Dans la concession voisine de la Roche le grès disparaît aussi, et la distance de la deuxième à la troisième est ramenée à neuf ou dix mètres, du moins vers l'extrémité Sud de la concession, car au Nord, dans les puits des *Flaches* et du *Chêne,* le grès reparaît sous forme de banc épais.

Les couches n°s 1 et 2 ont été rencontrées dans la plupart des puits du Treuil, de la Roche et de Bérard, et partout avec des caractères analogues ; elles sont minces et de qualité inférieure, aussi furent-elles généralement appelées *Bâtarde* et *Crue* par les mineurs du pays. La première est la moins importante des deux.

1. Ces calamites debout furent aussi rencontrées au même niveau dans plusieurs puits de ce quartier, entre autres au puits *Neyron!*

Elles ne furent nulle part exploitées d'une façon régulière; le minerai lui-même tend à disparaître à l'Est du Treuil.

Au puits *Achille* la première couche est à 12 mètres du jour.

La seconde, à 25 mètres.

La troisième, à 32 mètres.

Sauf le banc de grès fin de 3 à 4 mètres, avec sa forêt de *Calamites* au toit de la première couche, le reste du puits jusqu'à la troisième est exclusivement percé dans les schistes. Entre les premières couches apparaissent aussi quelques rognons de minerai, mais moins que sous la colline du cimetière.

Au Sud, les petites couches supérieures se rapprochent de la troisième ou disparaissent.

Au puits de la *Grande Pompe*, dans la concession de la Roche, la première couche est réduite à 0,40, et l'intervalle, qui la sépare de la seconde, est de sept mètres seulement. Au puits *Neyron*, dans la concession de Bérard, le n° 1 n'existe plus, et la deuxième est presque confondue avec la troisième, la distance étant de $1^m,50$ à peine. Sa puissance est pourtant restée de 0,90 à 1 mètre dans les deux puits. Enfin, au puits de la *Providence* les couches supérieures se sont évanouies, ou s'y trouvent plutôt unies à la troisième. Il en est de même au puits *Jabin* de la mine du Gagne-Petit. Par contre, à l'Est du Treuil, dans la concession de la Roche, la deuxième couche reste isolée de la troisième, et la première ne disparaît que vers le Nord, dans les puits du *Chêne* et des *Flaches*.

Au puits du *Château-Creux* la première, de $0^m,40$, est à 16 mètres de profondeur et la seconde, de $0^m,80$, à 22 mètres. Non loin de là, auprès des deux puits du *Château-Creux* et du *Trève*, on exploita, en 1825, le minerai au moyen de fendues. Au Nord du Château-Creux, dans le puits de la *Petite Pompe*, les épaisseurs sont les mêmes, mais les profondeurs plus grandes.

Ainsi la première, de $0^m,40$, est à 30 mètres.

La seconde, de $0^m,80$, à 38 mètres.

Au puits de la *Grande Pompe*, les puissances sont de $0^m,40$ et $0^m,90$ et la profondeur de 57 et 64 mètres.

Enfin, au puits du *Chêne* et au puits des *Flaches,* la seconde mesure
0ᵐ,80 et se trouve à 46 mètres dans le premier, et au niveau de 77 mètres
dans le second puits. La première couche est réduite à 0ᵐ,30.

Dans la concession de Bérard, située à l'Est de celle de la Roche, les
deux couches supérieures se rencontrent également dans la plupart des
puits. La seconde, appelée la *Crue,* est surtout assez constante et en général
fort rapprochée de la troisième; tandis que la *Bâtarde,* toujours plus
mince, disparaît quelquefois.

La distance de la seconde à la troisième dépasse rarement, à Bérard,
3 à 4 mètres, et descend même souvent, au Sud-Ouest en particulier, à
0ᵐ,50. Dans ces conditions on peut réellement considérer la seconde couche
comme une simple dépendance de la troisième. En fait, les nᵒˢ 2 et 3 forment assez souvent avec le nᵒ 4 une couche unique, où de simples nerfs de
quelques centimètres occupent la place des bancs stériles qui les séparent
ailleurs. C'est le cas des puits *Jabin* et *Saint-François* et aussi du puits *Vincent,* où la seconde est à 2 mètres seulement au-dessus de la troisième. Sa
puissance est de 0ᵐ,65 à 0ᵐ,90, et le charbon assez bon pour qu'on ait pu
partiellement l'exploiter. Entre les deux se trouve du schiste et, au toit de
la *Crue,* du minerai de fer comme au Treuil. Plus haut viennent des grès
(*taille*) sans traces bien nettes de la première couche.

Disons, pour en finir avec les deux couches supérieures, que, dans les
deux puits voisins *Saint-André* et *Thiblier,* le nᵒ 2 est à 2 mètres et le nᵒ 1 à
8 mètres au-dessus de la troisième, et qu'en revenant à l'Ouest, vers la
Roche, on retrouve des distances plus grandes :

Au puits *Bérard,* 4 et 19 mètres.

Au puits des *Hospices,* 7 et 34 mètres.

Enfin, dans cette région, au puits des *Marronniers,* la *Crue* a pu être
exploitée comme au puits *Vincent.*

§ 179. — Dans le sous-district du Treuil et de Bérard la troisième, ou
Grande masse, fut activement exploitée de 1820 à 1840. Le chemin de fer
d'*Andrézieux,* le plus ancien des chemins de fer français, venait d'être
ouvert et mettait les mines de Saint-Étienne en relation directe avec la

Loire. Ce fut le moment où les anciennes *fendues* firent place aux premiers puits, et les treuils à mains et à chevaux aux machines à vapeur. Jusque-là l'exploitation n'avait été active qu'à Rive-de-Gier. A dater de l'ouverture du chemin de fer d'Andrézieux, les puits se multiplièrent à Saint-Étienne même, et plus particulièrement dans la plaine de Bérard et du Treuil. Chaque propriétaire du sol se fit exploitant, de sorte qu'en 1824 et 1825, lors du partage du terrain houiller en concessions, on dut, pour contenter tout le monde, non seulement réduire l'étendue des concessions au minimum, mais encore y tolérer des mines indépendantes. Ainsi, dans la seule concession de Bérard, de 65 hectares d'étendue, il y avait jusqu'à cinq exploitants distincts et quinze puits : la mine de *Bérard* de MM. Berthon et Durand, celle du *Soleil* de M. Didier, la mine du puits *Vincent* amodiée par MM. Bréchignac, toutes trois ouvertes sur l'étage moyen; en outre, les mines de l'Enclos de MM. Bréchignac, et celles de MM. Peyret et Payet à Montheil, sur la huitième couche. A cette époque, il est vrai, l'extrême division des travaux n'offrait pas encore de bien graves inconvénients; les puits avaient moins de 100 mètres de profondeur; l'exploitation était peu active et les eaux peu abondantes. Mais lorsqu'en 1833 le chemin de fer de Lyon vint s'ajouter à celui d'Andrézieux, et imprimer aux travaux souterrains plus d'activité, les fâcheux effets de l'extrême morcellement se firent de jour en jour sentir davantage. Il fallut se fusionner, pour éviter le gaspillage des richesses souterraines, et attaquer sérieusement les couches inférieures.

Aujourd'hui toutes ces mines sont aux mains d'une Société unique et convenablement exploitées. Des nombreux puits des concessions de la Roche et de Bérard, un seul a été approfondi au delà de la septième couche. Pour exploiter la huitième sous la plaine du Treuil on s'est contenté de foncer les puits du *Grand-Treuil* et de la *Pompe* au Nord, et ceux de *Jabin* et de *Neyron* au Sud.

Les affleurements de la troisième couche contournent, comme les premières veines, la colline du cimetière (pl. X.). Ils longent le pied du coteau, depuis le Furens jusqu'à l'ancien hameau du Gris-de-Lin (extrémité Ouest de la gare actuelle de Saint-Étienne)[1]. De ce point ils retournent au Nord, en courbe raide, puis se développent dans la plaine du Treuil jusqu'au Marais, où une branche de la faille du Soleil les termine brusquement. Ce singulier contour, en forme de fer à cheval de moins de 100 mètres de largeur, résulte d'une légère dépression, ou combe, Nord-Sud, peu profonde, qui sépare, à partir du Gris-de-Lin, le coteau du Cimetière de la terrasse de la Roche ou d'Outrefurens. Nous verrons bientôt que cette faible dépression paraît due à deux failles opposées de 6 à 7 mètres, dont l'existence a été constatée dans les travaux de la cinquième couche.

Au Nord de la colline du Cimetière, auprès du puits du *Grand-Treuil*, la puissance de la troisième couche ne dépasse guère 2^m,50 ; elle diminue plus encore au Nord-Est vers le puits du *Chêne*, où l'amincissement est dû à l'érosion, car j'ai constaté, dans cette région, la superposition directe du grès sur la houille et la forme *ondulée* du toit. La couche y était réduite à 1^m,50, et même sur certains points à 1^m,30 ; enfin, dans les montages du puits du *Chêne*, vers les affleurements, j'ai vu la puissance utile de 0^m,85 à peine, soit :

Houille.	0^m,50	⎫
Nerf de grès.	0 40	⎬ 1^m,25
Houille.	0 35	⎭

Par contre, du côté opposé, au Sud, la couche augmente de puissance. Au puits des *Flaches* on trouve 3 mètres, et dans les autres puits de la concession de la Roche 3 à 4 mètres. A Bérard et au Gagne-Petit 3^m,50 à 4 mètres en moyenne pour la troisième proprement dite, et 5 à 6 mètres là où la seconde et la quatrième sont unies à la troisième. Ainsi au puits de la *Providence* (Treuil) les troisième et deuxième mesurent ensemble 4^m,50, dont 0^m,20 pour le nerf à minerai placé entre-deux. Aux puits *Jabin* et *Saint-François* du Gagne-Petit la puissance totale est de 6 mètres, dont 2 mètres appartiennent

---

1. Pour pouvoir mieux juger de la situation des nombreux puits, qui ont servi à l'exploitation de l'étage moyen, j'ai conservé sur le plan de ce district l'ancien état des lieux. L'état nouveau figure sur le plan des travaux de la huitième. (Pl. XXI.)

à la quatrième, qui n'est plus dans cette région qu'à 0^m,25 ou 0^m,30 de la troisième. Au puits *Thibaut* la distance remonte à 3 mètres, au puits de *Bérard* à 14 mètres et au puits *Vincent* à 24 mètres. C'est, comme on voit, un exemple frappant de la variabilité des assises stériles. Au puits *Thibaut* l'intervalle est formé de schistes ; aux puits *Bérard* et *Vincent*, de grès massif.

Sous toute la plaine de Bérard et du Treuil les couches inclinent, dans leur ensemble, en pente douce de l'Ouest à l'Est. Dans leur aval pendage elles sont arrêtées par la grande faille transversale du Soleil. Jusqu'aux puits *Saint-André* et *Thiblier* la coupure est nette ; au delà, vers le Sud, on constate une sorte de bas-fond au pied de la faille, puis bientôt un véritable *entraînement* le long du plan de la faille, de sorte que, dans la concession de Monthieux, à partir du puits *Saint-Denis* en particulier, les troisième et cinquième couches remontent au jour, plus ou moins laminées et amincies le long de la faille. Ce fait ressort clairement des courbes de niveau, et aussi de la coupe (fig. 31), ci-dessus insérée dans le texte.

Vers le Nord, au delà du puits du *Chêne*, une ramification Est-Ouest se détache de la faille du Soleil, c'est l'accident désigné sous le nom de faille du *Marais*, sur lequel nous reviendrons.

Au Sud, le sous-district du Treuil est limité par une autre grande faille, à peu près parallèle à celle du Marais, celle dite du *Gagne-Petit*, dont la trace au jour longe le pied de la colline de Saint-Roch. Elle va sensiblement de l'Est à l'Ouest et plonge au Sud. Rencontrée par les travaux de la troisième on l'explora, vers 1843, par une descenderie. On reconnut là encore, comme toujours dans les failles de direction, une série de petits ressauts et de lentilles irrégulières de charbon ou de schistes broyés. On constata, en même temps, que la faille devait être considérable, car le toit est formé de roches de l'étage houiller supérieur. Désespérant de retrouver la houille, le travail fut suspendu après avoir suivi le plan de l'accident sur 50 à 60 mètres. Depuis lors les travaux de la mine de Villebœuf montrèrent en effet que la faille du Gagne-Petit rejette les couches de plus de 200 mètres.

Les deux failles, qui limitent ainsi les travaux souterrains au Nord et au Sud, sont à 1,500 mètres de distance l'une de l'autre ; c'est la longueur

du sous-district qui nous occupe. D'autre part, sa largeur est d'environ
1,200 mètres, mesurée entre la faille du Soleil à l'Est et une faille parallèle, ou faisceau de failles, dite faille du Furens, à l'Ouest. Celle-ci traverse en écharpe la vallée du Furens et longe à peu près le vallon de Villebœuf. Les premiers gradins furent rencontrés, sous la colline du Cimetière,
à peu de distance de son pied occidental, ainsi que cela résulte du plan
des travaux de la troisième (pl. X). Dans l'intérieur du quadrilatère, ainsi
borné par quatre grandes failles, les assises ne pouvaient conserver leur
continuité première; des rejets secondaires s'y rencontrent en effet. Une
faille de 30 mètres, allant du Nord au Sud, passe au voisinage des puits
Saint-François, des *Marronniers* et des *Hospices,* et s'évanouit à environ
200 mètres au Nord du puits *Vincent*. Elle plonge à l'Ouest et met en regard,
sur plusieurs points, les travaux de la troisième couche et ceux de la cinquième.

Une faille plus importante suit à peu près, à la surface du sol, le cours
de l'Isérable au pied du coteau de la Richelandière, elle plonge au Sud-Est
et coupe le puits *Saint-Simon* de Monthieux entre la couche des Rochettes et
la troisième. A son extrémité Sud-Ouest, où elle rejoint la grande faille du
Gagne-Petit, son amplitude dépasse 50 mètres; au puits *Saint-Simon*, elle est
de 30 mètres; au delà elle diminue encore et s'évanouit à faible distance de
la faille du Soleil. En 1840, partant toujours de l'hypothèse d'une *grande*
couche unique, il fallait admettre ici, comme à Méons, une faille *inverse*.
Malgré la dissemblance très grande de la couche des Rochettes et de la troisième, j'eus de la peine à faire prévaloir la thèse opposée. On ne fut con-
vaincu que par le fait, constaté plus tard, de la présence des cinquième et
septième couches, au-dessous de la troisième, au mur de la faille, et de
leur absence à la même distance relative sous la couche des Rochettes.

Disons enfin que l'inspection des plans dénote l'existence de plusieurs
autres faibles rejets, partant des grandes failles; toutefois, comme ils ne
troublent guère l'allure générale du terrain, ils ne me paraissent pas
devoir mériter une mention spéciale. Ils sont d'ailleurs figurés sur le plan
de la troisième couche (pl. X).

Dans tout le district du Treuil et de Bérard la troisième fut à peu près complètement déhouillée dès l'année 1840, du moins autant que le permettaient les méthodes d'exploitation sans remblais alors usitées. La seule région dont les travaux, dans cette couche, sont plus récents est le bas-fond Sud-Est, qui correspond au puits *Thibaud* du Gagne-Petit et aux puits *Stern* et *Saint-Simon* de Monthieux. Sur ce point, à cause de la faille du puits *Saint-Simon*, la couche descend jusqu'à la cote de 360 mètres, tandis qu'ailleurs elle dépasse rarement le niveau de 450 mètres.

La houille de la troisième couche est du charbon gras ordinaire, riche en matières volatiles, passant plus ou moins aux charbons à gaz. La perte au feu atteint, en effet, 33 à 35 pour 100, et le coke est blanc argentin, ce qui dénote sa fusion complète. La distillation lente donne jusqu'à 12 pour 100 de goudron liquide et 2 pour 100 d'eau. L'éclat de la houille est vif, la structure lamelleuse, la dureté peu grande. Là où les cendres étaient peu abondantes, au-dessous de 5 à 6 pour 100 dans le menu, la houille de la troisième a pu être vendue comme charbon de forge. Elle était cependant *inférieure* au charbon de la *cinquième*, qui fut considéré, à bon droit, il y a quarante ans, comme le meilleur charbon *maréchal* de Saint-Étienne. Deux essais du charbon de la troisième figurent sous les numéros 36 et 37 dans le tableau général des houilles.

J'ai indiqué au § 89 les plantes fossiles qui caractérisent spécialement la troisième couche ; j'ajouterai seulement que j'ai trouvé les schistes du toit de la troisième partout pétris de nombreuses Fougères, et ceux de la quatrième plutôt remplis de Sigillaires.

§ 180. — La *quatrième*, que je viens de nommer, succède à la troisième à la faible distance de quelques centimètres dans la région Sud de la mine du Gagne-Petit à 15, 20, et même 24 mètres au Nord dans les concessions de Bérard, la Roche et le Treuil. A part son écartement variable de la troisième, son allure ne diffère guère de celle de cette couche principale. Son affleurement se voit, dans la plaine du Treuil, sous un épais banc de grès, jadis exploité, pour pierres de *taille*, dans plusieurs carrières au Nord des puits *Nicolas* et du *Petit-Treuil*. Sa puissance est faible, au Nord, comme celle de la troisième ; auprès des puits *Achille*, *Nicolas*, *Bourgoing*, c'est $0^m,30$ à $0^m,40$;

au puits du *Chêne* 0ᵐ,20 à 0ᵐ,25; aux environs des puits de la *Grande* et *Petite-Pompe,* dans la concession de la Roche, 0ᵐ,50 à 0ᵐ,60 ; au puits du *Petit-Treuil* 0ᵐ,65. En s'avançant vers le Sud, on trouve 1ᵐ,20 dans les puits *Achille,* des *Flaches,* et le *Grand-Treuil;* 1ᵐ,40 à 1ᵐ,50 au puits de la *Providence;* 1ᵐ,30 à 1ᵐ,60 dans les divers puits de *Bérard,* du *Gagne-Petit* et de *Monthieux.*

La qualité du charbon de la quatrième est partout très médiocre ; c'est bien du charbon gras, comme celui de la troisième, mais il est *nerveux,* c'est-à-dire entremêlé de filets schisteux, qui augmentent sa dureté et la teneur en cendres. Malgré cela, la quatrième couche fut exploitée, comme la troisième, dans les divers puits que je viens de nommer. Sa faible puissance a même permis un déhouillement plus complet.

§ 181. — A la distance assez constante de 20 à 25 mètres sous la quatrième vient la *cinquième* couche. Comme qualité de houille, c'est la meilleure du district. Au Treuil, à la Roche et à Bérard, c'était du charbon de forge supérieur ; dans les autres concessions, il devenait un peu terreux. Cependant, même au Gagne-Petit et à Monthieux, c'était encore du charbon maréchal de deuxième qualité.

Les nᵒˢ 63, 64, 65 du tableau des analyses prouvent, en effet, que les cendres de la cinquième ne dépassent pas 4 à 5 pour 100 dans les concessions du Treuil, de la Roche et de Bérard; tandis qu'au puits *Thibaut,* elles montent à 9 et 10 pour 100. Celles-ci sont partout ferrugineuses (rosées ou rouges).

La houille de la cinquième est tendre et à éclat vif; cependant moins riche en matières volatiles que celle de la troisième. La perte au feu est de 30 à 31 pour cent. La puissance normale de la cinquième est de 1ᵐ,40 à 1ᵐ,70 ; mais elle est amincie par *érosion* sur divers points, entre les puits du *Trève* et *Valérie* par exemple. On constate, en effet, que l'intervalle de la quatrième à la cinquième est occupé par un banc de grès (*taille*), qui devient grossier, et se transforme en poudingue vers sa base, de sorte que le faible lit de schistes qui le sépare de la houille (*le faux toit*) et les bancs de houille eux-mêmes furent coupés en biseau par le grès et partiellement détruits par les courants qui amenèrent le sable.

J'ai *constaté* ce fait, sur une grande échelle, non seulement au puits *Valérie,* mais encore dans les travaux des puits *Thibaut* et *Vincent.*

Un autre caractère, facile à constater dans la cinquième couche, est la fréquence des troncs d'arbres directement implantés sur la houille. Celle-ci semble avoir servi, pour ainsi dire, de terre végétale à de vastes forêts de *Syringodendron.* Dans l'une de mes visites des travaux de la cinquième au Treuil, j'ai compté, dans un espace de dix mètres de côté, plus d'une douzaine d'arbres, dont les racines s'étalaient à la surface de la houille, et dont les troncs, d'abord coniques, puis cylindriques, s'élevaient normalement au travers du grès qui couvrait la houille. On pouvait suivre les troncs sur 2 à 3 mètres de hauteur; plus haut ils étaient brusquement rompus.

L'écorce est transformée en houille, tandis que le tissu cellulaire intérieur du tronc a disparu et se trouve remplacé par du grès pareil à celui du banc dans lequel le tronc est brisé. Il est évident que, lors du dépôt de ce banc, le sable a dû s'introduire dans le tronc évidé et s'y est durci, comme le sable environnant, sous la pression des assises supérieures, et par l'action du ciment dont la masse humide s'est trouvée imprégnée.

J'ai rencontré les mêmes troncs dans les travaux de la cinquième au puits *Vincent* de la concession de Bérard ; ils sont d'ailleurs connus et fort redoutés par les mineurs, parce que souvent ces *rizomes* coniques se détachent et tombent inopinément au moment de l'abatage de la houille. On les désigne alors sous le nom de *Cloches.*

Les failles, précédemment citées dans la troisième couche, affectent aussi, il est à peine besoin de le dire, les couches inférieures n°s 4 à 7. Il suffit de rappeler la faille du puits du *Marronnier,* qui relève la cinquième au niveau de la troisième et celle du puits *Saint-Simon,* sur les confins de la concession de Monthieux. Mais on a rencontré, outre cela, dans les travaux de la cinquième au Treuil, deux accidents spéciaux. Entre les puits *Valérie* et du *Gris-de-Lin,* et auprès des puits du *Trève* et du *Château-Creux,* la cinquième couche se subdivise en deux par l'intercalation d'une lentille de grès qui atteint 5 à 6 mètres sur quelques points : la branche supérieure de la couche ne conserve plus que $0^m,25$ à $0^m,70$ d'épaisseur. C'est une bifurcation pareille à celle de la *Grande masse* de Rive-de-Gier, dans les mines de la Cappe et de la Péronnière. Un cours d'eau boueux peu étendu a sans doute fait irruption au sein du bassin où se développait la végétation houillère. En tout cas, il ne faut pas confondre cette intercalation *contemporaine* d'une lentille aplatie, plus ou moins étendue, avec l'intrusion *postérieure* d'une masse de grès, en forme de coin, telle que celle du puits *Bourgoing*, au voisinage de la faille du Marais (§ 42, fig. 18).

Le second accident est une sorte d'affaissement local, dû à deux failles parallèles presque verticales. A l'Est de la colline du Cimetière de Saint-Étienne, là où l'affleurement de la troisième décrit l'étroit fer à cheval du *Château-Creux*, le terrain s'est affaissé de 4 à 5 mètres, sur environ 50 mètres de largeur.

Dans les travaux de la cinquième on avait rencontré les deux failles parallèles, d'un côté en venant de l'Ouest par les travaux des puits du *Treuil*, de l'autre en partant du puits du *Château-Creux*. On supposait l'intervalle stérile, et l'on figurait là, sur les anciens plans de 1830 à 1840, une large *coufflée* sans houille.

Finalement, on explora la cassure verticale, et l'on découvrit le massif intact à 4 ou 5 mètres plus bas. C'est un accident bien ordinaire, qui aujourd'hui n'étonne personne. Si, néanmoins, je le cite, c'est pour montrer, par cet exemple, combien les anciens plans sont fautifs au point de vue des failles; on a, en effet, figuré souvent comme *failles* de simples amincissements par *érosion*, et ailleurs, comme dans le cas présent, supposé gratuitement une zone stérile, là où se trouvaient de simples rejets sans épaisseur.

Ajoutons, en ce qui concerne la cinquième couche, qu'elle était, il y a trente à quarante ans, de toutes les couches de Saint-Étienne, celle qui donnait les plus beaux bénéfices, à cause de la qualité exceptionnelle du charbon, de la solidité relative du toit de grès et de sa puissance de $1^m,50$, qui rendaient l'exploitation facile et peu coûteuse.

§ 182. — Les deux dernières couches de l'étage moyen, dans le sous-district du Treuil et de Bérard, sont les n°s 6 et 7. L'intervalle de la cinquième à la septième est assez constant, comme celui de la quatrième à la cinquième ; il mesure en général 25 à 30 mètres ; mais, tandis qu'entre ces dernières couches s'étend un gros banc unique de grès, les roches qui vont de la cinquième à la septième couche sont surtout de nature schisteuse.

De ces deux couches inférieures, la *sixième* n'a pu être exploitée qu'en un petit nombre de points, au puits *Vincent* par exemple, où je lui ai trouvé, en partant du toit, la composition suivante :

Houille.	$0^m,30$
Schiste.	0 50
Houille.	0 20
Schiste.	0 12
Houille.	0 30
Total.	$1^m,42$ dont $0^m,80$ de houille.

Le charbon lui-même est entremêlé de nerfs, par suite de qualité inférieure. A part cela, il est gras, comme celui de la troisième, tenant 30 pour 100 de matières volatiles (n° 66 du tableau).

La distance de la cinquième à la sixième est en général un peu moindre que celle de la sixième à la septième. Au puits *Vincent* cette dernière est de 20 mètres ; la première de 6 mètres seulement. Il en est de même dans la plupart des puits de Bérard et du Gagne-Petit, tandis qu'au Treuil et à la Roche, les deux distances sont presque égales, de 15 à 16 mètres chacune. Quant à la puissance de la sixième, elle est généralement plus faible qu'au puits *Vincent :* au puits *Jabin* $0^m,90$; au puits *Neyron* $0^m,50$; au puits de la *Petite-Pompe* de la Roche $0^m,40$.

La *septième* couche, quoique peu puissante, $0^m,90$ à 1 mètre seulement, a cependant pu être exploitée partout, à cause de sa régularité, et de l'absence de toute intercalation schisteuse un peu considérable. C'est du charbon gras, à 30 pour 100 de matières volatiles, comme celui de la sixième, assez dur et passablement chargé de cendres (n°ˢ 67 à 70 du tableau). Il n'a pu servir qu'au chauffage des fours à grille, mais son exploitation fut néanmoins assez fructueuse, à cause de sa régularité et de la méthode par grandes tailles, que sa faible puissance et la solidité relative du toit rendaient possible.

Dans tout le district de Bérard la septième est caractérisée par une veine argileuse, *jaune ocreuse*, de 0ᵐ,10 à 0ᵐ,12 au toit immédiat du charbon. Par son analogie avec certaines glaises, ou *marnes*, les ouvriers lui donnèrent le nom de *maneuse*. Ce *faux toit* argileux allait aux remblais; le toit proprement dit, placé au-dessus, était solide.

Sur quelques points, au puits *Vincent* par exemple, on trouvait au mur de la couche, sous 0ᵐ,20 de schiste, une deuxième veine de 0ᵐ,15, que l'on pouvait enlever avec le banc principal.

§ 183. — A la septième couche succède, de haut en bas, la série des schistes et grès plus ou moins micacés, qui caractérisent presque partout le puissant intervalle stérile de 200 mètres, compris entre les septième et huitième couches. Dans la région qui nous occupe, il a été traversé par les puits du *Grand-Treuil*, de la *Pompe* et de la *Manufacture* dans la concession du Treuil, par le puits *Neyron* dans la concession de la Roche et par les puits *Jabin* et du *Gagne-Petit* dans celle de Terrenoire. Ce massif est exceptionnellement micacé, grossier et stérile au puits *Jabin;* il est plus fin et mieux réglé au Treuil. Dans cette région, au puits de la *Pompe*, il contient quatre faibles veines, que l'on avait appelées jadis huitième, neuvième, dixième et onzième couches. En réalité elles sont de beaucoup supérieures à la véritable huitième, aussi devrait-on les désigner plutôt par les numéros 7 *bis*, 7 *ter*, etc. Au Treuil ce sont, au reste, des veines sans importance; mais une ou deux d'entre elles deviennent exploitables, comme nous le verrons, dans le district voisin de Villebœuf, ainsi qu'à Beaubrun, Villards, etc., à l'Ouest du Furens. On désigne aujourd'hui ces quatre veines, sur les plans du Treuil, par les lettres A, B, C, D.

> La plus élevée (A) est à 53 mètres sous la 7ᵉ et mesure 0ᵐ,50
> La seconde (B), à 96 mètres,   —   0ᵐ,60
> La troisième (C), à 143 mètres,   —   0ᵐ,25
> La dernière (D), à 164 mètres,   —   0ᵐ,45

La huitième proprement dite se trouve enfin à 206 mètres sous la septième, et se compose, comme toujours, d'une couche principale et d'une petite veine *crue*, placée à quelques mètres au toit de la grande. C'est cette huitième couche que l'on exploite activement, depuis vingt ans, dans le sous-district dont nous nous occupons.

Les courbes de niveau des travaux de la huitième sont représentées sur une carte spéciale (pl. XXI), où la surface du sol est figurée autant que possible avec les nouvelles constructions qui ont, depuis trente ans, profondément modifié son ancienne physionomie. J'ai, au contraire, conservé celle-ci sur la feuille normale de l'Atlas qui porte les courbes de niveau de la troisième couche (pl. X).

Avant de passer à la description de cette grande couche inférieure, il convient pourtant de se demander si cette couche correspond bien à la huitième des districts précédents, car toute continuité fait ici défaut, grâce à l'énorme faille du Soleil qui limite la huitième du coteau de Montheil. Or, cette couche est si variable dans son allure qu'elle aurait, à la rigueur, pu s'amincir et même disparaître à l'Ouest. En ce cas la grande veine inférieure de la plaine du Treuil devrait correspondre à la treizième et non à la huitième ; or, s'il en était ainsi, non seulement la huitième, mais aussi la série 9 à 12 se serait modifiée au point de devenir méconnaissable. Eh bien ! sans m'appuyer sur le fait, tout récemment constaté, de l'existence de la série 9 à 12 sous la grande couche inférieure du Treuil, il convient de rappeler ici ce que j'ai établi, dès 1866, au sujet du rang de cette couche du Treuil [1].

Il est évident, d'une part, que la faille du Soleil fait descendre la huitième sous la plaine du Treuil, et que l'importance du rejet équivaut, à 20 mètres près, à l'intervalle qui sépare la huitième de la troisième, puisque l'altitude de la huitième est de 470 mètres à Montheil et celle de la troisième de 450 mètres, au pied de la faille, près du puits Thiblier.

D'autre part, nous avons vu que la distance de la huitième à la septième est, à Monthieux, de 190 à 200 mètres, et celle de la septième à la

---

1. Voir la note sur la classification des couches du bassin de la Loire dans le *Bulletin de l'Industrie minérale,* t. II, année 1866 (2ᵉ série).

troisième de 55 mètres lorsque la quatrième est unie à la troisième, comme au puits *Jabin;* par conséquent, la distance de la troisième à la huitième doit être, au puits Jabin, de 195 + 55 = 250 mètres, et l'amplitude du rejet entre Montheil et le puits Thiblier de 250 + 20 = 270 mètres. Or, la grande couche inférieure est au puits Jabin à 315 mètres de profondeur, c'est-à-dire sensiblement à la distance de 250 mètres, augmentée de celle de 60 mètres, qui sépare la troisième couche de la surface du sol dans ce puits, soit ensemble 310 mètres, Ainsi donc, si la huitième n'a pas disparu, elle doit précisément exister au puits *Jabin*, vers le niveau même où se trouve la grande couche inférieure. L'identité résulte d'ailleurs aussi des caractères mêmes de la couche. Elle ressemble, en effet, de tous points à celle de Montheil, comme cela devait être, puisque *au pied* d'une faille les couches doivent nécessairement avoir la même puissance et le même aspect *qu'en amont.* Ainsi le rang de la grande couche inférieure, sous les plaines de Bérard et du Treuil, est bien définitivement fixé.

Ajoutons seulement qu'au puits de la *Pompe,* dans la concession du Treuil, la distance de la troisième à la huitième s'élève à 280 mètres grâce aux 22 mètres qui séparent ici la troisième de la quatrième couche. L'amplitude de la faille du Soleil grandit d'ailleurs aussi vers le Nord ; elle est de 300 mètres au puits *Achille.*

§ 184. — Cela dit, donnons quelques détails sur la nature même de la huitième couche dans le sous-district du Treuil. Les travaux y furent ouverts vers 1860 et s'y développèrent rapidement, au Treuil d'abord, par les puits de la *Pompe* et du *Grand-Treuil,* auxquels vint s'ajouter plus tard celui de la *Manufacture* pour l'aérage et les remblais; ensuite, dans les concessions de Bérard, la Roche et Terrenoire par les puits *Jabin, Neyron* et du *Gagne-Petit.* C'est aussi vers cette même période, de 1860 à 1875, que l'on acheva de déhouiller, dans ce district, les derniers restes des couches de l'étage moyen, la septième surtout.

La huitième couche est limitée, dans le sous-district du Treuil, par les mêmes failles que les couches supérieures. A l'*Est* par la faille du Soleil, à l'*Ouest* par les premiers gradins de celle du Furens, qui pénètrent, à ce niveau, du Treuil dans la concession voisine du Quartier Gaillard; au *Sud* par la faille du Gagne-Petit, qui s'avance, grâce à sa plongée, dans la concession de Villebœuf; enfin au *Nord* par l'embranchement de la faille du Soleil, déjà désigné, dans les couches supérieures, sous le nom de faille du *Marais*. C'est, en gros, un rectangle de 2,500 sur 1,000 mètres de largeur. (Pl. XXI et X.)

Du Nord au Sud la huitième couche éprouve, au Treuil, la même transformation qu'à Méons et à Montheil. En *amont* de la faille du Soleil, la *crue* est voisine de la *grande* dans les puits *Saint-Louis* et *Bréchignac ;* elles se séparent l'une de l'autre aux puits *Peyret* et *Montheil,* et la distance s'accroît plus encore au Sud, dans la concession de Monthieux. Il en est de même *au pied* de la faille. Au Treuil, le nerf qui sépare les deux veines est de $1^m,50$ à 2 mètres seulement; au puits *Jabin* on trouve 25 à 35 mètres, et, à la place du schiste fin, du grès plus ou moins schisteux. Voici, au reste, les coupes des couches dans les deux puits :

Au puits de la Grande pompe.   Au puits Jabin.

Houille.	$0^m,60$	}		$0^m,70$	}
Schiste.	0 10	} $4^m,15$		0 50	} $4^m,50$. Couche dite la *Crue*.
Houille.	0 45	}		0 30	}
Schiste.	1 50 à 1 80 grès schisteux .			25 à 35^m, *Nerf* de grès.	
Houille dure	$0^m,70$	}		$0^m,70$	}
Houille mi-dure.	1 20	}		1 50	}
Houille tendre.	1 40	} $3^m,85$		1 40	} $3^m,80$. *Huitième* couche
Houille très tendre.	0 55	}		0 50	}

(*Moure.*)

La puissance de la couche principale n'est d'ailleurs pas partout aussi forte. Au puits de la *Providence* on ne trouve que $2^m,30$, et au-dessus la veine supéreure mesure $1^m,15$.

Du côté de l'amont pendage la couche plonge régulièrement vers le Sud, et cela aussi bien dans la concession du Quartier Gaillard (mine de *Montaud*) que dans les travaux du Treuil; cependant, sous l'influence de la faille du Soleil, l'allure se modifie graduellement. Au voisinage de cette faille, les assises plongent au Sud-Est depuis les environs du puits de la

Manufacture jusqu'à la hauteur de celui du *Grand-Treuil;* au delà elles inclinent à l'Est, et même au Nord-Est, à l'encontre de la faille du Soleil.
Aussi s'est-il formé, le long de cette faille, un véritable bas-fond, qui atteint
son maximum sous la verticale du puits *Achille,* où la couche descend à la
cote de 170 mètres. Outre ce bas-fond il existe, à l'Ouest du *Grand-Treuil,*
sous la verticale du chemin de fer du Puy, une sorte de vallée souterraine,
partant de la cote de 220 mètres, et s'abaissant de l'Ouest à l'Est, c'est-à-dire
du pont du Furens vers le puits *Achille.* Du fond de ce vallon souterrain, la
couche se relève, au Nord, vers le puits de la *Manufacture,* et au Sud, vers le
puits de la *Providence.* Pour atteindre la cote maximum de 170 mètres, il a
fallu approfondir le puits du *Grand-Treuil* de 40 mètres au-dessous du mur
de la couche, et y ouvrir successivement trois travers-bancs aux profondeurs de 301, 311 et 320 mètres. Ce dernier, dans la direction du puits
Achille, n'est même pas arrivé au point le plus bas du gîte, malgré sa longueur de 300 mètres. Une zone de près de 200 mètres de largeur reste
encore en aval, et s'exploite par une série de galeries inclinées. La pente
n'y dépasse heureusement pas 10 pour 100, et les eaux n'y affluent guère.
On les retient au niveau de la septième couche, et les épuise par une forte
pompe, placée au puits du *Chêne.* On a de même approfondi le puits *Jabin,*
de 30 mètres au mur de la couche, afin de pouvoir ouvrir, à ce niveau, un
travers-bancs allant rejoindre la partie Sud du même bas-fond au pied de la
faille du Soleil.

Sauf une série de rejets sous le cimetière, la couche est régulière dans
la concession du Treuil et peut y être exploitée avec facilité. La pente atteint cependant 15 et 20 pour 100 dans la direction du puits de la *Manu-*
facture. L'allure est moins uniforme dans les concessions de Bérard et de
Terrenoire, surtout à l'Ouest des puits *Neyron* et du *Gagne-Petit.* On approche
là du point de rencontre des failles du Gagne-Petit et du Furens. De plus,
les deux rejets Nord-Sud, à pente inverse, connus sous les noms de failles
du *Marronnier* et des *Roches* dans les couches supérieures, se rapprochent à
ce niveau, de façon à enclaver le puits *Neyron* comme dans un étau. Il résulte de l'entre-croisement de tous ces accidents une zone des plus tour-

mentées, qui rend l'exploitation sur ce point à la fois coûteuse et dange-
reuse. Dans les parties hautes, sous le couvent de la Providence et sous
l'usine Giron, où la couche monte aux cotes 280 à 290 mètres, le grisou est
difficile à expulser. Aussi est-ce dans cette région que dut s'allumer la ter-
rible explosion du puits *Jabin*, qui fit plus de cent victimes en février 1876.
Le gaz existe, au reste, partout dans cette couche ; par suite, le courant
d'air est malaisé à répartir dans un quartier où abondent les galeries
montantes, rendues irrégulières par de nombreux rejets.

Une autre cause vient encore augmenter la charge de l'exploitant.
Comme à Côte-Thiollière et à Monthieux, la houille tend à se transformer
en schistes le long d'une ligne, presque droite, allant de l'Est à l'Ouest,
vers 200 à 250 mètres au Sud du puits *Jabin*. Malgré cela, les travaux furent poussés, au delà, jusqu'au grand accident du Gagne-Petit, qui
rejette le terrain de 240 mètres en profondeur du coté de Villebœuf. Là
heureusement, comme je l'ai déjà dit, la houille redevient plus pure, et
cette amélioration se fait même déjà sentir auprès de la faille, sous Chantegrillet et l'usine Giron. Disons enfin que, dans cette région, au Sud du
puits *Neyron*, comme au Sud du puits *Jabin*, on a aussi pu exploiter la *Crue*,
dans laquelle on ouvrit également quelques travaux au quartier du Treuil.
Malheureusement elle devient pierreuse, puis stérile, comme la grande
couche, vers 100 à 150 mètres au Sud du puits *Jabin*.

La houille de la huitième, dans le quartier du Treuil et de Bérard, se
ressent de la profondeur à laquelle elle se trouve. Au coteau de Montheil,
où la couche est à moins de 100 mètres de profondeur, la proportion des
éléments volatils est au minimum de 30 pour 100, tandis qu'à Bérard et au
Treuil, à 300 mètres du jour, elle descend à 25 pour 100 (§ 52). Cette
houille passe des charbons gras ordinaires aux charbons à coke ; aussi
s'en sert-on principalement pour le coke. On en expédie beaucoup au
Creusot, où elle est d'autant plus appréciée qu'elle renferme très peu de
pyrites de fer, et possède, en outre, un pouvoir agglomérant fort élevé, ce
qui permet de la mêler, pour la fabrication du coke, à une notable dose de
charbon maigre.

§ 185. — La huitième couche vient buter, au Nord, contre la faille montante Est-Ouest, dite *du Marais*, dont il ne fut pas possible de mesurer l'amplitude à cause de l'abondance du grisou. On n'a pu franchir qu'un premier gradin qui a dix mètres vers l'amont pendage, et 20 à 30 mètres auprès du puits *Achille*. Qu'y a-t-il au delà? La partie rejetée existe-t-elle quelque part en amont? Vient-elle affleurer au Nord, après un rejet plus ou moins considérable? ou bien a-t-elle complètement disparu en amont? La question est importante et vaut la peine d'être approfondie.

En 1847, et même encore en 1866, époque à laquelle les travaux de la huitième n'avaient pas encore été dirigés vers l'amont pendage Nord, on ignorait la nature et l'allure de la couche du côté du Marais. Aussi avais-je alors admis que le grand affleurement, depuis longtemps connu à l'Étivalière, et même exploré en 1847 par le puits des *Chaux*, pouvait représenter l'affleurement de la grande couche inférieure du Treuil. Cela semblait alors d'autant plus probable qu'à l'extrémité inférieure des fouilles du puits des *Chaux*, une série de gradins Est-Ouest font descendre successivement la couche vers le Sud. D'autre part, la faille du Soleil, qui rejette la huitième couche du puits *Saint-Louis* d'environ 300 mètres, doit reporter son affleurement de 1,000 à 1,500 mètres vers le Nord. Or, l'affleurement de l'Étivalière apparaît précisément à 1,000 mètres environ au Nord de celui de la huitième au puits *Camille* du Cros. Enfin comme cette même faille semblait passer, dans son prolongement Nord, entre la mine du Cros et l'Étivalière, on ne pouvait alors admettre que l'affleurement de l'Étivalière faisait suite à celui du Cros, puisque ce dernier devait, à son tour, être ramené d'environ 1,000 mètres vers le Nord, sous les alluvions du Furens, au pied de Saint-Priest. Toute la question repose, au fond, sur le point de savoir si la faille du Soleil se prolonge au delà de celle de la République, ou si, au contraire, elle *se dévie* vers le Nord-Ouest le long de cette cassure ancienne, comme la faille de Méons. Sur ma carte de 1847 j'avais admis la deuxième hypothèse, et, par suite, l'identité des couches du Cros et de l'Étivalière. En 1866, par contre, la première des deux alternatives me semblait plus plausible. Il faut donc examiner de nouveau à laquelle il convient aujourd'hui de donner le pas.

Remarquons d'abord qu'on n'a pas, comme pour la faille de Méons, le moyen de constater directement si celle du Soleil se prolonge vers le Nord. Il n'y a pas là des travaux comme ceux du Cros, dont la régularité prouve l'impossibilité du passage d'un important accident. La question ne peut donc se résoudre directement. Mais le fait de la faille de Méons, se raccordant à celle de la République, fournit déjà une sorte de présomption que la faille du Soleil pourrait bien se comporter de même. S'il en était ainsi, la couche de l'Étivalière, grâce au rejet du puits *Théodore*, pourrait alors en effet être le prolongement de celle du Cros et non l'affleurement de la huitième du Treuil. Celle-ci, coupée et rejetée par la faille du Marais, se trouverait balayée, ou n'aurait même jamais été déposée au Nord du Marais. Comparons donc la couche de l'Étivalière, au puits des *Chaux*, avec les parties les plus voisines des deux couches du Cros et du Treuil.

D'après mes notes de 1847 sur le puits des *Chaux*, dont les travaux étaient alors dirigés par M. Devilaine, la couche s'y compose de deux parties : le *haut*, qui mesure 3^m,30, fournit de la houille dure à gros grains, entremêlée de quelques minces filets schisteux. On y distingue du fusain et des lamelles alternativement ternes et brillantes ; c'est, comme au Cros, du charbon gras à courte flamme. Au toit de la couche on rencontre des rognons de minerai de fer. Au mur du banc *supérieur* succède un mètre de schiste, contenant également du fer lithoïde, puis le banc *inférieur* de 2^m,20, formé de charbon de forge ou à coke de deuxième qualité, plus tendre et plus pur que celui du banc supérieur ; enfin, sous le mur, formé de schiste à gros grains, se trouve encore à la distance de 2 à 3 mètres une veine de houille de 0^m,20. Cette coupe rappelle bien, on le voit, celle de la quinzième du Cros (§ 169). Remarquons aussi que le puits des *Chaux*, de 45 mètres de profondeur, est entièrement creusé dans le schiste, comme le puits Valeton au Cros.

Par contre, il y a peu d'analogie entre la huitième du Treuil et du Bessard et la couche des Chaux. La couche du Treuil, ainsi que celle qui affleure au puits Camille, est bien aussi formée de deux parties, mais le banc supérieur est toujours peu puissant et plus ou moins cru, tandis que la partie basse mesure 3 à 4 mètres dans les travaux du Marais et dans l'ancienne mine de Planterre. Le minerai, qui se trouve entre-deux, établit bien entre les deux couches une lointaine ressemblance, mais on sait que ce caractère se rencontre aussi bien dans les quatorzième et quinzième couches que dans la huitième, et n'a par conséquent aucune valeur. Bref, il semble bien, d'après cela, que la couche de l'Étivalière, explorée au puits des *Chaux*, soit le prolongement de celle du Cros (la quinzième), et non l'amont pendage de la huitième du Treuil.

Voyons maintenant si l'étude des failles et des couches voisines conduit au même résultat.

Si la couche du puits des *Chaux* est la quinzième, on peut facilement calculer l'amplitude de la double faille du Soleil et de la République. La distance de la huitième à la quinzième est de 520 mètres (330 mètres de la huitième à la treizième et 190 mètres de la treizième à la quinzième). Or la cote de la couche des *Chaux*, en amont du premier gradin de la faille, est de 450 mètres ; d'autre part, la huitième du Treuil, au *pied du dernier gradin* de la faille du Marais, se trouve à la cote de 310 à 320 mètres, soit 135 mètres en aval de la quinzième ; donc l'amplitude de la double faille serait sur ce point de 520 + 135 mètres = 655 mètres. C'est moins que la somme de 470 mètres et 300 mètres, amplitudes respectives des deux failles avant leur jonction ; mais notablement supérieur à la simple faille de la République. D'autre part, comme deux failles peuvent fort bien s'unir sans que le rejet final devienne égal à la somme des deux rejets partiels, la *différence* que nous trouvons ici ne prouve rien contre l'hypothèse en question.

Ajoutons que si, contre toute probabilité, la faille du Soleil s'arrêtait à celle de la République *sans la modifier*, on devrait alors admettre que la couche des *Chaux* représente plutôt l'affleurement rejeté de la treizième. L'amplitude de la faille serait, en effet, dans ce cas, de 330 + 135 = 465^m, ce qui s'accorderait avec les 470 mètres de la faille de la République avant sa jonction avec celle du Soleil. Mais la coupe de la treizième (§ 171) diffère tout autant de celle du puits des *Chaux* que la huitième, de sorte que cette dernière hypothèse semble peu plausible. Enfin remarquons que si la faille du Soleil s'arrêtait à celle de la République, il ne resterait également entre le Cros et les Chaux que la petite faille du puits *Théodore*, c'est-à-dire que dans ce cas, comme dans celui de sa déviation le long de l'ancienne cassure, l'affleurement du Cros serait ramené au Sud vers l'Étivalière. Il semble donc bien résulter de cette trop longue discussion que la couche de l'Étivalière est la quinzième et non la huitième du Treuil, laquelle doit venir buter souterrainement contre la faille de la République, considérablement amplifiée à l'Ouest par celle du Soleil. Alors aussi la couche des Granges (le nᵒ 16) semble reparaitre, au mur de la faille du puits *Théodore*, dans le petit affleurement de la Bérardière. Il est à remarquer, en effet, que sous ce dernier affleurement on arrive promptement aux assises micacées grossières du Mont-Reynaud qui correspondent au terrain de Saint-Chamond.

La faille de la République, ainsi grossie par celle du Soleil, franchit le Furens aux environs de l'Abattoir de la ville de Saint-Étienne, et pénètre là dans la concession de la Chana, où elle aboutit, comme nous le verrons, à la faille du Bois-Montzil ou du Furens.

Constatons ici que l'énorme faille de 655 mètres traverse de l'Est à l'Ouest la vallée du Furens sans produire, à la surface du sol, la moindre dénivellation. Ainsi 650 mètres de terrain semblent avoir été balayés par les eaux, qui devaient se rendre, dès la fin de la période houillère, du pied de la Chaine du Pilat vers le bas-fond du Forez. Je dis, *semblent,* car il ne résulte pas *nécessairement* de ce qui précède que la quinzième couche ait été recouverte à l'Étivalière par toute la série, qui s'étend de la quinzième à la huitième, et encore moins de la huitième jusqu'à l'étage supérieur. Il est au contraire certain, comme je l'ai établi précédemment (voir première partie), que, lors du dépôt de l'étage moyen, les couches inférieures se trouvaient émergées depuis longtemps au Nord, et que le sol n'a réellement continué à s'affaisser qu'au Sud de la faille de la République, en glissant le long de cette ancienne cassure. Les éléments houillers ont cessé de se déposer au Nord de la faille, où déjà le terrain était émergé.

§. 186. — Au-dessous de la huitième du Treuil on a rencontré, au puits de la *Pompe*, la série 9 à 12, et plus bas encore existent certainement les couches 13 et 15, car on a même, comme nous allons le voir, déjà atteint très probablement la treizième couche au puits *Neyron*.

La neuvième couche se trouve au puits de la *Pompe* à la profondeur de 424 mètres. Sa puissance est de 2 mètres, mais sa qualité médiocre ; le charbon en est tendre et terreux, donnant peu de gros, et, par ce motif, d'une exploitation moins profitable qu'au puits *Saint-Louis*.

L'intervalle entre la neuvième et la dixième est surtout occupé, comme au puits *Saint-Louis*, par des schistes. A la profondeur de 485 mètres, on traverse une nouvelle couche de 2 mètres que l'on considère comme les dixième et onzième réunies.

On distingue, en effet, deux bancs, dont le supérieur semble avoir les qualités de la dixième et l'inférieur les caractères de la onzième proprement dite. Cependant à 4 mètres au toit de cette couche de 2 mètres existe une autre veine de $0^m,60$, qui pourrait correspondre à la dixième proprement dite. On ne saura à quoi s'en tenir à cet égard que lorsque, par le développement des travaux, on se sera approché de la faille du *Soleil*, où les deux couches sont certainement isolées l'une de l'autre, comme au puits *Saint-Louis*. En tout cas, cette couche de 2 mètres, sans être aussi bonne que la douzième, est bien supérieure comme qualité à la neuvième. On y a poussé activement une double galerie d'exploration, dans la direction du Sud, vers le puits *Neyron*. Mais, avant de l'atteindre, on est arrivé à de sérieux accidents sur lesquels je reviendrai.

Enfin, à 505 mètres, fond actuel du puits, vient la douzième couche de $1,^m30$, qui, sur ce point, est la meilleure du groupe. La treizième pourra être recoupée vers 630 mètres et la quinzième à la profondeur de 810 à 820 mètres. C'est à ce niveau aussi que la faille du Soleil viendra traverser le puits. Aussi pourrait-on rejoindre la quinzième, au mur de la faille, où cette couche est à 300 mètres plus haut, en perçant un travers-bancs à la profondeur de 510 à 520 mètres.

§ 187. — Outre les deux puits du *Grand-Treuil* et de la *Pompe* on n'a encore approfondi, dans le district de Bérard, que le puits *Neyron*. On l'a foncé, depuis deux à trois ans, en vue de recouper le groupe 9 à 12, que l'on commence à exploiter au puits du *Treuil*. La huitième se trouvant à la profondeur de 286 mètres, on devait rencontrer la neuvième vers 410 mètres. Mais une faille fit manquer le groupe 9 à 12. A leur place on a rencontré une forte couche, dont le toit est à la profondeur de 409 mètres et le mur à 415 mètres. La couche elle-même a 6 à 7 mètres de puissance, sans compter les veinules du toit mêlées aux schistes. Le charbon a d'ailleurs les caractères de celui de la treizième ; il est friable, finement lamelleux, et laisse des cendres blanches, tandis que la houille des quatre couches 9 à 12 se divise généralement en fragments rhomboédriques, relativement durs, et laisse des cendres ferrugineuses, jaunes ou rosées. Il semble donc bien que l'on ait réellement affaire à la treizième. Mais on ne peut guère s'expliquer la disparition des couches 9 à 12 et le relèvement de la treizième, qu'en admettant que, au-dessous de la huitième couche, la faille du Soleil se soit fortement aplatie de façon à couper le puits *Neyron* au niveau de la neuvième couche. Cette faille plate aurait quelque analogie avec celles que j'ai fait connaître aux alentours du puits *Bourret* à Rive-de-Gier (§ 46). On a vu aussi que la faille du Soleil devient très peu raide dans ses parties hautes. On peut citer en particulier le bois d'Avaize, dans la couche du *Mourinet*, où la pente de la faille est ou-dessous de 40° (§ 164).

La faille du Soleil cesserait d'être plate le long de l'accident, qui borne au Nord le lambeau de treizième du puits *Neyron*, c'est-à-dire qu'elle ne serait plate qu'entre cet accident et la faille du Gagne-Petit, ou peut-être même est-elle limitée au Sud par un autre brouillage qui précéderait la grande faille du Gagne-Petit en s'y rattachant comme une sorte de rameau. En tout cas, au Nord de l'accident du puits *Neyron*, la faille du Soleil reprend certainement sa pente habituelle de 45° à 50°.

Les recherches ouvertes dans la treizième prouvent, en effet, que cette couche est coupée, à une faible distance du puits, par un accident considérable, qui la fait descendre, au Nord, du côté du puits de la *Pompe*.

Aussi, dans la galerie qui relie les deux puits, et qui fut ouverte, au puits de la *Pompe*, dans les dixième et onzième couches, comme nous l'avons dit dans le paragraphe précédent, on est resté pendant près de 200 mètres dans un terrain totalemeut brouillé avant d'arriver à la treizième couche du puits *Neyron*. Cet accident, peu incliné également, ne doit pas remonter jusqu'à la huitième couche, mais s'arrête à la faille plate.

La couche du puits *Neyron* ne constitue au reste, jusqu'à présent, qu'une bande, étroite, plongeant faiblement à l'Est vers le puits *Jabin*. Cette bande de 30 à 40 mètres de largeur, est bornée au Nord par le grand accident dont je viens de parler, et au Sud par une région, plus ou moins stérile, où le houille fait graduellement place aux schistes comme aux puits de l'*Éparre*, *Verpilleux* et de l'*Est* (§ 171).

Toutefois, puisque la treizième apparaît pure et belle à Villebœuf, au mur de la faille du Gagne-Petit, comme nous le dirons dans l'un des paragraphes suivants, il est assez probable que la zone stérile est ici d'une largeur restreinte et que les recherches, poussées au Sud-Est, finiront par retroaver la couche, au Sud du puits *Jabin*, dans son état normal, telle qu'on vient de l'atteindre à Villebœuf, à 600 mètres de profondeur. Disons, pour terminer, que le puits Neyron est pour le moment arrêté au niveau de 457 mètres, et qu'une petite couche de $0^m,90$ a été recoupée à $0^m,20$ sous la treizième.

§188. Pour clore la description du troisième district stéphanois, donnons l'étendue et la date des concessions, ainsi que la profondeur des principaux puits.

NOMS DES CONCESSIONS.	ÉTENDUE en HECTARES.	DATES des ORDONNANCES DE CONCESSION.
Concession du Cros	906	27 octobre 1824.
— de Méons	142	4 novembre 1824.
— du Treuil.	199	—
— de la Roche	38	—
— de Bérard	65	—
— de Terrenoire	572	—
— de Monthieux (1).	71	6 novembre 1825.

(1) Le troisième district ne comprend qu'une fraction de ces deux dernières concessions.

NOMS des CONCESSIONS.	NOMS des PUITS.	COTES de l'orifice des puits au-dessus de la mer.	PROFONDEUR DES PUITS JUSQU'AUX COUCHES DE HOUILLE.									PROFONDEUR totale des puits.	OBSERVATIONS.
			N° 8	N° 9	N° 10	N° 11	N° 12	N° 13	N° 14	N° 15	N° 16		
		mètres.	m.	m.	m.	m.	m.	m.	m.	m.	m.	mètres.	
Concession du Cros.	De la Chèvre .	498	»	»	»	»	»	»	»	»	22	24	
	Théodore. . .	485	»	»	»	»	»	»	»	»	52	55	
	Valeton. . . .	486	»	»	»	»	»	»	»	65	»	115	
	Du Cros . . .	489	»	»	»	»	»	»	»	110	»	135	
	Camille. . . .	498	»	96	»	»	»	»	»	»	»	150	Atteint la 15e par un travers-bancs.
	Des Chaumières.	497	»	»	»	»	»	»	»	90	»	95	
Concession de Méons.	Mars.	506	»	»	»	22	46	115	172	308	»	315	
	De la République. . . .	509	»	»	»	»	»	90	»	»	»	95	Au mur de la faille de Méons.
	De l'Étang . .	497	30	»	»	»	»	»	»	»	»	34	
	Saint-Claude .	501	»	»	»	25	75	185	»	»	»	205	
	De l'Isérable .	502	85	»	»	»	»	»	»	»	»	100	
	Éparre	527	»	»	63	101	125	»	»	»	»	240	Rejoint la 13e par une traverse.
	Verpilleux. . .	496	130	»	»	»	»	197	254	370	»	387	La 8° est au toit de la faille de Méons.
	Planterre. . .	503	40	»	»	»	»	»	»	»	»	45	
	Saint-André. .	497	80	»	»	»	»	»	»	»	»	95	Au toit de la faille de Méons.
	Saint-Louis ou (Bessard) . .	512	72	192	235	254	273	396	»	»	»	400	
Concession de Bérard. Partie orientale.	Bréchignac inf^r	516	50	»	»	»	»	»	»	»	»	64	
	Payet n° 1 . .	509	50	»	»	»	»	»	»	»	»	120	
	Peyret	516	40	»	»	»	»	»	»	»	»	55	De la faille de Monthieux.
	Payet n° 2 . .	501	»	»	»	»	»	»	»	»	»	95	
	Bréchignac sup^r	?	52	»	»	»	»	»	»	»	»	60	

NOMS des CONCESSIONS.	NOMS des PUITS.	COTES de l'orifice des puits.	N° 3	N° 4	N° 5	N° 6	N° 7	N° 8	PROFONDEUR totale des puits.	OBSERVATIONS.
Concession de Terrenoire. Région Nord-Ouest	Jabin.	520	80^m.	62^m.	80^m.	90^m.	108^m.	315^m.	357	
	Gagne-petit ou St-François .	534	63	66	90	101	»	310	315	
	Thibaut. . . .	512	76	80	105	»	132	»	154	
Concession de Monthieux. Partie occidentale.	Stern.	530	109	111	130	»	152	»	218	Le puits Stern rejoint par un travers-bancs la 8e au mur de la faille du Soleil.

NOMS des CONCESSIONS.	NOMS des PUITS.	COTES de l'orifice des puits au-dessus de la mer.	PROFONDEUR DES COUCHES dans les puits.					C. des Rochettes	PROFONDEUR totale des puits.	OBSERVATIONS.
			N° 3	N° 4	N° 5	N° 7	N° 8			
Concession de Monthieux. Partie occidentale.	Neuf	530^m.	111^m.	113^m.	132^m.	150^m.	»		170	
	Saint-Simon. .	522	»	»	125	145	»	10^m.	152^m.	Manque la 3^e et la 4^e par suite de la faille.
	Saint-Denis. .	511	»	»	»	»	80^m.	»	110	

NOMS des CONCESSIONS.	NOMS des PUITS.	COTES de l'orifice des puits au-dessus de la mer.	PROFONDEUR DES COUCHES dans les puits.							PROFONDEUR totale des puits.	OBSERVATIONS.
			N° 3	N° 4	N° 5	N° 7	N° 8	N° 9	N° 12		
Concession du Treuil.	De la Manufacture . . .	505	»	»	»	»	188	»	»	195	
	De la Pompe .	522	13	37	61	92	298	424	505	507	
	Du Grand-Treuil .	497	3	27	55	87	291	»	»	330	
	Achille	495	32	62	95	130	»	»	»	140	
	Bourgoing. . .	495	»	25	56	88	»	»	»	98	
	Providence . .	505	95	120	150	»	»	»	»	155	
	Nicolas	498	»	3	28	59	»	»	»	65	
	Du Petit-Treuil	504	»	10	40	70	»	»	»	82	
	Du Gris-de-Lin.	518	20	32	55	88	»	»	»	100	
Concession de la Roche.	Des Flaches. .	512	84	113	140	»	»	»	»	300	Est en fonçage.
	Du Chêne. . .	499	62	91	115	145	»	»	»	175	
	De la grande Pompe . . .	516	75	102	129	»	»	»	»	133ʹ	
	De la petite Pompe . . .	510	50	70	94	»	»	»	»	99	
	Deville	515	40	50	82	110	»	»	»	115	
Concession de Bérard. Partie occidentale.	Neyron	516	44	48	65	95	280	»	»	457	A 415^m une couche qui, par le fait d'une faille, pourrait être la 13e.
	Puits neuf des Hospices . .	507	50	62	93	120	»	»	»	130	
	Vincent. . . .	505	50	»	100	125	»	»	»	130	
	Bérard	506	32	40	77	105	»	»	»	110	
	Saint-André. .	494	35	»	»	»	»	»	»	»	
	Thiblier. . . .	501	55	80	100	132	»	»	»	142	

4° **District de Villebœuf**

§ 189. — Le district de *Villebœuf* comprend la partie Sud-Ouest du bassin houiller entre le Furens et la faille du Soleil, c'est-à-dire la majeure partie des concessions du *Janon* et de *Terrenoire*, l'angle Sud-Ouest de la concession de *Monthieux* et la concession entière de *Villebœuf*. Il est borné au Nord par les failles du puits *Saint-Simon* et du *Gagne-Petit;* au Sud par la limite même du bassin houiller, longeant le pied de la chaîne du Pilat ; à l'Est et à l'Ouest par les failles du Soleil et du Furens.

Occupons-nous d'abord de la concession de Monthieux.

Au pied du coteau de la Richelandière, au lieu dit la Verrerie, on voit l'affleurement d'une couche assez puissante, qui traverse le puits *Saint-Simon* à quelques mètres du jour. C'est la couche des *Rochettes*. Elle fut exploitée, il y a quarante ans, par une galerie de niveau, partant des bâtiments mêmes de la Verrerie. Plus tard on ouvrit, dans la même couche, la fendue de la *Richelandière* sur le bord de la route neuve de Lyon, à peu de mètres du puits *Stern*. A l'aide de ces deux galeries, la couche des Rochettes a été déhouillée depuis ses affleurements jusqu'à la limite Sud de la concession. Son allure générale est Est-Ouest entre la faille du Soleil et celle du Gagne-Petit, avec faible plongée vers le Sud. Au delà de Monthieux, son aval pendage pénètre dans la concession voisine de Terre noire, mais là elle est rejetée en profondeur par la faille du Gagne-Petit, de sorte qu'il ne reste en amont qu'un espace triangulaire de 1,000 mètres environ de base sur 400 mètres suivant le sens de la pente. En aval, grâce aux failles que je viens de nommer, la couche des Rochettes doit se trouver à environ 300 mètres de profondeur.

La houille et l'ensemble du gîte ressemblent entièrement à la couche des puits *Saint-Jean* et de la *Providence*, sur le versant oriental du coteau de Monthieux. La puissance moyenne de la couche est sur ce point de 4 mètres ; le charbon cru et dur. Les intercalations schisteuses sont fréquentes, les cendres abondantes ; enfin, au milieu de la couche, un véritable nerf de huit à dix centimètres. Bref, c'est une couche médiocre, donnant à la vérité une forte proportion de gros, mais dont le menu a peu de valeur.

A la suite d'un *faux-toit* schisteux de quelques mètres vient, en montant, un banc de grès à gros grains passant au poudingue, puis une couche de 1^m,30, pareille à celle qui, au puits *Saint-Jean*, se trouve à 28 mètres au toit de la couche des Rochettes.

A cette couche du toit succède l'étage supérieur; il débute par un banc de grès, puis vient, au haut du coteau de la Richelandière, un double affleurement, formé d'une veine de 0^m,80 surmontée d'une couche de 3 à 4 mètres. Celle-ci est entremêlée de schistes et semble correspondre aux trois couches n° 7 à 9 du bois d'Avaize, qui sont assez souvent réunies, comme on sait, en une seule couche (§ 164). Ces veines sont, au reste, mal explorées et n'offriraient d'ailleurs à l'exploitation qu'un champ fort restreint, car les travaux ne tarderaient pas à buter contre la faille du Gagne-Petit, par le fait de laquelle les couches du bois d'Avaize sont rejetées en profondeur et recouvertes par l'étage stérile qui couronne, dans cette région, le bassin de la Loire.

§ 190. — Nous reviendrons plus tard sur les couches de la série d'Avaize. Pour le moment, occupons-nous d'abord de la série n°s 1 à 7 de l'étage moyen. Ces couches sont pareilles à celles des puits *Thibault* et *Jabin*. Du bas-fond du puits *Thibault* les bancs se relèvent quelque peu contre la faille du puits *Saint-Simon*, et surtout le long de la faille du Soleil. Les veines 2, 3 et 4 sont réunies, sauf vers la limite Nord, auprès du puits *Thibault* où la quatrième se sépare de la troisième, par l'intercalation de 3 à 4 mètres de grès. La puissance des trois couches réunies est de 8 à 9 mètres. Au-dessous, à la distance de 20 mètres, vient la cinquième, puis la septième à 25 mètres plus bas, c'est-à-dire à la profondeur de 145 mètres. Ces deux couches ont le même aspect et la même puissance qu'au puits *Thibault*. La cinquième est çà et là amincie par érosion, la septième toujours caractérisée par le lit d'argile *ocreuse*, qui lui sert de toit. La sixième, inexploitable comme ailleurs.

Au Sud, tout l'étage moyen est rejeté en profondeur par la faille du puits *Saint-Simon*, dont j'ai déjà parlé à diverses reprises ; c'est une branche de celle du Gagne-Petit ; son amplitude est de 50 mètres, là où elle se détache de la faille *mère*, mais arrive à zéro à peu de distance de la faille du Soleil. Le massif, ainsi rejeté en profondeur par la faille en question, a été déhouillée par le puits *Stern* de 218 mètres de profondeur, et par son voisin, le puits *Neuf*, de 170 mètres. Ce dernier a traversé la couche n° 1, de 0^m,48, à 26 mètres du jour et le faisceau n°s 2, 3 et 4 à 112 mètres. C'est dans cette région que les couches 1 à 7 ont été ramenées au jour, en pente raide, le long de la faille du Soleil (voir fig. 31).

Tout est déhouillé, dans l'étage moyen, jusqu'à la limite Sud de la concession de Monthieux. Mais au delà, sous les Ovides, le terrain est vierge, et là, par le fait de la plongée Sud de la faille du Gagne-Petit, le quartier triangulaire, dont j'ai parlé il y a un instant, s'agrandit, au mur de la faille, à mesure que l'on descend l'échelle des couches. Il y a donc, sur ce point, dans la concession de Terrenoire, place pour un puits qui permettra d'exploiter simultanément l'étage moyen au mur de la faille du Gagne-Petit et l'étage supérieur au toit.

Quant à la *huitième* couche, elle n'a pas été recherchée dans la partie de la concession de Monthieux, située au toit de la faille du Soleil ; mais aussi, comme il est facile de s'en assurer par le plan de la huitième couche (pl. XXI), elle ne peut occuper que l'extrême portion Sud-Ouest de la concession, qui se trouve ici limitée et comme enveloppée au Nord, à l'Ouest et au Sud par le ruisseau de l'Isérable. Or, l'on sait, par les travaux contigus du puits *Jabin*, que la houille est, sur ce point, en grande partie remplacée par du schiste.

Enfin, la *treizième* couche ne semble pas non plus promettre beaucoup d'après les fouilles faites au puits de *l'Est*. Cependant, comme je l'ai déjà dit, cette couche peut de nouveau s'améliorer dans cette direction et serait d'ailleurs, sur ce point, au mur de la faille du Soleil, à moins de 500 mètres de profondeur. Malgré cela, je ne pourrais conseiller l'approfondissement de l'un des puits de cette petite concession, à moins que des explorations, sérieusement entreprises au puits de *l'Est,* ou au puits *Jabin,* ne fissent pressentir une réelle amélioration du gîte.

§ 191. — Nous venons de montrer que les travaux de Terre noire et de Monthieux sont limités, dans toutes les couches, par la grande faille *longitudinale* du Gagne-Petit. Sur deux points seulement on a entrepris des travaux au toit de cette faille : au *Janon* à l'Est, à *Villebœuf* à l'Ouest. Occuponsnous d'abord des travaux de la concession de *Janon.*

On a vu au § 164 que les couches du bois d'Avaize étaient limitées à l'Ouest par la grande faille transversale du Soleil, qui passe, au puits *Bel-Air,* en amont de la couche du Mourinet. L'amplitude de cette faille, on le sait, est de 250 à 300 mètres, et dépasserait même ce chiffre, dans cette région, si la faille du Gagne-Petit devait y ajouter sa propre amplitude, comme cela semble assez probable. Quoiqu'il en soit à cet égard, la faille du Soleil affecte dans la concession du *Janon* les mêmes caractères qu'au coteau de Monthieux. Les couches de l'étage supérieur remontent le long du plan de la faille, ou plutôt *descendent* des hauteurs du bois d'Avaize vers le Sud-Ouest.

Au bas du ravin de la Palle un affleurement charbonneux correspond à la trace même de la faille du Soleil ; il fut poursuivi par le puits *Sainte-Marie,* jusqu'à la profondeur de 200 mètres. Dans tout ce parcours, la couche suit exactement le plan de la faille. L'inclinaison est de 50°, c'est-à-dire de 160 mètres verticalement sur 140 mètres de projection horizontale. (Pl. X.) C'est, au reste, moins une couche régulière qu'un remplissage charbonneux lenticulaire. A l'affleurement il y avait 7 à 8 mètres de houille ; à 200 mètres un simple filet ; dans l'intervalle, une série d'amas plus ou moins renflés, le tout exclusivement composé de charbon broyé. On a suivi le gîte sur 300 mètres en direction, constatant partout les mêmes caractères. Au Sud-Est, cependant, le gîte s'infléchit graduellement suivant le sens des assises du terrain, se relève au delà vers la lisière du bassin, et s'amincit finalement au jour, comme en profondeur, sous l'influence d'une faille de direction.

Du côté opposé, au Nord-Ouest, toutes les galeries se sont arrêtées à un important brouillage, dû au passage de la grande faille longitudinale du puits *Saint-Félix*. Cette faille, comme on sait (§ 165), incline au Nord-Ouest, à l'inverse des failles longitudinales ordinaires de la République, du Gagne-Petit, de Villebœuf, de Landuzière, etc. Ces dernières sont, en effet, situées au *Nord* du *Thalweg* souterrain du bassin, et en partie antérieures aux failles transversales, tandis que la faille du puits *Saint-Félix* est placée au *Sud* de l'axe et relève les assises vers le terrain ancien. Son origine *première* a peut-être précédé également les failles transversales, mais le terrain a dû subir, plus tard, lors du soulèvement de la chaîne du Pilat, un nouveau mouvement le long de la même ligne de direction. Lorsqu'on compare, en effet, les traces de la faille du Soleil en amont et en aval de celle du puits *Saint-Félix*, on trouve, selon l'ingénieur Payen, un déplacement d'environ 80 mètres, et l'épure montre que si la faille *Saint-Félix* est postérieure à celle du Soleil, elle a précisément dû déplacer celle-ci dans le sens que les travaux souterrains semblent dévoiler.

En tout cas, à partir du point de croisement des deux failles, la houille se trouve surtout entraînée par celle du puits *Saint-Félix*. C'est le long de cette dernière faille que l'on a pu suivre le charbon sous forme de lentilles ou de chapelets. On reconnaît des traces charbonneuses tout le long de la combe de la Palle. Près du jour, au puits de *la Palle*, on a trouvé 4 mètres de houille broyée, mais déjà vers 100 mètres de profondeur, la lentille semble finir. En direction on a suivi la masse charbonneuse jusqu'à la distance de 250 mètres, et les traces noires peuvent se voir jusqu'au plateau même de la Palle, sur près de 800 mètres de longueur. Au toit et au mur de la faille les roches ne se ressemblent guère. Au mur ce sont les roches houillères ordinaires, les schistes et grès des étages moyen ou inférieur. Au toit les grès micacés verts ou rouges, avec des poudingues à galets de quartz blanc, pareils à ceux que le puits *Bel-Air* a traversés avant de recouper la faille du Soleil. Ces poudingues parcourent, depuis le sommet d'Avaize, vers le Sud-Ouest, tout le plateau de la Palle. Ils forment, à la surface du sol, une série de crêtes rocheuses saillantes, criblées de quartz. Leur direction est parallèle à l'axe du bassin; l'inclinaison au Nord-Ouest, parallèle à celle de la faille. Bref, on voit qu'entre la faille du puits *Saint-Félix* et celles du

Gagne-Petit et du Soleil, qui plongent en sens inverse, l'étage houiller du bois d'Avaize est caché sous le puissant massif stérile, qui sert de couronnement au bassin houiller (§ 91). Ici cependant n'existe pas encore la partie haute du terrain *rouge,* que traverse le puits de la *Vogue,* et que l'on peut observer, à la surface du sol, au Sud de Patroa (voir pl. X.). Malgré cela, la série d'Avaize doit se trouver, dans ce quartier, vers deux à trois cents mètres de profondeur, car on a vu que l'amplitude de la faille du Gagne-Petit est de 240 mètres au puits *Saint-François,* et nous verrons bientôt qu'aux puits *Pélissier* et *Ambroise* de Villebœuf les premières couches du bois d'Avaize sont à 70 mètres de profondeur. On en peut conclure que si la faille du Gagne-Petit devait conserver la même amplitude de 240 mètres vers son extrémité Est, la couche la plus élevée de la série d'Avaize ne serait pas, dans ce quartier, à plus de 200 mètres de profondeur, ce qui donnerait bien, pour les couches moyennes de la série, la profondeur de 200 à 300 mètres. Mais une autre faille, celle de Villebœuf, vient encore s'ajouter à celle du Gagne-Petit, en sorte qu'au Sud du Patroa, où se trouve la zone des terrains rouges, l'étage semble devoir descendre jusqu'à 500 mètres. Malheureusement cette zone profonde diminue de largeur avec la profondeur même, car elle est limitée, au Nord et au Sud, par les failles à pentes inverses de Villebœuf et de la Palle. Ces accidents opposés rendront en tout cas l'exploitation difficile, sinon impossible, dans la concession du Janon. Par le fait de ces failles, les couches sont certainement morcelées, étirées, laminées; les lambeaux intacts doivent y être rares. A l'Ouest, dans la concession de Terrenoire, les conditions deviennent plus favorables, parce que la zone tend à s'élargir, et ces conditions s'améliorent encore, par le même motif, dans la concession contiguë de Villebœuf. (Voy. carte d'ensemble et pl. X.)

§ 192. — La concession de Villebœuf est bornée, au Nord et à l'Est, par celle de Terrenoire, à l'Ouest par le cours du Furens, au Sud par les bords du bassin.

La limite Nord coïncide presque avec la trace au jour de la faille du Gagne-Petit. Celle-ci traverse, à Saint-Étienne même, l'ancienne place aux Bœufs et longe à peu près la rue des Chappes, vers la base de la colline du cimetière. Au mur de la faille, la troisième couche de l'étage moyen n'est, au puits du *Gris-de-Lin*, qu'à 20 mètres de profondeur, tandis qu'au toit elle atteint les niveaux de 260 à 300 mètres. On doit donc retrouver, au Sud de la rue des Chappes, la base de l'étage supérieur, ou plutôt, le haut de l'étage moyen, comprenant le groupe de la couche des *Rochettes*. En effet, lors des fouilles faites à diverses époques pour les fondations des maisons, on mit à nu plusieurs affleurements, le long des rues Royale et de Lyon. La même série fut recoupée par les puits *Pélissier* et *Ambroise* de la concession de Villebœuf.

Un troisième puits, celui de la *Vogue*, est ouvert dans les assises les plus élevées du bassin, le grès *rouge* proprement dit.

Le premier de ces puits est fort ancien ; il fut creusé vers 1830, dans l'espoir de rencontrer la troisième couche de la plaine de Bérard. On alla jusqu'à 190 mètres, — profondeur considérable pour l'époque en question, — sans atteindre la grande *masse* désirée. On ne savait pas alors qu'une forte faille l'avait rejetée en profondeur. Les veines traversées étaient faibles et de qualité inférieure. On ne les exploita point, et le puits demeura abandonné près de trente ans. Repris, fin 1854, il fut approfondi jusqu'à 380 mètres ; en outre, dix ans après, on fonça, à 80 mètres de là, le puits *Ambroise* qui, de simple puits d'aérage, devint bientôt le principal puits d'extraction. Il fut poussé jusqu'à 560 mètres et atteint même 600 mètres, profondeur à laquelle on va exploiter la treizième couche au mur de la faille du Gagne-Petit.

Les deux puits dont je viens de parler traversent en entier les étages supérieur et moyen, et le puits *Ambroise* atteint même, comme je viens de le dire, l'étage inférieur. Mais si les deux puits ont recoupé l'étage supérieur, il s'en faut de beaucoup que les veines y soient aussi belles et aussi fortes qu'au bois d'Avaize. Non seulement le terrain est brouillé par des accidents, mais les couches elles-mêmes sont amincies et de qualité inférieure.

Voici, au reste, la série des veines traversées par les puits Pélissier et Ambroise.

ALTITUDE DES PUITS.	PUITS AMBROISE. 565 mètres.		PUITS PÉLISSIER. 559 mètres.	
	Profondeur.	Puissance.	Profondeur.	Puissance.
Étage supérieur.				
Premier groupe	71^m,	veine de 1^m.	74^m.	0^m,50
Second groupe.	107 112	double veine de : { 0^m,60 et 0 40 }	90	0 20
Troisième groupe	130 à 136	veines de : { 0 50 0 30 0 30 0 10 }	118 128 135 140	0^m,50 à 0^m,60 0 50 à 0 80 1 00 à 1 20 1 00 à 1 10
Quatrième groupe. . . .	172 177 192 205	veines de : { 0 30 0 30 0 30 0 60 }	184 196 208	1^m,10 1 50 0 50
Cinquième groupe. . . .	225	veine de 0^m,70	236	quatre veines de : 0 30 à 0 40
Étage moyen.				
Sixième groupe. . . . . (Couche des *Rochettes*, de l'étage moyen.)	280	5 veines très rapprochées de : { 1 00 1 20 0 25 0 10 0 10 }	254	5 veines avec intercalations stériles de 0^m,30 à 0^m,50 { 1 00 2 00 0 30 0 30 0 25 }
Septième groupe. . . . . 3e et 4e couche de l'étage moyen. Dans les parties régulières elles ont, réunies, 6 à 8^m de puissance.	336 à 340	Deux veines peu importantes de 0^m,40 et 0^m,80 trouvées dans une forte faille.	300 à 320	quatre veines de 0^m,30 à 0^m,60 coupées par une forte faille.
5e couche	358	deux bancs de : 0^m,80 et 0^m,20	348	amincie par faille ou érosion.
6e couche	370	deux bancs de : 0^m,70 et 0^m,90	357	veine en faille de : 0^m,70
7e couche	381 à 386	trois veines de : 1^m,50, 0^m,50 et 0^m,30	368 à 372	deux veines de : 0^m,80 chacune.
7e*bis* ou *1er* de l'étage moyen	448	couche de 3^m à 3^m,50	380	fond du puits.
Étage inf.				
8e couche	525	couche 3 à 5 mètres	»	»
13e couche, au mur de la faille du Gagne-Petit. .	600	couche de 6 mètres	»	»

Ces deux coupes, on le voit, offrent de nombreuses veines dans l'étage supérieur, mais aucune d'elles ne peut être comparée à la *Grande masse* du bois d'Avaize. La couche des *Rochettes* a également perdu de son importance; elle est moins pure et moins puissante qu'à Terrenoire, et ne vaut même pas la couche de Monthieux.

Jusqu'à présent aucune des couches de l'étage supérieur n'a été exploitée à Villebœuf; on s'est borné à quelques travaux d'exploration. Les accidents qui sillonnent le terrain et les éléments schisteux, mêlés à la houille, rendent les travaux trop onéreux. Cependant le jour viendra où quelques-unes au moins de ces couches pourront être utilisées. Ainsi on pourra certainement exploiter les veines du troisième groupe. Des travaux assez importants furent même exécutés jadis dans les deux couches du puits Pélissier, situées à 135 et 140 mètres de profondeur. Les galeries trop voisines de la colonne du puits en compromirent la solidité. On dut les abandonner par ce motif. Quoique le charbon en soit cru et schisteux, on pourra néanmoins en tirer parti. Il en sera de même des deux couches principales du quatrième groupe, celles qui mesurent au puits Pélissier 1^m,10 et 1^m,50. Le charbon en est friable et entremêlé de nombreux schistes; mais lavé, il pourra être utilement consommé.

On a également exploré la couche des *Rochettes*. Les travaux, entrepris dans cette couche par le puits *Ambroise*, ont rejoint ceux du puits Pélissier.

Ce que je viens de dire de la qualité des charbons de l'étage supérieur s'applique également au charbon des Rochettes. Aussi, aux prix actuels, l'exploitation en serait peu rémunératrice ; c'est le motif pour lequel l'extraction proprement dite ne s'est développée, depuis vingt ans, que dans les couches de l'étage moyen, la *troisième* surtout. Celle-ci n'est, du reste, connue jusqu'à présent qu'au Nord-Ouest d'un accident qui suit, à peu de distance des puits *Pélissier* et *Ambroise*, une ligne légèrement arquée, allant du Sud-Ouest au Nord-Est, dans la direction du château de Chantegrillet. Là il va rejoindre normalement la faille du Gagne-Petit. (Voy. pl. X et XXI.) Malgré de nombreux travaux de recherches, la nature réelle de cet accident est encore peu connue. Si, au voisinage même du puits *Pélissier*, il a tous les

caractères d'une faille, il n'en est plus de même au delà. Au niveau de
300 mètres, le puits est en effet coupé par une faille, dont la pente vers
le Sud-Est est de 60 à 70°, et l'amplitude de 50 mètres. Mais, à partir de ces
50 mètres, la pente de l'accident devient faible, puis même légèrement
inverse. Au pied de la faille, la couche reste amincie sur de vastes étendues,
en particulier sous l'enclos de l'école des Mines. Il semble y avoir là amincissement par *érosion*, ou, peut-être, dépôt incomplet lors de la formation
même de la houille. L'altération du gîte n'est d'ailleurs pas brusque et ne
coïncide pas avec la faille même, car la couche se modifie graduellement,
de l'Ouest à l'Est, en approchant de la faille. Ainsi à l'Ouest, sous la
place Chavanelle, on a trouvé jusqu'à 10 mètres de puissance, tandis qu'en
s'avançant au Nord-Est, vers le puits *Pélissier*, elle descend successivement
à 6, 4 et même 2 mètres. L'amincissement de la troisième couche n'influe
d'ailleurs nullement sur l'allure des couches inférieures. La cinquième
couche en particulier a été poursuivie régulière, au mur de la troisième
amincie, jusqu'à la distance de 360 mètres dans le sens de la direction,
et sur 130 mètres au Sud, du côté du puits de la *Vogue*.

On constata là, sur trois points différents, par des travers-bancs mon-
tants, qu'à la distance de 30 à 40 mètres de la cinquième couche, les couches supérieures quatre et trois existent réellement, mais réduites à de
simples filets. Il y a donc là un amincissement fort étendu, pareil à celui
que j'ai signalé, dans les mêmes couches, au Nord du puits du *Chêne*, sous
la plaine du Treuil (§ 179).

Ainsi donc, au Sud des bâtiments de l'École des Mines, la troisième
couche est positivement amincie sur une étendue de 200 à 300 mètres en
carré, sans que l'on puisse savoir, dans l'état actuel des choses, si au delà
la situation s'améliorera ou non. Cependant, comme le puits de la *Vogue* est
à 800 mètres de distance, on voit qu'il reste de la marge, et que les recherches futures pourront encore découvrir dans la troisième couche de vastes
étendues exploitables entre les deux failles parallèles du Gagne-Petit et de
Villebœuf.

Quant à présent, les travaux ne se sont développés, dans cette couche, qu'au Nord-Ouest de la faille du puits *Pélissier*. Or, dans cette direction, on est malheureusement limité par d'autres entraves. Au Nord et au Nord Nord-Est, c'est la faille du Gagne-Petit, à l'Ouest, les constructions de la ville de Saint-Étienne, appartenant au quartier de la place Chavanelle.

Il ne reste finalement, comme champ d'exploitation, qu'un espace triangulaire de 400 mètres de base, dans le sens de la direction, le long du boulevard, sur 200 mètres de hauteur, suivant l'inclinaison, entre le boulevard et l'École des Mines. Dans cette région la couche incline à l'Est en se relevant vers la grande faille transversale, qui correspond à la vallée du Furens et qui sépare les travaux de Villebœuf de ceux de Beaubrun. La pente de la couche est de 15 à 20°, son épaisseur de 8 à 10 mètres sous la ville, du côté Ouest, tandis qu'elle s'amoindrit, à l'Est, par érosion très probablement. On arriverait ainsi, comme je l'ai déjà dit, de la zone à puissance normale à celle où la couche est amincie, et cela même si la faille du puits *Pélissier* n'était venue troubler, par surcroît, la régularité du gîte et la dureté du charbon. Nous verrons, au reste, bientôt que la troisième couche a éprouvé au puits Montmartre, de la concession de Beaubrun, un accident tout à fait pareil.

La houille de la troisième couche se ressent à Villebœuf de la profondeur à laquelle elle a été dès longtemps enfouie. Au Treuil et à Bérard, la proportion des matières volatiles dans le charbon pur de la troisième atteint 33 à 35 pour 100 en moyenne (voy. les n° 36 à 38 du tableau des houilles), tandis qu'à Villebœuf, grâce aux 250 à 300 mètres de profondeur en plus, le rapport ne dépasse pas 27 à 28 pour 100. C'est presque du charbon à coke. On obtient, en effet, avec le charbon de Villebœuf, provenant de la troisième couche, du coke compact et dur, dès que, par le lavage, on a éliminé les fragments schisteux.

§ 193. — Les couches secondaires de l'étage moyen, à part la cinquième, furent peu exploitées jusqu'à présent à Villebœuf.

J'ai déjà signalé la faible valeur et les qualités *négatives* de la couche des *Rochettes*. Au-dessous, les veines n° 1 et 2 sont inconnues ou semblent réunies à la troisième.

La *quatrième* se rencontre, dans les districts réguliers de Villebœuf, vers 10 à 12 mètres au mur de la troisième. C'est une couche peu importante, de qualité médiocre, souvent amincie comme la troisième.

La *cinquième* mesure $1^m,20$ à $1^m,80$ dans les parties régulières. On l'a complètement exploitée, comme la troisième, au Nord-Ouest de la faille du puits *Pélissier;* elle est à 25 ou 30 mètres au mur de la précédente. Les puits *Pélissier* et *Ambroise* traversent la couche au voisinage de la faille de 50 mètres et dans une région quelque peu brouillée; de plus, entre les deux puits, sur une largeur de 50 à 60 mètres, le charbon est partiellement enlevé par *érosion*. L'amincissement occupe cependant une étendue moindre que dans la troisième couche. On a également poursuivi la cinquième couche, vers le Sud, au toit de la faille du puits *Pélissier*. On est allé en direction, au Sud-Est, jusqu'à la distance de 360 mètres, et, dans ce trajet, la couche a conservé ses caractères ordinaires de puissance et de qualité. On la pourra donc exploiter sous la majeure partie du territoire qui va des puits *Pélissier* et *Ambroise* au puits de la *Vogue*. Le charbon est de même nature que celui de la troisième; le menu lavé donne du bon coke dur et compact.

La coupe du puits *Ambroise* nous montre la cinquième divisée en deux bancs. Nous verrons cette bifurcation se développer largement, à l'Ouest, dans la concession de Beaubrun. (Voy. pl. XV. Coupes.)

Les sixième et septième couches furent peu explorées jusqu'à présent, et sont, comme la quatrième, de qualité inférieure. Le charbon en est dur, terne, chargé de cendres, quoique collant comme celui des trois couches précédentes.

La sixième se compose de deux bancs, séparés l'un de l'autre par un nerf schisteux de $0^m,60$. Le banc supérieur mesure $0^m,40$, l'inférieur $1^m,10$.

La septième couche atteint $1^m,50$ dans les parties régulières. Malgré cela, on l'a peu exploitée, jusqu'à présent, à cause de la nature pierreuse de la houille. Elle pourra néanmoins fournir un jour du charbon convenable pour les fours à grilles et le chauffage domestique.

La sixième est à 30 mètres au mur de la cinquième, et la septième à

20 mètres sous la sixième. Vient ensuite un massif stérile de 60 mètres, puis, au-dessous, l'importante couche n° 7 *bis*, ou plutôt 7 *ter*, d'une puissance moyenne de 3 mètres. Cette couche est inconnue, comme on sait, dans les districts précédemment étudiés, sauf cependant au puits *Lafond* de la Barallière (voy. § 158). Un massif stérile, plus ou moins micacé, d'environ 200 mètres, s'étend au puits *Jabin*, entre la septième et la huitième couche; ou, du moins, la seule veine intermédiaire, connue sur ce point, est la *crue*, au toit de la huitième. Cependant nous avons signalé au Treuil deux autres veines de $0^m,50$ et $0^m,65$, aux distances respectives de 52 et 97 mètres, sous le mur de la septième. C'est à l'une de ces deux veines que semble correspondre la septième *bis* ou *ter* de Villebœuf.

L'amoindrissement ou même la disparition totale de cette couche, dans la région Nord-Est du bassin, doit d'autant moins étonner qu'à Villebœuf même le charbon est directement couvert par un banc de grès, et le toit plus ou moins bosselé. Disons de suite que si la couche disparaît au Nord-Est, elle se maintient au contraire dans les districts Ouest de Beaubrun, Villards, le Cluzel, etc.

Jusqu'à présent, la couche en question n'a été explorée, à Villebœuf, qu'entre le puits *Ambroise* et le pied de la faille du Gagne-Petit. Comme le puits l'avait traversée vers 448 mètres, au voisinage d'un faible dérangement, l'exploration se fit, au niveau de 457 mètres, par un court travers-bancs de 30 mètres. La couche fut poursuivie en descente, vers le Nord, jusqu'à la faille du Gagne-Petit, située à 60 mètres de distance, et là on a tracé, dans le charbon, un fond de niveau vers l'Ouest, de 100 mètres environ de développement. La puissance fut trouvée de trois à quatre mètres en moyenne. Le charbon est friable et moins pur que celui de la troisième; mais, à part cela, de même nature, et capable de fournir, après lavage, du coke métallurgique. C'est, par suite, une ressource importante pour l'avenir. Comme trait caractéristique de cette couche, je citerai un nerf jaune, argilo-schisteux de $0^m,10$ à $0^m,30$, au milieu du charbon de la moitié inférieure de la veine. Le nerf ressemble à celui qui couvre ailleurs la septième couche.

§ 194. — La *huitième* couche a été rencontrée, au puits *Ambroise*, au niveau de 525 mètres, à 80 mètres au-dessous de la précédente. Sa puissance est de 4 mètres, comme au puits *Jabin*, mais le charbon est plus friable et plus maigre. La proportion des matières volatiles ne dépasse pas 22 pour 100 (n° 99 *bis* du tableau). Le charbon colle cependant encore, pourvu que l'on ait recours à des fours à parois chauffées. Convenablement lavé, il peut donc indifféremment servir pour la fabrication du coke ou des agglomérés. Sous le rapport des cendres il ressemble au charbon de la couche précédente. Le menu brut retient 13 à 15 pour 100 d'éléments terreux, ou environ 8 pour 100 après lavage. Ces éléments terreux proviennent de débris schisteux, formant de minces lits au milieu de la houille. Le charbon est particulièrement tendre et feuilleté dans les parties voisines du toit.

L'exploitation proprement dite de la huitième couche est à peine commencée, mais on l'a explorée activement. Au Nord du puits *Ambroise* la faille du Gagne-Petit apparaît déjà à la distance de 20 mètres; elle remonte la couche, comme on sait, de 240 mètres vers le champ d'exploitation du puits *Jabin*.

Dans le sens de l'inclinaison la couche fut poursuivie sur environ 200 mètres. En direction, vers le Sud-Est, on l'a explorée sur 400 mètres, et tout indique qu'elle se continuera, sans accident majeur, jusqu'au voisinage du puits de la *Vogue*, ou du moins jusqu'à la faille de Villebœuf, qui coupe le puits vers 510 mètres de profondeur. (Voy. pl. XXI. Plan et coupes.)

Les galeries de niveau vont du Sud-Est au Nord-Ouest, comme dans la cinquième couche. Parallèlement à celle-ci la huitième couche tend aussi à remonter au Sud vers le puits de la *Vogue*. On peut donc ici encore espérer un vaste champ, comprenant à peu près tout le district qui va du puits *Ambroise* au puits de la *Vogue*. Ces deux puits, situés à 800 mètres l'un de l'autre, sont aujourd'hui reliés par une galerie de 930 mètres. A partir du puits Ambroise, elle suit d'abord la huitième couche sur environ 300 mètres; au delà elle marche à travers-bancs, au mur de la couche, jusqu'au puits de la *Vogue*. Dans ce trajet, on a reconnu, à 10 mètres normalement sous la huitième, son acolyte ordinaire du mur. Elle mesure 1 mètre à 1^m,50 et donne du charbon un peu cendreux, mais d'ailleurs peu différent de celui de la couche principale. Les travaux sont encore peu étendus; mais déjà on a pu constater qu'elle dégage beaucoup de grisou, comme la huitième proprement dite.

Enfin, pour terminer la revue des couches, disons encore que, vers la fin de l'année 1879, on a traversé la faille du Gagne-Petit, en partant des travaux de la huitième, à la profondeur de 525 mètres. Le travers-bancs fut d'abord poussé horizontalement vers le Nord, sur une longueur de 90 mètres; après cela, il est descendu de 60 mètres en suivant une pente de 40°. On a ainsi atteint le niveau de 560 à 565 mètres au-dessous de l'orifice du puits *Ambroise*, c'est-à-dire à très peu près la cote zéro. Là on a trouvé une couche de 6 mètres, qui doit être là treizième, puisque, d'après les cotes de niveau de la huitième du puits *Jabin*, la nouvelle couche se trouve à 300 mètres plus bas, ce qui est bien la distance ordinaire de la huitième à la treizième. D'après le croquis ci-joint, dressé à

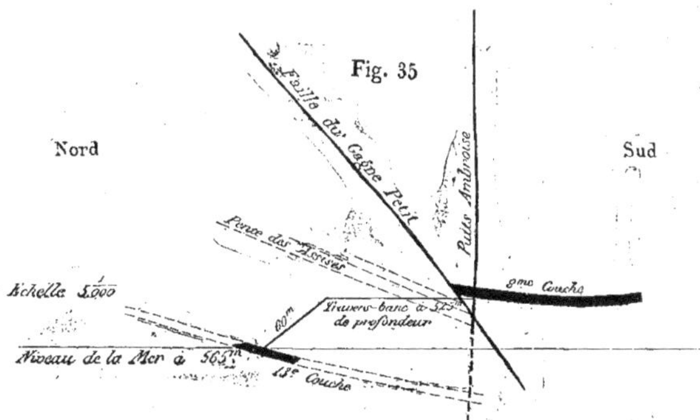

l'échelle, on trouve que le puits *Ambroise* traversera la couche en question au *mur* de la faille du Gagne-Petit, vers le niveau de 600 mètres [1]. On voit

1. Depuis que ces lignes ont été écrites, le puits approfondi a en effet recoupé la 13e couche à 600 mètres.

donc qu'à Villebœuf, comme au reste on devait s'y attendre, les trois étages de Saint-Étienne sont au complet, et que, grâce à la grande faille du Gagne-Petit, la treizième couche est au puits *Ambroise* à 75 mètres seulement au-dessous de la huitième, tandis qu'au puits de la *Vogue,* elle s'y trouvera à la distance ordinaire de 300 à 320 mètres, c'est-à-dire à peu près vers 740 à 760 mètres du jour. On connaîtra, au reste, la profondeur exacte, lorsque les travaux, ouverts dans la huitième couche, auront atteint la faille de Villebœuf, près du puits de la *Vogue.*

§ 195. — Ceci m'amène à donner quelques détails sur ce troisième puits de la concession de Villebœuf, celui de la *Vogue.* Il est situé à 770 mètres au Sud Sud-Est du puits *Pélissier,* au toit de la grande faille de *Villebœuf,* dont les traces se voient au jour le long de la lisière Sud du Jardin des plantes de Saint-Étienne. Cette faille est à peu près parallèle à celle du Gagne-Petit comme direction et plongée, c'est-à-dire sensiblement dirigée de l'Ouest à l'Est avec inclinaison moyenne d'environ 45° vers le Sud (voir carte d'ensemble et pl. XXI). Cependant, comme direction, le parallélisme n'est pas rigoureux. En réalité, les deux failles convergent quelque peu à l'Est et doivent se rencontrer non loin du bois d'Avaize. Celle du Gagne-Petit court, en effet, sur Est quelques degrés Sud ; celle de Villebœuf sur Est quelques degrés Nord. Cette dernière faille marque, à la surface du sol, le passage brusque du terrain houiller supérieur au grès rouge proprement dit. Au mur de la faille, c'est-à-dire au Nord, paraissent les assises houillères de l'étage supérieur avec faible plongée du Sud au Nord ; au toit de la faille vient un dépôt argilo-siliceux rouge, tout à fait différent des schistes et grès houillers ordinaires. Le ciment du grès est plus argileux, plus rouge et plus fin que les bancs ferrugineux du terrain houiller proprement dit. L'inclinaison des bancs est également différente au mur et au toit de la faille. Au mur, plongée faible vers le Nord ; au toit, plongée vers le Nord Nord-Est sous l'angle moyen de 40° à 45°, c'est-à-dire relèvement raide vers la lisière Sud du bassin. Le contraste s'observe au jour, au sommet de la colline de Saint-Roch, ainsi qu'à Patroa et dans les travaux souterrains du puits de la *Vogue,* c'est-à-dire dans la longue galerie à travers-bancs qui va au puits *Ambroise*. (Voir coupe de la pl. XXI et pl. X et IX.)

Le puits de la *Vogue* a été poussé jusqu'à la profondeur de 512 mètres. Les cent dix premiers mètres comprennent des bancs tout à fait rouges. Viennent ensuite 55 mètres de grès et schistes gris blanc ordinaires, contenant même vers le bas quelques filets de houille. A partir de 165 mètres le terrain rouge reparaît, mais renferme pourtant en bancs subordonnés des grès ordinaires d'une nuance claire. Au niveau de 240 mètres les schistes, grès et poudingues verts, ou gris noir, commencent à dominer ; cependant ils alternent encore avec quelques assises rouges, plus ou moins micacées : c'est l'étage traversé par le puits *Bel-Air* du Janon. Vers 300 mètres on a même rencontré une couche de mauvais charbon, chargé de cendres, d'un mètre d'épaisseur. Dans tout ce parcours la stratification est parfaitement régulière. La pente est uniformément de 40 à 50° vers le Nord Nord-Est. A 380 mètres les bancs rouges disparaissent. A ce niveau le terrain est brouillé; on observe des plongées de 60 à 65°, et, sur 4 mètres, des schistes tendres charbonneux avec noyaux de grès usés par frottement. C'est un accident, qui est cependant peu important au fond, car au-dessous on retrouve la même inclinaison moyenne de 40° vers le Nord Nord-Est. Au delà, et jusqu'au fond du puits, à 512 mètres, les assises se succèdent de nouveau régulièrement; ce sont, en général, des grès schisteux micacés, tantôt gris, tantôt verdâtres, passant quelquefois à de véritables poudingues. Cependant les veines charbonneuses et la houille crue ne manquent pas non plus. On les a traversées à 410, 449, 457, 485 et 499 mètres. Ce sont quelques-unes des veines de l'étage supérieur, celles que les puits *Pélissier* et *Ambroise* recoupent entre 70 et 235 mètres de profondeur. Toutefois, les couches en question, déjà oblitérées dans ces derniers puits, le sont plus encore au puits de la *Vogue*. Enfin au niveau de 500 à 510 mètres les bancs reprennent de nouveau l'inclinaison inusitée de 50 à 60°, due au voisinage de la faille de Villebœuf. On la recoupe, en effet, à peu de mètres du puits, dans le travers-bancs allant au puits Ambroise.

Cette galerie, ouverte vers 510 mètres de profondeur, dans un grès

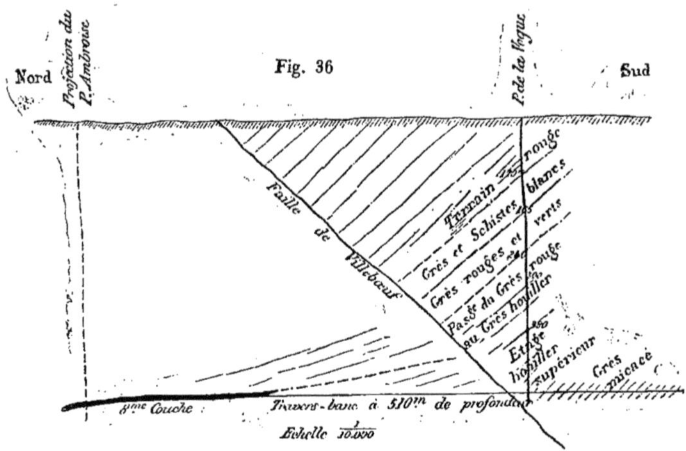

micacé grossier, traverse ensuite, à peu de mètres du puits de la *Vogue*, des schistes broyés sur 5 à 6 mètres ; après quoi on arrive à des assises régulières, qui sont faiblement inclinées vers le Nord tout le long de la galerie en question, et appartenant toutes au mur de la huitième couche, d'après les détails précédemment donnés. (Voir coupes de la pl. XXI.)

Ainsi donc une grande faille passe à 8 ou 10 mètres de l'origine du travers-bancs, et cette faille coïncide exactement, en direction et plongée, avec celle du Jardin des plantes ; de part et d'autre, au jour comme à 500 mètres de profondeur, les assises sont tout à fait différentes au toit et au mur de la faille. Au toit, le terrain *rouge* avec sa forte plongée au Nord. Au mur, le haut de l'étage inférieur de Saint-Étienne avec sa huitième couche bien caractérisée et sa plongée faible.

D'après les traces de la faille au jour et son passage par le bas du puits de la Vogue son inclinaison moyenne est de 45°. C'est la pente ordinaire de presque toutes les grandes failles du bassin, si l'on en excepte celles qui longent le pied de la chaîne du Pilat, dont la pente au Nord est assez souvent voisine de 90°.

Quant à l'amplitude de la faille de Villebœuf, elle doit être forte ; elle dépasse de beaucoup 300 mètres. La première couche de l'étage supérieur est à 70 mètres de profondeur au puits *Pélissier*, et l'on vient de voir qu'au puits de la *Vogue*, malgré la pente inverse des assises, la plus élevée des veines houillères, sous le terrain rouge, se trouve au niveau de 410 mètres. Le déplacement est, par suite, pour le moins de 410 — 70 = 340 mètres ; mais en réalité, à cause du relèvement des assises vers le Sud (fig. 36), il est certainement plus voisin de 400 que de 350 mètres. On arrive en effet à ce chiffre, en considérant qu'au puits de la *Vogue* la faille met sensiblement en regard la base de l'étage supérieur et la huitième. Or la couche la plus basse de l'étage supérieur est, dans les travaux du puits *Pélissier*, à 120 mètres au-dessus de la troisième, et comme celle-ci est à 260 mètres au-dessus de la huitième, on a pour l'amplitude approchée de la faille 260 + 120 = 380 mètres.

La coupe du puits de la *Vogue* (fig. 36) prouve d'ailleurs que la puissance du terrain rouge, au toit de l'étage du bois d'Avaize, est d'au moins 400 mètres. Le puits lui-même traverse les assises inclinées du grès rouge sur 380 mètres, et au-dessus viennent encore les bancs qui affleurent entre l'orifice du puits et la trace de la faille de Villebœuf au jour. L'épaisseur du grès rouge, dans le bassin de la Loire, est par suite presque aussi grande que dans le bassin de Saône-et-Loire ; mais son extension horizontale se borne à deux étroits lambeaux latéralement circonscrits par des failles, dont l'origine doit remonter jusqu'à l'époque même de son dépôt.

Les plantes trouvées à Patroa par M. Grand'Eury, et contrôlées par le docteur Stür de Vienne, qui s'est spécialement occupé de l'étude du grès rouge en Bohême, prouvent que notre terrain rouge appartient bien réellement au *rothe Liegende* des Allemands, le *Permien* des géologues. Mais, à cause de son passage graduel au terrain houiller proprement dit, ses limites n'ont pu être rigoureusement indiquées sur les cartes que là où des failles, comme celle de Villebœuf, mettent en regard les deux terrains. (Voy. carte d'ensemble et pl. X et XI.)

Le puits de la *Vogue* fut arrêté à 542 mètres, parce que la faille de Villebœuf fait descendre l'étage supérieur au niveau de l'étage inférieur. Pour explorer la base de l'étage supérieur, et surtout l'étage moyen, on remplaça le fonçage par un travers-bancs, poussé au niveau de 510 mètres vers le Sud Sud-Ouest (du toit au mur), normalement à la direction des bancs du terrain, dont la plongée moyenne s'est maintenue à 40° vers le Nord Nord-Est.

On a poussé ce travers-bancs, en 1875, jusqu'à la distance de 320 mètres. On espérait recouper ainsi les diverses couches de l'étage moyen. Au lieu de cela on n'a rencontré, dans tout le parcours, que des roches plus ou moins micacées, sans couches de houille proprement dites, malgré les affleurements voisins de Valbenoîte, qui semblent annoncer le passage de la couche des Rochettes (pl. XI). La plongée générale se maintient constamment au Nord Nord-Est, mais on recoupa des parties brouillées, qui sont traversées par des failles à pente opposée, grâce auxquelles on aura manqué l'étage moyen et percé directement dans l'un des massifs de l'étage inférieur. En tout cas, comme on approchait de la limite de la concession (250 mètres), et que depuis longtemps on avait atteint le relèvement Sud du dépôt houiller, on cessa la poursuite de la galerie en question. On ne pouvait guère rencontrer que des couches, partiellement laminées par le brusque relèvement des assises contre la chaîne du Pilat, comme à la Palle dans la concession du Janon (§ 191 et pl. XI).

§ 196. Ceci nous ramène à la question, précédemment agitée, des richesses souterraines, comprises, dans les concessions de Villebœuf et de Terrenoire, entre la faille du Gagne-Petit et la limite Sud du bassin.

Nous venons de nous occuper de l'avenir de Villebœuf. Il résulte de cette étude, qu'entre les deux failles du Gagne-Petit et de Villebœuf s'étend un massif régulier, peu incliné, de 800 mètres de largeur, où outre la troisième couche, partiellement amincie, les veines inférieures, les n°s 5, 6, 7, 7 *ter* et 8, et probablement aussi le groupe 9 à 13, situé aux profondeurs de 600 à 800 mètres, pourront être exploités dans de bonnes conditions. Ces couches inférieures, à partir de la neuvième, s'étendront, vu la pente de la faille de Villebœuf, même au delà du puits de la *Vogue*.

Par contre, il est à craindre que la zone comprise entre le faille de Villebœuf et le bord du bassin ne soit à peu près stérile, ou du moins que les couches y soient tellement relevées et laminées, que leur exploitation fructueuse devienne difficile, sinon impossible, comme à la Palle.

Rappelons maintenant qu'entre Villebœuf et la vallée du Janon s'étend, sous le plateau de Patroa et la haute colline de Saint-Roch, la partie Sud-Ouest de la concession de Terrenoire, c'est-à-dire la bande houillère, relativement régulière, qui, à Villebœuf, est limitée par les deux failles du Gagne-Petit et du Jardin des plantes. Seulement cette bande, qui a 800 mètres de largeur à Villebœuf, se rétrécit graduellement à l'Est, par le fait de la convergence des deux failles. Son exploitation pourra donc être encore fructueuse dans le voisinage des limites de Villebœuf sous Patroa, mais le sera d'autant moins qu'on s'approchera davantage du bois d'Avaize.

La faille de Villebœuf peut être poursuivie, à la surface du sol, le long du bord méridional du Jardin des plantes; elle se reconnaît également, au haut de la colline Saint-Roch, par la disposition des bancs du poudingue à galets quartzeux blancs, qui sillonnent cette crête de l'Est à l'Ouest (pl. X). La faille doit passer par le flanc Nord du coteau et par le hameau même de Patroa, car le long de la crête, et au Sud des maisons de Patroa, les assises inclinent fortement au Nord, comme au puits de la *Vogue*. On y voit les mêmes grès et argiles rouges et vertes, alternant çà et là avec des poudingues durs à galets quartzeux blancs. On y rencontre même, comme dans certains grès rouges du Permien, des veines siliceuses noires, à demi-translucides (*Kieselschiefer*). Elles paraissent stratifiées, et ont 5 à 10 centimètres d'épaisseur.

Partout, au Sud de la faille, où le terrain n'est pas couvert, on rencontre le grès rouge sur une certaine largeur; puis au delà, à partir d'une ligne sensiblement parallèle au bord du bassin, le terrain rouge fait de nouveau place aux grès micacés des étages inférieurs. Ce changement inverse semble correspondre, comme à la Palle et au puits de la *Vogue*, à l'apparition d'une ou de plusieurs failles longitudinales, à pente inverse, presque verticales (pl. XI). C'est entre ces failles longitudinales opposées que le dépôt houiller est plus ou moins tourmenté, et doit l'être surtout en profondeur où ces failles tendent à se rapprocher. Malgré cela, il n'en est pas moins vrai qu'en fonçant un puits au Sud de Patroa, ou au Sud de la crête de Saint-Roch, on trouvera, à une certaine profondeur, la faille de Villebœuf et au delà, au mur de la faille, selon le point que l'on aura choisi, ou directement l'étage moyen, ou, d'abord, une fraction de l'étage supérieur. Il doit donc exister dans la concession de Terrenoire, comme à Villebœuf, une bande houillère riche, d'une certaine largeur, sous les hauteurs de Saint-Roch et de Patroa, et cette largeur doit croître, de l'Est à l'Ouest, à partir de la faille transversale du Soleil jusqu'à celle du Furens.

§ 497. — Complétons la description du district de Villebœuf par les tableaux des concessions et des puits qui s'y trouvent :

1° *Tableau des concessions.*

NOMS DES CONCESSIONS.	ÉTENDUE en HECTARES.	DATES des ORDONNANCES DE CONCESSION.
Concession du Janon (partie Sud-Ouest).	215	4 novembre 1824.
— de Terrenoire (partie Sud-Ouest)	572	Id.
— de Monthieux (partie Ouest) .	71	6 novembre 1825.
— de Villebœuf.	212	4 novembre 1824.

2° *Tableau des puits.*

NOMS des CONCESSIONS.	NOMS des PUITS.	COTES de niveau de l'orifice des puits.	PROFONDEUR DES COUCHES dans les puits. Couche des Rochettes.	N° 3	N° 5	N° 7	Grande d'Avaize		PROFONDEUR totale des puits.	OBSERVATIONS.
	Saint-Simon. .	522ᵐ.	10ᵐ.	100ᵐ.	125ᵐ.	145ᵐ.	»		150ᵐ.	Rencontre la 3ᵉ en faille.
Concession , de Monthieux.	Stern.	530	»	109	130	155	»		218	Par un travers-bancs communique avec la 8ᵉ au mur de la faille du Soleil.
	Neuf	530	»	109	130	155	»		170	
Concession Janon.	Sainte-Marie. .	528	»	»	»	»	30ᵐ.		210	Recoupe la grande du bois d'Avaize à 200ᵐ, par trav.-b.
							N° 8	N° 13		
Concession de Villebœuf.	Pélissier. . . .	550	254	310	318	370	».. 5	»	380	Traverse la faille du Gagne-Petit avant de recouper le n° 13.
	Ambroise . . .	565	260	338	358	383	25	600	610	Un travers-bancs à 510ᵐ atteint la C. n° 8 au mur de la faille de Villebœuf.
	De la Vogue. .	558	»	»	»	»	»	»	512	
Concession de Terre-noire.										

La concession de Terrenoire ne possède pas encore de puits dans ce district.

CHAPITRE XII

PARTIE OCCIDENTALE DU TERRITOIRE HOUILLER
DE SAINT-ÉTIENNE

§ 198. — Cette partie du territoire houiller comprend toute la région située entre le Furens à l'Est et les limites du bassin à l'Ouest. Elle renferme les districts :

1° De Villards au Nord;

2° De Quartier-Gaillard et Beaubrun au Centre;

3° De la Ricamarie au Sud-Est;

4° De Roche-la-Molière à l'Ouest;

5° De Firminy au Sud-Ouest.

Les deux districts de Villards et de Roche la-Molière appartiennent surtout à l'étage *inférieur* de Saint-Étienne; celui du Quartier-Gaillard et de Beaubrun aux étages *moyen* et *inférieur;* enfin ceux de la Ricamarie et de Firminy aux trois étages, mais surtout à l'étage moyen.

Commençons par le district de *Villards.*

1° **District de Villards.**

§ 199. — Ce district renferme les trois concessions de la *Chana,* la *Porchère* et *Villards.* Il débute au Nord, comme tous ceux qui touchent à la lisière Nord du bassin, par la brèche de Rive-de-Gier. Au-dessus viennent, entre Sorbiers et la Fouillouse, tantôt des traces de l'étage proprement dit de Rive-de-Gier, comme à Écullieux, tantôt les débris plus ou moins brisés des bancs siliceux, situés vers 200 à 250 mètres au toit du même étage, comme au Maniquet. Ces bancs à fragments siliceux caractérisent, comme on sait, l'étage stérile quartzo-micacé de 500 à 600 mètres de puissance, qui sépare Rive-de-Gier des dépôts houillers plus élevés de Saint-Chamond et Saint-Étienne. Cet étage a 1,000 mètres de largeur auprès de Saint-Priest et près de 1,500 mètres, au Nord de Villards, dans la concession de la Porchère.

En montant du pont de Ratarieux vers le domaine du Maniquet, on rencontre, sur toute la ligne, des bancs de grès plus ou moins micacés, pareils à ceux du Grand Mont-Reynaud et de Soleymieux (§ 167). Leur direction générale est Est-Ouest avec plongée faible vers le Sud, sous les couches de la *Doa*, appartenant à l'étage inférieur de Saint-Étienne, et jadis exploitées dans la concession de la Chana. En aval du pont de Ratarieux, en suivant la grande route, on trouve, avant d'atteindre la brèche proprement dite, des bancs d'un aspect bréchiforme, qui alternent régulièrement avec les grès et poudingues micacés de l'étage stérile de Saint-Chamond. Il semblerait y avoir sur ce point une sorte de passage graduel de la brèche au poudingue, qui rend assez difficile le tracé rigoureux de la limite commune des deux étages. Mais, au fond, ce passage graduel n'existe pas, puisqu'à Écullieux, comme je viens de le rappeler, on trouve, entre les deux terrains, l'étage houiller de Rive-de-Gier. En réalité, les bancs à fragments de micaschiste peu roulés existent, à divers niveaux, dans l'étage stérile de Saint-Chamond, et même plus haut au toit de la treizième à Chaney ; mais leur puissance n'est jamais considérable, et, avec quelque attention, on les distingue aisément de la brèche elle-même.

Un dépôt houiller d'une nature spéciale apparaît au Nord des domaines d'Écullieux et du Maniquet. La carte générale du bassin le montre séparé de la brèche par une étroite bande de terrain ancien ; c'est le lambeau de

Chapoulet, déjà mentionné lors de la description de celui de Valfleury (§ 143).
Les deux dépôts sembleraient, d'après les empreintes trouvées par M. Grand'-
Eury, à peu près de même âge que l'étage de Rive-de-Gier, ou plutôt un
peu plus ancien.

Le lambeau de Valfleury, on doit se le rappeler, est séparé de Rive-de-
Gier par la période, relativement courte, qui correspond à l'effondrement
du massif ancien dont les débris ont constitué la brèche.

Celui de Chapoulet a trois kilomètres de longueur, pour une largeur
de 2 à 300 mètres à peine. Il se renfle pourtant vers son extrémité Nord-
Ouest, là où il franchit le ruisseau de Malval, petit affluent du Furens, auprès
de la Fouillouse. La direction générale est Sud Est-Nord Ouest, c'est-à-dire
à peu près parallèle à la limite de la brèche dans cette région. Le petit lambeau coupe transversalement le flanc du coteau qui monte du Furens vers
Saint-Héand. Le coteau est sillonné par une série de gorges qui toutes
descendent du Nord-Est au Sud-Ouest. C'est entre les deux gorges extrêmes
de l'Est, au Nord de la ferme de Chapoulet, que l'on explora, il y a quelques
années, un petit affleurement dans l'angle Nord-Est de la concession de la
Porchère. La couche y mesure $0^m,50$ à $0^m,60$; elle court, comme le lambeau
lui-même, du Sud-Est au Nord-Ouest, et plonge de 40 à 45° vers le Sud-
Ouest. C'est une veine schisteuse, fort peu régulière, qui se termine en
biseau à une faible distance des affleurements. On a dû l'abandonner
sans pouvoir y ouvrir des travaux sérieux. Le charbon est gras, avec 25
à 30 pour 100 de matières volatiles, mais laisse, même dans les parties choi-
sies, 12 à 15 pour 100 de cendres. Le terrain est principalement formé de
grès schisteux, plus ou moins grossier. L'affleurement a été reconnu sur
300 à 400 mètres en direction.

En résumé, on le voit, ce lambeau n'a pas plus de valeur que celui de
Valfleury et ne fournira jamais une exploitation fructueuse.

Au Nord de la Fouillouse, au lieu dit les *Perrotins*, paraît, au milieu du
terrain ancien, un deuxième lambeau isolé, de 400 mètres de largeur sur 500
à 600 mètres de longueur; mais il est stérile et uniquement formé de brèche.
Il n'y a donc pas à s'en préoccuper; d'autre part, un petit lambeau de terrain

ancien perce au travers du terrain houiller entre la Porchère et Maniquet.

§ 200. — Si de la Fouillouse nous passons sur la rive gauche du Furens, nous trouverons, comme à Écullieux, au-dessus de la brèche, les traces de l'étage de Rive-de-Gier. Elles m'ont été signalées par M. Grand'Eury. Une faille longe le Furens en amont de la Fouillouse ; elle court du Nord-Ouest au Sud-Est et plonge au Sud-Ouest ; c'est la faille qui limite les travaux de la Porchère et de Villards au Nord-Est, et qui se prolonge, vers le Sud-Est, jusqu'au centre de la ville de Saint-Étienne ; c'est, en un mot, la grande faille transversale du *Furens*, déjà plusieurs fois citée, et sur laquelle j'aurai à revenir encore souvent. En amont de la Fouillouse, elle met en regard la brèche et le terrain ancien : le micaschiste occupe la rive droite du Furens, la brèche la rive gauche. On observe très bien cette dernière dans le nouveau chemin qui monte de la Fouillouse vers Saint-Genest-Lerpt ; elle dépasse même la vallée du Cluzel et forme au delà le mont *Ravel*, point culminant entre le Furens et le Rio-de-Lay de la vallée de Cluzel. Sur ce point, la grande faille, dont je viens de parler, ne longe plus le Furens proprement dit ; elle passe au pied méridional du Mont-Ravel, où à la brèche succède brusquement le poudingue stérile de Saint-Chamond, et, peu après, vers la mine de la Porchère, l'étage inférieur de Saint-Étienne. Mais, en suivant ainsi depuis la Fouillouse le chemin de Saint-Genest, on croise, avant d'arriver à la vallée du Cluzel, le petit vallon parallèle de la *Maison blanche*, où M. Grand'Eury reconnut, au toit de la brèche, un petit affleurement, qui marque le passage du groupe de Rive-de-Gier ; et, un peu plus loin, aux *Mouilles*, à la naissance du vallon de Robertane, des grès à sigillaires, que M. Grand'Eury rapproche également du dépôt de Rive-de-Gier. J'ai vu ce même grès fin à empreintes en montant du grand Breuil au Poyet. En tout cas, au toit de ces grès, on arrive aux poudingues micacés de Saint-Chamond, qui s'avancent à l'Est jusqu'aux premières veines de l'étage stéphanois connues à la Porchère. Toutefois, dans cette région, un petit affleurement, analogue à celui de Bayard près de Sorbiers, apparaît vers le milieu de l'étage micacé de Saint-Chamond. C'est la veine de la *Niarais*, sur la rive droite du ruisseau de Robertane, non loin de sa jonction avec le

Rio-de-Lay. On l'a explorée, par une courte fendue, plongeant au Sud sous le plateau des Avats.

La couche atteint $1^m,20$ dans les parties régulières, mais son allure est troublée par de fréquents amincissements dus au toit de grès. Le charbon est brillant, gras, à courte flamme; la proportion des matières volatiles y est de 23 à 24 pour 100 à peine. Les cendres sont abondantes : 8 à 10 pour 100 dans le gros, 20 à 25 pour 100 dans le menu. Au fond, c'est une couche de qualité médiocre. On a cependant recherché son aval pendage, en fonçant un puits non loin du domaine des Avats. Il a été poussé jusqu'à 150 mètres dans des grès assez réguliers, mais n'a pas rencontré la couche là où elle aurait dû se trouver. On ne sait si on l'a manquée par une faille, ou par suite d'un effet d'érosion. En tout cas, le puits a traversé un simple filet de houille, et aucune recherche n'y a été faite. On l'a abandonné en octobre 1879.

Si maintenant, du plateau des Avats, on s'avance de l'Ouest à l'Est, vers la base de l'étage Stéphanois, on rencontrera, avant d'arriver à la mine de la Porchère, quelques faibles traces d'affleurements, auprès des fermes de la Côte et de l'Hyassière; ce sont probablement les représentants du groupe 16 à 13, fortement amincis et oblitérés, près du jour. Jusqu'à présent on ne sait ce que ces couches deviennent en profondeur, car le puits *Ravel* de la Porchère, dont il sera fait mention sous peu, n'a rien trouvé au-dessous du groupe 9 à 12. D'autre part, les travaux de la Chazotte, de Chaney et du Cros, prouvent que les treizième et quinzième couches sont variables dans leur allure; elles pourraient donc être exploitables en profondeur, dans ce district, quoique minces aux affleurements.

§ 201. — Ce groupe inférieur 16 à 13, dont l'existence est problématique à la Porchère, apparaît régulier, et fut exploité, vers 1840, dans la concession voisine de la Chana. On y connaît du moins les couches 15 et 16, qui se rattachent, presque sans interruption, aux affleurements de l'Étivalière et de la Bérardière. La couche de l'Étivalière traverse le Furens, et fut retrouvée au delà, dans un puits d'une faible profondeur, creusé il y a quarante ans, non loin de l'ancienne maison de direction du chemin de fer d'Andrézieux. Plus loin, elle fut exploitée, vers la même époque, par le puits de la *Terrasse*, situé au voisinage du point où se croisent la route nationale et le chemin de fer de Roanne. La couche y est formée de trois veines pareilles à celles de la mine du Cros et du puits des *Chaux*. (Voir pl. XXIV. Coupe.) Le banc supérieur mesure 3^m,40 sous un toit schisteux; vient ensuite un lit de schistes et de minerai de fer de 1^m,40, puis le deuxième banc de houille de 1^m,80, plus tendre et plus pur que le premier; enfin, sous un deuxième nerf de 1 mètre, une dernière veine de 0^m,60 de qualité inférieure. Le puits est arrêté, à 40 mètres de profondeur, dans une assise de grès, bien avant le niveau de la seizième. Le banc principal de la quinzième est à 18 mètres du jour et n'a pu être exploité, en 1834, que dans une étendue de 100 sur 200 mètres, à cause du voisinage des affleurements au Nord et à l'Est, et par suite des failles qui rejettent la couche en profondeur au Sud et à l'Ouest. Entre ces limites la couche était régulière et presque plate, mais, au delà, elle descend brusquement de 40 mètres à l'Ouest, vers les travaux du puits *Saint-André* de la Chana. Le charbon était tendre et de qualité inférieure. (Pl. XII.)

Les anciennes mines de la Chana, dites de la *Doa* et du *bois Montzil*, étaient desservies par quatre puits et plusieurs fendues. Les affleurements traversent, de l'Est à l'Ouest, les prairies, situées entre la colline de Saint-Priest et le bois Montzil, sur une longueur de près d'un kilomètre. Les puits qui ont servi à l'exploitation sont, à l'Est, le puits *Saint-André*, que je viens de nommer; à l'Ouest, les puits *Robinot* et de la *Doa*, non loin du bois Montzil. Le puits *Peyre*, situé entre deux non loin des affleurements, servait pour l'aérage. (Pl. XII.)

Le puits *Saint-André* fut arrêté à peu de mètres au mur de la quinzième, le puits de la *Doa* a été foncé jusqu'à 170 mètres, traversant la quinzième à 75 mètres et la seizième, divisée en deux bancs, vers 140 mètres. Le puits *Robinot* correspond à la grande faille du Furens et ne rejoint la couche que par un travers-bancs.

Dans toute l'étendue des travaux la quinzième couche est divisée en trois bancs comme à la Terrasse et au Cros. Le premier banc atteint généralement 2 mètres d'épaisseur. Le toit immédiat se compose de schistes et de minerai de fer; plus haut, ce sont sur 20 mètres des alternances de grès et de schistes, ensuite uniquement des grès jusqu'à la surface du sol. Entre le premier et le deuxième banc, le nerf mesure 3 à 4 mètres; il se compose surtout de schistes charbonneux, entremêlés de rognons ferrugineux. Le banc du milieu est, comme ailleurs, plus tendre et plus pur que le premier, mais d'une épaisseur moindre : $1^m,60$ à $1^m,65$ ordinairement.

Viennent ensuite 4 mètres de schistes, ou grès fins schisteux, sans minerai de fer, puis le troisième banc, dont l'épaisseur moyenne était de 1 mètre à $1^m,15$. Dans son ensemble le gîte était régulier, du moins vers l'amont pendage. La pente moyenne est à peine de 7 à 8°. Vers l'aval pendage naissent une série de rejets dont l'importance croît avec la profondeur. Ce sont des branches de la faille du Furens, qui passe ici entre la mine de la Chana et celle de Villards. L'amplitude de cet accident est de 550 à 600 mètres, car dans une descenderie, ouverte dans l'angle Sud-Ouest des travaux de la Chana, on rencontra la huitième couche, au toit de la faille, après avoir franchi plusieurs gradins. Or la distance de la huitième à la treizième est de 330 mètres et celle de la treizième à la quinzième, à Méons, de 190 mètres, total 520 mètres, auxquels il faut ajouter les 45 mètres parcourus le long des gradins dont je viens de parler : soit ensemble 565 mètres. C'est l'équivalent de la faille de la République (§ 185), et, en réalité, les deux failles se confondent en une seule à partir de leur point de jonction au Nord de Montaud, car on ne retrouve aucune trace du prolongement de celle de la République dans les travaux de Villards, situés au delà. Le massif entier, situé au toit de ce double accident, s'est affaissé d'environ 600 mètres vers le Sud Sud-Ouest. Aussi, grâce à cet énorme déplacement, l'allure générale des assises est-elle complètement modifiée, comme le prouvent les courbes de niveau de nos plans (pl. XII). A partir de la faille du Furens le terrain se relève à l'Ouest; tandis qu'il plongeait au Sud-Ouest jusque-là.

Je viens de rappeler qu'une recherche, ouverte dans la mine de la Chana, le long de la faille du Furens, avait amené, en 1845. la découverte dé la huitième couche au toit de la faille. Je dois ajouter qu'à cette époque on ignorait encore l'énorme importance de cet accident. Après la visite des lieux, j'admis, comme tout le monde, que la couche retrouvée au toit de la faille était le prolongement de celle du mur. Dans cette hypothèse, le rejet n'eût pas dépassé 50 mètres. Il est vrai qu'à cause du manque d'air aucun travail n'avait pu être entrepris dans la couche en question. Les caractères qui la distinguent de celle du puits de la *Doa* ne purent être constatés que longtemps après.

A l'extrémité opposée, à l'Est, le champ d'exploitation est limité par le rejet de 40 mètres qui isole le puits *Saint-André* de celui de la *Terrasse*. Cet accident secondaire, comme les autres rejets qui troublent l'aval pendage, part de la grande faille *Furens-République*, dont l'influence sur l'allure générale du bassin est si importante, comme on vient de le voir. Son amplitude est telle qu'on ne peut rechercher le prolongement de la quinzième couche vers le Sud. Il faudra une hausse considérable dans les prix des charbons avant de pouvoir ouvrir, dans cette région, des travaux sérieux à 700 ou 800 mètres de profondeur. Aussi les puits *Saint-André* et de la *Doa* sont-ils abandonnés depuis trente ans. On n'a même pas exploité la seizième couche au puits de la *Doa*. Elle est cependant formée de deux bancs, ayant l'un et l'autre 1 mètre à 1^m,15 d'épaisseur avec un entre-deux schisteux de 3 mètres. Mais le charbon est pierreux comme au Cros et ne peut être extrait avec avantage dans les circonstances présentes.

J'ajouterai que les deux couches affleurent dans les carrières qui bordent la grande route de Roanne, au Nord de la Terrasse, et aussi sous la ferme du domaine de la *Doa*. J'ai pu observer la veine supérieure, dans le fond de la carrière en question, sous le banc de grès que l'on y exploitait pour pierres de taille. La veine avait 0^m,60 à 0^m,80. Presque immédiatement au-dessous se montre le terrain micacé de Saint-Chamond sur le versant Sud-Ouest de Saint-Priest. C'est la preuve que les couches du puits de la *Doa* sont bien à la base du dépôt Stéphanois comme les couches 15 et 16 de la Chazotte et du *Cros*.

Le charbon de la quinzième couche, à la Chana, est plus riche en ma-

tières volatiles que celui du Cros et surtout plus gras que celui de la
Chazotte. Tandis qu'au Cros la proportion des matières volatiles est de
25 pour 100 à peine, elle était de 27 à 29 à la Chana et au bois Montzil
(n⁰ˢ 86 et 87 du tableau). On y constatait cependant aussi des lamelles ternes
au milieu de la masse générale à texture tantôt conchoïdale, tantôt schisteuse,
et à éclat vif. Les fragments choisis contenaient peu de cendres, mais le
menu, une assez forte dose de fragments de schistes; malgré cela, il a pu
être utilisé pour coke de hauts fourneaux.

Au-dessus de la quinzième couche de la mine de la Chana devraient se
montrer les n⁰ˢ 14 et 13 et même le groupe 12 à 9. En réalité, on ne les y
connaît pas. Au Sud, je les signalerai dans les concessions voisines; mais,
dans cette région, elles rencontrent la faille du Furens avant de pénétrer
sous la concession de la Chana. Par contre elles doivent exister, comme
nous le verrons, sous la concession voisine de Villards, au toit de la faille
du Furens. Notons aussi que la profonde tranchée ouverte récemment à la
Terrasse, dans la cour de la caserne de cavalerie, a mis à nu des traces
d'affleurements inexploitables, qui semblent bien devoir appartenir au n° 14,
car la quinzième est sur ce point à 70 mètres de profondeur. (Pl. XII au
lieu dit la Terrasse.)

§ 202. — Passons maintenant au toit de la faille du Furens, et suivons
le terrain de bas en haut. Nous revenons ainsi à la Porchère, où nous trouvons le groupe 9 à 12, qui nous conduira à la concession voisine de Villards,
où l'on exploite surtout la huitième couche. (Pl. XII.)

Les travaux sont ouverts dans l'angle Sud-Est de la concession et s'é-
tendent dans la partie contiguë de la concession de Roche-la-Molière. Les
affleurements du groupe 9 à 12 courent, du Sud au Nord, à l'Ouest du bourg
de Villards, vers 300 à 500 mètres de distance.

Les assises inclinent à l'Est. L'exploitation occupe un espace triangulaire, dont les affleurements forment la base, et l'angle Sud-Est de la concession de la Porchère le sommet. Au Nord, les travaux sont limités par la
grande faille du Furens; au Sud, par celle du puits *Gallois*. Au delà, les
couches se poursuivent, à un niveau inférieur, du Nord au Sud, le long de

la vallée du Cluzel. Les affleurements rejetés se montrent aux Combettes, à l'Ouest du Bourgier et de la Boutonne.

A la Porchère même les travaux sont desservis par deux puits, le puits *Sainte-Catherine* pour l'extration et le puits *Durand* pour l'aérage. Sur l'affleurement de la couche n° 11 on creusa, en outre, le puits *Ravel* à la recherche du groupe inférieur 13 à 16.

La neuvième couche affleure entre le puits *Durand* et le puits *Sainte-Catherine*, qu'elle coupe à 35 mètres du jour. Elle se compose de trois bancs : le plus élevé mesure 1 mètre, le second $0^m,50$, le troisième $0^m,60$. Les nerfs schisteux, placés entre deux, ont en moyenne $0^m,40$ à $0^m,50$. Le charbon des trois bancs est dur, pierreux et, comme ailleurs, de qualité inférieure, aussi n'a-t-on pas exploité cette couche à la Porchère.

La dixième couche est, dans cette région, la plus importante du groupe ; elle fournit du charbon gras à courte flamme, de qualité moyenne. On l'a exploitée dans l'espace triangulaire, ci-dessus mentionné, qui a 500 à 600 mètres en direction, sur 300 mètres selon la pente, jusqu'à la limite orientale de la concession. Au delà on l'a poursuivie, dans la concession de *Villards*, jusqu'à la cote de 280 mètres, en se servant d'un travers-bancs partant du puits *Beaunier*. On y a constaté, comme au Treuil, que la dixième couche est à 180 mètres au mur de la huitième. A cause de sa régularité, on peut d'ailleurs espérer qu'elle existe à Villards sous toute l'étendue des travaux de la huitième. Elle est, en effet, régulière à la Porchère comme à Villards ; sa puissance est de 2 mètres, l'inclinaison de 30 à 35 pour 100 ; le toit uni et schisteux. Le puits *Sainte-Catherine* traverse la couche à 60 mètres. On l'a aussi explorée dans la concession de Roche-la-Molière, au Sud d'un petit rejet, auprès de Bourgier. Le puits où ces recherches ont été entreprises porte sur la carte le nom de puits de *Villards*. Il coupe la neuvième à 10 mètres de profondeur et la dixième à 50 mètres. Les explorations furent arrêtées, au Sud, par la faille du puits *Gallois*, qui rejette le groupe entier des affleurements vers les Combettes. D'après les travaux de la huitième à Villards, l'amplitude du rejet serait de 130 à 150 mètres. Au delà, vers le Sud, la onzième couche semble devoir se poursuivre sans interruption majeure jusqu'à la grande faille de Côte-Chaude au Cluzel.

A la dixième couche succèdent, en descendant, 4 mètres de schistes, un banc de grès de 9 mètres, 3^m,50 de schistes, une veine de houille crue, en deux bancs, de 1^m,20, puis, sous un nouveau banc schisteux de 6^m,50, quatre veines de charbon, dont voici la coupe :

Houille.	0^m,35
Nerf de grès	1 00
Houille.	0 60
Nerfs schisteux	1 60
Houille.	0 40
Schiste.	0 90
Houille.	0 90

Cet ensemble doit correspondre à la onzième couche. On y a ouvert quelques travaux. Quant à la douzième, elle est représentée par la dernière veine du puits *Sainte-Catherine*, située vers la profondeur de 125 mètres. Elle coupe d'ailleurs le puits *Ravel* au niveau de 35 mètres. Sa puissance est de 0^m,90 à 1 mètre; le charbon est dur et quelque peu pierreux. Malgré cela, comme la couche fournit du gros, on l'a activement exploitée. Le charbon se vendait pour le chauffage domestique.

Au-dessous de la douzième, le groupe 13 à 16 est inconnu à la Porchère, ou à peine représenté, comme nous l'avons dit, par de faibles traces charbonneuses. Le puits *Ravel* a été foncé, au-dessous de la douzième, jusqu'à la profondeur de 361 mètres; on y a surtout rencontré des grès plus ou moins grossiers, entremêlés de quelques schistes. Or, comme la distance de la douzième à la treizième est en moyenne de 120 mètres et celle de la treizième à la quinzième de 190 mètres, le puits Ravel aurait dû les trouver l'une et l'autre, si elles existaient réellement dans ce district. On doit dire cependant qu'au niveau de 327 mètres le puits a traversé un amas brouillé, contenant des schistes et des grains de houille. Le grisou s'y fit sentir et l'eau y devint abondante; ce serait l'indice certain d'une faille et la preuve qu'une couche de houille fut coupée par cet accident. La couche pourrait être la quinzième, qui est si régulière, comme on vient de le voir, dans la mine voisine de la Chana; et la faille serait celle du *Furens*, qui doit en effet traverser le puits *Ravel* entre 350 et 400 mètres de profondeur.

D'autre part, si l'on parcourt la surface du sol, à l'Ouest du puits *Ravel*, on aperçoit bien des traces charbonneuses, mais elles sont faibles. MM. Grand'Eury et Nan mentionnent, dans leur rapport sur la Porchère, une première veine de quelques centimètres auprès du domaine de l'Hyassière et, au-dessous, deux autres veines au Nord de la ferme dite la Côte. Mais ce sont des traces insignifiantes, en sorte que le groupe 13 à 16 s'évanouit en tout cas, dans cette région, au voisinage des affleurements. On aura cependant à les rechercher plus tard, en profondeur, dans la concession de Villards, où elles existent certainement puisque la faille du Furens coupe la quinzième, à la mine de la Chana, en demi-pente, sur un kilomètre de longueur, et que son allure y est régulière dans toute cette étendue. On ne peut guère admettre, en effet, qu'une couche, régulière et puissante au *mur* d'une faille, ne se poursuive pas, avec les mêmes caractères, au *toit* du rejet.

§ 203. — Entre les concessions de la Porchère et de la Chana se trouve la mine de Villards. Moins étendue que ses deux voisines, elle est pourtant plus importante par ses richesses houillères, car elle contient, dans la majeure partie de son étendue, outre les deux groupes 16 à 13 et 12 à 9, la partie haute de l'étage inférieur, c'est-à-dire la huitième couche avec ses satellites. On y exploite, en effet, cette couche, d'une façon active, depuis quarante ans. On creusa simultanément, vers 1838, les trois puits *Beaunier*, *Gallois* et *Villefosse*; on y ajouta plusieurs fendues et, en dernier lieu, le grand puits neuf de la *Chana*, lequel, quoique placé à la Chana même, dessert, en réalité, l'aval pendage de la mine de Villards.

Les travaux de Villards sont bordés, au Nord-Est, par la faille du Furens, qui remonte la quinzième au-dessus du niveau de la huitième de Villards. D'autres failles parallèles, ou plutôt des branches, légèrement divergentes, se détachent de celle du Furens en forme de patte d'oie, et sillonnent les travaux de Villards en la partageant en autant de champs plus ou moins distincts. La première passe à l'Est du puits Neuf *la Chana*, la seconde au puits *Gallois*, vient ensuite la faille du *Martourey*, puis l'accident connu au Nord des anciens travaux de Montchaud. Dans toute cette étendue, de 1 kilomètre suivant le sens de la pente et de 1,500 mètres en direction, les caractères de la huitième couche varient peu, si ce n'est que sa puissance croît du Nord au Sud, et que les éléments schisteux y vont se développant dans le même sens. Elle se compose de deux bancs : le supérieur de 2 à 5 mètres, l'inférieur de $0^m,60$ à $1^m,50$. Au Nord, entre le bourg de Villards et le hameau de Michat, le banc supérieur a $2^m,25$; il en est de même au puits Beaunier et au voisinage de la faille du Furens. Le banc inférieur, de $0^m,60$, est séparé du premier par $0^m,50$ de schistes. A 500 mètres de là, au Sud-Est du bourg de Villards, où se trouvaient, dès 1807, les anciennes fendues *Curnieux*, le banc principal avait $3^m,20$; il contenait, dans sa partie haute, un nerf de $0^m,08$ à $0^m,12$, et le charbon lui-même était quelque peu mêlé d'éléments schisteux.

Enfin, au puits Villefosse, le banc supérieur atteint $4^m,20$ à $4^m,30$, mais renferme alors d'assez nombreux lits de schistes. Le banc inférieur grossit dans le même rapport; il mesure $1^m,50$, et fournit du charbon plus ou moins pierreux. Entre les deux bancs se trouve un nerf de 5 à 6 mètres formé de grès fin schisteux.

D'autre part, la puissance varie aussi vers l'aval pendage. A l'Est du puits *Neuf la Chana* on a trouvé 4 mètres à la cote de 190 mètres; et seulement 3 mètres dans la zone qui correspond à l'aval-pendage des anciennes fendues *Curnieux*, vers le haut du grand travers-bancs Nord-Ouest de 400 mètres.

L'accroissement de puissance et d'écartement des deux veines se poursuit d'ailleurs vers le Sud. D'après Beaunier, le banc supérieur mesure $4^m,80$ à la Boutonne et 5 mètres au Cluzel, le banc inférieur respectivement $1^m,10$ et $1^m,60$.

Dans toute l'étendue de la mine de Villards, ainsi que cela résulte des courbes de niveau, l'inclinaison demeure sensiblement constante. Au puits *Beaunier*, où elle est, dans l'ensemble, de 210 sur 800 mètres, on la voit osciller à peine entre 25 et 30 pour 100. Dans la zone des fendues *Curnieux*, c'est 310 sur 950 mètres avec des pentes extrêmes de 30 à 35 pour 100. Enfin, au puits *Villefosse*, 210 sur 600 mètres, soit 35 pour 100. Toutefois vers le Sud, à la Boutonne, et surtout en s'avançant vers le Cluzel, on constate un accroissement graduel de la pente. Sur ce dernier point, elle dépasse assez souvent 40 pour 100.

Les puits *Beaunier* et *Villefosse* sont foncés presque exclusivement dans le grès houiller ordinaire; les schistes n'apparaissent que, sur une faible hauteur, au toit de la couche. Vers 21 ou 22 mètres de distance on connaît d'ailleurs, comme à Bérard, *la crue* du toit, une des deux satellites ordinaires de la huitième. Elle a 0^m,75 et n'est pas exploitable.

La nature du terrain se modifie vers le Sud. Au puits *Gallois*, le grès domine encore dans le haut, mais au-dessous viennent des alternances de grès et de schistes. Au puits Neuf *la Chana*, où la huitième couche est à plus de 400 mètres du jour, les schistes et les grès alternent constamment d'un bout à l'autre du puits; cependant les grès dominent vers le haut et sont parfois micacés et grossiers; les schistes ou grès fins schisteux abondent, au contraire, dans le bas, au toit et au mur de la couche 7 *ter*, exploitée jadis par la galerie Sainte-Barbe.

Le charbon de la huitième couche de Villards est plus riche en matières volatiles que celui des anciennes mines du Bessard, concession de Méons, et de Bréchignac et Peyret à Montheil. Dans ces mines le charbon est gras et brillant, a 30 ou 33 pour 100 d'éléments gazeux (n°s 50 à 53 du tableau des houilles), tandis qu'aux puits *Beaunier* et *Villefosse* la proportion des éléments volatils atteint 35 pour 100 (n°s 45 et 46 du tableau). La houille y est entrelardée de lamelles ternes, et parfois de fusain; le coke est boursouflé, mal fondu et friable. C'est presque de la houille à gaz, et, en effet, vers 1845, on expédiait le charbon du puits *Beaunier*, dans le Midi, à l'usine à gaz de Montpellier. Mais, en général, le charbon de Villards se vend pour le chauffage domestique et les fours à grille. Malheureusement il laisse une assez forte proportion de cendres.

Comme ailleurs, la huitième couche dégage du grisou à Villards. Déjà

Beaunier en parle dans sa description des mines de la Loire. Les travaux sont desservis par quatre puits et plusieurs fendues. Les fendues servaient presque exclusivement jusqu'en 1840. Déjà avant 1810 on était descendu, le long de la pente, par ces galeries inclinées, jusqu'à la distance de 340 mètres. On sortait ainsi le charbon et l'eau. Celle-ci était pourtant en partie évacuée par de longues galeries d'écoulement. A cause de la régularité du gîte, et du facile transport des produits dans la direction de la Loire, les mines de Villards prirent déjà un certain développement vers la fin du siècle dernier ; cependant les travaux rationnels, par puits et machines à vapeur, ne datent que de l'année 1838.

Les puits *Beaunier* et *Villefosse* furent ouverts sur les hauteurs qui dominent *Villards,* aux cotes de 530 et 559 mètres ; le puits *Gallois* dans la gorge, qui sépare les deux coteaux, au niveau de 494 mètres. Enfin, le puits Neuf *la Chana,* creusé depuis peu, est placé dans le haut de l'étroit vallon, qui monte vers l'étang de Montmey, à la cote de 525 mètres. Il doit desservir l'aval-pendage des trois puits anciens, qu'il atteint par deux travers-bancs.

Le puits *Beaunier* traverse la couche à 135 mètres du jour, mais il est foncé jusqu'à 275 mètres. Deux travers-bancs recoupent l'aval-pendage aux profondeurs de 215 et 265 mètres. Le champ d'exploitation, directement atteint par le puits, n'a que 500 mètres en direction, aux affleurements, et à peine 250 mètres au fond des travaux ; il est compris entre deux failles à pente opposée. A l'Est c'est un premier gradin de la grande faille du Furens ; au delà, entre ce gradin et la faille principale, se trouve une bande de 150 à 200 mètres où la couche est brouillée et n'a pu être exploitée d'une façon complète. Ce premier gradin relève la couche à l'Est ; auprès des affleurements le rejet est de 50 à 60 mètres, vers l'aval-pendage il augmente d'importance ; il a 150 mètres au puits Neuf *la Chana,* vers 430 à 435 mètres de profondeur.

La faille opposée, qui limite la mine Beaunier à l'Ouest, est moins importante, elle ne déplace le gîte que de 20 à 30 mètres et se perd même à l'aval-pendage vers la cote de 260 mètres. Au delà de cet accident secondaire vient le champ d'exploitation des anciennes fendues *Curnieux*, dont l'aval-pendage fut exploité par les travers-bancs inférieurs des puits *Beaunier* et *Gallois*, et dont les parties les plus basses sont aujourd'hui entamées par le puits *Neuf la Chana*. Vers 1860 on reprit les fendues elles-mêmes et les poursuivit jusqu'à 680 mètres suivant la pente. La largeur moyenne de cette deuxième zone de la mine de Villards est de 400 à 500 mètres. Elle est bornée à l'Ouest par la faille du puits *Gallois*, l'une des branches de la patte d'oie dont j'ai parlé. Son amplitude atteint 100 mètres ; et, si elle conserve vers son aval-pendage la direction qu'elle a en amont, elle devra passer à environ 350 mètres à l'Ouest du puits *Neuf la Chana*. Cette faille du puits *Gallois* a engendré, à la surface du sol, la gorge qui sépare les coteaux où sont creusés les puits *Beaunier* et *Villefosse*. On l'observe bien dans le chemin allant du puits *Villefosse* au bourg de Villards.

Dans ce quartier la couche est d'une grande régularité, comme le prouvent l'écartement uniforme des courbes de niveau et leur allure sensiblement rectiligne.

Le puits *Gallois* a été foncé, à l'origine, jusqu'à la profondeur de 268 mètres et plus tard à 290 mètres. A 205 mètres il a traversé en faille une faible veine de $0^m,40$. On la négligea d'abord, et, plus tard seulement, on reconnut que la couche était simplement amincie par un gradin précurseur de la grande faille. On ne se servit donc d'abord du puits Gallois que pour exploiter, par le travers-bancs dont je viens de parler, une partie de l'aval-pendage des fendues *Curnieux*. Plus tard on l'utilisa aussi pour l'aval-pendage du champ d'exploitation du puits *Villefosse*.

Ce dernier puits rencontre la couche principale vers 130 mètres de profondeur, et, à 6 mètres plus bas, la veine du mur. La largeur du champ d'exploitation y est de 300 mètres seulement ; il s'étend de la faille du puits *Gallois* à la faille parallèle du Martourey. Celle-ci est presque nulle aux affleurements, mais croît sensiblement en profondeur. Il semble, au reste, à en juger du moins par la largeur qu'elle occupe sur les plans, qu'elle doit être double ; entre les deux gradins s'étend probablement un petit lambeau de couche.

Il doit en être de même d'une partie de la faille *Gallois*, dont la largeur me semble exagérée sur les plans.

La huitième couche change de direction dans le champ du puits *Villefosse*. Jusque-là son allure était Nord Est-Sud Ouest; à partir du puits Villefosse, elle devient Nord-Sud avec pente forte de l'Ouest à l'Est; et cette allure Nord-Sud se continue ensuite tout le long de la vallée du Cluzel.

Jusqu'à ce jour les travaux n'ont pas dépassé la recette inférieure du puits *Gallois*. L'aval-pendage sera un jour exploité par les travers-bancs des puits *Gallois* et *la Chana*, suffisamment approfondis.

Au Sud de la faille du Martourey s'étendent deux autres champs d'exploitation moins importants, dont le premier fut aussi desservi par les puits *Villefosse* et *Gallois*. On les avait autrefois entamés, par des fendues depuis longtemps abandonnées. La couche atteint sur ce point jusqu'à 4ᵐ,80 d'après Beaunier.

La dernière mine est celle de Montchaud, dont les anciens travaux par fendues vont jusqu'à la concession voisine du Cluzel. La couche y mesure également 4 à 5 mètres. Les travaux sont peu étendus en profondeur; ils ne paraissent avoir dépassé nulle part la cote de 400 mètres.

§ 204. — Revenons maintenant au puits Neuf *la Chana*. On l'a foncé, sur l'aval-pendage des trois puits anciens, jusqu'à la profondeur de 393 mètres. A 166 mètres du jour on a traversé une première couche, dont le toit est formé de grès solide, et dont la puissance est, par ce motif, assez variable. Dans le puits même elle avait 2ᵐ,25, tandis qu'*au vieux* puits *la Chana* et au puits de *Montmey*, où je l'ai vu exploiter en 1834 et 1835, son épaisseur était réduite à 1ᵐ,70 et souvent même au-dessous de 1ᵐ,50.

Dans ces travaux, comme dans le puits dont nous nous occupons, le mur de la couche est formé de schistes tendres, foisonnant à l'air, ce qui rendait l'entretien des galeries très onéreux.

A 185 mètres plus bas, c'est-à-dire à 351 mètres du jour, le puits a traversé une deuxième couche, celle qui fut exploitée autrefois par la galerie Sainte-Barbe et par le puits de la *Pible*. Sa puissance est de 1 mètre à 1ᵐ,15; le charbon en est cru, et la veine divisée en deux par un nerf de 0ᵐ,40. Le mur et le toit se composent de schistes et de grès fins schisteux, plus solides que ceux du mur de la couche supérieure. On a pénétré dans cette couche inférieure, non pour l'exploiter elle-même, mais pour arriver par là au lambeau de la huitième couche, qui est situé à l'Est du premier gradin de la faille du Furens. On a rencontré, en effet, la huitième à la cote de 190 mètres, et on l'a poursuivie à l'Est, sur une longueur de 200 mètres, jusqu'à la grande faille proprement dite du Furens. Dans cette région sa puissance est de 4 mètres et son allure semble plus régulière que dans la partie des travaux du puits *Beaunier*, située en amont, entre la faille du Furens et le premier gradin précédemment mentionné.

On utilise enfin le puits *Neuf la Chana* pour l'exploitation de l'aval-pendage de la zone jadis poursuivie par les fendues *Curnieux*. Le travers-bancs est ouvert à 22 mètres au-dessous du précédent, à la cote de 169 mètres. Sa longueur est de 400 mètres ; il coupe la couche à la cote de 171 mètres. Si la pente de la couche reste, au-dessous du travers-bancs, ce qu'elle est au-dessus, elle se trouvera au puits la Chana à la cote de 30 mètres, c'est-à-dire à une profondeur de 510 mètres ; par suite, la faille, *qui sépare* les aval-pendages des travaux *Beaunier* et *Curnieux*, aurait sur ce point une amplitude de 160 mètres.

Au bout du travers-bancs de 400 mètres, la couche est aussi régulière que dans les parties hautes, mais sa puissance y est réduite à 3 mètres. On voit, par ce qui précède, que le puits Neuf *la Chana* a réellement un long avenir devant soi. Une fois foncé jusqu'à 520 mètres, il pourra exploiter par des travers-bancs tout ce qui reste de l'aval-pendage de la huitième couche dans la concession de Villards et dans une partie de celles de la Chana, du Cluzel et du Quartier-Gaillard, aujourd'hui réunies, avec Villards, dans les mains de la Société des houillères de la Loire. Notons cependant que la faille de Côte-Chaude, sur laquelle nous reviendrons sous peu, coupera probablement le puits de la Chana à une faible distance au-dessous du point où il est parvenu aujourd'hui, et pourra ainsi notablement modifier sa situation au point de vue des travaux futurs. Cette faille remonte le terrain du Nord au Sud. Dans la vallée du Cluzel son amplitude est considérable. Si elle devait rester aussi forte aux environs du puits la Chana, elle formerait la limite naturelle des travaux de Villards. Cependant, même alors, le puits *la Chana* pourrait être utilisé pour le déhouillement de la huitième, dans les concessions voisines du Cluzel et du Quartier-Gaillard, en perçant plusieurs travers-bancs vers le Sud.

Enfin, disons que la partie haute du puits de *la Chana*, foncé dans un vallon étroit et d'un accès difficile, a été mise en communication avec le dépôt général de la mine de Villards, par un chemin de fer en grande partie souterrain, passant auprès du puits *Beaunier* et disposé pour le roulage des wagonets de la mine. Il est ouvert à la cote de 480, à 60 mètres au-dessous de l'orifice du puits et mesure 1,500 mètres jusqu'au quai du chemin de fer de Roanne,

§ 205. — On vient de voir que le puits Neuf *la Chana* a rencontré, sur son parcours, deux couches supérieures, jadis exploitées dans ce district. Elles appartiennent au massif compris entre la huitième et la septième couche, massif dont la puissance s'accroît graduellement du Sud au Nord, depuis Beaubrun jusqu'à Villards. Sur ce dernier point elle dépasse 500 mètres, puisque le puits de *la Chana* coupera la huitième à cette profondeur et que son orifice est placé au mur de l'affleurement de la septième. Or, à Bérard et au Treuil cet intervalle est de 220 mètres, à Beaubrun de 260 mètres, au puits des *Roziers* du Quartier-Gaillard il dépasse 300 mètres et au Cluzel bien davantage. Cet accroissement s'explique par la nature des roches. Au Sud ce sont surtout des schistes, au Nord les grès dominent, et ces grès passent même souvent, dans le puits de *la Chana*, à de véritables poudingues.

La plus élevée des deux couches, placées entre les n°ˢ 7 et 8, et que j'appellerai, par ce motif, n° 7 *bis*, fut exploitée dans la concession de la Chana de 1820 à 1840. Trois puits furent successivement creusés pour son exploitation, les puits *Micolon, Montmey* et *la Chana* (vieux). Ce dernier, le plus important et le plus récent des trois, fut ouvert en 1827. Sa profondeur est de 112 mètres. La couche a $1^m,50$ à $1^m,65$ de puissance. Le toit est un grès solide, plus ou moins bosselé. A part cela, le gîte était régulier et d'une exploitation facile et productive, donnant beaucoup de gros à cause de sa dureté. La houille est terne, à longue flamme, dégageant plus de 35 pour 100 de matières volatiles, et ne pouvant, malgré cela, servir ni de charbon de forge ni de charbon à gaz, à cause des cendres et des schistes qui s'y trouvent mêlés. On la vendait surtout pour le chauffage domestique.

La couche plonge régulièrement au Sud Sud-Est, comme la huitième de Villards. On l'a suivie en direction sur 400 à 500 mètres, et, le long de la pente, sur environ 300 mètres entre les affleurements et la recette intérieure, ouverte à la profondeur de 112 mètres. En aval du puits elle est vierge. A l'Est et à l'Ouest, les travaux sont arrêtés aux failles ci-dessus mentionnées dans la huitième. A l'Est on est arrivé jusqu'au premier gradin de la faille du Furens, au delà, la suite de l'affleurement se voit, jusqu'à la faille même du Furens, sur une longueur de 100 à 130 mètres, au-dessus des anciens travaux de la Doa. Sur ce point aussi la couche a 1^m,50 sous un toit de grès solide. Quant à la faille, qui limite les travaux à l'Ouest, c'est évidemment celle du puits *Gallois* (pl. XII).

La couche inférieure, le n° 7 *ter*, est plus dure, plus pierreuse et moins puissante que le n° 7 *bis*. Au puits Neuf la *Chana*, elle se compose de deux bancs de 0^m,50 chacun. A la galerie *Sainte-Barbe* et au puits fort ancien de la *Pible* elle avait 1^m,50, divisée en deux par un nerf, et donnait du charbon tout aussi cru que la couche de l'ancien puits la *Chana*. L'essai de ce charbon figure au n° 45 du tableau; il est à longue flamme et peu gras, tenant 36 à 37 pour 100 de matières volatiles. Les anciens travaux ne s'étendent que sous un carré de 300 mètres de côté.

Si maintenant on se demande à quelles veines du puits de la *Pompe* de la concession du Treuil ces couches correspondent, il serait difficile de le dire positivement, puisqu'au Treuil les veines, rencontrées entre les couches 7 et 8, ont au maximum 0^m,65 à 0^m,70 d'épaisseur. Cependant il doit paraître assez probable que l'une d'elles peut être assimilée à celle qui est appelée 7 *ter* ou 7 *bis* à Villebœuf, et douzième au puits des *Baraudes*, des mines de Montsalson et Beaubrun. En remontant la vallée du Cluzel jusqu'à Montsalson, nous verrons en particulier que cette dernière est en effet le prolongement de la couche de la galerie Sainte-Barbe, désignée sur nos plans par le n° 7 *ter*.

§ 206. La huitième couche se compose à Villards, comme nous l'avons dit, de deux parties : la *huitième* proprement dite et le banc du *mur*. Ce dernier, qui grossit et s'éloigne du banc inférieur en s'avançant du Nord au Sud, a été exploité presque partout en même temps que le banc supérieur ou peu après. Je n'ai donc pas à le mentionner à part. Le charbon des deux bancs est à peu près identique.

Au-dessous du banc du mur le terrain fut surtout exploré au puits *Beaunier*. Ce puits a été foncé à 140 mètres au-dessous de la huitième, et, par un travers-bancs au mur, on est arrivé jusqu'à la couche n° 10, placée à 180 mètres au mur de la huitième. Dans ce trajet de la huitième à la dixième, on a bien rencontré la neuvième, mais elle est divisée, schisteuse et inexploitable comme à la Porchère.

Au puits *Villefosse* un travers-bancs fut également poussé, au mur de la huitième, jusqu'à la distance de 230 mètres; il n'a également rencontré, dans ce parcours, que deux veines insignifiantes de $0^m,25$ et $0^m,30$.

Jusqu'à présent la dixième n'a été exploitée, à Villards, qu'entre la faille du Furens et l'accident inverse, connu en huitième entre les travaux *Beaunier* et la fendue *Curnieux*, c'est environ 300 mètres en direction sur 200 à 250 mètres suivant la pente. Mais il est probable que la dixième couche et les autres veines inférieures, connues à la Chana et à la Porchère, s'étendent aussi, sans de notables variations, sous la majeure partie de la concession de Villards. Malgré cela je crois inutile d'en reparler ici, puisque, à l'occasion des mines de la Chana et de la Porchère, la nature et l'importance probables de ces couches inférieures ont déjà été signalées (§§ 201 et 202). Nous pouvons donc passer au district suivant, après avoir donné le tableau des puits dont nous venons de parler.

1° Tableau des concessions du district de Villards.

NOMS DES CONCESSIONS	ÉTENDUE en HECTARES.	DATES DES ORDONNANCES de CONCESSION.
La Porchère.	1.061	12 mai 1825.
La Chana	797	17 novembre 1824.
Villards.	337	17 octobre 1824.

2 Tableau des profondeurs des puits.

NOMS des CONCESSIONS.	NOMS des PUITS.	COTES de l'orifice des puits au-dessus de la mer.	N° 7 bis	N° 7 ter	N° 8	N° 9	N° 10	N° 12	N° 15	N° 16	PROFONDEUR totale des puits.	OBSERVATIONS.
Concession de la Chana.	Micolon. . . .	499	50	»	»	»	»	»	»	»	53	
	La Chana (vieux)	492	112	»	»	»	»	»	»	»	115	
	Montmey. . .	533	102	»	»	»	»	»	»	»	105	
	Pible.	535	»	49	»	»	»	»	»	»	52	
	La Chana (neuf)	525	166	351	»	»	»	»	»	»	303	Atteint la 8ᵉ par des travers-bancs.
	De la Terrasse.	489	»	»	»	»	»	»	22	»	40	
	Doa	482	»	»	»	»	»	»	75	140	170	
	Peyre	468	»	»	»	»	»	»	33	»	35	
	Saint-André. .	501	»	»	»	»	»	»	65	»	90	
Concession de la Porchère.	Ste-Catherine .	463	»	»	»	35	60	125	»	»	140	
	Durand. . . .	445	»	»	»	»	8	»	»	»	12	Puits d'aérage.
	Ravel	443	»	»	»	»	»	35	»	»	301	Les couches 13 et 15 sont amincies.
Concession de Villards.	Beaunier . . .	530	»	»	135	»	»	»	»	»	275	Rejoint le n° 10 par un travers-bancs.
	Villefosse. . .	559	»	»	130	»	»	»	»	»	150	
	Gallois	494	»	»	»	»	»	»	»	»	290	Traverse la 8ᵉ en faille à 205ᵐ.
	Robinot. . . .	505	»	»	»	»	»	»	»	»	100	Tombé sur la faille du Furens. Rejoint la 15ᵉ par un travers-bancs.

2°. — District du Quartier-Gaillard et de Beaubrun (pl. XIII et XIV).

§ 207. — Le district du Quartier-Gaillard et de Beaubrun renferme les quatre concessions du *Cluzel,* du *Quartier-Gaillard,* de *Beaubrun* et de *Montsalson.* On y connaît les étages moyen et inférieur de Saint-Étienne.

Les affleurements de l'étage inférieur se poursuivent, du Nord au Sud, le long de la vallée de Cluzel, jusqu'à son origine au pied du Montsalson. La partie haute de l'étage inférieur et en particulier l'affleurement de la huitième couche occupent le flanc droit de la vallée. Le groupe 9 à 12 se voit aux Combettes, mais disparaît ensuite pour ne reparaître que dans l'angle Sud-Ouest de la concession du Cluzel, au mur de la faille de Côte-Chaude, sur la rive gauche du Rio-de-Lay. Dans l'intervalle, sur un parcours de 2,500 mètres, les affleurements disparaissent sous les éboulis et les détritus qui couvrent le côté gauche de la vallée. Ces détritus sont d'autant plus abondants que la grande faille du Cluzel longe, dans cette région, le flanc du coteau. Malgré cela, l'existence des couches 9 à 12 ne saurait être douteuse dans cette région.

Quant aux couches 13 à 16, elles sont trop profondes pour pouvoir affleurer; elles doivent buter contre la faille du Cluzel avant d'atteindre la surface du sol. Mais, comme elles existent à la Chana et à Roche-la-Molière, c'est-à-dire au Nord et à l'Ouest, on peut admettre qu'elles doivent se trouver aussi entre deux, à Villards, au Cluzel et au Quartier-Gaillard; nous verrons bientôt à quelles profondeurs.

Si maintenant, en partant du fond de la vallée du Cluzel, on se dirige de l'Ouest à l'Est, on recoupera la série entière des couches depuis la huitième jusqu'au n° 1. Ainsi, au toit de la huitième, les affleurements des n°ˢ 7 *ter* et 7 *bis;* puis, au delà de Côte-Chaude, le triple affleurement 7, 6 et 5; un peu plus loin le n° 4, et finalement les couches 3 et 2 au Quartier-Gaillard; puis encore le n° 1 et même le groupe de la couche des *Rochettes.* L'ensemble se dirige régulièrement du Sud au Nord et plonge à l'Est. Les couches ne sont troublées dans leur marche que par la faille de Côte-Chaude. Celle-ci va de l'Ouest

Sud-Ouest à l'Est Nord-Est et plonge au Nord Nord-Ouest. Elle déplace les couches de l'étage inférieur, le groupe 12 à 8, et la partie basse de l'étage moyen, formée des couches 7 *ter* et 7 *bis*, vers la limite commune des concessions du Quartier-Gaillard et de la Chana Elle arrête au Nord les travaux de la première de ces deux concessions, ouverts dans les couches 7 à 2. Au delà vient une sorte de *nid* ou de *fouillis* de failles ; c'est le point de rencontre des failles de Côte-Chaude, du Martourey, du puits Gallois, du Furens et de la République. (Pl. XII et XIII.)

La faille de Côte-Chaude semble diminuer d'amplitude de l'Ouest à l'Est, mais les autres accidents conservent leur importance en profondeur et vont toutes, dans cette région, se joindre au grand accident *Furens-Répu-blique.*

Dans le flanc droit du vallon de Montmey, on constate cependant, malgré ce fouillis d'accidents, des traces d'affleurements, qui semblent appartenir à la troisième couche ; mais les couches inférieures sont voilées par les failles multiples de la région. Plus loin aussi, à Bel-Air, on voit reparaître, le long de la faille du Furens, les affleurements du groupe 7 à 3, sans qu'il soit toutefois possible de les classer rigoureusement.

Cela dit, passons à l'étude détaillée du district, en commençant par la huitième couche, que nous poursuivrons, du Nord au Sud, à partir de Montchaud près de Villards.

§ 208. — On a vu (§ 203) que la huitième couche fut jadis exploitée, par fendues, auprès de Montchaud, et que sa puissance y était de 4^m,80. On sait de plus qu'à la distance de 6 à 7 mètres se trouve la veine du mur de 1^m,10, dont le charbon est pareil à celui de la couche principale, quoique plus chargé de cendres.

Ces travaux de Montchaud sont séparés de ceux du Bas-Cluzel par un accident marqué au jour par un petit ravin. Aux affleurements le rejet est faible, la lacune nulle, mais, en profondeur, il tend à augmenter, car la pente des assises, qui est de 35 à 40 pour 100 dans la mine de Montchaud, devient presque droite vers la limite Nord de l'ancienne mine du Bas-Cluzel.

Cette mine eut une certaine importance aux premiers jours de notre siècle. On y établit, en 1816 ou 1817, la première machine à vapeur du bassin proprement dit de Saint-Étienne. La mine était alors desservie par une fendue, dont les wagonets et les pompes étaient mis en mouvement par la machine en question. Ces travaux furent abandonnés en 1826 et repris seulement en 1870 par le puits *Imbert*, qui fut alors creusé à mi-coteau, sur l'aval-pendage des anciens travaux. Il coupe la couche à la cote de 450 mètres, c'est-à-dire à 75 mètres du jour, ou à 50 mètres au-dessous du niveau des affleurements. En ce point la couche est brouillée par un accident. Par ce motif, et aussi à cause de l'énorme affluence des eaux lors de chaque orage, on ne put y ouvrir un champ d'exploitation fructueux. La mine fut de nouveau abandonnée dès l'année 1876, quoique les galeries eussent pu être poussées en direction jusqu'à la distance de 5 à 600 mètres. Il reste donc encore sur ce point de la houille à prendre. Le champ est cependant limité au Sud par la faille de Côte-Chaude, dont l'amplitude est d'environ 200 mètres, et au Nord par l'accident, déjà signalé entre les mines du Bas-Cluzel et Montchaud. Ce dernier accident n'est d'ailleurs qu'une branche de la faille précédente, car il la rejoint, sous un angle aigu, auprès du hameau des Maisons-Rouges. Par le fait de ces accidents, le champ de la mine du Bas-Cluzel est de forme triangulaire. La base du triangle correspond aux affleurements, les côtés latéraux aux deux failles, le sommet au point le plus bas de la mine. Cette disposition du gîte, entre la grande faille principale de Côte-Chaude et sa branche du Nord, explique l'état de dislocation des roches et la friabilité du charbon, qui caractérisent la mine du Bas-Cluzel.

Voici, en effet, ce que nous lisons dans le travail de Beaunier :

« Les travaux du Cluzel présentent des difficultés particulières, qui naissent de l'allure très variable de la couche. Le toit en est peu solide, et la houille tellement friable que les galeries ont besoin d'être soutenues par des cadres distants l'un de l'autre de 0ᵐ,60 seulement. »

Si tel fut l'état de la mine à son origine, on conçoit les embarras que dut présenter sa réouverture lors du fonçage du puits *Imbert*. On eut constamment à lutter contre l'eau, le feu et les éboulements. Le puits lui-même, ouvert dans le toit de la couche, était peu solide, et l'exploitation fort peu prospère malgré la puissance et la pureté de la houille. La couche atteint 5 mètres, et le menu qui en provient est plus pur que celui de Villards. L'inclinaison moyenne des bancs est de 60 pour 100, et dépasse même 45° vers le Nord. Quoique dès 1812, selon Beaunier, la fendue d'extraction eût atteint 173 mètres de longueur, ou environ 100 mètres de profondeur verticale, on a peu exploité au-dessous de la cote de 400 mètres; il reste donc encore un assez vaste champ vierge entre les deux failles ci-dessus mentionnées.

La huitième proprement dite est accompagnée, au Cluzel, par ses deux satellites ordinaires du toit et du mur. *La crue* du toit est, en moyenne, à 15 mètres de distance, mais l'intervalle diminue dans la direction de Villards. Quant à la houille, elle est impure comme son nom l'indique. La veine du *mur* est à 20 mètres de la huitième; c'est beaucoup plus qu'à Villards, car, au puits *Villefosse*, la distance est de 6 mètres seulement. Sa puissance est de $1^m,30$ à 2 mètres; le charbon en est relativement pur. La couche est vierge, sauf au voisinage des affleurements. On l'a exploitée par les puits *Jumeaux* jusqu'au niveau de 40 mètres. On ne put descendre plus bas à cause des eaux.

Le groupe 9 à 12 n'a pas été recherché jusqu'à présent au Bas-Cluzel; ces couches doivent cependant sûrement y exister, puisqu'elles sont connues aux Combettes, auprès de Villards, et, du côté opposé, au Haut-Cluzel, au sud de la faille de Côte-Chaude, où on les exploita, il y a trente-cinq ans, comme nous le dirons dans un instant.

On connaît également, dans cette région, les couches 7 *ter* et 7 *bis*. Leurs affleurements sillonnent le flanc droit de la vallée du Cluzel. Les gros bancs de poudingue, qui couvrent la huitième à Villards, se transforment au Cluzel en bancs de grès minces et fins. On les observe bien, sur l'ancien chemin de Saint-Étienne à Saint-Genest-Lerpt, entre le Quartier-Gaillard et le Bas-Cluzel. Tout l'espace compris entre la huitième et les veines 7 *ter* et 7 *bis* est occupé par une alternance continue de bancs de grès fin mesurant chacun 0^m,40 à 0^m,60. Cet ensemble, régulièrement stratifié, déjà beaucoup moins puissant au Cluzel qu'à Villards, diminue encore plus au delà du Cluzel en approchant de Montsalson. Là, entre le Bas-Cluzel et le Haut-Cluzel, passe la grande faille de *Côte-Chaude.* Elle est marquée, à la surface du sol, par un ravin où le terrain est brouillé. Par son influence la huitième remonte du fond de la vallée à mi-coteau, et au-dessous on voit alors surgir les couches 9 à 12. Celles-ci affleurent dans le fond de la vallée, qui s'élargit là en une sorte de cirque, au pied du Montsalson. Les quatre couches furent partiellement exploitées, pendant les années 1840 à 1850, à l'aide des trois puits, *Saint-Jean, Deville* et des *Noyers.*

§ 209. — Le puits *Saint-Jean,* le premier que l'on rencontre en venant du Nord, correspond à un espace triangulaire, situé entre la faille de Côte-Chaude au Nord, un autre accident à pente inverse au Sud et les affleurements à l'Ouest. La petite faille, située au Sud, se rattache, sous forme de branche, au grand accident Est-Ouest, qui longe le pied du Montsalson et y modifie entièrement l'allure du terrain. Au Nord de cet accident, toutes les couches vont, comme la vallée du Cluzel, du Sud au Nord; au delà, elles sont alignées de l'Est à l'Ouest. (Pl. XIII.)

A 20 mètres de profondeur le puits *Saint-Jean* a percé une première veine de 0^m,30, qui semble correspondre à la neuvième. A 56 mètres, sous un fort banc de grès, vient un faible toit schisteux, puis une couche de houille de 1^m,20, dont le banc supérieur est pur, la moitié inférieure plutôt crue. Ce serait la dixième.

A 92 mètres, sous un nouveau banc de grès, suivi de 3 mètres de schistes, apparaît une troisième couche d'assez bon charbon, la onzième, dont l'épaisseur moyenne est de 1 mètre. Enfin, à 120 mètres, directement sous le grès, se trouve la meilleure couche du groupe, la douzième. Sa puissance normale est de 1^m,70, mais, grâce au toit de grès, elle est parfois réduite par érosion à un simple filet de quelques centimètres. C'est un bon charbon à coke et de forge.

L'ensemble des couches du puits *Saint-Jean* représente bien, on n'en peut douter, le groupe 9 à 12, mais on ne saurait garantir le parallélisme proprement dit de chacune d'elles. Pour pouvoir affirmer que la dernière veine est bien la douzième, il faudrait être sûr qu'à moins de 100 mètres de distance il n'y a réellement au mur aucune autre couche de quelque importance. Or, on n'en sait rien, puisque le puits n'a pas dépassé 130 mètres. Si l'approfondissement ultérieur du puits devait découvrir, à moins de 50 mètres, une couche nouvelle, il faudrait en conclure que la première veine de $0^m,30$ est un simple filet sans importance. Celle du niveau de 56 mètres serait alors la véritable neuvième et non la dixième, etc. Pour le moment donc, la question demeure en suspens.

Les travaux, ouverts dans les trois couches appelées dixième, onzième et douzième, sont, au reste, peu étendus et abandonnés depuis trente ans. En direction, les couches n'ont pu être poursuivies, grâce aux failles-limites, au delà de 200 à 250 mètres, et, suivant la pente, sur plus de 100 à 150 mètres.

Au Sud de la faille Est-Ouest viennent les travaux du puits *Deville*. Ce puits a traversé la première couche exploitable (*la dixième*) à 25 mètres du jour. Placée directement sous le grès, elle est çà et là amincie par érosion ; malgré cela, plus régulière et plus pure qu'au puits *Saint-Jean*. Sur quelques points, elle est pourtant divisée en deux par un banc de schiste de 2 à 3 mètres. L'aval-pendage fut exploité, à l'aide d'un travers-bancs, jusqu'à la cote de 420 mètres. En direction les travaux occupent 300 mètres. Ils s'arrêtent au Nord à la faille secondaire du puits *Saint-Jean*, au Sud à la faille-mère qui longe la base du Montsalson.

A la profondeur de 55 mètres vient une nouvelle couche, la onzième. Sa puissance atteint $1^m,70$ à 2 mètres ; elle est divisée par un nerf de schiste blanc. Le charbon en est moins pur que celui de la couche précédente.

Le puits n'a pas été foncé jusqu'à la douzième couche. Celle-ci est connue cependant par ses affleurements, que l'on a fouillés à l'aide de fendues, ouvertes vers le bas du flanc gauche de la vallée. C'est, dans son ensemble, une couche assez puissante ; au toit, un banc de charbon dur et cru de $1^m,30$; au mur, sous un nerf schisteux, une bonne veine de près de 2 mètres. Malheureusement le terrain est brouillé par la rencontre du

puissant accident Est-Ouest de la base du Montsalson et de l'énorme faille
Nord-Sud du Cluzel, soulevant la crête de Saint-Genest-Lerpt entre les deux
vallées parallèles du Cluzel et de Roche-la-Molière; la couche doit toutefois
devenir régulière, sous les veines 10 et 11, dans le champ des puits *Deville*
et *Saint-Jean*.

Les deux veines 10 et 11 furent également fouillées aux affleurements.
La dixième est connue, sous un épais toit de grès, à peu de distance à l'Ouest
du puits *Deville*. La onzième est coupée par le puits des *Noyers* vers 12 à
15 mètres de profondeur. Non loin de là, à l'origine même de la vallée du
Cluzel, les trois affleurements se replient, comme le terrain même, parallèlement aux deux grandes failles Est-Ouest et Nord-Sud du Montsalson et
du Cluzel, ci-dessus mentionnées. Disons enfin, pour terminer, qu'outre le
puits des *Noyers*, foncé comme recherche sur l'affleurement de la onzième,
on creusa également le puits *Paris* non loin des traces de la dixième. Il
traverse cette dernière couche en faille et rencontre l'accident principal,
Est-Ouest, à la profondeur de 50 mètres.

§ 210. — Ce qui précède montre qu'à l'origine de la vallée du Cluzel
le terrain est particulièrement disloqué. Dans le flanc Nord du Montsalson
il est partout troublé. Il est facile de s'en assurer en jetant les yeux
sur la planche XIII. Prises dans leur ensemble, les assises vont bien, le long
du Montsalson, à peu près de l'Est à l'Ouest, avec plongée générale vers
le Sud, mais les rejets y sont nombreux, et, en réalité, la marche des couches
est fort peu régulière.

Il en est autrement dans la concession du Quartier-Gaillard. Le terrain
reprend son assiette au Nord du haut Cluzel, où la huitième fut jadis exploitée, au voisinage des affleurements, par le puits *Gidrol*, et dont l'aval-
pendage est aujourd'hui attaqué par les puits *Rambaud* et des *Rosiers*, récemment approfondis jusqu'à ce niveau. Aussi connaît-on maintenant la
huitième couche sur plus de 700 mètres mesurés suivant le sens de son
inclinaison, entre les cotes de 530 mètres et 220 mètres. En direction les
travaux dépassent déjà 500 mètres, et iront un jour, au Sud, jusqu'à la faille
du pied du Montsalson, et au Nord, jusqu'à celle de Côte-Chaude. C'est

un champ de près de 1,000 mètres, qui ne sera troublé dans cette région que par des accidents d'ordre secondaire.

Depuis les affleurements jusqu'au puits *Rambaud*, où la couche est à 220 mètres de profondeur, la pente dépasse en moyenne 60 pour 100. A partir de là, elle devient moindre ; de plus, deux faibles failles remontent chacune la couche de 40 à 50 mètres, de sorte qu'au puits des *Rosiers*, elle n'est en réalité qu'à 390 mètres, tandis que sans ces failles on ne l'aurait recoupée qu'aux environs de 480 mètres.

La puissance de la huitième couche est moindre entre les puits *Rambaud* et des *Rosiers* qu'au puits *Imbert*. De 5 mètres, elle est réduite à 4 mètres, parfois même à 3 mètres. Le charbon aussi a perdu de sa pureté. On l'exploite néanmoins avec avantage à cause de la régularité du gîte.

Le banc supérieur, *la Crue*, se rapproche de nouveau, comme à Villards, de la couche principale. Rarement le nerf schisteux, qui les sépare, dépasse 3 mètres.

D'autre part, la puissance même de la crue est aussi de 3 mètres ; malheureusement le charbon en est pierreux et entremêlé de veinules schisteuses.

La branche inférieure de la huitième existe sans doute ici comme ailleurs, mais aucun des puits de la région n'a été suffisamment approfondi pour atteindre ce banc du mur.

L'amont-pendage de la huitième est fort étendu au puits des *Rosiers*, comme on vient de le voir. Quant à son aval-pendage, il est plus vaste encore ; il se prolonge sous tout le territoire des puits de la *Garenne*, de la *Loire*, de *Saint-Étienne*, de *Sainte-Marie*, etc., en un mot sous la concession entière du Quartier-Gaillard jusqu'à la faille du Furens, puisque, au delà, cette même couche est actuellement exploitée au Treuil et même dans l'angle Nord-Est de la concession de Quartier-Gaillard, sous l'amodiation de Montaud, dont il sera question dans un instant. Dans toute cette région la huitième couche est, en moyenne, à 300 mètres au mur de la troisième. Cette distance fut trouvée de 280 mètres au Treuil, et de 320 au puits des *Rosiers*. Ainsi au puits de la *Loire*, où la troisième est à 480 mètres de profondeur, on trouvera la huitième vers 500 mètres. De là jusqu'à la faille du Furens, dont l'amplitude est sur ce point d'environ 300 mètres, la distance horizontale doit être de 400 à 500 mètres, si l'on suppose à la faille une pente moyenne de 45°. D'après cela, l'aval-pendage total de la huitième, à partir du puits des *Rosiers* jusqu'à la faille du Furens, approcherait de 900 mètres. En direction on pourra suivre la couche sur environ 2,000 mètres en ajoutant à la concession du Quartier-Gaillard la partie contiguë de Beaubrun. Il y a donc là un avenir assuré pour un long temps, car l'étendue totale du champ d'exploitation est de 250 hectares, à 40,000 tonnes par hectare, sans compter les deux statellites du toit et du mur.

§ 211. — Transportons-nous maintenant à l'angle Nord-Est de la concession du Quartier-Gaillard, afin de liquider tout ce qui concerne la huitième couche dans cette région. Il y a là un champ d'exploitation fort restreint, compris entre la concession du Treuil à l'Est, celle de la Chana au Nord et la faille du Furens à l'Ouest; il est connu sous le nom de réserve, ou amodiation, de *Montaud*. Deux puits furent creusés pour son exploitation, le puits *Avril,* comme puits d'extraction, et le puits *Neuf* pour l'aérage. Le champ, de forme triangulaire, a 600 mètres de base, suivant la direction, et autant de hauteur dans le sens de la pente. L'allure du gîte est exactement celle du Treuil, aucun accident ne les sépare; la direction est Est-Ouest, la plongée moyenne de 16 pour 100 vers le Sud. Si l'on compare cette allure à celle de la troisième du Quartier-Gaillard, on constate un changement complet. Au toit de la faille du Furens la troisième couche du Quartier-Gaillard a pris, sous l'influence même de cette faille, la direction transversale du Nord-Nord-Ouest au Sud-Sud-Est, tandis qu'au mur la huitième va, à Montaud et au Treuil, de l'Est à l'Ouest. Il suit de là, que l'amplitude de la faille du Furens devrait aller en croissant du Sud au Nord, si, d'autre part, la faille de la Chana, qui se détache de celle du Furens sous un angle aigu, comme la plupart des accidents de Villards, ne remontait le terrain vers le Nord, de façon à absorber à son profit le changement de niveau dû à l'inclinaison générale des assises de la mine de Montaud. Grâce à cette faille accessoire de la Chana, l'amplitude de la faille proprement dite du Furens, entre les puits *Avril* et

Rolland, est certainement inférieure à 200 mètres, tandis qu'elle est de 300 mètres entre le Treuil et l'aval-pendage des puits *Saint-Étienne* et de *la Loire*.

Quant aux caractères de la huitième, au puits *Avril* de Montaud, il suffirait, pour les faire connaître, de reproduire ici les détails donnés sur cette couche, lors de la description de l'amont-pendage des puits de la *Pompe* et du *Grand-Treuil*. Je me contente d'y renvoyer afin d'éviter les répétitions fastidieuses.

§ 212. — A la huitième succèdent, dans l'échelle des terrains, les deux couches secondaires que j'ai appelées 7 *ter* et 7 *bis*.

Au Treuil, on doit se le rappeler, elles ne sont représentées que par de minces veines de 0^m,50 à 0^m,65 (§ 183); mais dans les concessions de Villards et de la Chana on les a exploitées auprès de Montmey (§ 205). Ce sont ces mêmes couches qui vont, parallèlement à la huitième, le long du flanc droit de la vallée du Cluzel, depuis Villards, par Côte-Chaude, jusqu'au lieu dit *Chez-Michon*, sur le versant Nord du Montsalson.

On les a exploitées, il y a trente-cinq à quarante ans, à Côte-Chaude même ainsi qu'au puits *Michon*, dans les deux concessions contiguës du Quartiér-Gaillard et de Montsalson. Le puits *Rambaud* fut précisément creusé, en 1845, en vue de l'exploitation du n° 7 *ter*. Il est placé sur l'affleurement du n° 7 *bis*, et traverse la couche 7 *ter* à la profondeur de 55 mètres. La couche mesure 1^m,70. Le charbon en est dur et entrecoupé de lamelles schisteuses; aussi la proportion de gros est-elle élevée, ce qui fit rechercher ce charbon pour le chauffage domestique. Le puits ayant été foncé, dès l'origine, à 90 mètres, on a pu exploiter son aval-pendage jusqu'à ce niveau. Cependant les travaux sont peu étendus à cause du bas prix du charbon à cette époque et de la position défavorable du puits au point de vue des transports. On l'abandonna par ce motif, et dès lors l'exploitation n'en fut pas reprise. Il reste donc encore dans cette couche de vastes étendues vierges; mais, comme au Treuil cette couche n'a que 0^m,65, on ne peut dire jusqu'où la couche pourra être poursuivie avec avantage le long de son aval-pendage. Au puits des *Rosiers* elle a été rencontrée à 251 mètres; sa puissance y est déjà réduite à 1 mètre. Aucun travail n'y a été entrepris jusqu'à ce jour. On s'y borne à exploiter la huitième couche.

Nous retrouverons, par contre, le n° 7 *ter* de nouveau plus puissante, dans la concession voisine de Montsalson, au puits des *Baraudes*.

La couche supérieure n° 7 *bis* affleure à l'orifice même du puits *Rambaud;* elle a 1 mètre de puissance; le charbon en est schisteux et cru, le toit passablement ébouleux; ce sont de mauvaises conditions pour son exploitation.

Dans la concession du Quartier-Gaillard on s'est contenté de la fouiller par quelques fendues d'une faible profondeur. Le puits des *Rosiers* l'a manquée par suite de la faille, qui coupe la huitième en aval du puits *Rambaud*.

Dans la concession de Montsalson le puits *Michon*, foncé en vue de cette couche, la traverse à 36 mètres de profondeur. On y travaillait en 1834 et 1835, époque à laquelle, comme on sait, la plupart des concessions étaient divisées entre cinq ou six exploitants indépendants les uns des autres. J'ai pu visiter la mine vers la fin de l'année 1834. La couche y avait 1^m,15; elle est couverte, comme à Côte-Chaude, de schistes peu solides, et plonge en moyenne de 15 à 20° vers l'Est, ou plutôt, au Nord-Est à l'un des bouts de la mine, et au Sud-Est à l'autre, car ce puits est précisément placé au point d'inflexion où l'allure Nord-Sud du Cluzel passe à l'allure Est-Ouest du Montsalson. Le charbon est cru, dur, de qualité inférieure. Aussi les travaux furent-ils abandonnés dès 1836, et non repris depuis lors. La Société unique, qui a pris la place des nombreux exploitants entre lesquels les concessions étaient autrefois morcelées, a abandonné les veines peu importantes et concentré tous ses efforts sur les couches puissantes et pures, telles que la huitième et la troisième.

L'espace, compris entre la veine 7 *bis*, dont je viens de parler, et la septième proprement dite, est surtout occupé par des schistes ou des grès tendres schisteux. On les voit en montant la route de Côte-Chaude vers le hameau du Quartier-Gaillard. Au-dessus se trouve un faisceau de trois veines fort rapprochées les unes des autres; ce sont les septième, sixième et cinquième couches ; puis un gros banc de grès, exploité pour pierres de taille dans plusieurs carrières, entre le Quartier-Gaillard et Michon. Immédiatement au-dessus, quelques lits de schistes, puis la quatrième couche ; et finalement, au haut de la crête, entre la vallée du Cluzel et celle du Furens, un nouveau banc de grès, également recherché pour les constructions.

Après cela, dans une légère combe, bordée à l'Ouest par le banc de grès dont je viens de parler, on constate une série d'affaissements, qui marquent le passage de la troisième couche. Celle-ci plonge à son tour sous de nouveaux grès qui encadrent la combe à l'Est.

Occupons-nous d'abord de cette grande veine, qui alimente depuis cinquante ans l'active exploitation du Quartier-Gaillard. Nous reviendrons ensuite aux couches secondaires 4 à 7.

§ 213. — La troisième, ou Grande masse, est peu constante dans ce district ; tantôt, comme au puits *Saint-Étienne,* c'est une couche unique, tantôt elle est divisée en deux ou même trois branches distinctes.

La distance entre les deux branches principales dépasse souvent 20 à 25 mètres. La qualité du charbon varie aussi d'un point à un autre. La branche inférieure donnait de la meilleure houille au puits de la Garenne que la partie haute, appelée *Crue,* ou seconde couche. Ailleurs c'est l'inverse ; ou bien les deux branches sont de qualité identique. L'épaisseur aussi des veines varie beaucoup. Au puits de *la Garenne,* la veine du mur est la plus forte ; au puits de *la Loire,* c'est plutôt l'inverse, et il en est également ainsi au puits *Chavassieux.* A part ces fréquentes bifurcations, et les altérations que subit le charbon, l'allure générale est néanmoins assez régulière dans son ensemble. Les fonds de niveau vont du Sud-Sud-Est au Nord-Nord-Ouest, sans plis ni failles bien prononcés, et cela, depuis la limite Sud de la concession de la Chana jusqu'à la place Polignais de Saint-Étienne. C'est un parcours de deux kilomètres, sur une largeur d'environ 1,000 mètres. L'inclinaison moyenne, vers l'Est-Nord-Est, est de 35 à 40 pour 100. Elle diminue au Nord dans la région du puits *Sainte-Marie,* augmente au Sud aux puits *Saint-Étienne* et *Chatelus.* Aux deux extrémités de ce vaste champ d'exploitation se rencontrent d'importants accidents. Au Nord, une faille

Est-Ouest, dite faille de la *Chana*; c'est une ramification de celle du Furens;
elle remonte la couche de 80 mètres vers le puits *Rolland*, où la troisième
forme une faible bande triangulaire au point de jonction des deux failles.
L'autre accident, celui du Sud, a les caractères d'une sorte de dos d'âne
aigu, ou d'arête de rebroussement, situé entre la région du *Clapier*, où
la direction générale est encore Nord-Sud, et celle des *Basses-Villes*, où
les couches vont de l'Est à l'Ouest avec plongée uniforme vers le Sud.
Cet accident se lie à la grande faille Est-Ouest, qui longe la base du versant Nord du Mont-Salson.

Ces détails montrent que le vaste champ, dont nous nous occupons,
se trouve rigoureusement limité dans tous les sens. L'exploitation a même
déjà atteint ces limites au Nord, à l'Ouest et au Sud. A l'Est seul, vers l'aval-
pendage, les travaux ne vont pas encore jusqu'à la grande faille du Furens.
En comparant les cotes de niveau du *Treuil* aux dernières courbes du puits
Saint-Étienne, on peut estimer que la troisième couche doit probablement
descendre encore de 100 à 120 mètres avant d'atteindre la faille du Furens.
On en peut conclure aussi que l'amplitude totale de la faille est, sur ce
point, d'environ 300 mètres, et que si l'accident est simple et non composé
de plusieurs gradins, son intersection avec la troisième couche doit se faire
sous le faubourg de Montaud. On y arrivera tôt ou tard par des travers-
bancs, après avoir foncé les puits de *la Loire* et de *Saint-Étienne*. Disons enfin
que, dans le champ que nous venons de circonscrire, l'une ou l'autre des
branches de la couche, la troisième surtout, est parfois amincie par érosion.
On rencontre un pareil amincissement au Sud du puits de la *Garenne*, au
voisinage de la limite commune des concessions du Quartier-Gaillard et
de Montsalson, et aussi à Beaubrun, dans l'espace compris, sous la ville
de Saint-Étienne, entre l'origine de la rue des Jardins et celle du Puy.

Le charbon de la troisième du Quartier-Gaillard appartient aux houilles
grasses ordinaires; il est moins riche en matières volatiles que celui de la
troisième du Treuil, qui renferme jusqu'à 35 pour 100 de matières volatiles
(n°s 36 et 37 du tableau des houilles). Au Quartier-Gaillard, la proportion
des éléments volatils ne dépasse guère 29 pour 100. Là où les matières ter-

reuses sont peu abondantes, la houille est d'un beau noir brillant et convient pour la forge (n° 59 du tableau).

Après avoir tracé ainsi à grands traits les caractères généraux de la troisième couche du Quartier-Gaillard, donnons quelques détails sur sa manière d'être dans les principaux puits.

L'amont-pendage a été exploité par des fendues et surtout par les puits de la *Garenne*, des *Rosiers*, *Palluat* et *Chavassieux* (*Cunit*); l'aval-pendage par les puits *Saint-Étienne*, de la *Loire* et *Sainte-Marie*; de plus, dans les concessions voisines de Montsalson et de Beaubrun, on a ouvert de nombreuses fendues, plusieurs galeries de niveau, et les quatre puits du *Clapier* n°s 1 et 2 et de *Chatelus* n°s 1 et 2, tous situés entre la ville et le hameau du Clapier.

§ 214. — L'ancienne exploitation, de 1830 à 1850, se faisait surtout par le puits de la *Garenne*. Il a 92 mètres jusqu'au mur de la couche. Le terrain traversé se compose presque en entier de grès fins, divisés en dalles minces, que l'on exploite dans les carrières du Clapier. Au-dessous vient un massif schisteux contenant des veines de houille. Son épaisseur normale est de 10 à 15 mètres; mais il disparaît par érosion là où la couche elle-même est entamée. Vers le haut de cette masse de schistes existe une première veine, que l'on peut considérer comme le n° 1. J'ai pu l'observer dans l'ancienne galerie d'écoulement à travers-bancs, qui débouche au jour dans les prés situés en aval de la ferme du Grand-Coin. (Pl. XIII.)

A la base du même massif vient *la crue*, c'est le n° 2, ou, si l'on aime mieux, la partie *haute* de la grande couche multiple de ce quartier. Elle a sur ce point 3 à 4 mètres de puissance, mais se compose, comme son nom l'indique, de charbon pierreux, dur, entremêlé de minces nerfs de grès blanc qui tour à tour se renflent et s'amoindrissent.

Au Nord-Ouest, vers les puits *Palluat* et *Chavassieux*, la qualité de la *crue* s'améliore, sans pourtant devenir du charbon de forge. Sa puissance aussi se développe; elle atteint 4 à 5 mètres.

Au-dessous de la *crue* viennent, au puits de la *Garenne*, 4 à 6, ou même 8 mètres, de schistes charbonneux, et, sous les schistes, la branche inférieure de la couche multiple, la *troisième* proprement dite. Parfois l'une ou l'autre des veines charbonneuses dont ces schistes sont sillonnés, se renfle jusqu'au point de devenir exploitable. Ainsi, en 1843, j'ai vu exploiter l'une d'elles, aux environs du puits de la *Garenne*, ayant 1^m,20 puissance utile.

Au Sud-Est, dans la région du puits *Saint-Étienne*, les deux branches principales, la *crue* et la *troisième*, se confondent en une couche unique, de très grande épaisseur, par la disparition presque totale des lits schisteux intermédiaires, et cette puissance augmente encore à Beaubrun.

Vers le Nord, au contraire, auprès des puits *Palluat* et des *Rosiers*, c'est le charbon qui tend à disparaître; le schiste se transforme en grès, dont l'épaisseur, entre les deux couches, atteint alors 20 à 30 mètres. En somme, on le voit, la couche est importante, mais changeante dans son allure et sa nature.

La branche inférieure, ou troisième proprement dite, avait en moyenne, dans les travaux du puits de la *Garenne*, 4 à 6 mètres de puissance. C'était du charbon de forge de deuxième qualité. Vers le milieu de la couche, les mineurs signalent constamment un faible nerf de grès, le *gore des veines*, de 0^m,30 à 0^m,40 d'épaisseur; c'est l'analogue du *nerf blanc* de Rive-de-Gier; mais ici la qualité de la houille reste la même au-dessus et au-dessous, si ce n'est au voisinage même du mur, où des lits schisteux se mêlent au charbon. Au-dessus du *gore des veines*, le banc de houille mesurait 1^m,10 à 1^m,60, au-dessous 2^m,50 à 4 mètres. Au Nord, vers le puits *Palluat*, où la troisième est à 26 mètres sous *la crue*, le banc inférieur est mêlé de schistes et mesure à peine 1^m,40, tandis que le banc du haut conserve 1^m,50 de bonne houille de forge. On a suivi la troisième, au Nord, jusqu'au puits *Chavassieux*, où elle est coupée par la grande faille de la Chana. Dans cette région elle fut exploitée, dès 1810, par la fendue *Massardier* de la notice Beaunier, où sa puissance utile était de 3 mètres.

L'amincissement par *érosion*, ci-dessus mentionné vers la limite commune du Quartier-Gaillard et de Beaubrun, fut rencontré dans toutes les galeries des travaux du puits de la *Garenne* poussées vers le Sud. La couche y est graduellement réduite à 0^m,50 et 0^m,40. Le grès repose directement sur la houille, dont il coupe obliquement toutes les strates. Le toit est alors invariablement *bosselé*. On peut même facilement observer les effets de l'érosion à la surface du sol. En suivant l'affleurement de la couche, du Nord au Sud, on le voit d'abord net et intact sous les schistes situés à l'Ouest du puits des *Échelles* ; mais bientôt le grès du toit empiète sur les schistes et devient lui-même de plus en plus grossier ; finalement, le grès fin à *dalles* du puits de la *Garenne* se transforme en poudingue, qui alors enlève, par érosion, d'abord les schistes, puis bientôt la houille elle-même. On peut très bien constater la surperposition directe du poudingue sur la houille, réduite à une épaisseur de $0^m,30$ à $0^m,40$, auprès de la route neuve de Saint-Étienne à Saint-Genest-Lerpt, entre le Grand-Coin et le hameau de Michon.

La zone amincie par érosion se retrouve, à tous les niveaux de la mine, au sud du puits de *la Loire*, comme au sud du puits de la *Garenne*. Vers l'aval-pendage elle passe entre le puits de *la Loire* et le puits *Saint-Étienne*. La largeur de la zone en question est variable ; dans le bas, elle n'est souvent que de 6 à 8 mètres, tandis qu'à la hauteur du puits de la *Garenne* elle paraît atteindre sur quelques points jusqu'à 100 mètres. En tout cas, la couche reparaît intacte au delà, dans les concessions de Montsalson et de Beaubrun. La troisième proprement dite de ce district, ou, si l'on veut, la branche *inférieure* de l'ensemble, est divisée, au puits de la *Garenne*, comme je viens de le dire, en deux parties inégales, par un nerf de grès fin de $0^m,30$ à $0^m,40$. Or ce nerf grossit sur certains points de la mine comme les lits de grès qui séparent *la crue* de la troisième proprement dite, ou comme les nerfs qui apparaissent au milieu de la *crue*. Il en résulte alors trois couches distinctes, sinon quatre, où tantôt l'une, tantôt l'autre de ces branches se renfle plus ou moins, en se soudant momentanément à l'une de ses voisines, pour s'en détacher de nouveau un peu plus loin. C'est ce qui arrive spécialement dans le champ du puits de *la Loire*. Ainsi, dans le puits même, on a rencontré à 160 mètres une première branche de $1^m,20$, à peu près inexploitable, à 171 mètres une bonne veine de 2 mètres à $2^m,50$, traversée par quelques minces filets de schistes ; au-dessous 3 à 4 mètres, où les lits de grès abondent autant que la houille. Vient ensuite un nouveau banc d'assez bonne houille de 1 mètre, un nerf blanc de 1ᵐ,15, enfin un dernier banc de houille de 1ᵐ,35.

Vers le haut des travaux la couche est généralement simple ; mais elle se subdivise, comme au puits même, à l'aval-pendage. Là où elle est double, c'est généralement la branche supérieure qui est la plus forte; et là où il y a trois branches, celle du milieu. Enfin, au puits *Saint-Étienne,* où les nerfs tendent à s'amincir, la couche est de nouveau simple. Sa puissance totale est alors de 10 à 12 mètres et sa puissance utile de 6 à 7 mètres. On l'a rencontrée sur ce point à 202 mètres du jour. Malgré cela, il reste toujours, comme au puits de *la Loire,* des veinules de schistes au milieu du charbon lui-même, de sorte que le menu de la grande masse du Quartier-Gaillard est en somme assez cendreux et réclame un lavage soigné. Il n'en est plus de même au Sud, dans le sous-district des puits *Chatelus* et du *Clapier,* et surtout dans la région des *Basses-Villes.* Là, le charbon de la troisième est pur et de qualité supérieure.

§ 215. — Mais, avant d'aborder ce deuxième sous-district, il nous reste à dire quelques mots de la région Nord du Quartier-Gaillard, des puits *Sainte-Marie* et *Rolland.* Ces deux puits sont ouverts au sommet de la colline de Montaud, aux cotes de 650 mètres et 642 mètres.

Le puits *Sainte-Marie* a 284 mètres de profondeur; il a traversé, à 28 mètres et à 70 mètres, deux faibles veines de 0ᵐ,50 à 0ᵐ65, formées de houille crue, qui doivent appartenir, d'après leur situation au-dessus de la troisième, au groupe de la couche des *Rochettes,* car on retrouve celle-ci au quartier de Beaubrun à ce niveau.

A part ces deux veines et quelques rares filets schisteux, le puits est creusé, sur toute sa hauteur, dans le grès houiller ordinaire.

A 226 mètres, vient la Grande masse, qui se compose, sur ce point, de deux branches principales peu éloignées l'une de l'autre. Au mur, un banc de qualité variable, tantôt assez pur, tantôt entrelardé de faibles nerfs de grès; au-dessus, un nerf plus fort, variant de 0ᵐ,30 à 1ᵐ,20, et au toit; un banc supérieur tendre, contenant peu de nerfs, de 1 mètre à

1^m,20. L'ensemble mesure 3 à 4 mètres en moyenne, et fournit du charbon médiocre, à cause des veines de grès fin dont il est criblé. L'allure est moins régulière qu'au puits *Palluat* et l'inclinaison moins forte.

Entre les travaux des deux puits passe une faille d'une dizaine de mètres, qui relève les assises du côté de *Sainte-Marie*. Ce faible accident, d'abord parallèle à la direction des couches, se dévie ensuite vers l'Est suivant le sens de la pente ; il semble d'ailleurs prendre une plus grande amplitude dans cette direction.

Au Nord du puits *Sainte-Marie*, comme au Nord du puits *Chavassieux*, vient la faille déjà mentionnée de la *Chana*, qui relève les couches d'environ 80 mètres vers le puits *Rolland*.

Au mur de la grande couche, le puits *Sainte-Marie* traverse 2^m,60 de *manifer*, puis 38 mètres de grès *taille*, pareil à celui qui couvre la couche n° 4 au puits *Sainte-Barbe* ; au-dessous, une couche schisteuse et crue de 1^m,50 à 1^m,80. C'est, en effet, la *quatrième* de l'étage moyen, sur laquelle nous reviendrons.

Le champ d'exploitation du puits *Rolland* est encore plus *irrégulier* que celui du puits *Sainte-Marie*. Placé entre la faille de la Chana et celle du Furens, il est surtout tourmenté vers son angle oriental, où les deux accidents se joignent. D'autre part, au Sud des travaux du puits *Rolland* existe un premier gradin oblique de la faille de la Chana, qui s'éloigne, vers l'amont-pendage, de près de 300 mètres du rejet principal. On a même pu exploiter, entre deux, un petit lambeau de couche à l'aide d'un puits spécial, marqué sur la planche n° XIII, au Nord de Chavassieux, sous le nom de puits *Penel*. Il est d'ailleurs évident, vu l'étendue de l'espace libre, qu'il doit rester encore, sur ce point, d'autres massifs vierges entre la mine du puits *Sainte-Marie* et celle du puits *Rolland*.

La couche, exploitée par ce dernier puits, affleure dans le flanc droit du vallon de Montmey, un peu en amont de l'étang de ce nom.

La couche elle-même est divisée en deux, comme à *Sainte-Marie*, par un nerf de grès de 0^m,40. Sa puissance est de 2^m,80 à 3 mètres. Le charbon menu est impur, à cause des veinules pierreuses de la couche et de la nature friable du toit. La faille coupe le puits au niveau même de la couche, en sorte que, pour atteindre la région exploitable, on a dû percer un court travers-bancs à 129 mètres, et, pour arriver à l'aval-pendage, il a fallu ouvrir ensuite une deuxième traverse à la profondeur de 185 mètres.

A 25 mètres au-dessus de la troisième proprement dite, on a trouvé, par le travers-bancs de 129 mètres, une couche supérieure de 3 à 4 mètres, qui semblerait correspondre à la seconde, c'est-à-dire à l'une des branches plus élevées de la Grande masse. Mais ce lambeau, entouré de failles, n'a pu être exploité, ni même convenablement exploré.

Quant au champ d'exploitation de la troisième proprement dite, il ne dépasse pas, au puits *Rolland*, 200 mètres en largeur sur 300 à 400 mètres suivant le sens de la pente. Celle-ci va de l'Ouest à l'Est, sauf au Nord du puits, où s'est produit, dans l'angle de jonction des deux failles, un bas-fond, suivi d'une sorte de pli ou de dos d'âne, bien caractérisé par les courbes de niveau (pl. XIII).

Ajoutons que, pour faciliter la sortie de la houille, le travers-bancs, ouvert au niveau de 129 mètres, fut prolongé jusqu'au pied de la colline de Montaud. Cette galerie, longue de 550 mètres, aboutit au jour presque à l'orifice du puits *Avril*, spécialement foncé, au mur de la faille du Furens, pour l'exploitation de la huitième couche.

La galerie de 550 mètres franchit, dans son parcours, vers 250 à 300 mètres de son orifice, l'un des gradins de la faille du Furens, et, avant de l'atteindre, elle coupe, près de son orifice, une couche, plongeant faiblement de l'Est à l'Ouest et formée de trois bancs, dont la puissance totale dépasse 3 mètres. C'est la septième couche, ou plutôt les sixième et septième réunies; elle est, comme ailleurs, placée à 200 mètres au-dessus de la huitième.

Plus loin, dans la même galerie, on rencontre les couches voisines 5, 4 et 3, plongeant fortement à l'Ouest, vers le gradin de la faille du Furens que je viens de mentionner. Elles sont même déjà partiellement amincies et laminées par cet accident. La position de ces veines, rapprochées de celles du puits *Rolland*, prouve que la faille du Furens perd réellement une partie de son amplitude, par le fait de celle de la Chana. Elle ne redevient forte que par son union avec la faille de la République, non loin de la Terrasse.

Disons enfin qu'au toit de la faille de la Chana le puits *Rolland* a traversé, à la profondeur de 55 mètres, une couche, peu importante et crue, qui doit appartenir, comme les premières veines du puits *Sainte-Marie*, au groupe de la couche des Rochettes.

§ 216. — Revenons maintenant aux couches 4 à 7, jadis exploitées, entre la *Garenne* et le hameau des Maisons-Rouges, par les anciens puits *Sainte-Barbe*, du *Quartier-Gaillard* et *Fromaye*, et plus récemment par deux galeries parallèles, partant, l'une, dans les travaux du puits *Palluat*, à 128 mètres de profondeur, du mur de *la troisième*, et aboutissant à la septième couche; l'autre, des environs du puits de la *Garenne*, où elle relie aussi la troisième à la septième couche.

Commençons par la *quatrième*. Les affleurements se voient très nettement sous le puissant banc de grès que franchit l'ancien chemin de Saint-Étienne à Saint-Just-sur-Loire, entre le Grand-Coin et Côte-Chaude. Ce banc de grès forme ici une crête rocheuse, très apparente, entre la vallée du Furens et celle du Cluzel. On la suit, du Nord au Sud, sur deux kilomètres, depuis les Maisons-Rouges jusqu'aux environs du hameau de Michon. Dans tout ce parcours le charbon se voit directement sous l'énorme banc de grès, ou n'en est séparé que par des lits de schistes d'une faible épaisseur. La houille est crue, de qualité médiocre, et n'a pas au delà de 0^m,90 à 1 mètre d'épaisseur. Malgré cela, on l'a exploitée, il y a trente à quarante ans, par les puits *Sainte-Barbe* et du *Quartier-Gaillard*; mais la vente du charbon était difficile. Ailleurs, la couche est encore moins facile à exploiter; on ne l'a tenté ni au puits *Palluat*, dans le travers-bancs ci-dessus mentionné, ni au puits *Sainte-Marie*, où la couche n'est guère meilleure, quoique sa puissance y soit de 1^m,50 à 1^m,80.

Dans les travaux du puits de *la Loire*, un travers-bancs de 90 mètres a également recoupé la quatrième, au-dessous d'un fort banc de grès, à moins que cette couche ne figure l'une des branches inférieures de la troisième. Elle y mesure 1^m,50 et se compose aussi de houille dure et pierreuse. Cette couche doit exister sous toute la concession du Quartier-Gaillard; elle doit même s'améliorer à l'Est, puisqu'elle a fourni d'assez bon charbon à Bérard et au Treuil.

§ 217. A la quatrième couche succède le groupe 5 à 7. — Les deux travers-bancs des puits de la *Garenne* et *Palluat*, ci-dessus nommés, vont l'un et l'autre jusqu'au mur de la *septième*. Le premier a une longueur de 202 mètres, le second de 160 mètres ; ce dernier est plus court parce que la pente des assises augmente au Nord. Les deux travers-bancs rencontrent, au mur de la quatrième, d'abord quelques mètres de schistes, puis un nouveau banc de grès, fort épais, qui va jusqu'à la cinquième. L'affleurement de cette couche se voit, avec son toit de grès *taille*, comme celui de la quatrième, tout le long des deux kilomètres qui séparent Michon des Maisons-Rouges. On exploite le grès dans plusieurs carrières au Nord de Michon.

Au grès succède, en descendant, un ensemble de trois veines, peu éloignées les unes des autres; elles se réunissent même en une couche unique vers l'extrémité Nord, où l'affleurement remonte le long du coteau auprès des Maisons-Rouges. Cet ensemble correspond exactement, par sa position, aux couches 5, 6 et 7 de la plaine du Treuil. Il succède, comme la cinquième du Treuil, à un puissant banc de grès, et, comme au Treuil et à Bérard, tout le terrain compris entre le n° 5 et le n° 7 est presque exclusivement schisteux. La seule différence entre le district du Treuil et celui du Quartier-Gaillard, c'est que, sur ce dernier point, les intercalations schisteuses diminuent de puissance, et que la cinquième couche perd son épaisseur et sa pureté. Cette altération de la cinquième apparaît aussi, comme nous le verrons, dans les mines de Beaubrun et de Mont-Salson.

Aux deux extrémités des travers-bancs de la *Garenne* et de *Palluat*, l'ensemble schisteux, dont nous nous occupons, comprend trois bancs de charbon, dont un seul, celui du milieu, est réellement exploitable. Ce banc du milieu représenterait la *sixième*, tandis qu'à l'Est du Furens les couches 5 et 7 l'emportent partout sur la sixième comme qualité et puissance. Mais ces contrastes ne doivent guère étonner dans le bassin de la Loire, où les couches se modifient si souvent à vue d'œil. Du reste, à Beaubrun aussi, la sixième l'emporte sur les deux autres.

La puissance de la sixième couche est, dans la région Nord du Quartier-Gaillard, de 2^m,50 à 3 mètres. Le charbon est dur, cendreux, mêlé de schistes ; il fut néanmoins exploité avec avantage parce que, grâce à ces défauts, la proportion du gros était forte. L'exploitation s'est avancée au Nord jusqu'à la faille de Côte-Chaude.

Au toit et au mur viennent des schistes, puis, de part et d'autre, à la distance de 1 à 3 mètres, de faibles veines de 0^m,50 à 0^m,80, qui seules représentent ici les couches 5 et 7 ; elles sont trop faibles pour permettre des travaux fructueux.

Ce groupe des couches 5 à 7 n'a été recherché nulle part, jusqu'à présent, au Quartier-Gaillard, en dehors de l'amont-pendage des puits de la *Garenne* et de *Palluat*, si ce n'est au puits des *Rosiers*. Elles doivent pourtant exister dans toute la concession, puisqu'on les retrouve, comme la quatrième, dans le district du Treuil à l'Est et dans celui de Beaubrun au Sud. Les couches *cinq* et *sept* grandissent même certainement, vers l'aval-pendage, le long de la limite orientale de la concession.

Je viens de dire que le puits des *Rosiers* a traversé le groupe 5 à 7 en aval des travaux de *Palluat* et de la *Garenne*. Elles furent coupées par le puits, lorsqu'il fut foncé jusqu'à la huitième couche. La troisième est, dans ce puits, au niveau de 69 mètres, la quatrième à 115 mètres, le mur de la septième à 155 mètres ; puis, comme nous l'avons dit, le 7 *ter* à 251 mètres. Le puits a manqué la couche 7 *bis* par le fait du passage de la faille qui est connue, dans les travaux de la huitième, entre les puits *Rambaud* et des *Rosiers*. La faille coupe en effet ce dernier puits entre les n°s 7 et 7 *ter*, et rapproche ainsi le n° 8 du n° 7.

En dessous de la huitième couche, on ne peut encore citer que pour *mémoire* les couches 9 à 12 et le groupe 13 à 16. On les retrouvera pourtant un jour, bien certainement, puisqu'on les connaît à Villards au Nord, dans les districts du Treuil et du Cros à l'Est, à Roche-la-Molière à l'Ouest. Je me bornerai donc à rappeler que la douzième est à 200 mètres, en moyenne, au mur de la huitième, et la treizième à 125 mètres au-dessous de la douzième.

§ 218. — Abordons maintenant les deux dernières concessions de notre district, celles de *Beaubrun* et de *Mont-Salson*. On peut y distinguer, au point de vue de l'allure, deux régions d'importance inégale : le *Clapier*, qui participe encore à l'allure générale du Quartier-Gaillard, et la région, plus vaste, située au Sud des accidents, qui longent le flanc Nord de la crête du Mont-Salson.

Occupons-nous d'abord du *Clapier*. J'entends par là les faubourgs du Clapier et de la Pareille, appartenant à la région Ouest de Saint-Étienne. Ce district comprend les puits de la *Carrière*, de *Châtelus* n° 1 et 2, et du *Clapier* n° 1 et 2

Les affleurements de la *Grande-masse* (3ᵉ et 2ᵉ) du Quartier-Gaillard se poursuivent au Sud-Est jusqu'auprès de la place Polignais et même, le long de la rue du Puy, jusqu'à la place Roannelle. Ils sont marqués, entre le Clapier et Michon, sur le revers Nord-Est du Mont-Salson, par de vastes étendues incendiées, où les deuxième et troisième couches ont dû être fouillées dès le moyen âge par des fendues et des galeries. On rencontre spécialement des schistes rubéfiés, scorifiés, porcelanisés, dans les deux chemins qui montent du Coin et du Clapier vers les Brunandières. C'est l'aval-pendage de ces deux couches, et la série des couches inférieures, que l'on a exploités et que l'on exploite encore par les puits ci-dessus nommés.

Le puits le plus important du quartier, le puits *Châtelus* n° 1, aux abords du chemin de fer du Puy, sert aujourd'hui surtout de puits d'extraction pour les couches inférieures. Il a été foncé récemment jusqu'à la profondeur de 464 mètres, niveau de la huitième couche dans ce district, de sorte qu'il traverse toutes les veines de l'étage moyen depuis le n° 1 jusqu'à sa base. Par ce motif, nous allons donner la coupe détaillée du puits en question. En le comparant à celle du *Grand-Treuil,* on pourra constater, une fois de plus, les fréquentes transformations que les couches subissent à de faibles distances. Commençons par le haut du puits :

La couche n° 1 passe à l'orifice du puits *Châtelus ;* elle avait 1 mètre à

1^m,20. On l'exploitait jadis au fond des carrières de la Pareille, où elle se montre sous un banc de grès.

La *deuxième* couche mesure 2 mètres au puits *Châtelus;* elle y est également couverte par du grès, ce qui explique sa faible puissance locale. Ailleurs, en effet, elle atteint 3, 4 et même 5 mètres; elle est variable comme au Quartier-Gaillard et devient surtout puissante là où les schistes, qui la séparent de la *troisième,* se transforment eux-mêmes partiellement en houille. Son épaisseur, en dehors de la troisième proprement dite, atteint alors, sur quelques points des mines de Beaubrun, jusqu'à 10 et 12 mètres, dont 6 à 8 mètres de houille. Cependant au Clapier, elle est rarement supérieure à 3 mètres ou 3^m,50. Auprès des carrières de la Pareille, entre la rue de la Paix et celle de Polignais, la deuxième est au contraire renflée jusqu'à 12 et 14 mètres, en grande partie formée de beau charbon, tandis que la troisième est, dans le même quartier, partiellement enlevée par érosion. Ce renflement disparaît à l'Ouest, car au puits du *Clapier* n° 1 la couche était réduite à 2 mètres ou même 1^m,80. Ce puits, aujourd'hui comblé, était en activité en 1839. Je pus alors en visiter les travaux, qui étaient à 44 mètres de profondeur.

A part de rares exceptions, le charbon de la deuxième couche n'est nulle part aussi pur que celui de la troisième. Cette dernière couche, autrefois entamée par le puits de la *Carrière,* fut depuis lors exploitée, d'une façon systématique, par le puits *Châtellus* n° 1. Ce dernier rencontre le mur de la troisième à 51 mètres. Elle varie de puissance comme la seconde, mais, à Beaubrun, elle se présente partout sous forme d'un puissant massif de houille pure, sans autre intercalation que le petit nerf de grès fin, pareil à celui du puits de la *Garenne* et appelé aussi, à Beaubrun par les mineurs, *gore des Veines.* Sa puissance est de 10 à 12 mètres, même 14 mètres en amont du puits *Châtelus,* et descend de nouveau à 7 ou 8 mètres au voisinage du puits *Saint-Étienne.*

Le charbon de la troisième de Beaubrun est éminemment gras, bitumineux, à l'éclat vif; il donne du coke blanc argentin à minces prismes peu solides. Par ce motif, il est moins propre à la fabrication du coke que les charbons gras à courte flamme. Il est également un peu *léger* au feu de forge, c'est-à-dire très inflammable et facilement déplacé par le vent du soufflet. Mais il est *pur*, contient peu de cendres et s'agglutine bien en forme de *voûte* sous l'action du feu. D'après sa composition, il appartient à la limite des houilles grasses *maréchales* et des houilles à longue flamme ou à *gaz*.

Les n°s 58, 59, 20 et 21 du tableau montrent que la proportion des matières volatiles varie entre 30 et 36 pour 100 et celle du bitume entre 12 et 13,5 pour 100.

Le toit de la troisième est formé de schistes ou de grès fins; cependant dans certaines parties, au puits *Montmartre* par exemple, le grès devient plus grossier et remplace alors par *érosion* non seulement les schistes du toit, mais encore la majeure partie de la houille elle-même.

En consultant les courbes de niveau, on voit, à part l'érosion, que l'allure des couches est assez régulière entre les deux failles qui bornent les mines du Clapier à l'Est et au Sud. Le charbon est plus condensé, les bifurcations de la couche presque nulles, ou plus rares qu'au Quartier-Gaillard. Au Sud-Est, dans le voisinage de la place Polignais, l'allure éprouve cependant quelques troubles; on approche des accidents qui affectent le pied du Mont-Salson. Le charbon reste néanmoins assez solide, pour qu'on ait pu y creuser les caves de plusieurs maisons du quartier de Polignais. Les unes sont dans la troisième; le plus grand nombre, très probablement, dans le puissant renflement de la seconde.

Le champ d'exploitation de la mine du Clapier mesure 900 mètres en direction sur 350 mètres suivant la pente; mais, dans cette région, une partie assez étendue des deuxième et troisième couches furent incendiées le long des affleurements, à la suite des travaux anciens. Le feu est éteint, et l'on a rencontré, sur plusieurs points, la houille à l'état de coke. Au reste, les deux couches supérieures sont aujourd'hui presque épuisées, sauf quelques lambeaux du côté du Clapier, que l'on enlève à l'aide du puits Châtelus n° 2, aujourd'hui foncé jusqu'à 195 mètres.

§ 249. — On a également exploité et l'on exploite encore par ce puits les couches 4 à 7, ainsi que plusieurs de celles qui viennent s'intercaler ici entre les n⁰ˢ 7 et 8.

La *quatrième* est la moins pure du groupe; elle n'est même exploitable qu'en amont du puits. Son épaisseur est de 1ᵐ,30 à 1ᵐ,50; la moitié inférieure est mêlée de schistes et tout à fait crue. Le toit est formé de schistes, et dans ces schistes on observe, comme à Bérard, de nombreuses Calamites couchées. Plus haut, à peu de mètres de distance, vient un banc de grès dur et grossier, qui souvent ravine les schistes et descend jusqu'à la houille.

Au puits *Chatelus* n° 1, la couche en question est à 84 mètres de profondeur et la *cinquième* à 120 mètres. Celle-ci est, comme ailleurs, sous un toit de grès. Elle est divisée en deux bancs par un nerf qui a 0ᵐ,20 à 0ᵐ,30 seulement dans la région des puits *Clapier* et *Chatelus*, mais ce nerf se renfle jusqu'à 15 mètres dans le quartier de la *Culatte*. Rappelons ici que la bifurcation de la cinquième couche débute déjà dans la mine de Villebœuf. Au puits *Chatelus* le banc supérieur a 0ᵐ,90, l'inférieur jusqu'à 2 mètres. Le charbon des deux bancs est assez pur, cependant celui du haut est mêlé de schistes.

A la profondeur de 143 mètres vient la *sixième*, de 1ᵐ,80 à 2ᵐ,30; on y voit aussi des intercalations schisteuses; c'est même la moins pure du groupe 5 à 7. Entre la cinquième et la sixième le terrain se compose de grès fins et de schistes; au mur de la sixième et jusqu'à la septième les schistes dominent en général.

La *septième* couche coupe le puits *Chatelus* n° 1 au niveau de 161 mètres. Sa puissance est de un mètre; le charbon de bonne qualité.

Pendant bien des années, les puits *Chatelus* et du *Clapier* ne dépassaient pas le niveau de la septième; le puits du *Clapier* n° 2, profond de 160 mètres, est même encore aujourd'hui arrêté au mur de la cinquième et ne rejoint les couches inférieures 6 et 7 que par un court travers-bancs.

Quant au puits *Chatelus* n° 1, il a été foncé, depuis 1867, jusqu'à la deuxième grande couche de Montsalson, celle que l'on y appelait jadis la treizième, mais qui correspond, en réalité, à la *huitième* du Cluzel, du Treuil et du Quartier-Gaillard. Pour l'aérage on a foncé, en même temps, le puits de la *Culatte n° 1*, situé à 450 mètres au Sud-Ouest du puits *Chatelus*. Ce puits descend au niveau de 440 mètres. Je n'en dirai rien pour le moment, car il appartient déjà au quartier des Villes, où l'allure devient Est-Ouest. Je rappellerai seulement que si la *huitième* fut appelée treizième par M. Locard, c'est qu'on rencontre, en effet, dans cette région, entre la septième et la grande couche inférieure, au moins cinq veines plus ou moins importantes, au nombre desquelles se trouvent les deux que j'ai appelées 7 *bis* et 7 *ter* au Cluzel, à Villards et à la Chana. La plus basse de la série, celle qui correspond à notre 7 *ter*, devient même ici aussi importante qu'à Villebœuf.

Mais reprenons ces couches intermédiaires en commençant par le haut. La première qui succède à la septième, dans le puits *Chatelus*, se trouve au niveau de 170 mètres ; c'est une veine de 1 mètre, qui est vraiment encore une dépendance de la septième, puisqu'elle n'en est séparée que par un massif schisteux de 8 mètres, au milieu duquel abondent les veinules charbonneuses. Cette partie inférieure de la septième fournit du charbon de très bonne qualité.

A cette couche succède un banc de grès de 50 mètres, puis, de 215 à 230 mètres, un massif schisteux avec trois veines de houille : la première, à 222 mètres, de $0^m,70$ à $0^m,90$, formée de charbon raffort dur, et peu explorée jusqu'à présent ; la seconde, à 226 mètres, veine inexploitable de 1 mètre ; la troisième, vers 230 mètres, formée de bon charbon raffort. L'ensemble doit correspondre à la couche 7 *bis* du Cluzel, dont le toit est aussi formé de schistes charbonneux.

A 254 et 284 mètres, nouvelles veines crues de $0^m,80$ à $0^m,90$, que l'on considère néanmoins comme exploitables ; enfin à 323 mètres, sous un banc de grès, une couche importante de 3 à 4 mètres, qui représente évidemment le n° 7 *ter*. Cette grande épaisseur ne se maintient pas, au reste, vers l'amont-pendage ; la couche y descend à 2 mètres et même à $1^m,50$. Après de nouvelles alternances de grès et de schistes, on arrive à 424 mètres au toit, et à 431 mètres au mur de la huitième, dont la puissance est ici de 5 à 6 mètres. On a foncé encore le puits de 30 mètres sans rencontrer d'autre banc de houille qu'une mince veine de $0^m,20$, à 3 mètres sous la huitième. D'autre part, à quarante et quelques mètres au toit se trouve un banc charbonneux fort impur, qui semble représenter la *crue* du toit.

Des travaux importants sont aujourd'hui ouverts dans les couches n° 7 *ter* et 8. Le charbon de la huitième est une houille grasse à courte flamme ne contenant que 23 pour 100 de matières volatiles (n° 99 du tableau); celui de la *neuvième*, comme au puits de la *Culatte*, n'en renferme même que 22 pour 100. Cette faible proportion des éléments volatils est certainement la conséquence de la grande profondeur à laquelle ces couches ont dû être enfouies dès la période houillère elle-même (§ 52).

Les travaux entrepris dans les deux grandes couches 7 *ter* et 8 s'étendent déjà du puits *Chatelus* au puits de la *Culatte*, malgré les deux failles des Brunandières, de 40 à 50 mètres d'amplitude chacune, qui isolent ici le quartier du Clapier de celui des Basses-Villes. On a déjà exploré les deux couches sur plus de 400 mètres horizontalement et selon la pente. La huitième conserve, en général, son épaisseur moyenne de 5 à 6 mètres, tandis que la couche 7 *ter*, qui a 4 mètres au puits *Chatelus*, descend à 2 mètres et $1^m,50$ vers l'amont-pendage, à $1^m,20$ sous le puits *Marthe* (ancien puits *Vachier*), et remonte de nouveau à $2^m,50$ au puits de la *Culatte*. Le charbon de la huitième est plus tendre et plus pur que celui de la couche supérieure 7 *ter*.

En résumé, on le voit, le quartier du *Clapier* renferme encore de belles réserves, eu égard à ses étroites limites, et tout fait espérer que les groupes 9 à 12 et 13 à 16 ne seront pas non plus stériles sur ce point.

Avant de quitter le quartier du Clapier, remarquons encore que la distance de la septième à la huitième y est notablement moindre qu'à Villards, mais sensiblement plus élevée qu'au Treuil. Sur ce dernier point, l'intervalle des deux couches est de 206 mètres. Au puits *Chatelus*, 260 ou 270 mètres, selon que l'on considère, ou non, comme appartenant à la septième, la veine située à 8 mètres sous la septième proprement dite. Enfin, à Villards, le puits neuf la *Chana* semble prouver que, dans cette région, l'intervalle des deux couches doit atteindre, sinon dépasser, 500 mètres. Mais aussi, sur ce point, comme je l'ai fait remarquer, l'intervalle est presque exclusivement occupé par des grès plus ou moins grossiers, tandis que les schistes dominent plutôt dans la région Sud. Ainsi la distance décroît du Nord au Sud et devient surtout faible à Villebœuf, où elle ne dépasse pas 140 à 150 mètres. Cela prouve que l'affaissement du sous-sol houiller dut être fort inégal à l'époque même où se déposèrent les assises du terrain houiller; il fut intense à la Chana et à Villards, lors de la formation du puissant massif qui sépare la septième de la huitième couche, et relativement faible au Sud, dans la région de Villebœuf et de Beaubrun.

§ 220. — En se dirigeant du quartier du *Clapier* vers le Sud, on rencontre les autres mines des concessions de Beaubrun et de Montsalson. A Beaubrun, ce sont les champs d'exploitation des *Basses* et *Hautes-Villes* et celui de *Montmartre;* de plus, l'ancienne mine *Ranchon,* ouverte sur les couches de l'étage supérieur. A Mont-Salson, les puits *Montsalson* n°s 1, 2 et 3, et au delà, à l'Ouest, les puits des *Baraudes,* des *Platières, Saint-Félix,* etc.

Étudions ces mines dans l'ordre où je viens de les nommer.

Entre le Clapier et les Basses-Villes passent une série de rejets plongeant au Nord-Est; c'est le cas des failles des Brunandières déjà citées. Elles modifient l'allure des couches et engendrent, par leur réunion, un relèvement anticlinal très prononcé, qui va sensiblement de l'Est à l'Ouest, du cloître Sainte-Barbe au puits de la *Culatte* n° 2. Grâce à lui, on voit apparaître un double affleurement des troisième et deuxième couches, plongeant d'une part vers les Hautes et Basses-Villes, de l'autre vers le Clapier. Entre les deux affleurements, à pente inverse, furent creusés jadis le puits *Marthe* et les puits de la *Culatte,* n°s 1 et 2. On y exploita jusqu'en 1844 les couches 5 et 7.

Les deux bancs de la *cinquième* sont ici, comme nous l'avons dit, à 15 mètres de distance l'un de l'autre. Le banc inférieur, situé à 40 mètres de profondeur, est le plus puissant des deux; il a près de 2 mètres et fournit du charbon *raffort.* La *sixième* couche est encore moins bonne qu'au Clapier; il semble qu'elle diminue de qualité du Nord au Sud, à partir de Chavassieux. La *septième,* formée de deux bancs de 1 mètre chacun, fut exploitée aux niveaux respectifs de 84 mètres et 106 mètres. Le charbon en était pur et fut même vendu comme charbon de forge de deuxième qualité.

Au-dessous de la septième, le puits traverse la même série de terrains que le puits *Chatelus*, mais la distance jusqu'à la huitième y est moindre, les bancs diminuent d'épaisseur, et l'une des failles des Brunandières, dont j'ai parlé, coupe le puits de façon à remonter la huitième d'environ 40 mètres. Au puits *Chatelus* l'intervalle des couches est de 270 mètres ; au puits de la *Culatte* de 193 mètres seulement. Mais, en tenant compte de la faille, on voit que l'épaisseur des bancs a diminué de 35 mètres seulement, et que l'intervalle réel de la septième à la huitième est au puits de la *Culatte* de 225 mètres, chiffre qui se rapproche de celui du Treuil.

Au-dessous de la septième, on rencontre, à la *Culatte*, une veine de 0ᵐ,80 à la profondeur de 149 mètres, quelques veinules à 171 mètres, une nouvelle couche de 0ᵐ,80 à 189 mètres; enfin à 215 mètres le n° 7 *ter* de 2ᵐ,50, qui correspond à la couche de 4 mètres du puits *Chatelus*. A 251 mètres vient la *crue* inexploitable du toit de la huitième et à 277 mètres la *huitième* elle-même, dont la puissance est de 6ᵐ,60. On continua le fonçage jusqu'à 437 mètres. La neuvième fut traversée à 407 mètres, c'est-à-dire à la distance ordinaire de 130 mètres au-dessous de la huitième; son épaisseur est ici exceptionnellement de 3 mètres. C'est un charbon dur, assez brillant. On y a ouvert des travaux comme dans les deux couches supérieures 7 *ter* et 8. En se dirigeant vers le puits *Chatelus*, on fut arrêté, dès la distance de 30 mètres, par la faille des Brunandières n° 2, qui coupe le puits de la *Culatte* au mur de la huitième. Plus haut, dans la huitième et dans la couche 7 *ter* même, on rencontre la faille parallèle des Brunandières n° 1, aux distances respectives de 50 et 40 mètres. A part de légers ressauts, il n'y a pas ensuite jusqu'au puits *Chatelus* d'autre accident de quelque importance. La pente générale est d'environ 32 pour 100 au Nord-Est, c'est-à-dire presque exactement du puits de la *Culatte* au puits *Chatelus*. C'est au delà seulement, entre le puits de la *Culatte* et les Hautes-Villes que commence la pente inverse vers le Sud.

Les failles des Brunandières sont, au Clapier, à peu près parallèles à la direction des bancs du terrain, tandis qu'elles coupent obliquement les strates dans la région Sud du quartier des Villes. Il suit de là, que l'amplitude de ces failles doit croître vers le Nord-Ouest et diminuer, au contraire, du côté opposé, vers le Sud-Est. Les courbes de niveau montrent, en effet, que, dans cette région, auprès des Basses-Villes, les accidents disparaissent (voy. pl. XIII). Cependant, une faille analogue passe au Nord du puits des *Loges* et contribue là aussi au relèvement anticlinal ci-dessus signalé. Enfin une troisième faille, de même direction, limite la butte Sainte-Barbe au Nord. Ces trois accidents constituent par le fait, dans leur ensemble, un système de failles en *échelons*, où l'un deux s'évanouit là où débute le suivant. C'est cet ensemble, je le répète, qui modifie l'allure des assises entre le Clapier et le quartier des Hautes et Basses-Villes; c'est l'origine de la série des accidents qui dessinent le pied Nord du Montsalson, entre Saint-Étienne et Roche-la-Molière.

Un autre système de failles limite le champ d'exploitation de Beaubrun-Montmartre à l'Est; il va de la place de Polignais au Devais, en passant à peu de distance des puits *Rochefort*, *Montmartre* et *Camille*. Au Devais même il rencontre, sous un angle aigu, une faille à pente inverse dite du *Devais*, qui semble le prolongement de celle des *Maures* à la Béraudière, malgré une légère différence dans la direction des deux accidents. Cette faille du *Devais* limite les travaux de la mine de Beaubrun à l'Ouest, comme la faille du puits *Montmartre*, qui plonge à l'Est, les borne du côté opposé (pl. XXII, coupe). On voit donc, en résumé, que le massif entier du quartier des Villes est compris entre deux failles, à pentes opposées, qui partent du Devais et s'éloignent graduellement l'une de l'autre, en s'avançant vers le Nord. La faille de l'Ouest perd de son importance vers le Nord et semble même s'évanouir complètement auprès des Brunandières. La faille opposée de l'Est doit, au contraire, grandir, vers le Nord, jusqu'à la rencontre de la faille du Gagne-Petit, un peu au delà de la place Marengo de Saint-Étienne. Entre ces deux dernières grandes failles, plongeant l'une vers l'autre, le terrain houiller s'est affaissé, en forme de coin, sous la ville même de Saint-Étienne. Aussi voit-on, grâce à cet important affaissement, l'étage *supérieur* pousser vers le Nord une pointe, bordée à droite et à gauche par l'étage *moyen* du Gagne-Petit et de Beaubrun. C'est la contre-partie de ce qui se passe au coteau de Montheil, où l'étage *inférieur* s'avance en pointe vers le

Sud, et s'y trouve flanqué, à droite et à gauche, par l'étage *moyen*, grâce aux failles opposées de Monthieux et du Soleil.

Ainsi donc, le champ d'exploitation des mines de Beaubrun *Sud* (quartier des Villes et de Montmartre) forme, dans son ensemble, un grand triangle isocèle, dont le sommet correspond au Devais, la base aux accidents longeant le pied Nord du Montsalson, et les côtés aux failles à pente opposée du *Devais* et du puits *Montmartre*.

§ 221. — Cela dit, étudions plus en détail ce champ d'exploitation de Beaubrun-Sud, compris entre les deux failles en question.

Vers son amont-pendage, entre les Basses et Hautes-Villes, il a 500 mètres de largeur. Vers son extrémité Sud·, auprès du Devais, il est réduit à 250 mètres et même à moins. Sa longueur totale est de 1,250 mètres. A partir des Villes, sur un parcours de 500 mètres, les assises plongent au Sud jusqu'à la hauteur de la Croix-de-Mission, sous la rue du Puy. Au delà vient une sorte de bas-fond, puis la couche remonte en sens inverse vers le Devais. Outre cette double pente inverse du Nord au Sud d'abord, du Sud au Nord ensuite, le terrain a aussi éprouvé, entre les deux failles limites, une sorte de compression latérale. Il est bombé vers le ·milieu et plonge à droite et à gauche vers les failles. Cette sorte de bombement en forme de voûte se voit très bien, à la surface du sol, lorsqu'on gravit l'ancienne route du Puy, entre Saint-Étienne et le Devais. On constate là, dans les carrières, situées à droite et à gauche de la route, des plongées directement inverses vers l'Est et l'Ouest; tandis qu'entre deux, au sommet de la voûte, les bancs sont horizontaux. Enfin, au Devais même, la faille occidentale coupe la route du Puy, et se reconnaît, à la surface du sol, par l'apparition de bancs brouillés et verticaux.

La mine, dont je viens de marquer les limites, est desservie, au Nord, par les anciens puits des *Hautes* et *Basses-Villes* et le puits *Thiolière;* au Sud, par les puits *Montmartre, Rochefort* et *Camille.*

La mine des Hautes et Basses-Villes fut exploitée, vers 1840, par l'un des propriétaires du sol, le sieur Grangette; de là le nom de charbon *Grangette,* sous lequel la houille si pure de la *troisième* de Beaubrun fut longtemps connue dans le commerce. On la recherchait alors, de préférence à toute autre, pour le gaz et la petite forge.

La couche avait une puissance des plus variables; tantôt on y constatait de véritables amas de 15 à 20 mètres, puis peu après 7 à 8 mètres seulement. Ces accumulations exceptionnelles semblent en partie le résultat d'une sorte de refoulement de la matière végétale molle; ailleurs plutôt le produit d'une végétation locale exubérante. Malgré cela, le gîte offre, dans son ensemble, une régularité relative assez prononcée, du moins si l'on en excepte les quelques plis et bombements, déjà signalés, auxquels on peut sans doute attribuer le refoulement local du magma charbonneux. Le puits des Hautes-Villes n° 3, le plus profond des trois puits de ce nom, traverse la *troisième* vers 115 mètres; il l'atteint entre deux gradins de la faille du Devais, qui s'éparpille ici en faibles rejets sous forme de patte d'oie; aussi les travaux n'ont-ils pu s'étendre à plus de 500 mètres à l'Ouest, le long du flanc Nord du Montsalson. On a ouvert, à cet effet, les puits *Grangette* et *Montsalson* n° 1, qui ont permis d'exploiter la couche depuis les affleurements, aux cotes de 640 et 650 mètres, jusqu'à celle de 480 mètres.

A l'autre extrémité du champ d'exploitation des Villes, on a creusé, il y a cinquante ans, le puits *Thiolière*. Longtemps il demeura abandonné, parce qu'il était tombé sur la faille Montmartre, ou plutôt, sur l'une de ses ramifications latérales alors peu connues.

L'amont-pendage de la couche avait été exploité autrefois par le puits des *Loges,* ainsi que par une fouille à ciel ouvert, dans un terrain situé au Sud du chemin des Villes, et plus tard transformé en pépinière. Depuis lors, le puits *Thiolière* fut repris par la Société actuelle de Beaubrun, et approfondi jusqu'à la quatrième couche, qu'il rencontra à 142 mètres, au mur de la faille. C'est une couche de $1^m,30$ de charbon cru.

A 90 mètres du jour on rejoignit la troisième, à peu de distance de la faille, ce qui permit d'en exploiter tout l'amont-pendage. A 118 mètres, on ouvrit un deuxième travers-bancs, qui suivit horizontalement la grande faille orientale sur plus de 800 mètres en direction, c'est-à-dire jusqu'auprès du puits *Montmartre*. Je reviendrai bientôt sur cette importante recherche; je dirai seulement dès maintenant que cette longue galerie, ouverte à la cote de 435 mètres, a permis d'exploiter le bas-fond, situé, sous le quartier de la Croix de Mission, le long de la faille.

Le puits principal de la région Sud, le puits *Montmartre* n° 1, fut long-temps arrêté à 204 mètres; il a maintenant 388 mètres. Il traverse la seconde couche à 180 mètres et la troisième à 220 mètres, celle-ci amincie par érosion. En amont du puits, elle reprend sa puissance normale et fut exploi-tée à l'aide d'un long travers-bancs, ouvert à la cote de 490 mètres (à 428 mè-tres de profondeur). Comme aux Villes, sa puissance atteint sur quelques points 12 à 15 mètres, et au puits Camille même 19 mètres. Partout le char-bon est de qualité supérieure. A l'Est du puits *Rochefort* la couche est partielle-ment ravinée par érosion, et se trouve même réduite à un simple filet au puits Montmartre, comme je viens de le dire.

Au toit de la troisième, à la distance variable de 30 à 50 mètres, parait la seconde, qui fut surtout exploitée par le puits *Rochefort*. Son épaisseur oscille entre 2 et 4 mètres, avec renflements partiels de 10 à 12 mètres aux environs du puits *Camille*. Comme aux Villes, le charbon est plus dur, plus chargé de cendres, que celui de la troisième. Le bombement du terrain, entre les deux failles limites Est et Ouest, dont j'ai parlé, à amené dans certaines parties la rupture de la voûte. La houille, plus tendre que les roches, s'est amincie, par laminage, au sommet de l'arc et en fut refoulée latéralement. Dans la troisième couche, qui est puissante, friable et moins comprimée que la seconde, à cause de l'écartement plus grand des failles en profondeur, l'amincissement est peu sensible; mais dans la couche supérieure, plus mince et plus dure, la rupture a été com-plète. Au sommet de la courbure, le charbon n'existe plus; le toit disloqué repose directement sur le mur. Cependant, le long de la faille occidentale, on retrouve de nouveau la couche intacte.

Le puits *Rochefort* rencontre la deuxième couche à 55 mètres de profon-deur; il n'a pas été foncé au delà. Le grès existe au toit et au mur de la couche; en général, celui du mur est fin, sauf là où la couche inférieure est ravinée par érosion, car alors la roche est plutôt à gros grains.

La seconde couche descend en pente assez régulière du puits *Rochefort*, vers le puits *Montmartre*. Par ce dernier puits on en a exploité l'aval-pendage jusqu'à la cote de 435 mètres. La troisième, par contre, s'amincit graduellement entre les deux puits et devient inexploitable en approchant du puits *Montmartre.* Elle y a 2 mètres au maximum, et se réduit à un simple filet de $0^m,04$ au puits lui-même.

A l'Est, l'allure de la couche est troublée, en outre, par la grande faille qui borde le gîte suivant une ligne, presque droite, allant du puits *Thiolière* au puits *Camille.* Cette longue faille se compose de gradins parallèles, comme la plupart des grands accidents. Un premier gradin, qui commence à zéro non loin du puits *Rochefort,* fut suivi, dans la deuxième couche, sur environ 900 mètres, jusqu'aux Basses-Villes, où le rejet atteint 20 mètres.

Le même accident fut aussi reconnu en troisième couche, où le dérangement, causé par le premier rejet, est moins sensible, à cause de la plus grande épaisseur de la couche. Au delà vient la faille proprement dite, ou plutôt, un ensemble de petits gradins successifs, qui semblent aboutir à la faille principale située au delà. Le long de cette faille, en troisième couche, on entreprit à deux niveaux différents d'importantes recherches; l'une d'elles, la plus basse des deux, est celle, ci-dessus mentionnée, du puits *Thiolière,* ouverte à 118 mètres de profondeur. On a suivi la couche en direction sur environ 800 mètres vers le Sud Sud-Ouest, à la cote de 435 à 440 mètres. Dans tout ce trajet la couche atteint au maximum 2 mètres d'épaisseur. Il en est de même dans une descente, ouverte le long de la ligne de plus grande pente de la couche jusqu'au niveau de 375 mètres au-dessus de la mer. La descente est située à 300 mètres du puits Thiolière; sa longueur est de 150 mètres. Tantôt la couche est simplement amincie par érosion, conservant la pente moyenne d'environ 30 pour 100. Plus loin, par une série de rejets, accusant le glissement dû à la faille. Ainsi, à la distance de 60 mètres de l'origine de la descente, vient un premier saut de 6 à 7 mètres; à 10 mètres plus loin, un deuxième de 10 à 12 mètres; puis, à partir de 125 mètres, un troisième gradin, que l'on a suivi sur environ 30 mètres sans en atteindre le bout. La pente des trois gradins est d'environ 45°. Ainsi, c'est en réalité une sorte d'escalier dans une région où la couche est amincie par érosion.

Une deuxième descente fut ouverte, entre les puits *Thiolière* et *Montmartre*, à 250 mètres environ de ce dernier. On y a atteint la cote de 347 mètres. Là aussi, vers le haut, sur 140 mètres de longueur, se trouve une couche inclinée à 30 pour 100, simplement amincie par érosion ; puis, au delà, la faille elle-même, suivie, par puits et galerie, dans une région qui correspond à un déplacement vertical de 55 mètres. On est ainsi arrivé à la cote de 347 mètres sans avoir atteint le pied de la faille.

A l'origine de ce puissant gradin on a aussi rencontré, grâce à la faille, les traces de la deuxième couche, à peu de distance du toit de la troisième.

Enfin, une troisième recherche fut entreprise, dans les travaux de la troisième, au bout du travers-bancs qui part du puits *Montmartre* à la cote de 490 mètres. En suivant la couche en direction, de l'Ouest à l'Est, on a encore constaté son amincissement graduel par voie d'érosion ; le grès du toit y passe à un véritable poudingue. L'amincissement est à peu près complet à la cote de 460 mètres. Plus bas, à 448 mètres, commence la faille, qui n'a été suivie que jusqu'au niveau de 441 mètres. Ajoutons que les trois recherches sont marquées sur nos plans (pl. XIII et XIV).

§ 222. — Dans la région dont je viens de parler, entre les Villes et le puits *Montmartre*, les deuxième et troisième couches sont déjà en grande partie déhouillées. Il n'en est pas de même des couches inférieures, qui sont encore en majeure partie vierges. Les deux puits *Montmartre* ont seuls été approfondis, depuis peu, au-dessous de la troisième. Ce champ est d'autant plus vaste, que les failles limites Est et Ouest divergent en profondeur. L'existence de ces couches inférieures, jusqu'à la huitième inclusivement, est d'ailleurs d'autant moins douteuse, dans toute cette région, que les puits de la *Culatte* et de *Montmartre* les ont traversées aux deux extrémités Sud et Nord de ce quartier, et que déjà on les exploite dans les concessions voisines de Villebœuf et de Montsalson.

Pour pouvoir apprécier, jusqu'à un certain point, les modifications que le dépôt houiller a pu éprouver dans cette région, comparons la coupe du puits *Montmartre* à celles des puits voisins. Commençons au niveau de 220 mètres, où la troisième est réduite, dans ce puits, à un simple filet d'un à deux centimètres, sous la double influence de l'érosion et de la faille. A 250 mètres on arrive au mur de la faille ; de la forte pente de 50°, on passe alors à 25, 20, même 15°. A ce niveau, sous un banc de grès, vient une assez bonne couche de $1^m,60$ que les ingénieurs de Beaubrun appellent *quatrième*, l'assimilant à celle qui, au puits de la *Culatte*, est à 17 mètres de profondeur. Quant à moi, je crois plutôt que c'est la *cinquième*, à cause du banc de grès qui la couvre et du massif schisteux peu puissant qui accompagne les deux couches suivantes.

La *quatrième*, très probablement, aura été amincie par la faille comme la troisième. A la distance de 14 et de 24 mètres, aux niveaux de 264 et 274 mètres, le puits traverse, en effet, deux nouvelles couches de $1^m,40$ et de $2^m,65$, entourées de schistes, comme le sont partout, dans les districts voisins, les sixième et septième couches. Viennent ensuite des grès, avec peu de schistes, jusqu'à la profondeur de 344 mètres. A ce niveau, une veine de $2^m,50$, ayant des schistes pour mur et pour toit, et finalement à 388^m une dernière veine de $2^m,75$, divisée en deux par un nerf de $0^m,25$. Le banc supérieur, de $1^m,50$, est de qualité ordinaire, le banc inférieur de 1 mètre, cru et pierreux. Or, que représentent ces deux couches ? Il me paraît difficile d'y voir la *huitième*, puisque, même à Villebœuf, où la distance jusqu'à la cinquième est moindre que partout ailleurs, elle atteint encore 180 mètres, ce qui placerait la huitième à 430 mètres. Il me paraît plutôt évident, d'après les coupes des districts voisins, que la couche de $2^m,50$, trouvée à 344 mètres, correspond au n° 7 *ter* des puits *Chatelus*, *Culatte* et *Villebœuf*, et la veine schisteuse du niveau de 388 mètres, à *la crue*, qui précède la huitième, en sorte que celle-ci ne peut se trouver au-dessus du niveau de 430 mètres.

Je donne néanmoins ces assimilations sous toutes réserves, à cause de la variabilité si grande du dépôt houiller dans cette région. Je les crois cependant d'autant plus plausibles qu'elles rendent assez bien compte des nouvelles modifications que nous constaterons, entre la troisième et la huitième, dans le district de la Béraudière, à un kilomètre au Sud du puits *Montmartre*.

Disons, pour terminer ce qui regarde le quartier Sud des mines de Beaubrun, que le puits *Montmartre* n° 2, aujourd'hui approfondi jusqu'à 170 mètres, sert, avec les puits *Thiolière* et *Camille*, à l'exploitation des couches inférieures n°⁵ 4 à 7, dont il vient d'être question.

§ 223. — Poursuivons maintenant l'étage moyen et la huitième couche, le long du versant Nord du Montsalson, jusqu'à la grande faille Nord-Sud du Cluzel, c'est-à-dire jusqu'au district de Roche-la-Molière.

On doit se rappeler qu'aux Brunandières, à l'Ouest des Hautes-Villes, les affleurements des grandes couches n° 2 et 3 sont incendiés. Leur allure Est-Ouest y est assez régulière. Si les traces de ces couches dessinent néanmoins une sorte de fer à cheval, d'une faible largeur, cela provient uniquement de la forme spéciale de la surface du sol (pl. XIII). Plus bas, sous les bancs de grès, déjà signalés à diverses reprises, se montrent les traces parallèles des couches 4 et 5.

Au delà des Brunandières, l'affleurement de la troisième couche sillonne, à mi-coteau, le flanc Nord du Montsalson, traverse ensuite le hameau inférieur de ce nom, puis l'origine de la vallée du Cluzel, un peu en amont de la nouvelle route de Saint-Just, et se retrouve finalement, par le fait des gradins successifs de la faille du Cluzel, au sommet du coteau de Saint-Genest-Lerpt, à mi-distance entre Dourdel et le puits des *Platières*. La carte montre la couche, dans toute cette étendue, fractionnée en un grand nombre de petits lambeaux, qui ont rendu les travaux irréguliers et difficiles. A chaque pas se voient les traces de rejets N.-O.-S.-E., sortes d'avant-coureurs de la grande faille du Cluzel. Aussi, lorsqu'on suit la nouvelle route de Saint-Just, entre le Grand-Coin et Dourdel, constate-t-on de fréquents changements dans la direction et la plongée des assises du terrain.

La troisième couche fut surtout exploitée par le puits *Montsalson* n° 1, dont la profondeur est de 110 mètres, et dont un travers-bancs rejoint l'aval-pendage à ce niveau (voy. pl. XXII, coupe). Le puits *Grangette* et plusieurs fendues furent également ouverts sur cette couche, dès les premières années de ce siècle;

enfin, au sommet du Montsalson, à la cote de 700 mètres, on creusa, vers 1840, le puits *Montsalson n° 2* dans l'espoir, certainement bien fondé, de retrouver également la couche en question. Eh bien ! ce puits, poussé dès l'origine jusqu'à 320 mètres, ne recoupa aucune couche, et cependant, d'après les travaux des Hautes-Villes, la troisième devrait s'y trouver approximativement à la cote de 500 mètres, ce qui correspond à la profondeur d'environ 200 mètres. A la vérité, comme je l'ai dit, les failles sont nombreuses dans cette région; il en existe une dans le fond des travaux du puits n° 1, et le puits n° 2 en a traversé aussi une ou deux ; mais il ne semble pas qu'elles puissent être considérables, puisque, dans les travaux du puits n° 1 et dans le quartier des Villes et du puits *Montmartre,* les déplacements sont généralement faibles ; d'autre part, il se pourrait bien que la troisième eût été enlevée par érosion au puits *Montsalson n° 2,* comme elle l'a été au puits *Montmartre;* toutefois il est certainement extraordinaire que la *seconde* couche et le groupe 5 à 7 n'aient pas non plus laissé la moindre trace de leur présence dans ce puits. Il faut admettre qu'elles aient été amincies à leur tour, comme la troisième, ou coupées par des failles. L'érosion n'est pas impossible et le passage d'au moins deux failles est évident, puisqu'à deux niveaux différents on a rencontré des schistes *ébouleux* mêlés de fragments de grès.

On a exploré les accidents en ouvrant des travers-bancs au fond du puits, les uns peu après le fonçage, les autres dans ces derniers temps, malheureusement sans aucun résultat. Mais aussi ces fouilles me semblent avoir été entreprises à une *trop grande* profondeur. J'ai dit plus haut que la troisième devrait couper le puits à 200 mètres environ du jour; tandis que les recherches furent plutôt entreprises vers 300 mètres. Ce qui prouverait bien que la troisième ne descend pas à une pareille profondeur, c'est que, dans les fouilles, auxquelles je viens de faire allusion, on a rencontré, non loin du puits, à la cote de 460 mètres, une couche de médiocre qualité que l'on assimile à la cinquième. S'il en était ainsi, il en résulterait positivement que la troisième ne peut guère descendre dans le puits au-dessous de la cote de 500 mètres. En tout cas, si la troisième est amincie, par érosion ou faille, dans le voisinage immédiat du puits, il est impossible que cet amincissement s'étende au loin, puisque la couche est connue à l'Est, au Nord et à l'Ouest, et même au Sud dans le puits *Mars* de la Béraudière. Il reste donc là, autour du puits n° 2, un vaste champ vierge qui n'est certainement stérile que dans une étendue relativement faible. On fût arrivé plus rapidement au but si, au lieu de fouiller, un peu en aveugle, au puits *Montsalson* n° 2, on eût entrepris la recherche par le puits des *Hautes-Villes* n° 3, situé à l'Est de la faille du Deva's. Certaines parties des travaux de ce puits ne sont pas éloignées horizontalement de plus de 260 mètres du puits *Montsalson* n° 2.

A l'Ouest du puits *Montsalson* n° 1 les affleurements continuent en direction sur plus de 500 mètres. On a même autrefois exploité, par fendues, le lambeau de couche qui affleure, dans les prés, en amont du dernier coude de la route de Saint-Just dans la montée vers Dourdel; mais l'aval-pendage de la couche est encore partout vierge. Ce sera le partage du puits Montsalson n° 2.

On arrive enfin à la grande faille du Cluzel, qui met à peu près en regard la troisième et la huitième couches au puits *Saint-Félix*. Là se trouvent les derniers travaux de la Compagnie des mines de la Loire dans la concession de Montsalson. L'exploitation est desservie par les trois puits des *Platières, Sainte-Barbe* et *Saint-Félix*. Les travaux s'étendent sur 500 mètres de longueur, allant, selon la pente, de la cote de 590 mètres à celle de 370 mètres. Mais la largeur du champ d'exploitation ne dépasse guère 200 mètres. A l'Est, il est borné par l'un des gradins de la faille du Cluzel; à l'Ouest, par une petite faille à pente opposée, qui ramène la couche au jour. Nous la suivrons dans cette direction en étudiant le district suivant de Roche-la-Molière.

§ 224. — Le puits des *Platières* fut creusé, il y a quarante ans, à la cote de 603 mètres, vers la naissance de la crête de Saint-Genest, qui sépare le Cluzel de Roche-la-Molière. Sa profondeur est de 160 mètres. A une centaine de mètres au Sud se trouve le puits d'aérage *Sainte-Barbe,* à la cote de 609 mètres (pl. XIII).

Le puits des *Platières* traverse la couche à la cote de 493 mètres et la rejoint de nouveau, par une galerie inférieure, à 450 mètres. En outre, à l'aide d'un manège intérieur, on a exploité par *vallée* jusqu'au niveau de 405 mètres. Enfin, l'aval-pendage fut attaqué plus tard par le puits *Saint-Félix*, ouvert sur la même crête du Montsalson, à la cote de 665 mètres. Sa profondeur est de 320 mètres. Il est tombé sur la faille du Cluzel, qui place ici face à face, comme je viens de le dire, la troisième et la huitième, ou plutôt, la troisième est même rejetée à 15 ou 20 mètres plus bas que la huitième.

On a d'abord abordé la première par un travers-bancs, ouvert à la cote de 364 mètres. La puissance moyenne de la couche est de 6 à 7 mètres, avec des renflements de 8 à 10 mètres. On y retrouve, comme ailleurs, le nerf blanc, appelé *gore des veines* par les mineurs. Il est placé à environ 2 mètres du mur. Le charbon est pur et brillant, comme au puits de *Montsalson* n° 1 et dans le quartier des Villes ; mais, à mesure que l'on avance de l'Est à l'Ouest, l'élément bitumineux devient plus abondant. C'est, en effet, de la région Ouest du district que viennent les échantillons n°ˢ 20 et 21 du tableau des houilles, renfermant 36 pour 100 de matières volatiles et 13,5 pour 100 de bitume, tandis que les n°ˢ 58 et 59, tenant 30 pour 100 de matières volatiles et 12 pour 100 de bitume, proviennent, au contraire, de la région de l'Est (§ 218).

Dans certaines parties de la troisième de *Montsalson* et des *Platières*, le charbon devient *moureux*, c'est-à-dire tendre, léger, d'un noir mat et malgré cela riche en bitume.

Au fond des travaux, la couche est alignée Nord-Sud, parallèlement à la faille du Cluzel, tandis que la huitième, au mur de la faille, court de l'Est à l'Ouest. D'après la distance qui sépare la troisième de la huitième, cette faille relève les assises, au mur de la faille, d'au moins 200 mètres. La troisième se tr ouverait donc à la cote de 550 mètres ; de plus, comme, d'après la direction générale des bancs du terrain, elle court de l'Ouest à l'Est, on en peut conclure presque certainement qu'elle ne doit guère se trouver au puits *Montsalson* n° 2 au-dessous de la cote de 500 mètres. J'arrive donc encore à la conclusion, précédemment formulée, que les recherches ont été entreprises dans ce puits à une trop grande profondeur. Enfin, nous verrons bientôt que ce puits est placé au mur des deux grandes failles du *Cluzel* et des *Maures*, ce qui prouve également que la troisième ne saurait y être à une très grande profondeur.

§ 225. — En dehors des quartiers du *Clapier* et de la *Culatte*, les couches inférieures de l'étage moyen furent peu exploitées jusqu'à présent dans les concessions de Beaubrun et de Montsalson.

M. Locard les a cependant recoupées, dès 1840, par un long travers-bancs, poussé à partir du puits *Montsalson* n° 1. Elles y possèdent, à de légères modifications près, les mêmes caractères que dans les puits *Chatelus* et de la *Culatte*.

Dans ce travers-bancs, à 25 ou 30 mètres sous la troisième, vient la *quatrième* couche, à la suite d'un fort banc de grès. La qualité du charbon est médiocre, comme toujours, et la puissance comprise entre 1 et 2 mètres.

La *cinquième* est également sous un banc de grès, tandis que le faible intervalle entre les n° 5 et 7 est surtout occupé par des schistes. La *cinquième* est simple et son épaisseur de $1^m,20$ à $1^m,50$; la houille de qualité ordinaire. La *sixième* est inexploitable; la *septième*, de 1 mètre à $1^m,50$, fournit du charbon dur, difficile à exploiter à cause de la nature ébouleuse du toit. Elle coupe le puits à l'origine du travers-bancs. Au-dessous viennent deux veines minces, inexploitables, que l'on appelait alors huitième et neuvième. A une distance plus grande, sous plusieurs alternances de grès et de schistes, une veine de charbon dur, de 1 mètre à $1^m,50$, qui doit correspondre au n° 7 *bis* des puits *Michon* et *Rambaud*.

A une quarantaine de mètres au-dessous se trouve la veine, désignée à Beaubrun par le n° 11; elle est mince, impure, inexploitable; ses affleurements passent un peu en amont du puits *Montsalson* n° 3. Enfin, à 45 mètres plus bas, vient la plus importante des couches intermédiaires, la seule facilement exploitable, l'ancienne n° 12 de Montsalson, celle qui correspond au n° 7 *ter* des puits *Rambaud*, *Chatelus*, *Culatte*, etc.

Au puits *Montsalson* n° 3 et au puits des *Baraudes* sa puissance est de

2 à 3 mètres. L'affleurement se montre dans le coude que fait la route de
Saint-Just-sur-Loire, à l'Ouest du puits des *Baraudes*. La couche est divisée
en deux bancs par un nerf schisteux de 0^m,20 à 0^m,40 ; le charbon est de
qualité médiocre, dur, plus ou moins schisteux ; malgré cela, on l'a exploité
aux environs du puits des *Baraudes*.

Entre cette dernière couche et la *huitième* on constate, au pied du Mont-
salson, comme au Cluzel, une puissante série de minces bancs de grès,
séparés seulement par de simples filets de schistes. C'est cette série qui
augmente graduellement de puissance depuis Montsalson jusqu'au Cluzel et de
là jusqu'à Villards ; c'est la cause de l'énorme différence de distance qui
sépare la septième de la huitième vers ces deux points extrêmes.

Le puits *Montsalson* n° 3 traverse la huitième couche à 110 mètres de
profondeur. Sa puissance est de 6 à 7 mètres, avec renflements partiels de
8 à 10 mètres, causés, comme ceux de la troisième, par les fréquents rejets
qui sillonnent ce quartier. Quoique les deux couches se ressemblent sous
ce rapport, la *huitième* est cependant, en général, moins pure et moins épaisse :
le charbon en est moins gras, d'un éclat moindre, et plus souvent entrelardé
de veinules schisteuses.

C'est dans cette région que M. Locard constata, d'une façon positive,
vers 1843, non seulement que les deux couches ne pouvaient être identiques, mais qu'elles passaient réellement l'une au-dessous de l'autre.

L'allure de la huitième se modifie, comme celle de la troisième, sous
l'action des failles qui longent le pied Nord de la crête du Montsalson. De
Villards jusqu'au Haut Cluzel sa direction est Nord-Sud ; entre le haut Cluzel
et Dourdel, Est-Ouest avec plongée générale vers le Sud, à l'encontre de la
pente du sol. Dans cette dernière région se multiplient les gradins précurseurs de la faille du Cluzel. Celle-ci place face à face, au puits *Saint-Félix*
même, la troisième et la huitième. Son amplitude est par suite de 200 mètres sur ce point, mais elle diminue vers le Sud-Est, puisque la huitième
tend à s'enfoncer dans cette direction, tandis que la troisième longe le toit
de la faille horizontalement.

La huitième couche est intacte et vierge sous la majeure partie des concessions de Beaubrun et de Montsalson. En y ajoutant la troisième, dans la région Sud de Montsalson, ainsi que les nombreuses veines intermédiaires, ci-dessus mentionnées, on voit que les deux concessions ont encore devant elles un fort bel avenir ; même en ne mentionnant que pour *mémoire* les couches inférieures des groupes 9 à 12 et 13 à 16, dont l'existence paraît cependant à peu près assurée dans cette région, puisqu'on les connaît dans les concessions voisines du Treuil, du Cluzel, de la Chana, de Roche-la-Molière, etc.

§ 226. — Il nous reste à dire quelques mots du groupe des *Rochettes* et des couches de l'étage supérieur.

On a vu que les puits *Sainte-Marie* et *Roland* du Quartier-Gaillard rencontrent, à de petites profondeurs, des veines de houille qui semblent appartenir au groupe des *Rochettes*. En tout cas, l'existence des couches supérieures devient positive sous la butte Sainte-Barbe, ainsi qu'à Beaubrun et à la Chauvetière, où l'on a exploité la suite de l'étage du Bois d'Avaize.

On peut signaler une première veine, au-dessus du n° 1 du groupe de la troisième, dans le quartier des carrières de la *Pareille*, à l'Est du Clapier. La couche n° 1 affleure, dans le fond des carrières, à peu de distance au dessus du n° 2. Or, la veine supérieure, dont je parle, couronne la masse de grès, jadis exploitée sur ce point pour pierres de taille. C'est une couche intermédiaire entre le n° 1 et la couche des Rochettes. On la retrouve dans les carrières de Beaubrun, et aussi, un peu au Nord de l'entrée du tunel du Devais, sur le chemin de fer de la Béraudière. La même veinne et celles qui lui succèdent s'observent, dans la direction de la Béraudière, au Sud-Ouest, et au pied de la colline Sainte-Barbe, à l'Est. Pour le moment, bornons-nous à cette dernière région, car la première appartient déjà au district suivant.

Le quartier de la colline de Sainte-Barbe a été fouillé par les puits des *Noyers, Saint-Benoît* et *Ranchon*. Un travers-bancs, allant du mur au toit, relie les puits *Montmartre* n° 1 et *des Noyers* à la cote de 490 mètres ; et une deuxième galerie, encore en cours d'exécution, va, dans le même sens, au niveau inférieur de 243 mètres, du même puits *Montmartre* au puits *Saint-Benoît*. Or, voici les veines recoupées par les traverses et par les puits :

En suivant d'abord la galerie supérieure du puits *Montmartre* au puits des *Noyers*, on coupe, au toit de la couche n° 2, un massif schisteux de 50 mètres, sillonné vers le haut d'une faible veine de 0ᵐ,10, le n° 1 très probablement. Vient ensuite du grès, sur 40 à 50 mètres, et par-dessus une veine mince de 0ᵐ,30 à 0ᵐ,35; c'est celle qui affleure dans les carrières de Beaubrun et au Nord du tunnel du Devais, entre le n° 1 et le groupe proprement dit des *Rochettes*. Dans la mine du puits des *Noyers*, on la désignait sous le n° 7, parce qu'elle est à la base des sept veines traversées par la galerie en question. A cette faible veine succède, dans le travers-bancs, l'ancien n° 6, l'une des plus importantes du groupe. Elle fut exploitée jadis par diverses fendues et mise à nu par le chemin de fer de la Béraudière, à l'entrée même du tunnel du Devais. Elle est divisée en trois bancs :

En partant du toit, elle se compose de :

<pre>
        1ᵐ,00 de houille dure.
        0   40 de schiste.
        0   50 de houille ordinaire.
        0   30 de schiste.
        0   30 de houille.
        ────────────────
Total. 2   50, dont 1ᵐ,80 de houille.
</pre>

C'est la couche dite des *trois gores*, à la Béraudière, la première du groupe des *Rochettes* en partant du bas; elle est couverte par un puissant banc de grès (taille), puis viennent deux faibles veines assez rapprochées (les nᵒˢ 5 et 4 de la galerie), de 0ᵐ,35 à 0ᵐ,40 d'épaisseur. On a exploré le n° 4 en direction sur une centaine de mètres. Elle conserve son épaisseur de 0ᵐ,40 et plonge partout sous l'angle de 45° vers l'Est. Après un nouveau banc de grès, on rencontre deux autres veines assez rapprochées (les nᵒˢ 3 et 2 de la galerie). La première a 1 mètre à 1ᵐ,20, la seconde 1ᵐ,50 à 1ᵐ,60. On les a poursuivies sur une certaine étendue, quoique le charbon en soit pierreux et cru. Vient enfin la couche la plus importante de la galerie (le n° 1); elle mesure 1ᵐ,70 à 2 mètres; on l'exploita par le puits des *Noyers*, malgré la qualité très ordinaire du charbon sous le rapport des cendres.

Les veines de la galerie des *Noyers*, dont je viens de parler, affleurent toutes le long du coteau, qui descend du Devais vers le faubourg de Tardy, au Sud de Sainte-Barbe. Elles correspondent, par leur position, au groupe des *Rochettes*, quoique plus nombreuses, moins pures et moins puissantes qu'au bois d'Avaize. Cette disposition fâcheuse de la houille à s'éparpiller en veines minces se manifeste déjà à Villebœuf, et se continue au delà, vers la Béraudière. Seulement on retrouve de nouveau dans cette dernière région une meilleure couche, celle des *Littes,* qui probablement correspond à la plus élevée des sept veines de la galerie des Noyers (au n° 1 de ladite mine).

Au bout de la galerie vient le puits des *Noyers,* et au Nord-Est le puits *Saint-Benoît.* Tous deux sont ouverts dans le massif *micacé*, de plus de 200 mètres, qui sépare ici le groupe des Rochettes de l'étage supérieur. Ce massif n'est pas tout à fait stérile, mais pourtant *sauvage,* comme la plupart des grès micacés; les veines de houille y sont minces et crues. Le puits des *Noyers,* de 104 mètres de profondeur, en traverse deux, l'une de 0^m,65 à 50 mètres du jour, l'autre, plus mince, à 95 mètres.

Le puits *Saint-Benoît,* de 330 mètres de profondeur, atteint, dans sa partie haute, la base de l'étage supérieur. On y rencontre, à 60 mètres du jour, la couche *mouillée* de la Chauvetière, la plus ancienne de ce groupe. Sa puissance est de 1^m,50, et le charbon solide et dur. On ne l'a pas exploitée jusqu'à présent sur ce point, mais bien dans la concession voisine de la Béraudière.

Au-dessous, le puits pénètre dans le massif micacé *sauvage,* servant de toit au groupe des Rochettes. Il renferme cinq ou six veines charbonneuses de nulle valeur, parmi lesquelles figurent les deux du puits des *Noyers,* situées ici au niveau de 200 à 300 mètres.

Le fond du puits atteint finalement le haut du groupe des *Rochettes,* que le travers-bancs inférieur de 650 mètres, en cours d'exécution, recoupe à la cote de 243 mètres. Ce travers-bancs, qui se dirige en ligne droite sur le puits *Montmartre* n° 2, franchit la veine la plus importante du groupe des Rochettes à la distance de 35 à 40 mètres; c'est la plus élevée des couches de la galerie supérieure, celle qui fut exploitée au puits des *Noyers,* et que l'on y appelait n° 1. Elle se compose, à ce niveau inférieur, de deux bancs séparés l'un de l'autre par un nerf de $1^m,50$, et se renfle même sur ce point jusqu'à 7 mètres de puissance utile. La houille est grasse, pure et tendre, un véritable charbon de forge à 30 °/₀ d'éléments volatils avec 3 à 4 °/₀ de cendres. C'est une amélioration notable, due à la profondeur, qui assure un bel avenir à ce nouveau quartier des mines de Beaubrun. Malheureusement des failles sillonnent la région. Au Nord, la couche s'est perdue en direction à la distance de 80 mètres, et au Sud à moins de 20 mètres. Ces failles ne sont point encore explorées; elles paraissent considérables, car on les retrouve dans le travers-bancs où, sur une étendue assez grande, les roches sont broyées et les assises presque verticales. Grâce à ces failles, la galerie de la cote de 243 mètres a manqué les cinq veines inférieures du groupe des Rochettes, connues dans la galerie supérieure du puits des *Noyers*. En effet, après avoir traversé le terrain brouillé, on arrive directement à la partie basse du groupe de la *troisième*, à la série des couches n°s 5 à 7 du puits Montmartre.

§ 227. — Le puits *Ranchon* fut creusé, il y a quarante ans, en amont du puits *Saint-Benoît*, pour l'exploitation de la couche la plus élevée de l'étage supérieur. Cette couche affleure au pied occidental de la colline Sainte-Barbe, le long du chemin qui relie Polignais au quartier de Tardy. Sa puissance est comprise entre $1^m,50$ et $2^m,50$. Le puits la traverse à 60 mètres de profondeur. Elle est divisée en plusieurs bancs par de minces lits de schiste noir terreux, dont les débris gâtent le menu. La houille est terne, dure, à longue flamme, moins collante et moins bitumineuse que celle du bois d'Avaize. Elle tient 38 pour 100 de matières volatiles (n° 12 du tableau). Comme au puits *Saint-Benoît*, la direction est Nord-Sud avec plongée de 45 à 50° vers l'Est. L'inclinaison est forte, surtout vers l'extrémité Nord.

Le champ d'exploitation mesure 500 mètres dans le sens de l'allongement et 100 mètres suivant la pente. Aux deux bouts, des accidents limitent les travaux; au Sud, c'est l'avant-coureur de la grande faille longitudinale, qui abaisse les veines du côté de la Chauvetière et rejette aussi dans le même sens la couche la plus élevée du groupe des Rochettes, qui fut jadis exploitée, dans la galerie et au puits des *Noyers*, comme je viens de le dire.

L'accident opposé, rencontré au Nord des travaux du puits *Ranchon*, doit appartenir à l'un des échelons de la faille qui borne, au Nord, la colline Sainte-Barbe et la crête du Mont-Salson.

Vers l'aval-pendage, la couche doit se continuer, jusqu'à la rencontre des grandes failles du Furens et du Gagne-Petit, sous le sol de la ville de Saint-Étienne. L'inclinaison semble même devoir grandir en profondeur, du moins si l'on en juge par la pente des assises qui couvrent le versant Est de la colline Sainte-Barbe.

Au reste, cet aval-pendage n'a, en tout cas, qu'une bien faible importance industrielle, vu la qualité médiocre de la houille, et les constructions nombreuses, élevées sur ce point à la surface du sol.

Les parties les plus hautes de l'étage supérieur couvrent le sommet et le versant oriental de la colline Sainte-Barbe. On y rencontre principalement du grès micacé à galets de quartz, pareils à ceux de la crête Saint-Roch, au-dessus du Jardin des plantes, sur la rive opposée du Furens. On y voit cependant des traces d'affleurements, mais nulle couche exploitable.

Le même dépôt quartzo-micacé couronne le Mont-Ferret, situé au Sud de l'étang Tardy, au delà de la faille qui limite les travaux *Ranchon* et ceux de la mine des *Noyers*. Par suite de cette faille, l'étage supérieur comprend, au Mont-Ferret, des bancs encore plus élevés que ceux de la colline Sainte-Barbe. Tout le haut du coteau est formé de poudingues grossiers, dont les crêtes se courbent, en forme de fer à cheval, parallèlement aux couches de la Chauvetière (voir première partie et carte d'ensemble); mais on ne rencontre pourtant pas, sur ce point, le grès *rouge* supérieur, qui se montre si puissant au puits de la *Vogue* de Villebœuf.

En résumé, on le voit, l'étage *houiller* supérieur, moins le grès rouge, s'avance au Nord, dans la vallée du Furens, jusque sous le centre de la ville de Saint-Étienne, tandis que, grâce à la faille du puits *Montmartre*, il ne dépasse guère, à l'Ouest de Beaubrun, le Devais et le revers Sud du Mont-Salson. Entre ce sommet et Firminy, l'étage supérieur couvre partout la haute crête, qui sépare la vallée de l'Ondaine de celle de Roche-la-Molière.

§ 228. Donnons, pour clore la description du district du Quartier-Gaillard et de Beaubrun, la liste des concessions et des principaux puits qu'il renferme :

1° Tableau des concessions du district du Quartier-Gaillard et de Beaubrun.

NOMS DES CONCESSIONS.	ÉTENDUE en HECTARES.	DATES des ORDONNANCES DE CONCESSION.
Le Cluzel	166	17 novembre 1824.
Le Quartier-Gaillard	372	Id.
Beaubrun	289	10 août 1825.
Mont-Salson	280	Id.

2° Tableau des profondeurs des puits.

NOMS des CONCESSIONS.	NOMS des PUITS.	COTES de l'orifice des puits au-dessus de la mer	PROFONDEUR DES COUCHES DANS LES PUITS.							PROFONDEUR totale des puits.	OBSERVATIONS.
			N° 7 ter	N° 8	N° 9	N° 10	N° 11	N° 12			
	Imbert	525	»	75	»	•	»	»	»	80	
	Jumeaux . . .	500	»	»	»	»	»	»	»	45	Recoupe, par une traverse à 40^m, la veine du mur de la 8e.
Concession du Cluzel.	Saint-Jean. . .	515	»	»	20	56	92	120	»	130	
	Deville	529	»	»	»	25	55	»	»	80	
	Noyers	505	»	»	»	»	14	»	»	30	
	Paris.	530	»	»	»	»	»	»	»	50	Sur la faille qui longe le pied Nord du Mont-Salson.
	Rambaud . . .	566	55	220	»	»	»	»	»	225	La couche 7 *bis* affleure à l'orifice du puits Rambaud.
	Gidrol	537	»	75	»	»	»	»	»	110	

NOMS des CONCESSIONS.	NOMS des PUITS.	COTES de l'orifice des puits au-dessus de la mer	PROFONDEUR DES COUCHES DANS LES PUITS.							PROFONDEUR totale des puits.	OBSERVATIONS.
			N° 3	N° 4	N° 5	N° 7	N° 7 *bis*	N° 7 ter	N° 8		
	Des Rosiers. .	602	69	115	140	155	»	251	390	430	Le puits manque le n° 7 *bis* par une faille.
Concession du Quartier-Gaillard.	Cunit ou Chavassieux. . .	590	152	»	»	»	»	»	»	155	
	Palluat. . . .	584	128	»	»	»	»	»	»	132	Par des travers-bancs, ces deux puits sont réliés aux couches 4 à 7.
	La Garenne . .	569	92	»	»	»	»	»	»	115	
	Michon	»	»	»	»	»	36	»	»	40	
	Loire.	539	180	»	»	»	»	»	»	200	
	Saint-Étienne .	524	202	»	»	»	»	»	»	215	

NOMS des CONCESSIONS.	NOMS des PUITS.	COTES de l'orifice des puits au-dessus de la mer.	PROFONDEUR DES COUCHES DANS LES PUITS.							PROFON-DEUR totale des puits.	OBSERVATIONS.
			N° 3	N° 4	N° 5	N° 7	N° 7 bis	N° 7 ter	N° 8		
Con cession du Quartier-Gaillard.	Sainte-Marie. .	650	236	271	»	»	»	»	»	284	Le haut du puits traverse des veines du groupe des Rochettes.
	Rolland	642	140	»	»	»	»	»	»	270	
	Avril.	510	»	»	»	»	»	»	202	205	
	Neuf	?	»	»	»	»	»	»	»	»	Puits d'aérage placé sur la faille du Furens.
Concession de Dourdel et Mont-Salson.	H^{tes}-Villes n° 3.	623	115	»	»	»	»	»	»	120	
	Grangette. . .	658	73	»	»	»	»	»	»	75	
	H^{tes}-Villes n° 2.	582	51	»	»	»	»	»	»	55	
	Mt-Salson n° 1.	616	16	»	»	»	»	»	»	115	Un travers-banc à 110^m recoupe les couches 3 à 7.
	Mt-Salson n° 2.	700	»	»	»	»	»	»	»	320	Doit traverser la 3e en faille vers 200^m.
	Mt-Salson n° 3.	599	»	»	»	»	»	»	110	115	La couche 7 ter est à l'orifice de ces deux puits.
	Des Baraudes.	621	»	»	»	»	»	»	109	112	
	Des Platières. .	603	110	»	»	»	»	»	»	160	
	Sainte-Barbe. .	609	135	»	»	»	»	»	»	140	
	Saint-Félix . .	665	»	»	»	»	»	»	»	320	Sur la faille du Cluzel : rejoint la 3e et la 8e à 201^m, et la 8e, en outre, à 300^m.
Concession de Beaubrun.	Clapier n° 2. .	578	70	102	150	»	»	»	»	160	Le puits Clapier n° 1 avait 44^m ; il est aujourd'hui comblé.
	Chatelus n° 1.	541	51	84	120	161	230	323	431	461	
	Chatelus n° 2.	541	33	76	112	153	»	»	»	195	
	Culatte n° 1. .	571	»	»	40	84	149	215	277	437	Un banc inférieur de la 7e est à 106^m et la couche n° 9 à 407^m.
	Culatte n° 2. .	569	»	»	20	65	»	»	»	90	
	Basses-Villes. .	557	60	»	»	»	»	»	»	65	
	H^{tes}-Villes n° 1.	593	70	»	»	»	»	»	»	75	
	Thiolière . . .	552	»	142	»	»	»	»	»	150	Sur une faille; rejoint la 3me à 90 et à 118^m.
	Montmartre n°1	615	220	»	250	274	»	341	»	388	Rejoint la 3e à 128^m. Au fond du puits, la crue de la 8e.

NOMS des CONCESSIONS.	NOMS des PUITS.	COTES de l'orifice des puits au-dessus de la mer.	PROFONDEURS DES COUCHES DANS LES PUITS.							PROFON- DEUR totale des puits.	OBSERVATIONS.
			N° 3	N° 4	N° 5	N° 7	N° 7 *bis*	N° 7 *ter*	N° 8		
	Rochefort. . .	612	»	»	»	»	»	»	»	55	Arrêté à la 2ᵉ couche.
	Camille. . . .	623	135	»	»	»	»	»	»	140	
Concession	Des Noyers . .	584	»	»	»	»	»	»	»	104	A 95ᵐ, une couche de l'étage supérieur.
de	Saint-Benoît. .	565	»	»	»	»	»	»	»	330	A 60ᵐ, la couche la plus basse de l'étage supérieur. Au fond du puits le haut du groupe des Rochettes.
Beaubrun.	Ranchon. . . .	571	»	»	»	»	»	»	»	95	Traverse à 60ᵐ la couche la plus élevée de l'étage supérieur.

3° District de la Ricamarie (pl. XIV).

§ 229. — Le troisième district de la partie occidentale du bassin sté-phanois, celui du Sud-Est, ou de la *Ricamarie*, comprend les deux conces-sions de la *Béraudière* et de *Montrambert*.

Il est limité à l'Est par le Furens, au Sud par le terrain ancien, à l'Ouest par la grande faille de la Renaudière entre Montrambert et la Malafolie, au Nord par la crête du Devais entre les vallées de l'Ondaine et de Roche-la-Molière. On y voit à découvert les étages supérieur et moyen. L'allure générale ressort nettement des lignes d'affleurement et des courbes de niveau des couches. C'est la contre-partie de ce que l'on observe au Nord du Mont-Salson. Tout le long de l'arête culminante, que suit l'ancienne route de Saint-Étienne au Puy depuis le Devais, les assises courent parallèlement à l'axe du bassin, avec relèvement inverse, en forme de fond de bateau, au Nord et au Sud. A l'Est du Devais persiste l'allure transversale (N.-N.-O.-S.-S.-E.) du Quartier-Gaillard et du Clapier. Elle affecte l'étage supérieur aux mines Ranchon et de la Chauvetière et l'étage moyen, aux mines de la Béraudière, jusqu'à la Croix-de-l'Orme, où le relèvement raide du terrain ancien réagit vivement sur le terrain houiller. Les assises y sont refoulées (voir première partie), de sorte qu'elles reprennent, à droite et à gauche de la Croix-de-l'Orme, l'allure normale du bassin. L'étage moyen de la Béraudière retourne à l'Ouest vers la Ricamarie, et l'étage supérieur de la Chauvetière à l'Est vers le quartier Sud-Est de la ville de Saint-Étienne, le faubourg de Bellevue (pl. XIV). Ainsi donc, à l'Est et à l'Ouest de la ligne transversale Nord-Sud allant de la Croix-de-l'Orme, par la Béraudière, au hameau du Devais, on voit les couches éprouver une double courbure inverse en forme de fer à cheval. A l'Ouest, la courbe part de Montrambert, passe par les Maures, la Béraudière et la Croix-de-l'Orme, pour aboutir à la Ricamarie ; à l'Est, la ligne courbe opposée va de la Croix-de-l'Orme, par Bellevue, au Nord, où elle aboutit à la concession voisine de Villebœuf, sur la rive droite du Furens. Ces deux circuits inverses sont également opposés quant au sens de la plongée. Dans le premier fer à cheval, toutes les couches se *relèvent* vers un point central qui correspond au village du Montcel. Dans le second, les assises *plongent*, au contraire, vers un autre point central, qui semble devoir être peu éloigné du hameau dit le Mont, au Nord de Bellevue. Bref, d'un côté, centre de relèvement, avec apparition de l'étage inférieur ; de l'autre, centre d'affaissement, qui a pour résultat la conservation des bancs stériles supérieurs du Mont-Ferret.

C'est en partant de cet étage supérieur, comme point de repère, qu'il est possible de raccorder les couches du district de la Ricamarie avec celles du district précédent. Aujourd'hui, à la vérité, que les travaux de la troisième couche s'avancent, de Beaubrun vers le Devais, au-devant de ceux de la *Grande masse* du puits du *Crêt de Mars*, il ne peut plus guère subsister de doute sur l'identité des deux dépôts ; mais, il y a trente ans, on pouvait sérieusement se demander auxquelles des trois ou quatre grandes couches des districts du Treuil et du Quartier-Gaillard correspondait la *Grande masse* de la Béraudière. Eh bien ! voici les motifs qui me firent admettre, dès 1846, l'identité de la Grande masse de la Béraudière et de Montrambert avec la troisième de Beaubrun.

D'une part, lorsqu'on quitte le versant Nord du Mont-Salson pour aller, normalement à la direction générale du terrain, vers la Ricamarie ou Montrambert, on voit la *troisième* plonger au Sud sous les grès et poudingues de l'étage supérieur, tandis que, sur le versant opposé, reparaît au-dessous des mêmes roches une *Grande masse* analogue, avec plongée inverse vers le Nord. Entre les deux versants, il y a pourtant cette différence qu'au Nord le terrain *stérile* succède presque immédiatement à la Grande masse, tandis qu'au Sud on constate entre deux un certain nombre de petites veines exploitables. D'après cela, on aurait pu admettre, ou que la troisième se soit évanouie au Sud, ou bien éparpillée en veines de moindre importance, et que la Grande masse de la vallée de l'Ondaine représente plutôt l'une des grandes couches inférieures du versant Nord. En tout cas, le doute était alors permis.

D'autre part, cependant, quoique les travaux fussent alors peu avancés à Beaubrun, il était déjà plus que probable que la troisième de la mine des Basses-Villes devait se prolonger sous les petites couches des puits *Ranchon* et des *Noyers*, comme, sur l'autre versant, la Grande masse de la Béraudière s'enfonce visiblement sous les petites veines de la partie haute du coteau de Beaubrun et les couches encore plus élevées de la Chauvetière. La disparition presque complète des veines supérieures le long du revers Nord du Mont-Salson n'avait d'ailleurs rien de plus anormal que le fait analogue, constaté déjà alors, de l'amincissement graduel des mêmes veines, vers l'Ouest, entre la Béraudière et Montrambert. Enfin, on pouvait aussi constater, dès cette époque, que les couches de la Chauvetière sont couronnées par les grès et poudingues quartzeux du Mont-Ferret, comme les couches parallèles des veines *Ranchon* et des *Noyers* le sont par les bancs grossiers de la butte Sainte-Barbe. Bref, ce sont ces rapports identiques des deux *Grandes masses* de Beaubrun et de la Ricamarie avec l'étage supérieur qui m'ont conduit à admettre, dès 1846, l'identité réelle des deux *masses* elles-mêmes.

Or, depuis lors, le développement des travaux souterrains, dans les petites couches comme dans les grandes, a pleinement justifié cette conclusion. Les travaux, poursuivis dans les petites couches supérieures, prouvent en particulier, comme nous le verrons, qu'elles s'amincissent à l'Ouest en profondeur, de sorte que leur disparition sur le versant Nord de la crête du Mont-Salson n'a plus rien d'anormal. En résumé donc, la Grande masse se continue sans interruption du Nord au Sud, tandis que les veines supérieures, insignifiantes au Nord, grandissent et se multiplient au Sud et à l'Est.

Si la puissance et le nombre des veines se modifient à Saint-Étienne de l'Est à l'Ouest et du Nord au Sud, la nature de la houille ne reste pas non plus constante. Tous les charbons du district de la Ricamarie, celui des couches inférieures comme celui des veines les plus élevées, sont caractérisés par l'abondance des matières volatiles; ce sont de véritables charbons à *gaz,* ou à longue flamme, contenant 36 à 40 pour 100 d'éléments volatils. Ils sont relativement durs et ternes, plutôt fibreux que lamelleux et brillants; ils se brisent en fragments parallélipipédiques, et produisent sous le choc du pic un son franc et clair, qui contraste avec le bruit mat et sourd dû aux charbons de forge. Au feu, ils fondent bien, mais ne gonflent pas, et donnent du coke poreux, friable, se divisant, dans les fours de carbonisation, en prismes minces, effilés, d'un éclat argentin. Ces houilles se vendent principalement aux usines à gaz, où elles fournissent par kilogramme 260 à 280 litres de gaz. Elles sont représentées dans le tableau général par les n°⁵ 5 à 8, 11, 12 à 19 et 22 à 25.

Pour achever de caractériser le district de la Ricamarie, signalons encore les principales failles qui troublent la marche des couches. Au Sud, parallèlement à la limite du bassin, c'est d'abord une série de grandes failles de direction, plongeant au Nord, et presque verticales, ramenant au jour les assises inférieures. Ainsi, à la Croix-de-l'Orme, les couches Nord-Sud viennent buter contre une faille de ce genre, qui les replie latéralement à droite et à gauche. On la suit, depuis Bellevue jusqu'au Chambon, d'une façon plus ou moins continue. Elle occasionne, sur une certaine étendue, un brouillage complet que l'on observe fort bien à la surface du sol, près de la Croix-de-l'Orme, dans le chemin qui conduit de ce hameau à celui de la Béraudière. J'ai signalé et décrit ce dérangement dans les généralités sur les accidents du terrain houiller (voir première partie).

On est tombé sur cette faille dans deux puits, nommés *Sainte-Barbe* et la *Croix-de-l'Orme,* qu'on n'eût certainement pas creusés, si l'on avait pris soin d'étudier au préalable l'allure des terrains à la surface du sol.

Le même accident, avec une direction un peu différente, passe au Sud de la mine de la petite Ricamarie et au voisinage du bourg de ce nom. Il a ramené au jour les roches inférieures en assises presque droites; au delà on le suit, de l'Est à l'Ouest, jusqu'au Chambon, où il coupe la Grande couche elle-même, qui dès lors, ainsi que les autres veines, viennent toutes successivement buter contre le plan de la faille sans pouvoir affleurer. C'est la faille dite de Barlet à Montrambert.

Une autre faille de direction coupe le terrain houiller un peu au Nord de la concession de la Béraudière. Elle passe entre les mines des puits *Ranchon* et des *Noyers,* du district précédent, et le champ d'exploitation de la *Chauvetière.* J'en ai parlé dans le paragraphe 227; elle est à pente inverse de celle de la Croix-de-l'Orme.

Outre ce double système de failles de direction, citons encore une forte faille transversale, qui part du bourg de la Ricamarie, traverse du Sud au Nord le village du Montcel, passe au hameau des *Maures,* dont elle porte le nom, et se prolonge au delà jusqu'à la grande faille transversale du Cluzel, qui court au Nord-Ouest et plonge à l'Ouest comme celle des Maures. Rappelons aussi la remarque déjà faite dans les généralités, qu'une série nombreuse de couches ne peut se courber en fer à cheval sans amener, dans la partie convexe de la courbe, des ruptures, des glissements, et une sorte de laminage et d'étirage des couches de houille, ou bien, une série de failles, très peu inclinées, en forme de patte d'oie. C'est, en effet, le cas de la mine du *Crêt de Mars,* où plusieurs failles plates se rattachent plus ou moins directement à la grande faille des Maures, qui elle-même, du reste, ne fait avec l'horizontale qu'un angle d'au plus 30 à 35°.

Cela dit, étudions successivement, dans le district de la Ricamarie, d'abord la *Grande masse,* ou *troisième,* avec le groupe voisin des *Rochettes,* ensuite les couches inférieures, connues ici sous le nom de *Brûlantes* à cause du grisou ; et, en dernier lieu, l'étage supérieur de la *Chauvetière* et des *Combes.* Remarquons d'ailleurs que la grande faille transversale des Maures divise le district en deux champs d'exploitation, ou sous-districts, tout à fait distincts : celui de la *Béraudière,* à l'Est, et celui de *Montrambert,* à l'Ouest. Occupons-nous d'abord du premier.

SOUS-DISTRICT DE LA BÉRAUDIÈRE.

§ 230. — L'affleurement de la *Grande masse* longe, du Nord au Sud, le pied occidental du coteau de la Béraudière ; il est marqué par une série d'affaissements dus aux anciens travaux. Au Sud, il se replie de l'Est à l'Ouest, puis se perd, près de la grande route du Puy, comme la couche elle-même, avant d'atteindre les premières maisons du bourg de la Ricamarie. Au Nord, où le coteau de la Béraudière rejoint la crête du Devais, l'affleurement s'infléchit en courbe raide sur la rive droite du ruisseau le Mordant, et peu après se termine à la faille des Maures, qui le rejette dans le fond de la vallée, au-dessous du Montcel. Dans cette région, où la couche est peu inclinée et proche du sol, elle est depuis longtemps détruite par le feu ; aussi les schistes du toit sont-ils partiellement scorifiés ou porcelainisés, ce qui a fait donner le nom de *Brûlé* au hameau voisin.

A part cette partie incendiée, la couche est, en général, fortement inclinée. Dans la région des puits *Abraham* et *Saint-Joseph* la pente est de 30 à 40° près du jour, augmente graduellement avec la profondeur, et devient verticale, dans la région Sud, à partir de 200 mètres. A ce niveau il y a même renversements entre les puits des *Genêts* et *Peyret* (voy. Coupes des pl. XV et XXII).

On a aujourd'hui atteint la profondeur de 300 mètres (cote de 350 mètres) et l'on se préoccupe de préparer l'exploitation jusqu'à la profondeur de 400 mètres. Cependant on ne pourra descendre partout jusqu'à ce niveau. Au Sud, on rencontrera à une certaine profondeur la faille de direction de la Croix-de-l'Orme, qui a amené le renversement dont je viens de parler, par le relèvement du terrain inférieur. (Coupe, pl. XXII.)

Vers le Nord-Est, au contraire, d'après la manière d'être de l'étage supérieur de la Chauvetière, l'inclinaison doit plutôt aller en diminuant, quoique finalement la couche sera aussi coupée en profondeur par les failles de direction, ou par l'un des échelons des failles transversales du Furens ou du Gagne-Petit. Enfin, au Nord du puits du *Crêt de Mars*, l'inclinaison de la couche diminue en approchant de Beaubrun et de la faille des Maures.

La puissance de la Grande masse de la Béraudière est partout considérable; en moyenne, on peut admettre 12 à 15 mètres avec des écarts extrêmes de 7 à 20 mètres. La partie voisine du mur se compose généralement de 2 à 3 mètres de charbon cru, qui représente, sans doute, la quatrième couche, souvent réunie, comme on sait, à la troisième.

Au-dessus des 2 à 3 mètres de charbon cru viennent 7 à 8 mètres de charbon pur, en bancs minces, relativement tendres; puis 3 à 4 mètres de houille plus dure, en bancs de $0^m,40$ à $0^m,50$. Le toit se compose de schistes sur une très grande hauteur, contenant encore, vers le milieu de son épaisseur, une petite veine de $0^m,20$ à $0^m,30$. Est-ce la couche n° 1, ou la couche n° 2? Je ne sais; cependant il me paraît évident que la première des couches supérieures, la couche des *trois gores*, est trop éloignée de la troisième pour pouvoir représenter les couches n° 1 et 2 de Beaubrun, du Quartier-Gaillard et du Treuil; elle doit plutôt correspondre à la base du groupe des *Rochettes*, ainsi que cela résulte d'ailleurs de l'étude des plantes fossiles par M. Grand'Eury. — D'autre part, si l'on considère que la couche n° 2 du Quartier-Gaillard est parfois aussi pure et aussi puissante que la troisième, et que les deux couches n'en font qu'une sur quelques points, on est amené à penser, vu l'épaisseur exceptionnelle de la grande masse de la Béraudière, qu'elle comprend très probablement aussi, comme à Côte-Thiolière, à Monthieux et au Gagne-Petit, outre les couches n°s 4 et 3, les n°s 2 et 1. En tout cas, ce qui est certain, c'est que, d'une façon générale, la troisième couche est plus forte à la Béraudière que dans les concessions du Quartier-Gaillard et des districts de l'Est, et que bien certainement, comme à Beaubrun, cet accroissement de puissance est dû, en partie du moins, à la disparition du banc de grès, situé ailleurs entre les couches n°s 4 et 3, et probablement aussi de celui qui isole, à Beaubrun, les n°s 2 et 3.

J'ajouterai, en ce qui concerne l'allure de la Grande masse, qu'elle s'amincit, comme toutes les autres veines, en approchant de la faille limite de la Croix-de-l'Orme, et qu'au Nord, au delà du Crêt de Mars, au voisinage de la concession de Beaubrun, elle se transforme partiellement, près du toit, en schistes et grès; ce qui semblerait bien indiquer qu'elle comprend, dans sa partie haute, la couche n° 2, partout variable dans son allure, à Beaubrun comme au Quartier-Gaillard.

A la Béraudière, comme dans les autres parties du bassin, et peut-être plus qu'ailleurs à cause du facile accès des affleurements, les mines indépendantes étaient nombreuses avant la formation des grandes Sociétés houillères. De là une foule de puits et de fendues ouverts, il y a quarante à cinquante ans, en dehors de toutes les règles. Il subsiste même encore aujourd'hui, dans cette concession, deux mines non fusionnées, dont les périmètres sont fort irréguliers ; ce sont les territoires désignés sur nos plans par les noms de *Réserves*, de la *Petite-Ricamarie* et du *Montcel-Ricamarie*. Au Montcel-Ricamarie, on a surtout exploité la troisième brûlante, dans la région du Brûlé, à l'aide d'une fendue. A la Petite-Ricamarie, la Grande masse est refoulée, par la faille de direction, en une sorte d'amas vertical. (Coupe, pl. XXII.)

En dehors de ces deux Réserves, les plus importantes des anciennes fosses, successivement agrandies, approfondies et outillées par la Société actuelle, sont les puits *Abraham, Saint-Dominique, Saint-Joseph, le Crêt de Mars*, etc. On y a joint plus récemment, comme centre d'exploitation principal, les puits jumeaux *Dyèvre*, non loin du puits *Saint-Dominique*. A l'aide de ces divers puits, d'où partent de nombreux travers-bancs dans les deux sens, on exploite depuis trente ans, grâce à la forte inclinaison des assises, non seulement les divers étages de la Grande masse, mais encore les veines secondaires, situées au toit et au mur de la couche principale.

Je ne dirai rien des méthodes d'exploitation, adoptées à la Béraudière, sinon qu'il faut, pour éviter les éboulements et les feux, opérer constamment par remblais complets, et que, parmi les méthodes essayées, celle par *tranches horizontales en travers* s'est montrée la plus sûre et la plus favorable, surtout là où l'inclinaison est forte et la puissance considérable [1].

§ 234. — Au mur de la troisième couche on connaît trois veines, appelées première, seconde et troisième *Brûlantes*. Comme qualité et puissance, elles se classent dans l'ordre même de leur superposition : la plus basse, ou troisième, est la meilleure et la plus puissante; vient ensuite la seconde, puis la première. Chacune d'elles, la troisième surtout, se partage assez souvent en deux ou trois branches distinctes. D'autre part, les deux premières brûlantes se rapprochent et se confondent au Sud, vers la Petite-Ricamarie, en une couche unique.

Si l'on compare le groupe des Brûlantes aux couches des districts voisins, on voit, d'une façon générale, que la première et la deuxième brûlantes doivent correspondre aux veines inférieures de l'étage moyen, et que la troisième représente ou le n° 7 *ter* ou le n° 8. Nous dirons plus tard ce qu'il faut penser de ces rapprochements, en donnant les raisons pour et contre l'une et l'autre des deux hypothèses.

Pour le moment, passons à la description des trois couches inférieures.

La *première Brûlante* est séparée de la Grande masse par un très fort banc de grès. Sa puissance dépasse rarement $1^m,50$, et descend même sur quelques points à $1^m,30$. C'est un charbon dur, un peu cru, dont le menu tient 10 à 15 pour 100 de cendres. Son allure est assez régulière; on la voit partout se tenir, sans trop de variations, à la distance de 30 à 40 mètres au-dessous de la Grande masse. Grâce au toit de grès, la couche est pourtant, çà et là, plus ou moins amincie par érosion.

---

1. On peut consulter, sur les méthodes essayées à la Béraudière et à Montrambert, la notice publiée par M. Devilaine à l'occasion de l'Exposition de 1878 et divers mémoires insérés dans le *Bulletin de l'Industrie minérale*.

A la première Brûlante succèdent, au mur, des schistes feuilletés, ayant la tendance à se gonfler à l'air, ce qui rend fort difficile, dans les travaux, le maintien des galeries. Ces schistes, partiellement charbonneux, occupent tout l'espace compris entre la première et la deuxième Brûlantes. L'épaisseur moyenne de ce massif est de 15 à 20 mètres. La couche elle-même mesure 2 à 3 mètres ; elle fournit du charbon plus pur et plus tendre que la première brûlante ; le menu tient en moyenne 6 à 8 pour 100 de cendres ; cependant, celui des bancs proches du toit est également plus ou moins pierreux et presque inexploitable sur quelques points. La *deuxième Brûlante* suit régulièrement la première, sauf au Sud, où les deux couches se rapprochent insensiblement et se confondent même, à partir du puits de la *Brûlante*, dans les niveaux voisins du jour.

Or, si maintenant on se rappelle la disposition ordinaire des cinquième, sixième et septième couches, aussi bien au Quartier-Gaillard que dans les districts du Treuil et de Bérard, on sera certainement frappé de l'analogie des deux séries. De part et d'autre, la première couche sous un puissant massif de grès, puis le reste formé de schistes partiellement charbonneux. L'analogie est complète là où la quatrième est unie à la troisième; c'est, pour moi, un motif de plus pour admettre que la base un peu pierreuse de la Grande masse de la Béraudière représente bien la quatrième couche, comme dans les districts du Gagne-Petit et de Côte-Thiolière. En tout cas, la première Brûlante ne saurait correspondre à cette quatrième, puisqu'alors la cinquième n'aurait plus son toit si habituel de grès. Rappelons, comme dernier point de rapprochement, la disposition identique des couches au puits *Montmartre,* ainsi que le rapprochement des cinquième, sixième et septième couches de Chavassieux vers le Nord. Ce qui me confirme enfin dans cette manière de voir, c'est la marche relativement indépendante de la *troisième Brûlante,* qui fait réellement *bande* à part.

Tandis que les couches 3 à 7 forment partout un groupe bien caractérisé, le massif, situé au mur de la septième, est de nature variable comme celui qui sert de base à la deuxième Brûlante. Tantôt le massif est stérile comme au puits *Jabin*, tantôt criblé de veines charbonneuses dont la puis-

sance et l'aspect sont des plus changeants, comme à Beaubrun. La troisième
Brûlante, en un mot, ne saurait appartenir au groupe proprement dit
3 à 7 ; elle fait évidemment partie d'un groupe inférieur d'origine différente.

Le massif situé entre les deux dernières Brûlantes est surtout formé
de grès schisteux. Son épaisseur est de 50 mètres avec des variations
assez notables en plus ou en moins. Le toit et le mur immédiat de la
troisième Brûlante sont habituellement formés de grès dur. La puissance
utile de la couche varie entre 3^m,50 et 6 mètres ; sa pente, parallèle
à celle des couches supérieures, oscille entre 25 et 80°. Le charbon
de la dernière Brûlante est plus pur que celui des couches précédentes ; il
vaut celui de la Grande masse. Cependant au mur et au toit se trouvent
des parties schisteuses, plus chargées de cendres. Çà et là, le banc du mur
devient même inexploitable sur un mètre de hauteur ; et, près du toit, on
rencontre partout, dans la couche, un lit d'argile jaune (la *manne jaune* des
mineurs) de 0^m,10 à 0^m,30 d'épaisseur. Ce nerf sépare, du reste, de la veine
un banc de 0^m,20 à 0^m,80, presque toujours un peu cru. Cette argile jaune,
ainsi que d'autres lits de schistes grandissent parfois, sur quelques points,
de façon à former des nerfs de plusieurs mètres. Ainsi, dans le quartier du
Brûlé, la couche est divisée en deux parties ; à Montrambert, on connaît
même trois branches, où celle du milieu a 3 à 5 mètres, celle du toit seulement 0^m,50. En somme, on le voit, la troisième Brûlante est une couche
fort importante, dont la majeure partie de l'aval-pendage, au-dessous de
200 mètres, est encore vierge. Dans le sous-district de la Béraudière, la
partie centrale, dirigée Nord-Sud, est exploitée par les puits *Saint-Joseph*,
Dyèvre, *Saint-Dominique*, etc., l'aval-pendage Nord par le puits *Neuf du
Brûlé*.

Quant à l'amont-pendage, il fut déhouillé, dans la région Nord, à l'aide
de fendues, dans la réserve du Montcel ; et, à l'extrémité Sud, par le puits
de la petite Ricamarie.

§ 232. — Avant d'aborder la question de l'âge réel de la troisième
Brûlante, revenons un instant à la faille des *Maures*.

On la voit, à l'Ouest du hameau du Montcel, couper nettement la Grande masse de Montrambert et la remonter jusqu'au Brûlé ; d'autre part, le même rejet relève aussi la troisième Brûlante au niveau de la Grande masse. Son amplitude est, par suite, égale à la distance normale des deux couches, qui est sur ce point de 140 à 150 mètres. Mais elle augmente vers le Nord, à cause de la différence de plongée des bancs au mur et au toit de la faille ; de sorte que sous le plateau du Crêt-de-Bessy, où la faille des Maures aboutit à celle du Cluzel, l'étage moyen reste caché sous un épais manteau de l'étage supérieur, qui n'existe ni au Devais ni au sommet du Mont-Salson.

Or, cette même faille des Maures, qui ramène au jour, auprès du Devais, l'étage moyen, découvre aussi, dans le bas-fond de la Ricamarie, le mur de la troisième Brûlante. Entre l'affleurement de cette dernière couche et la faille des Maures s'étend, en effet, un quadrilatère de 400 mètres de largeur, où les assises, placées au mur de la troisième Brûlante, viennent toutes successivement affleurer. C'est donc là que doit se montrer l'étage inférieur, et en particulier la huitième couche, si toutefois elle existe dans cette région. On a creusé, dans ce but, il y a environ quarante ans, le puits *Quaintin*, dans la réserve *Montcel*, au mur de la troisième Brûlante. On l'a poussé jusqu'au niveau de 210 mètres, et un trou de sonde a même encore exploré les 32 mètres suivants. Eh bien ! dans ce parcours de 242 mètres, on n'a rencontré que trois faibles veines inexploitables de $1^m,50$, $0^m,80$ et $1^m,20$, aux profondeurs de 45 mètres, 114 mètres et 140 mètres. Les roches traversées sont *micacées,* comme celles qui isolent l'étage moyen de l'étage supérieur, tandis qu'entre la Grande masse et la troisième Brûlante ces roches sont inconnues. (Pl. XIV, et coupe pl. XXII.)

La stérilité des roches, au mur de la troisième Brûlante, sur au moins 200 mètres de hauteur verticale, est d'ailleurs également prouvée par l'absence de tout affleurement important dans le quadrilatère ci-dessus mentionné. Ainsi donc, si la troisième Brûlante n'est pas la huitième couche des districts précédents, elle n'existe pas davantage dans les premiers 250 mètres situés au mur de la dernière Brûlante, à moins qu'elle ne soit oblitérée au point de n'être plus représentée, dans cette région, que par l'une des trois petites veines du puits *Quaintin*..

Ceci nous conduit à l'examen proprement dit de l'âge de la troisième Brûlante. Or, à cet égard, on ne peut guère hésiter, avons-nous dit, qu'entre deux hypothèses : la *huitième*, ou l'une des intermédiaires entre la septième et la huitième, le n° 7 *ter* par exemple, qui est relativement belle à Villebœuf et à Beaubrun.

En faveur de la première hypothèse on ne peut réellement citer que deux raisons peu concluantes : D'une part, l'importance de la troisième Brûlante, plus rapprochée, par son épaisseur, de la huitième proprement dite que de la couche supérieure, qui est en général moins puissante dans les districts précédents ; d'autre part, le rapprochement graduel de la troisième et de la huitième vers le Sud. L'intervalle est de 370 mètres au puits *Chatelus*, de 280 mètres au puits de la *Culatte*, de 185 mètres à Villebœuf, et serait de 150 mètres seulement à la Béraudière, si la troisième Brûlante était en effet la huitième.

Dans l'autre hypothèse, d'après les résultats fournis par le puits *Quaintin*, la huitième se trouverait, dans ce quartier, à plus de 400 mètres au-dessous de la troisième ; ou bien, elle serait devenue stérile à la Béraudière, comme dans la région Sud des mines de Monthieux, de Côte-Thiollière et du Gagne-Petit, ce qui d'ailleurs, à cause de ces précédents mêmes, doit paraître, sinon probable, au moins possible.

Ajoutons, à l'appui de cette deuxième hypothèse, les quelques faits suivants :

En premier lieu, la flore de la troisième Brûlante n'est pas, selon M. Grand'Eury, celle de la huitième ; elle se rapproche beaucoup plus de la flore du groupe 5 à 7 de l'étage moyen.

En second lieu, quoique la troisième Brûlante fasse en quelque sorte bande à part, elle est cependant, par sa nature, son allure et les roches encaissantes, plus étroitement liée aux premières Brûlantes qu'aux veines inférieures. Les roches surtout sont tout à fait différentes au mur et au toit. Au toit, ce sont les roches ordinaires de l'étage moyen, au mur, les roches micacées *sauvages* qui caractérisent plutôt, comme on sait, le toit de la huitième.

En troisième lieu, on signale partout, dans la troisième Brûlante, un nerf argileux *jaune*, qui n'existe nulle part dans la huitième, tandis qu'elle caractérise non seulement la septième proprement dite à Bérard et au Treuil, mais encore la couche intermédiaire n° 7 *ter* à Villebœuf.

Enfin, rappelons encore la distance si faible de 145 à 150 mètres entre la Grande masse et la dernière Brûlante, lorsque partout, sauf à Villebœuf, l'intervalle de la troisième à la huitième diffère peu de 250 à 300 mètres, et dépasse même ce chiffre en une foule de points.

Je crois donc devoir conclure, en ce qui me concerne, que la troisième Brûlante du district de la Ricamarie correspond probablement à la couche n° 7 *ter* des districts précédents, et que la huitième est ou amincie dans cette région, ou à plus de 400 mètres au-dessous de la troisième, et, dans ce dernier cas, encore inconnue jusqu'à présent. De ces deux alternatives, la première me paraît, au reste, la plus plausible, c'est-à-dire que la huitième serait représentée, avec ses satellites, par les petites couches du puits *Quaintin*. Cependant la certitude ne pourra être acquise à cet égard que par l'approfondissement de ce puits, ou de tout autre puits analogue, à plus de 300 mètres au delà du mur de la dernière Brûlante. Cet approfondissement devra, d'ailleurs, se faire un jour, non seulement en vue de la huitième, mais aussi à la recherche des deux groupes inférieurs 9 à 12 et 13 à 16, qui n'affleurent nulle part dans ce district, mais que nous retrouverons, au Nord, à Roche-la-Molière et, à l'Ouest, auprès de Firminy, de sorte que leur existence, à de grandes profondeurs, dans le district de la Ricamarie ne doit pas paraître par trop improbable.

Avant de quitter le groupe de la troisième, aux mines de la Béraudière, disons encore que la longueur du champ d'exploitation, pour les quatre couches dont je viens de parler, est d'environ 1,500 mètres, et la puissance utile de 20 mètres ; par suite, chaque mètre de hauteur verticale donne un cube d'environ 30,000 tonnes. Or, comme l'extraction annuelle est de 300,000 tonnes, on voit que, grâce à la forte inclinaison des bancs, chaque année on descend de dix mètres en moyenne, ce qui, vu la profondeur actuelle des puits, conduirait, en soixante-dix années, à près de 1,000 mètres, en admettant que l'inclinaison ne varie pas avec la profondeur.

§ 233. — On exploite aussi à la Béraudière le groupe supérieur de l'étage moyen. Il contient 6 ou 7 couches, dont une de qualité supérieure, celle des *Littes*, appelée *Grande veine* à la Béraudière.

Ce groupe correspond à la couche des Rochettes par sa position et sa flore. Les empreintes des Littes en particulier sont, d'après M. Grand'Eury, de même nature que celles de la couche des Rochettes à Montbieux, et la même flore se montre aussi dans la galerie des *Noyers* à Beaubrun.

Suivons ces couches supérieures de la Béraudière, en commençant par celles du bas.

Au toit de la *Grande masse* vient un massif schisteux de 25 à 30 mètres, contenant du minerai de fer et un filet de houille de $0^m,10$ (le n° 1?). Plus haut un banc de grès de 10 à 12 mètres, exploité pour pierres de taille; ensuite, 4 à 5 mètres de schistes, au dessus 2 à 3 mètres d'un grès fin schisteux, feldspathique, *blanc*, et finalement la plus basse des veines du groupe des Rochettes, la couche dite des *trois gores*. Cette couche, comme son nom l'indique, se compose de trois ou quatre bancs de houille, séparés par un égal nombre de lits de schistes, comprenant ensemble une puissance utile d'environ 2 mètres à $2^m,50$. C'est du charbon rafford, assez médiocre, négligé aujourd'hui, mais que l'on pourra exploiter avec avantage lorsque le prix des houilles aura haussé.

A la couche des *trois gores* succèdent, sur 15 à 20 mètres, plusieurs alternances de schistes et de grès, et, après cela, une nouvelle couche de $1^m,30$ à $1^m,40$, connue autrefois, selon les mines où elle fut attaquée, sous les noms de *petite* veine des *Littes*, *Serrurière* ou *Allemande*.

Ainsi que l'indique le nom de *Serrurière*, cette couche fournit du charbon de forge un peu léger. Du reste, à cause de sa faible puissance, on l'exploite rarement dans les circonstances actuelles; le charbon est moins pur que celui de la couche des *Littes*, située au-dessus.

Un banc de grès (taille) de vingt mètres couvre la Serrurière; après quoi vient la couche des *Littes*, appelée aussi, comme je l'ai dit, *Grande veine* à la Béraudière. C'est la meilleure et la plus importante du groupe des Rochettes. Sa puissance moyenne est de 2^m,10. On l'exploite depuis longtemps, et on l'a même poursuivie, dans *ces derniers temps*, jusqu'à 500 mètres au Nord du *Crêt de Mars*. On l'a aussi rencontrée, comme nous le verrons, au puits *Férouillat*.

On y travaillait activement, par fendues, dès 1835, au lieu même des *Littes ;* de là son nom. La couche est régulière, facile à exploiter ; elle donne du bon charbon à gaz (n°s 22 et 23 du tableau). Son inclinaison varie, comme celle de la Grande masse, de 35° à 90°. La couche devient verticale au Sud, dans le voisinage de la faille de direction de la Croix-de-l'Orme. Au Nord la couche se prolonge jusqu'au voisinage de la concession de Beaubrun ; toutefois, sa puissance y est réduite à 1^m,20, et même à moins au puits *Férouillat*. La houille aussi change un peu de nature ; elle semble se rapprocher de celle de Beaubrun.

Des schistes couvrent la couche des Littes au voisinage du puits *Saint-Dominique*, mais ces schistes passent au grès fin schisteux auprès du *Crêt de Mars* et surtout, à l'Ouest, dans la région des Maures et du hameau des Littes. A partir du toit de la couche des Littes le terrain devient, en effet, micacé et *sauvage*, souvent criblé de pistes d'anélides. Les couches de houille sont alors minces, *crues*, inexploitables. C'est le massif peu riche, ou stérile, qui précède l'étage supérieur. Le tunnel de la Béraudière le traverse dans toute sa largeur.

La première couche mince et impure, qui succède à la couche des Littes, était jadis appelée l'*Italienne*[1] ; aujourd'hui plutôt *première crue*, et les suivantes *seconde, troisième et quatrième crues*. Les deux premières coupent le puits du *Crêt de Mars* à peu de mètres du jour, et toutes les quatre le tunnel de la Béraudière. Leur épaisseur est de 1 mètre au maximum ; plus souvent même elles n'ont que 0^m,70 à 0^m,90. C'est surtout à partir de la seconde crue que le terrain devient micacé et sauvage. Il est alors formé d'une roche gris-vert foncé, qui se délite à l'air et contient un grand nombre de petits nodules sphériques et durs, de fer carbonaté lithoïde. Ailleurs la roche passe au poudingue quartzo-micacé. Dans tout le parcours du tunnel

---

1. On donne aujourd'hui le nom d'*Italienne* à une couche de l'étage supérieur, dont nous parlerons plus bas.

de la Béraudière, les assises plongent à l'Est, comme les couches du puits *Saint-Dominique*. Leur inclinaison est forte et devient surtout grande auprès de la Chauvetière. (Pl. XXII. Coupe.)

Au massif micacé de 200 à 250 mètres, dont je viens de parler, succède la couche la plus basse de la Chauvetière, celle que l'on appelait couche *mouillée*, à cause des abondants suintements d'eau qui gênaient le travail dans les galeries souterraines. Mais, avant d'aborder l'étage supérieur, signalons encore, entre les deux premières *crues*, au milieu des schistes gris ordinaires, trois ou quatre mètres de schistes *blancs* feldspathiques, se divisant en plaques minces polyédriques, et méritant, à cause de leur couleur, le nom de *gore blanc* à plus juste titre que le dépôt siliceux verdâtre, tout à fait différent, de la Péronnière. (§ 13.)

§ 234. — L'étage *supérieur*, situé au toit du massif micacé en question, n'est pas exploité, en ce moment, à cause de la qualité inférieure de la houille. Mais, en 1841, avant la fusion des mines, j'eus plusieurs fois occasion de visiter celle de la *Chauvetière*. On y distinguait sept veines, dont deux seulement quelque peu importantes. Deux puits et un travers-bancs, allant de l'un à l'autre, au niveau de 150 mètres, coupent la série des veines. Le champ d'exploitation mesurait 700 à 800 mètres, suivant la direction. Celle-ci est Nord-Sud, dans la majeure partie de son étendue, sauf au Sud, où elle se dévie à l'Est. Le puits d'extraction est précisément situé au sommet de l'arc. Dans la région Nord-Sud l'inclinaison atteint 70°, mais elle diminue là où l'allure devient Est-Ouest. La couche principale, la seconde en partant du haut, a 2 mètres de puissance; elle est divisée en plusieurs bancs par de minces filets d'argile charbonneuse, qui rendent la houille dure, terne, riche en cendres. Elle est, du reste, à longue flamme et peu grasse, contenant 38 pour 100 d'éléments volatils (n° 12 du tableau).

Au Nord, les travaux furent arrêtés aux accidents précurseurs de la faille longitudinale, qui rejette l'étage supérieur du côté de la mine *Ranchon*. Au Sud, ou plutôt à l'Est, au delà de l'inflexion subie par les couches, on rencontre aussi quelques accidents. A partir du puits du *Mont*, la couche semble même s'amincir ou se diviser en plusieurs branches.

L'affleurement de la couche principale longe le fond du vallon de la Chauvetière, et, à 100 mètres à l'Est, on voit, auprès de la ferme même de ce nom, la veine la plus élevée de l'étage supérieur. Elle est médiocre, crue, et ne fut, par ce motif, que faiblement entamée par deux ou trois anciennes fendues. Sa puissance totale, y compris les nerfs, est de 1 mètre à $1^m,30$. Le travers-bancs, percé à la profondeur de 150 mètres, ne l'atteint pas ; il ne dépasse guère le toit de la couche principale. Par contre, du côté opposé, il se prolonge jusqu'à la couche *mouillée*, et coupe, dans ce trajet, quatre veines intermédiaires, deux à l'Est et deux à l'Ouest du puits. Les deux premières ont $0^m,60$ à 1 mètre au maximum ; elles sont situées à 25 et 50 mètres au mur de la couche principale ; le charbon en est cru et n'a pu être exploité. Les deux autres, à l'Ouest du puits, sont encore moins importantes. Enfin, à 60 mètres, le travers-bancs atteint la couche *mouillée*. Celle-ci a 2 mètres comme la seconde, et le charbon aussi est de même nature. Elle fut autrefois attaquée par des fendues, et s'appelait alors couche de *dix pieds*, ce qui indiquerait une puissance d'au moins 3 mètres près du jour. Cet excès de puissance provient des veines qui sillonnent le toit de la couche au niveau du travers-bancs. La couche mouillée fut déhouillée jusqu'au niveau de 150 mètres, comme la seconde, et sur la même étendue de 700 à 800 mètres ; mais l'une et l'autre sont vierges en dessous et abandonnées depuis trente-cinq ans.

En résumé, on le voit, le groupe supérieur de la Chauvetière est loin de valoir celui du bois d'Avaize. Il lui est inférieur comme puissance et nature de houille. Dans ce district, on ne peut compter que sur environ 6 mètres de charbon dur et pierreux, dont l'exploitation n'est guère possible au prix actuel des combustibles.

Au Nord de la Béraudière, l'étage supérieur n'a pu se déposer, ou fut plutôt balayé après son dépôt ; il reparaît, toutefois, dans le sous-district de Montrambert, au toit de la faille des Maures. Les affleurements de Grange-Neuve et de Joanny, figurés sur nos plans aux environs du Devais, doivent tous appartenir au groupe des Rochettes, fortement disloqué en ce point, où l'allure normale passe à l'allure transversale.

SOUS-DISTRICT DE MONTRAMBERT. (Pl. XIV et XV.)

§ 235. — Le sous-district de Montrambert, situé au toit de la faille des Maures, comprend les mêmes couches que celui de la Béraudière; mais l'étage supérieur devient plus *sauvage* à mesure qu'il avance de l'Est à l'Ouest. Les bancs de grès quartzo-micacés y sont plus grossiers dans la région de Montrambert et du Chambon qu'à la Béraudière.

A la base du sous-district on observe la suite des trois *Brûlantes* de la Béraudière. L'affleurement de la dernière Brûlante longe les rives de l'Ondaine jusqu'à Montrambert, où la grande faille de *Barlet* y met un terme.

De même l'affleurement de la Grande masse se voit, en profonde tranchée, fortement incendiée, entre le Montcel et le hameau de la Mine, et disparaît ensuite, comme les Brûlantes, contre la faille de Barlet, un peu au delà du puits de ce nom, sur la rive droite de l'Ondaine. A une certaine distance en amont, à flanc de coteau, suit le groupe des *Rochettes*, dont l'importance, comme nombre et puissance de couches, diminue graduellement de l'Est à l'Ouest. A Montrambert même, il ne reste plus que trois veines : les *Trois gores*, la *Serrurière* et les *Littes*, dont la qualité et la puissance sont également amoindries.

Au groupe des *Rochettes* succède un épais massif de poudingues grossiers, puis l'étage supérieur, appelé ici groupe des *Combes*. Il est formé de quatre veines à l'Est, auprès des Maures; mais lui aussi se réduit finalement, du côté de l'Ouest, à une couche unique de peu de valeur.

Le sous-district de Montrambert, comme celui de la Béraudière, est criblé d'anciens travaux, jadis ouverts par chacun des nombreux concessionnaires dans sa propriété respective. Les plus importants sont les puits *Saint-Mathieu*, *Saint-Pierre* et des *Littes* à l'Est; les puits de *Lyon*, du *Rhône*, de *Marseille* et de *Barlet* à l'Ouest. Plus récemment, dans le but de concentrer les travaux, on a creusé, au centre du sous-district, le puits de *l'Ondaine* pour l'épuisement, et les puits *jumeaux Devillaine* pour l'extraction.

Aux puits *Saint-Mathieu*, *Saint-Pierre* et des *Littes* la grande masse diffère peu de ce qu'elle est à la Béraudière. L'allure est cependant plus régulière et l'inclinaison moindre ; elle est de 30° à 35° depuis les Maures jusqu'au puits de l'*Ondaine*, atteint 40° au delà, et dépasse 45° vers les puits *Marseille* et du *Rhône*. Elle est d'autant plus forte que l'on approche davantage de la faille-limite de Barlet, où l'on trouve finalement 55°. La couche est explorée en profondeur jusqu'à la cote de 250 mètres, soit 300 mètres au-dessous de l'orifice du puits de l'*Ondaine*. Jusque-là l'inclinaison a peu varié et, d'après la marche de la couche supérieure des *Littes*, il est même certain que cette inclinaison se maintiendra, sans variations sensibles, pour le moins jusqu'à la cote de 50 mètres. On a donc là un champ, avec pente uniforme, d'environ 500 mètres de hauteur verticale sur 1,300 à 1,500 mètres en direction. La puissance totale de la couche, avec ses parties crues du toit et du mur, varie en général entre 12 et 15 mètres. Le charbon est de même nature qu'à la Béraudière, sauf dans la région Ouest, où les cendres sont plus abondantes et la dureté plus grande. Il est partout facilement inflammable, ce qui explique les anciens feux de la partie haute et l'obligation de tout remblayer par étages successifs, peu étendus.

L'exploitation se fait aujourd'hui surtout par les deux puits jumeaux *Devillaine*, d'où partent à divers niveaux de longs travers-bancs. Les anciens puits supérieurs servent actuellement pour l'aérage et l'entrée des remblais, des hommes, du bois, des rails, etc.

A part les deux failles des *Maures* et de *Barlet*, qui bornent le champ d'exploitation, les accidents sont rares et insignifiants dans la Grande masse de Montrambert. Comme particularité, je citerai une veine de *Canel-coal*, de 0^m,20 à 0^m,25, au milieu du charbon ordinaire de la grande couche, dans les étages supérieurs. Elle s'étendait en direction sur quelques centaines de mètres, se terminant, en lentille plate, à l'Est et dans la profondeur. C'était du charbon compact, terne, brun foncé, donnant 21 à 22 pour 100 de bitume à la distillation lente, et dégageant, par calcination brusque, jusqu'à 50 pour 100 de matières volatiles (n° 127 du tableau).

La partie inférieure de la Grande masse est généralement crue sur

1^m,80 à 2 mètres de hauteur, elle est même souvent séparée du reste par un nerf chisteux, variant de quelques centimètres à 1 mètre et plus.

Les trois *Brûlantes* existent à Montrambert comme à la Béraudière. Jusqu'au puits de l'Ondaine les caractères de ces couches varient peu ; au delà, la troisième Brûlante est divisée en deux ou trois branches, et même en quatre au puits *Marseille*.

Les Brûlantes supérieures se modifient aussi à l'Ouest. A cette extrémité, vers le puits *Barlet*, la première Brûlante est réduite à 1^m,60, et divisée en deux par un petit nerf. Le charbon est dur et pierreux. A 20 ou 25 mètres de là vient la seconde Brûlante ; celle-ci est assez belle aux affleurements (2^m,50), mais ne dépasse pas 1^m,80 en profondeur. Le charbon, quoique meilleur que celui de la précédente, est pourtant pyriteux et entremêlé d'éléments terreux. Au puits *Marseille*, aux niveaux de 250 à 300 mètres, la première Brûlante est réduite à deux veinules insignifiantes. Si la seconde mesure encore 2 à 3 mètres, elle semble néanmoins diminuer en profondeur où des lits de schistes s'y développent.

L'intervalle entre la Grande masse et la première Brûlante est occupé par un banc de grès. Entre la première et la seconde dominent des schistes plus ou moins grossiers.

La troisième Brûlante est plus pure que les deux autres, comme à la Béraudière, mais entrecoupée de plus nombreuses intercalations.

Voici la coupe, relevée en 1847, dans les niveaux supérieurs du puits Barlet :

Toit de grès, ravinant parfois le charbon.

Banc supérieur — houille.	1^m,30
Nerfs schisteux avec veinules charbonneuses	3 00
Banc principal — houille	2 00
Nerfs de grès schisteux	0 30
Banc inférieur — houille.	1 00
Total	7 60

Dont 5^m,30 de houille.

On peut juger de la variabilité de la troisième Brûlante par les faits suivants :

A 180 mètres à l'Est du puits de *l'Ondaine*, à la profondeur de 200 mètres, la troisième Brûlante se compose de deux bancs de 4 mètres et 1^m,60, séparés l'un de l'autre par 4 à 5 mètres de schistes, tandis qu'à la profondeur de 250 mètres le banc supérieur de 4 mètres persiste seul.

A 150 mètres à l'Est du puits *Marseille*, vers 200 mètres du jour, les deux bancs sont amincis; puis, à la profondeur de 250 mètres, on les retrouve de 4 mètres et 1^m,50, comme à l'Est du puits de *l'Ondaine*. Au niveau de 300 mètres le banc du mur disparaît de nouveau.

Dans les deux régions, dont je viens de parler, on rencontre, en outre, à une vingtaine de mètres au toit de la branche principale, un troisième filet de 0^m,50, qui atteint 1 mètre au puits de *l'Ondaine*. Seulement, sur ce point, le banc principal est réduit à 3 mètres, et celui du mur a disparu entièrement.

Enfin, au puits *Marseille* on connaît deux bancs, assez rapprochés, à la profondeur de 250 mètres, et quatre à 306 mètres. A ce niveau de 306 mètres, le plus élevé de ces bancs mesure 1^m,50 ; à 7 mètres au-dessous se trouve la deuxième veine de 0^m,80, puis un banc schisteux de 10 à 12 mètres ; un troisième banc de houille de 3^m,50 un peu crue ; un nouvel entre-deux de 10 mètres ; enfin la dernière branche, la plus importante de toutes, mesurant jusqu'à 5 mètres. Ainsi au puits *Marseille*, à 300 mètres du jour, la troisième Brûlante comprend jusqu'à 10^m,80 de houille plus ou moins pure; elle est plus puissante que nulle part ailleurs. (Coupe pl. XXV.)

En résumé, dans le sous-district de Montrambert, la variabilité de la troisième Brûlante est extrême, elle a la tendance à se partager en veines indépendantes, formant un ensemble de 30 à 40 mètres d'épaisseur. C'est un caractère qui la rapproche des veines secondaires, si nombreuses, à Beaubrun, entre les n°s 7 et 8; par suite, un motif de plus pour la considérer comme faisant partie de l'étage moyen, et non comme le représentant de la huitième couche.

Le terrain, situé au mur de la troisième Brûlante, a été fouillé, dans le sous-district de Montrambert, sur deux points différents ; au puits de *l'Ondaine* et au puits *Marseille*.

Le puits de *l'Ondaine* atteint 410 mètres ; il traverse le mur de la dernière Brûlante à 210 mètres ; de là, jusqu'à 260 mètres, on a rencontré des
grès *micacés*, régulièrement stratifiés ; puis on est arrivé dans un terrain
brouillé, formé de schistes et de fragments roulés de grès et de poudingues,
qui a continué jusqu'au fonds du puits. On suppose que l'on a rencontré
la faille des *Maures*, dont l'inclinaison est de 40° seulement. Mais, vu la
grande épaisseur du terrain brouillé, il ne serait pas impossible que l'on
eût également affaire à la faille de *Barlet*, ou à l'un de ses premiers gradins,
dont l'inclinaison n'est peut-être pas, sur toute sa hauteur, voisine de
90 degrés. En tout cas, on a dû arriver à un niveau inférieur à celui de la
huitième. Ajoutons seulement que, vers le milieu du massif brouillé, à
309 mètres, on a traversé une veine charbonneuse de 0^m,50, laminée par
la faille, qui correspond peut-être au n° 8.

La seconde recherche fut faite au puits *Marseille* par travers-bancs. Celui-
ci a été entamé à la profondeur de 300 mètres et fut poussé vers le S. S.-E.
jusqu'à la distance de 560 mètres. Comme il part de la dernière Brûlante,
et entame, du toit au mur, des bancs dont la pente est de 45°, il était
bien placé pour explorer les terrains inférieurs. Là aussi, on a rencontré des assises micacées, régulièrement stratifiées dès le mur de la dernière Brûlante ; puis, à la distance de 140 mètres, on est arrivé à la faille
de *Barlet*, dont la zone de roches broyées n'occupe pas moins de 90 mètres
dans la galerie en question. C'est, par suite, une faille des plus importantes,
formée sans doute de plusieurs gradins. Au delà, en effet, on est arrivé
dans des grès rougeâtres micacés, plongeant en sens inverse contre le
terrain ancien, et appartenant, sans doute, au terrain de Saint-Chamond.
On passe donc directement de la base de l'étage moyen au massif stérile
qui couvre Rive-de-Gier. Cela réduit singulièrement la zone dans laquelle
peuvent se trouver les couches n°s 8 à 16 de l'étage inférieur, car, même en
admettant que la faille de Barlet soit tout à fait verticale, ce qui n'est pas,
on voit qu'il resterait à peine une bande houillère utile de 100 à 150 mètres,
au Sud-Est des puits *Marseille* et *Devillaine*. Malgré cela, on devra un jour
foncer les deux puits jusqu'à 500, 600 ou 700 mètres, et cela, non seule-

ment pour rencontrer directement les couches inférieures, mais encore pour atteindre, au Nord, l'aval-pendage des couches de l'étage moyen au-dessous des niveaux actuellement exploités.

§ 236. — Passons au groupe de *Rochettes,* situé au toit de celui de la troisième. Il s'amoindrit, comme nous l'avons dit, de l'Est à l'Ouest. La Grande masse est couverte aux Littes, comme à la Béraudière, par 30 à 40 mètres de schistes, qui renferment, au puits des *hautes Littes,* une faible veine de houille (le n° 1 ?), se réduisant à $0^m,10$ dans la région du puits de *l'Ondaine* et à zéro dans celle du puits Marseille. Aux schistes succède un banc de grès, qui sert de base au groupe des *Rochettes.* Celui-ci débute par la couche des *trois gores,* appelée *l'Inconnue* dans ce quartier. Elle est inexploitable. Au puits des *hautes Littes,* elle comprend pourtant encore 2 mètres de houille, mais elle est crue, entremêlée de schistes. Elle fut aussi rencontrée par le grand travers-bancs du puits de *l'Ondaine* qui coupe, à la profondeur de 206 mètres, non seulement tout le groupe des Rochettes, mais encore l'étage supérieur. Sa longueur est de 976 mètres (pl. XIV). Dans cette galerie la couche des *trois gores* est divisée en cinq veines, dont la plus importante, celle du milieu, se compose de $1^m,10$ de houille crue, mêlée de schistes. Au puits *Barlet* la couche entière est déjà réduite à $0^m,60$.

A la couche des *trois gores* succède un nouveau banc de grès de 15 à 20 mètres puis la couche dite la *Serrurière,* ou *petite veine des Littes.* Sa puissance et en général de $1^m,30$ à $1^m,50$, mais elle est aussi parfois réduite, par érosion, à moins de 1 mètre. On l'exploite sur les points où son épaisseur dépasse un mètre ; le charbon en est assez pur après lavage. Cette couche s'amincit et disparaît presque entièrement dans la région du puits *Marseille.*

Un gros banc de grès lui sert de toit, et supporte à son tour la couche principale du groupe, celle des *Littes* ou *grande Veine,* dont la puissance moyenne est de 2 mètres à $2^m,20$; elle atteint même $2^m,60$ dans la galerie de *l'Ondaine,* mais les $0^m,40$, voisins du toit, y sont mêlés de schistes. A part cela, le charbon en est pur, et se divise en fragments polyédriques durs, spécialement recherchés pour le chauffage domestique. Cette couche aussi est çà et là amincie par érosion. Elle se maintient pourtant mieux, dans son prolongement Ouest, que les veines inférieures.

Au toit de la couche des *Littes* paraissent de nouveau les roches *micacées;* elles se montrent à la surface du sol et au niveau de la galerie de l'Ondaine. Ce sont, d'abord, des grès schisteux fins à traces d'*anélides,* puis bientôt des grès massifs à gros grains, et finalement des poudingues quartzo-micacés, au milieu desquels les quatre veines crues du tunnel de la Béraudière tendent à disparaître. Une seule de ces veines dépasse la faille des Maures, et s'évanouit à son tour à l'Ouest, auprès du puits des *Hautes-Littes.* La galerie de l'Ondaine traverse ce massif sur 400 mètres de largeur, ce qui dénote une épaisseur réelle d'environ 250 mètres. Au delà, on rencontre enfin l'étage *supérieur,* comprenant quatre veines près des Maures, pareilles à celles de la Chauvetière, mais elles diminuent aussi de puissance et de qualité à l'Ouest, à mesure que les roches encaissantes deviennent plus *sauvages.* Les quatre veines se présentent en réalité sous forme de deux veines *doubles,* qui semblent correspondre aux deux couches principales de la Chauvetière. La veine double de la base serait la couche *mouillée;* on l'appelle couche des *Combes,* parce qu'au lieu dit les Combes, près de Montrambert, elles sont réunies en une seule, où on l'exploita pendant quelques années avec une certaine activité. Les deux veines supérieures, situées à 30 ou 40 mètres au-dessus des précédentes, se nomment la *Manouse* et l'*Italienne*[1], et se montrent au voisinage de la faille des Maures.

§ 237. — Les affleurements des deux veines doubles se poursuivent régulièrement depuis la faille des Maures jusqu'au droit des puits *Devillaine.* Là, une première faille fait descendre les couches de la partie moyenne de la Côte-du-Bessy, au domaine des Combes et, peu après, de ce domaine, au pied du coteau, en face du pont Charrat. La première de ces deux failles affecte la Grande masse entre les puits de Lyon et du Rhône, la seconde se montre au voisinage du puits Rolland.

---

1. Avant que l'on connût la faille des Maures, on rattachait l'affleurement de *l'Italienne* à celui de la première *crue* du puits du *Crêt de Mars*, qui était aussi alors appelée *l'Italienne.* Ce sont en réalité deux couches fort différentes, puisque celle du Crêt de Mars clôt la série du groupe des Rochettes.

La couche des *Combes* fut exploitée à diverses époques par des fendues, dont les traces sont encore visibles à flanc de coteau. Ce sont, d'abord, les fendues de la *Vionne* à la cote de 603 mètres. On a peu de renseignements sur l'importance et l'étendue de ces anciens travaux ; on sait seulement que la couche principale y avait 2 mètres à $2^m,20$ de puissance ; plus loin, sont les deux fendues, ouvertes par la société actuelle pour l'exploration des parties hautes et l'aérage des niveaux inférieurs. Près de Montrambert, on voit enfin la fendue des *Combes,* et, près du Chambon, celle de *Fauréal,* où la couche n'a plus que $1^m,10$ à $1^m,30$; elle y est amincie par le banc de grès qui couvre la houille.

Le long travers-bancs du puits de l'*Ondaine* a coupé la couche des Combes vers 940 mètres (à 36 mètres de son extrémité). Sur ce point, la veine est réduite par érosion à moins d'un mètre. La fendue, qui poursuit la veine depuis les affleurements, situés à la cote de 604 mètres, n'a trouvé la couche intacte que sur une longueur de 120 à 130 mètres ; plus bas, au niveau du travers-bancs, à la cote de 350 mètres, la houille est ravinée, et peut-être aussi partiellement laminée par une faille. En tout cas, l'amincissement est purement local, car, à l'Ouest du travers-bancs, on a pu exploiter la couche, sur environ 400 mètres en direction, au-dessous de l'ancienne mine des Combes. Dans cette région, sa puissance était de 2 mètres à $2^m,20$ sans compter le faible nerf qui la divise en deux bancs.

Auprès du travers-bancs ainsi qu'à l'Est, les recherches n'ont donné, au contraire, aucun résultat satisfaisant. La couche fut trouvée schisteuse et inexploitable.

Dans la même région, à 70 mètres au toit de la couche des Combes, on a reconnu, comme aux affleurements, une veine crue de $1^m,20$ (la *Manouse*), et, à 25 mètres plus loin, l'*Italienne* de 2 à 3 mètres. Celle-ci est restée régulière sur plusieurs centaines de mètres, mais le charbon en est trop cru pour pouvoir s'exploiter dans les conditions actuelles.

Enfin, à 40 mètres au toit de l'*Italienne,* se montre, dans cette région, la quatrième couche de l'étage supérieur, formée aussi, comme les précédentes, de charbon dur et cru. Aux affleurements, c'est un banc unique de 0^m,70; à la cote de 350 mètres, deux bancs séparés par 1 mètre de schiste. Celui du mur mesure 0^m,60, celui du toit 1 mètre à 1^m,20.

Le charbon de la couche des Combes était recherché à cause de sa dureté, mais il est impur, car même le gros laissait 11 à 12 pour 100 de cendres. C'était, d'ailleurs, du charbon à longue flamme comme tous ceux du district de la Ricamarie.

En résumé, l'étage supérieur des Combes ressemble beaucoup à celui de la Chauvetière. Tous deux sont inférieurs, comme richesse et qualité, à celui du bois d'Avaize, et l'un et l'autre sont couronnés par un épais massif de poudingues quartzo-micacés. En montant des Combes vers la Grande-Pinatelle, ferme située sur l'ancienne route de Saint-Étienne à Firminy, on rencontre, en effet, des poudingues pareils à ceux qui couvrent le Mont-Ferret, au Nord de la Chauvetière.

§ 238. — En dehors des travaux dont je viens de parler, on a foncé plusieurs puits destinés à l'exploration des deux extrémités Est et Ouest du district; ce sont les puits *Ferrouillat,* du *Mont* et de *Bellevue* à l'Est; ceux de *Sainte-Marie* et du *Chambon* à l'Ouest. Donnons quelques détails sur chacun d'eux.

Le puits *Ferrouillat* se trouve, sur l'ancien chemin fer de Montrambert, entre les tunnels de la Béraudière et du Devais. Placé au mur immédiat de la couche *mouillée* de la Chauvetière, il recoupe, dès son orifice, le massif micacé placé entre l'étage supérieur et le groupe des Rochettes. On y rencontre les grès schisteux micacés à traces d'anélides et la série des veines *crues,* signalées dans la traversée du tunnel de la Béraudière. Le nombre des veines est sur ce point de six à huit, mais aucune d'elles n'est exploitable, car le charbon qui en provient laisse le plus souvent 20 à 30 pour 100 de cendres. La puissance de deux ou trois de ces veines atteint cependant 1 à 2 mètres. La plus basse est au niveau de 264 mètres. A 327 mètres vient la couche des *Littes* sous son banc de grès, et au-dessous, aux distances normales, la *Serrurière* et la couche des *trois gores,* mais ces veines ont des épaisseurs insignifiantes. Dans un travers-bancs, ouvert dans le mur au niveau de 276 mètres, on a trouvé pour les Littes 0^m,40, la Serrurière 0^m,75 et les trois gores deux bancs de 0^m,25 à 0^m,30. Dans un travers-bancs inférieur, percé à la profondeur de 376 mètres, cette dernière veine disparaît même entièrement. La profondeur totale du puits est de 391 mètres.

Ainsi, dans ce quartier, situé entre Beaubrun et la Béraudière, le groupe des *Rochettes* semble avoir atteint une sorte de minimum ; il s'améliore au Nord à Beaubrun, et plus encore au Sud à la Béraudière et aux Littes.

Au puits Ferrouillat l'inclinaison des bancs dépasse 50° aux niveaux inférieurs ; les assises plongent à l'Est.

Les deux travers-bancs, qui furent ouverts aux niveaux de 276 mètres et de 376 mètres, ont été poussés jusqu'au toit de la Grande couche. La longueur du premier est de 220 mètres ; celle du second de 110 mètres. La couche fut trouvée belle aux deux niveaux, avec une puissance normale de 10 mètres, et sous un toit de schiste comme à la Béraudière.

Le puits *Ferrouillat* correspond à l'aval-pendage du *Crêt de Mars* ; c'est un trait d'union entre la Béraudière et Beaubrun ; mais, pas plus qu'au Crêt de Mars, on ne rencontre la moindre trace de la seconde couche, de sorte qu'il faut bien supposer que dans tout ce quartier la troisième et la seconde n'en font qu'une.

Le puits du *Mont*, foncé à 401 mètres de profondeur, est placé à l'Est de la Chauvetière, dans la région où les veines de l'étage supérieur ont repris l'allure normale de l'axe du bassin avec plongée vers le Nord Nord-Ouest. Il traverse, en effet, dès son orifice, au milieu de grès et de poudingues micacés, 3 ou 4 veines impures, inexploitables, qui semblent correspondre aux couches supérieures de la Chauvetière. Plus bas, à 250 et 280 mètres, il a recoupé deux veines, plus pures et plus importantes, qui représentent, sans nul doute, la couche *mouillée* de la Chauvetière. L'un et l'autre de ces bancs ont 1^m,50 à 1^m,60, et donnent du charbon dur et terne à longue flamme, tenant 10 ou 12 pour 100 de cendres. Un travers-bancs, ouvert à 380 mètres dans le sens du toit, a en effet retraversé, dans ses 100 premiers mètres, les couches de la Chauvetière en meilleur état que dans le puits. Ce même travers-bancs, prolongé, en sens inverse au mur, vers le

Sud-Est, se dirige sur le puits *Bellevue*, pénétrant dans le massif stérile qui sépare l'étage supérieur du groupe des Rochettes. Long de 600 mètres, il vient d'être achevé (fin 1881), sans avoir rencontré une véritable couche de houille. On aurait cependant dû traverser le groupe des Rochettes et en partie celui de la troisième. Malheureusement, on a dû franchir, dans ce parcours, la faille presque verticale de la Croix-de-l'Orme (pl. XI et XIV), qui a mis en regard les étages inférieur et supérieur, faisant disparaître l'étage moyen.

Le puits de *Bellevue* est placé entre les deux routes nationales de Saint-Étienne au Puy et de Saint-Étienne à Annonay, non loin du point où elles se séparent l'une de l'autre. Il devait explorer les étages moyen et inférieur. Il a été percé jusqu'à la profondeur de 440 mètres. Un travers-bancs, ouvert au niveau de 371 mètres, a été poussé au-devant de celui qui part du puits du *Mont*. Or les deux galeries, comme je viens de le dire, sont aujourd'hui en communication sans avoir trouvé les couches cherchées. Tout le haut du puits est creusé dans le terrain micacé grossier, en grande partie formé de poudingue à galets de quartz et de micaschiste. C'est le terrain situé au *mur* de la troisième Brûlante, et non le dépôt micacé servant de base à l'étage supérieur de la Chauvetière. Aussi les filets de charbon, qui commencent à se montrer à 200 mètres, et ceux que l'on a rencontrés à 240 et à 275 mètres de profondeur, doivent-ils appartenir à l'étage inférieur, c'est-à-dire à la huitième, ou à l'une des couches des séries 9 à 12 ou 13 à 16. Les bancs de grès, qui abondent au toit et au mur de ces veines, sembleraient plutôt indiquer l'un de ces derniers groupes. En tout cas, la valeur des couches traversées est nulle sur ce point. Le charbon laisse 25 à 30 pour 100 de cendres, et leur allure est troublée par de grandes failles de direction. La plus importante, celle figurée sur la pl. XI, sous le nom de faille du Pilat, a même amené le schiste micacé primitif à la profondeur de 445 mètres. C'est une roche feuilletée verdâtre, à mica argentin, de tous points semblable aux paillettes remaniées des grès houillers de ce quartier.

A peu de distance du schiste ancien, vers 360 mètres, le puits a traversé l'un des gradins les plus considérables de la même faille. Sa pente est de

75° vers le Nord-Ouest, et les assises du terrain plongent, dans le même sens, sous l'angle un peu plus faible de 60 à 70°. Cette faille-limite est énorme dans son ensemble, et doit certainement être précédée d'accidents analogues. De ce nombre est celui de la Croix-de-l'Orme; aussi ne faut-il pas s'étonner si, par suite de ces failles multiples, le grand travers-bancs, allant du puits du *Mont* au puits *Bellevue,* n'a recoupé que des roches stériles et brouillées. On a peine à croire cependant que tout le territoire de Bellevue, entre la Béraudière et Villébœuf, soit entièrement stérile. Les couches n'ont pu complètement disparaître. Aussi faudra-t-il explorer avec soin la couche que le puits de Bellevue a coupée au niveau de 275 mètres, et dont les traces ont été retrouvées, dans le travers-bancs, à une trentaine de mètres du puits.

§ 239. — A l'autre extrémité du district de la Ricamarie on a creusé les puits d'exploration du *Chambon* et de *Sainte-Marie.* Le premier, aujourd'hui suspendu, le second encore en fonçage.

Du puits *Barlet* à l'extrême limite Ouest de la concession de Montrambert la distance est de 2,000 mètres. Cette région est complètement inconnue. D'une part, tous les étages, même celui des *Combes,* tendent à s'enfoncer à l'Ouest au-dessous du niveau de la vallée de l'Ondaine; d'autre part, la faille de *Barlet* limite ces mêmes couches au Sud, en ramenant à la surface les étages inférieurs. Enfin, au delà du Chambon, la faille transversale de la Renaudière, qui relève au jour les couches de la Malafolie, s'arrête elle-même à la faille de direction de Barlet; de sorte que tout l'espace triangulaire compris entre le terrain ancien au Sud, les travaux de la Malafolie, à l'Ouest, et la faille de Barlet au Nord, doit appartenir aux étages inférieurs, qui sont ici fortement relevés et troublés par les failles-limites ci-dessus mentionnées.

Pour explorer cet espace triangulaire, on a d'abord foncé le puits *Rolland,* à l'Ouest du puits *Barlet.* Il est tombé sur les terrains broyés par la faille, et n'a pu joindre, par ce motif, les couches de Montrambert qu'à l'aide d'une série de travers-bancs.

Plus récemment, on a creusé le puits du *Chambon,* à mille mètres de là,

aux abords mêmes du bourg du Chambon, à quelques mètres au Sud de la
voie ferrée du Puy (pl. XVIII). Il fut arrêté à 225 mètres, parce que, au
niveau de 200 mètres, on est tombé dans le poudingue grossier ferrugineux,
signalé, au Sud du puits *Barlet*, dans le travers-bancs du puits *Marseille*.

Au reste, dès son orifice, le puits du *Chambon* a recoupé les premiers
gradins de la faille de direction; aussi doit-on se trouver déjà, d'après la flore,
au niveau des assises du groupe 13 à 16. La stratification est confuse,
le terrain brouillé, la direction des strates change à plusieurs reprises.

Dans ces conditions, on ne peut espérer des couches réglées. Il est,
par suite, à craindre que tout l'espace triangulaire, dont j'ai parlé, ne soit
réellement stérile.

Le puits *Sainte-Marie*, situé à 350 mètres au Nord du précédent, sur la
rive droite de l'Ondaine, au pied du coteau, fut entrepris dans le but de
recouper le prolongement des couches de Montrambert. Comme le puits
Marseille, il est placé au toit de la faille Barlet et ne la rencontrera, selon
toutes les probabilités, que vers 600 ou 700 mètres de profondeur.

Fin août 1880, ce puits avait atteint, à 380 mètres, le toit du groupe
des Rochettes.

Jusqu'à la profondeur de 80 mètres on a principalement rencontré des
poudingues et des grès; au-dessous, jusqu'à 170 mètres, des grès fins et
des schistes; enfin, de 115 à 124 mètres, deux ou trois filets de charbon de
$0^m,20$ à $0^m,25$ d'épaisseur, puis, jusqu'à 200 mètres, des schistes et des grès
fins schisteux, avec de nouveaux filets charbonneux, vers 155, 160 et 180 mètres. C'est tout ce qui reste de la couche des *Combes* et, en général, de l'étage
houiller supérieur. Dans cette région, les assises plongent de 35° vers
le Nord-Nord-Ouest. C'est la même allure qu'au puits *Marseille*, sauf la
moindre pente des bancs.

A partir de 200 mètres, le grès schisteux micacé, passant plus ou moins
au poudingue, est la roche dominante; c'est bien le massif stérile entre
l'étage supérieur et le groupe des Rochettes.

Enfin, à 370 mètres, on pénètre dans des schistes à filets de charbon;
ce sont les veines *crues*, situées au toit de la couche des Littes. On peut

donc espérer que celle-ci n'est plus fort éloignée. Sera-t-elle puissante et belle? Ce n'est pas impossible, mais on peut d'autant moins le garantir que cette couche s'amoindrit sensiblement à l'Ouest du puits *Marseille*. De plus, à partir de la profondeur de 200 mètres, quelques faibles gradins (*tranchants*) et une plongée plus forte des bancs annoncent déjà, sinon le voisinage prochain de la faille de Barlet, du moins les traces évidentes de son influence lointaine. D'après cela, la grande couche de Montrambert devrait se trouver vers 550 à 600 mètres du jour; et, si on ne voulait descendre immédiatement à une pareille profondeur, ou si la faille de Barlet devait au préalable couper le puits, ce qui semble peu probable, on aurait toujours la ressource de rejoindre la Grande masse par un travers-bancs poussé, à droite ou à gauche, selon la position de la faille. La poursuite de ce puits offre donc, au point de vue de l'avenir, le plus grand intérêt. Il reste encore sur ce point, dans la partie Nord de la concession de Montrambert, un vaste champ vierge[1].

§ 240. — Résumons les renseignements, concernant le district de la Ricamarie, par les deux tableaux suivants :

1° Tableau des concessions.

NOMS DES CONCESSIONS.	ÉTENDUE en HECTARES	DATES des ORDONNANCES DE CONCESSION.
La Béraudière.	680	4 novembre 1824.
Montrambert.	466	Id.

1. Depuis que ces lignes ont été écrites, le puits a été foncé jusqu'à 580 mètres. Vers 470 mètres, on a trouvé une couche crue de $1^m,40$ (la plus basse des *crues*), et au-dessous des alternances de grés blancs à grains fins et des schistes noirs à filets de houille, qui correspondent à l'étage des Rochettes (*Littes*). Aujourd'hui, à 580 mètres, on traverse les bancs de gore qui semblent annoncer le toit de la *Grande masse*. — Celle-ci se trouverait donc bien vers 600 mètres de profondeur, et la couche des Littes se serait encore amoindrie à l'ouest du puits Marseille (§ 236).

(Octobre 1882.)

2° *Tableau des profondeurs des puits.*

| NOMS des CONCESSIONS. | NOMS des PUITS. | COTES de l'orifice des puits au-dessus de la mer. | PROFONDEUR DES COUCHES | | | | | | PROFONDEUR totale des puits. | OBSERVATIONS. |
| | | | DITES | | | DITES BRÛLANTES | | | | |
			des Littes.	des Trois-Gores	No 3	1re	2e	3e		
	St-Dominique.	633^m	15^m	63^m	231^m	269^m	322^m	»	359^m	Rejoint la 3e et les Brûlantes par une traverse à 180^m.
	Dyèvre	633	6	65	173	225	270	»	294	Travers-bancs à 289^m.
	Abraham . . .	594	»	»	0	57	91	166	361	Ces deux puits sont sur
	Saint-Joseph. .	588	»	»	0	72	97	165	256	l'affleurement de la 3e.
	Des Brûlantes.	565	»	»	»	»	0	55	60	
	Delaynaud (ou Petite - Rica- marie. . . .	583	»	»	»	50	52	»	100	A 85^m un travers-bancs rejoint la Grande masse et la 3e Brûlante.
	Peyret	574	»	»	50	»	»	»	52	
	Des Genets . .	580	»	»	60	»	»	»	80	
	Du Crêt - de- Mars	658	88	140	225	258	287	»	318	La couche la plus basse de l'étage supérieur est à l'orifice du puits.
Concession de la Béraudière	Saint-Vincent.	603	»	»	60	»	»	»	64	
	Vallon n° 2 . .	562	»	»	»	»	»	33	35	
	Brûlé (vieux). .	614	»	»	»	35	90	135	140	
	Brûlé (neuf). .	603	»	»	75	»	»	»	80	
	Saint-Mathieu.	563	»	»	76	»	»	»	82	
	Saint-Pierre. .	578	»	64	120	233	265	»	330	
	Hautes-Littes .	608	102	140	281	»	»	»	305	
	De la Brûlante.	549	»	»	»	»	»	35	40	
	Ferrouillat . .	627	327	»	»	»	»	»	391	Rejoint la 3e par deux traverses à 376^m et 276^m.
	Quaintin . . .	587	»	»	»	»	»	»	210	La 4e Brûlante à 45^m.
	Chauvetière . .	590	»	»	»	»	»	»	160	A 150^m un travers-bancs recoupe les couches de l'étage supérieur.
	Du Mont . . .	575	»	»	»	»	»	»	401	A 250 et 280^m couches minces de la base de l'étage supérieur.
	De Bellevue. .	570	»	»	»	»	»	»	440	A 415^m schiste micacé; traces de l'étage inférieur à 250^m.

NOMS des CONCESSIONS	NOMS des PUITS.	COTES de l'orifice des puits au-dessus de la mer.	PROFONDEUR DES COUCHES						PROFONDEUR totale des puits.	OBSERVATIONS.
			DITES			DITES BRÛLANTES				
			des Littes.	des Trois-Gores.	N° 3	1re	2e	3e		
	De l'Ondaine. .	553m	»	»	»	33m	80m	190m	416m	Travers-bancs à 206 et à 300m.
	Devillaine. . .	546	»	»	»	35	101	193	409	
Concession de Montram-bert.	De la Saône. .	556	10	100	255	»	»	»	260	
	De Lyon . . .	540	»	10	155	221	296	»	302	
	Du Rhône. . .	550	»	65	215	»	»	»	220	
	De Marseille. .	535	»	0	139	176	200	365	388	
	Barlet.	529	»	»	45	»	»	»	50	
	Rolland. . . .	525	»	»	»	»	»	»	?	Sur la faille de Barlet.
	Du Chambon. .	?	»	»	»	»	»	»	225	Étages inférieurs brouillés.
	Sainte-Marie. .	?	470	»	»	»	»	»	580	Entre 100 et 200m, veines minces de l'étage supérieur. Encore en fonçage.

IV. — **District de Roche-la-Molière** (Pl. XVI).

§ 241. — Le quatrième district de la moitié occidentale du bassin Stéphanois, celui de l'Ouest, comprend uniquement la partie Nord de la vaste concession de *Roche-la-Molière* et *Firminy*, c'est-à-dire le quartier proprement dit de Roche-la-Molière. Il est limité, au Nord, par la grande faille de Landuzière; à l'Est, par celle du Cluzel; au Sud, par l'ancienne route de Saint-Étienne au Puy, le long de la crête du Devais à Firminy; à l'Ouest enfin, par le terrain ancien, et à l'angle Sud-Ouest par la limite commune des concessions de Roche-la-Molière et d'Unieux. Dans la majeure partie de ce district on ne connaît que l'étage *inférieur*, mais il y est largement développé et pourvu de nombreuses couches. L'étage moyen ne se montre que vers sa lisière Sud, le long de la côte du Devais, où l'allure des couches est très peu régulière. Sous l'influence de la faille du Cluzel cette allure est *transversale* dans la majeure partie du district; elle ne devient *normale* qu'au Sud, le long du pied de la côte du Devais, et, au Sud-Ouest, dans les vallons de la Triolière et de l'Egoutay, qui rejoignent la vallée de l'Ondaine auprès d'Unieux.

Par le fait de la faille du Cluzel, qui affleure sur le revers oriental de la côte de Saint-Genest-Lerpt et incline à l'Ouest, les couches du district de Roche-la-Molière sont complètement séparées de celles du Quartier Gaillard. A l'Ouest de la faille se montrent des couches plus élevées que celles du fond de la vallée du Cluzel. Pour fixer leur âge, il faut partir de la côte du Mont-Salson, où la troisième couche marque, comme nous l'avons vu, un niveau géologique bien déterminé. Nous l'avons poursuivi déjà (§ 223) jusqu'à Dourdel, et même, au delà des Platières, jusqu'au ruisseau de Pommareize où, grâce à un faible accident, l'affleurement décrit un étroit fer à cheval, et s'avance, au-dessus de Villebœuf, par Grange-Neuve et le Bouchage, jusqu'à Troussieux dans la vallée de l'Egoutay. C'est bien la troisième, car, sur tout son parcours, on rencontre au toit les roches stériles de l'étage supérieur. De plus, au mur de la troisième, vient, au puits *Baude*, comme au Mont-Salson, la série ordinaire des petites couches secondaires, puis finalement la grande couche inférieure, la huitième, appelée couche *Siméon*, dans cette région, d'après le nom d'un ancien exploitant. Or l'affleurement de cette huitième se poursuit non seulement au Sud-Ouest, le long de la côte du Devais, mais aussi au Nord, sur le revers occidental de la côte de Saint-Genest.

L'âge de cette couche principale de l'étage inférieur ainsi déterminé, il était évident que les couches immédiatement supérieures devaient correspondre aux veines 7 *ter* et 7 *bis* de Villards et du Cluzel, et les couches inférieures aux groupes 9 à 12 et 13 à 16. — On voit ainsi que les veines les plus importantes de Roche-la-Molière, le *Petit-Moulin*, le *Sagnat*, le *Peyron* et la *Grille*, représentent réellement le groupe 9 à 12, et celles qui succèdent à ce groupe les nᵒˢ 13 à 16. L'étude de la flore vient, d'ailleurs, confirmer ce classement.

Cela dit, passons à l'étude détaillée des couches elles-mêmes, ou plutôt, arrêtons-nous d'abord un instant aux failles principales de ce district.

§ 242. — On a vu déjà qu'au pied du coteau de Saint-Genest-Lerpt une faille transversale, fort importante, relève les couches de Roche du côté du Cluzel. Les travaux du puits *Saint-Félix* des Platières prouvent, en outre, que l'amplitude de cet accident est d'environ 200 mètres sur ce point, et qu'elle diminue vers le Sud (§ 225). Par contre, au Nord, d'après le parallélisme des affleurements à droite et à gauche de la faille, elle doit demeurer sensiblement constante, sauf à partir de la jonction de la faille de Côte-Chaude, qui abaisse les couches de Villards et les rapproche de celles de Roche. D'autre part, les lignes d'affleurements vont en divergeant au Nord, ce qui dénote sur ce point un nouvel accroissemeut de la faille. Au reste, dans cette direction, la faille du Cluzel vient rencontrer, au château du Minois, celle de Landuzière, et là, les deux failles semblent se limiter réciproquement. Au delà, en effet, leurs traces se perdent, de sorte qu'en tout cas leur importance diminue considérablement au Nord et à l'Est.

Jusqu'à ce point de jonction, la faille du Cluzel se reconnaît par les débris broyés, dont est jonché le flanc oriental de la côte de Saint-Genest[1], et la trace de celle de Landuzière, par le contraste des terrains qui forment le toit et le mur de cette faille au jour. J'ai déjà décrit cette dernière faille dans le chapitre consacré aux accidents du terrain houiller ; j'y renvoie pour les détails (§ 44). On voit, en particulier, par le croquis n° 20, combien le terrain est différent au mur et au toit de la faille. On arrive brusquement du groupe 9 à 12 de l'étage inférieur de Saint-Étienne au poudingue micacé de Saint-Chamond. A l'Ouest du château du Minois, on rencontre partout, au mur de la faille, en allant vers Landuzière par Trèves, les strates, à peu près verticales, du grossier poudingue quartzo-micacé.

La faille de Landuzière est l'une de celles du bassin houiller qui affectent le plus profondément le relief du sol. Le ruisseau de Pommareize, allant du Sud au Nord entre Saint-Genest et Roche, est dévié à l'Ouest par la faille, qui lui ouvre ainsi, au travers du granite, un facile chemin vers la Loire auprès de Saint-Victor.

---

1. Ces débris, ainsi que le passage des divers gradins de la faille, pouvaient très bien s'observer vers la tête du tunnel du chemin de fer qui relie Roche au Cluzel, à l'époque où la tranchée était encore fraîche.

Les affleurements des couches de Roche sont également arrêtés, au
Nord, par la faille, et relevés par elle jusqu'à une hauteur assez grande.
Cependant, quoique l'amplitude de la faille soit d'au moins 500 mètres,
celle-ci ne produit pas à la surface du sol une dénivellation de plus de 100
à 150 mètres.

A 2,000 mètres au Sud de la faille de Landuzière, un accident
parallèle, la faille du *Midi*, limite, du côté opposé, le champ de Roche-la-
Molière. Son amplitude est moindre, mais atteint pourtant 200 mètres à la
Roare. Elle modifie aussi, comme celle de Landuzière, l'allure des couches.
Au toit de la faille, le long de la côte du Devais, leur direction est normale,
car au pied du Mont-Salson les affleurements vont tous de l'Est à l'Ouest.

§ 243. — Le district de Roche-la-Molière comprend, dans la majeure
partie de son étendue, l'étage inférieur de Saint-Étienne, et en outre, dans
sa partie méridionale, au Sud de la faille du Midi, l'étage moyen. Commençons son étude par le haut de l'étage inférieur, la couche *Siméon*, ou
huitième du bassin Stéphanois.

L'affleurement de la couche en question suit le flanc occidental du
coteau de Saint-Genest-Lerpt depuis la faille de Landuzière, au Nord, jusqu'à
Villebœuf, au pied du Mont-Salson, au Sud. Sur ce point, la faille du Midi
modifie sa direction ; l'allure Nord-Sud se transforme en allure Est-Ouest.
Depuis Villebœuf, l'affleurement, va, en effet, le long du pied du coteau, sur
la Piotière ; là, il reprend la direction Nord-Sud jusqu'à la Varenne, et court
ensuite au Sud-Ouest jusqu'aux environs de la Croix-Marlet, où de nombreux accidents ne permettent plus de le reconnaître sûrement.

Les roches du toit de la couche *Siméon* peuvent se voir dans les
tranchées de la route qui descend de Dourdel vers Roche-la-Molière. C'est
la série des bancs de grès, citée au toit de la huitième près du Cluzel.
Cependant le grain de la roche est plus serré et plus fin ; en outre, auprès
de la couche, sur 15 à 20 mètres de hauteur, les schistes tendent à diminuer,
et renferment même, à divers niveaux, du fer lithoïde, que l'on a exploité
assez activement, vers 1825 à 1828, entre Villebœuf et la Piotière, pour l'ali-
mentation des hauts-fourneaux de Terrenoire.

La couche *Siméon* et les assises, situées au-dessus, sont coupées par le tunnel du chemin de fer du Cluzel, près de son embouchure du côté de Roche. La puissance ordinaire de la couche, dans cette région, est de 5 mètres. Comme ailleurs, elle est divisée en deux bancs par un nerf de schiste qui atteint souvent 4 à 5 mètres. Le banc supérieur, de $1^m,60$ à $1^m,80$, est généralement *cru;* le banc inférieur, de 3 à 4 mètres, contient moins d'éléments terreux, mais ne fournit pourtant pas du charbon supérieur. Sans lavage préalable, on ne peut l'utiliser ni pour la forge ni pour le coke. Il ne vaut pas celui de la *troisième.*

Les traces d'anciens travaux sont nombreuses le long des affleurements. Avant 1789, l'ancien concessionnaire et seigneur du pays, le marquis d'Osmond, avait fait ouvrir une fendue à char non loin de la ferme de la Chiorary; plus tard, sous l'empire de la loi de 1791, de nombreux propriétaires du sol fouillèrent la couche, dans ses parties hautes, jusqu'à 100 pieds de profondeur. Parmi eux, on peut citer en particulier, auprès de Villebœuf, un sieur *Siméon,* qui exploitait encore vers 1806 et 1807, ce qui fit donner, dès lors, à la couche en question, le nom de cet ancien exploitant. Entre Villebœuf et la Piotière, et de là jusqu'au domaine de la Varenne, on voit les traces de nombreuses fendues, également ouvertes vers cette époque. Mais sur aucun point les travaux ne s'étendent en profondeur. La couche est partout vierge à quelques mètres du jour, sauf à la Varenne, où un travers-bancs récent, partant du puits des *Granges* n° 2, l'a recoupée, vers la cote de 450 mètres, à 110 mètres sous les affleurements.

Sur ce point la couche est partiellement transformée en schistes; c'est le cas surtout du banc supérieur, mais le banc inférieur est, de son côté, souvent réduit à 2 mètres. Malgré cela, les travaux se sont déjà étendus sur plus de 600 mètres en direction. Le charbon est de qualité ordinaire, et l'inclinaison de 50 pour 100.

Au delà du Bourgeat, dans le fond de la vallée de l'Égoutay, on revoit encore l'affleurement; il s'y renfle même jusqu'à 3 mètres, et se rapproche, au moins en apparence, de l'affleurement de la troisième aux environs de Troussieux; aussi projette-t-on, au fond du puits de Troussieux, creusé au

toit de la troisième couche, de percer un travers-bancs jusqu'à la huitième.
Il y a donc place, dans cette région, pour un vaste champ d'exploitation, qui
se développera le jour où les charbons inférieurs acquerront de la valeur,
et lorsqu'en outre le travers-bancs de la Malafolie, ou le chemin de fer
direct de Firminy à Roche, rendra ce quartier plus abordable.

Au Nord des anciens travaux de M. d'Osmond, à la Chiorary, on
retrouve aussi des traces de fendues et deux anciens puits, peu profonds,
dits de l'*Hôpital*, sur lesquels on a peu de renseignements, si ce n'est que la
couche s'oblitère graduellement vers le Nord. En effet, en 1832, on l'explora par un troisième puits, qui fut ouvert entre les deux vieux puits de
l'*Hôpital*. La veine était réduite à $2^m,60$ et de qualité médiocre. Les seuls travaux récents de la région Nord datent de 1850. A cette époque, on fonça,
sur la hauteur, à 500 mètres au Sud de Saint-Genest-Lerpt, le puits du
Crêt, à la cote de 575 mètres. Il traverse la couche à 167 mètres, et fut
longtemps arrêté à la profondeur de 198 mètres. Depuis lors on l'a approfondi jusqu'à 350 mètres en vue de rejoindre, par un travers-bancs, les
couches inférieures (9 à 12).

La couche *Siméon* fut aussi explorée, à 20 mètres plus bas (cote de
387 mètres), par le long travers-bancs du Cluzel, qui part du puits *Dolomieu*.
La couche y a 4 à 5 mètres de puissance; elle est divisée par un nerf, et de
qualité inférieure, comme ailleurs. Au Sud du puits du *Crêt*, elle semble,
de plus, amincie par érosion et brouillée par la faille du *Buisson*. Celle-ci a
dérangé la régularité du gîte au point de mettre un terme à la poursuite
des galeries dans cette direction. Au Nord, on est allé jusqu'à 200 mètres,
au droit du puits de l'*Hôpital* n° 1. L'allure y est plus régulière, mais, à
cause de la médiocre qualité du charbon et de la moindre épaisseur de la
couche, qui est de 4 mètres seulement y compris le nerf, on a momentanément suspendu les travaux. La couche, dont la plongée est de 50 pour 100,
doit certainement se continuer, en profondeur, jusque sous la ligne de faîte
du coteau de Saint-Genest-Lerpt, où elle sera coupée par la faille du Cluzel,
à environ 500 mètres de profondeur au-dessous de l'orifice du puits du Crêt.

§ 244. — Dans le district de Roche-la-Molière, l'intervalle de la huitième couche au groupe 9 à 12 atteint en moyenne 200 à 220 mètres, et paraît occupé, presque exclusivement, par des grès plus ou moins schisteux. Ce massif semblerait cependant, d'après la moindre pente des couches inférieures, diminuer un peu en profondeur. Il fut traversé, dans toute son épaisseur, par la longue galerie, dite du *Cluzel*, qui va du puits *Dolomieu* au puits du *Crêt* (pl. XVI et XXVI). Elle mesure horizontalement 450 mètres entre les couches 8 et 9, et dans ce parcours on rencontre peu de schistes proprement dits et à peine deux ou trois minces filets de houille inexploitables.

La première couche du groupe inférieur 9 à 12 est la moins considérable et la moins pure des quatre. On l'appelle le *petit Moulin*. Son affleurement est peu apparent; il longe le pied du coteau de Saint-Genest, sur la rive droite du ruisseau de Pommareize. On constate cependant des traces d'anciennes fendues, mais on ne l'a exploitée nulle part d'une façon suivie, ni autrefois, ni depuis le percement des deux longs travers-bancs du puits du *Crêt*, qui coupent la couche aux cotes respectives de 387 et 225 mètres.

A 20 mètres de profondeur, au puits *Dolomieu*, sa puissance est de 1 mètre à 1^m,40, et, à 6 ou 7 mètres au mur, vient un nouveau banc de 0^m,85. Vers l'aval-pendage, les deux bancs se rapprochent et augmentent de puissance. Dans le travers-bancs du Cluzel on trouve respectivement 1^m,20 et 1^m,60, séparés par 1^m,20 de schistes. Au Sud de la faille du Buisson, et jusqu'au voisinage du puits des *Granges*, la couche du *petit Moulin* augmente de puissance par l'accroissement du nombre des nerfs; aussi, grâce à ces intercalations, la couche atteint-elle, dans cette région, 2 à 3 mètres. Par contre, la qualité reste toujours médiocre. Au puits du *Sagnat*, près de Villebœuf, à 150 mètres du jour, le charbon est terreux et sa puissance de 2^m,60.

A la couche du *Moulin* succède celle du *Sagnat*, à la distance moyenne de 50 à 60 mètres. C'est, comme qualité, la plus estimée du groupe, de même que la dixième à Méons et au Treuil. Dans toute la vallée de la Loire, et même à Paris, le charbon du *Sagnat* était autrefois réputé le meilleur du bassin pour la forge, et, aujourd'hui encore, comme charbon à coke, on le met sur la même ligne que l'ancien charbon de *l'étang* (la treizième) de

Méons. C'est du charbon gras, à courte flamme, à 80 pour 100 d'éléments fixes. Malheureusement sa puissance dépasse rarement $1^m,50$ et descend souvent à $1^m,30$. Directement couverte par le grès, elle est sujette aux amincissements par érosion. Malgré cela, la couche du *Sagnat* est l'une des plus régulières du bassin et des plus faciles à exploiter ; elle doit cet avantage à sa puissance moyenne de $1^m,40$ à $1^m,50$, et, de plus, à la grande solidité du toit de grès ; aussi les travaux s'étendent-ils, comme on peut le voir par nos courbes de niveau (pl. XVI), sur plus de deux kilomètres en direction et 700 mètres suivant la plongée.

Au Sud, la faille du *Buisson* abaisse la couche de 25 à 30 mètres ; c'est une branche oblique de la faille du Midi, qui rejette finalement toutes les couches à des profondeurs non encore explorées, mais qu'il est facile de fixer d'après les cotes de niveau des affleurements de la couche *Siméon*. A la Piotière, où la couche Siméon est à la cote de 550 mètres, on trouvera celle du Sagnat vers 300 mètres, ce qui dénote sur ce point une faille de 150 à 200 mètres.

Dans le voisinage de la faille du *Midi* les rejets se multiplient ; aussi le charbon est-il plus tendre et plus difficile à exploiter. A part cela, la qualité reste bonne.

Sous les maisons mêmes de Roche-la-Molière, les assises sont fort peu inclinées ; aussi, grâce à la configuration du sol, l'affleurement du Sagnat décrit-il une sorte de fer à cheval autour du bourg. En outre, au Nord des dernières maisons, la couche est relevée par une série de faibles failles qui mettent en regard l'affleurement du Sagnat et celui du Peyron. Dans cette région haute la pente des assises ne dépasse guère 20 pour 100 ; plus bas, auprès du puits *Dolomieu*, on trouve 30 pour 100, et vers l'aval-pendage, au-dessous de la galerie du Cluzel, jusqu'à 50 pour 100. A partir de cette galerie, en se dirigeant vers le Nord, la couche du Sagnat s'oblitère graduellement ; on voit se développer, au milieu du charbon, près du mur, un faible lit de schiste, qui atteint un mètre vers l'extrémité Nord des travaux. En même temps, la houille change de nature, elle devient plus maigre, et perd finalement la faculté de s'agglomérer dans les fours à coke. Cette altération est, au reste, générale dans toutes les couches du district de Roche.

Vers l'aval-pendage, les derniers travaux sont à la cote de 221 mètres. On pourra continuer les travaux jusqu'au puits du *Crêt*, où le Sagnat pourra être recoupé vers 450 mètres de profondeur, à la cote de 120 mètres; mais il n'est guère probable que l'on puisse aller au delà sans atteindre la faille du Cluzel.

' Disons, pour ne rien oublier des richesses houillères du district, qu'à mi-distance entre le *Sagnat* et le petit *Moulin*, le puits *Dolomieu* et la galerie du Cluzel ont tous deux recoupé une veine intermédiaire de $0^m,70$, qu'on n'a pas explorée jusqu'à présent à cause de sa faible épaisseur.

Vers 30 à 40 mètres au mur du Sagnat vient la onzième couche, le *Peyron;* c'est la plus mince du groupe, mais supérieure, comme qualité, au *petit Moulin*. Elle mesure généralement 1 mètre à $1^m,30$. Le grès domine entre les deux couches, mais alterne cependant avec quelques schistes contenant deux veines de charbon au puits Dolomieu, la première de $0^m,30$, la seconde de $0^m,40$. Au puits *Neyron* les deux veines se réduisent à une seule de $0^m,40$, et au puits du *Sagnat* cette veine unique a $0^m,80$.

A l'époque où fut publiée la description du bassin, par Beaunier, on exploitait la couche du Peyron au moyen de fendues, comme celle du Sagnat. Elle était alors connue sous le nom de *Petite masse*. Dans les deux couches, les anciens travaux remontent d'ailleurs à plusieurs siècles.

Depuis 1830, on les a surtout exploitées par les puits *Dolomieu, Derhins, Neyron*, du *Sagnat* etc., ainsi que par les deux travers-bancs du puits du *Crêt* ci-dessus mentionnés. L'exploitation du Peyron a constamment suivi celle du Sagnat; l'allure des deux couches et la disposition des travaux sont les mêmes. L'affleurement du Peyron se voit à peu de distance au-dessus du banc de grès que l'on exploite, pour meulières et pierres de taille, dans plusieurs grandes carrières, situées entre le hameau de Frécon et le bourg de Roche. Au toit immédiat de ce banc de grès se montre, en outre, une veine intermédiaire de $0^m,40$. Enfin, sous la masse de grès, au sol même des carrières, est la quatrième couche du groupe, le n° 12, appelée ici la *Grille*.

Le Peyron et la Grille sont légèrement relevées, comme le Sagnat, par

la faille oblique, déjà signalée au Nord du bourg. L'accident passe au hameau de Frécon, où sa trace au jour est facile à voir

Le massif de grès, qui sépare les deux couches, varie de 45 à 60 mètres.
Il est plus grossier et plus dur que le grès schisteux formant le toit des
couches précédentes.

La couche de la *Grille* est la plus forte du groupe; sa puissance oscille
entre 2^m,60 et 4 mètres. Elle donne, comme le Peyron, du charbon un peu
moins pur que le *Sagnat*. On le recherchait autrefois pour la *grille;* de là
son nom. Aujourd'hui, après lavage convenable, le menu donne également
du fort bon coke de hauts-fourneaux. Il est surtout pur dans la région Sud.
Ajoutons que les charbons du Peyron et de la Grille sont trop maigres
pour bien s'agglomérer dans les anciens fours de boulanger; il faut avoir
recours aux fours belges étroits, à parois chauffées. Ils rendent alors 74 à
76 pour 100 de coke.

Les affleurements se voient, comme je l'ai dit, au pied des carrières de
Roche; on les poursuit jusqu'à la faille de Frécon, qui coïncide ici avec un
dédoublement de la couche. Au Nord de Frécon, en effet, la veine se partage
en deux; en même temps, sous l'influence d'une autre faille oblique, qui
apparaît non loin du point de jonction des deux vallées entre lesquelles est
bâtie Roche, on voit les courbes de niveau des parties hautes de la Grille
s'éloigner de plus en plus de celles des parties inférieures, ainsi que des
courbes de la couche du Sagnat. Les unes s'infléchissent vers le Nord, les
autres vers l'Ouest. La faille oblique en question doit grandir rapidement
à mesure qu'elle approche de celle de Landuzière, dont elle forme, au reste,
une sorte de rameau détaché. Toutes les couches du groupe viennent enfin
remonter verticalement, sur la rive droite du Pommareize, contre le plan de
la faille de *Landuzière*[1]. La couche *Siméon* et celle du *petit Moulin* se détournent
à l'Est, les affleurements des couches inférieures à l'Ouest de l'accident
secondaire, dont je viens de parler. On voit très bien ces divers affleurements
presque verticaux, à flanc de coteau, entre les bancs de grès.

---

1. La faille devrait plutôt être appelée faille du *Minoïs*, comme je l'avais désignée jadis, car elle
passe en réalité, au Sud de Landuzière, par le Minois et Bryas.

Le nerf, qui divise la couche de la Grille en deux branches, au Nord de Frécon, atteint jusqu'à 15 mètres, et persiste sur une étendue en direction de 400 mètres; en même temps, à mesure que l'on avance vers le Nord, le charbon devient plus maigre et plus tendre. Au delà des 400 mètres, la bifurcation cesse, mais la couche ne reprend pas sa qualité première.

Évidemment une cause générale a amaigri, dans cette région, le charbon de toutes les couches dans leur prolongement vers le Nord. Peut-être faut-il attribuer ce changement au voisinage du granite et des sources thermo-siliceuses de Landuzière? Cela ne serait pas impossible, puisque ailleurs aussi dans le bassin, à Combérigol et à la Chazotte, l'amaigrissement se manifeste au voisinage des anciennes sources siliceuses, qui ont dû longtemps maintenir le sol à une température bien supérieure à la moyenne ordinaire.

Grâce au travers-bancs du puits du *Sagnat*, les travaux vont, dans la couche de la *Grille*, jusqu'à la cote de 325 mètres. Le puits *Dolomieu* la coupe à ce niveau et le puits du *Crêt*, suffisamment approfondi, la rencontrera à la profondeur de 550 mètres, soit 25 mètres au-dessus du niveau de la mer, si toutefois la faille du Cluzel ne l'intercepte auparavant. En tout cas, l'intersection de la couche de la Grille par cette faille doit se faire à faible distance du puits du *Crêt*.

Outre l'altération des couches vers le Nord, il faut encore signaler une diminution générale de puissance utile vers l'aval-pendage, au-dessous de la cote de 400 mètres. On la constate, même au Sud, aux environs du puits du *Sagnat*. Ce changement s'accorde avec la moindre puissance de ces mêmes couches 9 à 12 dans les travaux de la concession du Cluzel.

§ 245. — Poursuivons maintenant les couches 9 à 12 au Sud de la faille du *Midi*. Grâce à l'amplitude de cet accident, la couche Siméon affleure seule, au toit de la faille, entre Villebœuf et la Piotière. Les couches inférieures 9 à 12 viennent buter souterrainement contre la faille. Mais au delà de la Piotière, où la couche Siméon reprend la direction Nord-Sud jusqu'à la Varenne, on voit reparaître, à l'Ouest, une série d'affleurements inférieurs, qui évidemment doivent appartenir au groupe 9 à 12 (pl. XVI et XVII). Ils se montrent sous les grès qui affleurent en bancs réguliers entre les domaines de la Roare et des Granges. On peut même, au Nord de la Roare, très bien observer, à la surface du sol, le passage de la faille du Midi. En suivant, de l'Ouest à l'Est, le chemin qui va de Drillant au bourg de Roche, on voit le grès brusquement interrompu, et, à sa place, au Nord, sur une étendue de quelques mètres, des schistes noirs en feuillets Est-Ouest presque verticaux. Au Nord et au Sud les affleurements ne se correspondent plus; ils sont coupés, par la faille, comme les grès dont je viens de parler (pl. XVI). Le groupe 9 à 12 est déplacé horizontalement d'environ 600 mètres, et les affleurements, que l'on voit au Nord en face de ceux de la Roare, appartiennent, comme nous le dirons bientôt, au groupe inférieur 13 à 16.

Le plus apparent des affleurements de la Roare est couvert par un gros banc de grès, visible à peu de mètres du chemin qui mène des Granges à la Roare. Aux Granges même le charbon est partiellement raviné par ce grès, mais au Nord, près de la Roare, il paraît avoir été placé sous un *faux-toit* schisteux, qui est même ici rubéfié et porcelanisé par un vieil incendie de mines. Dans cette région sa puissance atteint $2^m,50$, tandis que là où le grès couvre la houille, celle-ci est souvent réduite à un mètre. La couche est exploitée par le puits des *Granges* n° 2 jusqu'à la cote de 450 mètres, l'affleurement étant au niveau de 530 mètres. Le charbon diffère peu de celui de la couche du Sagnat à la mine de Roche.

A 100 mètres à l'Est de l'affleurement en question, se trouve une couche mêlée de schistes, qui doit correspondre au *Petit-Moulin* (la neuvième), tandis qu'à la même distance, à l'Ouest, passe l'affleurement du *Peyron* de $1^m,10$, et au delà, sous les prairies, entre Drillant et la Roare, la douzième couche, peu explorée jusqu'à ce jour.

A partir des Granges, les quatre affleurements se détournent au Sud-Ouest, comme la couche Siméon à la Varenne. Là, on franchit le col qui sépare le bassin de Roche de celui d'Unieux, les eaux du Pommareize de celles de l'Égoutay. A partir de ce point, les affleurements sont moins continus et moins faciles à suivre. Cependant, en partant toujours de la couche *Siméon*, caractérisée par sa puissance et l'abondance des schistes du toit, on constate sans peine que le Sagnat doit passer sous Beaulieu, le Petit-Moulin entre Beaulieu et le Bourgeat, et les traces des couches 11 et 12 entre Beaulieu et le hameau d'Aurelle (pl. XVII).

Le puissant affleurement de la couche Siméon se voit fort bien sur les bords du chemin qui descend des Granges vers l'Égoutay, dans la direction de Troussieux. Ce chemin croise même tous les affleurements depuis la *Grille* jusqu'à la *Troisième*. La couche Siméon passe ensuite sur la rive gauche de l'Égoutay, se perd, au delà, sous les prairies du fond de la vallée, puis reparaît, à l'Ouest de la Croix-Marlet, aux environs de la ferme du Grand-Béraud. Les couches inférieures 9 à 12, avec leurs bancs de grès, se montrent à leur tour en lambeaux épars, entre Grand-Béraud, Laumière et Lardier, le long de la crête qui sépare l'Égoutay du ruisseau de la Triol-lière (pl. XVII).

En consultant la carte, il semble que la neuvième couche se rapproche de la huitième en s'avançant vers le Sud-Ouest. Au Sud de Beaulieu la distance se réduit, en effet, à 100 mètres environ. Il faut ajouter toutefois que la pente des assises croît notablement sur ce point, et que, dans une région aussi accidentée, des failles ont pu réduire les distances d'une façon plus apparente que réelle. Aussi, quoique les deux couches semblent, en effet, se rapprocher, on ne peut pourtant rien dire de positif sur la puissance réelle du massif qui les sépare dans cette région.

§ 246. — Revenons maintenant à Roche pour nous occuper du groupe inférieur 13 à 16 (pl. XVI).

Observons d'abord qu'à peu de mètres au mur de la *Grille* (12ᵉ) vient une nouvelle veine, appelée la *crue*, qui n'est en réalité qu'une annexe, ou branche secondaire, de la Grille proprement dite. Elle a jusqu'à 2 mètres ou 2ᵐ,50 sur quelques points, mais elle est mêlée de schistes, et semble inexploitable; de plus, en profondeur, elle se rapproche de la *Grille* au point d'en devenir partie intégrante (pl. XXVI. Coupe).

Au mur de la *crue* vient le puissant massif de grès grossier du coteau de Poule-Noire, entre Frécon et le ruisseau qui descend de Drillant vers le Nord. Au milieu de ce massif, sur le chemin allant de Drillant à Frécon, on constate dans les champs un affleurement de houille schisteuse, de qualité inférieure, ayant des schistes argilo-charbonneux pour toit et mur ; sa puissance est de 1^m,50 à 2 mètres.

A la base du massif on connaît deux autres couches, désignées par Beaunier sous les noms de *grande* et *petite masse de la Neyrette*. La première a 1^m,20 à 1^m,30 ; la seconde, située entre 50 et 70 mètres plus bas, mesure 2 mètres à 2^m,50. Les deux couches ont été fouillées par des fendues que j'ai pu voir encore en 1840, les unes au Sud près de Drillant, les autres au Nord près du point où le ruisseau de Drillant se jette dans le Pommareize. Ces couches, comme la précédente, sont de qualité médiocre ; aussi ne les a-t-on pas exploitées depuis le commencement de ce siècle ; mais rien ne prouve qu'elles ne puissent s'améliorer en profondeur. On les reprendra certainement lorsque les couches supérieures seront épuisées. Dès aujourd'hui on peut affirmer que ces trois couches représentent certainement le groupe 13 à 15. Elles ne furent pas explorées jusqu'à présent en profondeur. Un seul des nombreux puits de Roche-la-Molière a été foncé au-dessous du niveau de la couche de la Grille, le puits *Neyron*, qui traverse

le Sagnat à 16 mètres de profondeur,

le Peyron à 61 mètres,

la Grille à 111 mètres, sous 39 mètres de grès (*taille*),

et la Crue à 128 mètres.

A partir de là, les grès et les schistes, plus ou moins grossiers, alternent continuellement à de faibles intervalles. La roche semble, en général, plus schisteuse qu'à la surface du sol auprès de Poule-Noire ; elle est surtout désignée, dans les coupes du puits, sous le nom de *manifer*. Vers 215 et 255 mètres on a cependant traversé des bancs de poudingue, et à deux niveaux, 230 et 282 mètres, de faibles veines de charbon terreux, entremêlé de schistes feuilletés et charbonneux. Le puits est arrêté à 292 mètres dans le *manifer*. Ni la puissance ni la position des deux veines charbonneuses, situées à 230 et 282 mètres, ne correspondent aux couches de la Neyrette. Celles-ci doivent se trouver pour le moins à 100 mètres plus bas. Les veines traversées appartiennent plutôt à l'affleurement schisto-

charbonneux de Poule-Noire (la 13ᵉ?), visible, comme je l'ai dit, dans le chemin qui conduit de Frécon à Drillant. La question concernant l'importance
des couches inférieures vers leur aval-pendage reste donc en suspens.

Au mur des couches de la *Neyrette* on atteint, le long du Pommareize, à moins de 500 mètres de distance, le granite rouge. Il n'y a donc
place ici que pour la partie *haute* du massif stérile de Saint-Chamond. Ni
l'étage proprement dit de Rive-de-Gier ni la *brèche* de la base ne remontent
jusqu'au jour. Mais aussi la vallée du Pommareize, qui rejoint la Loire à
Saint-Victor, semble-t-elle le résultat d'une sorte de relèvement du terrain
ancien, car plus loin, au Nord comme au Sud, on voit le dépôt houiller
inférieur se développer le long du terrain ancien.

§ 247. — Suivons d'abord la limite commune des deux terrains vers le
Nord. Sur la rive droite du Pommareize le sol s'élève en pente raide le long
de la faille de Landuzière. On a vu comment les couches 9 à 12 sont
redressées avec leurs toits de grès, contre le plan de la faille (§ 244). Or,
à un kilomètre au mur de la dernière couche, en face du double affleurement
des couches de la *Neyrette*, on constate également, sur la rive droite du Pommareize, un double affleurement analogue, au milieu d'un massif *de gore,* qui
remonte au Nord et plonge à l'Est sous la puissante série des bancs de grès
situés au mur de la couche de la Grille. Ce double affleurement, suite de celui
de la Neyrette, connu ici sous le nom de couches des *Saignes*, se prolonge au
Nord jusqu'à la trace de la faille de Landuzière, non loin du village de la Ché-
ronnière. Là aussi, dès que l'on a dépassé la faille, on rencontre un terrain
tout à fait différent. Ce sont des grès micacés, *sauvages*, plongeant fortement au Sud, et passant souvent à des poudingues quartzo-micacés. On
reconnaît bien là l'étage stérile placé entre Rive-de-Gier et Saint-Étienne.
On le retrouve partout, au haut de la côte, en allant du Minois par Bryas
aux Saignes. Un peu en arrière, vers le Nord, sur les hauteurs de Trèves
et de Landuzière, viennent les grès silicifiés, pareils à ceux de la base de
Saint-Priest, et, à l'Ouest des Saignes, au petit village du Mont, on atteint
sous le grès micacé, le gneiss en place. Au contact du terrain ancien, le
grès houiller est régulièrement veiné de quartz-calcédoine, blanc, bleu e

jaune. De plus, le feldspath du grès est kaolinisé, et, avec les veines siliceuses, on observe, soit dans le grès, soit dans le gneiss sous-jacent, des
lits de fer hydraté brun, pareil au minerai jadis exploité à Latour-en-
Jarrêt, au Nord du Mont-Reynaud. Si, d'autre part, on suit, depuis le
Minois, le chemin de Saint-Just-sur-Loire vers le Nord, on ne tarde pas à
rencontrer, au delà de Cizeron, la brèche de la base. Enfin, en longeant
le mur Nord du parc, on constate que la brèche se compose surtout de
fragments granitiques. On y voit d'énormes blocs de plusieurs mètres cubes,
ce qui a fait croire à du granite en place. Je doute cependant qu'il y ait là
autre chose que des blocs de très fortes dimensions, car, pêle-mêle avec les
masses granitiques, on trouve aussi, quoique en moindre proportion, des
fragments de micaschiste.

On peut suivre la brèche de Cizeron, vers le Nord, sans interruption jusqu'au Mont Ravel et même jusqu'au Furens en face de la Fouillouse. Dans
cette région on ne constate aucune trace de l'étage proprement dit de Rive-
de-Gier, comme à la *Maison blanche* et aux *Mouilles* plus au Nord (§ 200).
L'étage micacé de Saint-Chamond repose directement sur la brèche. La
limite entre les deux terrains va d'abord du Nord au Sud jusqu'aux environs
de Trèves, puis de ce point, de l'Est à l'Ouest, parallèlement à la faille
de Landuzière. Auprès de Landuzière même se montre, comme à la Niarais, un double affleurement argilo-charbonneux au milieu du terrain de
Saint-Chamond, affleurement dont l'importance industrielle est au reste
tout à fait nulle.

§ 248. — Au *Sud* du défilé du Pommareize la limite du bassin houiller
se dévie au Sud-Ouest vers Chichivieux, tandis que les affleurements de la
Neyrette courent au Sud-Sud-Est sur Drillant. Il suit de là que l'étage stérile
de Saint-Chamond va s'élargissant à mesure que l'on avance du Nord au
Sud. Entre Drillant et Chichivieux sa largeur dépasse 1,000 mètres. Mais
là, par le fait de la faille du *Midi*, qui rejette les affleurements du district
de Roche d'environ 600 mètres à l'Ouest, la bande stérile inférieure redevient de nouveau moins forte; cependant, à partir de Javeranges, la brèche
de la base se montre le long de la lisière du bassin, et se poursuit, vers le

Sud-Ouest, jusqu'au point où l'Égoutay pénètre de nouveau dans le terrain houiller non loin d'Unieux. Cependant l'étage stérile de Saint-Chamond ne semble plus dès lors occuper une zone de plus de 500 à 600 mètres de largeur, car les traces d'affleurements, que l'on constate encore au Sud de la faille du Midi, aux environs d'Aurelle et de Bichizieux, paraissent plutôt correspondre au groupe 13 à 16 de l'étage Stéphanois qu'à l'étage même de Saint-Chamond. L'importance de ce dernier étage diminue en effet, dans cette région, à mesure que l'on approche du village d'Unieux.

En résumé, on le voit, la partie inférieure du dépôt houiller n'est représentée, à la surface du sol, que fort incomplètement entre Roche-la-Molière et Unieux.

§ 249. — Après avoir étudié, dans le district de Roche-la-Molière, l'étage inférieur de Saint-Étienne, venons à l'étage moyen, c'est-à-dire à la *troisième* couche et ses satellites.

En remontant de bas en haut, signalons d'abord, au toit de la couche Siméon, deux faibles veines, qui longent le coteau de Saint-Genest-Lerpt entre ce village et le domaine de Dourdel. La veine inférieure (n° 7 *ter*) affleure, sous un banc de grès, au voisinage des murs de clôture du domaine de Dourdel et dans le chemin qui descend de là vers Roche. C'est une couche de 1 à 2 mètres, divisée en deux bancs par des lits de schiste. Elle fournit du charbon *Rafford* et pierreux, pareil à celui du puits *Rambaud* au Cluzel. On l'a exploitée autrefois, auprès de Dourdel, par une fendue. La couche m'a paru moins importante et moins bonne qu'au puits voisin des *Baraudes*. Dans la direction du Nord elle continue jusqu'à Saint-Genest, en diminuant d'épaisseur progressivement.

Je l'ai vue, sous Saint-Genest même, auprès du pont jeté sur le ravin qui va de ce bourg au ruisseau de Pommareize. Sa puissance y est réduite à 0^m,80 ou 1 mètre au maximum.

Près de Dourdel elle a été coupée, sur son aval-pendage, par le tunnel du chemin de fer, qui relie les mines de Roche au Cluzel.

Dans ce tunnel elle se compose de :

Banc du toit	0ᵐ,50 à 0ᵐ,60
Nerf schisteux	0 40 à 0 50
Banc du mur	0 70 à 0 80
Puissance totale.	1 60 à 1 90

Au-dessus de la couche n° 7 *ter*, vers le haut du coteau, et en particulier auprès du hameau de Goutte-Noire, paraît la seconde veine, le n° 7 *bis*, dont la puissance ne dépasse nulle part 1ᵐ,20 à 1ᵐ,30 ; comme au puits *Rambaud*, elle est moins épaisse et tout aussi pierreuse que la précédente. On ne peut donc guère la citer que pour mémoire. Ses traces se voient, le long du chemin de Dourdel à Saint-Genest, jusqu'aux premières maisons de ce village. Dans le tunnel du chemin de fer du Cluzel elle n'est représentée que par des filets charbonneux sans importance.

Au Sud, auprès de Dourdel, les deux couches sont coupées par la faille du Midi ; et si, au delà, entre les affleurements des couches nᵒˢ 8 et 3, on rencontre de nouveau çà et là des traces charbonneuses, comme à la Varenne, on ne peut les classer d'une façon positive. Nous verrons cependant que la galerie *Baude* les a retrouvées auprès de Villebœuf. Mais, avant d'aborder ces couches secondaires, poursuivons plutôt la grande couche supérieure, la *troisième*.

§ 250. — On a vu, dans le district de Beaubrun et Mont-Salson (§ 224), que la troisième couche était rejetée, aux mines des *Platières*, par le fait de la faille du Cluzel, au niveau de la huitième, et qu'une petite faille, à pente inverse, la ramenait au jour, sur les bords du ruisseau le Pommareize, en amont de Villebœuf. Par suite de la configuration du terrain, l'affleurement décrit, sur les deux flancs du petit vallon, un étroit fer à cheval assez semblable à celui du Château-Creux dans la concession du Treuil.

Sur la rive droite du ruisseau la couche fut exploitée, de 1808 à 1815, par les deux puits *Buat*, dont la profondeur est de 30 à 40 mètres à peine. La puissance de la couche y est de .6 à 8 mètres, comme aux Platières, et fournit également du charbon tendre et pur, riche en bitume, tenant

33 à 35 pour 100 d'éléments volatils. Elle est caractérisée, comme à Beaubrun et à Mont-Salson, par le nerf dit *gore des Veines*.

A l'époque où les propriétaires du sol pouvaient exploiter chez eux jusqu'à 100 pieds de profondeur, on en tirait du charbon, à l'aide de fendues, sur le flanc gauche du vallon. Les rejets y sont nombreux, quoique peu importants, ce qui rend le charbon tendre et friable. Ces accidents sont la conséquence du voisinage des grandes failles du Cluzel et du Midi.

Une partie un peu moins troublée de la couche correspond aux anciennes fendues *Bussac*, qui furent en activité de 1806 à 1815 ; et le concessionnaire, M. d'Osmond, avait déjà exploité sur ce point avant la révolution. La couche y plonge d'environ 18° vers le Sud-Est, donnant de la houille pure et tendre ; sa puissance moyenne est de 5 à 6 mètres. Pour exploiter cette région d'une façon méthodique, on ouvrit, ces dernières années, sur la hauteur au-dessus de Grange-Neuve, le puits *Baude* à la cote de 624 mètres. De plus, un travers-bancs de 590 mètres de longueur partant du pied du coteau, à l'altitude de 541 mètres, rejoint le puits à 79 mètres du jour. L'orifice de la galerie se trouve à 200 mètres au Sud de l'affleurement de la couche *Siméon*. Aussi recoupe-t-elle, du mur au toit, la majeure partie du massif qui sépare les couches n°^{os} 8 à 3 A l'orifice de la galerie affleurent des grès schisteux plus ou moins micacés ; puis, entre 50 et 100 mètres de l'entrée, la galerie coupe une couche de houille de 0^m,80 à 1 mètre, presque horizontale et variant de pente à plusieurs reprises. A 170 mètres, nouvelle veine de 1 mètre à 1^m,30 avec minerais de fer au toit. Les deux veines, qui semblent correspondre aux deux bancs d'une seule et même couche, représentent, bien certainement, le n° 7 *ter* de la fendue Dourdel et du puits des *Baraudes* L'affleurement passe au travers du village de Villebœuf ; le charbon en est cru et dur.

De 170 à 320 mètres viennent encore des grès schisteux, sauf vers 280 mètres, où trois filets charbonneux figurent peut-être le n° 7 *bis*, partout moins puissant et plus pierreux que le n° 7 *ter*. De 320 à 380 mètres on est dans le faisceau des couches n°^{os} 7 à 5 qui sont ici, comme au Quar

tier Gaillard, assez rapprochées les unes des autres, et constamment associées à des schistes ou à des grès schisteux.

A 320 mètres couche de $1^m,50$, donnant du charbon dur à 30 pour 100
d'éléments volatils et peu de cendres.

A 340 mètres, nouvelle couche de $1^m,50$, également assez pure, tenant
33 pour 100 de matières volatiles. Enfin, à 380 mètres une couche de
$1^m,80$ à 3 mètres de houille relativement tendre (*moureuse*), le n° 5. De 380 à
440 mètres principalement du grès, comme partout au toit de la cinquième ;
au delà, à 450 mètres, le n° 4, donnant comme ailleurs du charbon pierreux, chargé de cendres. Sa puissance est de $1^m,70$.

A 515 mètres de l'orifice, soit 75 mètres du puits *Baude*, la galerie a
enfin rencontré la *troisième* couche. Le puits lui-même la traverse à 118 mètres, et la *quatrième* à 150 mètres sous un banc de grès. Comme dans la
galerie, le charbon de la quatrième est médiocre et sa puissance de $1^m,50$.

Le puits lui-même fut approfondi dans un terrain brouillé jusqu'à
222 mètres, sans rencontrer le groupe 5 à 7, à cause des failles qui troublent
le terrain. Enfin, au-dessus de la *troisième*, le puits a traversé, à 65 mètres,
une couche supérieure, réduite à 0,80 par un accident ; ce doit être la
seconde des puits de Beaubrun.

Des diverses couches, ainsi reconnues, on n'a poursuivi jusqu'à présent que la plus importante, la *troisième*. Les anciens travaux des fendues
Bussac atteignent le niveau du grand travers-bancs. On fut arrêté là par un
resserrement, où la couche est réduite à $1^m,60$, et même à $0^m,50$ en divers
points. En amont, sa puissance était plus forte ; dans le puits, à 118 mètres,
on a trouvé 5 mètres de charbon pur et tendre, comme à Beaubrun et à
Mont-Salson. On a aussi rejoint la couche par un travers-bancs, partant du
fond du puits, à la cote de 413 mètres, et, à ce niveau, elle est également
pure et puissante. Il reste donc là vers l'aval-pendage une belle réserve, où
les failles seront encore nombreuses, mais pourtant trop peu importantes
pour troubler d'une façon sérieuse la continuité de la couche. Par des travers-bancs, poussés successivement vers le Sud, à partir des deux puits
Baude et du *Sagnat*, suffisamment approfondis, il sera facile d'exploiter non

seulement la troisième, mais aussi les couches inférieures. le tout sous la large crête qui sépare, depuis le Devais jusqu'à Firminy, la vallée de l'Ondaine de celle de Roche-la-Molière.

A l'Ouest du puits *Baude*, l'affleurement de la *troisième* passe en amont de Grange-Neuve, et éprouve ensuite une courte interruption, qui doit correspondre à la faille, connue dans les travaux du puits Baude.

L'affleurement reparaît, d'une façon très nette, à la croisée des chemins qui montent de la Piotière et de Villebœuf vers le crêt du Bessy.

Au delà, au Sud du bois de la Garde, l'affleurement, s'il n'est pas masqué par une faille, doit être caché sous les prés du vallon de l'Egoutay, à l'ouest de la Pinatelle, car il est connu, dans le flanc gauche de ce vallon, à la ferme du Bouchage, par une ancienne fendue et, un peu plus loin, dans le domaine du Carbonnet, où des fouilles firent aussi connaître sa présence il y a peu d'années. Enfin, plus loin encore, au-dessous des villages de la Marque, de Troussieux et de Féréol, l'affleurement fut récemment fouillé par une série de tranchées, qui toutes annoncent une forte plongée de 35 à 40° vers le Sud-Est, avec des puissances de charbon pur variant de 1 mètre à 2^m,70. Entre le domaine de la Marque et le ruisseau de l'Égoutay on reconnaît même les traces d'une ancienne exploitation à ciel ouvert, où la couche avait jusqu'à 5 mètres de puissance. A la suite de ces fouilles, on s'est décidé à foncer un puits, auprès de Troussieux, jusqu'à la troisième, puits qui devra plus tard atteindre, par un travers-bancs, les couches inférieures. En décembre 1880, on avait traversé, à 70 mètres, une couche supérieure, la *seconde* sans nul doute. Elle a 2^m,50, avec nombreux filets de schistes.

Au delà du domaine de Féréol l'affleurement disparaît. Les failles se multiplient autour de la Croix-Marlet. Il est positif cependant, puisque les couches de l'étage inférieur affleurent le long du flanc droit du vallon de la Triolière, que celles de l'étage moyen doivent rejoindre, sur l'autre flanc de ce vallon, les couches à pente inverse du même étage, connues et exploitées entre la Bargette et les Trois-Ponts. Je reviendrai, au reste, sur cette question après avoir étudié le district de Firminy. Nous verrons en

particulier qu'un long travers-bancs, partant du puits *Monterrad* (de la Malafolie), à la cote de 233 mètres, se dirige sur Alus et Troussieux, afin de
recouper le relèvement Nord des couches de la Bargette, des Layats et de
la Malafolie, dont les affleurements se voient sur les bords de l'Ondaine. Il
reste donc, là aussi, une importante réserve pour l'avenir.

§ 251. Voici, pour clore la description du district de Roche-la-Molière,
les tableaux des concessions et des principaux puits de ce district :

1° *Tableau des concessions.*

NOMS DES CONCESSIONS.	ÉTENDUE en HECTARES.	DATES des ORDONNANCES DE CONCESSION.
Roche-la-Molière et Firminy.	5850	19 octobre 1814.

Note. — Le 4ᵉ district ne comprend même que la partie Nord de la concession mesurant 5000 hectares.

2° *Tableau des profondeurs des principaux puits.*

NOMS des CONCESSIONS	NOMS des PUITS.	COTES de l'orifice des puits au-dessus de la mer.	PROFONDEUR DES COUCHES DANS LES PUITS.					PROFONDEUR totale.	OBSERVATIONS.
			N° 8	N° 9	N° 10	N° 11	N° 12		
	Du Crêt. . . .	575ᵐ	167ᵐ	»	»	»	»	350ᵐ	Travers-bancs aux cotes de 225 et 387ᵐ.
Partie Nord de Roche-la-Molière et Firminy.	Dolomieu . . .	531	»	20	90	144	190	206	
	Derhins. . . .	523	»	»	48	80	140	150	
	Neyron	545	»	»	16	64	111	292	A 282ᵐ la 13ᵉ en faille.
	Sagnat	548	»	152	198	233	280	310	
	Granges n° 2. .	558	»	24	80	155	»	158	A 108ᵐ rejoint la 8ᵉ par un travers-bancs.
			N° 2	N° 3	N° 4				
	Baude	624	65	118	150	»	»	222	Traverse les couches 5 à 7 en faille.
	Troussieux . .	(?)	70	»	»	»	»	75	

V. — **District de Firminy** (Pl. XVIII à XX).

§ 252. — Le district de Firminy comprend l'extrémité Sud-Ouest du bassin de la Loire, c'est-à-dire la concession d'Unieux et Fraisse et la partie Sud de celle de Roche-la-Molière et Firminy. Il est limité, au Sud et à l'Ouest, par le terrain ancien ; à l'Est, par la grande faille transversale de la Malafolie ou de la Renaudière ; au Nord, par le terrain ancien dans la concession d'Unieux, et par la vallée de l'Égoutay dans celle de Roche.

On y exploite, comme dans le district précédent, principalement les couches de l'étage *inférieur* de Saint-Étienne ; cependant l'angle Nord-Est du district est en outre occupé par l'étage moyen. De même, comme à Roche, grâce à plusieurs grandes failles, l'allure est devenue transversale dans la majeure partie du district ; là aussi pourtant les couches sont relevées, en forme de fer à cheval, le long de la lisière Sud du bassin houiller. Cette inflexion est surtout visible à Firminy même, qui en occupe en quelque sorte le centre ; elle apparaît également, dans la partie Sud des travaux de la Malafolie, entre le hameau du Soleil et la faille de la Renaudière.

La grande faille transversale de la Renaudière se rattache directement à la faille longitudinale de Barlet. Elles relèvent ensemble le quartier situé au Sud du Chambon. Au Nord apparaissent, en effet, les roches micacées et stériles de Saint-Chamond, et, au-dessus, la base de l'étage inférieur de Saint-Étienne, caractérisée, selon M. Grand'Eury, sur les bords du ruisseau de Valchéry, par la flore du groupe de la quinzième couche. Par contre, au toit des deux failles, on rencontre, au Nord, le groupe de la couche des Rochettes avec des traces de l'étage supérieur, et à l'Ouest, dans les mines de la Malafolie, la série des couches de l'étage inférieur, surmonté du groupe de la troisième.

La faille de la Renaudière isole, dans la vallée de l'Ondaine, le dépôt de Firminy de celui de Montrambert, et l'on peut se demander si cet isolement n'a pas déjà commencé pendant la période houillère même, s'il y eut constamment, pendant cette période, communication entre les deux parties du bassin ? Il serait fort possible, en effet, qu'auprès de Firminy il se fût produit quelque chose d'analogue à la crête souterraine qui isole Rive-de-Gier de Tartaras (§ 93). Lorsqu'on compare la Béraudière et Montrambert à la Malafolie on constate de très grandes différences. Les parties inférieures surtout se ressemblent peu ; il se pourrait par suite qu'il n'y ait pas eu réellement, à cette époque, libre communication entre les deux bassins.

D'autre part, on a vu que le dépôt houiller se modifie insensiblement au Nord, entre Roche et Unieux ; que la neuvième couche en particulier se rapproche de la huitième dans cette direction, et que là du moins il ne semble pas y avoir eu solution de continuité. La question que je viens de soulever reste donc en suspens ; aussi ne chercherons-nous pas à la trancher maintenant. Étudions plutôt les couches de Firminy sans parti pris ; nous les comparerons ensuite à celles des districts voisins.

SOUS-DISTRICT DE LA MALAFOLIE.

§ 253. — La région de Firminy comprend deux sous-districts : le quartier de la *Malafolie*, à l'Est, et celui de *Firminy* même à l'Ouest. Commençons par la Malafolie (pl. XVIII).

On distingue à la *Malafolie* quatre séries de couches. Ce sont, en partant du bas :

1° les couches dites du *Soleil* ;

2° les couches proprement dites de la *Malafolie* ;

3° la grande masse de *Saint-Léon* et du *Ban* avec ses satellites ;

4° les veines supérieures de la *Bargette*.

Les affleurements des deux séries inférieures coupent les rives de l'Échapre. La première affleure au hameau même du Soleil ; la seconde, entre ce hameau et le chemin de fer du Puy ; la troisième, sur les bords de l'Ondaine ; la quatrième, sur la rive droite de ce cours d'eau, entre la Bargette et les Trois-Ponts. La plongée générale des bancs est du Sud au Nord, de sorte qu'en traversant, dans cette direction, la vallée de l'Ondaine, on coupe successivement du mur au toit, c'est-à-dire du micaschiste à la partie haute du dépôt houiller, toutes les assises de ce dernier terrain. J'ajouterai que les affleurements, dont je viens de parler, s'infléchissent tous, à droite et à gauche, en forme de fer à cheval. A l'Est, ils viennent buter contre la faille de la Renaudière ; du côté opposé, ils se détournent au Nord-Ouest, grâce à la faille parallèle du Breuil, franchissent l'Ondaine au Nord du Mas et s'élèvent ensuite sur le plateau de Combe-Blanche, au Nord de Firminy.

Au hameau du Soleil on connaît deux couches voisines l'une de l'autre, la *grande* et la *petite* couche du *Soleil*. Les affleurements sont situés à 800 ou même 900 mètres de la limite du bassin, aussi rencontre-t-on, au-dessous, le poudingue stérile, plus ou moins micacé et schisteux, de Saint-Chamond, passant, entre les Brosses et les Préaux, à un conglomérat bréchiforme rougeâtre, qui se poursuit jusqu'au micaschiste et pourrait bien représenter un pointement de la brèche de Rive-de-Gier. Ce terrain rouge disparaît à l'Ouest, au delà des Préaux, contre la faille du Breuil, qui le rejette en profondeur. A l'Est, il est couvert par les alluvions du torrent de l'Échapre, et au delà il demeure caché sous le poudingue ordinaire de Saint-Chamond, parce que les affleurements des couches du Soleil ne sont plus alors qu'à 500 mètres de la limite du bassin.

Enfin, au hameau des Brosses, vient la faille transversale de la Renaudière, qui relève le terrain inférieur, comme la faille du Breuil, de façon à ramener au jour le poudingue grossier inférieur, qui toutefois n'est pas rouge sur ce point. L'action de la faille de la Renaudière sur l'allure du terrain est très bien marquée à la surface du sol. Non seulement les couches de houille remontent le long de la faille, de sorte que des filets charbonneux se voient, au Sud du hameau des Brosses, jusqu'au voisinage même du terrain ancien, mais le micaschiste lui-même est visiblement affecté par la faille : le vallon de l'Échapre lui doit son existence et, sur sa rive droite, le terrain ancien est relevé de façon à reporter le dépôt houiller de quelques cents mètres vers le Nord.

Les couches du Soleil furent d'abord explorées par un petit puits de
20 mètres, creusé en 1834, non loin du hameau du Soleil. La couche principale y a 2^m,60, et tout auprès sont deux autres veines, l'une au toit, l'autre
au mur, ayant 0^m,80 à 1^m,20 de puissance. C'est ce premier travail qui fit
donner aux veines en question le nom de couches du *Soleil*. Depuis lors, on
a recoupé leur aval-pendage par le puits *Chapelon*, à 256 mètres de profondeur, et plus tard, par le grand travers-bancs du puits *Monterrad* n° 2, à
10 mètres plus bas, vers la cote de 233 mètres.

La coupe détaillée, prise au voisinage du puits Chapelon, donne, pour
les deux couches la succession suivante :

Couche supérieure : houille. . . . . 1^m,20
Schiste charbonneux. 3 00
Couche principale { *Banc supérieur*, houille pure, avec nerf de 0^m,10 au milieu 4 00
                  { *Banc inférieur*, houille entremêlée de filets schisteux . . 3 00

Le banc supérieur n'est exploitable, dans les conditions actuelles, que
sur 2 mètres de hauteur.

Le grisou est abondant dans la couche du Soleil.

Jusqu'à présent, on a du reste peu exploré ces trois couches inférieures. Le grand travers-bancs n'a même pas été prolongé jusqu'à la veine
du mur. Mais il est évident que leur allure ne doit guère différer de celle
des couches supérieures. Quant au charbon qui en provient, il laisse plus
de cendres et de mâchefer; c'est de la houille grasse à longue flamme,
tenant 34 à 36 pour 100 d'éléments volatils (n°s 33 et 34 du tableau). On
constate, ici comme ailleurs, l'influence de l'âge relatif des couches. Ainsi,
les trois couches proprement dites de la Malafolie renferment 38 à 39
pour 100 de matières volatiles (n°s 1, 9 et 10), et la grande couche supérieure du puits Saint-Léon même 40 pour 100 (n° 4). Au fond, toutes les
couches de la Malafolie, comme toutes celles du district voisin de Montrambert et de la Béraudière, fournissent des charbons à longue flamme;
il en est de même des couches de Combe-Blanche, dans la concession
d'Unieux, tandis qu'en se dirigeant vers le Nord, sur Roche-la-Molière, on

rencontre des charbons d'autant moins riches en éléments volatils que l'on s'éloigne davantage de la limite méridionale du bassin, formé de micaschiste, pour se rapprocher du granite, qui borde le bassin à l'Ouest et au Nord. Ainsi, c'est moins l'âge des végétaux que la nature du sous-sol ancien et l'épaisseur des assises, sous lesquelles les végétaux ont été enfouis, qui influe sur la qualité de la houille.

Comme on vient de le voir, les couches du Soleil augmentent de puissance, au Nord, vers leur aval-pendage. Au puits Chapelon, la couche principale mesure 7 mètres, la couche supérieure $1^m,30$ et la veine inférieure, placée à 12 mètres au mur de la couche principale, $0^m,70$. L'intervalle est surtout occupé par des grès, sauf au voisinage immédiat de la houille.

Dans la galerie du puits Monterrad, la grande couche est de nouveau réduite à 5 ou 6 mètres et la veine supérieure à moins de 1 mètre. Malgré cela, l'ensemble des trois veines, ou du moins les deux principales, forment une réserve importante pour l'avenir ; la hausse de prix des bonnes houilles permettra d'écouler le charbon inférieur de la couche du Soleil, qui est plus tendre et plus schisteux que celui des couches proprement dites de la Malafolie.

Le champ d'exploitation mesure en moyenne 1,500 mètres, entre les deux failles Est et Ouest, et 1,200 mètres depuis les affleurements jusqu'au cours de l'Ondaine au Nord. La pente des couches est faible dans les parties hautes, 20 pour 100 en moyenne, mais augmente graduellement en profondeur, ainsi qu'à l'Est, au voisinage de la faille de la Renaudière.

Le massif qui sépare le groupe du *Soleil* des trois couches de la Malafolie a une puissance de 160 à 180 mètres. Il est traversé en entier par le puits *Chapelon* et en partie par le puits *Monterrad* n° 2. Le grès domine vers la base. A la veine supérieure du Soleil succède, en effet, directement un gros banc de grès de 50 mètres; vient ensuite un ensemble de 60 mètres où les schistes et les grès alternent à plusieurs reprises avec prédominance de l'élément schisteux et abondance relative de paillettes micacées. On trouve quatre faibles veines, régulièrement espacées de 15 à 20 mètres. Comme toujours, dans les terrains micacés, le charbon de ces veines est cru, et leur épaisseur faible. Celle-ci est comprise entre les chiffres extrêmes de 0^m,30 et 1 mètre. Dans aucune de ces couches on n'a entrepris des travaux d'exploration. Au puits Monterrad n° 2 et dans le grand travers-bancs les veines en question semblent être encore plus impures et moins puissantes. Au toit immédiat de la plus élevée de ces veines viennent 20 mètres de grès, puis 30 mètres de schistes, et au-dessus la série proprement dite de la Malafolie, formée de trois couches, communément appelées *première, deuxième* et *troisième* couches de la Malafolie.

§ 254. — La plus élevée, ou *première*, connue aussi sous le nom de *Grande masse*, est la plus importante des trois, quoique, au point de vue de la qualité de la houille, on ne les différencie guère. Cependant les bancs inférieurs de la troisième couche contiennent plus de schistes que la Grande masse, et réclament, par suite, un lavage plus soigné. Le charbon des trois couches est dur, fibreux, à poussière brune, donnant, comme tous les charbons gras à longue flamme, du coke argentin en aiguilles minces, effilées. Aussi ne l'emploie-t-on plus aujourd'hui comme charbon à coke. Il est surtout vendu aux usines à gaz et pour les fours Siemens à haute température, qui réclament une proportion élevée d'éléments hydrogénés.

La *troisième*, ou dernière du groupe de la Malafolie, a une puissance utile de 2^m,50 à 3 mètres, avec un banc inférieur, mêlé de schistes, dont l'épaisseur varie beaucoup. Dans le travers-bancs du puits Monterrad, à la cote de 233 mètres, on trouve, sous un toit principalement schisteux, 2^m,40 de beau charbon pur, et, au-dessous, un massif de 2^m,75, divisé en quatre bancs par trois lits de schiste jaune, mesurant 0^m,10 à 0^m,20 chacun. Les deux bancs les plus voisins du mur sont crus.

Au puits Monterrad même le banc supérieur atteint 3^m,90, mais le banc inférieur, divisé en trois, est formé en grande partie de charbon cru, mesurant 2^m,50 avec les nerfs. Enfin, dans la partie orientale du champ d'exploitation, à 100 mètres à l'Est du puits *Adrienne*, le banc pur supérieur de 2^m,50 est séparé de la partie schisteuse inférieure par 3 mètres de schiste charbonneux. Cette partie inférieure, divisée en quatre bancs par des lits de schistes de 0^m,10 à 0^m,20, mesure elle-même 3 mètres avec les nerfs, et le charbon en est cru. En résumé, la plus basse des trois couches du groupe de la Malafolie, a une puissance moyenne utile de 2ᵐ,50 de bon charbon à gaz, et, au-dessous, une partie pierreuse d'égale épaisseur, qu'il est difficile d'exploiter avec profit dans les conditions actuelles.

L'intervalle entre la *deuxième* et la *troisième* du groupe de la Malafolie est de 35 à 40 mètres. On y rencontre des schistes, avec un banc de grès de 12 à 15 mètres, au mur immédiat de la deuxième couche. Celle-ci a rarement plus de 2 mètres d'épaisseur, mais c'est du bon charbon à gaz. Il contient même plus de matières volatiles que les deux autres couches, en général 39 à 40 pour 100, au lieu de 38 (voir le nᵒ 1 du tableau). L'exploitation en est facilitée par un solide toit de grès qui s'étend jusqu'à la *Grande masse*, la première du groupe.

La *Grande* couche, que je viens de nommer, a 6 à 8 mètres de puissance utile. Le toit est formé de schistes et de charbon cru avec minerai de fer. Le banc supérieur, de 3ᵐ,50 à 4 mètres, est un peu schisteux et entremêlé de lits à minerai. Au-dessous, sous un faible nerf de schiste noir, vient le banc inférieur, le plus estimé des deux. Sa puissance est également de 3ᵐ,50 à 4 mètres. C'est du beau charbon brun noir, fibreux et dur, fort recherché pour les reverbères, les gazogènes et les usines à gaz. Mais l'Est, en approchant de la faille de la Renaudière, la couche s'altère, devient schisteuse et n'a plus que 3 à 4 mètres dans son ensemble.

Les trois couches de la Malafolie, dès longtemps fouillées sur les affleurements, sont sérieusement exploitées depuis 1830. On creusa alors le puits *Jabin* et deux ou trois petits puits, le long des affleurements, pour l'aérage et la descente des ouvriers. Vers 1840, on y ajouta les puits plus profonds de la *Malafolie, Adrienne* et *Monterrad* nᵒ 1. Mais aucun d'eux n'avait alors dépassé la Grande masse. Les deux couches inférieures n'étaient connues que par les affleurements. Depuis lors on fonça successivement, vers l'amont-pendage, le puits *Chapelon* jusqu'à la couche du Soleil; au centre des travaux, le puits *Monterrad* nᵒ 2 jusqu'au mur des quatre veines crues inférieures, et le puits *Saint-Thomas*, vers l'aval-pendage, pour l'épuisement des eaux, jusqu'à 262 mètres de profondeur. Il n'atteint d'ailleurs le groupe de la Malafolie que par deux travers-bancs, ouverts aux cotes de 233 et 225 mètres. Ce puits ne recouperait la grande couche que s'il était creusé jusqu'à la profondeur de 320 à 330 mètres.

Le grand travers-bancs du puits *Monterrad* est ouvert à la cote de 233 mètres, au niveau de la traverse supérieure du puits *Saint-Thomas*. Il a été poussé d'un côté, au mur, jusqu'à la couche du *Soleil*; de l'autre, vers le toit, jusqu'aux veines de l'étage supérieur, et sera finalement prolongé jusqu'aux couches à pente opposée de Troussieux.

Dans ce travers-bancs on a rencontré, à 600 mètres (horizontalement) au Nord de la grande couche de la Malafolie, une faille au delà de laquelle les assises plongent au Sud-Est. Cette faille, qui est précédée d'accidents secondaires, paraît correspondre, en profondeur, à la faille *mère de la Barge*, c'est-à-dire que l'on est arrivé dans le travers-bancs jusqu'à l'accident *principal de la Barge*, dont on ne connaît encore, près du jour, qu'un premier gradin *avant-coureur*.

L'allure des trois couches de la Malafolie est assez régulière dans son ensemble, ainsi que le prouvent les courbes de niveau de la grande couche. La direction générale est Nord Ouest-Sud Est, avec relèvement assez brusque le long de la faille de la Renaudière. Cette faille, ou plutôt l'un de ses premiers gradins, coupe en écharpe le puits *Saint-Thomas*, et y amincit les couches supérieures, en particulier celle que nous ferons connaître bientôt sous le nom de *Grande masse Saint-Léon*, ou du *Ban*. Grâce à cette faille, toutes les assises sont inclinées dans ce puits de 40 à 45°.

En dehors des deux grandes failles limites Est et Ouest, on ne rencontre, dans le champ d'exploitation, qu'un petit nombre d'accidents de faible importance, qui semblent se rattacher aux deux failles extrêmes. L'un de ces accidents, à l'Ouest des puits *Malval* et *Saint-Léon*, est rigoureusement parallèle à la faille de la Renaudière, dont il est certainement une sorte de gradin précurseur de 15 à 20 mètres d'amplitude. Une faille de même direction, mais à pente inverse, coupe le puits *Monterrad* n° 2, au niveau même de la grande couche de la Malafolie; son amplitude

est sur ce point de 25 mètres, mais elle s'évanouit au Nord avant d'atteindr
le puits du *Ban*. Enfin quelques accidents, fort peu importants, sillonnen
la couche aux environs du puits *Jabin;* ils doivent se rattacher à la faill
du Breuil.

A l'Ouest, les couches sont rejetées, par une faille Nord-Sud, longean
le ravin des Layats au delà des Trois-Ponts. Nous retrouverons plus tar
ces couches à Combeblanche au Nord de Firminy.

Au toit des schistes à minerai, qui couvrent la grande couche de l
Malafolie, vient un banc de grès de 15 à 20 mètres, puis un ensembl
schisteux avec deux ou trois faibles veines, plus ou moins crues. Ces veines
au nombre de trois, occupent le haut du puits *Monterrad n° 2*. Le mass
schisteux, qui les contient, a 15 mètres de puissance, et la veine charbon
neuse la plus épaisse, $0^m,50$. Au puits de la *Malafolie*, ce sont deux veines
20 mètres de distance; la plus élevée, à 60 mètres du jour, mesure $1^m,30$
la seconde $0^m,80$. Au puits *Adrienne*, les deux veines, de $0^m,80$ chacune
sont presque réunies et situées à 30 mètres au-dessus de la grande couche
ou à 26 mètres du jour. Enfin ces mêmes veines se rencontrent également
au fond du puits *Saint-Thomas*. Elles y sont même au nombre de quatre
la plus forte y atteint $1^m,30$. Mais sur tous ces points elles sont crues e
entourées de terrain micacé *sauvage*. Aussi le groupe des trois couches d
la Malafolie est-il nettement isolé des étages suivants et en particulier de 1
grande couche du puits *Saint-Léon*, dont nous allons maintenant nous occupe

§ 255. — Le terrain *sauvage*, entre la première couche de la Malafol
et la grande couche supérieure du puits Saint-Léon, mesure, selon le
puits, 150 à 180 mètres. Vers le haut de ce massif stérile, on voit, sur l
rive gauche de l'Ondaine, un bel affleurement, en aval du point où l'Échapr
rejoint ce cours d'eau. Il y eut même jadis, en ces lieux, une exploitatio
à ciel ouvert. La puissance moyenne de la couche est de 10 mètres, et su
divers points elle atteint même 12, 13 et 14 mètres. Pour la reconnaître, o
fonça le puits *Saint-Léon*, aujourd'hui fermé; il y pénétra à 20 mètres d
profondeur, dans un accident, car, à l'Ouest, la couche se renfle pa
refoulement jusqu'à 30 mètres, tandis qu'elle s'étrangle à l'Est. Elle es

de même laminée au puits *Saint-Thomas,* sous l'influence de la faille de la Renaudière. Elle y est réduite à deux bancs de 2 mètres chacun. Mais là où elle est régulière, au puits *du Ban* et au puits *Labarge,* elle mesure 10 à 12 mètres. De plus, à une faible distance au toit, on connaît une veine supérieure, plus ou moins schisteuse. Ainsi, au puits *Labarge* on a trouvé, en 1871 :

Faibles bancs de houille et schistes charbonneux. . . . . $5^m,00$
Schistes avec rognons de fer lithoïde. 0 70
Banc de *canel-coal* 0 60
Houille grasse à longue flamme, tenant 40 à 42 pour 100 de matières
volatiles . . . . 10 à 12 mètres.

Le *Canel-coal* du puits *Labarge* est, au fond, plutôt une sorte de *boghead,* ou schiste bitumineux, car il laisse 20 à 40 pour 100 de cendres, et dégage, abstraction faite des éléments terreux, 48 pour 100 de matières volatiles.

Au puits du *Ban* n° 1, vers l'aval-pendage, la couche a 11 mètres d'épaisseur, parfois divisée en deux par un faible nerf. A la couche succèdent, en montant, des schistes, dont l'épaisseur varie de 2 à 10 mètres, puis une veine un peu crue de 1 à 2 mètres. L'inclinaison, qui est de 25 à 30° le long des affleurements, atteint 45° dans le fond des travaux. A ce niveau la couche rencontre les premiers gradins de la faille longitudinale de la Barge, qui précipite le terrain en profondeur vers le Nord, comme celle de *Barlet* à Montrambert.

La couche Saint-Léon est connue, par un travers-bancs, jusqu'à la cote de 240 mètres. Le puits lui-même la coupe à 150 mètres de profondeur, vers la cote de 340 mètres. La couche a été suivie déjà sur près d'un kilomètre en direction. A l'Est, on est arrêté par la faille de la Renaudière; à l'Ouest, par la faille inverse des Layats, qui remonte la couche au jour, sans laisser au delà des traces bien apparentes. Il semble cependant, d'après la marche des couches de la Malafolie, qu'elle doit se prolonger souterrainement à l'Ouest et y rejoindre le pendage inverse de Troussieux. Toutefois elle n'est plus visible, à la surface du sol, par suite de la faille de la Barge, mais elle doit s'étendre bien certainement sous la majeure partie

du coteau qui va des hameaux de la Barge et d'Alus vers la Croix-Marle
(pl. XVII). C'est une belle réserve, car le charbon vaut, comme houille
gaz, celui de la Malafolie, et la puissance de la couche est de 10 mètres e
moyenne.

§ 256. — Entre les Trois-Ponts et la Bargette, sur la rive droite d
l'Ondaine, affleure un ensemble de couches *supérieures* mal explorées, don
le nombre exact est difficile à fixer, à cause des failles qui sillonnent l
terrain.

On rencontre d'abord, en allant de bas en haut, la veine, dite *premièr*
couche de Saint-Léon, située à une trentaine de mètres au-dessus de l
Grande masse. Sa puissance est de $1^m,30$ à 2 mètres aux puits *Labarge* et d
Ban, et la qualité du charbon assez médiocre; on y a cependant ouvert quel
ques travaux représentés sur les plans par les courbes de niveau (pl. XVIII

A 50 mètres au-dessus de la petite couche Saint-Léon, viennent le
veines dites *première* et *deuxième* de *Chaponnost*, que les puits du *Ban* couper
à peu de distance du jour. L'inférieure a 2 mètres de puissance, la plu
élevée 2 à 4 mètres. Elles furent exploitées et même incendiées fort ancien
nement; Beaunier les mentionne dans son travail. Le charbon est pu
et à longue flamme, comme celui des couches précédentes, mais l'allur
en est peu régulière et le champ disponible peu étendu, à cause du vois
nage de la faille de la Barge. Entre les deux veines dominent les schiste
au-dessus et au-dessous plutôt les grès. Le puits *Saint-Thomas* traverse e
faille la petite couche Saint-Léon, mais rencontre, près du jour, au nivea
des couches Chaponnost, trois veines fort rapprochées les unes des autre
Elles n'ont pas au delà de $0^m,60$ à $0^m,80$ d'épaisseur, et paraissent étirées pa
la faille de la Renaudière.

Au-dessus des couches de Chaponnost on exploite du grès (*taille*) ord
naire, auquel succède du poudingue micacé, puis, à mi-coteau, au villag
de la Bargette, une veine charbonneuse, entremêlée de schistes, et fin
lement une dernière couche d'un mètre environ. Je dis une *dernière* couch
parce que, immédiatement au-dessus, on voit la trace de la faille de
Barge, avec assises verticales troublées, et, au delà, en remontant l'ancien

route du Puy à Saint-Étienne, du grès grossier, passant au poudingue et plongeant, en sens inverse, au Sud-Est. Peu après, on arrive, entre la route en question et le bourg du Chambon, à un lambeau de *grès rouge* supérieur, pareil à celui de Patroa et de Villebœuf, et appartenant comme lui à la base du *Permien*. Il suit de là que la faille de la Barge doit être considérable, et que d'autres couches supérieures pourraient buter souterrainement contre cet accident en restant invisibles à la surface du sol. Néanmoins, ni le nombre ni la qualité de ces couches supérieures ne sauraient être importantes, car le terrain devient déjà *sauvage* au hameau même de la Bargette. Il convient aussi de rappeler que la faille de la Barge doit être composée de plusieurs gradins ; on voit, en effet, dans la galerie Monterrad, comme je l'ai déjà dit, divers accidents peu importants, servant de précurseurs à la grande faille. Celle-ci, la faille *mère* de la Barge, semble devoir modifier définitivement le sens de la plongée des couches, et doit ainsi correspondre au véritable *thalweg* du fond de bateau.

§ 257. A l'ouest du hameau des Trois-Ponts, sur la rive droite de l'Ondaine, les couches inférieures de la Malafolie sont coupées par la faille Nord-Sud des *Layats,* qui a donné naissance au ravin le long duquel passe le chemin de Firminy à Roche par la Croix-Marlet. On voit cette faille sur le bord du chemin ; elle a relevé, et en quelque sorte laminé, la plus élevée des trois couches de la Malafolie, celle que l'on appelle la *Grande* couche. Au mur de la faille on voit ensuite l'affleurement de cette puissante couche tourner à l'Ouest et finalement aboutir au grand accident de la Barge (pl. XVIII), qui la rejette à une profondeur encore inconnue au Nord.

Au mur de la grande couche on reconnaît les affleurements parallèles des deux couches inférieures, ici divisées en trois. Elles ont été mises à nu dans plusieurs carrières, ouvertes sur les bancs de grès placés entre deux. La deuxième couche en particulier a pour mur le banc de la carrière principale des Layats. Elle a 2 à 3 mètres de puissance ; la partie inférieure, sur $0^m,50$ de hauteur, est un peu terreuse ; le reste assez pur. On l'a exploitée, il y a trente ans environ, par une galerie partant de la carrière même. Un travers-bancs a ensuite recoupé les veines inférieures. On trouva d'abord, à 13 mètres de distance horizontale, une annexe de la seconde de $0^m,70$; puis, à 135 mètres, la troisième couche de la Malafolie, qui est ici notablement oblitérée, car elle a à peine 1 mètre de puissance utile, étant formée d'un banc de houille de $0^m,60$ au toit, d'un nerf de $0^m,45$ et d'un second banc de $0^m,35$. A peu de distance, au-dessus de la houille, se trouve un banc de grès de 40 mètres, activement exploité pour pierres de taille, et, plus haut, un grès fin schisteux, attaqué souterrainement pour meules à aiguiser. Le charbon de la troisième couche est terreux, et a pour mur du schiste à minerai de fer; cette couche est troublée par des accidents et, par ce motif, difficilement exploitable. Enfin, plus bas encore, non loin des bords de l'Ondaine, paraît un dernier affleurement, qui semble la suite de la couche du *Soleil;* il se rattache aux affleurements, presque verticaux, trouvés, sur la rive gauche de l'Ondaine, lors de la construction de la gare de Firminy (voir coupe, pl. XXV).

Les couches inférieures de la Malafolie sont connues aux Layats sur une longueur d'environ 400 mètres. Au pied de l'Écho elles rencontrent une nouvelle faille, qui les relève à l'Ouest comme celle des Layats. L'affleurement inférieur, celui de la couche du Soleil, coupe le domaine de la Fontaine, où existent d'anciennes fendues. C'est une couche épaisse, mêlée de schistes, qui se renfle, çà et là, de 2 ou 3 mètres jusqu'à 8 ou 10 mètres, mais elle est généralement de qualité médiocre et tourmentée par des accidents. Dans les parties les plus régulières, elle plonge d'environ 20' vers le Nord.

Au-dessus, en montant vers le hameau de l'Écho, on aperçoit en divers points des traces de houille, mais aucun affleurement continu, grâce aux accidents, qui se multiplient dans cette région. Malgré cela, on voit que ces traces sont bien la suite des couches de Layats. Nous les retrouverons, plus régulières, dans la concession voisine d'Unieux, sur les hauteurs de Combe-Blanche. Nous reviendrons alors aussi sur les failles qui troublent ce quartier.

SOUS-DISTRICT DE FIRMINY. (Pl. XVIII à XX.)

§ 258. — Si maintenant de la Malafolie nous nous dirigeons vers le bourg de Firminy, afin d'étudier le second sous-district, nous trouverons d'abord, non loin de la gare, des traces d'affleurements, au mur de la couche du Soleil, et, au-dessous, du terrain *sauvage* micacé jusqu'à la grande faille du Breuil, située à l'Est des travaux de Firminy. Cette faille, qui incline à l'Ouest, ramène des parties plus élevées du dépôt houiller. C'est d'abord la grande couche du *Breuil*, suite de celle du puits *Saint-Léon;* puis, sous deux ou trois veines insignifiantes, liées à des roches quelque peu *sauvages*, la série de la Malafolie, ici appelée couches de *Latour*. L'ensemble plonge à l'Est, mais décrit, au Sud, un fer à cheval autour du bourg de Firminy, de façon à incliner successivement vers le Nord-Est, le Nord et finalement, au quartier des Razes, vers le Nord-Ouest, où les affleurements sont à leur tour coupés par la faille du Breuil.

Les étages inférieurs du terrain houiller, au mur des couches de Latour, furent explorés sur deux points différents, au puits *Malartre*, dans la concession de Firminy, et au puits du *Pont-de-Sauze*, dans la concession d'Unieux (pl. XX).

Le mur immédiat des couches de Latour se voit très bien, à la surface du sol, en suivant la route de Saint-Étienne au Puy, entre Firminy et le torrent de la Gampille. Les assises plongent régulièrement, sous les couches de Latour, de 10 à 15° vers le Nord-Est, de sorte que l'on arrive de proche en proche aux bancs inférieurs du terrain. Ce sont en général des grès grossiers plus ou moins micacés.

A Fontrousse et à la Martinière, près de la Gampille, on constate des traces d'affleurements, qui s'infléchissent parallèlement aux couches de Latour. Leur position et les caractères de la couche permettent de l'assimiler d'une façon positive à la couche du Soleil. Au delà de la Gampille, les assises plongent en sens inverse vers l'Ouest. Il doit donc y avoir entre

deux, le long du torrent, une faille Nord-Sud, ou plutôt, un relèvement anti
clinal en forme de dos d'âne, qui irait également du Nord au Sud, le lon
du fond de la vallée. On retrouve, en effet, au delà, comme nous le diron
bientôt, le petit dépôt isolé de Montessu, qui semble aussi correspondre
la couche du Soleil. Mais revenons d'abord sur la rive droite de la Gampille
On a creusé là, il y a peu d'années, pour explorer le terrain inférieur, l
Puits Malartre, au Nord du Logis-Neuf. Il a été poussé jusqu'à 290 mètre
sans rencontrer de couches exploitables. A 130 mètres, on a traversé de
schistes charbonneux qui doivent représenter la couche de Fontrousse. Au
dessus et au-dessous, ce sont presque exclusivement des grès et des schiste
micacés, régulièrement stratifiés, plongeant de 10 à 12° au Nord-Est sou
les couches de Latour. Dans la partie basse le terrain devient plus grossic
on atteint certainement l'étage stérile qui sépare Saint-Étienne de Rive-de
Gier.

Le même terrain a été traversé, vingt ou trente ans plus tôt, par l
puits du *Pont-de-Sauze,* près du confluent de la Gampille et de l'Ondaine.
fut foncé, par la société d'Unieux et Fraisse, jusqu'à 240 mètres au mu
des couches de Latour. Sur ce point, le terrain est moins régulier et plu
incliné qu'au puits *Malartre,* mais, à part cela, c'est la même roche micacé
passant au poudingue ordinaire à galets de quartz et de micaschiste. L
stratification y est troublée par le relèvement Nord-Sud ci-dessus men
tionnée, ou plutôt par l'accident Nord-Ouest-Sud-Est de Côte-Quart, qu
limite au Nord la mine de Latour.

Ainsi donc, dans cette région, au mur des couches de Latour, on n
peut guère espérer que des lambeaux épars de la couche du *Soleil,* parei
à ceux des gîtes de *Fontrousse* et de *Montessu,* et au-dessous, à des profondeu
inconnues, l'étage de Rive-de-Gier, si toutefois il se prolonge, avec ses co
ches de houille, sous le territoire de Saint-Étienne, ce qui, à priori, pe
paraître douteux. Passons donc à l'étude des trois couches de Latour, e
commençant par celle de la base.

§ 259. — Un premier affleurement est visible, un peu à l'Est du puits d
Pont-de-Sauze, vers la lisière de la concession de Roche. Beaunier en par

comme d'une couche de 1ᵐ,40, ayant peu de suite et de qualité inférieure. En réalité, c'est une branche de la couche suivante ; elle est coupée de lits de schistes, et ne peut guère être citée que pour mémoire. A peu de distance de là, vient la *troisième* de Latour, celle qui correspond à la troisième de la Malafolie. Aux affleurements, l'épaisseur des schistes, entre les deux veines, est de 4 à 5 mètres ; vers l'aval-pendage, on ne trouve plus que 2ᵐ,60 à 3 mètres. Les deux veines affleurent, sur la rive droite de l'Ondaine, dans des carrières où l'on exploite les grès du toit et du mur. La veine du mur, dite *quatrième*, est fortement resserrée entre deux bancs de grès, et n'a sur ce point que 0ᵐ,50.

Dans les parties normales, vers l'aval-pendage, la *troisième* de Latour se présente généralement sous un gros banc de grès massif, sauf un faible *faux-toit* schisteux. Elle se compose de :

Bonne houille.	1ᵐ,80	*Troisième* proprement dite de Latour.
Schistes et veinules de houille. . . .	1ᵐ,20	Ner.
Houille ordinaire	0ᵐ,85	*Quatrième* de Latour.

Le grès massif du toit est également exploité, entre l'Ondaine et la Gampille, près du hameau de la Tardive, dans la carrière Vincendon. La troisième se voit au sol de la carrière. Les schistes, qui séparent les deux couches, sont en partie *jaunes*, pareils à ceux de la partie basse de la troisième couche de la Malafolie au puits *Monterrad*[1]. L'analogie des deux couches est complète. A la Malafolie aussi les troisième et quatrième couches sont parfois séparées par 3 à 4 mètres de schistes : c'est le cas, en particulier, de la région située à l'Est du puits *Adrienne*.

Les trois couches de Latour sont depuis longtemps exploitées, et leur déhouillement déjà fort avancé, sauf dans le quartier situé sous le bourg même de Firminy et dans la région Sud des Molières et des Razes.

---

1. On attache peut-être une trop grande importance à ce caractère des schistes *jaunes* de la troisième couche de Latour, de la Malafolie et de Combe-Blanche, cités comme preuve de leur identité. Il convient de rappeler, en effet, que la septième du Treuil, la septième *ter* de Villebœuf et les troisièmes Brûlantes de la Béraudière et de Montrambert sont aussi associées à de pareils schistes.

Le champ d'exploitation a, dans son ensemble, une étendue en direction de près de 2,000 mètres. Au Nord, il est limité par la faille de Côte-Quart, allant du Sud-Ouest au Nord-Est et plongeant au Sud-Est. On peut très bien constater ses traces à la surface du sol dans les carrières de la rive droite de l'Ondaine, au-dessous de Combe-Blanche, et mieux encore dans le chemin qui monte du bas de Côte-Quart au hameau proprement dit de Côte-Quart.

Les couches de houille, ramenées au jour par la faille, affleurent de nouveau, plus au Nord, vers le haut du plateau de Côte-Quart, dans la concession d'Unieux, où la direction et la plongée se rapprochent davantage de l'allure normale. On peut s'en assurer en consultant la planche XIX.

L'amplitude de la faille de Côte-Quart augmente, vers le Nord-Est, jusqu'à sa jonction avec celle du Breuil, qu'elle rencontre sous un angle presque droit. Du côté opposé, au Sud-Ouest, la faille de Côte-Quart semble se rattacher au promontoire granitique de Fraisse. Au mur de cette faille, comme au mur de celle du Breuil, paraissent les roches *micacées*, inférieures, des puits *Malartre* et du *Pont-de-Sauze*. On voit, en un mot, que tout le sous-district de Firminy, ou du moins le champ d'exploitation des puits *Latour* et de la *Chaux*, est compris entre les deux failles du Breuil et de Côte-Quart, le long desquelles le terrain s'est affaissé dans la région de Firminy.

Suivons maintenant le champ d'exploitation de la troisième de Latour du Nord au Sud. Depuis l'Ondaine jusqu'au puits de la *Péchoire* la direction est sensiblement Nord-Sud avec plongée régulière vers l'Est. La pente diminue en profondeur, puis devient nulle et finalement inverse auprès de la faille du Breuil. Au puits de la *Péchoire* une faille oblique relève la couche de 20 à 30 mètres vers le Sud. A partir de là, la couche se détourne au Sud-Est, et plus loin, à l'Est, au quartier des Molières, avec plongée Nord sous le bourg de Firminy. Le fer à cheval ramène ainsi l'affleurement vers la faille du Breuil, au quartier des Razes. Dans cette région, sous Firminy même, le charbon devient partiellement cru et schisteux. Il ne peut d'ailleurs être exploité sur ce point, à cause des constructions qui couvrent le sol.

Le charbon de la troisième couche de Latour est de la houille grasse de forge, tenant 21 à 26 pour 100 de matières volatiles (n°⁵ 100 et 101 du tableau). C'est beaucoup moins qu'à la Malafolie, mais on constate pourtant un accroissement sensible de l'Ouest à l'Est. Les 21 pour 100 correspondent, en effet, à la partie occidentale du gîte, les 26 à la région orientale la plus voisine de la Malafolie. Ici encore, ces variations me paraissent tenir surtout au voisinage du massif granitique de Fraisse.

Plusieurs anciens puits, outre celui de la *Péchoire*, ont servi à l'exploitation de la partie haute de la mine. Un seul, celui de la *Chaux*, creusé au mur de la couche du *Breuil*, en atteint l'aval-pendage. Il traverse la première couche de Latour, à 151 mètres de profondeur, au point même où elle est coupée par la faille. Au-dessous, le puits passe au mur de la faille, et ne communique avec les couches inférieures que par des travers-bancs. Celui de la troisième couche est au niveau de 201 mètres. Sur ce point, le champ d'exploitation a 700 mètres de largeur sur 200 mètres de hauteur verticale, ce qui fait 35 pour 100 de pente moyenne.

Au-dessus de la troisième couche de Latour viennent *la seconde* et la *première*, comme à la Malafolie. La seconde est en général à 30 mètres au-dessus de la troisième. Un gros banc de grès les sépare. Vers l'aval-pendage, auprès du puits de la *Chaux*, ce banc de grès est réduit à 21 mètres. La puissance de la seconde couche est de 1^m,80 à 2 mètres, mais grandit au Sud, sous le bourg de Firminy, jusqu'à 4 mètres. Le charbon en est pur et gras ; on le consomme en majeure partie, comme celui des deux autres couches, dans les forges et aciéries des environs de Firminy. L'intervalle entre la seconde et la première couche varie beaucoup. Au toit de la seconde vient du schiste sur 8 à 10 mètres, puis un banc de grès, dont la puissance est de 5 mètres au puits *Osmond* et de 15 mètres au puits *Charles*. En approchant de la faille de la Péchoire les deux couches se confondent presque auprès des affleurements, tout en restant nettement séparées vers l'aval-pendage, où l'intervalle ordinaire est de 15 à 20 mètres.

La *première* couche est de beaucoup la plus importante du groupe ; elle a 6^m,60 à l'ancienne mine de Latour, divisée en deux parties à peu

près égales par un nerf argileux de 0^m,05 à 0^m,15. Sur quelques points so
épaisseur atteint même 8 à 9 mètres. Au toit vient du schiste avec un pe
de charbon cru ; au-dessus, un banc de grès, et finalement de nombreuse
alternances de schistes et grès, plus ou moins micacés, qui vont jusqu'a
mur de la couche du Breuil, située à 180 mètres en amont.

Le charbon des mines de Latour, celui de la première couche en parti
culier, est fort apprécié dans les forges de Firminy ; il est noir, brillan
tendre, faisant moins de gros que celui de la Malafolie. C'est de la houill
grasse de forge à 30 pour 100 d'éléments volatils (n° 62). Quoique à longu
flamme, on en fit longtemps du coke pour les fonderies d'acier au creuse
et aujourd'hui encore pour les hauts-fourneaux de l'usine Verdié. Le *griso*
abonde en général dans les trois couches.

La grande couche de Latour est exploitée depuis de longues années
les puits sont nombreux et atteignaient déjà, vers 1810, 60 à 100 mètres d
profondeur. Les plus importants des temps anciens sont, au Nord, le
puits *Osmond, Latour* et *Charles;* au Centre, les puits *Solage* et *Saint-Martin;* a
Sud, le puits *Charpin,* etc. Aujourd'hui la plupart de ces puits ne serve
plus que pour l'aérage et la descente des remblais. L'extraction est conce
trée au puits de *la Chaux,* qui atteint les couches, comme je l'ai dit, au poir
même où elles sont coupées par la faille du Breuil. Ce puits est sensibl
ment placé à égale distance des deux extrémités Sud et Nord du cham
d'exploitation. Malheureusement les travaux sont déjà fort avancés da
cette région, et une partie notable de ce beau gîte est frappée d'inte
diction par les nombreuses constructions du vaste bourg de Firmin
La seule couche vierge, dans cette région, est celle de *Fontrousse* ou du *Sole*
dont l'importance et la nature sont encore inconnues en profondeur. E
tout cas, son étendue est assez bornée, puisque, au puits *Malartre,* elle e
stérile, et que son aval-pendage est coupé par la faille du Breuil.

§ 260. — A l'orifice du puits la *Chaux* affleure la grande couche sup
rieure, dite du *Breuil,* dont la puissance est de 15 à 18 mètres, en y con
prenant la veine du toit. La partie inférieure, de 8 à 10 mètres, se compo
de bon charbon *rafford,* dur et fibreux, autrefois recherché pour les fou

à grille et le chauffage domestique. La partie supérieure fournit du charbon cru, entremêlé de schistes et de minerai de fer; sa puissance est de 8 à 9 mètres. Fouillée jadis par de petits puits et de nombreuses fendues, elle fut ensuite attaquée plus tard, il y a quarante à cinquante ans, par de grands travaux à ciel ouvert, dont les énormes vides se voient encore aujourd'hui.

De ce puissant gîte, il ne reste, depuis trente ans, plus rien à prendre, si ce n'est, vers son extrémité Sud, les massifs réservés sous les maisons de la partie orientale de Firminy.

L'exploitation à ciel ouvert avait nettement mis à découvert le mur de la faille du Breuil. Sa pente est d'environ 45 degrés, comme celle de la plupart des failles transversales; sa direction Nord-Ouest-Sud-Est; et c'est grâce à elle que les couches ont pris aussi, dans ce quartier, l'allure transversale Nord-Ouest-Sud-Est.

Le puits de la *Chaux* pénètre, sur 50 mètres environ de profondeur, dans le mur de la faille, formé ici presque entièrement de poudingue micacé grossier.

Au Sud-Est de Firminy, le puits du *haut Breuil* entama ce mur sur plus de 100 mètres, et, si l'on s'en rapporte à d'anciens documents, le fond du puits aurait même rencontré, à 108 mètres, le terrain primitif. A cette époque, toutefois, les mineurs confondaient souvent le schiste micacé houiller avec le micaschiste proprement dit en place. Aussi l'existence du terrain ancien, à si faible profondeur et à près de 2,000 mètres des bords du bassin, est, pour moi, plus que douteuse.

A l'Est de la faille du Breuil, les assises sont fortement relevées par un ensemble de gradins parallèles, comme le montre la coupe (pl. XXV). Bientôt cependant la pente diminue et atteint celle des couches de la Malafolie. On arrive ainsi aux affleurements de la couche du Soleil, formés de deux bancs de 4 mètres d'épaisseur, puis la série des trois ou quatre veines minces, coupées, par le puits *Chapelon,* entre la couche du Soleil et la troisième de la Malafolie. Lorsqu'on rapproche cet ensemble de bancs, manifestement relevés par la faille du Breuil, de la série analogue de Firminy, on ne saurait douter de leur identité, et l'on est confirmé dans cette manière de voir lorsqu'on part de la lisière Sud du terrain houiller, et que l'on voit succéder au poudingue micacé des bords du bassin, d'une part, sur les deux rives de l'Échapre, la série de la Malafolie, et de l'autre, sur la rive droite de la Gampille, la série analogue de Firminy. On arrive, en résumé, à cette conclusion bien évidente, qu'à la couche du Soleil correspond celle de Fontrousse, au groupe des trois couches de la Malafolie celui des couches de Latour, et à la grande couche supérieure de Saint-Léon et du Ban la grande masse du Breuil. Quant aux veines de Chaponost et de la Bargette, elles ne sont pas représentées à Firminy, soit que le sol houiller fût alors émergé sur ce point, soit que les dépôts supérieurs aient été balayés après coup lors du creusement de la vallée de l'Ondaine. On ne saurait aujourd'hui dire ce qui s'est passé dans cet ordre de faits.

Un autre point, dont il est également facile de se rendre compte, est la marche des deux séries dans la direction du Nord. On a déjà vu que la série de la Malafolie se prolonge, au Nord-Ouest, le long du coteau qui borde la vallée de l'Ondaine. On peut suivre les veines supérieures et la grande couche Saint-Léon jusqu'à la faille de la Barge, le groupe de la Malafolie jusqu'aux carrières des Layats et au hameau de l'Écho, et la couche du Soleil jusqu'au domaine de la Fontaine (pl. XVIII et XIX).

Au delà, entre la Fontaine et Fidel, l'allure des couches change brusquement. D'Est-Ouest elle devient Nord-Sud. C'est le résultat des failles du Breuil et de Côte-Quart, qui affectent le terrain dans l'intervalle. On les voit à la tuilerie, située entre Fidel et le bas de Côte-Quart. On a exploité jadis, sur ce point, un amas de houille; de plus, une fouille, que M. Mirc eut la complaisance d'y faire entreprendre, à ma demande, a mis à nu les failles en question, et, avec elles, un lambeau de la couche du Breuil plongeant au Sud-Est.

Or, au toit de la faille du Breuil affleurent, sur ce point, les couches de Combe-Blanche, depuis longtemps exploitées par les concessionnaires d'Unieux et de Fraisse. Ces couches, nous l'avons dit, ne sont séparées de celles de Latour que par la faille de Côte-Quart, qui limite au Nord le champ

d'exploitation de ces dernières. Relevées par cette faille, elles obéissent
d'abord, auprès de Côte-Quart, à l'allure normale du bassin, mais subissent
ensuite les effets de la faille du Breuil, en se détournant vers le Nord aux
environs du domaine de Fidel. Les couches de Combe-Blanche diffèrent
cependant à quelques égards de celles de Latour; leur identité n'est pas
évidente; aussi convient-il, avant de conclure, de faire connaître leurs principaux caractères. En poursuivant, d'ailleurs, les couches de Combe-Blanche
vers le Nord-Est, nous verrons comment Firminy se relie à Roche-la-Molière.

§ 261. — Lorsqu'on parcourt de haut en bas la série de Combe-
Blanche, on rencontre d'abord une première couche, divisée en deux par
des schistes, dont l'épaisseur est de 4 à 5 mètres. Le banc supérieur mesure
2^m,50, l'inférieur 1^{m}50. On les désignait, à Unieux, sous les noms de
couches n°s 1 et 2, ou de *Grande* et de n° 2. Mais au fond c'est une couche
unique, simplement divisée par des schistes. Or remarquons de suite que
la Grande couche de Latour se divise aussi en deux bancs, le long des
affleurements, sur la rive droite de l'Ondaine, près du plateau de Combe-
Blanche. (Voir § 259.) L'intervalle correspond, dans les travaux, à un entre-
deux schisteux d'environ 4 mètres.

Le puits n° 2 de Combe-Blanche a traversé le mur de la double couche
à 90 mètres de profondeur. A 14 mètres plus bas (104 mètres) vient, à la
suite d'un banc de grès, une deuxième couche (le n° 3), dont la puissance
moyenne est de 1^m,80. A cause de son toit de grès, elle fut plus facile à
exploiter que la grande couche double n°s 1 et 2.

La troisième couche (ou n° 4) est, en moyenne, à 40 mètres au-dessous
de la précédente, dite n° 3. L'intervalle est principalement occupé par du
grès, qui descend souvent jusqu'au charbon même. La couche a 3 mètres
et parfois 3^m,51 de puissance. Elle est également plus facile à exploiter
que la première, et donne du charbon plus pur, à cause de son toit de grès.
Au mur on rencontre, comme à Latour et comme à la Malafolie, une alternance de schistes et de houille dont l'épaisseur totale est parfois de 3 à
4 mètres. Les schistes y sont en grande partie *jaunes* et argileux. Ce banc
inférieur, mêlé de schistes, fut quelquefois désigné dans la mine par le

n° 5, mais c'est bien une simple dépendance de la troisième, comme le n° 2 est une annexe du n° 1.

Le charbon des trois couches de Combe-Blanche ressemble davantage à celui de la série de la Malafolie qu'au charbon des couches de Latour. C'est du moins le cas des deux bancs de la première couche (n°ˢ 16 et 17 du tableau), donnant 37 pour 100 de matières volatiles, et de la seconde (n° 15), qui en fournit 38 pour 100. Ces houilles sont légères, divisées en plaquettes, mêlées de fusain et de lamelles ternes. Le coke est en aiguilles minces, bien fondu, fortement boursouflé et peu solide. La houille de la troisième couche, provenant des parties basses de la mine (n° 35), ne perd, au contraire, que 30 à 32 pour 100 sous l'action du feu, et se rapproche ainsi du charbon de la troisième de Latour, provenant du puits de la *Chaux* à Firminy.

Les trois couches dont nous venons de parler furent surtout exploitées dans la concession d'Unieux par les puits n°ˢ 2 et 3 de Combe-Blanche. Le puits n° 1 et une fendue servaient pour l'aérage et la descente des hommes. Le puits n° 3 est tombé sur la faille Nord-Sud, plongeant à l'Ouest, qui limite dans cette direction le champ d'exploitation. Il a 207 mètres de profondeur, et rejoint, par un travers-bancs de 85 mètres, la couche principale, ou troisième, désignée dans cette mine, comme je viens de le dire, par le n° 4. C'est dans cette couche que sont tracées les courbes de niveau de notre atlas (pl. n° XIX). Les travaux s'étendent en direction, du Sud au Nord, sur une longueur de 500 mètres, et, suivant la pente, de l'Est à l'Ouest, sur 300 à 350 mètres. Au Sud-Est, les travaux sont limités par les affleurements, qui vont de Côte-Quart à Fidel; leur direction, comme celle des couches, va d'abord de l'Ouest à l'Est, et se détourne ensuite vers le Nord sous l'influence de la faille du Breuil. Les travaux, quoique à cheval sur la limite commune des concessions d'Unieux et de Firminy, sont peu étendus, grâce aux failles qui les cernent. Au Nord, une grande faille, allant de l'Est à l'Ouest et inclinant au Nord, le prolongement de celle de la Barge, à laquelle semble se terminer la faille du Breuil. A l'Est, la faille du Breuil, qui ramène au jour le terrain inférieur, caractérisé par la couche de la Fontaine, appartenant au groupe des couches du Soleil. A l'Ouest,

enfin, les travaux sont bornés par une faille qui a creusé, dans cette région,
une profonde dépression, aujourd'hui comblée par des sables d'origine
tertiaire. Les assises houillères s'affaissent, à l'encontre d'une autre faille,
à pente inverse, dite faille du puits Raboin. Celle-ci concourt, avec le premier accident, à la formation de la profonde dépression, aujourd'hui comblée par les sables tertiaires de la partie haute de la plaine du Forez,
ce qui prouve l'âge relativement récent des deux grandes failles. (Voy.
carte d'ensemble.)

Ce dépôt spécial est figuré, en plan et par la coupe A B, sur la planche XIX.
A l'un des bords est le puits n° 3, fosse principale de la mine de Combe-
Blanche; à l'autre bord, dans le terrain tertiaire même, le puits n° 4, dit
puits *Raboin*, creusé en vue de l'aval-pendage des travaux du puits n° 3.
Il est ouvert, à la cote de 490 mètres, dans le fond du petit vallon qui
descend de Riotort, vers l'Ondaine, au hameau des Planches. On rencontra,
dès le début, un terrain argilo-sableux, rouge et vert, que les exploitants
prirent sans doute pour un dépôt alluvial de faible importance, malgré son
identité bien évidente avec la partie haute du terrain tertiaire de la plaine
du Forez, dont l'altitude dépasse, dans les bois de la Fouillouse, le niveau
du dépôt de Raboin (500 à 520 mètres)[1]. On continua le fonçage, dans ce
terrain meuble horizontal, jusqu'à la profondeur de 160 mètres. A ce niveau,
on atteignit les assises houillères, plongeant à l'Ouest, comme au puits n° 3 ;
mais, peu après, à 208 mètres, on rencontra l'importante faille, ci-dessus
mentionnée, qui incline en sens inverse, et court du Sud-Ouest au Nord-
Est, comme l'axe du lambeau tertiaire et comme la faille parallèle de Côte-
Quart. C'est aux deux failles inverses des puits n°ˢ 3 et 4, et en partie aussi à
celle de la Barge, qu'il faut attribuer l'étroite dépression dans laquelle
sont venus se déposer les sables argilo-tertiaires en question. Ce lambeau,
aujourd'hui isolé, devait communiquer, par la vallée de l'Ondaine et le
défilé de la Loire, avec le grand bassin du Forez au Nord, et avec celui de
Bas-en-Basset au Sud. Il ne conserve plus aujourd'hui que 200 à 300 mètres
de largeur, sur 4,800 mètres de longueur, mesurés entre les Planches et

[1]. Voir la *Description géologique de la Loire*, p. 654.

le hameau de la Triollière. Ses limites sont indiquées sur la carte d'ensemble et sur la carte de détail (pl. XIX).

Le puits *Raboin* a été poussé, au mur de la faille, jusqu'à la profondeur de 404 mètres, afin de recouper les couches dont les affleurements se voient en amont de l'Hôpital. Mais on ne rencontra que des schistes avec filets charbonneux au milieu d'un terrain évidemment disloqué par les gradins de la faille de Raboin. Un travers-bancs, poussé au mur, à la profondeur de 290 mètres, recoupa les mêmes bancs sans plus de succès; il fut arrêté à 150 mètres. Le travers-bancs fut également percé, en sens inverse, au toit de la faille, en vue de rechercher les couches rejetées par la faille du puits n° 3. On rencontra bien, vers 100 mètres du puits, deux veines de 0^m,50 et 0^m,75, et, à 140 mètres, une couche inexploitable, mêlée de schistes, de 3 mètres d'épaisseur. On s'arrêta à 170 mètres, et, au fait, on ne pouvait espérer, dans cette région, un terrain régulier, à cause du voisinage des deux failles opposées, ci-dessus mentionnées. (Voir la coupe A B, déjà citée, de la pl. XIX.)

Les veines dont je viens de parler correspondent aux premières couches du puits n° 3, mais brouillées par les failles. Pour les trouver dans leur état normal, il faudrait les chercher au Sud-Ouest du puits n° 3, là où les deux accidents inverses s'éloignent l'un de l'autre. On aurait dû approfondir le puits n° 3 jusqu'à 300 ou même 400 mètres, et pousser ensuite une traverse vers le Nord-Ouest. Au lieu de cela, on a préféré rechercher la couche inférieure du *Soleil*, celle qui fut jadis exploitée par les fendues de *la Fontaine*. A cet effet, à la profondeur de 207 mètres, on ouvrit dans ce puits un travers-bancs vers l'Est, au mur des couches de Combe-Blanche. Là, à la distance de 90 mètres, on fonça un puits intérieur jusqu'à 205 mètres. Le terrain fut trouvé *sauvage*, quoique stratifié assez régulièrement dans le sens des couches supérieures. Dans la partie haute, on recoupa trois veinules pareilles à celles du puits *Chapelon*, plus bas, des grès et même des poudingues, enfin, au fond du puits, des schistes à empreintes charbonneuses. A-t-on manqué, par suite de quelque faille, la couche du Soleil qui, au puits *Chapelon*, est à 160 mètres au mur de la troisième couche de la Malafolie, ou bien est-elle amincie et oblitérée dans la région de Combe-Blanche, ou encore, n'est-on pas descendu assez bas? Je ne sais, et pourtant j'admettrai plutôt cette dernière alternative, puisqu'il est certain qu'au Nord, dans la région de Roche, la distance des deux couches dépasse 200 mètres, et que les roches, trouvées au fond du puits intérieur, n'annoncent pas encore l'étage stérile de Saint-Chamond. Il reste donc, à mon avis, quelque chance de retrouver la couche du Soleil, sous le plateau de Côte-Quart, au Nord de Firminy.

Poursuivons maintenant les affleurements de Combe-Blanche à l'Ouest. En approchant du dépôt tertiaire, ils paraissent coupés par une faille, qui doit se rattacher à celle du puits n° 3. On les retrouve, à un niveau inférieur, sur le bord de la route du Pertuiset, dans le voisinage du hameau des Planches. Ils furent explorés par une galerie, partant du jour, et par le puits des *Planches n° 1*, dont la profondeur est de 115 mètres. Les couches rencontrées semblent correspondre aux n°ˢ 1 à 3 de Combe-Blanche. Elles sont fortement inclinées et d'allure irrégulière, à cause du voisinage de la grande faille du puits *Raboin*. Par ce motif, on n'a pu y ouvrir de véritables travaux d'exploitation. Les couches n°ˢ 1 et 2, voisines l'une de l'autre comme à Combe-Blanche, furent rencontrées à 25 et 35 mètres du jour; le n° 1 avait 0ᵐ,80 d'assez bon charbon; le n° 2 jusqu'à 3 mètres d'un mélange de schistes et de charbon impur. Le n° 3, à 85 mètres de profondeur, atteignit aussi parfois 3 mètres, quoique plus souvent à peine 2 mètres. En tout cas, c'était, comme le n° 2, un mélange impur de houille et de schistes. Le puits n'a pas été foncé jusqu'au n° 4 (troisième couche proprement dite) de Combe-Blanche, et en réalité il n'y avait aucun intérêt à le faire, à cause du voisinage de la faille de Raboin. C'est aussi par ce motif que le puits des *Planches n° 2*, foncé au toit de cette faille jusqu'à 60 mètres, et le puits *Brochin*, creusé à 120 mètres au mur de la même faille, n'ont pu donner des résultats utiles. Le poudingue, qui caractérise le mur de la faille, se voit à la surface, près de la maison Berthon, au Nord du puits n° 2.

§ 262. — Si maintenant nous continuons notre marche dans la direc-

tion de l'Ouest, nous retrouverons, sur l'autre rive de l'Ondaine, à l'entrée
du vallon de Côte-Martin, une série d'affleurements qui semblent bien
former le prolongement direct des précédents. Mais là nous approchons du
bout du bassin : ses parois Nord et Sud se rapprochent. A l'entrée du vallon,
la largeur du bassin est réduite à 1,000 mètres et, vers Cornillon et les
Girards, il ne reste plus que 500 à 600 mètres. Les affleurements suivent
le flanc droit du vallon sur environ 1,000 mètres de longueur ; ils vont des
bords de l'Ondaine jusqu'au hameau des Girards. Les assises plongent
partout, au Nord, vers le fond du vallon, tandis que sur le flanc opposé,
au bois de la Rive, les poudingues, pareils à ceux du mur de la faille de
Raboin, sont d'abord horizontaux, et se relèvent ensuite, entre le Pertuiset
et Cornillon, vers la lisière Nord du bassin houiller. Il est donc assez
probable que l'axe du vallon correspond à une faille de direction, qui
limite en profondeur les couches du flanc droit, comme la faille de
Raboin ramène au jour les couches de Combe-Blanche et celles du puits
des Planches.

    En tout cas, le champ d'exploitation sera fort restreint et très acci-
denté dans ce quartier. Les couches, déjà bien oblitérées aux Planches, le
sont plus encore à Côte-Martin. Les affleurements se voient à nu sur les
bords du ruisseau de la Vaure, et furent jadis fouillés, à l'aide de fendues,
par les propriétaires du sol. En allant du toit au mur, on rencontre d'abord
plusieurs alternances de schistes et de veinules charbonneuses, qui semblent correspondre aux n°s 1 et 2 de Combe-Blanche et des Planches ; au-
dessous, un banc de grès de 12 à 15 mètres et, au mur du grès, la veine la
plus importante du gîte. Plus bas encore, d'autres veines minces, également
entremêlées de schistes.

    Pour étudier ces veines, on fonça le puits de Côte-Martin, sur la rive
gauche du ruisseau, près de l'axe du vallon. Il fut poussé jusqu'à 118 mètres,
au milieu d'alternances fort inclinées de grès et de schistes, sans veinules
charbonneuses proprement dites. Au niveau de 100 mètres, on ouvrit un
travers-bancs vers le mur (au Sud), qui fut poussé jusqu'à la distance de
150 mètres. Il recoupa trois couches, peu régulières, de 0^m,80 à 1 mètre

chacune, sans arriver jusqu'aux veines les plus inférieures du ruisseau de la Vaure. La plus importante des trois couches fut suivie en direction, vers l'Est, du côté de la vallée de l'Ondaine. On constata malheureusement que ni la puissance, ni la régularité, ni la nature du charbon ne se modifiaient en bien, de sorte que l'on dut renoncer à tout projet d'exploitation proprement dite. On y reviendra, lorsque les charbons purs et plus faciles à exploiter seront épuisés dans le reste du bassin. Les mêmes affleurements ont été fouillés, sans plus de succès, auprès du domaine de la Grange. Les travaux furent entrepris, à l'aide d'un petit puits, sur la couche la plus élevée, dont la puissance est de $1^m,40$ y compris les nerfs schisteux dont elle est sillonnée.

§ 263. — Le quartier de Côte-Martin, dont je viens de m'occuper, forme l'extrême pointe Ouest du bassin, qui s'avance, auprès de Saint-Paul-en-Cornillon, jusqu'à 200 mètres des bords de la Loire. Le dépôt houiller se trouve comme pincé, sur ce point, entre les deux contreforts anciens du Pertuiset au Nord et de Fraisse au Sud. La zone houillère se compose de deux bandes, à pentes inverses, séparées l'une de l'autre par la grande faille de direction de l'axe du vallon, prolongement probable de celle du puits *Raboin*. A la base de la bande du Nord, on voit, à Cornillon même, un poudingue grossier passant à la brèche. C'est un lambeau isolé, plongeant au Sud, presque immédiatement couvert par les poudingues et les grès micacés ordinaires du bois de la Rive. Ce terrain micacé se développe le long de la lisière Nord-Ouest du bassin. On le rencontre, au Nord d'Unieux, entre la Fenderie et l'Hôpital. On voit même reparaître sur ce point une étroite zone de brèche, qui se continue de l'Hôpital jusqu'à Javeranges ; et partout aussi, parallèlement à la brèche, on constate, sur une largeur de 400 à 500 mètres, la présence de l'étage stérile quartzo-micacé, jusqu'au mur des dernières couches de Roche-la-Molière. Par suite, cet étage micacé de la lisière Nord-Ouest du bassin représente bien, on ne saurait en douter, l'étage stérile de Saint-Chamond entre Rive-de-Gier et Saint-Étienne.

Mais où commence, dans ce district extrême du bassin, l'étage inférieur de Saint-Étienne? Le puits *Raboin* de Combe-Blanche fut précisément foncé, dans ce but, jusqu'à 404 mètres. Malheureusement, comme nous l'avons dit, il est tombé sur un terrain disloqué par des failles et n'a rencontré qu'une série de veines irrégulières. Cependant, elles doivent appartenir, d'après leur position, au groupe le plus inférieur (n°s 16 à 13) des couches de Saint-Étienne; seulement elles sont altérées au point de ne pouvoir être exploitées, et sont même partiellement transformées en schistes.

La même zone fut explorée par le puits *Saint-Honoré* (pl. XIX), que la Société d'Unieux-Saint-Victor fit creuser, il y a quinze à vingt ans, au sommet d'un petit triangle, non encore concédé, du terrain houiller. Il fut placé sur la rive droite du ruisseau de la Triollière, à 400 mètres à l'Est du hameau de l'Hôpital, afin de recouper les quatre veines, assez rapprochées, dont les affleurements se voient dans le chemin qui mène de l'Hôpital au Haut-Lardier. Ces veines ont de 0^m,20 à 1 mètre d'épaisseur et plongent très fortement au Sud. Elles succèdent directement à la zone micacée stérile, et doivent ainsi correspondre, comme les deux couches de la *Neyrette* auprès de Roche, au groupe 16 à 13 de Saint-Étienne. Le puits fut poussé jusqu'à la profondeur de 364 mètres; deux travers-bancs y furent ouverts à 255 et 287 mètres, et poussés, vers le Nord, du toit au mur, afin d'explorer les veines inférieures. On rencontra bien les quatre ou cinq veines, connues dans le chemin dont je viens de parler, mais aucune d'elles ne fut trouvée exploitable, les unes à cause de leur faible puissance de 0^m,30 à 0^m,40, les autres à cause des schistes mêlés à la houille. L'une des couches inférieures, celle qui fut poursuivie au niveau de 255 mètres, se renflait parfois jusqu'à 2 mètres, mais renfermait alors autant de schistes que de houille. Quant à la galerie de 287 mètres, elle ne recoupa, comme la partie inférieure du puits, qu'un ou deux filets au milieu d'une alternance de grès et de schistes. Bref, le groupe en question se montra inexploitable, comme au puits *Raboin*. Les assises plongent de 35 à 40 degrés au Sud-Est.

On ne fut pas plus heureux dans le puits d'*Unieux* de 72 mètres, foncé, sur la rive droite de l'Égoutay, entre l'Hôpital et le village d'Unieux. Enfin, disons encore qu'en montant d'Unieux vers la lisière du bassin, on rencontre également, avant d'arriver à la zone des poudingues stériles, un faible affleurement sur l'alignement prolongé de ceux de l'Hôpital ; ajoutons aussi que, d'après M. Grand'Eury, les empreintes, provenant du fond du puits *Raboin* et des fouilles du puits *Saint-Honoré*, annoncent toutes le niveau des couches inférieures de Saint-Étienne.

Ce repère fixé, il est possible de déterminer aussi l'âge du groupe de la Combe-Blanche, qui succède directement, on vient de le voir, à celui du puits *Raboin*. Ce ne peut être que la série 12 à 9, qui partout repose sur la série 16 à 13. D'autre part, la série de Combe-Blanche est le prolongement des couches de la Malafolie et de Latour ; donc, ces deux séries aussi correspondent au groupe 9 à 12, ce qui s'accorde, d'ailleurs, je me hâte de le dire, avec les résultats auxquels est arrivé M. Grand'Eury par l'étude de la flore.

Et si maintenant nous remontons au Nord-Est, vers le district de Roche par la Triollière, Laumière et la Croix-Marlet, nous serons pleinement confirmés dans les conclusions que je viens de formuler.

En coupant transversalement le bassin, depuis sa lisière Nord, au lieu dit les Grivet (pl. XIX), on rencontre successivement, sur ce parcours, la brèche de la base, l'étage micacé stérile de Saint-Chamond au Haut-Lardier, la zone des affleurements de l'Hôpital et du puits Saint-Honoré, et finalement, au domaine du Pochet, les bancs de grès fin (*taille*) avec couches de houille qui appartiennent positivement aux groupes 12 à 8, car, en les poursuivant vers le Nord-Est, on arrive, sans lacune appréciable, aux affleurements des Granges et de la Roare, près de Roche-la-Molière. L'affleurement principal du Pochet se voit à l'Est de la ferme, entre deux bancs de grès. La couche plonge au Sud. On l'a fouillée par des fendues ; sa puissance dépasse 1 mètre, et atteint 2 mètres sur quelques points. L'affleurement passe ensuite au-dessous du Grand-Béraud, et s'y perd sous les alluvions du vallon de la Triollière (pl. XVII). Il appartient à la partie haute du groupe, car au-dessous paraît un deuxième affleurement, vers la ferme même du Grand-Béraud, et ensuite plusieurs autres, de 1 mètre à 1^m,50, sur le chemin qui conduit du Grand-Béraud à Laumière. Au delà, en remontant vers le Nord, du côté de Bichizieux, on retrouve, sur la rive droite de l'Égoutay, du poudingue micacé, et, à Bichizieux même, des traces d'affleurements, partout entourés de roches micacées *sauvages*, de sorte qu'il est assez difficile de savoir si ces veines appartiennent au groupe 13 à 16 de Saint-Étienne ou à l'étage stérile inférieur de Saint-Chamond. Le terrain est, en effet, brouillé par des failles; ainsi, au Nord du village, les veines plongent à l'Est, tandis qu'à mi-chemin entre Bichizieux et Aurelle, on constate la plongée inverse vers l'Ouest. J'ajouterai que, d'après la flore, M. Grand'Eury paraît plutôt disposé à les considérer comme appartenant au groupe 13 à 16.

Mais revenons à la couche du Pochet, qu'une faille importante, — peut-être celle de Raboin, — relève au jour du côté Ouest. C'est la couche la plus considérable et la plus élevée du groupe, une sorte de *Grande masse*. Au mur immédiat, il y a du minerai de fer, que l'on rencontre, en général, dans la couche *Siméon* (la huitième), tandis qu'il est rare dans le groupe 9 à 12. Et, en effet, si nous consultons la planche XVII, on reconnaît sans peine que l'affleurement du Pochet est sur le prolongement direct de celui de la couche Siméon, visible au-dessous de Troussieux, à environ 1,000 mètres de distance. Le raccordement doit avoir lieu, au Nord de la Croix-Marlet, dans les bas-fonds du vallon de la Triollière, où les alluvions masquent les affleurements.

Les couches 9 à 12 du Grand-Béraud et de Laumière doivent se relier de même, plus au Nord, aux affleurements, précédemment mentionnés à Aurelle et à Beaulieu, dans l'angle Sud-Ouest du district de Roche-la-Molière.

On constate, d'autre part, que le grès grossier supérieur, à petits galets de quartz, que l'on rencontre partout, au toit de la troisième couche, le long du Mont-Salson et du Devais, jusqu'au Bouchage, Troussieux, et la Croix-Marlet, couvre ici aussi le plateau jusqu'aux environs mêmes de la Triollière, où il se termine, contre les premiers gradins de la faille de la Barge, au quartier de l'Écho. On peut en conclure que la troisième couche doit également exister sous le plateau de la Croix-Marlet, mais qu'elle n'y remonte nulle part au jour par le fait des failles en question.

En résumé, nous pouvons conclure de tout ce qui précède, que les couches de Combe-Blanche et de la Malafolie se raccordent, d'une façon positive, aux couches du pendage opposé de Roche-la-Molière; que la troisième de Troussieux reparaît, au Sud, dans les travaux des puits *Labarge,* du *Ban* et de *Saint-Léon,* que le groupe 9 à 12 de Roche-la-Molière se retrouve à Combe-Blanche et à la Malafolie, et celui des couches 13 à 16 dans le quartier du Soleil, au Sud de la Malafolie. Enfin, les failles du Breuil et de Côte-Quart expliquent la réapparition de la même série au Breuil, à Latour et à Fontrousse près de Firminy.

§ 264. — Deux anomalies subsistent cependant : au Nord, on ne revoit nulle part les couches supérieures à la troisième, et au Sud on ne sait ce que devient la huitième et même le groupe 5 à 7.

Pour ce qui est des couches *supérieures,* leur disparition n'est nullement spéciale au district de Firminy. On doit se rappeler l'amoindrissement du groupe des Rochettes au puits *Sainte-Marie* du Quartier-Gaillard et sur le revers Nord du Mont-Salson. Il semble que ces couches ne dépassent guère l'axe du bassin, c'est-à-dire ne vont pas, en se dirigeant vers le Nord, au delà d'une droite menée du sommet du Mont-Salson au bourg de Firminy.

Quant à la *huitième,* on sait combien elle est variable à l'Est de Saint-Étienne, où souvent elle se transforme en schistes, vers son aval-pendage, dans les concessions de Terrenoire, Côte-Thiollière et Monthieux. De même, à Roche-la-Molière, on vient de le voir, la couche *Siméon* devient inexploitable au Nord du puits du *Crêt,* et se réduit aussi à moins de 2 mètres, du côté opposé, auprès de la Croix-Marlet. Il n'y aurait donc rien d'extraordinaire qu'elle disparût presque complètement au Sud, et n'y fût plus représentée, ainsi que les couches du groupe 5 à 7, que par les faibles veines que l'on connaît, à la Malafolie et au Breuil, entre la troisième et les couches 9 à 12. On peut d'autant plus s'y attendre que tout l'intervalle est occupé, à la Malafolie, par des roches plus ou moins *micacées.*

Il reste cependant une difficulté : la distance de la troisième à la neuvième est en général, aux environs de Saint-Étienne, de 350 à 370 mètres, tandis qu'on ne trouverait que 150 à 160 mètres à la Malafolie et au puits de la *Chaux* de Firminy. Observons toutefois que ce changement ne serait pas plus étrange que celui du massif placé entre la troisième et à la huitième, à Villards, Mont-Salson et Villebœuf. Il y a, on le sait, entre ces deux points extrêmes, diminution graduelle de l'intervalle en question, à mesure que l'on avance du Nord au Sud. On a vu aussi que, dans l'angle Sud-Ouest du bassin, les affleurements de la troisième et de la huitième se rapprochent, au delà de la Varenne, en se dirigeant vers la Croix-Marlet. La distance horizontale entre les deux affleurements passe de 500 à 200 mètres, et si ce changement s'explique en partie par la plus grande raideur de la pente des bancs, il n'en est pas moins vrai qu'à la distance horizontale de 200 mètres répond un intervalle réel de moins de 150 mètres. Mais il y a plus : on voit également, dans cette région, la neuvième se rapprocher de la huitième. La distance de leurs affleurements descend au-dessous de 100 mètres. Ainsi, en définitive, on le voit, les couches se concentrent dans le district de Firminy. On ne doit donc plus s'étonner si l'intervalle de la troisième à la huitième est aussi réduit, sur ce point, à 150 mètres.

Deux alternatives restent d'ailleurs possibles :

Ou bien la huitième et le groupe 5 à 7 ne seraient plus représentés, à Firminy, que par les veines minces, ci-dessus mentionnées entre les Grandes masses de Saint-Léon et du Breuil, et le groupe inférieur 9 à 12 de la Malafolie et de Latour; ou bien, ces veines minces représenteraient seulement les couches 5 à 7, et la huitième serait unie à la neuvième, ce qui expliquerait la puissance exceptionnelle de la première couche de la Malafolie et de Latour.

Les deux hypothèses sont également admissibles, mais la première a pour elle l'appui de la flore, qui montre la huitième isolée du groupe 9 à 12 aussi bien que de celui de la troisième.

Il reste néanmoins une autre difficulté, c'est le raccordement de Firminy avec Montrambert et la Béraudière.

En partant du poudingue supérieur, on constate l'identité de la troisième de Mont-Salson et de Troussieux avec la Grande masse des Littes, de

Montrambert, de Saint-Léon et du Ban. A cet égard, le doute ne semble
plus permis, car la flore aussi confirme cette assimilation. Mais au mur
de la troisième tout est différent de part et d'autre. A Montrambert, ce sont
les trois *Brûlantes*, que la flore et d'autres motifs unissent au groupe de
la troisième (§ 232); au-dessous, jusqu'à 200 ou 230 mètres, un terrain
sauvage avec deux ou trois veines sans importance. Au contraire, à la
Malafolie, sous la couche Saint-Léon, paraît un terrain stérile jusqu'à
la distance de 150 mètres, et ensuite la série proprement dite des couches
de la Malafolie. La huitième semble vraiment avoir disparu dans les deux
districts. Mais alors, que deviennent les trois Brûlantes à Firminy? Il faut
également supposer qu'elles s'amoindrissent dans ce district, et s'y réduisent
à de simples filets comme la huitième. Ce sont des difficultés, auxquelles
on n'échappe, à moins de supposer que, à la suite de la première ébauche
de la faille de la Renaudière, le terrain de Firminy se soit déposé dans une
cuvette isolée, et que la communication entre les deux régions ne soit
redevenue libre et directe que lors du dépôt de la Troisième proprement
dite. A cette époque d'ailleurs, la partie Sud-Ouest de Firminy, la région de
Montessu, devait aussi être émergée, comme les environs de Roche, et toute
la lisière Nord du bassin principal. Mais alors, me dira-t-on, les couches de
Combe-Blanche n'auraient donc jamais eu rien de commun avec celles de
Roche, et pourtant, d'après ce qui précède, la communication devait exister,
entre ces deux districts, lors du dépôt des groupes 16 à 13 et 12 à 9? Il
faut admettre, en effet, que la communication était libre entre les deux
régions à l'origine, mais dut cesser ensuite, pendant un certain temps,
c'est-à-dire, pendant toute la durée du dépôt des dernières couches de
l'étage inférieur et des premières de l'étage moyen (la *huitième* et les *Brûlantes*). La communication fut rétablie, entre les deux parties du bassin, par
le nouvel affaissement du sous-sol houiller, qui a précédé la formation des
couches n⁰ˢ 4 à 1 de l'étage moyen.

En tout cas, que ces hypothèses soient vraies ou fausses, il est au
moins certain que les couches de Firminy correspondent dans leur ensemble, groupe par groupe, à celles du bassin principal, mais qu'elles ont dû

se former dans des conditions un peu différentes; c'est le motif pour lequel nous avons cru devoir adopter sur nos cartes de détail, pour les couches de Firminy, un pointillé spécial.

§ 265. — Il nous reste à dire quelques mots de l'extrême angle Sud-Ouest du district de Firminy, comprenant les mines de *Fontrousse* et de *Montessu*.

On a vu que le cours de la Gampille devait correspondre à une faille Nord-Sud, ou plutôt, à une sorte de bombement anticlinal, à droite et à gauche duquel les assises plongent à l'Est et à l'Ouest. A l'Est de la Gampille nous avons mentionné l'affleurement de *Fontrousse*, qui donna lieu à quelques travaux d'exploitation vers 1820 à 1825. La couche avait, selon d'anciens documents, jusqu'à $2^m,60$ de puissance; mais les détails sur sa valeur réelle manquent. Il paraît toutefois certain qu'elle est bien la suite de celle du *Soleil*. Le charbon est tendre, gras, à courte flamme, feuilleté ou schisteux. On ne sait ce qu'elle devient en profondeur, puisque le puits *Malartre* n'a rencontré à sa place que des schistes plus ou moins charbonneux. Cependant elle doit s'améliorer de nouveau au delà, d'après la puissance et la nature de son affleurement à l'Est de la faille du Breuil, auprès de la gare de Firminy (§ 260).

Sur l'autre rive de la Gampille, à l'Ouest, se trouvent les travaux de *Montessu*. En 1847, je considérais ce dépôt comme une dépendance de l'étage de Rive-de-Gier, parce qu'à sa base, au haut Montessu, on trouve, entre les affleurements et le terrain ancien, un poudingue bréchiforme à fragments de schiste et de granite rose, que je crus pouvoir assimiler à la brèche de Rive-de-Gier. Cependant, même en admettant que ce soit bien là un lambeau de la brèche de la base, il n'en résulte pas nécessairement que l'étage houiller, auquel il sert de support, soit de l'âge du dépôt de Rive-de-Gier. On sait, en effet, qu'au pied du Pilat les étages de Saint-Étienne débordent en général celui de Rive-de-Gier et reposent directement sur le terrain ancien. La flore peut seule trancher la question; or, d'après M. Grand'Eury, elle se rapproche de celle de la quinzième. On retrouve donc encore, sur ce point, l'équivalent de la couche du *Soleil*.

Le dépôt de Montessu pourrait même être considéré comme formé dans une cuvette à part, si l'isolement des couches ne s'expliquait tout aussi bien par le simple relèvement anticlinal de la Gampille. En tout cas, il est au moins évident que cette extrémité Sud-Ouest du district de Firminy a dû être émergée avant le dépôt du groupe 9 à 12. Quant à l'accident de la Gampille, il semble se rattacher au pointement d'un îlot de granite rose, que l'on aperçoit, sur les bords de la rivière, aux Loges, tandis que sur les autres points de la lisière Sud du bassin on rencontre exclusivement le micaschiste. A part les Loges, le granite rose ne se montre, en effet, que le long de la Loire, à l'Ouest du bassin houiller, entre Cornillon et Saint-Victor. C'est dans cette même région, sur la route nationale du Puy, au delà de Montessu, que l'on observe la superposition tout à fait discordante du terrain houiller sur le micaschiste, que j'ai figurée, par le croquis n° 4, dans la partie générale, chapitre II (§ 17).

L'affleurement de la couche principale de Montessu décrit une ellipse assez régulière dont le grand axe, de 600 à 700 mètres de longueur, irait du Nord au Sud, et le petit axe, de 200 à 300 mètres, de l'Est à l'Ouest. L'épaisseur moyenne du charbon est de $2^m,50$ à 3 mètres. Au puits n° 2, qui servit pendant quelques années de principal centre d'exploitation, l'inclinaison des bancs était de 50 pour 100; plus au Nord, au puits n° 1, grâce à une faille. elle s'élevait à 100 pour 100. Mais, en général, au Sud-Est surtout, où l'on a pu suivre la couche sur 500 mètres en direction, elle était moins inclinée et assez régulière. La profondeur au-dessous du sol ne dépasse guère 50 à 60 mètres. De cette profondeur maximum les assises se relèvent, dans tous les sens, vers les bords de la cuvette. Quoique certaines parties du dépôt, à cause de quelques failles, voisines du puits n° 1, ne soient pas encore entièrement explorées, on peut néan-moins considérer le gîte comme épuisé en majeure partie. Il ne reste qu'une veine inférieure, peu puissante et de qualité médiocre, dont les affleurements peu continus se voient au mur de la couche principale. C'est une branche de la couche du Soleil, ou peut-être même le n° 16; toutefois, à cause de sa mauvaise qualité, on ne peut guère la citer que pour mémoire. Son exploitation serait, en tout cas, onéreuse aujourd'hui.

La houille de la couche principale est d'un beau noir brillant, grasse, à courte flamme, tenant 22 pour 100 de matières volatiles, et donnant du coke dur bien agglutiné (n° 106 du tableau).

L'affleurement de la couche inférieure se voit en divers points. On l'a même recherchée par le puits n° 6, le puits *Gabrielle,* et le sondage de la Farge, mais aucune de ces trois recherches n'a donné de résultat satisfaisant. On peut donc considérer le quartier de Montessu comme de bien faible valeur, au point de vue des richesses souterraines non encore exploitées.

§ 266. — Complétons la description du district de Firminy par les deux tableaux suivants :

1° Tableau des concessions.

NOMS DES CONCESSIONS	ÉTENDUE en HECTARES.	DATES DES ORDONNANCES de CONCESSION.
Roche-la-Molière et Firminy . . . . La partie Sud-Ouest de la concession, appartenant à ce district, ne mesure que 850 hectares.	5.856	19 octobre 1814.
Unieux et Fraisse.	702	30 novembre 1825.

2° Tableau des profondeurs des puits.

NOMS des CONCESSIONS.	NOMS des PUITS.	COTES de l'orifice des puits au-dessus de la mer.	PROFONDEUR DES COUCHES			COUCHE du Soleil.	PROFON-DEUR totale des puits.	OBSERVATIONS.
			COUCHES de la Malafolie.					
			N° 1	N° 2	N° 3			
	Du Soleil . . .	498ᵐ	»	»	»	18ᵐ	20	
	Chapelon . . .	495	30ᵐ	47ᵐ	85ᵐ	256	270	Travers-bancs à 261ᵐ.
	Adrienne . . .	489	75	103	150	»	160	
Concession de Roche-la-Molière et Firminy (district de la Malafolie).	Monterrad n° 1.	476	»	101	»	»	115	Sur une faille; rejoint la couche n° 1 par une traverse à 109ᵐ.
	Malval	486	125	»	»	»	133	
	Monterrad n° 2.	484	100	126	165	» (Couche St-Léon.)	255	Un long travers-bancs à la profondeur de 250ᵐ.
	Malafolie . . .	472	136	»	»	»	150	
	Saint-Thomas.	479	»	»	»	147	262	Travers-bancs à 246ᵐ et 255ᵐ.
	Saint-Léon . .	474	»	»	»	35	70	
	Du Ban n° 1. .	483	»	»	»	130	210	A 13ᵐ du jour la couche n° 2 de Chaponnost.
	Du Ban n° 2. .	483	295	341	»	110	370	
	Labarge. . . .	509	»	»	»	115	175	
	Chaponnost. .	491	»	»	»	»	125	Traverse la couche n° 2 de Chaponnost à 66ᵐ.
	Layats	467	»	»	»	»	13	Sur la faille des Layats.

NOMS des CONCESSIONS.	NOMS des PUITS.	COTES	PROFONDEUR DES PUITS					PROFON-DEUR totale.	OBSERVATIONS.
			Grande Couche du Breuil.	COUCHES DE LATOUR			Couche du Soleil.		
				N° 1	N° 2	N° 3			
Concession de Roche-la-Molière et Firminy (district de Firminy).	De la Chaux. .	471	3	151	»	»	»	220	Un travers-banc à 201ᵐ recoupe les couches de Latour n°ˢ 1, 2 et 3.
	Charpin n° 1. .	498	»	33	»	»	»	90	
	Trémolin . . .	486	»	50	»	»	»	55	
	Chambalhac. .	465	52	»	»	»	»	55	
	Du Haut-Breuil	(?)	10	»	»	»	»	108	Sur la faille du Breuil.
	Charles. . . .	465	»	72	»	»	»	105	
	Latour n° 1. .	464	»	85	»	»	»	90	

| NOMS des CONCESSIONS. | NOMS des PUITS. | COTES de l'orifice des puits au-dessus de la mer. | PROFONDEUR DES PUITS | | | | | PROFONDEUR totale des puits. | OBSERVATIONS. |
| | | | Grande couche du Breuil. | COUCHES DE LATOUR | | | Couche du Soleil. | | |
				N° 1	N° 2	N° 3			
Concession de Roche-la-Molière et Firminy (district deFirminy)	De la Pêchoire.	470	»	44	»	»	»	50	
	Solage	472	»	34	»	»	»	40	
	Saint-Martin. .	480	»	76	»	»	»	80	
	Osmond. . . .	459	»	40	»	»	»	44	
	Malartre . . .	470	»	»	»	»	»	290	Creusé au mur des couches de Latour. N'a pas trouvé celles du Soleil.
Concession d'Unieux et Fraisse.	Combeblanche n° 2	516	»	90	104	140	»	150	Sur une faille. Travers-bancs de 85ᵐ depuis le fond du puits.
	Combeblanche n° 3	517	»	»	»	»	»	207	
	Raboin	490	»	»	»	»	»	404	Sur la faille Raboin ; les 160 premiers mètres sont dans le terrain tertiaire.
	Des Planches n° 1	(?)	»	35	85	»	»	115	
	Brochin. . . .	(?)	»	»	»	»	»	120	N'ont rencontré aucune couche.
	Des Planches n° 2	(?)	»	»	»	»	»	60	
	De Côte-Martin	(?)	»	»	»	»	»	118	Un travers-bancs à 100ᵐ recoupe trois couches irrégulières.
	Saint-Honoré .	(?)	»	»	»	»	»	364	Travers-bancs à 255 et 287ᵐ pour recouper les couches 13 à 16.
	D'Unieux . . .	(?)	»	»	»	»	»	72	N'a rencontré aucune couche.
	Montessu n° 2.	495	»	»	»	»	30	55	
	Du Pont de Sauze. . . .	450	»	»	»	»	»	240	Terrain stérile.

CHAPITRE XIII

TERRITOIRE DE TARTARAS, GIVORS ET COMMUNAY

§ 267. — Le bassin houiller de la Loire, quoique fort rétréci sur les
rives du Bosançon, en aval de Rive-de-Gier, ne s'y termine pas ; il s'étend,
le long de la vallée du Gier, jusqu'au Rhône à Givors ; franchit même, sur
ce point, le fleuve, ou du moins passe sous ses alluvions, puis reparaît, au
delà, à Ternay et Communay. Là, on voit les assises houillères se perdre
bientôt sous les bancs de la molasse tertiaire du Dauphiné. Jusqu'où cette
étroite bande houillère se prolonge-t-elle souterrainement vers le Nord
Nord-Est ? Personne ne saurait le dire d'une façon positive, mais ce qui
est certain, c'est que, dans la direction de l'axe prolongé du bassin houiller
de la Loire, on retrouve, à 25 kilomètres de là, à Chamagneux, sur la lisière
de la plaine du Dauphiné, un nouveau pointement granitique et houiller,
qui semble rendre plus que probable, comme nous le verrons, la continuité de la bande carbonifère jusqu'aux abords des premiers contreforts
calcaires de la chaîne du Jura.

Le bassin houiller, déjà fort étroit dans la vallée du Bosançon, se
rétrécit encore plus auprès de Tartaras. Sa largeur y est de 250 à 300 mètres seulement ; cependant il se renfle de nouveau au delà de Dargoire,
mais pour subir ensuite une interruption totale en face de Saint-Romain-
en-Gier. Les failles et l'érosion ont mis à jour les roches sous-jacentes anciennes dans les deux profonds ravins de la combe d'Allier et du Godivert.

Le terrain houiller reparaît ensuite sur la rive gauche du ruisseau de Barnier, et s'élargit même, au Montrond, jusqu'à 1,500 mètres. Mais, à partir de ce point, il se rétrécit graduellement jusqu'au Rhône, où il ne mesure plus que 500 à 600 mètres. Sur l'autre rive, à Communay, on retrouve 1,000 mètres, et même 1,200 mètres là où les roches houillères disparaissent sous la mollasse tertiaire.

L'allure générale de ce long ruban houiller se rapproche de celle du territoire de Rive-de-Gier. La direction normale est parallèle à l'axe du bassin avec relèvement inverse des assises vers les lisières du Nord et Sud; mais les dérangements sont partout fréquents. Les failles sont nombreuses, et dévient assez souvent les bancs transversalement à l'axe. Ailleurs, à Tartaras, Saint-Jean-de-Toulas et sur quelques autres points, de fortes failles Nord-Sud coupent en écharpe la bande houillère, et la sous-divisent en une série de lambeaux à peu près alignés du Nord au Sud. Quelques-unes de ces failles relèvent aussi le sous-sol ancien jusqu'au jour. Enfin disons encore que le dépôt houiller ne suit plus, depuis le Bosançon, le fond même de la vallée du Gier; on le trouve, sur la rive gauche, à mi-coteau ou sur le haut du plateau. Le bord méridional de la zone houillère ne descend jusqu'au Gier qu'entre le Cluzel et Givors.

Quant à l'âge réel du dépôt, il est difficile de se prononcer, car les indications fournies par les empreintes végétales semblent parfois peu d'accord avec la stratigraphie. Aussi convient-il de suivre la bande en question sans se préoccuper de ses rapports avec celui de Rive-de-Gier. Nous verrons ensuite de quelle façon il semble s'y rattacher.

Commençons par les rives du Bosançon et dirigeons-nous de là, le long du Gier, jusqu'à Givors et Communay.

1° District de la Madeleine.

§ 268. — Le premier district est celui de la *Madeleine*, dans la commune de Saint-Maurice-sur-Dargoire, entre le Bosançon et le ruisseau des Chantières. Il est divisé en deux parties par une étroite saillie du sous-sol ancien. Celle-ci naît, dans la partie de la concession de Combeplaine comprise entre Rive-de-Gier et le pont de la Madeleine, à 100 mètres environ au Sud de la route de Lyon. Le micaschiste perce le lit du Bosançon à mi-distance entre la route et le canal; la largeur de la bande ancienne y est de 50 mètres, mais elle se termine en pointe, à l'Ouest, avant d'atteindre le canal lui-même. Dans la direction opposée, elle se renfle jusqu'à 200 mètres, puis s'évanouit à peu de mètres du ruisseau des Chantières. Le dépôt houiller se trouve donc ici coupé par une étroite lentille de micaschiste, ayant la direction de l'axe du bassin et une longueur de 1,200 à 1,300 mètres.

Au Sud de l'îlot ancien on observe du grès houiller ordinaire, en bancs fortement inclinés, qui se continuent sans interruption jusqu'à Tartaras et au delà. Sur le bord opposé, au Nord, ce sont des assises tourmentées, dans le prolongement des couches du Bois-Forez, et, au delà, sur la hauteur, au mur de ces bancs, la brèche de la base, qui occupe alors, jusqu'au ruisseau des Chantières, tout l'espace compris entre la lisière Nord du bassin et le ruban de micaschiste dont je viens de parler. Il suit de là que si, dans le lambeau houiller, situé au Nord de la lentille ancienne, il existait des veines de houille, elles appartiendraient, par leur situation, au groupe des couches du Bois-Forez de la concession de Combeplaine.

Pour obtenir la concession de ce territoire, on y creusa plusieurs puits en 1832, 1842 et 1854. Trois d'entre eux rencontrèrent la brèche: le puits *Lajarige*, près du Bosançon, à 50 mètres de profondeur; le puits *Laval*, à l'Est de la route nationale, à 30 mètres; le puits *Sainte-Madeleine*, au Nord du puits *Lajarige*, et, comme lui, sur les bords du Bosançon, à 57 mètres. Ces deux derniers traversèrent seuls une faible veine de houille, inexploitable, à peu de distance au-dessus de la brèche. L'amincissement peut cependant être accidentel, car le quatrième puits, dit puits *Perret*, situé au Nord, non loin de la route, trouva d'abord également une simple veine de $0^m,25$ à $0^m,30$, au niveau de 58 mètres, mais découvrit ensuite, à l'aide d'un travers-bancs, une couche de 1 mètre à $1^m,20$, d'où l'on put même tirer 2,500 à 3,000 tonnes de houille. Malgré cela, les travaux ne purent se développer au loin. Les failles et les étranglements y sont nombreux, et le territoire parut trop pauvre pour être concédé.

Les détails que je viens de donner prouvent, à n'en pas douter, que la couche du puits *Perret* doit correspondre à l'une des couches inférieures du Bois-Forez, mais il serait difficile de dire si c'est la *Gentille* ou la *Bourrue*.

A cela, d'ailleurs, se bornent les rapports immédiats qui lient Rive-de-Gier à la zone de Tartaras-Givors. Les deux bassins sont séparés l'un de l'autre par l'arête ancienne, ci-dessus mentionnée, qui va du Bosançon au ruisseau des Chantières. La barrière disparaît, il est vrai, sur les bords du ruisseau, ou plutôt s'y soude au massif ancien, situé au Nord de la bande houillère de Tartaras (voir la carte d'ensemble). Seulement, au delà, entre Tartaras et Dargoire, on voit de nouveau, et jusqu'au voisinage de la combe d'Allier, une étroite bande ancienne, séparant la brèche du dépôt houiller. On retrouve la brèche, après une très courte interruption, au fond de la gorge des Chantières, sous forme de lisière mince, qui se renfle ensuite considérablement à l'Est de Dargoire.

Dans tout ce parcours la brèche est réellement séparée du dépôt houiller proprement dit de Tartaras par l'arête ancienne en question. Au Nord du village cette arête est masquée par la terre végétale, mais elle redevient visible dès que l'on descend du plateau vers les gorges des Chantières et de Dargoire, là où les roches sont mieux dénudées. Bref, l'antique barrière, qui bornait à l'Est le bassin de Rive-de-Gier, va de Couzon, au pied du Pilat, jusqu'à la Combe d'Allier, où elle rejoint, d'une façon définitive, le massif ancien du chaînon opposé de Riverie. Quant au dépôt même de Rive-de-Gier, il n'est plus représenté, à l'Est de la Madeleine, que par la brèche, dont les derniers îlots se prolongent jusqu'à Balmondon, entre la Combe d'Allier et la gorge du Godivert.

D'autre part, au Sud de la barrière ancienne, s'est formé, à partir de la Madeleine, un *autre* bassin, celui de *Tartaras-Givors*. Je dis un *autre* bassin, car si la barrière en question était le résultat d'un soulèvement postérieur ou le simple produit d'une forte érosion, on retrouverait, de part et d'autre, des dépôts identiques. Or, non seulement la brèche n'existe plus dans la zone qui va de la barrière ancienne jusqu'au Rhône, mais les couches de houille y sont totalement différentes, tant par leur nombre et leur nature propre que par leur flore, d'après M. Grand'Eury. On doit constater enfin que si, à partir de cette barrière, le terrain de Rive-de-Gier s'élargit graduellement, dans la direction de Saint-Chamond et de Saint-Étienne, par une série de failles transversales, plongeant de l'Est à l'Ouest, le dépôt de Tartaras est, au contraire, presque partout étroit et peu épais. Les failles transversales y inclinent plutôt en sens inverse vers l'Est, et le bassin n'atteint quelque importance, comme largeur et puissance, qu'au Montrond, près de Givors.

Remarquons enfin que l'arête ancienne, qui isole les deux bassins l'un de l'autre, court exactement sur Nord 15 à 20° Est, comme les crêtes primordiales du Pilat et les strates du terrain de gneiss et de micaschiste de toute cette région[1].

En consultant la carte, il devient au reste évident que l'arête séparative des deux bassins n'est au fond que le prolongement du chaînon ancien, qui se dresse entre le ruisseau d'Égarande et celui de Couzon.

En affirmant que les deux bassins sont tout à fait distincts, je ne veux pas dire cependant que leur origine n'ait rien eu de commun. L'un et l'autre doivent leur formation à l'affaissement progressif du même sous-sol ancien, le long de deux grandes failles-limites parallèles. Il y eut seulement, entre les deux bassins, cette différence que l'affaissement fut intense et de très longue durée à Rive-de-Gier, et surtout aux environs de Saint-Étienne, tandis qu'il fut relativement faible et court à l'Est de la Madeleine. Il semble aussi, comme nous l'avons déjà dit, qu'à partir de la Madeleine l'affaissement se soit propagé, en sens inverse, à l'Ouest et à l'Est. Il y aurait eu là comme une sorte de *dorsale* ancienne, servant d'axe neutre immobile, le long duquel le mouvement fut nul, ou réduit au minimum, et allait croissant graduellement, de ce point, dans les deux sens.

---

1. *Description géologique de la Loire,* p. 17.

2° District de Tartaras et de Saint-Jean-de-Toulas.

§ 269. — Je désigne sous ce nom la portion de la zone houillère du Gier comprise, au Sud de la brèche et de la barrière ancienne, entre la Madeleine et la Combe d'Allier. Cette région renferme les concessions de Tartaras et de Saint-Jean-de-Toulas.

Quelques traces d'affleurements se montrent déjà, près de la Madeleine, dans la bande étroite, située au Sud de l'îlot ancien ; mais les bancs de grès y sont verticaux et les veines comme amincies par laminage. Les couches ne deviennent exploitables qu'à partir de la rive gauche du ruisseau des Chantières, dans la concession de Tartaras.

La houille est connue sur ce point et y fut exploitée, comme à Rive-de-Gier, dès le milieu du siècle dernier, et le terrain fut même concédé à Tartaras dès le 27 juillet 1808. La concession mesure 1,043 hectares, mais elle empiète, au Nord et au Sud, sur le terrain ancien, car la zone vraiment houillère ne dépasse guère 60 hectares. C'est un rectangle de 2,000 mètres sur 250 à 300 mètres ; il ne se renfle jusqu'à 500 mètres que vers son extrémité orientale, sur la rive gauche du ruisseau de Dargoire, au voisinage de la concession contiguë de Saint-Jean-de-Toulas.

Les couches de houille s'y présentent, comme à Rive-de-Gier, en forme de fond de bateau, affleurant au Nord sous l'angle de 25° à 30°, le long de la zone ancienne, et se relevant au Sud en pente raide. Sur ce point elles sont même plus ou moins amincies par laminage.

Le fond de bateau, dont la largeur moyenne est de 200 mètres seulement, n'est d'ailleurs pas continu. Il est partagé en une douzaine de lambeaux par une série de failles, Nord quelques degrés Est, coupant obliquement le bassin et altérant plus ou moins l'allure normale des couches. De là une série de champs d'exploitation distincts, dont aucun n'a plus de 200 mètres en direction sur 100 à 120 mètres, suivant la pente.

La concession de Tartaras renferme une seule couche, dont la puissance est de 2 à 3 mètres, à l'Ouest, dans le ravin des Chantières, de 3 à

4 mètres sur le plateau, à Tartaras même, et de 5 à 7 mètres à l'Est, dans le flanc gauche du vallon de Dargoire. De 1832 à la fin de 1877, la concession de Tartaras a fourni environ 300,000 tonnes de charbon marchand. Or, comme la superficie réunie des lambeaux déhouillés est d'environ 90,000 à 100,000 mètres carrés, cela fait, en admettant une tonne de charbon par mètre cube enlevé, une puissance moyenne utile de 3 mètres à 3^m,25. En dehors de cette seule couche importante, on a trouvé, sur quelques points, à une très faible distance du mur, une veine secondaire qui ailleurs fait partie intégrante du gîte principal. On a aussi rencontré, à l'Est de Tartaras, à 15 ou 20 mètres au toit de la grande couche, une veine supérieure, également inexploitable, qui toutefois semble croître en importance, à l'Est, dans la concession de Saint-Jean-de-Toulas, où l'on connaît positivement deux veines distinctes.

La couche de Tartaras ne ressemble à aucune de celles de Rive-de-Gier. La houille est tendre, friable, entremêlée de veinules schisteuses. L'exploitation a fourni peu de gros, et le menu, pour devenir marchand, a dû être soumis à un lavage soigné. Ainsi épuré, le charbon a pu servir, à Lyon, à la fabrication du gaz; mais il faut dire que la compagnie du gaz était alors elle-même chargée de l'exploitation de la mine de Tartaras, et avait intérêt à se servir de son propre charbon.

A l'Ouest, dans le vallon des Chantières, les travaux sont abandonnés depuis cinquante ans; les puits y étaient peu profonds, 25 à 30 mètres au maximum.

Le champ d'exploitation le plus important se trouve sur le plateau même, à l'entour du village de Tartaras. Il fut ouvert vers 1848 et resta en activité pendant vingt ans. Le puits le plus profond n'a que 110 mètres: c'est le puits *Sainte-Barbe,* au Nord-Est du village. Le puits d'extraction principal, le puits *Sainte-Marie,* à l'Ouest du village, n'a pas au delà de 70 mètres. Sur ce dernier point la couche était assez régulière. On a pu la suivre par fendue, le long de sa pente, sur 100 mètres environ ; mais, comme ailleurs, le charbon était tendre et réclamait partout un boisage solide.

En approchant du vallon de Dargoire, dû à l'une des failles ci-dessus mentionnées, la couche devient moins régulière, mais aussi plus puissante. Au puits *Gabriel* on a trouvé des épaisseurs de 5 à 7 mètres. Dans cette région, et déjà au puits *Sainte-Barbe*, on a surtout exploité le relèvement oriental de la couche, qui l'emporte ici sur le pendage Ouest. Au lieu dit les Perrières, l'affleurement de la couche se voit, d'ailleurs, sur la rive droite du ruisseau de Dargoire, non loin de la lisière Sud-Est du bassin houiller.

Les travaux les plus récents, encore en activité en 1879, étaient ouverts dans le flanc gauche du vallon de Dargoire, le long de la limite même de la concession de Saint-Jean. Ce sont les travaux dits de *Gandillon*. La couche y plonge au Nord; elle fut ramenée au jour, par une faille, à plus de 300 mètres de la lisière Sud du terrain houiller.

Ce qui précède prouve que la concession de Tartaras est, sinon épuisée, au moins très fortement entamée dans toutes ses parties. La seule région qui renferme encore des massifs inexplorés est celle du vallon de Dargoire, où de fortes failles ont exceptionnellement bouleversé le dépôt houiller.

§ 270. — A l'Est de la concession de Tartaras se trouve celle de *Saint-Jean-de-Toulas*, située à cheval sur les deux départements de la Loire et du Rhône; elle fut instituée le 29 août 1857 et mesure 173 hectares. Ses limites sont : à l'Ouest, la concession de Tartaras; au Nord et à l'Est, le ruisseau de la Combe d'Allier; au Sud, le canal de Givors. Cette concession comprend l'extrémité orientale du territoire de Tartaras. A la Combe d'Allier, le dépôt houiller est complètement enlevé; il ne reparaît, sauf deux ou trois lambeaux épars, qu'à l'Est du ruisseau dit le Barnier.

La concession de Saint-Jean, comme celle de Tartaras, est divisée en long par l'étroite arête ancienne qui sépare la brèche du Nord de la zone houillère proprement dite du Sud.

Les travaux entrepris dans cette concession consistent en une série de puits creusés, à l'entour de la maison Bertholon, sur le plateau, entre les gorges de la Dargoire et de l'Allier, non loin de la limite de Tartaras. On y a exploité l'extrémité orientale du lambeau de Gandillon. Là aussi, les assises plongent de 60 à 70° vers le Nord; c'est le relèvement Sud des

couches, malgré les 300 mètres qui séparent encore l'affleurement de la
lisière Sud du bassin houiller. Dans cette région, en effet, se développe un
étage inférieur, dont je vais parler dans un instant, et qui ne se montre à
la surface du sol qu'à l'Est de la gorge de la Dargoire.

Au puits *Bertholon* de Saint-Jean-de-Toulas, comme dans la région
orientale de Tartaras, on connaît deux couches peu éloignées l'une de
l'autre, mais dont l'inférieure seule est exploitable. Sa puissance variait,
dans les travaux, entre 0^m,80 et 2 mètres. Le charbon était moins chargé
de schistes qu'à Tartaras, mais son allure, par contre, moins régulière.
Cette couche inférieure fut exploitée, de 1855 à 1858, par une série de
travers-blancs, ouverts, dans le puits *Bertholon*, jusqu'à la profondeur de
100 mètres. En direction on suivit la couche sur près de 300 mètres, mais
nulle part on n'a atteint le relèvement Nord de la couche.

Afin d'explorer le terrain, situé au mur des deux couches dont je viens
de parler, on a ouvert, au Sud du puits *Bertholon,* un autre puits et une longue
galerie à travers-bancs. La première de ces fouilles, le puits *Saint-Prix,*
fut foncé, vers 1836, à environ 350 mètres au Sud du puits *Bertholon.* On le
poussa jusqu'à 110 mètres. On n'y rencontra qu'un mince filet de charbon
et des bancs de grès mal réglés.

Quant à la galerie à travers-bancs, elle fut ouverte au pied du coteau,
sur le bord du canal de Givors, et fut poursuivie, il y a quinze à vingt ans,
jusqu'à 600 mètres. Elle fut ouverte dans le micaschiste de la lisière Sud, et
fut poussée au Nord-Ouest, vers le puits *Bertholon,* auprès duquel on
comptait rejoindre la couche que l'on y avait exploitée. La galerie passe du
micaschiste dans le terrain houiller à 75 mètres de son orifice. On rencontra
là presque aussitôt une veine charbonneuse, mêlée d'argile noire, dont les
affleurements se voient très près du terrain ancien; on avait même ouvert
antérieurement sur cette veine trois descenderies, mais on n'y trouva qu'une
mince couche, fort irrégulière, mêlée de schistes; elle plonge au Nord
vers l'axe du bassin. Au delà viennent, dans la galerie, des grès schisteux, plus ou moins micacés, et parfois même ferrugineux (*gore rouge*); leur
plongée demeure forte et toujours orientée vers le Nord-Ouest. A la distance

de 300 mètres on recoupa un nouveau filet charbonneux qui doit correspondre à la veine du puits *Saint-Prix*. Enfin, au delà, vers 500 mètres, on trouva du grès houiller ordinaire à gros grains. La galerie fut suspendue, vers 600 mètres de l'orifice, soit 200 mètres du point où l'on aurait pu rencontrer la couche du puits *Bertholon*. Cette longue galerie, qui recoupe constamment des assises plongeant au Nord-Ouest, fait voir qu'il y a sur ce point, au mur de la couche du puits *Bertholon,* un étage stérile dont la puissance totale est certainement supérieure à 400 mètres. Existe-t-il au-dessous des couches de houille qui n'affleurent pas? Nul ne saurait le dire, mais cela paraît peu probable, puisque, malgré les nombreuses failles qui sillonnent le terrain, elles n'arrivent nulle part jusqu'au jour. En tout cas, vu l'inclinaison opposée des deux failles-limites, et vu surtout l'étroitesse du bassin, leur étendue exploitable serait insignifiante.

Il suit de là que Saint-Jean-de-Toulas, fouillé en tous sens depuis quarante ans, doit être considéré comme sensiblement épuisé, aussi bien que Tartaras. Les massifs restants sont peu étendus, irréguliers et d'une exploitation coûteuse.

En descendant du plateau dans la Combe d'Allier, on voit les assises houillères se relever vers l'Est. Grâce à une forte faille transversale, le sous-sol ancien apparaît partout. La solution de continuité est complète à partir de la Combe d'Allier jusqu'au ruisseau du Barnier. Cette région fut cependant concédée : c'est le district de Saint-Romain-en-Gier.

3° **District de Saint-Romain-en-Gier.**

§ 271. — Ce territoire, long d'un kilomètre dans le sens de l'axe du bassin, s'étend de la Combe d'Allier au ruisseau du Barnier. Les failles et l'érosion ont balayé le dépôt houiller, sauf sur trois points, où d'étroits lambeaux restent comme autant de témoins de son ancienne extension. Au Nord, entre Balmondon et la Combe d'Allier, ce sont deux minces placages de grès grossiers passant à la brèche. Au Sud, entre le hameau des Perrauds et la Combe d'Allier, se trouve le lambeau le plus important, compris entre deux failles transversales, situées à 400 mètres l'une de l'autre ; enfin, le long du canal, paraît une étroite lisière qui dépend plutôt du district suivant de Fontanas et Givors.

Malgré la faible étendue du lambeau des Perrauds, qui ne mesure pas au delà de 12 hectares, on y entreprit d'actives recherches de 1853 à 1859, à la suite desquelles on accorda même le 9 février 1861, la concession de Saint-Romain, de 177 hectares, concession que la persévérance seule des hardis explorateurs peut justifier, car les résultats obtenus sont de tous points insignifiants.

Au lieu dit les Perrauds on reconnut une faible couche de 0^m,80 à 1^m,20, qui affleure, près des maisons mêmes des Perrauds, sur la lisière Sud du lambeau trapézoïdal. Elle y plonge au Nord, puis remonte au jour, avec pente inverse, sur le bord opposé du lambeau. A l'Ouest et à l'Est, le dépôt est limité par les deux failles transversales ci-dessus signalées. Il fut exploré par deux galeries : l'une au Sud, qui suivit la couche de houille sur 125 mètres; l'autre à l'Ouest, qui la reconnut sur 70 mètres. En divers points, le charbon repose presque directement sur le micaschiste, mais c'est plutôt par le fait de la faille, longeant le lambeau au Nord-Est, que par superposition immédiate. L'exploration de 1853 à 1859 peut avoir fourni 5,000 à 6,000 tonnes de houille. Depuis près de vingt ans, les travaux sont suspendus, et, en réalité, la concession est déjà épuisée.

4° District de Fontanas et Givors.

§ 272. — A la lacune de Saint-Romain succède, sur la rive gauche du Barnier, le district de Fontanas et Givors, dont la longueur, parallèlement au Gier, est de cinq kilomètres. Il comprend deux concessions, et, en outre, auprès de Givors, un lambeau important non encore concédé. L'une des concessions, celle *Givors* et de *Saint-Martin-de-Cornas*, est du 12 décembre 1824; l'autre, celle de la *Forestière* et *Fontanas*, du 10 décembre 1855. Cette dernière enveloppe la précédente au Nord et à l'Ouest, et se compose de deux bandes, à peine reliées l'une à l'autre par un mince détroit passant au Nord de la Chapelle

Saint-Martin. A l'Est de ces deux concessions s'étend, jusqu'au Rhône, la région non encore concédée, ayant 2,000 à 2,200 mètres de longueur suivant l'axe du bassin, et 600 à 700 mètres de largeur.

Cette partie extrême du bassin n'est certainement pas stérile, malgré l'absence de tout affleurement, mais l'exploitation y offrira, en tout cas, de sérieuses difficultés, à cause des alluvions du Rhône et du Gier qui couvrent partout le dépôt houiller.

Le territoire concédé se divise en deux parties : l'extrémité Ouest, comprenant *Fontanas* et *le Cluzel*, et le bout opposé à l'Est, sur les hauteurs de *Montrond*.

La première de ces régions est tourmentée par des failles et des filons porphyriques. J'ai décrit ces derniers dans un paragraphe spécial (§ 70), et n'y reviens pas. Quant aux failles, trois surtout sont considérables.

L'une de ces failles part de Manévieux et coupe le bassin tranversalement, comme les deux failles du territoire de Saint-Romain, mais plonge en sens inverse à l'Est. C'est même, pour le dire en passant, par le fait de ces deux grandes failles transversales opposées, que le terrain houiller fut soulevé, et ensuite balayé par érosion auprès de Saint-Romain.

Au toit de la faille de Manévieux et Fontanas, le terrain houiller couvre de nouveau la roche ancienne, mais peu après il est derechef disloqué par une autre faille Nord-Sud, allant de Manévieux à la Rivollière et plongeant à l'Ouest. Le long de cette faille le sous-sol ancien apparaît à l'état de profonds sillons, où bien sous forme d'îlots allongés. Enfin la troisième faille court, au Nord-Nord-Ouest, depuis Saint-Lazare vers la Rivollière. Elle affecte les bancs de grès que l'on voit, sur les bords du canal, un peu en aval de l'écluse Petit-Jean; on la suit dans l'ancien chemin qui monte de Givors, par la maison Minsieux, à la Chapelle de Saint-Martin-de-Cornas. Cette troisième faille plonge à l'Est, de sorte qu'en allant de Fontanas vers Givors on arrive, par le fait de la faille, à un étage plus élevé du terrain houiller.

Dans la région tourmentée de Fontanas deux affleurements sillonnent la côte qui descend du plateau vers le ruisseau du Barnier. Quatre fendues y furent ouvertes pour leur exploration. Au Nord, la couche mesure en moyenne 0^m,75; elle fut suivie sur plus de 100 mètres en direction, et donna du charbon de qualité passable. L'autre affleurement, plus voisin de la ferme de Fontanas, fut exploré, par une descenderie, sur 30 mètres dans le sens de la plongée. La couche, réduite à 0^m,35, semble le prolongement de la précédente, ou tout au moins une veine très voisine. Dans tous les cas, les deux couches plongent l'une et l'autre sous les grès grossiers qui couvrent à l'Est le plateau de Fontanas ; mais elles ne peuvent se prolonger, dans ce sens, à plus de 400 mètres, sans buter contre la faille qui va de Manévieux à la Rivollière. Celle-ci, en effet, les ramène au jour dans la combe du Cluzel, qui descend de la Forestière au Gier. Là, le long du flanc gauche de la combe en question, MM. Robichon frères ouvrirent une exploitation, par puits et galeries, vers la fin du siècle dernier, pour le service de leur verrerie de Givors. Les affleurements se voient, à flanc de coteau, à l'Ouest des maisons Minsieux et Journaud.

La couche fut exploitée par plusieurs puits jusqu'à la profondeur de 40 à 50 mètres, et sur 250 à 300 mètres en direction. Sa puissance moyenne est de 1 mètre, mais on rencontre aussi de fréquents amincissements de 0^m,80 à 0^m,50, suivis çà et là de renflements mesurant 1^m,50. La couche inclinait, dit-on, de 20 à 25 pour cent vers l'Est, sous le plateau de Montrond, où elle est encore entièrement vierge. Les travaux anciens n'ont même pas atteint la grande faille Nord-Nord-Ouest reliant Saint-Lazare à la Rivollière.

L'existence de cette couche du Cluzel sous le plateau de Montrond paraît d'autant plus certaine, que non seulement on peut constater, au toit de la houille, en montant du Cluzel vers le sommet de Montrond, une longue suite de bancs de grès et de poudingues quartzo-micacés, plongeant tous, comme la couche elle-même, de l'Ouest et de l'Est, mais on peut aussi observer la même couche, vers la lisière Sud de la bande houillère, dans la tranchée du chemin de fer de Lyon, auprès de Saint-Lazare. Un affleurement, fort bien accusé, plonge là au Nord sous Montrond ; il fut surtout bien reconnu, en 1857, lors de l'élargissement de la voie ferrée et du percement d'un aqueduc pour l'assainissement de la tranchée.

Ajoutons enfin que la couche du Cluzel est peut-être double comme celle de Fontanas; quelques indices peuvent le faire supposer, quoique les preuves positives fassent défaut.

Si maintenant on monte, des bords du canal, vers le haut du plateau, non plus par le vallon qui s'élève de l'Écluse Petit-Jean vers la Rivollière, mais par la combe qui part du Gier à 800 mètres en aval de Saint-Lazare, on pourra constater une série d'affleurements appartenant à un faisceau de couches supérieures, sous lesquelles plongent les poudingues micacés, que je viens de signaler au toit de la couche du Cluzel. Ce faisceau supérieur se compose lui-même de deux groupes, celui du *mur*, de trois veines minces, dont la puissance totale, y compris les schistes entrelardés, est de 2 mètres à 2^m,50, et celui du *toit*, formé d'une seule couche de 0^m,60 à 1 mètre.

Le groupe du mur affleure sur le flanc gauche de la combe dont je viens de parler, vers 200 mètres à l'Est de la maison Escoffier. L'allure est transversale sur une longueur de 400 à 500 mètres, puis passe à l'allure normale en approchant des bords du bassin. Ainsi, au Nord, l'affleurement se détourne vers l'Est en passant, dans la concession de la Forestière, à faible distance du puits de l'*Espérance*. Au Sud, il s'infléchit, en sens opposé, vers l'Ouest à partir du puits *Besson*, dans la concession de Givors. Ce groupe inférieur a été exploité, dès 1818, le long des affleurements, par une série de puits placés au voisinage de l'ancien chemin qui monte de Givors vers Saint-Andéol; ce sont : le puits de l'*Espérance*, dans la concession de la Forestière, et les puits *Sainte-Adélaïde, Bajard, Saint-Joseph, Besson,* etc., dans la concession de Givors.

Dans la concession de la Forestière, j'ai pu constater, en 1857, au puits de l'*Espérance*, la coupe suivante du groupe inférieur :

	Grès grossier micacé	35 à 40 mètres	
	Houille	0,12 à 0,15	
	Schiste argileux	0,80	
Groupe	Houille pierreuse	0,60	1re couche.
inférieur	Schiste friable	2,30	
de Montrond	Houille médiocre	0,40	2e couche.
	Grès manifer	1,60	
	Houille	0,18 à 0,20	3e couche.

On a exploité la première et la deuxième couche. Cette dernière donne du menu moins terreux que la couche supérieure, mais celle-ci fournit plus de gros pour le chauffage domestique. Les charbons des deux couches étaient, au reste, de qualité trop inférieure pour se vendre ailleurs que sur les lieux mêmes. La houille est à longue flamme et collante, comme le prouve l'échantillon n° 39 du tableau ; mais le charbon de la première couche est mêlé de schistes, et le toit de la seconde friable au point de rendre le menu également pierreux. Par ces motifs, l'exploitation des deux veines fut toujours onéreuse. Malgré cela, on les a dépilées, dans la concession de la Forestière, sur 150 mètres en direction, et, à partir des affleurements, jusqu'au niveau de fond du puits de l'*Espérance*.

Dans la concession de Givors, le même groupe de couches fut exploité, au puits *Sainte-Adélaïde* à 56 mètres de profondeur, au puits *Bajard* à 60 mètres, au puits *Saint-Joseph* à 50 mètres et au puits *Besson* à 25 mètres.

Dans le premier de ces quatre puits, j'ai relevé, en 1857, la coupe suivante :

<pre>
Grès grossier micacé . . . . 56 mètres
                   ⎧ Houille pierreuse . . . . 0^m,50 à 0^m,60. 1re couche.
                   ⎪ Schiste friable . . . . 2 mètres
      Groupe   ⎪ Houille 0,45   ⎫
     inférieur   ⎨ Schiste 0,40   ⎬ 2e couche.
   de Montrond.   ⎪ Houille . . . . 0,50 à 0,60 ⎭
                   ⎪ Schiste manifer . . . . 2 mètres
                   ⎩ Houille. . . . . 0,25 à 0,30. 3e couche.
</pre>

On voit, par cette coupe, que la première couche est plus puissante qu'au puits de l'*Espérance*, ce qui permit de l'y exploiter plus activement que la deuxième.

Vers le bord Sud de la concession, au voisinage du canal, le *vieux* puits de l'*Espérance* a trouvé le groupe des trois couches inférieures réduit à deux ; elles avaient l'une et l'autre 0^m,65, et, entre les deux, on voyait un banc de schistes de 2 mètres. Dans cette région, les étranglements sont d'ailleurs fréquents. En résumé, ce groupe inférieur est connu, dans le territoire de Montrond, sur 900 à 1,000 mètres suivant l'allongement, dont 500 en allure transversale. Dans le sens de la pente, la bande exploitée n'a pas au delà de 200 mètres de largeur. On peut donc considérer ce groupe inférieur comme encore vierge sous toute la partie orientale de la concession de Givors, qui correspond à un carré d'environ 500 mètres de côté, soit une étendue de 25 hectares. Au delà elle comprend encore, très probablement, une partie notable du territoire non concédé. Seulement, il faut le répéter, les couches sont minces et fournissent du charbon dont la qualité est plus que médiocre.

A 100 mètres environ au-dessus de ce groupe inférieur on connaît au Montrond, comme je l'ai dit, une couche supérieure, dont la qualité laisse un peu moins à désirer, mais elle n'occupe, dans la partie centrale du bassin, qu'une faible largeur, de 150 à 200 mètres, entre les deux affleurements opposés Est et Ouest ; en direction son étendue est également fort limitée. Au Sud-Ouest, en effet, elle remonte au jour avant d'atteindre les bords du canal, et au Nord-Est elle ne doit guère dépasser la limite orientale de la concession de Givors, puisque le bassin diminue de largeur dans ce sens. Bref, son importance réelle est minime, puisque, en largeur, on ne peut compter sur plus de 150 à 200 mètres, et en direction sur plus de 800 à 900 mètres au maximum. Sa puissance utile est d'ailleurs au-dessous d'un mètre et même seulement de 0^m,60 à 0^m,70 ; enfin, comme dans les couches inférieures, les étranglements et autres accidents ne manquent pas.

La couche fut exploitée au puits *Micar* avant 1820. Ce puits traverse la couche à 25 mètres de profondeur, non loin de son relèvement oriental et sur un point où son inclinaison vers le Nord-Ouest atteint 40°. En 1854, le puits *Brachet* l'a rencontrée à 94 mètres, très près de la ligne de bas-fond, où son inclinaison est presque nulle. Vers la même époque, une galerie d'écoulement, partant des bords du canal, a suivi la couche en direction, le long de son relèvement oriental, afin d'assécher le vieux puits *Micar*.

Cette couche supérieure est, par suite, en partie déhouillée vers son extrémité Sud-Ouest, mais encore vierge, comme le groupe inférieur, du côté opposé. Toutefois, il faut également faire des réserves quant à son importance, puisque la qualité et la puissance de la couche laissent à désirer.

Revenons maintenant à la couche du Cluzel, et voyons à quelle profondeur elle doit se trouver, sous l'étage supérieur de Montrond, si, comme tout semble l'indiquer, elle se prolonge réellement jusque-là.

Disons d'abord que le puits *Bajard* est descendu de 100 mètres au mur des couches supérieures sans rencontrer d'autres veines. Plus tard, il y a vingt à vingt-cinq ans, on ouvrit, dans la concession de la Forestière, le puits *Saint-Étienne* à 300 mètres à l'ouest de la ligne d'affleurement des couches de Montrond, soit 100 mètres verticalement au mur de ces couches. Il fut approfondi jusqu'à 156 mètres, sans repercer d'autre veine que le filet de houille de $0^m,15$, reconnu, au toit immédiat de la nappe porphyrique verte (§ 70), au niveau de 135 à 140 mètres. Or, les nappes porphyriques du Cluzel et de Fontanas sont, pour le moins, à 40 ou 50 mètres au toit de la couche en question; si donc les coulées porphyriques sont contemporaines du dépôt houiller, ce qui semble assez probable, il en faudrait conclure qu'aux profondeurs de 100 mètres et 156 mètres, dont je viens de parler, on aurait à ajouter encore 40 à 50 mètres. On arriverait ainsi à un intervalle total d'environ 300 mètres. Cependant, je me hâte de le dire, je n'attache pas moi-même à ces chiffres une bien grande importance. J'ai voulu montrer seulement qu'une distance stérile considérable sépare la 'couche du Cluzel des deux groupes supérieurs de Montrond, et qu'avant de chercher la couche inférieure sous le plateau même, on fera bien de marcher progressivement du connu à l'inconnu, en fonçant d'abord des puits à mi-coteau de la combe du Cluzel, un peu au-dessus des maisons Journaud. Rappelons aussi que l'intervalle stérile, dont je viens de parler, ainsi que les assises, qui couvrent et accompagnent les deux groupes supérieurs de Montrond, se composent de roches grossières quartzo-micacées, au milieu desquelles les couches de houille bien réglées sont partout rares. C'est donc moins l'espoir de trouver de belles et bonnes couches que la situation favorable du gîte, auprès de Givors et du Rhône, qui pourra justifier un jour de nouvelles explorations sur ce point.

5° District de Ternay et Communay.

§ 273. — Nous venons de montrer que la bande houillère du Gier se poursuit, du Sud-Ouest au Nord-Est, jusqu'aux alluvions du Rhône, et qu'au point où elle se perd sous le cailloutis du fleuve, sa largeur est réduite à près de 500 mètres. Au delà du Rhône, on voit reparaître le terrain houiller, à l'est de Flévieux, sous le communal de Chassagne, à 80 mètres au-dessus du Rhône, et même déjà, non loin du fleuve, dans les tranchées du chemin de fer de Lyon à Marseille, au Sud de Flévieux.

Or que devient le dépôt houiller dans son trajet de trois kilomètres sous les alluvions ? Il serait difficile de le dire d'une façon positive. Constatons cependant que sa largeur est réduite à 500 mètres sur les deux rives du fleuve. De plus, le coude brusque du Rhône, en aval de Givors, semble indiquer sur ce point une forte faille normale à la direction du Pilat, faille qui a dû disloquer, sinon balayer complètement, le terrain houiller sur une certaine largeur, comme cela se voit, entre Tartaras et Montrond, auprès de Saint-Romain. Aussi des explorations, ouvertes au voisinage du Rhône même, n'offriraient sans doute que peu de chances de réussite.

Sur la rive gauche du Rhône, le schiste micacé reparaît, avec son allure ordinaire, à Flévieux même, ainsi qu'à Chasse en face de Givors. Entre deux, comme je l'ai dit, se retrouve la bande houillère, qui se poursuit alors de nouveau, sans interruption, vers le Nord-Est, sur quatre kilomètres, jusqu'à la grande route de Lyon à Marseille, où elle disparaît enfin complètement sous les dépôts tertiaires de la plaine du Dauphiné. Dans ce trajet de quatre kilomètres sa largeur varie beaucoup : entre Flévieux et Chasse, 500 mètres; au Sud de Morzes, sous le plateau de Chassagne, 1,000 mètres ; plus loin, le long du chemin de Ternay à Vienne, nouvel étranglement de 500 mètres; puis au delà, en face de Communay, 900 à 1,000 mètres, et même 1,200 mètres là où le terrain houiller se perd sous les sables tertiaires.

La lisière Sud de la bande houillère est d'ailleurs à peu près rectiligne dans ce district, comme dans le reste du bassin, au pied du Pilat, entre Firminy et Givors, tandis que la bordure Nord est affectée par des élargissements et des resserrements successifs.

Le territoire houiller qui nous occupe fut partagé, le 22 avril 1833, en deux concessions : celle de *Ternay*, de 823 hectares à l'Ouest, et celle de *Communay* de 900 hectares à l'Est ; mais des travaux d'exploitation y avaient été entrepris dès le milieu du siècle dernier et poussés surtout avec quelque activité vers 1800 à 1807. Trois puits furent creusés, à cette dernière époque, sur le plateau de Chassagne, dans le territoire qui fait aujourd'hui partie de la concession de Ternay ; ils sont alignés le long du chemin qui mène de Chasse à Ternay par Morzes. L'un de ces puits, situé à l'Est du chemin, à 100 mètres environ de la lisière méridionale du bassin, rencontra le terrain ancien entre 160 et 170 mètres ; il a dû probablement traverser la couche de charbon dans un amincissement, car l'affleurement se voit au voisinage du schiste micacé. Malheureusement on ne possède aucun renseignement sur la puissance et l'allure de la veine en question.

Les deux autres puits, situés à 300 mètres de là, vers le Nord, à mi-chemin de la maison Durieu, n'ont rencontré, paraît-il, qu'une faible couche supérieure de $0^m,30$ à $0^m,50$ de puissance. On est, par suite, peu encouragé à reprendre les travaux sur ce point, malgré l'apparente régularité des roches à la surface du sol. On peut cependant admettre que la couche *inférieure*, reconnue dans le premier de ces puits, ne disparaît pas en profondeur, et que les veines, connues à Communay, sont aussi exploitables dans la concession de Ternay. Or, à Communay, de sérieux travaux furent activement poursuivis il y a vingt ans. Le puits *Bayellan*, ou *Mallard*, fut ouvert à 1,200 mètres à l'Est du plateau de Chassagne, dans la partie étranglée du bassin, au voisinage du chemin qui conduit de Ternay à Vienne. On y travailla surtout de 1850 à 1860 et même encore en 1874. Deux couches y furent reconnues, l'une à 68 mètres, l'autre à 145 mètres du jour. Le puits est arrêté à 165 mètres de profondeur. L'inclinaison des couches est de 20 à 25°, vers le N.-N.-O., auprès du puits lui-même ; mais sur l'aval-pendage, comme au voisinage des affleurements, elle atteint 50°. La couche supérieure mesure $1^m,10$ à

1^m,30 avec quelques renflements de 2 mètres. Le toit immédiat se compose de grès dans les parties hautes; aussi, comme toujours en pareil cas, est-il bosselé, et la couche amincie sur quelques points. Vers l'aval-pendage, au contraire, le schiste domine, et alors la couche devient plus régulière. On l'a exploitée sur environ 450 mètres en direction. A l'Ouest, on a rencontré de petites failles et de nombreux étranglements; aussi les chantiers ne dépassent-ils guère le puits de plus de 150 à 200 mètres; la pente du terrain y devient forte. Du côté opposé, à l'Est, la couche est plus régulière, et les travaux sont plus importants; mais, en même temps, l'allure générale S.-O.-N.-E. se modifie graduellement. La couche s'infléchit vers une faille N.-S., dont l'amplitude en profondeur, vers l'Est, est encore inconnue. C'est la limite naturelle du champ d'exploitation, à environ 300 mètres du puits.

Les travaux d'abatage furent entrepris, à l'aide de deux travers-bancs, dans le mur de la couche : l'un à 72 mètres, l'autre à 106 mètres de profondeur. L'exploitation s'est surtout développée entre ces deux niveaux, où la couche est moins inclinée qu'en amont, auprès des affleurements. Vers l'aval-pendage, au-dessous du niveau de 106 mètres, la couche est encore vierge et pourra être entamée à l'avenir par un troisième travers-bancs inférieur.

La seconde couche fut peu explorée. On ne l'a pas attaquée au niveau de 145 mètres, où elle fut coupée par le puits, mais au niveau de 106 mètres, où le travers-bancs la rejoint par le toit. Sa puissance oscille entre 1 mètre et 1^m,10, et subit d'ailleurs de nombreux étranglements. Elle semble donc moins importante que la couche supérieure. En réalité cependant, on la connaît peu, car on ne l'a suivie que sur environ 100 mètres en direction vers l'Est, et rien ne prouve qu'elle ne puisse être exploitée avec avantage au-dessous de la région où la couche supérieure est régulière.

Le charbon des deux couches est du reste identique ; c'est de l'anthracite proprement dite, assez dure, tenant moins de 10 pour cent d'éléments volatils, et, en moyenne, 12 à 15 pour cent de cendres. Elle se rapproche, au fond, beaucoup plus du charbon de La Mure, dans les Alpes, que de la houille de Rive-de-Gier ou de Givors.

Quant à l'âge de ces couches, elles correspondraient, par leur flore, dit M. Grand'Eury, tout à la fois, à l'étage de Rive-de-Gier et à celui de La Mure.

Au mur des deux couches dont je viens de parler, on connaît encore une troisième veine, très peu éloignée du micaschiste et près de la limite Sud du bassin. Elle fut fouillée par une courte fendue, ouverte à 350 mètres à l'Est du puits *Bayettan*. C'est une veine quelque peu schisteuse, de $0^m,60$ d'épaisseur, qui semble se perdre en profondeur; car le travers-bancs du niveau de 106 mètres, prolongé de 100 mètres horizontalement au delà de la seconde couche, a atteint le micaschiste sans avoir rencontré la troisième veine. Toutefois, il peut l'avoir manquée par le fait d'une faille, et, pour s'en assurer, il conviendra de foncer un jour le puits lui-même jusqu'au micaschiste.

Outre les travaux du puits *Bayettan*, dont il vient d'être question, on entreprit, à trois époques différentes, d'autres fouilles dans la partie orientale, plus élargie et plus régulière, du bassin, c'est-à-dire entre la région de *Bayettan* et la grande route de Lyon à Marseille.

Dès 1830 à 1835 on fonça, aux abords mêmes du bourg de Communay, à 150^m de la lisière Nord du bassin, le puits *Gueymard* jusqu'à 122 mètres de profondeur. Il traverse des assises de beaucoup supérieures à celles du puits *Bayettan*; ce sont des grès schisteux verdâtres, quartzo-micacés, d'apparence *sauvage*, contenant çà et là de minces filets de houille grasse et des schistes à empreintes végétales. On traversa en particulier une veine de $0^m,10$ à 80 mètres du jour; et, au-dessous, des bancs mieux réglés avec de plus nombreuses empreintes végétales. A 122 mètres, l'affluence des eaux devint considérable, ce qui fit suspendre le fonçage du puits, et amena son abandon jusqu'à ce jour.

En 1854, tandis qu'on exploitait l'anthracite au puits *Bayettan*, on ouvrit le puits de l'*Espérance* à égale distance des deux puits précédents (700 mètres environ) et presque sur la ligne droite menée de l'un à l'autre. Il fut foncé jusqu'à 95 mètres dans un terrain peu différent de celui du puits *Gueymard*, dans une alternance de grès et de poudingues quartzo-micacés, plus ou moins verdâtres, entrecoupés de minces veinules charbonneuses et de schistes à empreintes végétales. On s'arrêta avant d'avoir atteint le niveau des couches du puits *Bayellan,* qui sont rejetées, en profondeur, par la faille Nord-Sud, ci-dessus mentionnée vers la limite Est des travaux ouverts par ce dernier puits.

Enfin, en novembre 1877, on reprit l'exploration sérieuse de la région orientale du bassin. Obéissant au principe fondamental, en fait de travaux de mines, de procéder, autant que possible, *du connu à l'inconnu,* le nouvel ingénieur, M. Durand, ouvrit d'abord un puits de reconnaissance, le puits *Sainte-Lucie,* non loin des affleurements de la lisière Sud du bassin, à 500 mètres à l'Est du puits *Bayellan* et à 290 mètres au Sud du puits de l'*Espérance.* Dès la profondeur de 36 mètres, on rencontra une première couche de houille, partiellement laminée par une faille ; aussi continua-t-on le fonçage jusqu'à 80 mètres, puis on ouvrit à 72 mètres un travers-bancs, vers le Nord, afin de recouper l'aval-pendage de la couche en question. On la trouva en effet à 120 mètres de distance, et elle s'y montra assez régulière pour qu'on pût ouvrir aussitôt de véritables travaux d'exploitation. Elle plonge de 35° vers le Nord, et court directement de l'Ouest à l'Est. On l'a déjà suivie jusqu'à 160 mètres à l'Est et jusqu'à 100 mètres à l'Ouest. En ce dernier point on est arrêté par l'un des échelons de la faille Nord-Sud, qui limite les travaux du puits *Bayellan.* Vers l'amont-pendage, à 35 mètres au-dessus du travers-bancs, la couche s'étire vers les affleurements, par suite de la pente plus forte des bancs, mais elle se poursuit régulièrement vers l'aval-pendage, c'est-à-dire dans la direction du puits de l'*Espérance.* Aussi a-t-on repris, en 1879, l'approfondissement de ce dernier puits, qui trouva, en effet, la couche du puits *Sainte-Lucie* à la profondeur de 125 mètres. Aujourd'hui une longue descenderie, entièrement percée dans le charbon, unit les deux puits, et, dans tout ce parcours, de plus de 200 mètres, la couche se maintient uniforme et régulière. Celle-ci est divisée en trois bancs par deux faibles intercalations schisteuses, qui laissent, comme puissance utile, 1^m,30. A l'Est, les nerfs tendent à disparaître, mais l'épaisseur utile reste la même. Le charbon est solide, dur, anthraciteux, comme à *Bayellan,* mais il contient moins de cendres et plus de matières volatiles. Le toit et le mur ne ressemblent pas à ceux de la première couche du puits *Bayellan,* de sorte que, par ces différences mêmes, il devenait assez probable que l'on avait affaire à une couche supérieure. Effectivement, en poursuivant le travers-bancs du puits *Sainte-Lucie* vers le Sud, au mur, on rencontra la première couche du puits *Bayellan* à la faible distance de 25 mètres; donc il eût suffi d'approfondir le puits *Sainte-Lucie* de 5 ou 6 mètres pour l'y repercer directement.

Un travers-bancs analogue, poussé, à partir du puits de l'*Espérance*, dans le sens du mur, a trouvé aussi la couche du puits *Bayellan* à la distance de 170 mètres. Au bout des deux travers-bancs on a immédiatement ouvert des chantiers à l'Est et à l'Ouest, ce qui a permis de constater non seulement que la couche était régulière, mais encore qu'elle a bien réellement les caractères de la première couche du puits *Bayellan*. Quant à la couche inférieure, on ne l'a pas encore cherchée dans cette région, mais tout indique qu'elle doit y exister aussi bien que dans le district de *Bayellan*. On peut donc dès maintenant affirmer que la concession de Communay renferme, pour le moins, trois couches d'anthracite de bonne qualité. Il en est du moins ainsi dans le district du puits de l'*Espérance*, où le bassin s'élargit rapidement vers l'Est, et y augmente de puissance, puisqu'un étage nouveau, moins anthraciteux, vient se superposer à celui des deux ou trois veines de *Bayellan*. On peut finalement affirmer, d'une façon à peu près certaine, que le puits *Gueymard*, suffisamment approfondi, ou tout autre puits, foncé à l'Est du puits de l'*Espérance*, rencontrera également les couches aujourd'hui connues sur ce dernier point. Dans cette direction, vers l'Est, les travaux de la couche supérieure vont déjà jusqu'à la distance de 200 mètres et avancent incessamment dans ce sens. Il n'y a pourtant pas continuité parfaite. Le bassin est coupé par un système de failles transversales Nord-Sud, inclinant à l'Est, qui toutes, par conséquent, favorisent l'agrandissement du bassin de l'Ouest à l'Est. C'est le pendant des failles analogues de Rive-de-Gier et de Saint-Chamond, qui plongent à l'Ouest, et qui amènent, comme on l'a vu, l'élargissement du bassin entre Rive-de-Gier et Saint-Étienne.

L'une de ces failles des environs de Communay a ouvert le défilé du ruisseau de Fontfamineuse, à l'Est du village de Grand-Chasse ; une autre de ces failles principales est celle qui sépare *Bayellan* de la région des puits *Sainte-Lucie* et de l'*Espérance* ; une faille moindre coupe la couche supérieure à dix mètres du puits de l'*Espérance*, et fut aussi reconnue, en amont, dans les travaux du puits *Sainte-Lucie*. Sur ce dernier point, son amplitude est au reste presque nulle, c'est l'origine de la faille, mais le rejet augmente vers le Nord et atteint 10 à 12 mètres au puits de l'*Espérance*. Au delà de cette faille les deux couches continuent régulières et belles ; la couche inférieure (celle du puits *Bayellan*) avec une puissance de $1^m,20$; la couche supérieure, dite de *Sainte-Lucie*, avec une épaisseur utile de $1^m,30$. Les travaux se poursuivent activement dans cette direction, où tout annonce pour l'avenir un fort beau champ d'exploitation. On doit cependant s'attendre à de nouvelles failles Nord-Sud, plongeant à l'Est, car, c'est grâce à elles qu'à partir de la grande route de Lyon à Marseille le dépôt houiller s'enfonce à de grandes profondeurs sous la molasse tertiaire de la plaine du Dauphiné.

Nous verrons bientôt ce que l'on tente, en ce moment même, pour constater le prolongement réel du bassin houiller sous cet épais manteau supérieur.

Mais, auparavant, revenons à l'Ouest. J'ai dit que la couche *Sainte-Lucie* se terminait dans cette direction à la grande faille Nord-Sud de *Bayellan*. Il n'est pourtant pas certain que l'on ait déjà atteint le rejet principal. On sait que toute grande faille se compose d'une série de gradins entre lesquels il reste des lambeaux de couche. C'est sans doute le cas aussi dans cette région, où un intervalle inexploré de 200 à 400 mètres isole encore les travaux de *Sainte-Lucie* de ceux de *Bayellan*. L'intervalle est surtout grand au niveau inférieur du puits de l'*Espérance*, où les couches se détournent parallèlement aux accidents Nord-Sud. Il me paraît impossible qu'à ce niveau il ne reste pas d'importants lambeaux de charbon au milieu de la zone, encore inconnue, d'environ 400 mètres, comprise entre *Bayellan* et les chantiers extrêmes du puits de l'*Espérance*.

Avant de quitter ce district, disons encore que le puits de l'*Espérance* a traversé, à 63 mètres de profondeur, une couche supérieure impure de

0^m,80, qui fut aussi retrouvée, au niveau de 90 mètres, au bout d'un travers-bancs Nord. Elle n'est pas exploitable à ces deux niveaux, mais peut le devenir du côté Est, où toutes les couches semblent s'améliorer, de sorte qu'on devra aussi l'y rechercher un jour, par un travers-bancs, dans la direction du toit, en partant des niveaux de la couche *Sainte-Lucie.*

Revenons maintenant à l'Est, vers la route nationale de Lyon à Marseille, où le terrain houiller s'enfonce sous les dépôts tertiaires de la plaine du Dauphiné. Que devient-il au delà ? Telle est la question qui nous fut posée, à M. Gueymard et à moi, en 1853, par le président de la Société de Communay. A l'aide des raisons ci-dessus exposées, je cherchai à prouver, dans notre rapport du 9 avril 1853, que son extension vers l'Est, au-dessous de la molasse tertiaire, était, sinon absolument certaine, au moins plus que probable, et que des travaux de recherches devraient être entrepris, à l'aide de trous de sonde, à l'Est, dans la commune de Simandres. A l'appui de notre thèse, je citai ce fait important qu'à 25 kilomètres de là, sur l'axe prolongé des bassins de la Loire et de Communay, on venait de rencontrer à Chamagneux, non loin d'un piton granitique, le terrain houiller au fond d'un puits à eau[1]. C'est l'affleurement oriental de la longue bande houillère qui commence à l'Ouest, auprès de Communay.

Un premier trou de sonde fut ouvert, d'après nos indications, dès 1853, sur le bord du chemin allant de Chaponnay à Givors, à 900 mètres à l'Est de la route nationale de Lyon à Marseille. On ne put dépasser 69 mètres à cause de sables coulants qui, malgré un premier tube, saisirent la cloche de curage. En 1854, un second puits fut foré à 8 mètres du premier. Grâce aux précautions prises, on put traverser, sans encombre, les sables coulants et sortir de la molasse tertiaire à la profondeur de 120 mètres. On pénétra de 37 mètres dans le terrain solide inférieur, que l'ingénieur, alors chargé des travaux, déclara être des schistes talqueux anciens d'après l'inspection des menus débris, amenés au jour par la cuiller de curage.

---

1. Plus tard, en 1858, je pus même constater que ce terrain affleure, dans les fossés de la route, à la sortie de Chamagneux, dans la direction de Crémieux.

Quant à moi, il m'est toujours resté des doutes sur la nature vraie de ces roches. Elles peuvent tout aussi bien représenter le grès schisteux verdâtre, de la partie haute des puits *Gueymard* et de l'*Espérance,* que le terrain ancien proprement dit, ou bien encore, le poudingue tertiaire, à fragments anciens, situé à la base de la molasse. Enfin, même si le puits en question était réellement tombé sur la roche ancienne, cela prouverait simplement qu'il était placé trop au Nord, au delà de la lisière de la bande houillère. Aussi, lorsqu'en 1879, le nouveau directeur me demanda ce que je pensais de la reprise des recherches de Simandres, je crus devoir l'y encourager très sérieusement, et je donnai de même, en 1880, mon appui aux sondages que MM. Grand'Eury et Nan proposaient d'ouvrir auprès de Chaponnay et de Heyrieux.

Aujourd'hui donc, un second trou de sonde est achevé dans la commune de Simandres, un troisième est en voie d'exécution auprès de Marennes, et un quatrième vient d'être commencé dans la commune de Chaponnay.

Le premier, celui de Simandres, est situé au pied du bois Saint-Jean, à 500 mètres environ au Sud du puits de 1854. Il a traversé 11 à 12 mètres de diluvium, 167 mètres de grès ou marnes tertiaires, avec galets anciens vers la base ; enfin le terrain houiller à la profondeur de 179 mètres. On est resté dans ce dernier jusqu'à 330 mètres, traversant, à diverses reprises, des filets de houille grasse de $0^m,05$ à $0^m,12$. On peut citer les profondeurs de 217, 222, 281 et 296 mètres. On a pu extraire du trou foré plusieurs *carottes,* qui ont permis de reconnaître le grès et le schiste houiller ordinaire. Des éboulements, et même un assez grand vide à 236 mètres, semblent dénoter le passage de failles, de sorte qu'on ne sait si les filets houillers représentent la vraie puissance des veines ou le simple entraînement charbonneux dû aux failles. En tout cas, ce qui est positif, c'est que le trou de sonde a traversé 151 mètres de véritable terrain houiller, et qu'il a pénétré ensuite dans le micaschiste en place au niveau de 330 à 333 mètres. Commencé en octobre 1879, il a été terminé le 31 décembre 1880.

Le troisième puits, entrepris aux environs de Marennes vers la fin du printemps 1880, se poursuit encore en ce moment (juin 1881) ; il a déjà traversé plus de 200 mètres de molasse tertiaire et devra sans doute atteindre bientôt le terrain houiller. Ces trois premiers sondages ont été entrepris par la Société houillère de Communay. Le quatrième, ouvert, près de Chaponnay, par une société lyonnaise, sous la direction de MM. de Loriol, Grand'Eury et Nan, en est encore à ses premiers débuts. Comme les trois précédents, il trouve la molasse sous le diluvium. Il fut aussi installé sur la ligne de Communay-Chamagneux, où la présence de la bande houillère semble assurée d'après les détails que je vais maintenant donner [1].

6° District, ou pointement houiller, de Chamagneux.

§ 274. — Sur l'axe prolongé de la bande de Tartaras-Givors-Communay, le terrain carbonifère reparaît, à 25 kilomètres de Communay, entre la Verpillère et Crémieux, au pied des premiers contreforts du Jura Bressan. Il existe là, à l'Est du village de Chamagneux, un pointement granitique, sur lequel repose directement du grès houiller bien caractérisé. Des traces charbonneuses, trouvées dans un puits à eau, engagèrent, en 1854, M. Mangini de Lyon à ouvrir dans ce grès des fouilles plus sérieuses. Ayant eu occasion de visiter les lieux en 1858, j'y constatai les faits suivants :

En se dirigeant de Chamagneux vers Crémieux, soit par l'ancien, soit par le nouveau chemin, on peut observer le grès houiller dans les fossés de la route, à la distance de 200 à 300 mètres du village, dans la direction de l'Est. Le grès est friable et charbonneux, divisé en bancs plongeant faiblement, au Nord-Ouest, sous la molasse tertiaire de la plaine, et directement appuyés, du côté opposé, sur le pointement granitique.

Les fouilles consistent en trois puits, ouverts de proche en proche suivant le sens de la plongée. Le premier, creusé dans une vigne, bordant l'ancien chemin de Crémieux, à faible distance du point où le grès se montre

---

1. Depuis la rédaction de ces lignes, les deux derniers trous de sonde ont également rencontré le terrain houiller, et un cinquième a été ouvert, plus à l'Est, auprès de Toussieux.

à nu, a 15 mètres de profondeur. Il est tout entier dans le terrain houiller et a spécialement traversé 4 à 5 mètres de schistes noirs charbonneux. Le second, placé à 80 mètres à l'Ouest du premier, mesure 13 mètres. Les dix premiers mètres sont dans le grès houiller ordinaire, les trois derniers dans des schistes noirs, pareils à ceux du puits précédent.

Après avoir ainsi constaté la plongée régulière du grès houiller sous la molasse de la plaine, on ouvrit le troisième puits, dans le terrain tertiaire, à 80 mètres au Nord-Ouest du second. Il traversa la molasse, horizontalement stratifiée, sur 27,30, puis le grès et le poudingue houiller, en bancs légèrement inclinés, sur 26^m,80. On continua le puits dans le granite jusqu'à la profondeur de 97 mètres, et ouvrit ensuite un travers-bancs au niveau de 95^m,50. Cette galerie fut poussée jusqu'à la distance de 212 mètres. A 82 mètres du puits, on retrouva le grès houiller, d'abord grossier, puis passant au schiste au bout du travers-bancs. Les bancs de grès sont à peu près parallèles au sous-sol granitique. L'un et l'autre inclinent de 22° vers le Nord-Ouest. A la distance de 170 mètres, le travers-bancs franchit deux faibles failles, qui font descendre les assises de quelques mètres. La puissance du terrain houiller semble croître avec l'aval-pendage.

Dans les bancs peu épais, traversés par le puits et la galerie, on n'a pas découvert de véritable houille, mais on trouva des empreintes végétales qui ne peuvent laisser le moindre doute sur la vraie nature du terrain. D'après ces plantes, il semblerait appartenir, comme Montrond, à l'étage stérile qui couvre les couches Rive-de-Gier. La stérilité du lambeau de Chamagneux ne doit d'ailleurs ni étonner ni effrayer les chercheurs sérieux. Le terrain houiller est à la vérité réduit, sur ce point, à la faible épaisseur de 40 mètres, mais on sait qu'à Givors, Communay et ailleurs sa puissance s'accroît rapidement en s'éloignant des limites du terrain ancien ; il ne faut pas oublier non plus que des massifs stériles de 100 à 200 mètres apparaissent souvent entre des étages riches et puissants.

Bref, ce qui demeure bien établi, et c'est le seul point à retenir pour le moment, c'est que dans l'axe prolongé du bassin de la Loire, on voit ressortir à Chamagneux, de dessous les dépôts tertiaires de la plaine du Dauphiné, le rivage *naturel* du bassin houiller, et non pas celui qui serait dû à quelque soulèvement postérieur. On peut donc espérer la continuité souterraine du terrain carbonifère, sous la plaine du Dauphiné, tout le long de la bande de 25 kilomètres, qui sépare Communay de Chamagneux.

Quant à la largeur de la bande houillère, on ne saurait la fixer *a priori*. Elle peut être faible comme à Communay, Givors et Tartaras ; elle peut aussi se renfler comme à Montrond, Rive-de-Gier, Saint-Étienne. Mais, quoi qu'il advienne sous ce rapport, on peut au moins affirmer qu'un vaste champ s'y ouvre aux explorateurs. Les chances favorables ne sont, sans doute, pas aussi nombreuses dans le Dauphiné que jadis sous les plateaux crétacés du Pas-de-Calais, mais aussi, si les difficultés et les incertitudes y sont plus grandes, les procédés de sondage et de foncement de puits sont aujourd'hui plus rapides et plus sûrs. En tout cas, il ne faut pas se laisser rebuter par quelques premiers échecs inévitables. Comme dans le Nord, certains puits forés pourront manquer *la zone houillère*, parce que rien ne permet d'en fixer rigoureusement, *a priori*, la largeur et la direction. Il faut en quelque sorte procéder à tâtons, tout en se maintenant à peu près dans le voisinage de la droite qui relie Communay à Chamagneux.

Age relatif du district de Rive-de-Gier et de celui de Tartaras-Givors-Communay.

§ 275. — Maintenant que nous avons étudié, dans toutes ses parties, la longue bande houillère qui va de la Madeleine à Communay, ou même jusqu'à Chamagneux, peut-on établir quelque lien d'âge et de parallélisme entre cette zone, généralement si étroite et si pauvre, et le riche dépôt de Rive-de-Gier et de Saint-Étienne ?

Les ingénieurs de Rive-de-Gier furent naturellement conduits à assimiler les couches de Tartaras et de Givors à celles du bassin voisin. Les uns ont cru voir, dans les couches peu constantes de Tartaras, la *Gentille* ou la *Bourrue ;* les autres, dans le massif plus développé du Montrond, la reproduction en miniature des faisceaux de Rive-de-Gier et de Saint-Chamond. On invoquait, pour appuyer ce parallélisme, tantôt les analogies de roches, tantôt les qualités de la houille. Mais ceux qui connaissent la variabilité des roches et du charbon, dans le bassin de la Loire, ne peuvent attribuer une bien grande valeur à ces rapprochements purement pétrographiques Pour établir l'identité des couches, ou faisceaux de couches, il faut les suivre pas à pas, le long des affleurements ou dans les mines, sans négliger, bien entendu, les failles et autres accidents si fréquents dans ce terrain. Or, dans le cas présent, ce moyen même nous fait défaut, puisque le bassin de Tartaras est séparé de celui de Rive-de-Gier par la barrière ancienne dont j'ai parlé. Les deux dépôts sont *indépendants* l'un de l'autre, ou furent du moins indépendants *à leur origine*. Ils ont pu se former parallèlement, dans des conditions plus ou moins semblables, mais vouloir en identifier les diverses parties, c'est peine perdue; l'assimilation n'est pas possible. Au surplus, l'ingénieur distingué, M. Maurice, qui a dirigé la mine de Tartaras pendant de longues années, a déclaré ne trouver aucune analogie entre la couche de Tartaras et celles de Rive-de-Gier; et, selon M. Grand'Eury, les plantes rapprocheraient plutôt le gîte de Tartaras de l'étage inférieur de Saint-Étienne. Au fond, il faut bien l'avouer, ce rapprochement n'a rien d'extraordinaire. La végétation houillère a pu très bien commencer à Tartaras beaucoup plus tard qu'à Rive-de-Gier. Le terrain ancien a pu y rester émergé, lorsque déjà un profond bassin s'était creusé à Rive-de-Gier, Saint-Chamond et Saint-Étienne. Plus tard, l'affaissement du sous-sol ancien s'arrêta à Rive-de-Gier, tout en continuant à Saint-Chamond et à Saint-Étienne. C'est alors que dut se creuser aussi le bassin de Tartaras, qui est devenu ainsi contemporain de celui de Saint-Étienne, sans d'ailleurs avoir été jamais en communication réelle avec lui. Il s'ensuit aussi de là que les couches de Tartaras reposent directement sur le terrain ancien et non sur un étage houiller inférieur, contemporain de celui de Rive-de-Gier.

On ne saurait d'ailleurs où ce dernier pourrait trouver place entre les deux failles limites opposées, qui plongent l'une vers l'autre à la faible distance de 200 à 300 mètres. La brèche même manque sous Tartaras, car elle ne se montre qu'au Nord de l'arête ancienne qui va de Couzon à la combe d'Allier, c'est-à-dire le long de la zone étroite qui communique par Combe-plaine avec Rive-de-Gier.

A Saint-Jean-de-Toulas, au puits Saint-Prix, on voit cependant se développer un étage de grès stériles inférieurs ; c'est le pendant, d'après les plantes, de l'étage stérile qui couvre Rive-de-Gier ; puis, au-dessous encore, à Saint-Romain-en-Gier et au Cluzel, se montrent une ou deux couches de houille, caractérisées, comme celles de la mine de Communay, au delà du Rhône, par la flore de l'étage de Rive-de-Gier.

Enfin, à Montrond, cet étage houiller passe également sous un épais massif de grès plus ou moins micacés, à minces couches de houille vers le haut, dont la flore correspond à celle du poudingue stérile micacé servant de base aux couches de Saint-Chamond.

En résumé, on le voit, il y a connexité, ou contemporanéité, quant à la flore ; mais le bassin de Rive-de-Gier-Saint-Étienne et celui de Tartaras-Communay ne semblent pas avoir été jamais en communication directe l'un avec l'autre.

CHAPITRE XIV

MODE DE FORMATION DU BASSIN HOUILLER DE LA LOIRE

§ 276. — Nous venons de terminer la description détaillée du bassin houiller; nous pouvons donc aborder maintenant l'intéressante question du *mode* de formation de ce bassin. Je dis du *bassin*, et non de la *houille*, car on a déjà vu dans quelles conditions le combustible minéral a dû être *formé*.

La végétation s'est autrefois développée, avec une extrême vigueur, sous l'influence d'une atmosphère humide et chaude, et sur un terrain constamment baigné d'eaux stagnantes. Là se sont accumulés, par chute directe, et durant un long espace de temps, des feuilles, des rameaux et des troncs. Un premier lit, ainsi formé et déjà comprimé partiellement sous son propre poids, fut ensuite enseveli, sous une nappe d'eau plus ou moins profonde, par l'affaissement, graduel ou intermittent, du sous-sol ancien. Des sables et des boues ont finalement comblé cette première dépression; la végétation s'est de nouveau développée; une deuxième couche a pu être engendrée; puis un nouvel affaissement a encore interrompu momentanément la formation des plantes aériennes. Bref, par ces alternatives, plusieurs fois répétées, de végétation active pendant une longue période de repos, suivie d'affaissements produisant des bassins, aussitôt envahis par les eaux, et ensuite graduellement comblés par voie de colmatage, il a pu se former une série de dépôts combustibles, séparés les uns des autres par des bancs de grès ou de schistes. Je ne reviens pas sur ces détails; j'insiste seulement sur ce point de *l'affaissement, plus ou moins continu ou intermittent*, du sol ancien, qui sert de base aux dépôts houillers. Il importe, en effet, de fixer l'importance et *l'étendue* relative de ces mouvements aux époques successives de la période houillère. Il convient d'examiner si l'affaissement du sous-sol ancien eut constamment lieu le long des *mêmes* lignes de fracture, ou si des cassures nouvelles se sont ouvertes, sur divers points, durant le cours de la période houillère. En d'autres termes : les dimensions du bassin sont-elles demeurées *constantes* pendant la formation des étages successifs, ou bien le bassin s'est-il *rétréci* ou *élargi* à certains moments ?

Si l'affaissement était resté uniforme dans tout le bassin, et pendant le cours entier de la période houillère, les assises supérieures auraient couvert en entier les étages inférieurs, de façon à comprendre une superficie au moins égale, sinon plus grande, que ces derniers.

Si, au contraire, l'abaissement du sol a été plus intense vers l'un des bords du bassin qu'à l'autre, ou si de nouvelles cassures se sont ouvertes à *l'intérieur* de l'espace circonscrit par les failles-limites, les dépôts supérieurs ont dû être *moins* étendus que les étages inférieurs, et se superposer en *retrait* sur les étages plus anciens sans les couvrir entièrement. Dans le cas, enfin, de cassures nouvelles, ouvertes au dehors, ou au delà des failles-limites, les étages supérieurs déborderaient les inférieurs et seraient ainsi plus étendus que ces derniers.

Les trois cas sont possibles et se rencontrent, en effet, dans les bassins houillers, aussi bien que dans d'autres formations[1].

Eh bien, de ces trois modes de superposition, quel est celui du terrain houiller de la Loire? La réponse est facile. Il suffit de consulter la carte

---

1. Je rappellerai les exemples cités dans ma description géologique du département de la Loire. Le plateau central se souleva à l'origine de la période jurassique, s'affaissa ensuite lors du dépôt de l'étage oxfordien, et se releva de nouveau vers la fin de la période jurassique. Des oscillations analogues se manifestent, pendant la durée de l'ère tertiaire, dans les plaines du Forez et du Roannais. De là vient que le calcaire jurassique et plusieurs étages du terrain tertiaire reposent parfois directement sur le granite. Or, même là où ces dépôts récents furent plus tard détruits par dénudation, il en reste au moins des *témoins*, des lambeaux épars, qui prouvent leur ancienne extension. Tout n'est pas balayé ! Là donc où les étages houillers supérieurs ont réellement couvert les étages inférieurs, il en devrait également rester quelques lambeaux.

d'ensemble du bassin. Les étages vont en diminuant de bas en haut. Saint-Chamond est en retrait sur Rive-de-Gier, Saint-Étienne sur Saint-Chamond et le bois d'Aveize sur l'étage moyen. Il est vrai qu'il n'en résulte pas nécessairement que les étages supérieurs se soient réellement déposés en *retrait* sur les étages inférieurs. L'état actuel des choses pourrait provenir aussi d'un ravinement inégal du terrain houiller. Les étages supérieurs, primitivement aussi étendus que ceux de la base, auraient pu être détruits là où aujourd'hui il n'en reste plus trace. Ces dénudations sont fréquentes en effet, et j'en ai cité de nombreux exemples, dont plusieurs considérables, aux environs de Saint-Étienne. Mais peut-on admettre que toute la série des étages supérieurs se soit déposée à Rive-de-Gier, comme à Saint-Étienne, au Nord du bassin comme au Sud, sans y laisser le moindre vestige, le plus petit témoin? Je ne le pense pas, et voici mes raisons :

Les étages supérieurs, qui succèdent à Rive-de-Gier, ont une puissance réunie de plus de 1,500 mètres. Si donc ils s'étaient tous déposés à Rive-de-Gier même, le plus élevé aurait dépassé la cote de 1,750 mètres, puisque la cote moyenne du fond de la vallée est maintenant de 250 mètres. Le terrain houiller aurait donc dépassé de plus de 300 mètres le point culminant actuel de la chaîne du Pilat, et d'environ 1,000 mètres les montagnes de Riverie au Nord du bassin! Il faudrait donc admettre que 1,500 mètres d'assises houillères eussent été balayées intégralement sans laisser le moindre *témoin* aux environs de Rive-de-Gier, tandis que le terrain jurassique, beaucoup moins puissant, a laissé, sur le versant Sud-Est du plateau Central, plusieurs lambeaux, qui prouvent l'ancienne extension du calcaire secondaire !

On comprendrait surtout difficilement que, ni au Nord, ni au Sud du bassin, aucun lambeau houiller ne se soit conservé dans les anfractuosités des profonds vallons qui sillonnent le terrain ancien, en particulier, dans les gorges de la Valla, du Dorlay et d'Egarande sur le revers Nord du Pilat. On rencontre de pareils lambeaux isolés du poudingue *inférieur* non seulement près de la Fouillouse, mais encore, aux environs de Vienne, à Chonas et dans le faubourg même de Pont-l'Évêque, tandis que les étages *supérieurs* auraient totalement disparu au Nord et au Sud de Rive-de-Gier, sans y laisser la moindre trace!

Rappelons l'étroite traînée, qui va du Bosançon et de Tartaras jusqu'à Communay au delà de Givors. Sur tous ces points ce sont de simples restes de la partie *basse* du terrain, et nulle part le moindre lambeau des étages supérieurs. Il semble donc vraiment peu probable que les massifs supérieurs aient eu jamais en ces lieux une extension pareille à celle des étages inférieurs.

Si, d'ailleurs, on considère les limites actuelles des divers étages, ayant la forme de courbes sensiblement concentriques, fort peu dentelées, et dont l'étendue va diminuant de bas en haut, on ne peut croire que ce soit un effet de simple dénudation, et non la conséquence d'un rétrécissement graduel du bassin pendant la période houillère même.

J'observerai aussi que, si les dépôts supérieurs avaient partout recouvert les étages inférieurs, les rives du marécage houiller auraient dû ne pas se déplacer; au lieu de se retrécir progressivement, le terrain houiller aurait dû plutôt s'élargir.

Enfin, rappelons surtout le rôle et le mode de formation des bancs *cunéiformes*, si fréquents dans le bassin de la Loire (§ 22). N'oublions pas que les bancs de grès taillés en *biseau* supposent le déplacement plus ou moins continu des bords de la *cuvette* houillère. Si la limite Sud de la cuvette est demeurée sensiblement constante, il n'en est pas de même de celle du Nord. Celle-ci s'est graduellement rapprochée de la lisière Sud, de sorte que la largeur du bassin a progressivement diminué. Ainsi, à l'époque qui a précédé le dépôt du groupe des Rochettes, appartenant aux dernières assises de l'étage moyen de Saint-Étienne, le rivage Nord de la cuvette houillère devait s'être avancé jusqu'au centre même du bassin Stéphanois, c'est-à-dire jusqu'aux bancs *cunéiformes* des anciennes carrières du hameau de la Roche, aujourd'hui visibles à moins de 200 mètres au Nord de la gare actuelle de Saint-Étienne (§ 24, et Pl. X).

Or, ce changement de rivage et l'inégale répartition des étages supérieurs supposent évidemment que l'abaissement du sous-sol ancien ne s'est pas partout opéré avec la même intensité. Au Sud, où les dépôts houillers se sont constamment affaissés le long du massif ancien du Pilat, en glissant presque toujours suivant la même grande faille primitive, l'intensité du mouvement a varié considérablement d'un point à un autre. L'affaissement dura plus longtemps et fut plus intense à Saint-Étienne qu'à Saint-Chamond, et à Saint-Chamond qu'à Rive-de-Gier. Au Nord, par contre, le mouvement s'est arrêté de bonne heure, au lieu de continuer le long de la grande faille primitive, qui a amené la formation de la *brèche*. Durant le cours même de la période houillère de nouvelles cassures, sortes de gradins de la cassure primordiale, se sont ouvertes, dans l'intérieur du bassin, parallèlement aux failles-limites ; ce sont les grandes failles *longitudinales*, plus ou moins voisines de l'axe du bassin, telles que la faille du *Mouillon* à Rive-de-Gier, celle du *Château* à Saint-Chamond, celles de la *République*, du *Gagne-Petit* et de *Villebœuf* à Saint-Étienne, celles enfin de *Landuzière* et du *Midi* à Roche-la-Molière.

D'autre part, le terrain ancien n'a pu s'affaisser inégalement, dans le sens de l'axe du bassin, sans se rompre transversalement ; c'est l'origine des failles *transversales* qui se rattachent ainsi, plus ou moins directement, aux cassures longitudinales. Rappelons les plus importantes d'entre elles. Ce sont la faille du *Dorlay* à la Grand'Croix ; celle du *Langonan-Ricolin* à l'Ouest de Saint-Chamond ; les failles de *Chancy*, *Méons* et du *Soleil* à l'Est de Saint-Étienne, la grande faille du *Furens* sous la ville même de Saint-Étienne, et celles enfin du *Cluzel*, des *Maures*, de la *Renaudière* et du *Breuil* dans la région Ouest du bassin.

Le long de toutes ces failles, coupant le terrain houiller en long et en travers, le mouvement a duré longtemps. Les failles-*limites* ont débuté avec la période houillère, les failles *secondaires* correspondent aux grandes lignes de division du bassin, à l'origine des principaux étages. Le mouvement ne fut d'ailleurs pas continu. Il était nul ou insensible pendant la formation proprement dite de chaque couche de houille, plus ou moins brusque ou lent pendant la sédimentation des masses minérales, dans les bas-fonds, à la suite de chaque affaissement. De plus, comme nous l'avons dit, le mouvement dut s'arrêter, d'abord à Rive-de-Gier et le long de la lisière Nord du bassin; ensuite à Saint-Chamond et, en dernier lieu, au Sud de Saint-Étienne, après le dépôt du grès rouge *Permien*. En dehors de ce mode de formation, il ne reste que l'hypothèse, si peu vraisemblable, de 1,500 mètres de roches supérieures, entièrement balayées, aux environs de Rive-de-Gier, sans avoir laissé, en ces lieux, le moindre vestige de leur ancienne existence!

En résumé donc, à mesure que l'on passe des étages inférieurs aux étages supérieurs, on voit le domaine de la végétation houillère se rétrécir de plus en plus. A l'origine, elle couvre le bassin entier; plus tard, au *mur* des grandes failles, que je viens de nommer, le terrain reste émergé, sec et aride, tandis qu'au *toit* de ces mêmes accidents le sol continue à baisser, de sorte que la végétation peut s'y développer énergiquement grâce aux eaux qui abondent dans ces bas-fonds. La longueur et la largeur du bassin utile diminuent ainsi simultanément.

Parcourons donc, encore une fois, les diverses régions du dépôt houiller, à partir de sa base jusqu'au sommet; cherchons à déterminer les époques qui correspondent au début des principales failles, et fixons les limites successives du marécage houiller aux mêmes époques.

§ 277. — J'ai signalé, vers le Nord du bassin, les lambeaux houillers de Valfleury et de Chapoulet, dont l'âge semblerait antérieur au puissant amas bréchiforme à fragments de granite et de schistes anciens (§§ 143 et 199).

Certains lambeaux entre Rive-de-Gier et Givors paraissent aussi s'être déposés antérieurement à la brèche. En tout cas, ces anciens dépôts devaient, à l'origine, être plus continus et plus étendus que maintenant, sans que pourtant il soit aujourd'hui possible d'en fixer les limites primitives. Tout ce que l'on peut affirmer, c'est que le bassin, dans lequel s'est développée la plus ancienne végétation houillère des environs de Saint-Étienne, dut se former par affaissement graduel au début, puisque la plus basse des couches de houille du bassin de la Loire n'est séparée du sous-sol granitique que par une faible épaisseur de roches peu grossières.

Mais à ce premier dépôt succéda un grand effondrement de roches anciennes. Au Nord et au Sud de la vallée actuelle du Gier s'ouvrirent de longues fentes, ou cassures, entre lesquelles le terrain ancien s'abîma. Des débris de cet énorme éboulement se forma la *brèche* qui, aujourd'hui encore, se voit en massifs importants le long des deux lisières du bassin. Ces cassures marquent l'origine des *failles-limites;* ce sont les failles, le long desquelles le nouveau terrain, en voie de formation, ne cessa de s'affaisser, d'une façon intermittente, tant que dura la période de formation de l'étage houiller de Rive-de-Gier. Plus tard, comme on vient de le voir, d'autres cassures vinrent s'ajouter aux grandes failles-limites, mais, *au début,* le mouvement était limité à ces fentes extrêmes qui correspondent à la brèche. Au Sud du bassin, ces failles suivent le pied actuel de la chaîne du Pilat. Au Nord, elles vont de Tartaras, par Saint-Genis-Terrenoire et Cellieux, sur Val-fleury ; de là, à Latour-en-Jarrêt, puis, transversalement à l'axe du bassin, vers la Fouillouse. Une cassure normale à la précédente conduit de la Fouillouse à Saint-Paul-en-Cornillon sur la Loire et, finalement, par l'un des contreforts des montagnes granitiques du Forez, celui de Fraisse, on est ramené à la faille-limite du Pilat, non loin de Chazeaux au Sud de Firminy.

A la brèche, en partie remaniée par les eaux, succèdent des poudingues et des grès, puis la série des couches de Rive-de-Gier. C'est une période de repos, troublée seulement, à des intervalles plus ou moins longs, par les affaissements lents ou brusques auxquels on peut attribuer les massifs pierreux dont se compose, avec les couches de houille, l'étage proprement dit de Rive-de-Gier.

Pendant tout le temps que se déposa cet étage, aucune cassure ne semble s'être produite en dehors des failles-limites. Les couches de l'étage de Rive-de-Gier *peuvent donc exister* dans toutes les parties du bassin de la Loire ; mais rien non plus ne prouve qu'elles *s'y trouvent réellement.* L'affaissement a pu être inégal entre les failles-limites, sans amener immédiatement de nouvelles cassures. Là où l'affaissement fut insuffisant, le sol dut rester aride et sec; là où le mouvement fut trop considérable, la végétation n'a pu se développer que tardivement après le comblement de la cuvette formée ; dans les deux cas, la couche de houille dut rester mince.

C'est ainsi que s'expliquent la faible puissance et même la stérilité partielle des couches de Rive-de-Gier, au Nord, le long des affleurements.

Et maintenant qu'y a-t-il réellement sous Saint-Chamond et Saint-Étienne? Nul ne saurait le dire. Mais on devra certainement y chercher un jour l'étage de Rive-de-Gier, car loin des bords du bassin l'existence des couches inférieures est vraiment assez probable.

Après le dépôt de l'étage de Rive-de-Gier, une nouvelle cassure dut s'ouvrir au Nord, parallèlement à l'ancienne et en dedans de celle-ci, car l'étage stérile supérieur ne couvre pas, dans toutes ses parties, l'étage houiller. Le dépôt supérieur n'existe guère, en effet, qu'au Sud de la faille du Mouillon. Cette faille, qui souvent n'est qu'une sorte de forte inflexion, ou *précipitée* de mines, sépare partout le plateau supérieur, où l'étage stérile manque, de la partie basse, dans le fond de la vallée de Gier, où sa puissance est de 150 à 200 mètres. Si un premier mouvement ne s'était pas dessiné, dès ce moment, le long de la faille du Mouillon, on ne comprendrait pas, à moins de dénudations énormes, fort peu probables, l'absence de l'étage stérile supérieur sur le plateau qui va du Mouillon jusqu'au puits du Ban. La dénudation aurait enlevé le poudingue solide et dur, et aurait respecté, au contraire, l'étage houiller inférieur, moins résistant ! Cela est vraiment inadmissible.

A cet affaissement, le long de la faille du Mouillon, doit correspondre un accident transversal dans le fond de la vallée. En effet, une faille importante passe par les puits *Guétat* et des *Ronces,* et une seconde, moins considérable, au voisinage des puits *du Pré* et de *Sainte-Agathe*, près des limites Ouest des concessions de Couzon et de Couloux (pl. 1). Or, effectivement, le poudingue stérile de Rive-de-Gier ne paraît nulle part à l'Est de la première de ces deux failles.

Si maintenant nous suivons la limite Sud du dépôt houiller, nous constaterons que l'affaissement a dû continuer le long de la faille-limite jusqu'au ruisseau d'Égarande, où reparaît la brèche, tandis qu'à partir de ce point le mouvement dut se produire le long de la faille de direction, qui va du puits du Midi au puits Saint-Paul de la mine de Grézieux et, plus loin, le long de la faille du Reclus jusqu'à Assailly. Dans cette région, où la brèche se montre à nu sur de grandes surfaces, l'affaissement dut cesser le long du micaschiste et se faire sentir à une moindre distance du thalweg souterrain (pl. III et IV). Il en est de même, le long de la limite Nord, à partir du puits du Ban. Depuis ce point aussi, la brèche occupe une zone de plus en plus large, et constitue, à partir de Cellieux, la crête entière du mont Crépon, au-dessus de Saint-Chamond. On doit aussi se rappeler qu'entre la brèche et le poudingue supérieur apparaît partout ici l'affleurement de l'étage houiller de Rive-de-Gier. La ligne d'affaissement s'éloigne visiblement de la lisière Nord comme de la lisière Sud du bassin. A la place de la grande faille du Mouillon, qui semble s'arrêter auprès du hameau de Collenon, viennent une série de gradins successifs, tels que ceux des puits *Saint-Michel* et *Saint-Philibert*, dans la concession du Ban, puis la grande faille de la Faverge et celle qui s'en détache vers le Sud-Ouest dans la direction du puits de Combérigol. Ces accidents se prolongent vers Saint-Chamond et y prennent même une plus grande importance, puisqu'à partir de la Grand-Croix et du Plat-de-Gier, l'étage stérile, qui couvre Rive-de-Gier, devient, de proche en proche, plus puissant. C'est sur l'un de ces gradins de direction du Nord qu'a dû tomber le puits Notre-Dame de Saint-Chamond, si du moins il a réellement atteint la brèche, sous le poudingue supérieur, sans rencontrer l'étage houiller proprement dit de Rive-de-Gier.

L'accroissement de puissance du poudingue supérieur résulte non seulement de la plus grande importance des failles de direction, mais aussi d'une faille transversale considérable, celle du *Dorlay*. De même que la faille du puits *Guétal* coïncide, à Rive-de-Gier, avec la naissance du poudingue supérieur, celle du Dorlay marque l'origine du sous-étage micacé de Saint-Chamond, qui couvre le poudingue proprement dit de Rive-de-Gier, ou plutôt se substitue à lui par voie de transformation latérale. La faille du Dorlay élargit aussi le dépôt houiller. L'affaissement s'opère de nouveau au Sud, le long des roches anciennes, car la brèche ne remonte plus au jour à partir de la vallée du Dorlay. Depuis cet accident jusqu'à Saint-Martin en Coallieux, près de Saint-Chamond, le poudingue supérieur déborde non seulement la brèche, mais encore l'étage houiller de Rive-de-Gier. L'un et l'autre ne reparaissent qu'entre Saint-Martin et le hameau du Creux, sur les bords du Gier, en amont de Saint-Chamond (carte d'ensemble et pl. VI).

Au Nord de cette ville la brèche et le poudingue couvrent ensemble une zone d'une grande largeur. Les eaux houillères ont dû se retirer graduellement du Nord au Sud, à mesure que le bassin se comblait à partir de la lisière Nord. On arrive ainsi aux premières couches du groupe de Saint-Chamond. L'apparition de ces couches coïncide avec une nouvelle faille transversale, celle qui longe à peu près le ruisseau des Arcs vers la limite commune des concessions de Saint-Chamond et du Plat-de-Gier (pl. IV).

Après le dépôt des couches de Saint-Chamond, ce district fut isolé des districts Stéphanois, non seulement parce que le sous-sol ancien cessa de s'affaisser sur ce point, mais encore à cause d'un relèvement transversal qui se manifeste, à la surface du sol, par les trois failles de *Croupisson*, du *Paradis* et de la *Varizelle*. Elles plongent à l'Est et doivent avoir pris naissance avant le dépôt du groupe 9 à 12. Aussi amènent-elles un rétrécissement local de l'étage inférieur de Saint-Étienne. Celui-ci ne reprend sa largeur primitive, telle qu'elle apparaît à Saint-Chamond, et surtout ne la dépasse ensuite, à Saint-Étienne, que grâce à une série de failles transversales nouvelles, qui replongent à l'Ouest comme le grand accident du Dorlay. La première de ces failles, et probablement la plus importante, est celle de *Langonan-Ricolin*, qui précède le dépôt de la 13° couche. A partir de là le bassin s'élargit vers le Nord : l'étage inférieur de Saint-Étienne se développe aux dépens de l'étage stérile micacé, situé au-dessous. Il est probable que ce dernier étage est en outre affecté par de fortes failles longitudinales, plongeant au Sud, pareilles à celle du *Mouillon* et de la Faverge. Elles doivent sensiblement correspondre à la surface de contact de la brèche et du poudingue micacé, puisque, en général, à partir de la faille de Langonan, l'étage houiller de Rive-de-Gier ne remonte plus au jour. Cet étage doit sans doute buter souterrainement contre les failles en question. Une pareille faille existe au Nord des deux Monts Reynaud et de la butte de Saint-Priest. A peu de distance de ces sommets, sur leur versant Nord, on constate, en effet,

la superposition presque directe des assises *Geysériennes* siliceuses du poudingue en question sur la brèche de la base (carte d'ensemble).

Dans le prolongement de cette importante faille se trouve l'accident,
non moins considérable, de Landuzière. Là aussi les dépôts Geysériens sont
peu éloignés de la brèche, et la cassure dut se produire peu avant le
dépôt du groupe 16 à 13 ; seulement, on peut constater, en outre, que l'affaissement dut continuer *pendant* et *après* le dépôt des groupes 12 à 9 et 8,
puisque ces couches se relèvent toutes le long du plan de la faille (§ 244
et pl. XVI).

D'autres failles, plus voisines de l'axe du bassin, affectent de même, à
Saint-Étienne, le groupe inférieur 16 à 13 ; ce sont : la faille transversale du
Montcel, la faille longitudinale de la République et la partie Nord de la
faille du Furens, ou du Bois-Montzil, passant au Mont-Ravel. Le double groupe
12 à 8 ne s'est déposé qu'au Sud et à l'Ouest de ces trois failles, de sorte
qu'à moins d'admettre ici encore d'énormes dénudations, il faut bien que
les trois cassures aient débuté peu après le dépôt de la 13ᵉ couche. Si cela
n'était pas, les dénudations seraient excessives, puisque à la faille de la République, dont l'amplitude est de plus de 500 mètres, ne correspond, à la surface du sol, pas la moindre différence de niveau. Il est certainement plus
logique de supposer qu'après le dépôt de la 13ᵉ couche l'affaissement du sol
se soit en grande partie arrêté, au Nord et à l'Est des failles en question, et
qu'il continua, au contraire, au toit de ces accidents, jusqu'à l'origine de
l'étage moyen. Il faut pourtant remarquer que le mouvement dut cesser le
long de la faille du Montcel avant la formation de la huitième couche,
et que l'affaissement se fit dès lors suivant le plan d'une faille nouvelle,
celle du puits Saint-Jean, parallèle à la première, et plus rapprochée du
centre du bassin. On ne rencontre, en effet, la huitième couche à Saint-
Étienne qu'au toit de cette dernière faille.

Il se pourrait aussi que la faille du Cluzel commençât dès lors à se
dessiner vers son extrémité Nord. L'affaissement du sol, au Sud de la faille
de Landuzière, dut entraîner, à un certain moment, une cassure transversale qui sépara, par une sorte de promontoire, le bassin de la huitième

à Roche, du bassin de la huitième à Villards. Mais la jonction des deux bassins devait rester libre, vers l'extrémité Sud de ce promontoire, en un point qu'il serait d'ailleurs impossible de fixer aujourd'hui.

Il est évident, d'autre part, que l'affaissement se prolongea, vers l'extrémité Sud de la faille du Cluzel, bien après la période de l'étage moyen, puisque c'est précisément sous l'influence des deux failles du *Cluzel* et des *Maures* que le grès *rouge Permien* a pu se déposer au Nord du Chambon.

A la huitième couche succède l'étage moyen d'une façon assez régulière. Il en est ainsi à Terre-Noire, à la Barallière, à Monthieux, au Treuil, au Quartier-Gaillard, au Mont-Salson, etc. Cependant, des cassures nouvelles ont dû se produire dès l'origine de l'étage moyen. C'est le cas des failles du Marais, du Soleil et de Monthieux. On comprend ainsi plus facilement l'absence de l'étage moyen au coteau de Montheil. Toutefois le glissement a dû surtout se faire sentir pendant et après le dépôt des étages moyen et supérieur, puisque les couches 7 à 3 remontent au jour, à Monthieux même, le long du plan de la faille du Soleil, et que la couche du Mourinet, au bois d'Aveize, en est aussi affectée. Il est bien évident qu'une faille de 300 mètres d'amplitude, comme celle du Soleil, n'a pu se produire en un court espace de temps, puisque les couches de houille et les bancs de grès de l'étage moyen sont relevés, le long de cette faille, auprès de Monthieux, sans avoir formé de conglomérat de frottement. Dans ces conditions le glissement a dû être lent et durer longtemps.

Pendant cette longue période, le rétrécissement du bassin se continue. Les affleurements de l'étage moyen sont en retrait, du Nord au Sud, par rapport à la *huitième* couche, et le groupe de la couche des *Rochettes* l'est, à son tour, par rapport au groupe de la *troisième*. Il y eut donc, à cette époque encore, affaissement plus énergique au Sud qu'au Nord. Or, cet affaissement *local*, au Sud de la plaine de Bérard, n'a pu s'opérer, sur une aussi vaste échelle, sans amener de nouvelles cassures, puisque les roches dures sont peu susceptibles de se ployer sans se rompre. C'est ce qui amena, après le dépôt du groupe des Rochettes, l'ouverture des failles du *Gagne-Petit* et du puits Montmartre, aux abords de la ville de Saint-Étienne. Ainsi put se déposer l'étage supérieur, au Sud de la Richelandière et au Jardin des Plantes, et, plus tard, le grès rouge proprement dit, à la suite de l'ouverture de la faille de Ville-bœuf et de celle du vallon de Tardy, au Nord des travaux de la Chauvetière.

A toutes ces failles, qui plongent au Sud, correspondent des cassures, à pente inverse, au pied de la chaîne du Pilat. Outre les failles-limites proprement dites, nous avons cité, à quelques cents mètres du terrain ancien, d'autres accidents, le long desquels dut glisser le dépôt houiller pendant et après le dépôt des étages supérieurs. Ce sont, à Terre-Noire, les failles du puits *Saint-Félix* et de la *Palle*. Plus loin, les failles de la *Croix-de-l'Orme*, de la *Ricamarie*, de *Barlet* et de la *Barge*. Toutes ces failles, à pente inverse vers le Nord, sont presque verticales, comme les assises du terrain houiller dans cette région, mais cette forte pente n'est pas uniquement due à l'affaissement du sous-sol ancien, elle doit provenir aussi du relèvement plus récent de la chaîne du Pilat. Ce mouvement postérieur du terrain ancien est prouvé par le renversement de ses strates, sur les assises du terrain houiller, auprès de Rive-de-Gier et de Saint-Chamond (§ 17).

Aux faits dont je viens de parler correspondent des faits analogues, à l'Ouest, le long de la crête du Devais, entre le Mont-Salson et Firminy. Là aussi les failles de direction qui sillonnent le pied Nord du Mont-Salson ont dû naître, comme la faille du Gagne-Petit, vers la fin de l'étage moyen. Plus tard aussi, d'autres failles, du genre de celle de Villebœuf, ont permis le dépôt du grès rouge à l'Ouest des deux grands accidents du Cluzel et des Maures.

Quant à Firminy, je ne reviens pas sur les remarques, déjà présentées, au sujet de la probabilité de l'isolement partiel de ce district, à l'Ouest de la faille de la Renaudière (§ 265). Cet isolement de certains quartiers a dû se reproduire à divers moments pendant la longue période houillère. C'est ainsi que le dépôt de Roche-la-Molière a dû se former, comme je l'ai déjà dit, dans des conditions un peu différentes de celles de Villards, et c'est ainsi que s'expliqueraient les différences, souvent très grandes, que nous avons con-statées entre des districts, d'ailleurs peu éloignés, comme Beaubrun et la Béraudière entre autres.

En résumé, si je ne m'abuse, les étages supérieurs du bassin de la Loire étaient, *dès l'origine,* d'autant moins étendus que leur âge est plus récent; et cette réduction graduelle des marécages houillers est la conséquence de l'affaissement fort inégal du sous-sol houiller, inégalité qui eut pour résultat l'ouverture successive de cassures nombreuses, le long desquelles les assises et les couches houillères s'affaissèrent, selon les lieux et les temps, tantôt lentement, tantôt par sauts brusques, pour faire place à de nouveaux dépôts, qui s'abîmaient ensuite à leur tour également.

L'origine des failles doit donc remonter à des époques *diverses;* les plus anciennes appartiennent au pourtour; les plus récentes au centre du bassin. Mais, dans la plupart des cas, le mouvement se continua, le long de ces cassures, tant que dura la formation de l'un au moins et, le plus souvent, de plusieurs des étages successifs du bassin houiller.

Ce mode de formation n'exclut pas les dénudations postérieures de parties fort importantes du dépôt houiller. Elle dut s'exercer surtout, fort énergiquement, le long de la lisière Sud, lors du soulèvement de la chaîne du Pilat; mais, du moins, la théorie que je défends la restreint à des proportions raisonnables, et supprime les invraisemblances, ou plutôt les impossibilités matérielles qu'implique l'hypothèse opposée de l'exten-sion *uniforme* de tous les étages.

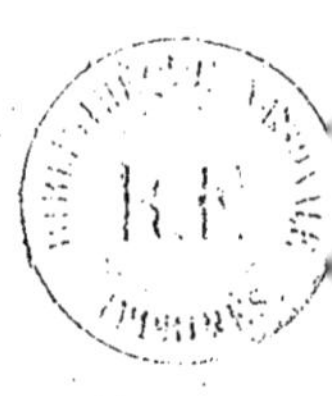

TABLE DES MATIÈRES

PREMIÈRE PARTIE

DESCRIPTION GÉNÉRALE DU BASSIN

DEUXIÈME PARTIE

DESCRIPTION DÉTAILLÉE DES DISTRICTS HOUILLERS.

CHAPITRE IX (§§ 92 à 126). — TERRITOIRE DE RIVE-DE-GIER.